# 108課綱 升科大／四技二專

## 數學(C)工職 完全攻略 4G051141

作為108課綱數學(C)考試準備的書籍，本書不做長篇大論，而是以條列核心概念為主軸，書中提到的每一個公式，都是考試必定會考到的要點，完全站在考生立場，即使對數學一竅不通，也能輕鬆讀懂，縮短準備考試的時間。書中收錄了大量的範例與習題，做為閱讀完課文後的課後練習，題型靈活多變，貼近「生活化、情境化」，試題解析也不是單純的提供答案，而是搭配了大量的圖表作為輔助，一步步地推導過程，說明破題的方向，讓對數學苦惱的人也能夠領悟關鍵秘訣。

## 電子學(含實習) 完全攻略 4G221141

本書特請國立大學教授編寫，作者潛心研究108課綱，結合教學的實務經驗，搭配大量的電路圖，保證課文清晰易懂，以易於理解的方式仔細說明。各章一定要掌握的核心概念特別以藍色字體標出，加深記憶點，並搭配豐富題型作為練習，讓學生完整的學習到考試重點的相關知識。另外為了配合實習課程，書中收錄了許多器材的實際照片，讓基本的工場設施不再只是單純的紙上名詞，以達到強化實務技能的最佳效果。

## 電機與電子群

### 共同科目

| 4G011141 | 國文完全攻略 | 李宜藍 |
|---|---|---|
| 4G021141 | 英文完全攻略 | 劉似蓉 |
| 4G051141 | 數學(C)工職完全攻略 | 高偉欽 |

### 專業科目

| | | | |
|---|---|---|---|
| 電機類 | 4G211141 | 基本電學(含實習)完全攻略 | 陸冠奇 |
| | 4G221141 | 電子學(含實習)完全攻略 | 陸冠奇 |
| | 4G231132 | 電工機械(含實習)完全攻略 | 鄭祥瑞、程昊 |
| 資電類 | 4G211141 | 基本電學(含實習)完全攻略 | 陸冠奇 |
| | 4G221141 | 電子學(含實習)完全攻略 | 陸冠奇 |
| | 4G321122 | 數位邏輯設計完全攻略 | 李俊毅 |
| | 4G331113 | 程式設計實習完全攻略 | 劉焱 |

# 目次

**再版核心與本書特色** ........ (6)
**高分準備秘訣** ........ (7)
**113年命題分析** ........ (8)

## 第一章 電子學概論暨工場安全教育

**第一節** 電子學發展的歷史 ........ 1
**第二節** 電子學發展的趨勢 ........ 2
**第三節** 定義與單位 ........ 2
**第四節** 色碼電阻器 ........ 3
**第五節** IC 腳位 ........ 3
**第六節** 焊錫 ........ 4
**第七節** 三用電表 ........ 4
**第八節** 示波器 ........ 6
**第九節** 信號產生器 ........ 7
**第十節** 電源供應器 ........ 8
**第十一節** RLC 表 ........ 8
**第十二節** 工場安全教育 ........ 9
試題演練 ........ 13

## 第二章 二極體及應用電路

**第一節** 半導體 ........ 15
**第二節** PN 接面 ........ 17
**第三節** 二極體的識別與特性 ........ 18
**第四節** 稽納二極體特性與作用 ........ 21
**第五節** 整流器 ........ 21
**第六節** 濾波器 ........ 24
**第七節** 倍壓器 ........ 27
**第八節** 截波電路 ........ 28
**第九節** 箝位電路 ........ 31
試題演練 ........ 34

## 第三章　雙極性接面電晶體

第一節　雙極性電晶體之特性 ........ 53
第二節　雙極性電晶體之判別 ........ 55
第三節　雙極性電晶體之功用 ........ 56
第四節　雙極性電晶體之特性曲線 ........ 57
第五節　直流工作點 ........ 58
第六節　固定偏壓 ........ 60
第七節　分壓偏壓 ........ 61
第八節　回授偏壓 ........ 62
試題演練 ........ 64

## 第四章　雙極性接面電晶體放大電路

第一節　小訊號電路模型 ........ 73
第二節　共射極放大電路 ........ 74
第三節　共集極放大電路 ........ 76
第四節　共基極放大電路 ........ 77
第五節　三種基本放大器之比較 ........ 78
試題演練 ........ 80

## 第五章　金氧半場效電晶體

第一節　場效電晶體之種類與特性 ........ 86
第二節　場效電晶體G、D、S之判別 ........ 90
第三節　場效應電晶體功用 ........ 91
試題演練 ........ 93

## 第六章　金氧半場效電晶體放大電路

第一節　場效電晶體小訊號電路模型 ........ 95
第二節　共源極放大電路 ........ 96
第三節　共汲極放大電路 ........ 97
第四節　共閘極放大電路 ........ 97
第五節　BJT與FET之比較 ........ 98
試題演練 ........ 99

## 第七章　多級放大電路

第一節　直接耦合放大器 102
第二節　電阻／電容耦合放大器 103
第三節　疊接放大器 104
第四節　變壓器耦合放大器 105
第五節　多級放大率之表示與計算 107
試題演練 108

## 第八章　金氧半場效電晶體數位電路

第一節　金氧半場效電晶體反相器 112
第二節　金氧半場效電晶體反及閘與反或閘 117
第三節　金氧半場效電晶體數位電路 120

## 第九章　音訊放大電路

第一節　A類放大器 122
第二節　B類、AB類 123
第三節　C類放大器 126
第四節　A類、B類、AB類及C類放大器之比較 127
試題演練 128

## 第十章　運算放大器

第一節　差動放大 133
第二節　運算放大器 135
第三節　非反相放大器 137
第四節　反相放大器 137
第五節　加／減法器 138
第六節　微分器 138
第七節　積分器 139
第八節　比較器 140
試題演練 141

## 第十一章　運算放大器振盪電路及濾波器

第一節　巴克豪生振盪條件 164
第二節　正弦波產生電路 165

**第三節** 石英晶體振盪電路 ........ 167
**第四節** 無穩態多諧振盪器 ........ 168
**第五節** 單穩態多諧振盪器 ........ 169
**第六節** 雙穩態多諧振盪器 ........ 170
**第七節** 555計時器IC ........ 170
**第八節** 施密特觸發電路 ........ 173
**第九節** 施密特振盪電路 ........ 175
**第十節** 三角波產生電路 ........ 177
**第十一節** 一階濾波器 ........ 178
試題演練 ........ 181

## 第十二章 歷年試題

**103年** 電子學（電機類、資電類） ........ 196
**103年** 電子學實習（電機類） ........ 202
**103年** 電子學實習（資電類） ........ 207
**104年** 電子學（電機類、資電類） ........ 212
**104年** 電子學實習（電機類） ........ 217
**104年** 電子學實習（資電類） ........ 221
**105年** 電子學（電機類、資電類） ........ 224
**105年** 電子學實習（電機類） ........ 230
**105年** 電子學實習（資電類） ........ 234
**106年** 電子學（電機類、資電類） ........ 237
**106年** 電子學實習（電機類） ........ 243
**106年** 電子學實習（資電類） ........ 247
**107年** 電子學（電機類、資電類） ........ 251
**107年** 電子學實習（電機類） ........ 257
**107年** 電子學實習（資電類） ........ 261
**108年** 電子學（電機類、資電類） ........ 264
**108年** 電子學實習（電機類） ........ 270
**108年** 電子學實習（資電類） ........ 274
**109年** 電子學（電機類、資電類） ........ 277
**109年** 電子學實習（電機類） ........ 285
**109年** 電子學實習（資電類） ........ 289
**110年** 電子學（電機類、資電類） ........ 293
**110年** 電子學實習（電機類） ........ 298

**110年** 電子學實習（資電類）.................................. 303
**111年** 電子學／電子學實習....................................... 307
**112年** 電子學／電子學實習....................................... 314
**113年** 電子學／電子學實習....................................... 321

## 解答與解析

**第一章** 電子學概論暨工場安全教育................................................................327
**第二章** 二極體及應用電路..........................................................................329
**第三章** 雙極性接面電晶體..........................................................................340
**第四章** 雙極性接面電晶體放大電路................................................................345
**第五章** 金氧半場效電晶體..........................................................................350
**第六章** 金氧半場效電晶體放大電路................................................................352
**第七章** 多級放大電路................................................................................354
**第八章** 金氧半場效電晶體數位電路................................................................357
**第九章** 音訊放大電路................................................................................358
**第十章** 運算放大器...................................................................................363
**第十一章** 運算放大器振盪電路及濾波器..........................................................378
**第十二章** 歷年試題...................................................................................386

**103年** 電子學（電機類、資電類）....................386
**103年** 電子學實習（電機類）388
**103年** 電子學實習（資電類）390
**104年** 電子學（電機類、資電類）....................391
**104年** 電子學實習（電機類）395
**104年** 電子學實習（資電類）396
**105年** 電子學（電機類、資電類）....................397
**105年** 電子學實習（電機類）400
**105年** 電子學實習（資電類）402
**106年** 電子學（電機類、資電類）....................403
**106年** 電子學實習（電機類）405
**106年** 電子學實習（資電類）408
**107年** 電子學（電機類、資電類）....................409
**107年** 電子學實習（電機類）412
**107年** 電子學實習（資電類）415
**108年** 電子學（電機類、資電類）....................416
**108年** 電子學實習（電機類）419
**108年** 電子學實習（資電類）420
**109年** 電子學（電機類、資電類）....................421
**109年** 電子學實習（電機類）424
**109年** 電子學實習（資電類）426
**110年** 電子學（電機類、資電類）....................427
**110年** 電子學實習（電機類）431
**110年** 電子學實習（資電類）433
**111年** 電子學／電子學實習...434
**112年** 電子學／電子學實習...438
**113年** 電子學／電子學實習...442

# 再版核心與本書特色

根據108課綱（教育部107年4月16日發布的「十二年國民基本教育課程綱要」）以及技專校院招生策略委員會107年12月公告的「四技二專統一入學測驗命題範圍調整論述說明」，本書改版調整，以期學生們能「**結合探究思考、實務操作及運用**」，培養核心能力。

電子學的內容相當廣泛，從**直流偏壓到交流訊號的分析**，從**半導體元件到電路系統的概念**，相信是許多同學的夢魘。所幸四技二專統測僅考選擇題，故艱深偏僻之題目反不常見，使得考試難易度並不如想像中的困難。此科目出題的年代相當久遠，只要**將歷屆試題多予演練加以分析，很容易找出考題的範圍**。而電子學實習與電子學考試範圍和內容相當類似，一起準備可收事半功倍之效，故本書將此兩科目一併收錄，以便同學使用。

本書希望以最精簡的篇幅，輔助學生考上理想的目標學校，**去蕪存菁，刪除不曾考過或極少出現的內容**，期待同學能以最有效率的方式，以有限的時間及精力專注在曾經考過以及可能會再考的範圍上。乍看之下，同學可能會認為本書內容非如坊間一般以厚取勝的參考書豐富，但若能熟讀，效果必定有過之而無不及。

整體而言，電子學和電子學實習要考滿分並不困難，但是天下事沒有不勞而獲的，正所謂一分耕耘，一分收獲，各位讀者除藉由本書掌握重點外，**建立正確的讀書方法，充分且有效規劃您的複習計劃**，努力不懈，才能事半功倍，邁向成功。

陸冠奇

# 高分準備秘訣

對於有相當程度的學生來說，可將重點放在**釐清觀念**，分辨清楚各精選試題中所希望考出的重點；最好能訓練到將各種元件之小訊號模型擺在腦中，**快速解題**，加強演算答題速度，力求滿分。

至於程度稍次的學生，無需灰心，因考題中仍包含許多記憶性試題以及相當簡易的固定計算。此時考生應先著重在**基本觀念的建立**，因為電子電路的內部結構雖變化萬千，但其目的與用途卻是固定的，熟記這些觀念，亦可解決不少的重要題目。接著則從各精選試題中，**演練熟悉觀念**，將書本中的知識，深刻的記憶在腦海裏，如此必能獲得高分。

以本人求學多年來參加聯考、研究所、技師及高考的經驗來看，考試獲得高分的重點並非在於建立完整的知識或廣博的學問，而是如何在短時間內將考試範圍內所要的答案完整快速的正確回答。欲達成此目標，不外乎是多看及多寫。

**多看** 多看並非是眾覽群書，因為準備考試並非如同學者作學問，求廣又求精。相反的，是要挑到一本好書，而且最好是薄薄的一本好書，然後**精讀**、**熟讀**、**反覆地多次讀之**，如此才能將考試內容深刻的記憶在腦中。

**多寫** 考試要拿高分，不只是讀懂讀會而已，還要知道如何在有限的時間內快速的作答，此唯有靠**平日多加演練**才能完成。因此，各位讀者在研讀此書時，除先將各章重點精要熟讀之外，應一面拿著紙筆計算演練歷年試題，方能得知學習的效果。

只要各位讀者能秉持上述方法多加練習，此科目並不難準備，只要平日準備充分，以平常心應考，即使要拿到接近滿分的高分亦不困難。最後，期勉諸君能更上一層樓，順利上榜。

# 113年命題分析

| 章節 | 111年<br>電子學／<br>電子學實習<br>（電機類、資電類） | 112年<br>電子學／<br>電子學實習<br>（電機類、資電類） | 113年<br>電子學／<br>電子學實習<br>（電機類、資電類） |
|---|---|---|---|
| 第一章　電子學概論暨工場安全教育 | 42 | 46, 47 | 42 |
| 第二章　二極體及應用電路 | 27、43 | 27, 28, 45 | 26, 43, 44 |
| 第三章　雙極性接面電晶體 | 28、44、45 | 29, 30 | 27, 28, 29 |
| 第四章　雙極性接面電晶體放大電路 | 29、30、33、34 | 31, 48 | 30, 45 |
| 第五章　金氧半場效電晶體 | 35 | 32, 33, 34 | 32, 46, 47 |
| 第六章　金氧半場效電晶體放大電路 | 47、48 | 35 | 33, 35, 36 |
| 第七章　多級放大電路 | 31、32、46 | 36, 49, 50 | 31, 34 |
| 第八章　金氧半場效電晶體數位電路 | 39、40 | 37 | 37 |
| 第九章　音訊放大電路 | — | — | — |
| 第十章　運算放大器 | 36、37、49 | 38, 39, 40, 41 | 38, 39, 48 |
| 第十一章　運算放大器振盪電路及濾波器 | 38、41、50 | 42, 43, 44 | 40, 41, 49, 50 |

註：表格中題號為原試題題號。

電子產業的重要性無庸置疑，半導體晶片製造業更是被稱為護國神山，在108課綱中加入數位邏輯電子電路的立意良好，不過三年來的命題比例不大，同學還是不能減少對類比電路的關注。以下三點為值得留意之處：

一、過去兩年試題第26題屬於基本電學範疇，這意味著電子學僅有24題。今年則合理增加到25題。

二、過去兩年的最後五題可歸類為實驗題，理論與實驗的佔比分別為八成和二成，這是一個合理的比重，應該可以維持。

三、音訊放大電路雖不在電子學課綱中，但列在電子學實習課綱內，可能因此導致過去三年未出題。學生仍需稍加準備，不應跳過。

# 電子學概論暨工場安全教育

## 第一節 電子學發展的歷史

從19世紀起，電子學的發展大致可分為三個時期。真空管發明於20世紀初期，至1970年以後逐漸被電晶體取代，而現在則進入積體電路時期。

**電子學的發展時期**

| 時期分類 | 說明 |
| --- | --- |
| 真空管時期 | 真空管根據內部接點量，可分為二極管、三極管、四極管、五極管及七極管，二極管可做整流用，1906年發明的三極管具有放大功能，可作放大器使用。 |
| 電晶體時期 | 1947年，巴丁、布拉頓及蕭克利在美國貝爾實驗室製造出第一個具有放大電流效果的電晶體，經過演進，目前電晶體主要可分為雙極性電晶體（BJT）及場效電晶體（FET）。 |
| 積體電路時期 | 1958年德州儀器的基爾比發明由矽製成之積體電路，為目前電子產業最重要的元件。 |

積體電路依內部所含元件數及邏輯閘數大致可分為小型積體電路、中型積體電路、大型積體電路、超大型積體電路與極大型積體電路。因其分類隨人及時代改變而稍有不同，故詳細定義不須強記，僅需記住元件及邏輯閘的數目SSI＜MSI＜LSI＜VLSI＜ULSI。

**積體電路分類（邏輯閘數排列由少至多）**

| 中文 | 縮寫 | 原文 |
| --- | --- | --- |
| 小型積體電路 | SSI | Small-ScaleIntegration |
| 中型積體電路 | MSI | Medium-ScaleIntegration |
| 大型積體電路 | LSI | Large-ScaleIntegration |
| 超大型積體電路 | VLSI | Very-Large-ScaleIntegration |
| 極大型積體電路 | ULSI | Ultra-Large-ScaleIntegration |

## 第二節 電子學發展的趨勢

電子產業目前主要在3C：電腦（Computer）、通訊（Communication）及消費性電子（Consumer Electronics），未來除了在傳統3C方面，可能會增加汽車電子（Car）的比重，達到4C。

### 觀念加強

( ) **1** 一般而言，邏輯閘數目最少的積體電路為： (A) LSI (B) MSI (C) SSI (D) VLSI。

( ) **2** 積體電路中，依邏輯閘數目之多寡分類，且由多到少排序，何者正確？
(A)SSI＞MSI＞LSI＞VLSI (B)VLSI＞ULSI＞LSI＞MSI
(C)ULSI＞VLSI＞SSI＞LSI (D)ULSI＞VLSI＞MSI＞SSI。

## 第三節 定義與單位

在分析電路及實驗時，必須採用標準單位系統，以使所求得的數據，例如電流、電壓、功率、能量等符合量測的意義，通常採國際單位系統，簡稱SI制。

**單位表**

| | 單位 | 符號 |
|---|---|---|
| 電荷 | 庫侖 | C |
| 電流 | 安培 | A |
| 電壓 | 伏特 | V |
| 電阻 | 歐姆 | Ω |
| 電能 | 焦耳 | J |
| 電功率 | 瓦特 | W |
| 電感 | 亨利 | H |
| 電容 | 法拉 | F |
| 磁通 | 韋伯 | Wb |

**常用冪次代號表**

| 乘積 | 字首 | 符號 |
|---|---|---|
| $10^{12}$ | 萬億（Tera） | T |
| $10^{9}$ | 十億（Giga） | G |
| $10^{6}$ | 百萬（Mega） | M |
| $10^{3}$ | 仟（Kilo） | K |
| $10^{-3}$ | 毫（milli） | m |
| $10^{-6}$ | 微（micro） | $\mu$ |
| $10^{-9}$ | 奈（nano） | n |
| $10^{-12}$ | 微微（pico） | p |

## 第四節 色碼電阻器

因通常的電阻器體積很小，不適合在其上標示出規格，為方便辨識電阻器的阻值，在其表面上有環狀的色碼，常見的電阻器有四個色碼，精密電阻有五個色碼，較特殊者為僅三個色碼的電阻器。

五碼電阻的前三碼表示數值，第四碼表示次方，第五碼表示誤差；四碼電阻的前兩碼表示數值，第三碼表示次方，第四碼表示誤差；而三碼電阻類似四碼電阻，以前兩碼表示數值，第三碼表示次方，但誤差固定為20%。各顏色所代表的意義如下：

**電阻器色碼表**

| 色碼 | 黑 | 棕 | 紅 | 橙 | 黃 | 綠 | 藍 | 紫 | 灰 | 白 | 金 | 銀 |
|---|---|---|---|---|---|---|---|---|---|---|---|---|
| 數值 | 0 | 1 | 2 | 3 | 4 | 5 | 6 | 7 | 8 | 9 | ＼ | ＼ |
| 次方 | $10^{0}$ | $10^{1}$ | $10^{2}$ | $10^{3}$ | $10^{4}$ | $10^{5}$ | $10^{6}$ | $10^{7}$ | $10^{8}$ | $10^{9}$ | $10^{-1}$ | $10^{-2}$ |
| 誤差 | ＼ | 1% | 2% | 3% | 4% | 0.5% | 0.25% | 0.1% | 0.05% | ＼ | 5% | 10% |

## 第五節 IC 腳位

通常實驗室內的電子電路實驗主要使用傳統的TTL雙排腳位的邏輯IC（74系列IC），在第一腳旁會有凹陷或白點作為識別，再依逆時針方向計數腳位，若無凹點或白點作為識別時，則將IC缺口記號朝上，其左邊即為第一腳。

## 第六節　焊錫

焊錫為現代電子工業中使用最廣的焊接劑材料，雖名為焊錫，但主要成分為錫和鉛以及其他金屬所組成的合金。錫的成分約佔六成，且錫的比例會影響焊錫的熔點，例如，Sn64/Pb36的熔點在190ºC，Sn60/Pb40的熔點在185ºC，可知**錫的成份越少熔點越低**。

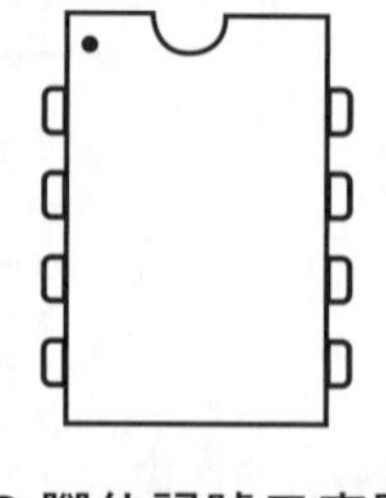

IC 腳位記號示意圖（第一腳在左上腳）

## 第七節　三用電表

三用電錶就是可以測量電阻、電壓和電流三種用途的電表。電壓與電阻以並聯量測，較為簡便；而電流則需以串聯量測，需切斷電路再串聯，故較少使用。

早期的三用電表為類比指針式，現在多以改用數位數字式的三用電錶，不僅使用上較為簡便，判讀不易出錯，精確度亦有提升。

圖 1-1　類比指針式三用電表

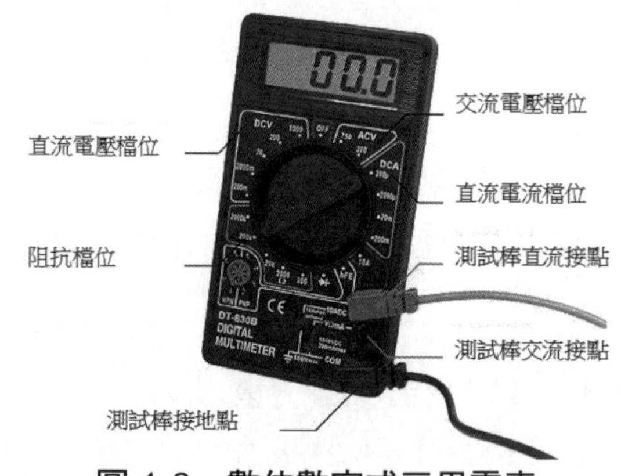


圖 1-2　數位數字式三用電表

### 一、電壓量測

電壓有分直流電（DC）和交流電（AC），需將測試棒插入正確的位置，並挑選正確的檔位。此外，測量直流電時要注意區分正極及負極，交流電則不需要。

### 二、電阻量測

因**電阻以歐姆Ω為單位**，故測量通常電阻的檔位通常亦稱為歐姆檔。測量電阻係利用三用電錶本身的電力送至待測電阻，故在缺電的情況下無法使用。

若使用類比指針式三用電表，需先將兩支探針碰觸，調整使指針歸零；數位數字式三用電表則不必。此外，類比指針式三用電表的電阻值讀數係由右自左，和電壓與電流的讀取方式相反；數位數字式三用電表亦無此問題。

需注意的是，**在量測電阻時，不可在通電的情況下測量**，否則電錶可能會燒毀。

## 三、電流量測

電流亦分直流電（DC）和交流電（AC），因交流電的平均電流為零，故**通常的三用電表僅具量測直流電流的功能**，必需另外以交流電表才能測量交流電值。**測量電流時必須將電路切斷，與電表串聯再測量**，不可直接與待測線路並聯，會燒毀電錶。

無論測量電壓、電阻或電流，在不知道待測值範圍時，應從**最大檔位**依序往下測量以免電表燒毀。

### 觀念加強

( ) **3** 三用電表使用「OUT」插孔時，選擇開關要撥在 (A) DCV 檔 (B) ACV 檔 (C)歐姆檔 (D) DCmA 範圍內。

( ) **4** 三用電表使用歐姆檔測試時，投在 (A) Rxl (B) Rx10 (C) RxK (D) Rx10K 檔位置所消耗的電流最大。

( ) **5** 三用電表使用完畢後，應將選擇開關撥在 OFF 或 (A) DCV 檔 (B) ACV 檔 (C) DCmA 檔 (D)歐姆檔最大值位置。

( ) **6** 三用電表之「OUT」插孔較「＋」端插孔在表內部多串聯一個 (A)電阻器 (B)電感器 (C)二極體 (D)電容器。

( ) **7** 將三用電表撥在歐姆檔 Rxl0K 位置時，若指針無法歸零，要更換 (A) 15V (B) 3V (C) 6V (D) 9V 乾電池。

( ) **8** 三用電表量度電阻時作零歐姆歸零調整，其目的是在補償 (A)測試棒電阻 (B)電池老化 (C)指針靈敏度 (D)接觸電阻。

( ) **9** 傳統三用電表不能測量 (A)交流電壓 (B)直流電壓 (C)交流電流 (D)直流電流。

(　　) **10** 指針型三用電表中非線性刻度是 (A)交流電壓 (B)交流電流 (C)電阻 (D)直流電流。

(　　) **11** 三用電表測量電阻時，若範圍選擇開關置於Rx10，指針的指示值為 (A) 50 (B) 500 (C) 5K (D) 50K。

(　　) **12** 指針型三用電表乃屬於 (A)靜電型電表 (B)電流力計型電表 (C)感應型電表 (D)可動線圈型電表。

(　　) **13** 測量直流電阻值可選用 (A)電壓表 (B)電流表 (C)馬克士威電橋 (D)歐姆表。

## 第八節 示波器

示波器（Oscilloscope）是在時域顯示信號形狀的儀器，也就是顯示信號隨時間改變的情況。示波器亦由類比示波器演進到數位示波器，兩者各有優缺點。類比示波器可作即時的量測，但無法清楚地抓住並顯示一個瞬時信號，且頻寬約限制在 1GHz；數位示波器雖然會將訊號延遲顯示，不僅在測量訊號時較為簡便，可自動判讀並顯示數值，甚至可將波形下載及儲存，另作分析，對大部分的使用者而言較為容易使用。

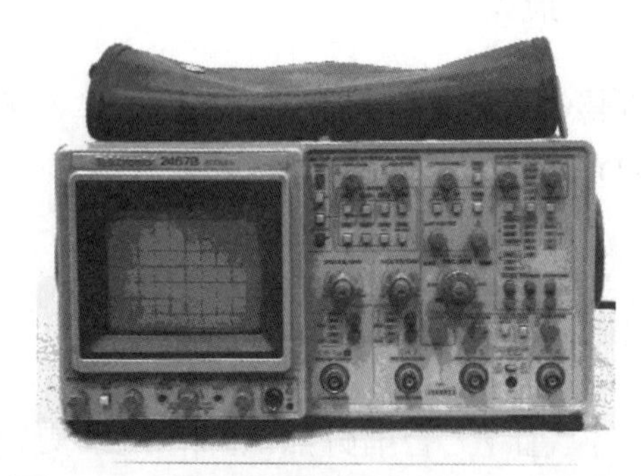

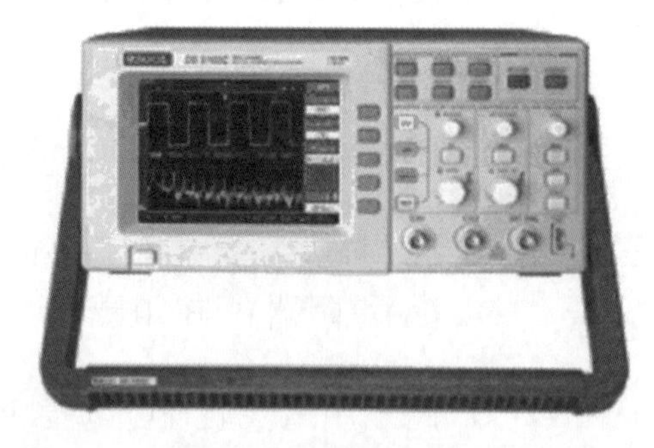

圖 1-3 類比示波器（Tek 2467B）　　圖 1-4 數位示波器（DS5000CA）

示波器的**橫軸表示時間，縱軸表示信號強度（電壓大小）**，另外有許多按鈕及旋鈕可配合量測。由**波形**可知訊號為直流或交流（通常交流訊號才有需要利用示波器測量）和訊號的電壓大小值，並可得知訊號的時間週期再換算為頻率。

## 第九節 信號產生器

信號產生器（Function Generator）又稱訊號產生器，可用以產生特定的波形輸出，通常搭配示波器使用，以信號產生器做為訊號的輸入端，而以示波器量測輸出之訊號。此外，在純數位電路中，通常使用邏輯信號產生器或數位信號產生器產生信號較為便利。

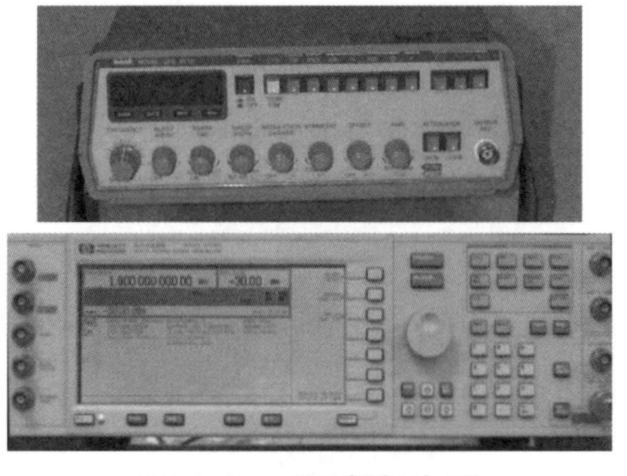

圖 1-5 信號產生器

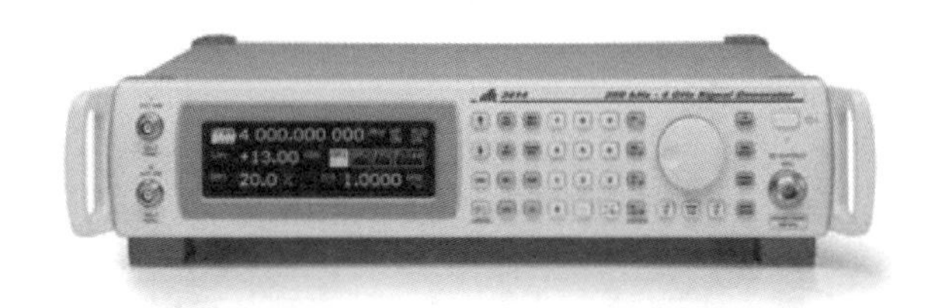


圖 1-6 數位信號產生器（Aeroflex 3416）

信號產生器可調整的項目至少有**波形**、**頻率**及**振幅**和**準位**，通常以下列步驟調整之：

### 一、選擇波形

一般波形產生器可產生三角波、方波或正弦波，按下適當之按鈕（或旋鈕）可產生所需之波形。

### 二、設定頻率

以頻率調整旋鈕調整頻率，通常可從接近直流之低頻調整至數MHz或數十MHz之高頻，有些機型設有粗調及微調之旋鈕。

### 三、振幅調整

利用振幅旋鈕調整電壓振幅之大小，通常可從**10mV調整至10V**。

### 四、準位調整

使用**DC Offset**之旋鈕，可調整輸出波形的直流準位，亦即輸出訊號平均電壓之大小。

### 五、工作週期

調整Duty旋鈕可調整波形左右之對稱性，若調至**CAL**之位置，則**波形左右對稱**。但在調整Duty旋鈕時，輸出波形之頻率會隨之改變。

## 第十節 電源供應器

電源供應器可提供**直流電源**給電路，可提供一組或兩組以上的獨立電源，並具有可調整電壓輸出範圍或可調整電流輸出範圍的可調電源輸出，有些電源供應器另具有可將輸出電壓固定在5V或12V的固定電壓輸出。

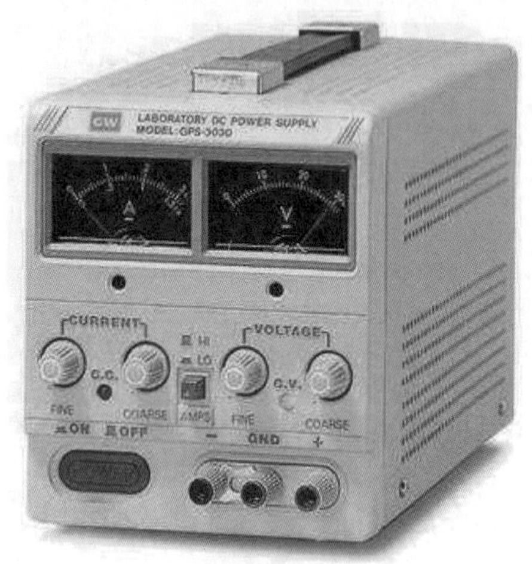


圖 1-7
指針式雙電源供應器（GPS-3030）

圖 1-8
數字式電源供應器（HY 1505D）

電源供應器的操作模式可分為輸出電壓固定而輸出電流可變的**定電壓**模式與輸出電流固定而輸出電壓可變的**定電流**模式。使用電源供應器時需注意**GND接地端與電路的接地點是否正確連接**，否則工作所需之電壓準位可能有誤。

可提供兩組以上獨立電源之電源供應器可能具有Independent/Tracking開關，若將Independent/Tracking的開關設定於Independent獨立的位置時，則各組電源獨立運作，電壓電流可分別獨立設定；若將開關設於Tracking相關的位置時，則兩組電源串聯，輸出電壓可加倍，且兩組電源僅能作相同的設定，由一組旋鈕來調整，而另一組旋鈕無作用。

## 第十一節 RLC 表

RLC表通常又稱為LCR表，可用以量測被動元件的電阻（R）、電感（L）與電容（C）。RLC表內部係以一正弦波震盪器產生交流信號送至電阻、電容或電感，然後檢測其輸出信號為超前或落後而判斷出元件之阻抗及感抗或容抗之值。

圖 1-9　LCR 表（ESCORT ELC-130）

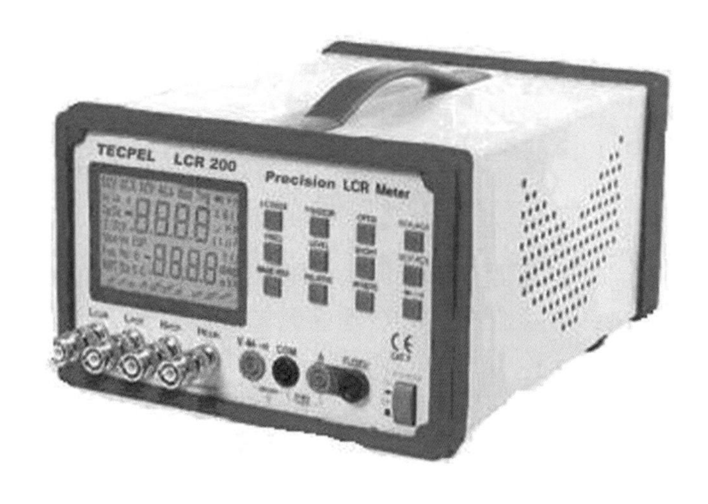


圖 1-10　手持式 LCR 表（TCPEL LCR-200）

**觀念加強**

(　　) **14** 電感的單位是　(A)法拉　(B)瓦特　(C)亨利　(D)伏特。

## 第十二節　工場安全教育

為確保人身安全，並養成正確的工作方法與習慣，同學在工場內實習時應注意下列安全教育與守則。

### 一、工業安全

| | |
|---|---|
| 一般安全 | 1. 工場佈置應有條理、並經常維護整潔，危險處應貼警告標誌或標明顏色。<br>2. 工作應穿工作服，並視工作需要而戴護目鏡或面罩，以策安全。<br>3. 工作時絕對禁止大聲講話、追逐嘻笑以及喧嘩之類事情。<br>4. 機具應確實維護、保持正常使用狀況，並保持固定的放置位置。<br>5. 工場應隨時注意防潮，並有良好的通風設備與光線、通道，照明設備應定期檢查，保持足夠照明亮度。<br>6. 廢料、垃圾應分別置於規定處所。<br>7. 實習後應關好門窗，並關掉水電開關，注意安全。<br>8. 工場應具備防火及救護等設備，人員應熟悉消防設備位置、工場安全逃生路線及逃生設備位置。 |

| | |
|---|---|
| 機具設備安全 | 1. 各科工具應依其特性，用適當方式，妥當安置於各特定位置，並建立保養卡實施定期保養。<br>2. 常用儀表使用時應注意事項與附件數量名稱，印成要點附於儀表易見之處，並隨時提醒學生操作時應行注意事項。<br>3. 操作機具、設備前必須先了解操作方法、步驟以及安全防護事項，非經允許，不可私自開動或操作機器設備。<br>4. 操作機具、設備前應先檢查外表及安全防護設備、如有明顯故障應立刻報告老師或工場管理員，不可繼續操作。<br>5. 操作機具、設備應專心，勿與他人談笑聊天。<br>6. 使用完畢之設備工具應擦拭清潔，如有損壞應即刻修護，機具、設備使用完畢後應將電源關閉，並待完全停機後始可離去。 |
| 用電安全 | 1. 使用電器前必須先徵得同意，並檢查電掣及電線是否完善。<br>2. 電源開關、插座等應適時檢查、維持良好堪用狀況。<br>3. 使用者的手及工作地點必須保持乾燥。<br>4. 電線、電器設備上絕不可擱置食物、飲料或物品。<br>5. 操作高壓線上之開關時，應戴絕緣手套，並以絕緣操作棒操作。<br>6. 電器用後應立即熄掣及取開插掣，同時檢查該電器，若有損壞必須立即報告。<br>7. 檢修線路或電器前應先切斷電源，不可使用起子或手指試驗線路或電源是否有電。<br>8. 有漏電的機器或設備不可使用，危險的電器設備應有安全標誌。<br>9. 發現有人觸電時，應迅速將電源切斷，再施以急救。 |
| 急救處理 | 1. 熟悉工場急救箱位置。<br>2. 急救箱應定期檢查並補充。<br>3. 若有意外，身體不適應立即報告師長處理與治療。<br>4. 如遇意外事故，應有人負責陪同受傷者赴醫。 |
| 心肺復甦術口訣 | 1. 叫：第一叫，呼叫病人，確定病患意識及呼吸。<br>2. 叫：第二叫，高聲求救，撥打119，拿取AED。<br>3. C：Circulation，施行胸外心臟按摩，約15秒壓胸30下。<br>4. A：Airway，壓額抬下巴，讓呼吸道暢通。<br>5. B：Breathing，人工呼吸2次，並反覆CAB動作。<br>6. D：Defibrillation，電擊去顫，使用AED刺激心臟回復正常心律。 |

## 二、消防安全

| | |
|---|---|
| 滅火器種類 | 1. 泡沫滅火器：使用時顛倒，左右擺動，使藥劑混合，產生含二氧化碳氣體的泡沫受壓噴出。<br>2. 二氧化碳滅火器：使用時拔出保險插梢，握住喇叭噴嘴前握把，壓下握把開關即將內部高壓氣體噴出。<br>3. 乾粉式滅火器：使用時拆掉封條，拔起保險插梢，噴嘴管朝向火點口壓下把手即噴出。<br>4. 海龍滅火器：將插梢拔出壓下把手即可。 |
| 滅火器使用要領 | 提 ➤ 由滅火器掛勾提起滅火器走向火源。<br>抽 ➤ 扭斷壓版保護插銷束帶抽出保護插銷。<br>拉 ➤ 拉出皮管指向火源。<br>壓 ➤ 壓下壓版。<br>射 ➤ 滅火藥劑射向火源。 |
| 火災應變 | 1. 工場應具備防火及救護等設備，人員應熟悉消防設備位置、工場安全逃生路線及逃生設備位置。<br>2. 依標示設備指示之方向逃生。<br>3. 使用滑台、避難梯、避難橋、救助袋、緩降機、避難繩索、滑杆及其他避難器具逃生。 |

## 三、電工法規簡介

現行我國電工法規主要源自**電業法**，然後再制定產生其他的子法，如屋內線路裝置規則、屋外供電線路裝置規則、電器承裝業管理規則、電業控制設備裝置規則以及專任電氣技術人員及用電設備檢驗維護業管理規則等。

### 觀念加強

(　　) **15** 停電作業時，下列那項作業為首要工作？ (A)檢電 (B)掛接地線 (C)掛「停電作業中」牌 (D)登桿工作。

(　　) **16** 活線作業橡皮手套使用前檢查內容包括 (A)有無割破或穿孔 (B)有無起泡 (C)無裂紋或電暈痕跡 (D)有無割破或穿孔、有無起泡、有無裂紋或電暈痕跡。

( ) **17** 對**成年人**感電患者施作口對口人工呼吸時，每分鐘最適宜的次數為 (A) 5 次 (B) 12 次 (C) 20 次 (D) 31 次。

( ) **18** 以**心臟按摩法**施救感電患者，每分鐘多少次最宜？ (A)15～20 (B) 30～40 (C) 60～70 (D) 80～90。

( ) **19** **水泡性灼傷**係屬於第幾度灼傷？ (A)一 (B)二 (C)三 (D)四。

( ) **20** 成年人第二度以上灼傷面積如超過全身表面積百分之多少時，即有生命危險 (A) 20 (B) 30 (C) 40 (D) 50。

( ) **21** 利用止血帶止血時，須每隔幾分鐘緩解一次，以便血液循環周流患處？ (A)五分鐘 (B)十五分鐘 (C)三十分鐘 (D)四十五分鐘。

( ) **22** 下列何種材料不得**替代止血帶**來止血？ (A)三角布 (B)手巾 (C)領帶 (D)膠帶。

( ) **23** 由患者出血之**顏色鮮紅**且呈**波狀噴出**，可判斷患者為何種出血？ (A)動脈 (B)靜脈 (C)微血管 (D)以上皆非。

( ) **24** 對成年人患者施作心臟按摩法急救時，應使其胸骨下陷多少公分最適宜？ (A) 1 (B) 2～3 (C) 5～6 (D) 8～10。

( ) **25** 施作口對口人工呼吸時，施救者應以一手揑住患者之那一部分，才能進行吹氣？ (A)耳朵 (B)鼻子 (C)脖子 (D)眼睛。

( ) **26** 以**俯式人工呼吸法**急救患者時，每分鐘最適宜之次數為 (A) 5次 (B) 10次 (C) 12次 (D) 20次。

( ) **27** 在電桿上對患者進行人工呼吸，每分鐘最適宜之次數為 (A) 8次 (B) 10次 (C) 15次 (D) 20次。

( ) **28** 對**小孩**施行口對口人工呼吸，每分鐘最適宜之次數為 (A) 10次 (B) 12次 (C) 15次 (D) 20次。

# 試題演練

## 經典考題

(　　) **1** 電子實習用的焊錫主要材料為：　(A)純錫　(B)錫銅合金　(C)錫鋁合金(D)錫鉛合金。

(　　) **2** 若指針式三用電表內部3V電池沒電時，則下列測量何者無法執行？(A)直流電壓　(B)交流電壓　(C)直流電流　(D)電阻。

(　　) **3** 使用指針式三用電表來測量7815的輸出電壓時，置於何檔較為恰當？
(A) ACV 50 V 檔　(B) ACV 250 V 檔
(C) DCV 50 V 檔　(D) DCV 250 V 檔。

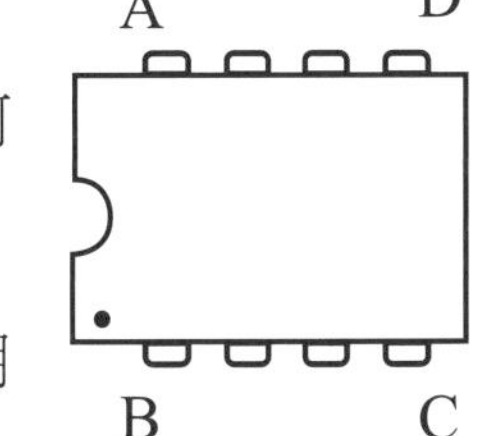


(　　) **4** 右圖為某IC的頂視圖，其第1支接腳的位置在何處？　(A)A　(B)B　(C)C　(D)D。

(　　) **5** 某日上實習課，小明設計一個數位邏輯電路，想用示波器量測上升時間，則下列操作何者為正確？
(A)調整水平軸時間　(B)調整垂直軸時間
(C)調整水平軸電壓　(D)調整垂直軸電壓。

(　　) **6** 若確定七段顯示器其中一段已燒毀，而無法發亮，經測試顯示數字4與5都正常，則哪一段燒毀？　(A) a段　(B) e段　(C) f段　(D) g段。

(　　) **7** 一電阻由左至右之色碼為黃紫橙金，則電阻值為？
(A) 4.7Ω±5%　(B) 47Ω±5%　(C) 4.7KΩ±5%　(D) 47KΩ±5%。

(　　) **8** 設計一個 ±15V 雙電源穩壓電路須使用之穩壓IC為？　(A) 7815，7915 各一顆　(B) NE555 兩顆　(C) 7815，NE555 各一顆　(D) 7805，7905 各一顆。

(　　) **9** 交換式電源供應器（SPS）的缺點為　(A)體積大　(B)效率低　(C)輸入電壓範圍小　(D)雜訊大。

(　　) **10** 一般實驗室中的直流電源供應器，係用來將交流電源轉換為直流電源，在經變壓器後，其轉換過程通常依序為何？
(A)整流→濾波→穩壓　(B)整流→穩壓→濾波
(C)濾波→整流→穩壓　(D)濾波→穩壓→整流。

( ) **11** 下列有關穩壓IC的敘述，何者有誤？
(A)7906輸出電壓為－6V
(B)7815輸出電壓為＋15V
(C)採用兩只7912可組成r12V的雙電源穩壓電路
(D)7800系列是三端子的正電壓穩壓器IC。

( ) **12** 如下圖所示之電源穩壓電路，圖中$IC_1$及$IC_2$為穩壓積體電路元件，如要獲得直流電源＋15V與－15V，該如何選用穩壓$IC_1$與$IC_2$的型號？
(A) $IC_1$為7815，$IC_2$為7815 (B) $IC_1$為7815，$IC_2$為7915
(C) $IC_1$為7915，$IC_2$為7815 (D) $IC_1$為7915，$IC_2$為7915。

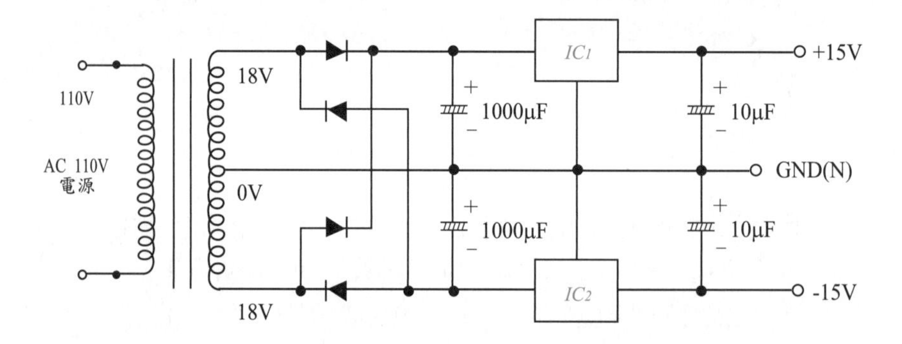


( ) **13** 某日上實習課，小明想要設計一個穩定電壓輸出電路，下列何者為完成電路的主要元件？ (A) LM317 (B) LM380 (C) LM725 (D) LM748。

## 模擬測驗

( ) **1** 色碼依序為紅紫金銀的電阻器其值為： (A) 0.27±5%Ω (B) 0.27±10%Ω (C) 2.7±5%Ω (D) 2.7±10%Ω (E) 27±5%Ω。

( ) **2** 將 15 伏特的電壓加在一色碼電阻上，若此色碼電阻上之色碼依序為紅、黑、橙、金，則下列何者為此電阻中可能流過之最大電流？ (A) 789μA (B) 889μA (C) 999μA (D) 1099μA。

( ) **3** 下列敘述何者正確？ (A)理想電壓表的內阻為零 (B)理想電流源的內阻為零 (C)理想電壓源的內阻為無限大 (D)理想電流表的內阻為零。

# 第二章 二極體及應用電路

## 第一節 半導體

### 一、本質半導體

目前半導體產業以四族的矽（Si）為主，但三族及五族元素的III-V族半導體亦佔重要地位。未加入任何雜質之純半導體，為本質半導體。

本質半導體在絕對溫度0K時，所有價電子均被束縛，如同絕緣體；溫度升高時，帶負電的電子脫離軌道而成為自由電子（矽需1.1eV使共價鍵斷裂），而電子脫離留下的空位，稱為電洞（帶正電）。

在本質半導體中，自由電子數等於電洞數，呈電中性，故電子濃度n等於電洞濃度p。

### 二、雜質半導體

在純半導體中加入雜質原子稱為雜質半導體，可提高半導體導電性，摻雜濃度愈高，阻抗越低，導電性愈強，可分二種形式：

雜質半導體分類

| | N 型半導體（施體） | P 型半導體（受體） |
|---|---|---|
| 摻雜原子 | 五價原子（磷 P、砷 As、銻 Sb，以磷為主） | 三價原子（硼 B、銦 In、鋁 l、鎵 Ga，以硼為主） |
| 多數載子 | 自由電子 | 電洞 |
| 少數載子 | 電洞 | 自由電子 |
| 電性 | 電中性 | 電中性 |

### 三、質量作用定律

在雜質半導體中，達成平衡時，自由電子濃度n與電洞濃度p之乘積為定值，稱為質量作用定律（mass action law，此處mass並非質量之意，但此為習知翻譯名稱，實際上此定律與質量無關，而是討論數量的關係），若本質濃度為$n_i$，則 $n \times p = n^2_i$。

## 觀念加強

( ) **1** 在P型半導體中，載子的狀況是：
(A)只有電洞 (B)只有電子
(C)有多數電子及少數電洞 (D)有多數電洞及少數電子。

( ) **2** 對一處於絕對零度〔0K〕之本質半導體，在此本質半導體之兩端加一電壓；若此本質半導體並未發生崩潰，則在本質半導體內
(A)有電子流，也有電洞流
(B)有電子流，但沒有電洞流
(C)沒有電子流，但有電洞流
(D)沒有電子流，也沒有電洞流。

( ) **3** 在本質半導體中，摻入下列何項雜質元素，即可成為P型半導體？
(A)磷 (B)硼
(C)砷 (D)銻。

( ) **4** 在矽半導體材料中，摻入三價的雜質，請問此半導體形成何種型式？半導體內部的多數載子為何？此塊半導體之電性為何？
(A) N 型半導體；電子；電中性 (B) N 型半導體；電子；負電
(C) P 型半導體；電洞；電中性 (D) P 型半導體；電洞；正電。

( ) **5** 在P型半導體中，導電的多數載子為何者？
(A)電子 (B)原子核
(C)電洞 (D)離子。

( ) **6** 矽、鍺半導體材料的導電性，隨溫度上升而產生何種變化？
(A)成為絕緣體 (B)減少
(C)不變 (D)增加。

( ) **7** 下列關於價電子與自由電子的敘述，何者錯誤？
(A)價電子位於原子核最外層軌道
(B)價電子成為自由電子會釋放熱能
(C)自由電子位於傳導帶
(D)價電子脫離原來的軌道所留下之空缺，稱為電洞。

# 第二節 PN 接面

## PN 接面偏壓分類

### 無偏壓

空乏區域
接合面
P
N
正負離子
$V_B$
空乏區域形成後

1. PN接合瞬間，P型區電洞往N型區擴散，N型區自由電子往P型區擴散，產生擴散電流。
2. 達成平衡後，接面附近剩下不可移動的P型負離子與N型正離子，無自由電子與電洞，稱為空乏區。
3. 因接合後P型區帶負電，N型區帶正電，形成障壁電位，可制止擴散電流。
4. 室溫下，矽半導體的障壁電位約為0.6V至0.7V，鍺的障壁電位約為0.2V至0.3V。

### 順偏（P 型接正電壓、N 型接負電壓）

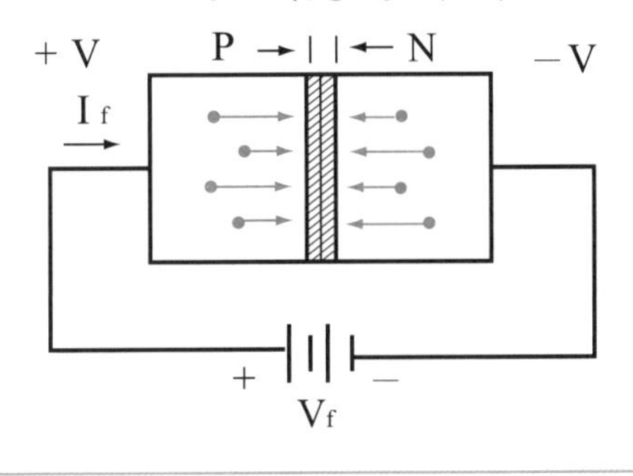


1. 順向偏壓小於障壁電位時，空乏區變窄，障壁電位降低。
2. 順向偏壓大於障壁電位時，空乏區消失，導通電流大增。

### 逆偏（P 型接負電壓、N 型接正電壓）

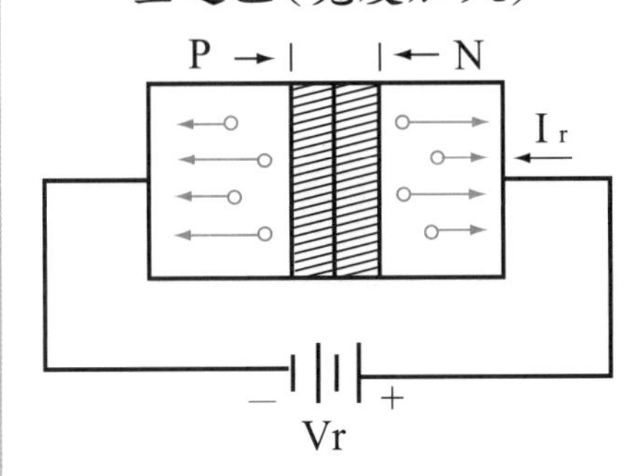


1. 空乏區變寬，障壁電位增加。
2. 少數載子通過空乏區，稱為漏電流或逆向飽和電流。

**觀念加強**

(　　) **8** 在室溫下，未加偏壓之PN二極體在PN接面附近的狀況為：
(A) P型半導體帶正電，N型半導體帶負電
(B) P型半導體帶負電，N型半導體帶正電
(C) P型及N型半導體皆不帶電
(D) P型及N型半導體所帶之電性不固定。

(　　) **9** 二極體的空乏區，隨著逆偏電壓的**增加**而產生何種變化？　(A)增加　(B)減少　(C)不變　(D)先減後增。

## 第三節　二極體的識別與特性

### 一、實際二極體

實際二極體的電壓電流關係（VI曲線）呈指數函數變化，其電路符號與VI曲線如下。三角形箭號方向表示電流的流向，亦即半導體由p向n的方向，在二級體元件外環畫有一圈白線表示n半導體，接電路的陰極。

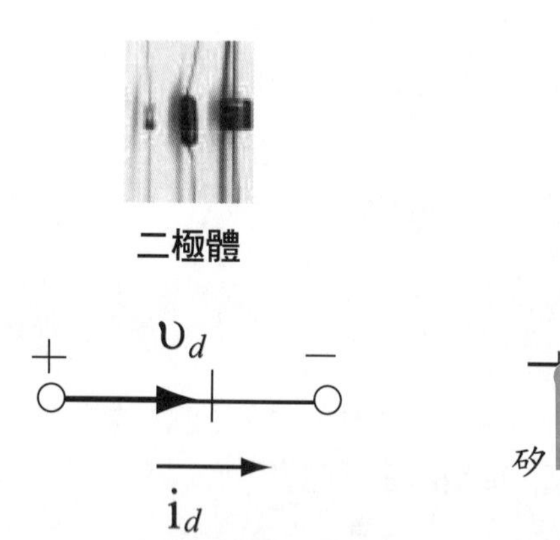


圖 2-1　二極體電路符號

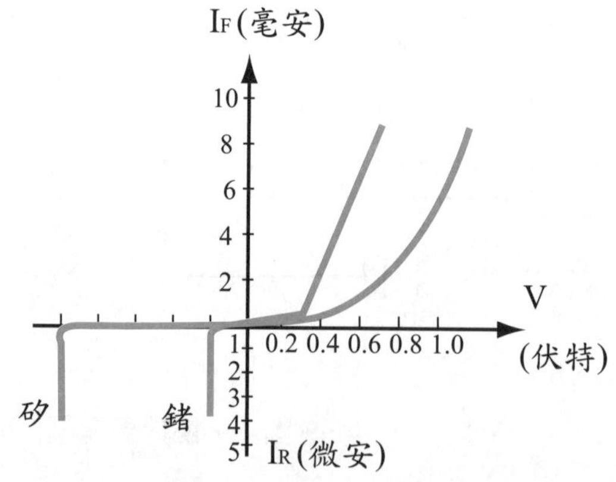


圖 2-2　實際二極體之電壓電流關係圖

通常二極體係由四價元素的矽或鍺半導體構成，鍺的切入電壓較小，較易導通，較適合用在檢波電路中。

**矽鍺二極體之差異**

| 材質 | 矽 | 鍺 |
|---|---|---|
| 切入電壓 | 0.6V | 0.2V |
| 切入電壓溫度係數 | 約－2.5mV/ºC | 約－1mV/ºC |
| 漏電流 | 小 | 大 |
| 漏電流溫度效應 | 每上升 10ºC 增加 1 倍 | 每上升 6ºC 增加 1 倍 |
| 崩潰電壓 | 大 | 小 |

## 二、理想二極體

二極體的電壓與電流關係相當複雜，並不適合手動計算，故常簡化成理想二極體，實際電路中可用二極體與運算放大器組成完成之。所謂**理想二極體**是指二極體**完全操作於導通與截止之兩種極端狀態**。當外加順向偏壓時，其順向電阻 $R_f=0$，二極體呈短路狀態；當外加逆向偏壓時，其逆向電阻 $R_r=\infty$，二極體呈開路狀態。

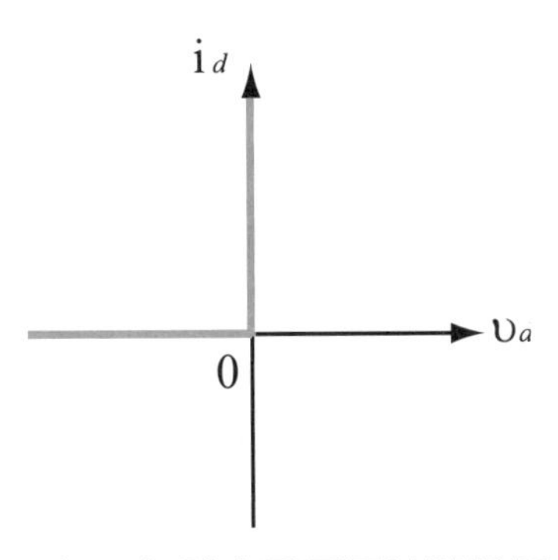

**理想二極體之電壓電流關係圖**

## 三、二極體功用

二極體的單向導通特性可應用在整流器、倍壓電路、截波器、箝位器、檢波、邏輯閘及電源電路等。而二極體的電容效應可製作可變電容二極體，用於自動頻率控制。

## 四、電容效應

在PN接合面的空乏區中沒有自由電子與電洞，可視為絕緣層，故結構如同電容器。

(一) **順向**偏壓時，以**擴散**電容或**儲存**電容（與**順向**偏壓成**正比**）為主。

(二) **逆向**偏壓時，以**過渡**電容或**空乏**電容（與**逆向**偏壓成**反比**）為主。

## 觀念加強

( ) **10** 下列有關二極體的敘述，何者**正確**？
(A)在順偏時，擴散電容與流過之電流量無關
(B)空乏區電容隨外加逆向偏壓之增加而減少
(C)當外加逆向電壓增加時，空乏區寬度將減少
(D)在固定之二極體電流下，溫度愈高，則二極體之順向壓降愈高。

( ) **11** 下列有關二極體**特性**的敘述，何者不正確？
(A)溫度上升時，切入電壓隨之降低
(B)溫度上升時，逆向飽和電流隨之增加
(C)擴散電容（diffusion capacitance）效應主要是在逆向偏壓時發生
(D)逆向偏壓越大時，則空乏區電容（depletion capacitance）越小。

( ) **12** 下列有關二極體**電容效應**的敘述，何者**正確**？
(A)過渡電容（transition_region capacitance）之值與二極體外加逆向偏壓大小無關
(B)二極體外加逆向偏壓增加，過渡電容之值亦增加
(C)擴散電容（diffusion capacitance）之值與二極體順向電流大小無關
(D)二極體順向電流增加，擴散電容之值亦增加。

( ) **13** 如右圖所示，使用電晶體控制繼電器時，二極體之作用為何？
(A)箝位波形
(B)整流波形
(C)加速電晶體之工作速度
(D)保護電晶體。

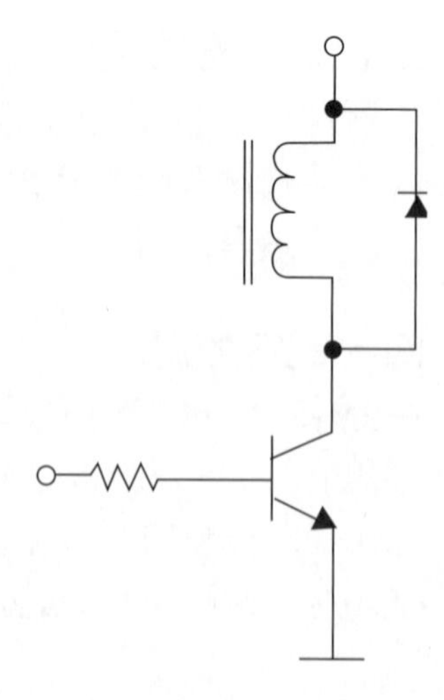

## 第四節　稽納二極體特性與作用

稽納二極體（或譯齊納二極體），其電路符號如下圖。稽納二極體順向導通電壓與一般二極體相同，約為0.7V，逆向導通時的電壓稱為崩潰電壓，約為數伏特至十幾伏特。

稽納二極體
電路符號

稽納二極體工作於逆向崩潰區時，具穩壓特性。崩潰電壓小於6V者，係以由高電場效應產生之齊納崩潰為主，該二極體的雜質摻雜量較高；崩潰電壓大於6V者，係以由熱效應效應產生之累增崩潰（雪崩崩潰）為主，該二極體的雜質摻雜量較低。通常作為保護電路、截波電路及電源電路等。

## 第五節　整流器

整流的目的係將交流電壓轉變為直流電壓（但非穩定的直流電壓），最主要的元件是PN二極體。依其電路結構可區分為半波整流和全波整流兩大類。

整流輸出的直流電壓或平均值電壓係直接將其電壓取平均值（$V_{av}=V_{dc}$），但從功率的觀點應用有效值（均方根值）表示電壓（$V_{eff}=V_{rms}$）。電壓的最大值與其有效值之比，稱為波峰因數C.F.，電壓的有效值與其平均值之比，稱為波形因數F.F.。要注意的是，若未經過整流電路，則無論弦波、方波或三角波的平均值均應為$V_{av}=0$。

**半波整流與全波整流之比較（以弦波輸入為例）**

| 分類 | 半波整流 | 全波整流 | |
|---|---|---|---|
| | | 中心抽頭 | 橋式整流 |
| 電路圖 | 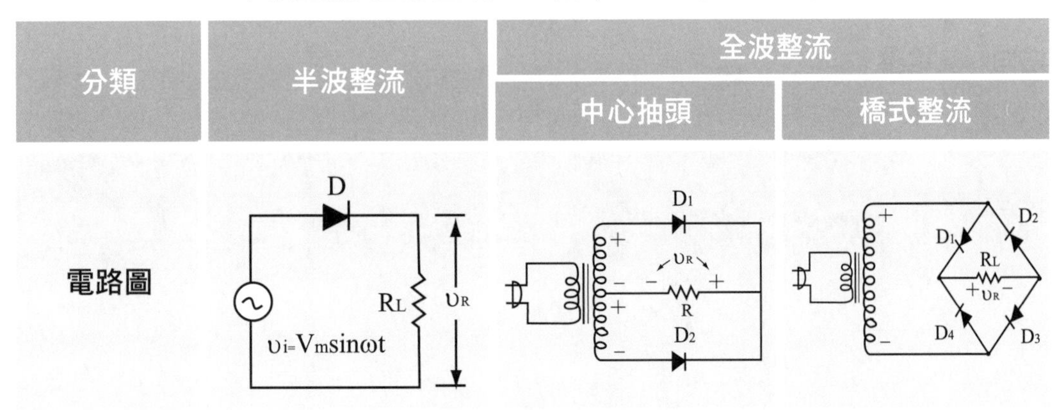 | | |

| 分類 | 半波整流 | 全波整流 | |
|---|---|---|---|
| | | 中心抽頭 | 橋式整流 |
| 輸出波形 | $\upsilon_R$, $V_m$, 0, $\pi$, $2\pi$, $3\pi$, $4\pi$, $\omega t$ | $\upsilon_R$, $V_m$, $\omega t$ | $\upsilon_R$, $V_m$, $\omega t$ |
| 平均值電壓<br>(直流電壓)<br>$V_{av}=V_{dc}$ | $\frac{V_m}{\pi}\approx 0.318V_m$ | $\frac{2V_m}{\pi}\approx 0.636V_m$ | $\frac{2V_m}{\pi}\approx 0.636V_m$ |
| 有效值電壓<br>(方均根電壓)<br>$V_{eff}=V_{rms}$ | $\frac{V_m}{2}=0.5V_m$ | $\frac{V_m}{\sqrt{2}}\approx 0.707V_m$ | $\frac{V_m}{\sqrt{2}}\approx 0.707V_m$ |
| 波形因數<br>$F.F.=\frac{V_{eff}}{V_{av}}$ | $\frac{\frac{1}{2}V_m}{\frac{1}{\pi}V_m}=\frac{\pi V_m}{2V_m}\approx 1.57$ | $\frac{\frac{1}{\sqrt{2}}V_m}{\frac{2}{\pi}V_m}=\frac{\pi V_m}{2\sqrt{2}V_m}\approx 1.1$ | $\frac{\frac{1}{\sqrt{2}}V_m}{\frac{2}{\pi}V_m}=\frac{\pi V_m}{2\sqrt{2}V_m}\approx 1.1$ |
| 波峰因數<br>$C.F.=\frac{V_{Max}}{V_{eff}}$ | $\frac{V_m}{\frac{1}{2}V_m}=2$ | $\frac{V_m}{\frac{1}{\sqrt{2}}V_m}=\sqrt{2}\approx 1.414$ | $\frac{V_m}{\frac{1}{\sqrt{2}}V_m}=\sqrt{2}\approx 1.414$ |
| 逆向峰值電壓<br>PIV | $V_m$ | $2V_m$ | $V_m$ |
| 漣波頻率f | $f_s$ | $2f_s$ | $2f_s$ |

**正弦波、方波與三角波輸入的比較（假設為全波整流時）**

| | 正弦波 | 方波 | 三角波 |
|---|---|---|---|
| $V_{eff}$ 或 $V_{rms}$ | $\frac{V_m}{\sqrt{2}}$ | $V_m$ | $\frac{V_m}{\sqrt{3}}$ |
| $V_{av}$ | $\frac{2}{\pi}V_m$ | $V_m$ | $\frac{1}{2}V_m$ |
| CF | $\sqrt{2}$ | 1 | $\sqrt{3}$ |
| FF | $\frac{\pi}{2\sqrt{2}}$ | 1 | $\frac{2}{\sqrt{3}}$ |

## 觀念加強

(　　) **14** 如右圖所示之整流電路，何者可得全波整流輸出：
(A)甲及乙
(B)乙及丙
(C)丙及丁
(D)甲及丁。

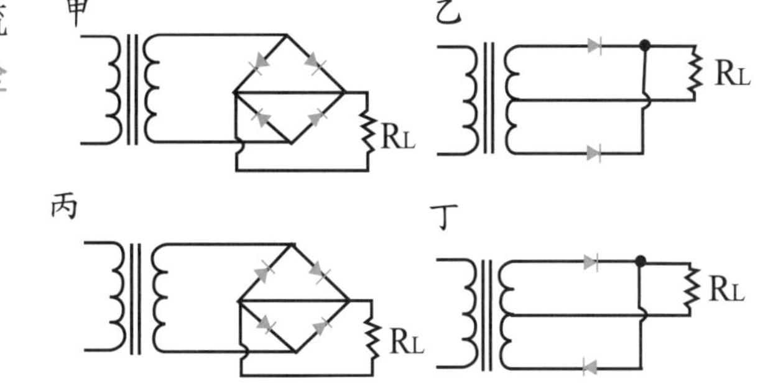


(　　) **15** 如下圖所示之甲、乙、丙、丁四種電路，圖中C代表電容器，並假設理想二極體，何者可得到正值2Vm之電壓輸出？ (A)甲 (B)乙 (C)丙 (D)丁。

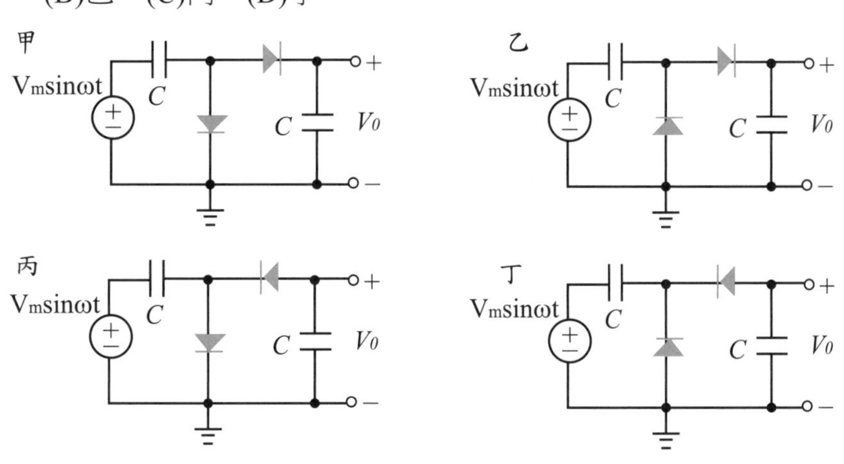

( ) **16** 橋式整流電路如右圖所示，假設二極體均為理想二極體，當輸入交流電壓$V_{in}(t)$ 大於零伏特時，請問二極體的狀態，下列描述何者正確？

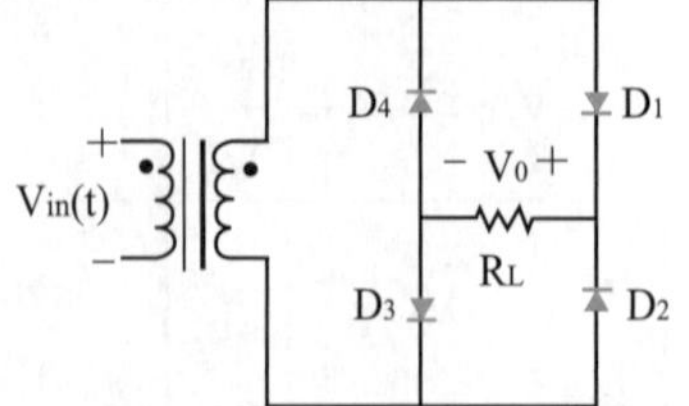


(A) $D_1$、$D_3$ 導通，$D_2$、$D_4$ 不導通
(B) $D_2$、$D_4$ 導通，$D_1$、$D_3$ 不導通
(C) $D_1$、$D_4$ 導通，$D_2$、$D_3$ 不導通
(D) $D_2$、$D_3$ 導通，$D_1$、$D_4$ 不導通。

( ) **17** 若一電源頻率為50Hz，經**半波整流**後，輸出電壓漣波頻率為何？
(A)25Hz (B)30Hz
(C)50Hz (D)60Hz。

( ) **18** 稽納二極體在電源調整電路中通常是作何用途？
(A)作為控制元件 (B)提供參考電壓
(C)作為取樣電路 (D)作為誤差檢測。

## 第六節 濾波器

在電源電路中，濾波電路係將脈動的直流電壓過濾為穩定的直流電壓，濾波電路係用在整流器之後，以構成完整的電源電路。

濾波電路之輸出直流電壓的變動為漣波電壓。對同樣的負載而言，全波整流的漣波電壓僅半波整流的一半，故全波整流較佳。除改用全波整流外，欲降低漣波電壓亦可用增加輸入電壓頻率或加大濾波電路之電容值改善之。漣波因數r係漣波電壓$V_{r(rms)}$與直流電壓$V_{dc}$之比值，$r=\frac{V_{r(rms)}}{V_{dc}}$，$V_{dc}$值愈小，代表濾波效果愈佳。

**電壓調整率**VR%係指未接負載時的無載電壓$V_{NL}$與接上負載時的滿載電壓$V_{FL}$之差與滿載電壓$V_{FL}$的百分比，即$VR\%=\frac{V_{NL}-V_{FL}}{V_{FL}}\times100\%$，其值愈小，表電源電路之**負載壓降**愈小，越不受負載影響越佳。

## 濾波器之種類與比較

### 電容濾波器

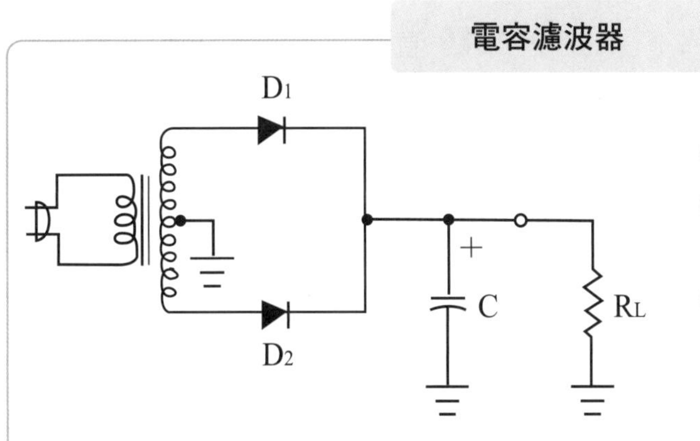


1. 電路最簡單之濾波器。
2. 負載越大，漣波電壓越大，僅適合小負載。
3. 未接負載時，因無電阻效應，漣波電壓最小。

### RC 濾波器

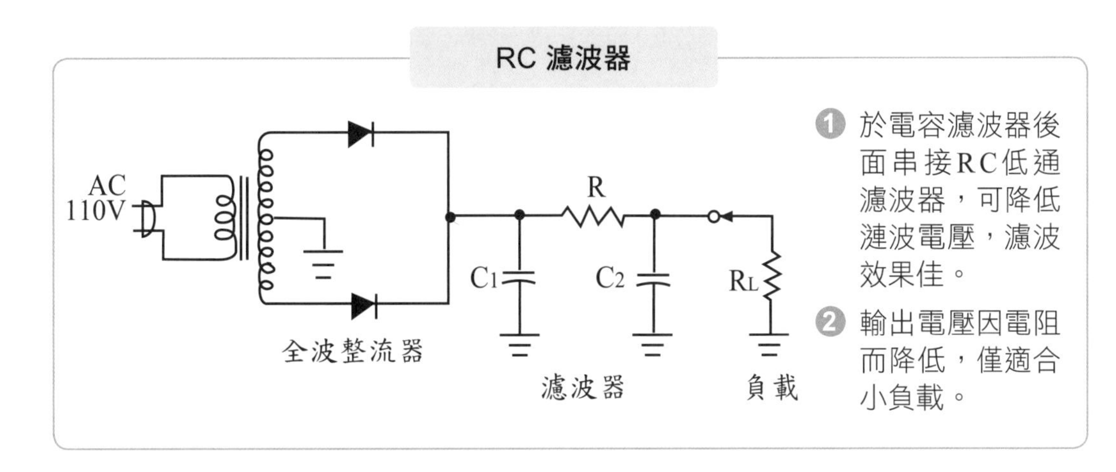


1. 於電容濾波器後面串接RC低通濾波器，可降低漣波電壓，濾波效果佳。
2. 輸出電壓因電阻而降低，僅適合小負載。

### CLC 型濾波器（$\pi$ 型濾波器）

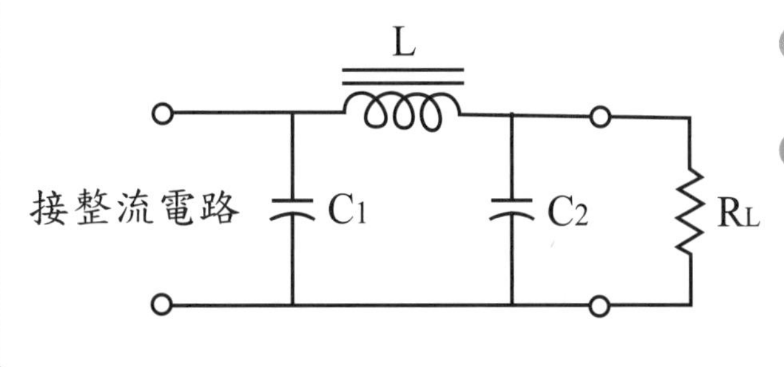


1. 以電感L來取代RC低通濾波器之電阻。
2. 直流時，電感等效阻抗甚小，可減少直流壓降，交流時，電感等效阻抗甚大，可減少漣波電壓通過。

## L型濾波器

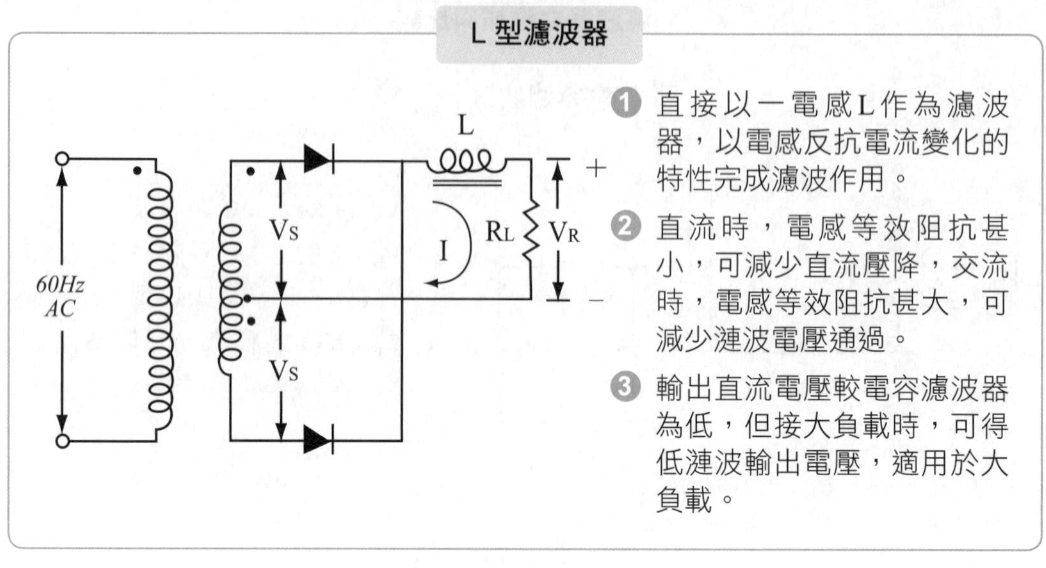


❶ 直接以一電感L作為濾波器，以電感反抗電流變化的特性完成濾波作用。

❷ 直流時，電感等效阻抗甚小，可減少直流壓降，交流時，電感等效阻抗甚大，可減少漣波電壓通過。

❸ 輸出直流電壓較電容濾波器為低，但接大負載時，可得低漣波輸出電壓，適用於大負載。

## 全波倍壓器

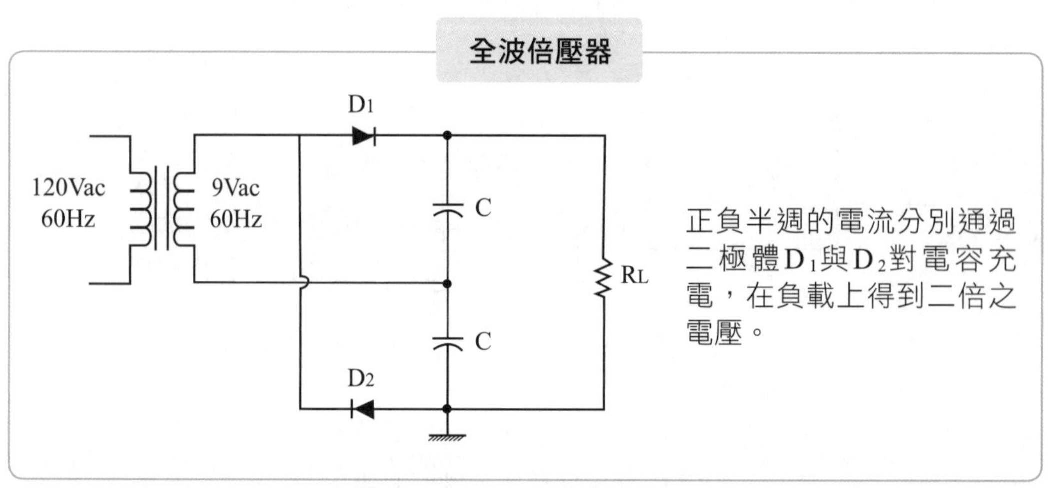


正負半週的電流分別通過二極體$D_1$與$D_2$對電容充電，在負載上得到二倍之電壓。

## 觀念加強

(　　) **19** 如圖所示之$\pi$型濾波器電路，下列何種作法，可達到降低輸出電壓漣波因數的效果？

(A)輸入端由半波整流器改為全波整流器
(B)降低 L 之電感值
(C)降低 $C_1$ 之電容值
(D)降低 $C_2$ 之電容值。

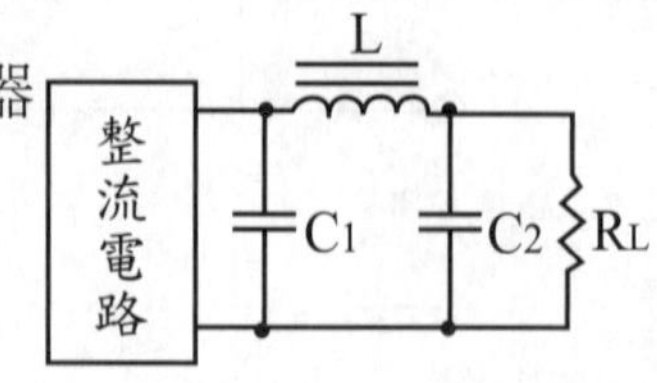

( ) **20** 如右圖所示，若D屬理想二極體，則下列何種做法對改善其漣波因素（ripple factor）的效果最差：
(A)將輸入電壓變小
(B)將電容值加大
(C)改用全波整流
(D)將電阻值加大。

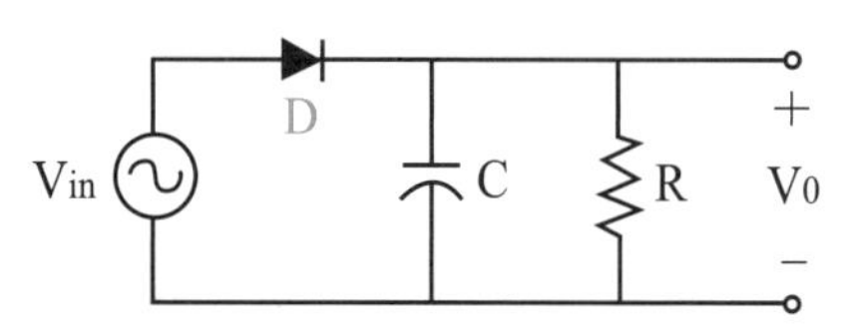


( ) **21** 電源電路中的RC濾波器是屬於下列何種濾波器？ (A)帶通濾波器 (B)高通濾波器 (C)低通濾波器 (D)帶斥濾波器。

( ) **22** 下列關於半波整流加上電容器濾波電路之敘述，何者錯誤？
(A)二極體所需的峰值反向偏壓（PIV）與未加上電容器濾波時一樣
(B)漣波頻率與未加上電容器濾波時一樣
(C)加上電容器濾波後電壓漣波因數得到改善
(D)加上電容器濾波後輸出電壓增加。

## 第七節 倍壓器

倍壓電路係利用電容儲存電荷的特性，將幾組整流後的電壓串聯起來，可以得到峰值電壓2倍、3倍……或更高倍數電壓輸出，但只能在耗電較輕的負載使用，並不適用大負載。依整流的方式不同可分為半波倍壓器與全波倍壓器。

### 半波倍壓器與全波倍壓器之比較

**半波倍壓器**

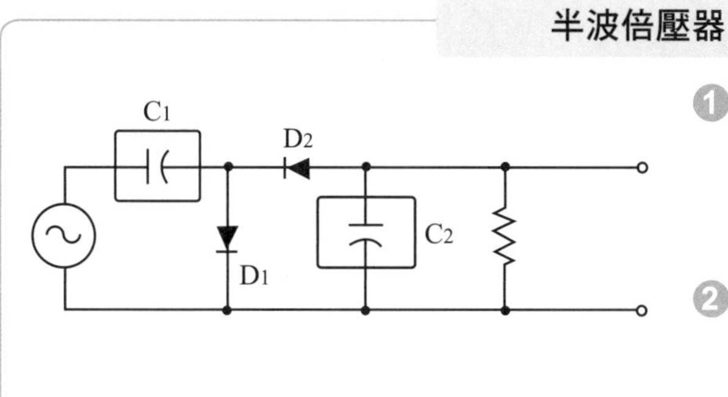


❶ 第一個電容與二極體構成箝位電路改變電壓準位，第二個電容作為濾波之用，在負載上可得到二倍之電壓。

❷ 圖中兩個二極體的方向一起相反亦可，唯輸出之二倍壓極性相反。

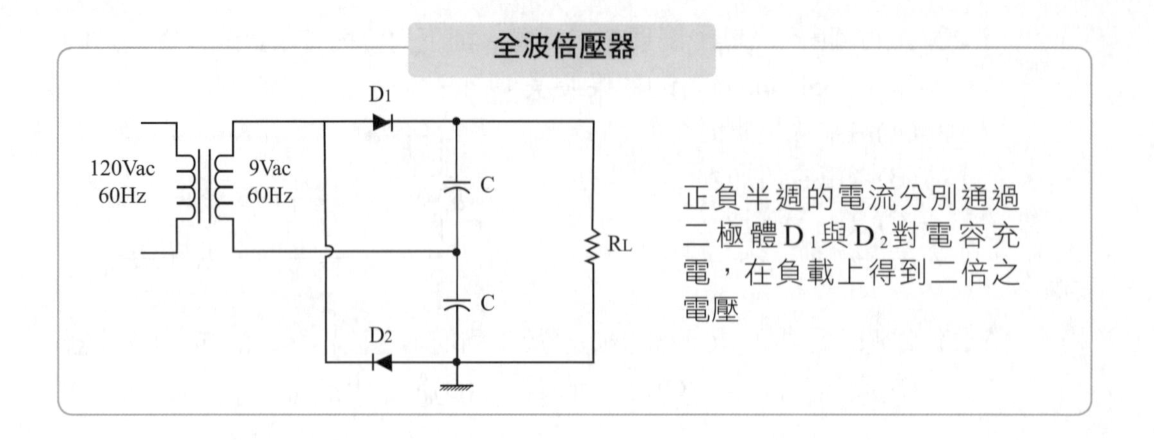


## 第八節 截波電路

截波電路係用以限制輸入信號準位，其輸出電壓的最大最小值必小於輸入電壓。

截波電路若依二極體與輸出電壓串並聯之關係可分為串聯型與並聯型。若依偏壓有無，則可分為無偏壓與有偏壓之截波器。當無偏壓時，輸出電壓波形均為完整之半波；當有偏壓時，串聯型截波電路的偏壓會先改變直流準位（類似箝位電路），再輸出0V上半部或下半部之波形，串聯型截波電路的偏壓則會以該偏壓為準位，再輸出該偏壓上半部或下半部之波形。

假設輸入波形如圖 2-3，其輸出波形如表 2-1～2-3 所示：

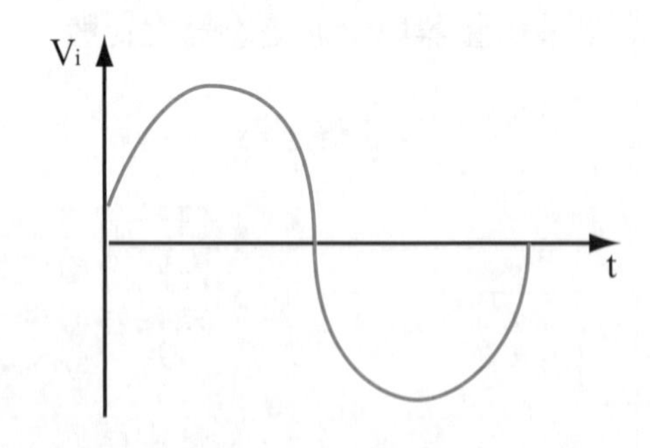


圖 2-3 截波電路之輸入波形

### 表2-1 無偏壓之截波器（假設為理想二極體）

| | | 電路圖 | 輸出電壓波形 | 說明 |
|---|---|---|---|---|
| 串聯截波器 | 二極體順向 | | | 1. 0V以上使二極體順向，輸出 $V_o=V_i$。<br>2. 0V以下二極體關閉。 |
| | 二極體逆向 | | | 1. 0V以下使二極體順向，輸出 $V_o=V_i$。<br>2. 0V以上二極體關閉。 |
| 並聯截波器 | 二極體順向 | | | 1. 0V以下使二極體關閉，輸出$V_o=V_i$。<br>2. 0V以上二極體導通，輸出為0V。 |
| | 二極體逆向 | | | 1. 0V以上使二極體關閉，輸出$V_o=V_i$<br>2. 0V以下二極體導通，輸出為0V。 |

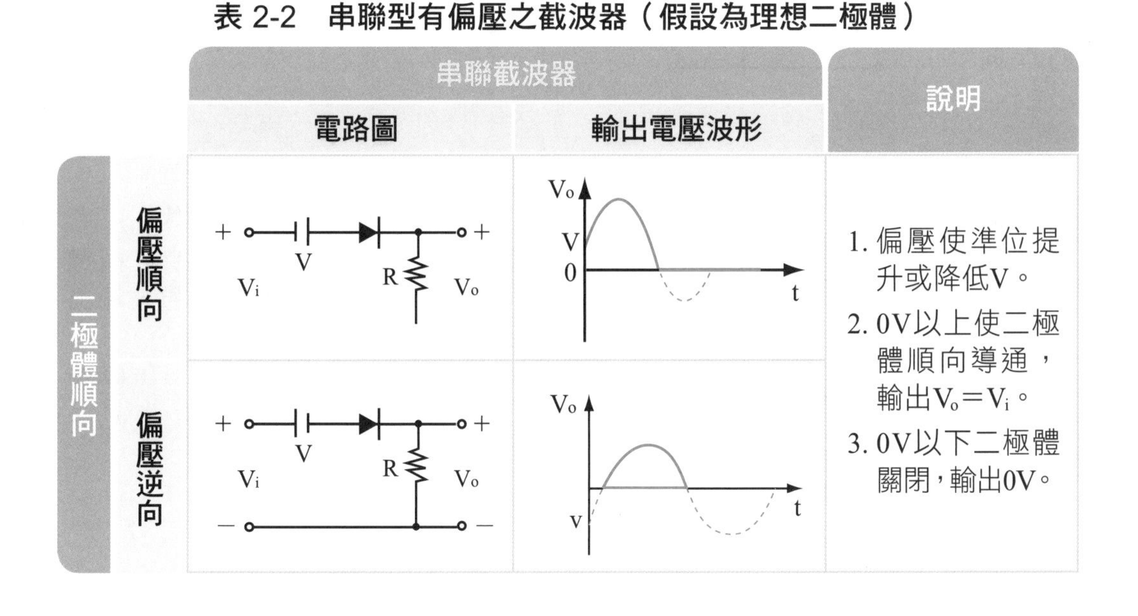

### 表 2-2 串聯型有偏壓之截波器（假設為理想二極體）

| | | 串聯截波器 | | 說明 |
|---|---|---|---|---|
| | | 電路圖 | 輸出電壓波形 | |
| 二極體順向 | 偏壓順向 | | | 1. 偏壓使準位提升或降低V。<br>2. 0V以上使二極體順向導通，輸出$V_o=V_i$。<br>3. 0V以下二極體關閉，輸出0V。 |
| | 偏壓逆向 | | | |

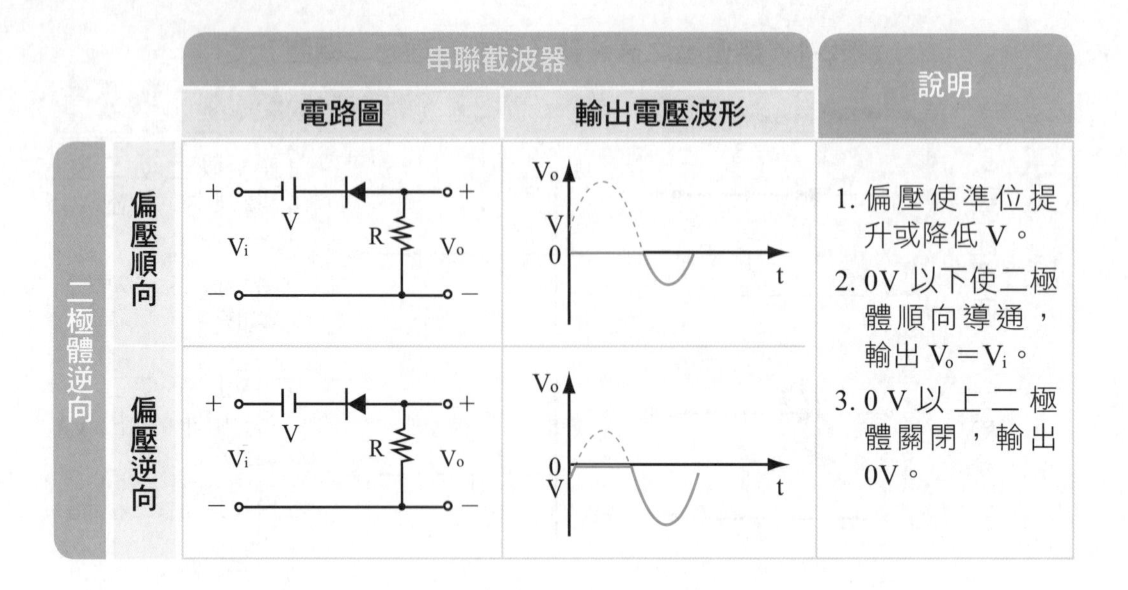

| | | 串聯截波器 | | 說明 |
|---|---|---|---|---|
| | | 電路圖 | 輸出電壓波形 | |
| 二極體逆向 | 偏壓順向 | | | 1. 偏壓使準位提升或降低 V。<br>2. 0V 以下使二極體順向導通，輸出 $V_o = V_i$。<br>3. 0 V 以上二極體關閉，輸出 0V。 |
| | 偏壓逆向 | | | |



表 2-3　並聯型有偏壓之截波器（假設為理想二極體）

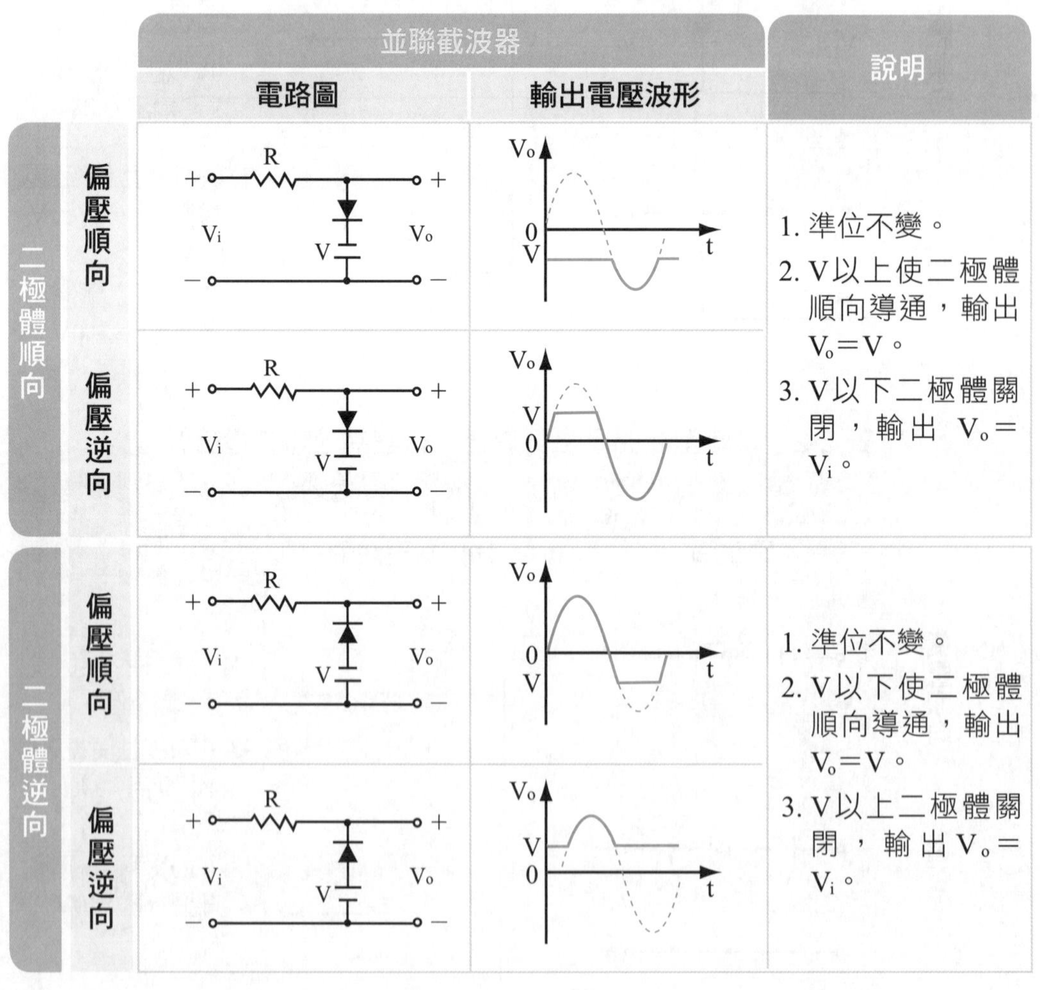

| | | 並聯截波器 | | 說明 |
|---|---|---|---|---|
| | | 電路圖 | 輸出電壓波形 | |
| 二極體順向 | 偏壓順向 | | | 1. 準位不變。<br>2. V以上使二極體順向導通，輸出 $V_o = V$。<br>3. V以下二極體關閉，輸出 $V_o = V_i$。 |
| | 偏壓逆向 | | | |
| 二極體逆向 | 偏壓順向 | | | 1. 準位不變。<br>2. V以下使二極體順向導通，輸出 $V_o = V$。<br>3. V以上二極體關閉，輸出 $V_o = V_i$。 |
| | 偏壓逆向 | | | |

截波電路可加以組合成雙向截波器，其可截掉輸入信號的兩個特定電壓準位。雙向截波電路可使用二極體稽納二極體，其中稽納二極體可雙向導通，但二極體僅可單向導通，故電路配置稍有不同。

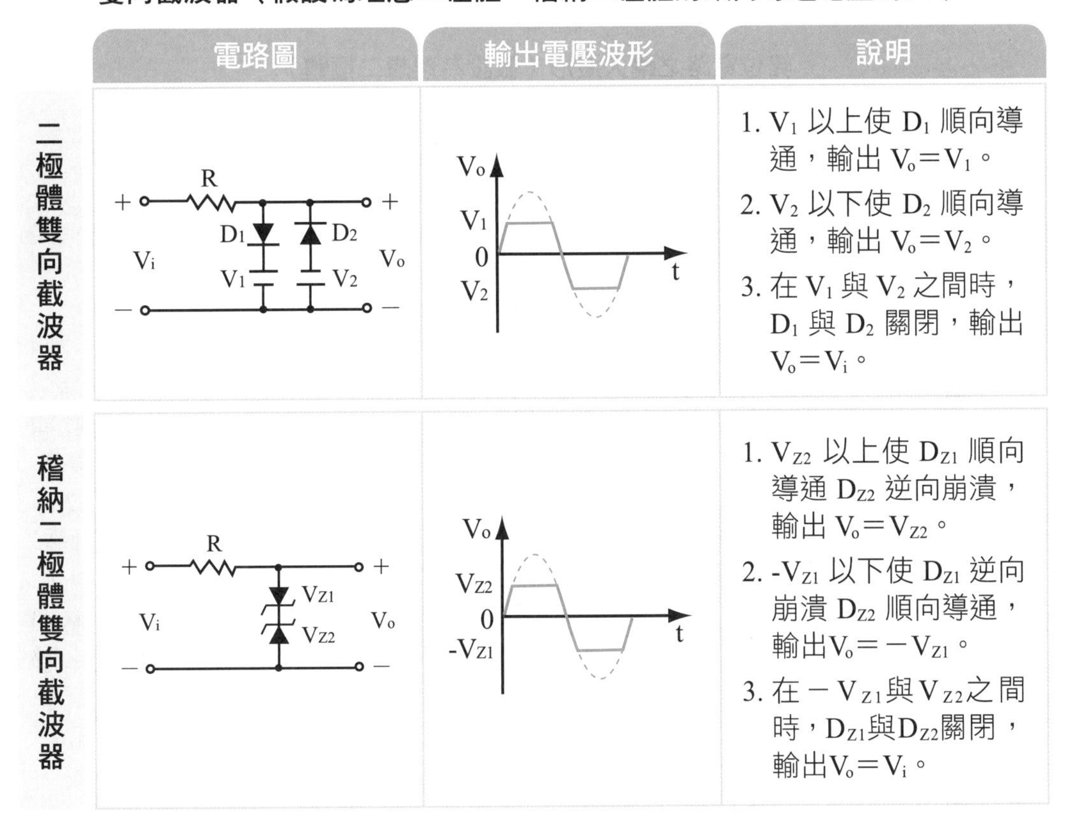

**雙向截波器（假設為理想二極體，稽納二極體的順向導通電壓為0V）**

| | 電路圖 | 輸出電壓波形 | 說明 |
|---|---|---|---|
| 二極體雙向截波器 | | | 1. $V_1$ 以上使 $D_1$ 順向導通，輸出 $V_o=V_1$。<br>2. $V_2$ 以下使 $D_2$ 順向導通，輸出 $V_o=V_2$。<br>3. 在 $V_1$ 與 $V_2$ 之間時，$D_1$ 與 $D_2$ 關閉，輸出 $V_o=V_i$。 |
| 稽納二極體雙向截波器 | | | 1. $V_{Z2}$ 以上使 $D_{Z1}$ 順向導通 $D_{Z2}$ 逆向崩潰，輸出 $V_o=V_{Z2}$。<br>2. $-V_{Z1}$ 以下使 $D_{Z1}$ 逆向崩潰 $D_{Z2}$ 順向導通，輸出$V_o=-V_{Z1}$。<br>3. 在 $-V_{Z1}$與$V_{Z2}$之間時，$D_{Z1}$與$D_{Z2}$關閉，輸出$V_o=V_i$。 |

## 第九節 箝位電路

箝位電路可將輸入信號定在某一個定電壓之上或之下，而其電壓差不變，波形亦保持不變。其主要係透過二極體單向導通之功能使電容充電至輸入信號最高或最低之電壓而改變電壓準位。

在箝位電路中主要係以其二極體方向決定訊號往上或往下移，至於偏壓之有無則改變其直流準位。

假設輸入波形如下圖，其輸出波形如下表所示：

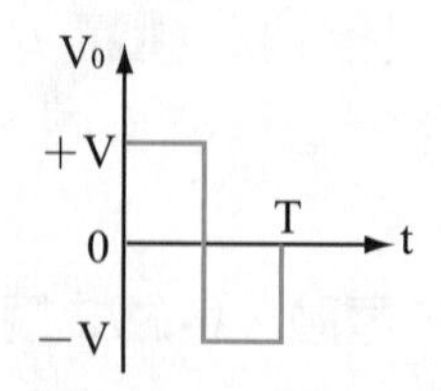


**箝位電路之輸入波形（假設為理想二極體）**

**箝位電路之輸出波形比較**

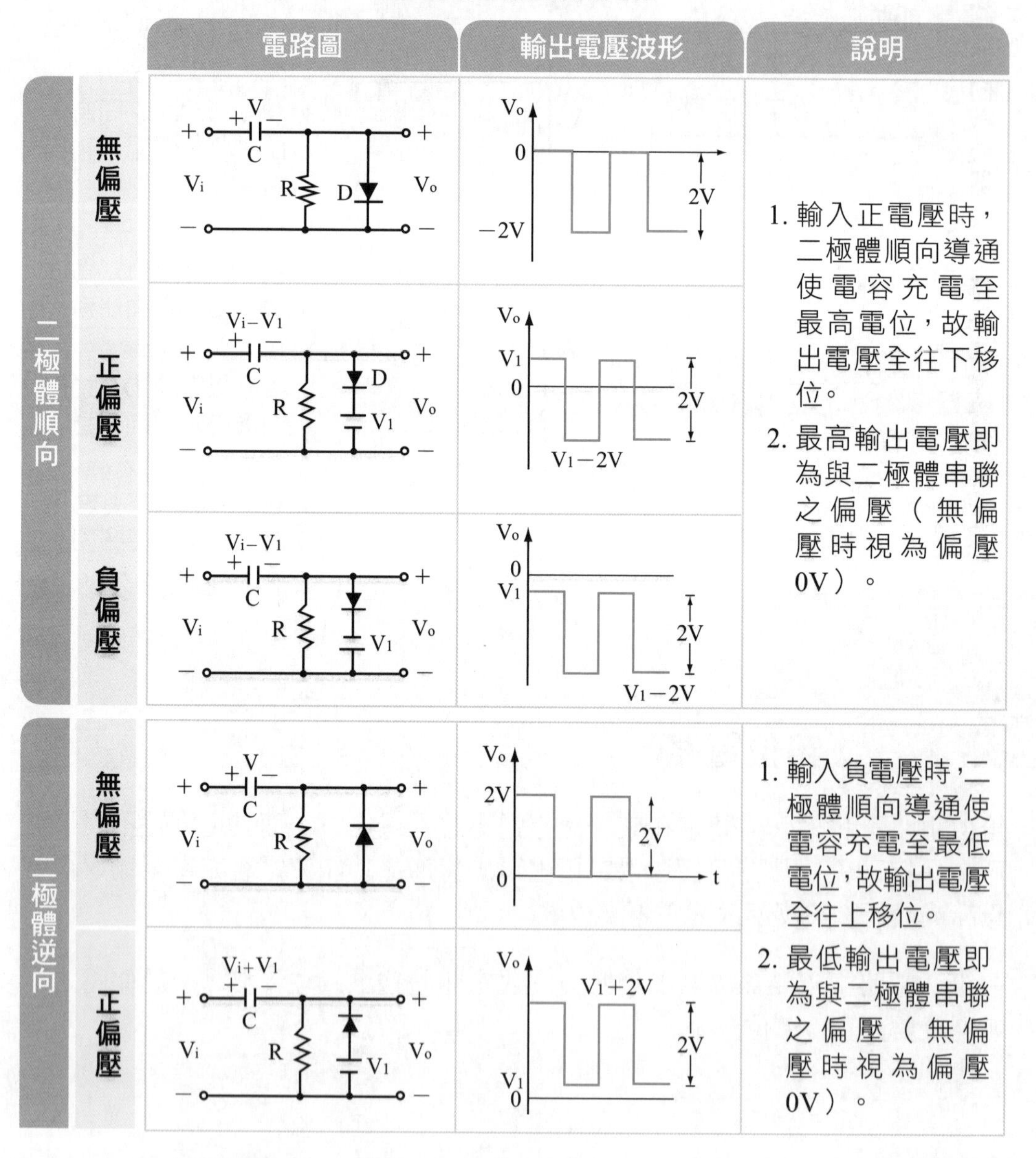

| | | 電路圖 | 輸出電壓波形 | 說明 |
|---|---|---|---|---|
| 二極體順向 | 無偏壓 | | | 1. 輸入正電壓時，二極體順向導通使電容充電至最高電位，故輸出電壓全往下移位。<br>2. 最高輸出電壓即為與二極體串聯之偏壓（無偏壓時視為偏壓0V）。 |
| | 正偏壓 | | | |
| | 負偏壓 | | | |
| 二極體逆向 | 無偏壓 | | | 1. 輸入負電壓時，二極體順向導通使電容充電至最低電位，故輸出電壓全往上移位。<br>2. 最低輸出電壓即為與二極體串聯之偏壓（無偏壓時視為偏壓0V）。 |
| | 正偏壓 | | | |

| | | 電路圖 | 輸出電壓波形 | 說明 |
|---|---|---|---|---|
| 二極體逆向 | 負偏壓 | 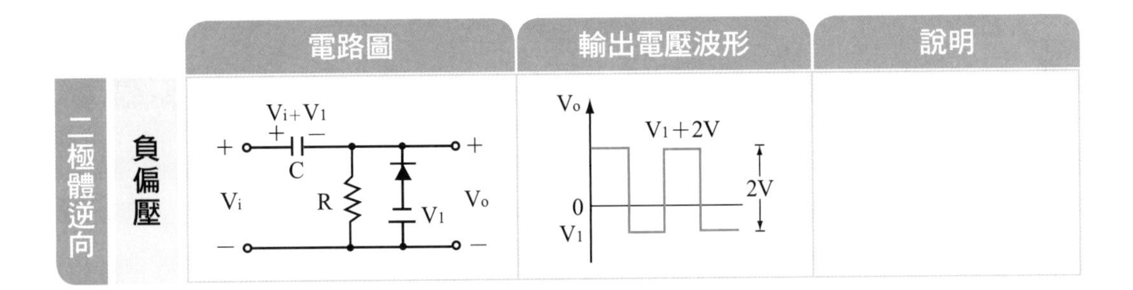 | | |



## 觀念加強

( ) **23** 下列那一電路，可得到如圖所示之輸入與輸出波形關係？

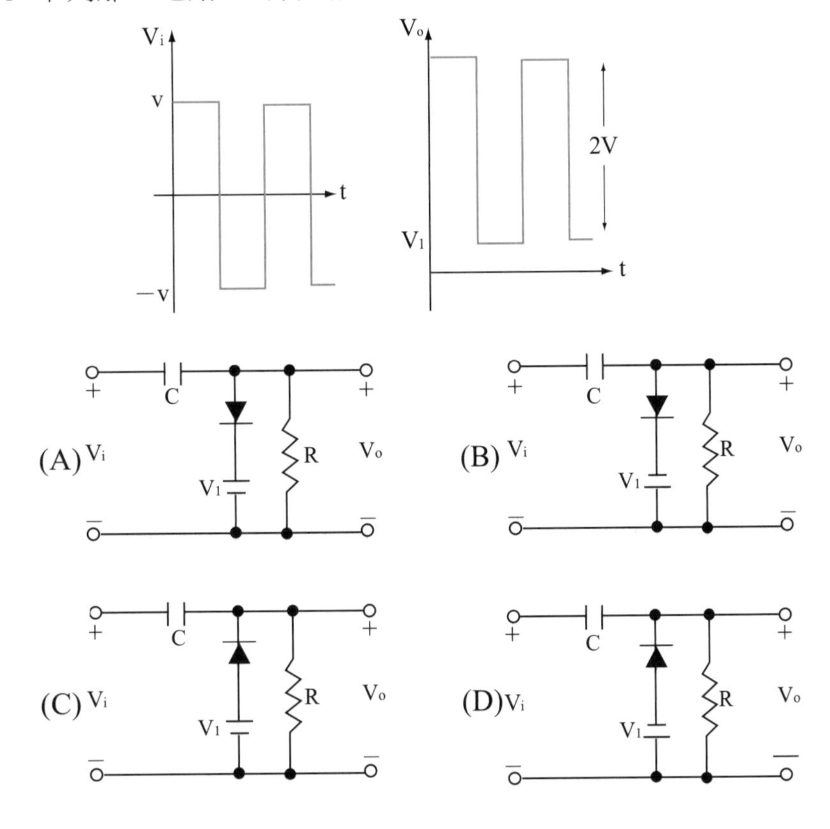

# 試題演練

## 經典考題

( ) **1** 如下圖所示，設 $D_1$，$D_2$為理想二極體，試求 $V_0$＝？

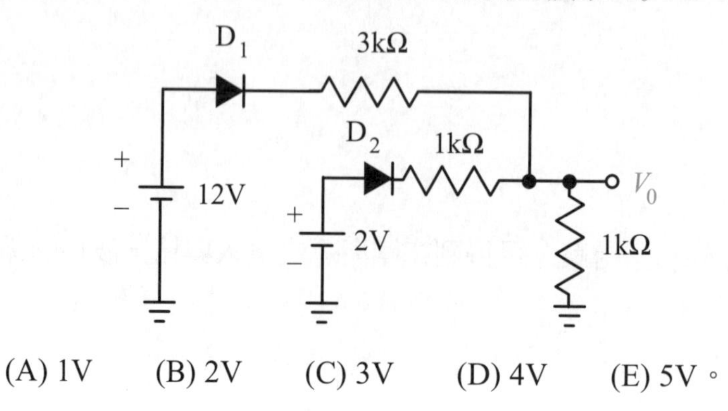


(A) 1V (B) 2V (C) 3V (D) 4V (E) 5V。

( ) **2** 如下圖所示，稽納二極體之稽納電壓為9V，則輸出電壓$V_0$＝？

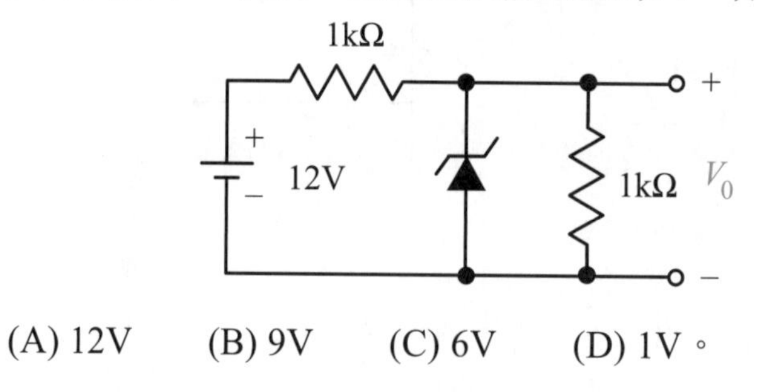


(A) 12V (B) 9V (C) 6V (D) 1V。

( ) **3** 如下圖所示電路，假設稽納（Zener）二極體之 $r_z$＝20Ω，$I_{zk}$＝2mA，$V_{zo}$＝6.7V，試求稽納二極體能適當工作在崩潰區之最小負載電阻值 $R_L$ 約為何？

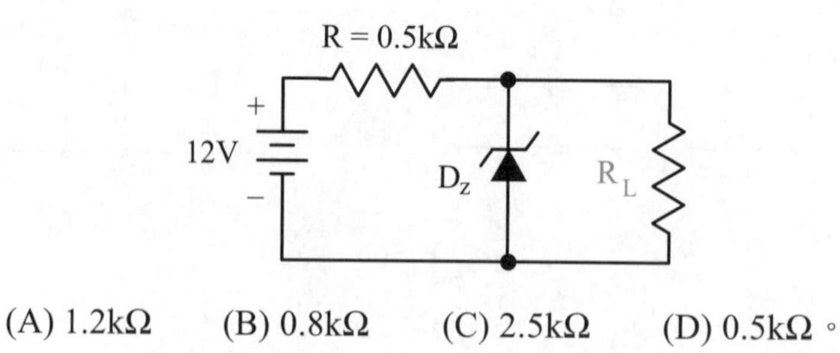


(A) 1.2kΩ (B) 0.8kΩ (C) 2.5kΩ (D) 0.5kΩ。

(　　) **4** 如右圖所示之二極體在流通1mA電流時，兩端的電壓差為0.7V，若$\eta = 1$且$V_T = 25mV$，則$V_D$為（計算時可參考底下的自然對數表）：

(A) 0.7V　　(B) 0.73V
(C) 0.76V　　(D) 0.79V。

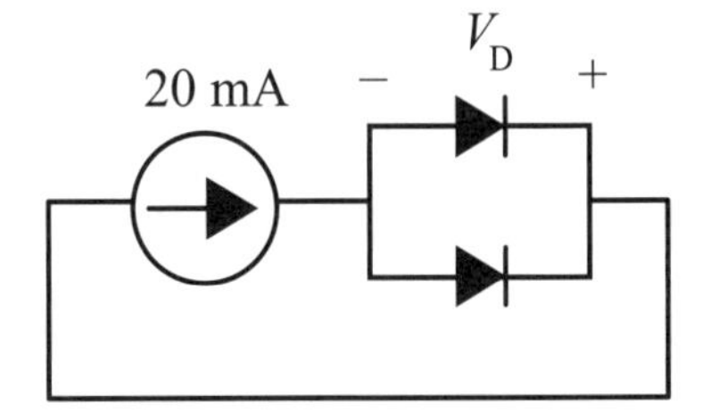


| ln2 | ln3 | ln4 | ln5 | ln6 | ln7 | ln8 | ln9 | ln10 | ln11 |
|---|---|---|---|---|---|---|---|---|---|
| 0.693 | 1.099 | 1.386 | 1.609 | 1.792 | 1.946 | 2.079 | 2.197 | 2.303 | 2.398 |
| **ln12** | **ln13** | **ln14** | **ln15** | **ln16** | **ln17** | **ln18** | **ln19** | **ln20** | |
| 2.485 | 2.565 | 2.639 | 2.708 | 2.773 | 2.833 | 2.890 | 2.944 | 2.996 | |

(　　) **5** 如右圖所示中$V_{in} = 20V$、$R_S = 1k\Omega$，稽納二極體$D_Z$的參數為$V_Z = 9.3V$、$I_{ZK} = 1mA$及$I_{ZM} = 6mA$，若忽略其稽納電阻，且二極體$D_1$之膝點電壓（knee voltage）為0.7V，則可讓稽納二極體$D_Z$正常運作之最低負載電阻$R_L$為：

(A) 959Ω　　(B) 1.11kΩ
(C) 1.98kΩ　　(D) 2.5kΩ。

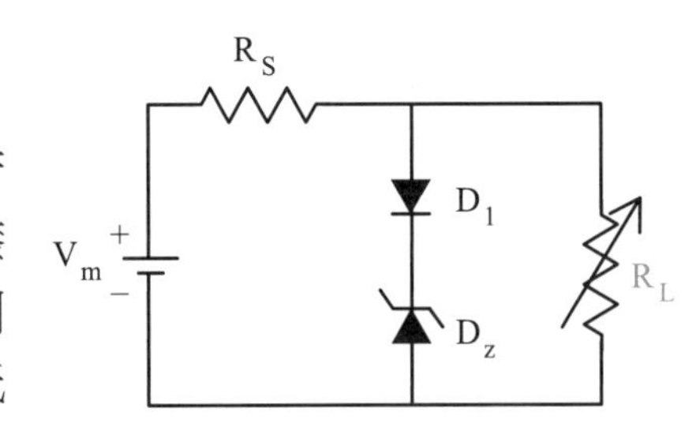


(　　) **6** 請使用二極體近似模型計算右圖之電路，假設二極體$D_1$與$D_2$之切入電壓$V_r = 0.7V$、順向電阻$R_r = 200\Omega$、及逆向電阻$R_r = \infty$，電路中之$R_s = 1.8k\Omega$及$R_L = 12k\Omega$，當$V_1 = V_2 = 2V$，請問$V_o = ?$

(A) 0.15V　　(B) 1.8V
(C) 0.1V　　(D) 1.2V。

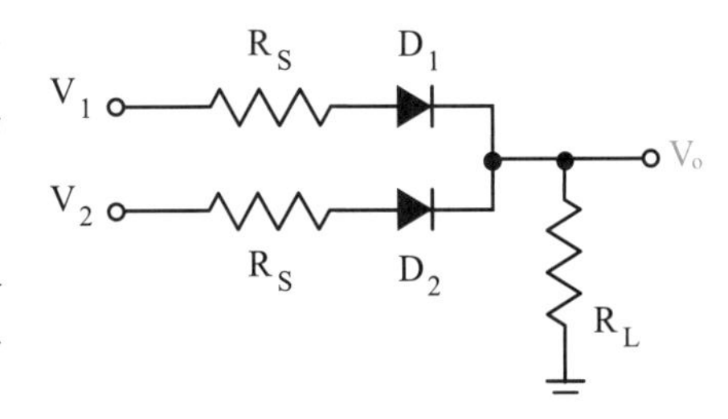


試題演練

(　　) **7** 如右圖所示，$V_i=30V$，稽納二極體的$V_z=15V$，則輸出電壓$V_o$為多少？
(A) 5V
(B) 10V
(C) 15V
(D) 30V。

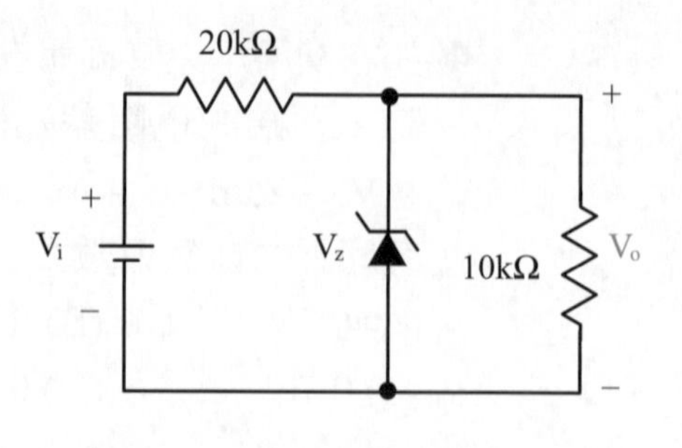


(　　) **8** 如右圖所示電路，稽納二極體的崩潰電壓為6V，則$I_z=$？
(A) 0.05A
(B) 0.1A
(C) 0.25A
(D) 0.5A。

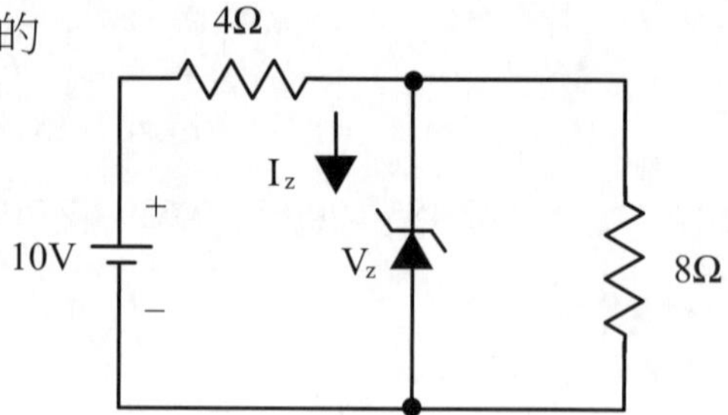


(　　) **9** 一純矽半導體，本質濃度$n=1.5\times10^{10}/cm^3$，原子密度為$5\times10^{22}/cm^3$，若於每$10^9$個矽原子摻入1個施體（donor）雜質，則其電洞濃度為多少？
(A)$4.5\times10^5/cm^3$　(B)$4.5\times10^6/cm^3$
(C)$4.5\times10^7/cm^3$　(D)$4.5\times10^8/cm^3$。

(　　) **10** 如右圖所示電路，$R_S=1k\Omega$，$R_L=5k\Omega$，$V_Z=10V$，則能使稽納二極體崩潰導通的最小輸入電壓$V_i$為多少？
(A) 9V
(B) 10V
(C) 12V
(D) 15V。

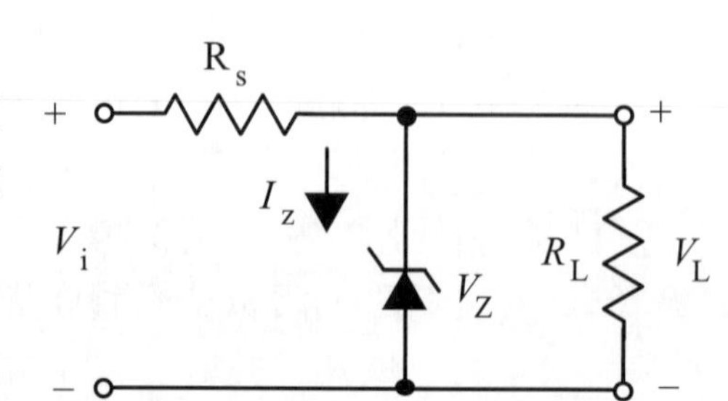


(　　) **11** 電子實習中，常使用**負電阻**電路，下列何者可正確完成電路？ (A)稽納二極體 (B)透納二極體 (C)蕭特基二極體 (D)變容二極體。

(　　) **12** 下列何者為二極體接**逆向偏壓**時的等效？
(A)短路 (B)斷路 (C)電阻 (D)電感。

( ) **13** 鍺二極體比矽二極體更適合做檢波器，其原因為何？
(A)鍺二極體的順向切入電壓較小
(B)鍺二極體的逆向峰值電壓較小
(C)鍺二極體的靜態電阻較大
(D)鍺二極體的動態電阻較小。

( ) **14** 下列何者不是二極體常見的功用？
(A)整流 (B)截波 (C)濾波 (D)保護。

( ) **15** 右圖中的二極體為理想二極體，求電路中電流I為多少？
(A) 5mA (B) 4mA (C) 3mA (D) 2mA。

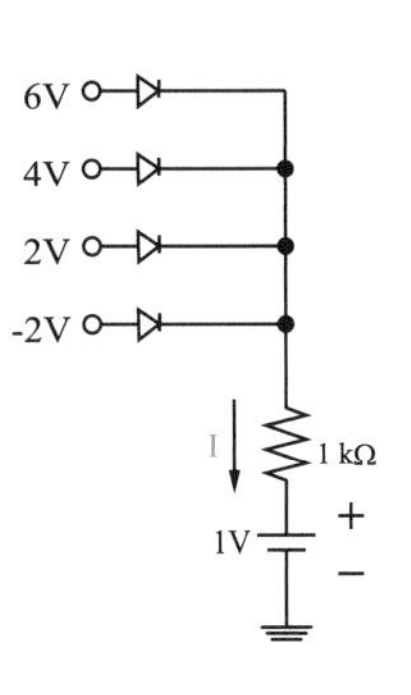


( ) **16** 當二極體於逆向偏壓時，下列敘述何者正確？
(A)空乏區變寬、障壁電位增加
(B)空乏區變窄、障壁電位增加
(C)空乏區變寬、障壁電位減少
(D)空乏區變窄、障壁電位減少。

( ) **17** 下列何者為摻入施體（donor）雜質後之半導體名稱？
(A)P型半導體 (B)N型半導體
(C)本質半導體 (D)載子半導體。

( ) **18** 荷電載子在半導體內的漂移（drift）運動，是源自於下列何者？
(A)熱效應 (B)外加電壓 (C)載子濃度不均勻 (D)光線照射。

( ) **19** 某矽二極體 $\eta=2$ 熱電壓（thermal voltage）$V_T=25mV$。若其順向電流為10mA，則其動態電阻值為何？
(A)5Ω (B)10Ω (C)15Ω (D)20Ω。

( ) **20** 下列有關理想二極體之敘述，何者正確？
(A)順向偏壓時，其順向電阻為零
(B)順向偏壓時，其切入電壓為無窮大
(C)逆向偏壓時，其逆向電阻為零
(D)逆向偏壓時，其逆向電流為無窮大。

( ) **21** 如右圖所示，則$V_0$約為：
(A) 10V
(B) 20V
(C) 30V
(D) 10Q2V
(E) $20\sqrt{2}$V。

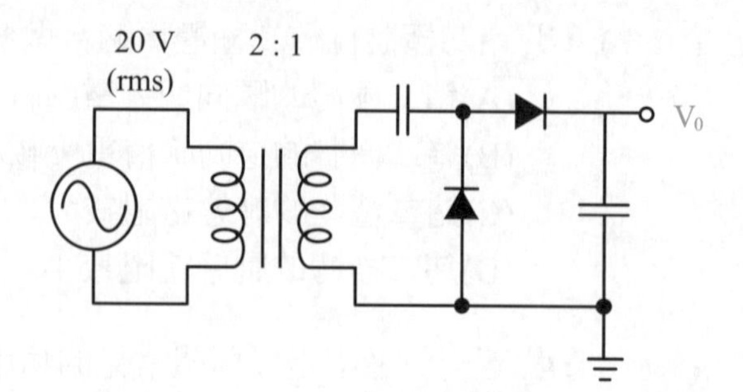


( ) **22** 如右圖所示電路，$V_s$為100V（rms）的交流電壓。在無負載情況下，$V_0$＝？
(A) 100V
(B) 141V
(C) 282V
(D) 200V。

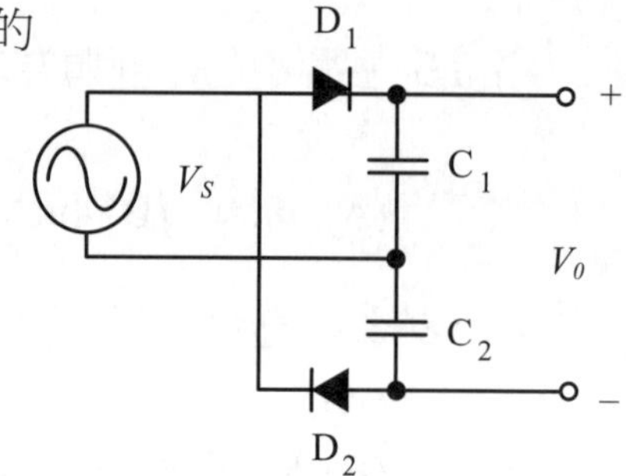


( ) **23** 在橋式全波整流器電路中，如欲產生15伏特之直流電壓，則電路所使用的二極體，其逆向峰值電壓額定值約為
(A) 15 (B) 21.2 (C) 23.6 (D) 47.2 伏特。

( ) **24** 某濾波電容為40mF，負載電流為40mA的全波整流器，峰值濾波電壓是 100 伏特，若電源頻率為60Hz，試求該濾波器的直流電壓約為
(A) 50 (B) 75 (C) 95 (D) 100 伏特。

( ) **25** 一電源濾波電路之輸出包含了20V的直流成份及$2V_{(rms)}$的漣波成份，試計算此電路之漣波百分比：
(A) 10 (B) 20 (C) 14.14 (D) 28.28 %。

( ) **26** 一電源電路之輸出電壓為10+0.2sin（wt）伏特，則其漣波百分比約為多少？ (A) 1.41% (B) 2% (C) 4.24% (D) 12%。

( ) **27** 如右圖所示，為交流VTVM用整流電路，若輸入$V_{in}$＝10sin（$\omega$t+30°），則ab兩端的電壓值為：（二極體 $V_D$≑0V）
(A) 10V (B) 20V
(C) 30V (D) 40V。

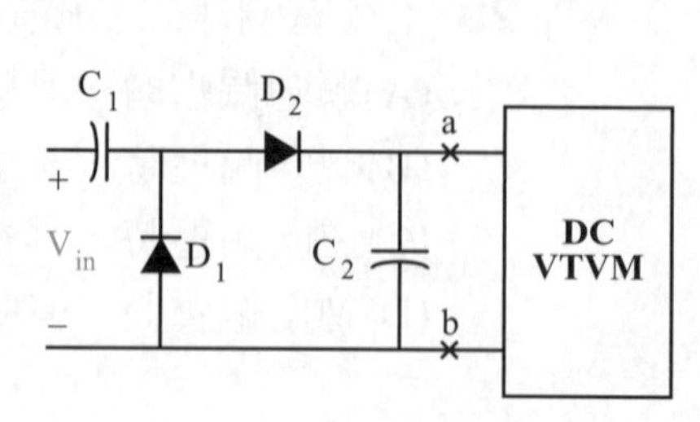

(　　) **28** 如下圖之$V_i$為一60Hz之正弦波，其峰值電壓$V_P$＝200V，假設理想二極體，求C值使其輸出$V_o$之漣波電壓峰對峰值為2V？

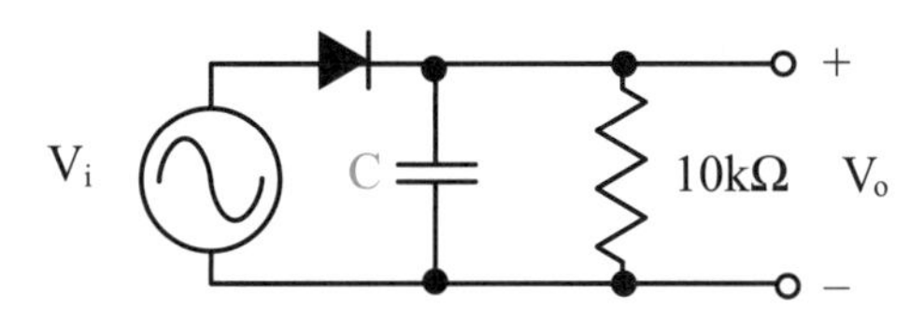


(A) 66.6$\mu$F　　(B) 166.6$\mu$F
(C) 266.6$\mu$F　　(D) 366.6$\mu$F。

(　　) **29** 如右圖所示之中間抽頭式變壓器電路中，｜$V_{S1}$｜＝｜$V_{S2}$｜，$V_{S1}$＝10sin$\omega$tV，且$D_1$、$D_2$皆為理想二極體，則$V_o$之平均直流電壓為：（二極體$V_D$＝0.6V）

(A)－6.37V　　(B)－3.18V
(C) 3.18V　　(D) 6.37V。

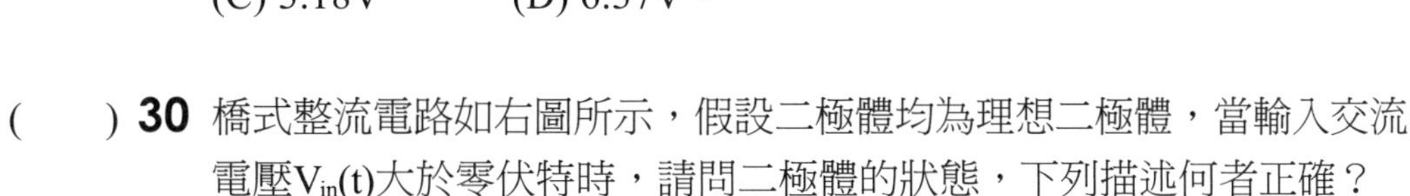

(　　) **30** 橋式整流電路如右圖所示，假設二極體均為理想二極體，當輸入交流電壓$V_{in}$(t)大於零伏特時，請問二極體的狀態，下列描述何者正確？

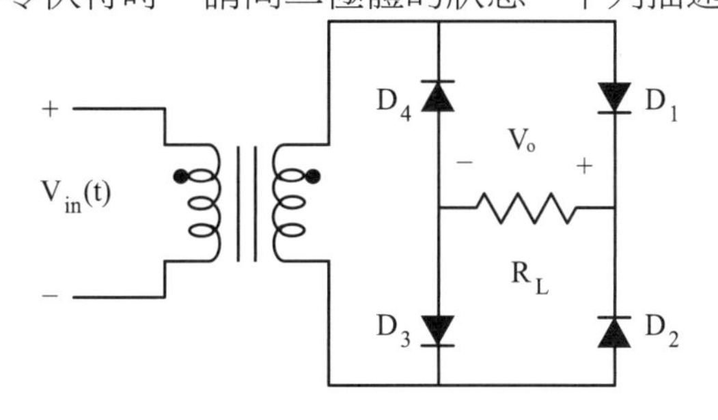


(A) $D_1$、$D_3$ 導通，$D_2$、$D_4$ 不導通
(B) $D_2$、$D_4$ 導通，$D_1$、$D_3$ 不導通
(C) $D_1$、$D_4$ 導通，$D_2$、$D_3$ 不導通
(D) $D_2$、$D_3$ 導通，$D_1$、$D_4$ 不導通。

(　　) **31** 承第30題，若輸入交流電壓$V_{in}$(t)＝20sin（2$\pi$・60t）V，且其中線圈匝數比為1：1，請問在電阻$R_L$上$V_o$的平均值電壓、有效值電壓分別為多少？

(A) 6.36V、7.07V　　(B) 12.73V、14.14V
(C) 7.07V、6.36V　　(D) 14.14V、12.72V。

( ) **32** 家用的交流電源110V、60Hz，經半波整流，但未濾波，則此整流後電壓的平均值約為多少？ (A) 35V (B) 40V (C) 50V (D) 55V。

( ) **33** 如右圖所示，$V_i$為家用交流電源110V、60Hz，則輸出電壓$V_o$約為多少？
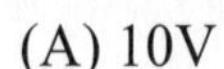
(A) 10V
(B) 14V
(C) 20V
(D) 28V。

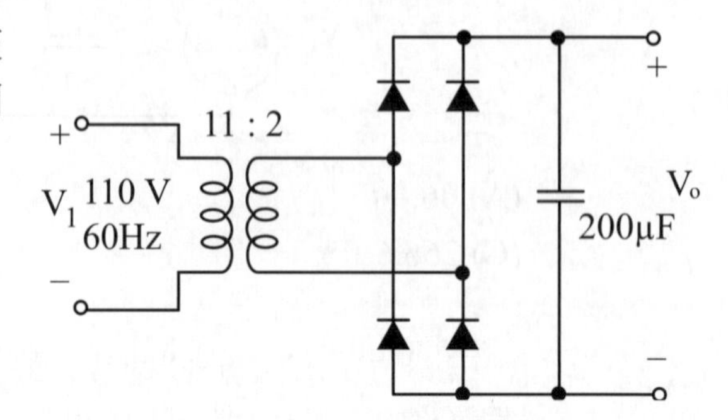


( ) **34** 有效值110V的正弦波電壓經過5：1的變壓器降壓後，再用二極體作半波整流供給負載$R_L$，若用三用電錶的直流電壓檔測量整流後之電壓，則電錶指示為何？ (A) 4.9V (B) 7.9V (C) 9.9V (D) 19.9V。

( ) **35** 如右圖電路中之二極體為理想的二極體，則電路之輸出電壓$V_o$為：
(A) 2V (B) 5V
(C) 8V (D) 10V。

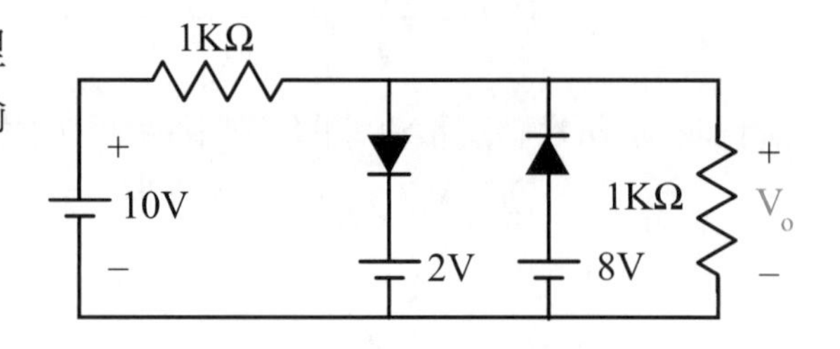


( ) **36** 如右圖所示為理想二極體之電路，其穩態最大輸出電壓範圍為：
(A) −6V～+6V
(B) −5V～+6V
(C) −6V～+5V
(D) −5V～+5V。

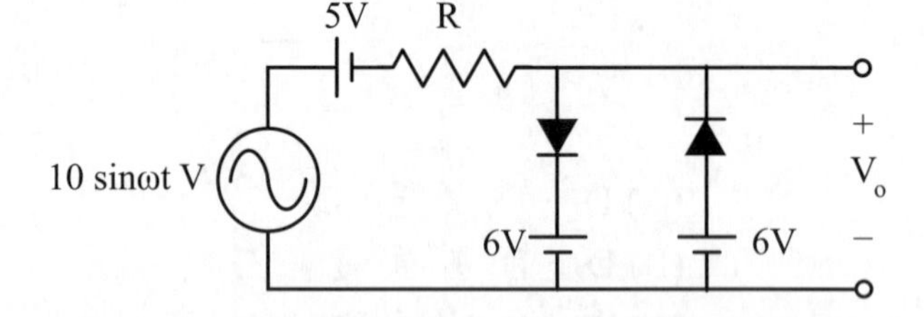


( ) **37** 如右圖所示為理想二極體與大電容之電路，其穩態最大輸出電壓範圍為：
(A) −4V～+4V
(B) −4V～+6V
(C) −2V～+6V
(D) +4V～+6V。

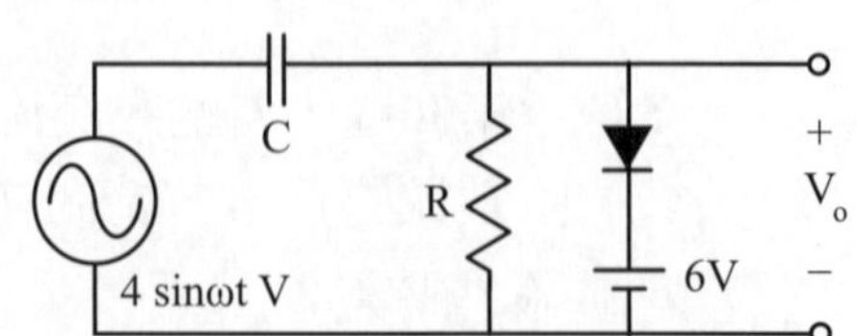

( ) **38** 截波電路如下圖所示，假設$D_1$、$D_2$**均為理想二極體**，請問輸出輸入轉換曲線中，$V_a$、$V_b$、$V_c$的數值下列何者正確？
(A) $V_a=2$，$V_b=5$，$V_c=7$
(B) $V_a=2$，$V_b=6$，$V_c=7$
(C) $V_a=2$，$V_b=5$，$V_c=6$
(D) $V_a=2$，$V_b=6$，$V_c=8$。

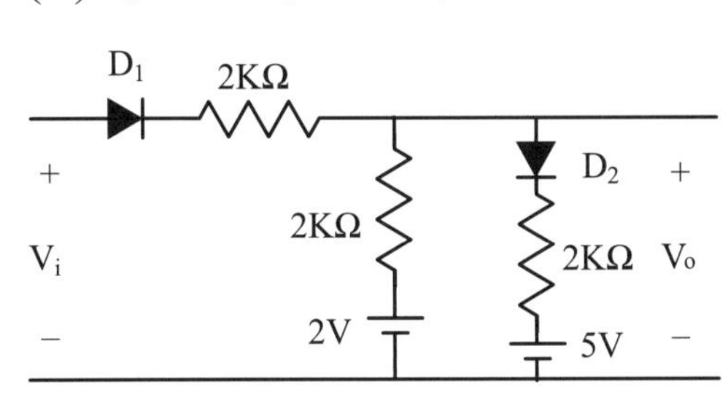


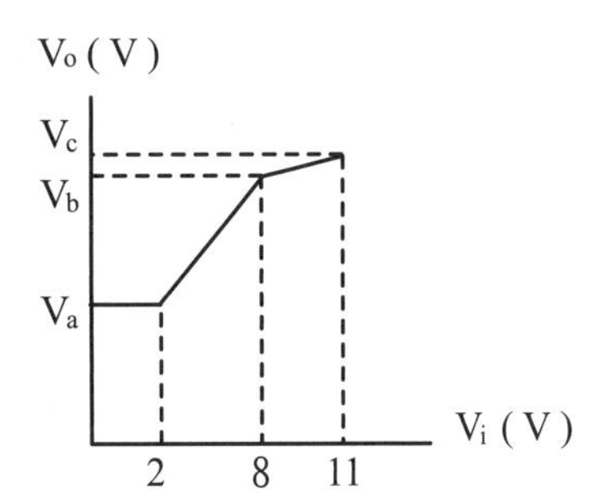


( ) **39** 箝位電路如下圖所示，假設D為理想二極體，且RC＞10T，輸出電壓$V_i$在5V至－5V之間變化，請問輸出電壓$V_o$的變化為何？

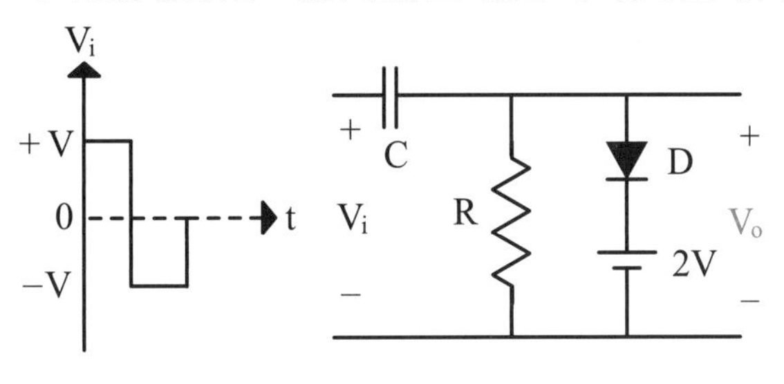


(A) $V_o$在2V至－8V之間變化
(B) $V_o$在2V至12V之間變化
(C) $V_o$在－2V至－12V之間變化
(D) $V_o$在0V至－10V之間變化。

( ) **40** 如右圖所示電路，$D_1$、$D_2$為理想二極體，$V_i$為156sin377tV，則輸出電壓$V_o$最大值與最小值之差為多少？
(A) 10V (B) 15V
(C) 20V (D) 30V。

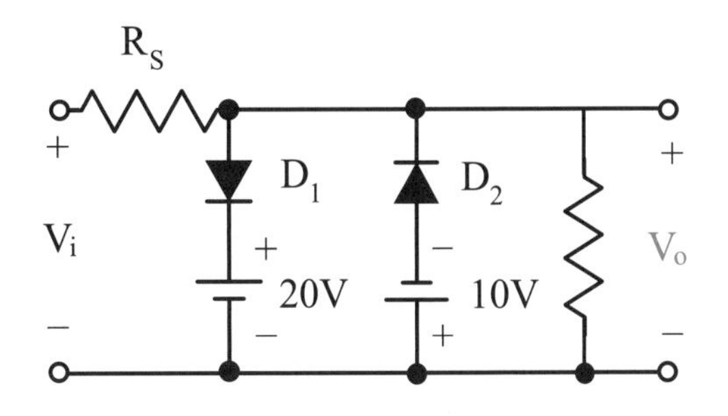


試題演練

( ) **41** 如下圖所示電路，所有元件皆是理想特性，若輸入$V_i$為一峰值5V的方波，則輸出$V_o$之波形為何？

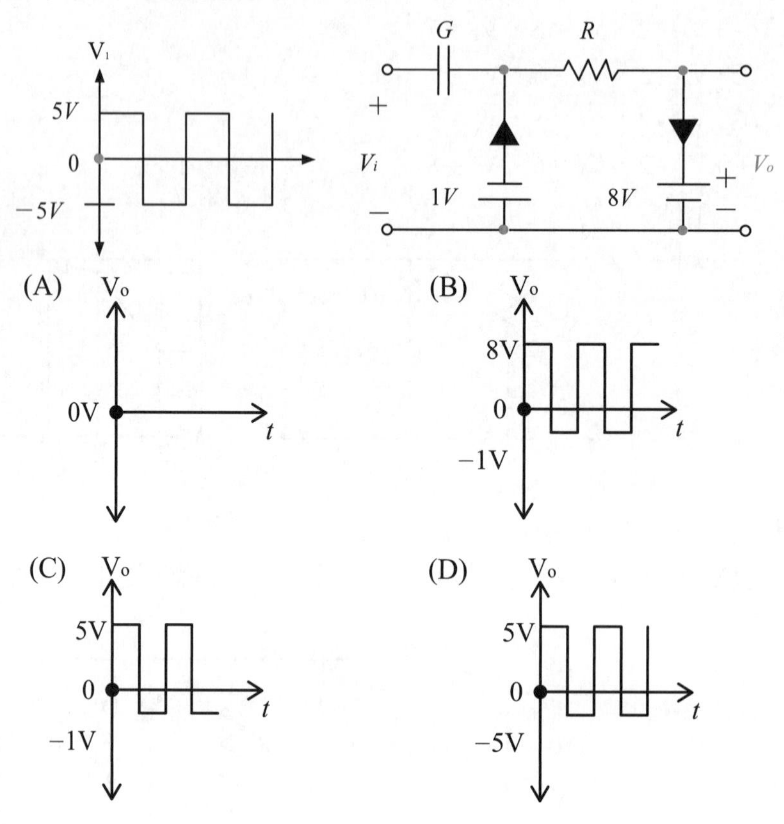


( ) **42** 如右圖所示，所有元件皆具理想特性，若輸入電壓為$V_S$，則輸出$V_o$之波形為何？

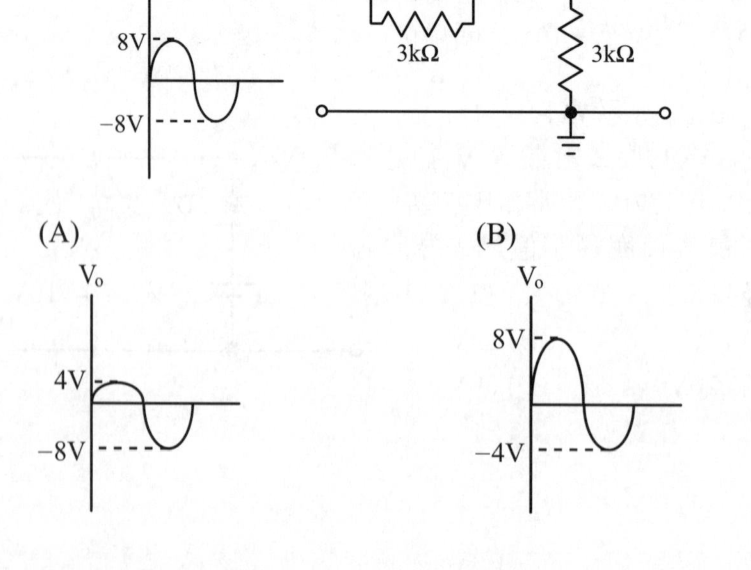

(C)

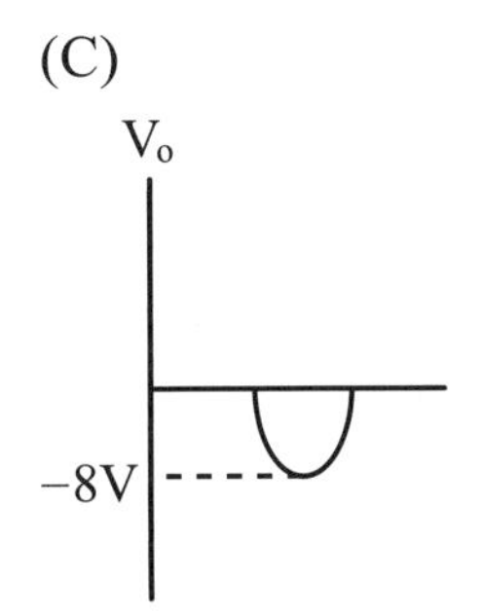


(D)

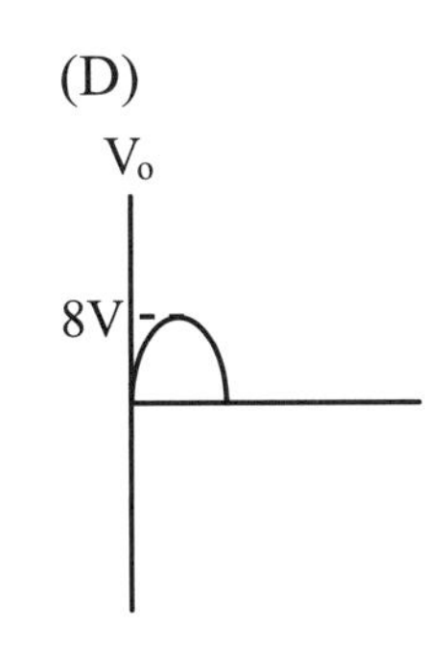


( ) **43** 下圖所示之直流電源供應器，係用交流電源轉換成直流電源，其轉換過程為何？

(A)降壓→整流→穩壓→濾波
(B)降壓→整流→濾波→穩壓
(C)整流→降壓→穩壓→濾波
(D)整流→降壓→濾波→穩壓。

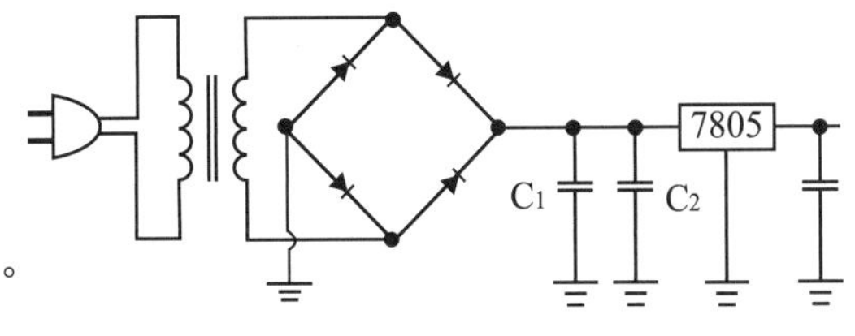


( ) **44** 如右圖所示箝位電路（clamper），其中D為理想二極體。當 $V_i$＝8sint及$V_r$＝5V，則下列何者正確？

(A)輸出波形產生失真
(B)電路無輸出訊號
(C)因為$V_i$＞$V_r$，所以電容無法充電
(D)輸出為振幅16V的波形。

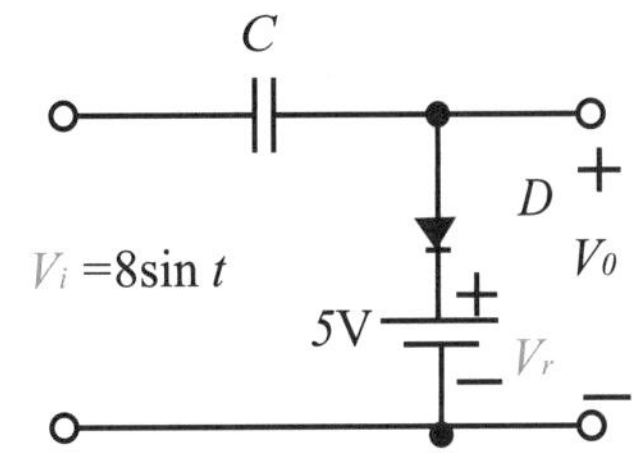


( ) **45** 如右圖所示，若二極體為理想，$V_i$為0V至5V方波，則輸出電壓$V_o$為：

(A) －3V～2V方波
(B) －3V～0V方波
(C) 0V～2V方波
(D) 3V～8V方波。

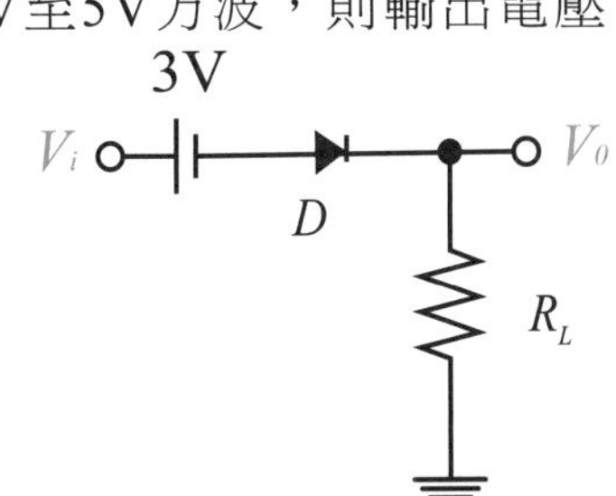


( ) **46** 如下圖所示電路，所有元件皆是理想特性，若輸入$V_i$為一峰值5V的方波，則輸出$V_o$之波形為何？

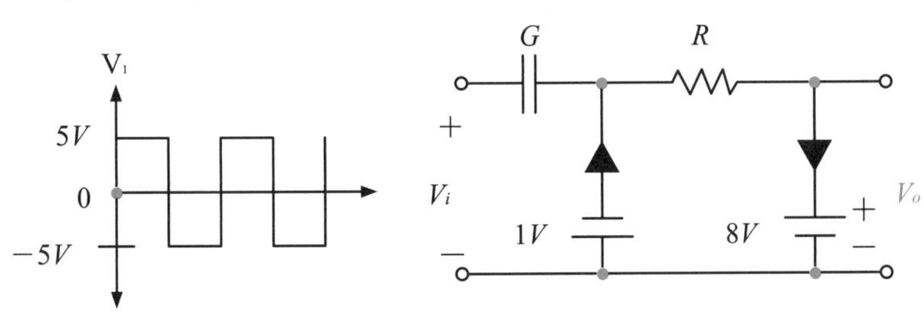


試題演練

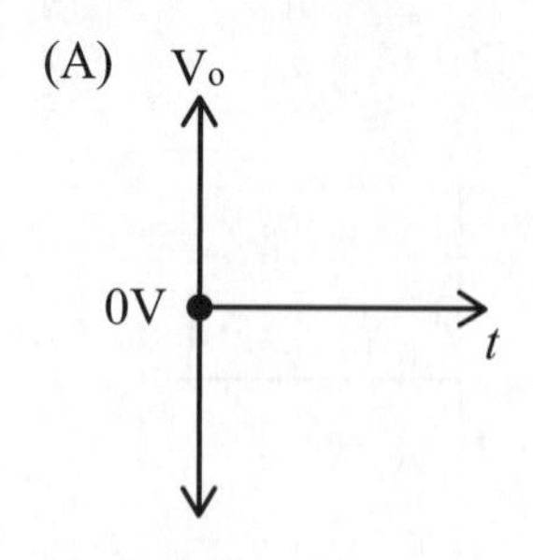


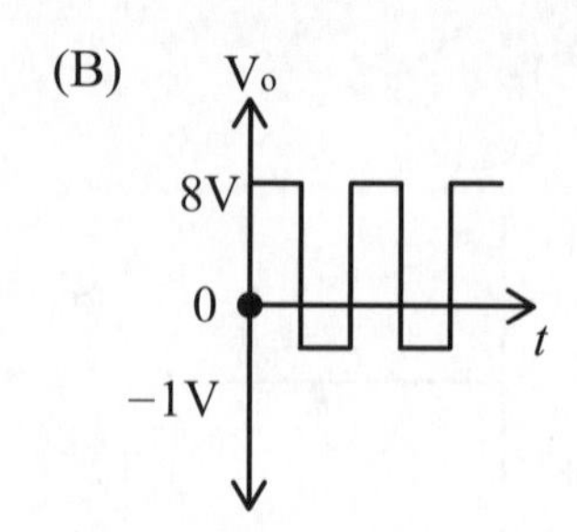


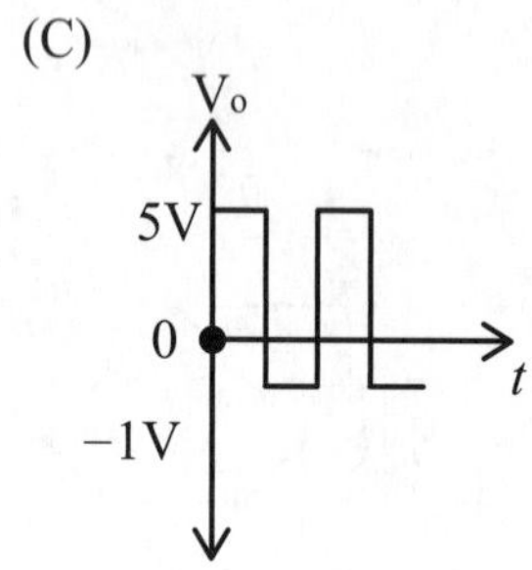


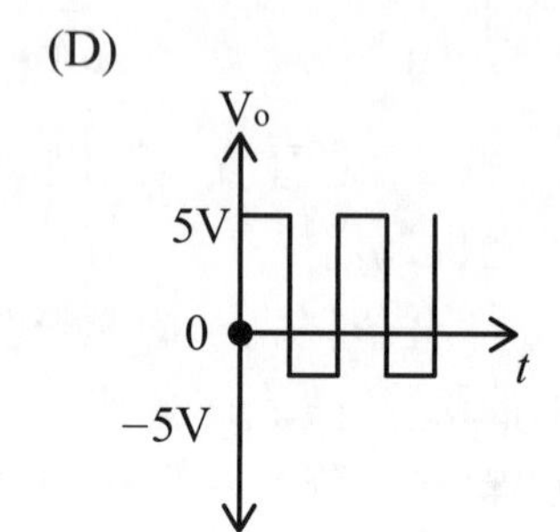


( ) **47** 如右圖所示之電路，稽納（Zener）二極體之$V_Z$＝10V，最大額定功率為400 mW。若負載電阻$R_L$兩端電壓要維持在10V，則$R_L$之範圍為何？
(A)125W～250W
(B)200W～450W
(C)350W～550W
(D)450W～1200W。

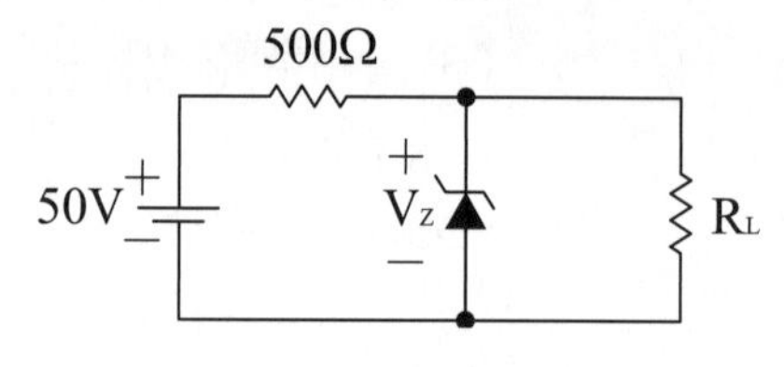


( ) **48** 如圖所示之電路，D為理想二極體，$V_i$＝12V，則電流I為何？
(A)3mA
(B)4mA
(C)5mA
(D)6mA。

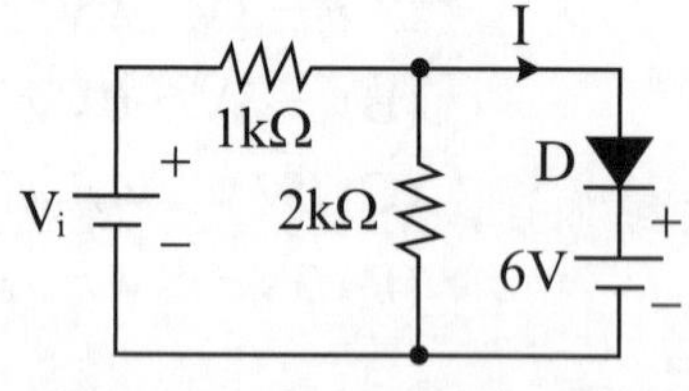


( ) **49** 如圖所示之理想變壓器電路，D為理想二極體，$V_i$＝156sin(337t)V，$R_L$＝30Ω，則$V_O$平均值約為何？
(A)10V
(B)20V
(C)30V
(D)40V。

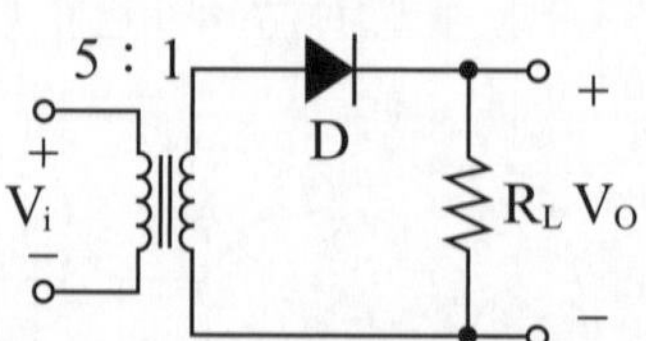

(　　) **50** 如圖所示之電路，$V_i = 10\sin(377t)$V，D為理想二極體，R＝10Ω，則下列敘述何者正確？
(A)$V_O$最小值為－3V
(B)$V_O$最大值為7V
(C)$V_O$平均值為0V
(D)$V_O$有效值為0V。

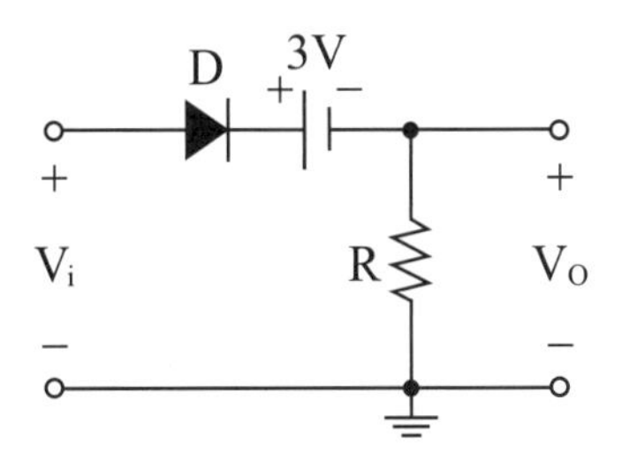


(　　) **51** 如圖所示之電路，$V_i = 156\sin(377t)$V，輕載且正常工作時，則下列敘述何者正確？
(A)$V_O$漣波大小和L值無關
(B)$V_O$漣波大小和$C_2$值無關
(C)L值越大及$C_2$值越大，$V_O$漣波越小
(D)L值越小及$C_2$值越小，$V_O$漣波越小。

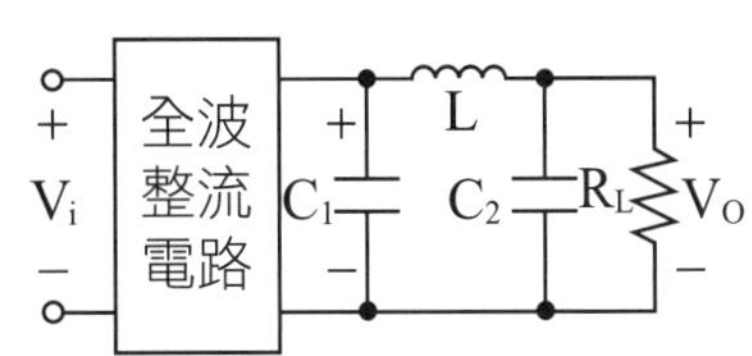


## 模擬測驗

(　　) **1** 下列敘述，何者**正確**？
(A)二極體導通時之順向壓降，與溫度成正比
(B)白金電阻性溫度檢知器（RTD）有負溫度係數
(C)電熱偶（thermal couple）之熱電動熱與溫度成反比
(D)熱敏開關一般是由兩種不同溫度係數之金屬構成。

(　　) **2** 如右圖所示之電路，其$I_o$為何（設二極體在順向壓降為0.7V時導通）？
(A) 0mA
(B) 1.25mA
(C) 2.1mA
(D) 2.5mA。

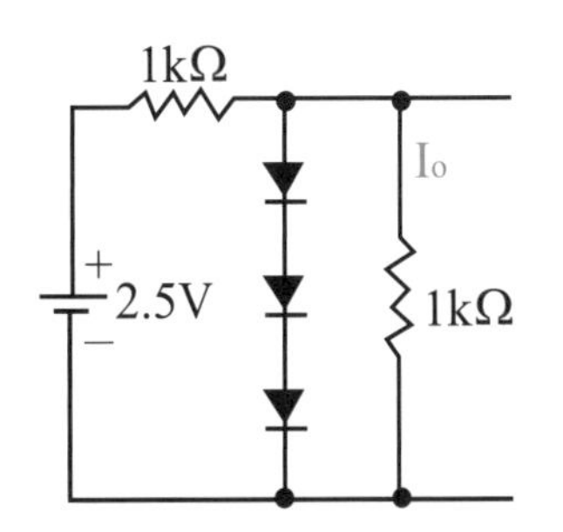


(　　) **3** 下列何種元素摻入純質半導體材料中可將**純質**半導體的電特性轉變為**P型**半導體？　(A)磷　(B)砷　(C)銻　(D)硼。

(　　) **4** 形成**N型**半導體要在本質半導體中加入微量
(A)二價　(B)三價　(C)四價　(D)五價　元素。

試題演練

(　　) **5** P通道場效電晶體（FET）之電荷載子為　(A)電子　(B)主載子為電洞，副載子為電子　(C)主載子為電子、副載子為電洞　(D)電洞。

(　　) **6** 如右圖所示電路，請問二極體$D_3$有何作用？
(A)當作開關用
(B)加快速度
(C)截波
(D)防止雜訊。

(　　) **7** 如右圖所示，給一二極體相關電路，假設一般二極體及稽納二極體順向偏壓為0.7V，請問電流I為何？
(A) 2.76mA　　(B) 3.6mA
(C) 4.3mA　　(D) 6.25mA。

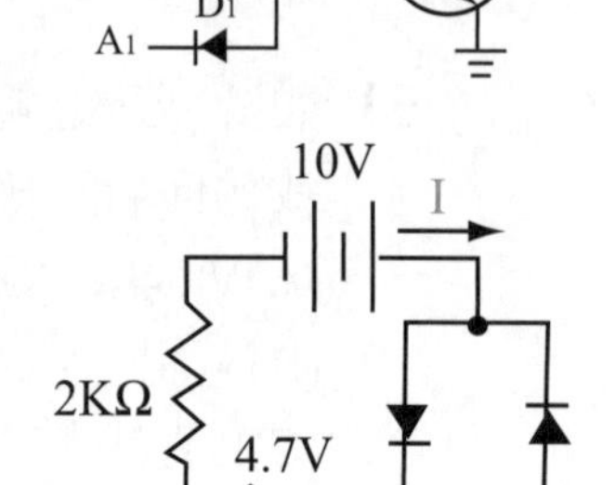


(　　) **8** 下列何種二極體通常工作於**逆向偏壓**？
(A)變容二極體　(B)透納二極體
(C)發光二極體　(D)蕭特基二極體。

(　　) **9** 下列何種元件可以用來消除繼電器的逆向脈衝？
(A)電阻器　(B)電容器　(C)二極體　(D)電阻器及電容器串聯。

(　　) **10** 下列有關二極體的敘述，何者**有誤**？
(A)可以使用三用電表檢驗二極體的材質
(B)實驗中常用的二極體編號為2N4xxx系列
(C)一般的二極體有記號或標註的那一端，通常為N極
(D)鍺比矽有較小的障壁電壓（barrier potential），更適合用在截波電路。

(　　) **11** 下列何者為二極體的編號？　(A) 1N 4001　(B) 2N 2222　(C) 7404　(D) 7806。

(　　) **12** 下列有關PN接面二極體的敘述，何者**有誤**？　(A)矽二極體的障壁電壓（barrier potential）較鍺二極體高　(B)二極體加順向偏壓後，空乏區變窄　(C)溫度上升時，障壁電壓上升　(D)溫度上升時，漏電流上升。

( ) **13** 在右圖之理想二極體電路中，輸出之電壓$V_{out}$為多少？

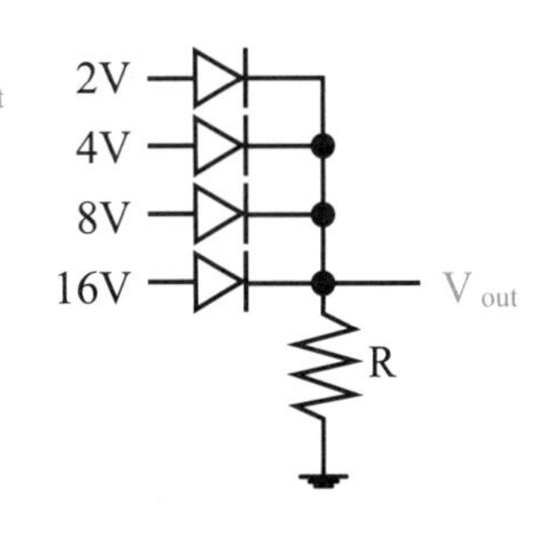


(A) 2V
(B) 4V
(C) 8V
(D) 16V。

( ) **14** 下列何者為二極體之編號？ (A) μA741 (B) 1N4004 (C) 2N9012 (D) NE555。

( ) **15** 下列有關蕭特基二極體（Schottky diode）的敘述，何者**不正確**？ (A)由多數載子來傳導電流 (B)具有較寬之空乏區 (C)導通（ON）速度相當快 (D)截止（OFF）速度相當快。

( ) **16** 右圖中的二極體假設具有理想特性，求輸出電壓$V_o$約為多少？

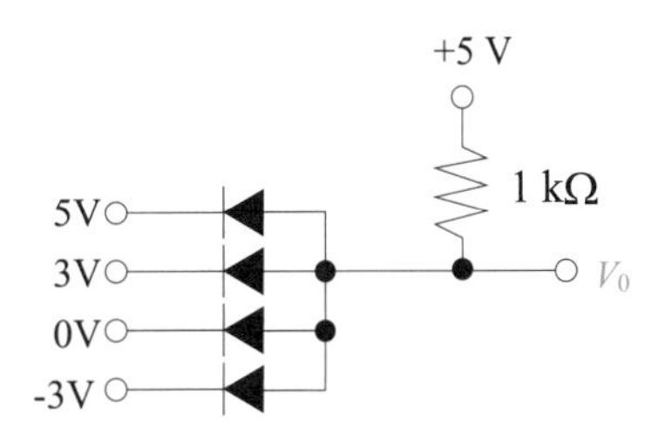


(A) －3V
(B) 0V
(C) 3V
(D) 5V。

( ) **17** 如右圖所示的電晶體電路，二極體之功用為？

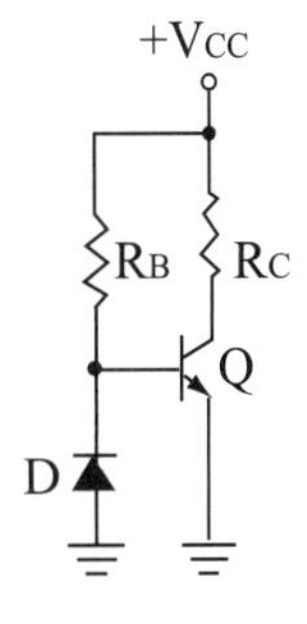


(A)溫度補償
(B)半波整流
(C)防止雜音
(D)保護電晶體。

( ) **18** 如右圖電路，二極體之作用為

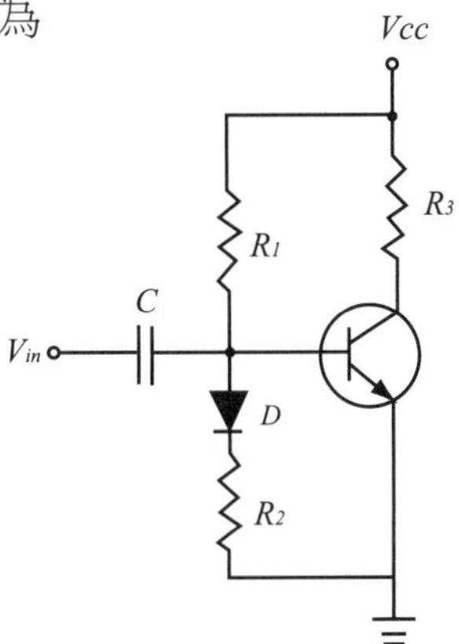


(A)防止雜訊
(B)溫度補償
(C)保護電晶體
(D)防止電流逆流。

( ) **19** 如右圖所示，若Zener二極體崩潰電壓為10V，且$12V \leqq V_i \leqq 15V$，$500\Omega \leqq R_L \leqq 1000\Omega$，則Zener二極體所消耗之最大功率為？

(A) 0.5W (B) 0.4W

(C) 0.3W (D) 0.2W。

( ) **20** 如右圖所示之理想二極體電路中，若R＝1kΩ，則流經此電阻的電流為何？

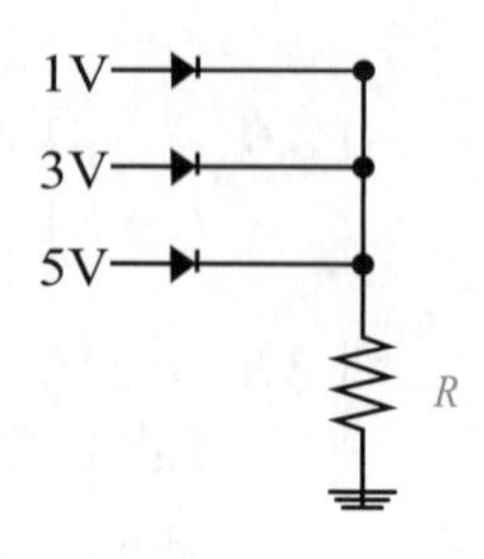


(A) 1mA (B) 3mA

(C) 5mA (D) 9mA。

( ) **21** 右圖中的二極體為理想二極體，求電路中電流I為多少？

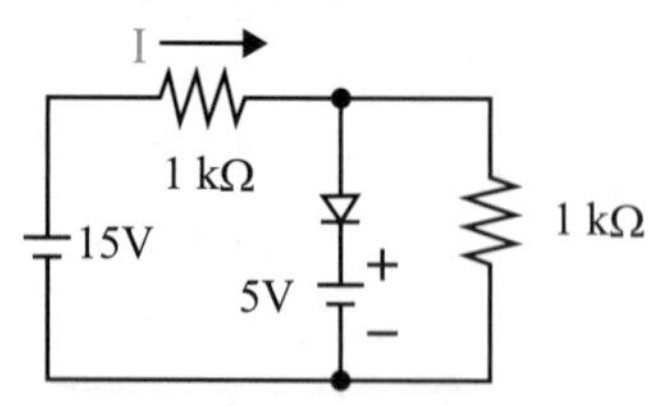

(A) 40mA

(B) 20mA

(C) 10mA

(D) 5mA。

( ) **22** 右圖為一半波整流電路，其輸出電壓$V_0$的最大值為多少？

(A) 0V

(B)－10V

(C)－12V

(D)＋12V。

( ) **23** 在半波整流電路中，濾波僅包括負載電阻，其漣波因數是

(A) 142% (B) 121% (C) 100% (D) 48%。

( ) **24** 如下圖所示，有一電源電路，其相關規格如下所列：最小輸出電壓$V_{o(min)}=10V$、最大輸出電流$I_{o(max)}=0.1A$、最大輸出漣波峰對峰電壓$V_{r(max)}=0.1V_{pp}$、二極體傾向偏壓$V_f=0.7V$、輸入電壓$V_{oc}=220V$，50Hz。若假設電路中變壓器的損失可忽略，則其線圈比為何？

(A) 13.2 (B) 16.3

(C) 17.6 (D) 19.1。

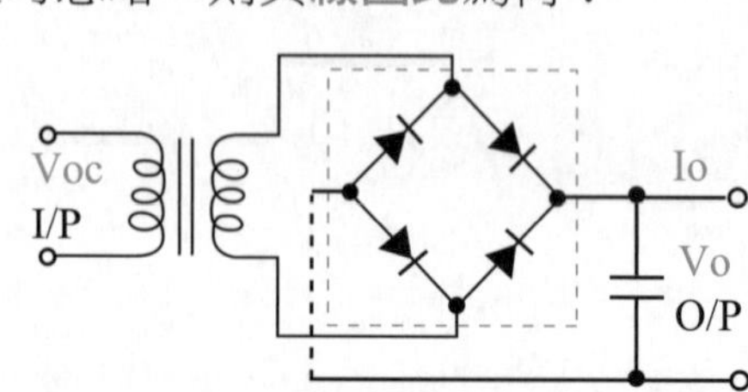

( ) **25** 如右圖所示之電路中，在$V_i$＝＋3.7V時，$V_o$約為何（設二極體導通時之順向壓降為0.7V）？

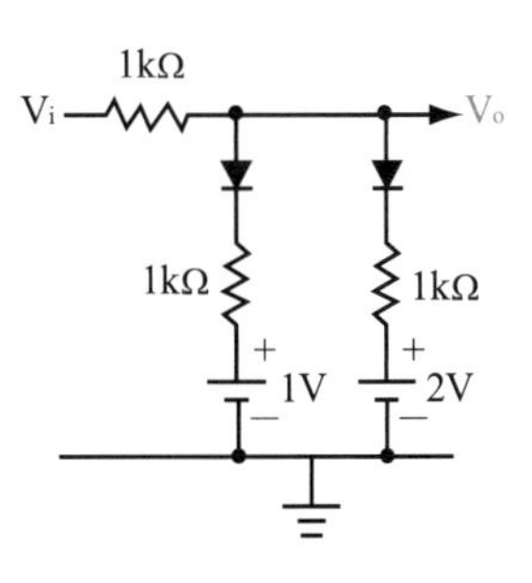


(A)＋1.7V

(B)＋2.7V

(C)＋3.2V

(D)＋3.7V。

( ) **26** 如下圖的箝位電路有較好的箝位效果，設計時間常數RC約為電容器放電時間的10倍，則R值為多少？

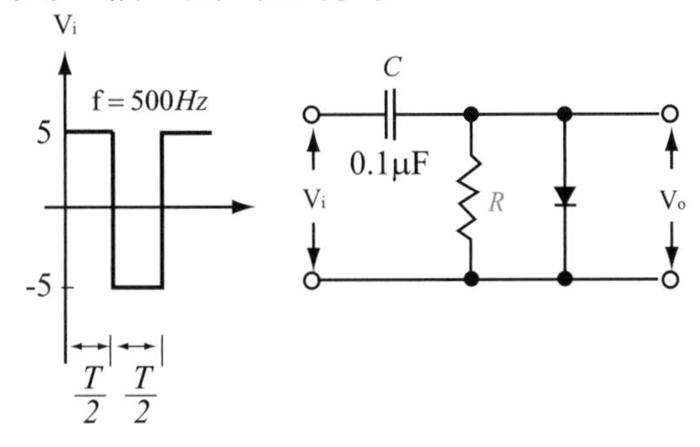


(A) 50kΩ (B) 500 kΩ (C) 200kΩ (D) 100kΩ。

( ) **27** 如下圖所示，為一波形整形電路，假設所有二極體特性為理想的，如果要使得輸出電壓$V_o$為5V及10V，則其相對應的輸入電壓$V_i$各為何？

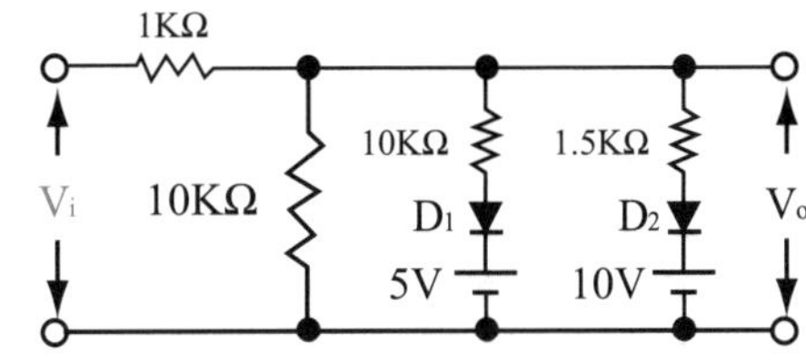


(A) 3.2V，6.4V

(B) 4.5V，8.5V

(C) 5.1V，10.6V

(D) 5.5V，11.5V。

( ) **28** 箝位器（Clamper）（假設二極體為理想）的特性為

(A)輸出總振幅為輸入總振幅的二倍

(B)輸出總振幅等於輸入總振幅

(C)輸出總振幅為輸入總振幅的一半

(D)輸出總振幅為輸入總振幅的三倍。

(　　) **29** 如右圖所示箝位電路，假設二極體在順向偏壓時其切入電壓（cut-in voltage）可省略不計，若$V_i$為$20V_{p\text{-}p}$之方波，則$V_o$輸出的波形約為下列何者？

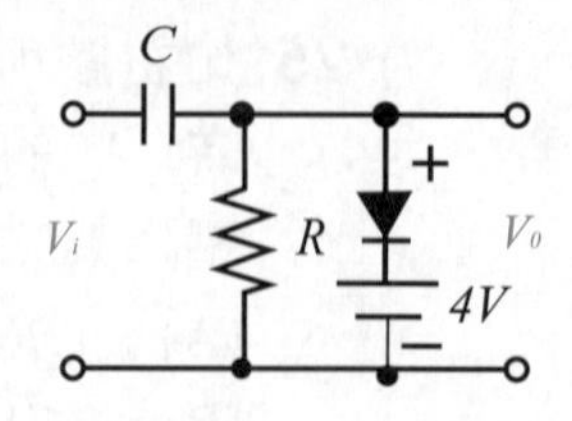


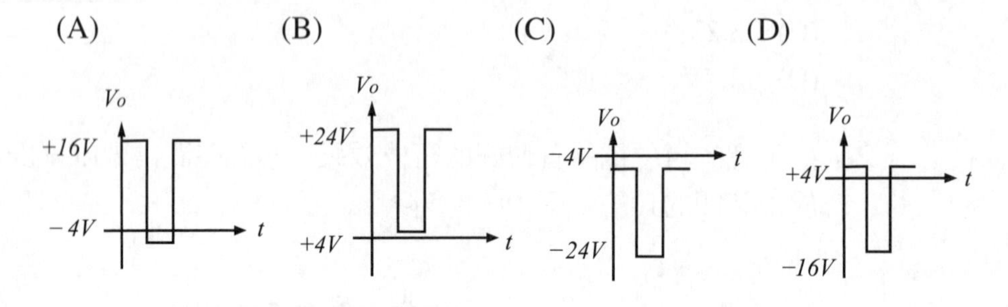


(　　) **30** 如下圖所示之截波電路，若兩個稽納二極體特性完全相同，若 Vz＝6V，Vi＝$10V_{p\text{-}p}$，求Vo之輸出波形為？

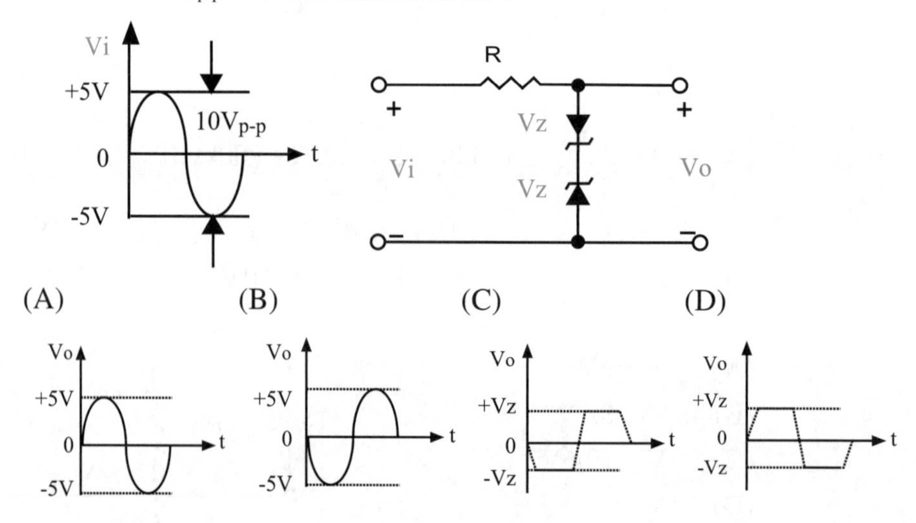


(　　) **31** 箝位電路之作用為？　(A)整流　(B)濾波　(C)改變直流準位　(D)檢波。

(　　) **32** 二極體箝位電路如右圖所示，若輸入電壓$v_i$＝5sin（377t）V，則穩態輸出電壓$v_o$為：

(A) 5＋5sin（377t）V
(B) 5－10sin（377t）V
(C) 5＋10sin（377t）V
(D) 10＋5sin（377t）V。

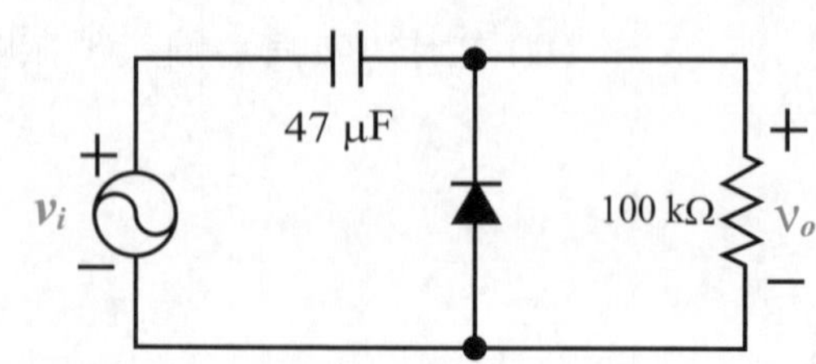

(　　) **33** 如右圖所示之電路為何種電路？
(A)箝位電路
(B)截波電路
(C)振盪電路
(D)穩壓電路。

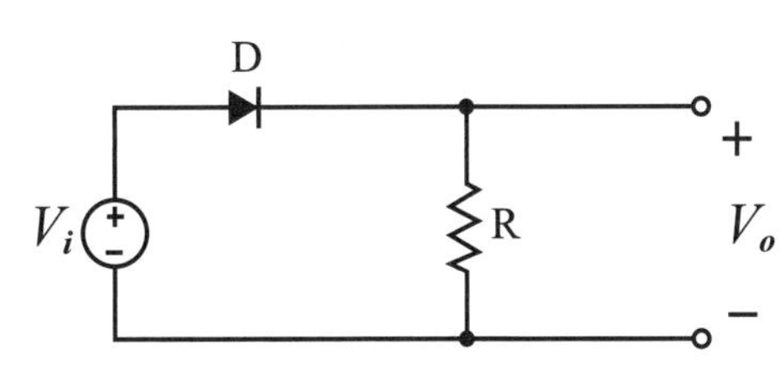


(　　) **34** 下圖中的二極體假設具有理想特性，求輸出電壓$V_o$為多少？

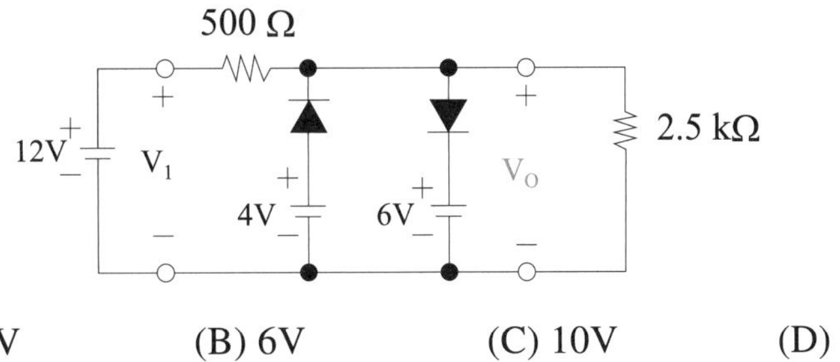


(A) 4V　(B) 6V　(C) 10V　(D) 12V。

(　　) **35** 箝位電路如右圖所示，假設D為理想二極體，且RC＞10T，輸入電壓$V_i$在5V至－5V之間變化，請問輸出電壓$V_o$的變化為何？
(A) $V_o$在2V至－8V之間變化
(B) $V_o$在2V至12V之間變化
(C) $V_o$在－2V至－12V之間變化
(D) $V_o$在0V至－10V之間變化。

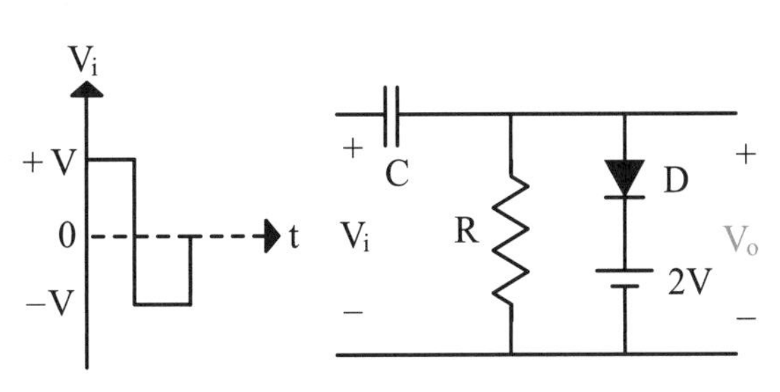


(　　) **36** 如右圖所示，設二極體為理想二極體，$V_i$（t）＝10sint，若$V_0$（$\frac{\pi}{2}$）＝$V_1$，$V_0$（$\frac{3\pi}{2}$）＝$V_2$，則（$V_1$，$V_2$）之電壓值為？
(A)（5V，0V）
(B)（5V，5V）
(C)（10V，0V）
(D)（5V，－10V）。

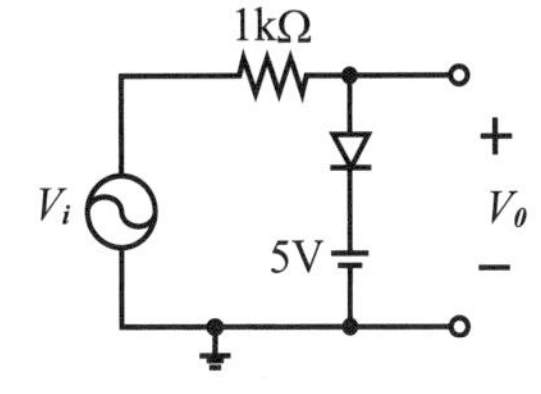


試題演練

( ) **37** 如右圖所示之電路，假設稽納二極體順向時為理想二極體，$V_i = 6\sin\omega tV$，$R = 500W$，則$V_o$最大值為何？
(A)2V (B)3V
(C)5V (D)6V。

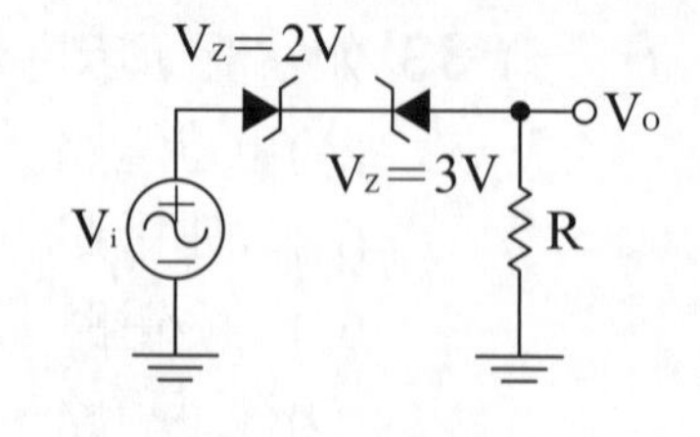


( ) **38** 如右圖所示之電路，若電晶體的$\beta$值為100，$V_{BE} = 0.7V$，$V_{CE(sat)} = 0.2V$，稽納二極體的崩潰電壓$V_Z = 9V$，則當 $V_i = 3V$時，$V_o$之值為何？
(A)7.7V (B)8.5V
(C)9V (D)9.7V。

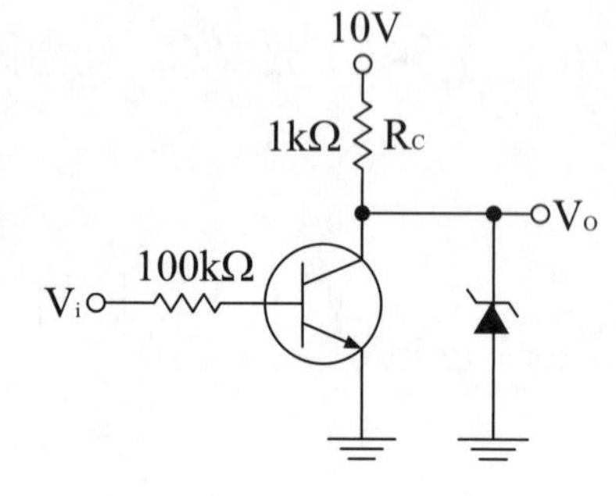


*Notes*

# 第三章　雙極性接面電晶體

電晶體主要可分為雙極性電晶體（BJT）以及場效應電晶體（FET）。BJT依導通的主要載子可分為N型及P型；而FET除同樣依載子可分為N型及P型外，依結構不同可分為接面場效應電晶體（JFET）及金氧半場效應電晶體（MOSFET），而MOSFET依導通條件又可分為增強型及空乏型，然JFET則視為空乏型操作。

## 第一節　雙極性電晶體之特性

雙極性電晶體（BJT）為一個具有電壓及電流放大作用的三層半導體主動元件。依摻雜的不同可分為NPN及PNP兩種型式，通常NPN的特性較佳。BJT 具有三個接腳，由摻雜濃度最高的射極E發射多數載子，經寬度最窄的基極 B控制載子流量，再由集極C收集多數載子。射極E與集極C的摻雜型式雖相同，但因摻雜濃度不同，故若將射極與集極對調，則BJT的增益會下降，除特殊電路外，通常不作此操作。

NPN 與 PNP BJT的摻雜比較

| | NPN（N 型） | PNP（P 型） |
|---|---|---|
| 多數載子 | 電子 | 電洞 |
| 少數載子 | 電洞 | 電子 |
| 射極（E）摻雜 | N 型 | P 型 |
| 基極（B）摻雜 | P 型 | N 型 |
| 集極（C）摻雜 | N 型 | P 型 |

電晶體的操作模式可分為四種，然逆向主動區係將射極與集極對調操作，非常少用，常見者為截止區、主動區與飽和區。主動區用於放大電路，用途最廣，截止區與飽和區可作為開關，分別表示電路之導通（飽和區）與關閉（截止區），可用於數位邏輯電路。

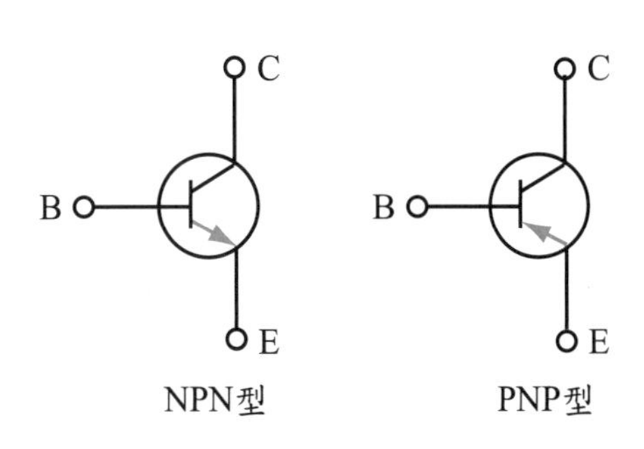


圖 3-1　電晶體符號

**電晶體偏壓條件（以矽電晶體為例）**

| | | NPN | PNP |
|---|---|---|---|
| **截止區** | 偏壓條件 | BE 逆偏（$V_{BE}<0.5V$） | EB逆偏（$V_{EB}<0.5V$） |
| | 電流關係 | $I_C=I_B=I_E=0$ | $I_C=I_B=I_E=0$ |
| **主動區（作用區、工作區）** | 偏壓條件 | BE 順偏（$V_{BE}\geq 0.7V$）<br>BC 逆偏（$V_{BC}<0$） | EB 順偏（$V_{EB}\geq 0.7V$）<br>CB 逆偏（$V_{CB}<0$） |
| | 電流關係 | $I_C=\beta I_B$<br>$I_E=I_C+I_B$ | $I_C=\beta I_B$<br>$I_E=I_C+I_B$ |
| **飽和區** | 偏壓條件 | BE 順偏（$V_{BE}\geq 0.8V$）<br>BC 順偏（$V_{BC}\geq 0.5V$）<br>$V_{CE,sat}\cong 0.2\sim 0.3V$ | EB 順偏（$V_{EB}\geq 0.8V$）<br>CB 順偏（$V_{CB}\geq 0.5V$）<br>$V_{EC,sat}\cong 0.2\sim 0.3V$ |
| | 電流關係 | $I_C<\beta I_B$<br>$I_E=I_C+I_B$ | $I_C<\beta I_B$<br>$I_E=I_C+I_B$ |

**觀念加強**

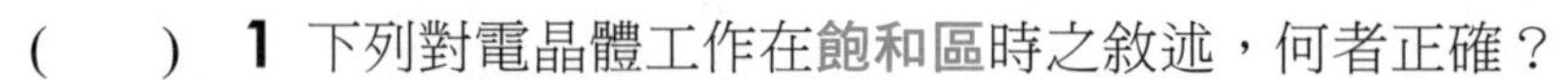

(　　) **1** 下列對電晶體工作在**飽和區**時之敘述，何者正確？
(A)基極與射極接面逆偏，基極與集極接面逆偏
(B)基極與射極接面順偏，基極與集極接面逆偏
(C)基極與射極接面逆偏，基極與集極接面順偏
(D)基極與射極接面順偏，基極與集極接面順偏。

(　　) **2** 一般雙極接面電晶體（BJT）的**摻雜**（doping）濃度大小依序為：
(A) B＞C＞E　(B) B＞E＞C　(C) E＞C＞B　(D) E＞B＞C。

(　　) **3** 下列關於BJT的敘述，何者**錯誤**？
(A)對NPN BJT而言，$I_E=I_B+I_C$
(B)對PNP BJT而言，$I_E=I_B+I_C$
(C) β為共射極放大器的電流增益
(D) α為共集極放大器的電流增益。

( ) **4** 電晶體與真空管比較，下列何者為電晶體之優點？ (A)易生高熱 (B)消耗大量功率 (C)價格昂貴 (D)體積小。

( ) **5** PNP電晶體工作在作用區時，下列敘述何者正確？
(A)基極電壓大於射極電壓 (B)集極電壓大於基極電壓
(C)射極電壓大於集極電壓 (D)集極電壓等於射極電壓。

## 第二節 雙極性電晶體之判別

利用電表判別電晶體之種類及腳位的方法依電表種類不同而有差異，若是使用有特殊檔位設計的電表（通常為數位電表），可以很快的判別出來；若無，即使是數位電表也必需如類比電表一樣的慢慢測試。

一般電晶體雖有E、C、B三隻接腳，但只有EBC、ECB以及反向的CBE、BCE四種排法（E腳不在中間），再乘上NPN、PNP兩種電晶體，共4×2＝8種組合。

### 一、有電晶體判別功能之電表

依下列步驟，可快速的判別電晶體種類及腳位：

(一) 將電表檔位撥至NPN，再將電晶體腳位插入EBC後讀取電表顯示之β值。
(二) 將電晶體腳位插入BCE後讀取電表顯示之β值。
(三) 將電晶體反向重複步驟(一)及步驟(二)（相當於插入CBE及ECB）。
(四) 將電表檔位撥至PNP，重複步驟(一)至步驟(三)。

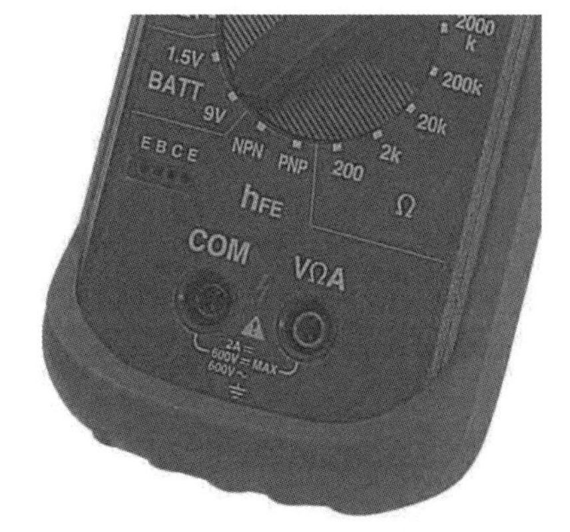

**圖 3-2 有電晶體判別功能之數位電表（TECPEL DMM－120）**

上面讀取到的β值中，最高的一個即為正確的腳位（overflow 不計），故可同時得知電晶體種類、腳位及β值三項重要的參數。

### 二、無電晶體判別功能之電表

若是使用無電晶體判別功能之電表時，無論數位式或類比式，均需經過較耗時的步驟，原則上先判斷出電晶體的種類及B腳（基極）所在，再判斷E腳（射極）及C腳（集極）所在，若欲測量β值，尚需接出正確之電路量測其電流才能得到。

依下列步驟，可判別電晶體種類及腳位：

(一) 將紅色探棒插入「＋」插座，黑色探棒插入「－COM」插座，並將電表撥到測阻抗的檔位，例如1K檔（電表在電阻檔位時，紅棒為負電位、黑棒為正電位）。

(二) 將探棒輪流接觸電晶體之兩腳位，直至找出其中兩根腳，無論紅、黑探棒正接、反接指針均不會移動者，則剩下的另一隻腳位為B腳（因基極無電位時，EC間不會導通）。

(三) 黑色探棒接B，紅色探棒接任意的另一隻腳，指針會動為NPN；若紅、黑探棒反接後，指針會動為PNP。

(四) 探棒接除B極外兩隻接腳。若是NPN以手指同時觸碰黑色探棒與B極，指針如果移動，則黑色探棒連接之腳位為C腳，如果指針沒有移動，則反接紅黑探棒再測；若是PNP以手指同時觸碰紅色探棒與B極，指針如果移動，則紅色探棒連接之腳位為C腳，如果指針沒有移動，則反接紅黑探棒再測（BC連接後，EC間等效為一個二極體）。

若還需要測量電晶體之β值，則除非電表有支援，否則尚需**將電晶體驅動在主動區**，測量$I_C$與$I_B$後再計算出β值。

## 第三節 雙極性電晶體之功用

在電路中，電晶體最主要的功能即作為訊號放大之用。當BJT操作在**主動區**時，具有電流放大功能，其集極電流為基極電流的β倍，即 $I_C=\beta I_B$；若經適當之配置，亦可具有電壓放大功能。而BJT中與電流相關的參數如下，需熟記：

$$\beta=\frac{I_C}{I_B} \qquad \alpha=\frac{I_C}{I_E}$$

$$I_C=\beta I_B \qquad I_E=I_C+I_B$$

$$\alpha=\frac{\beta}{\beta+1} \qquad \beta=\frac{1}{1-\alpha}$$

而當兩個BJT串接成**達靈頓電晶體**時，可將電流放大$\beta^2$倍。

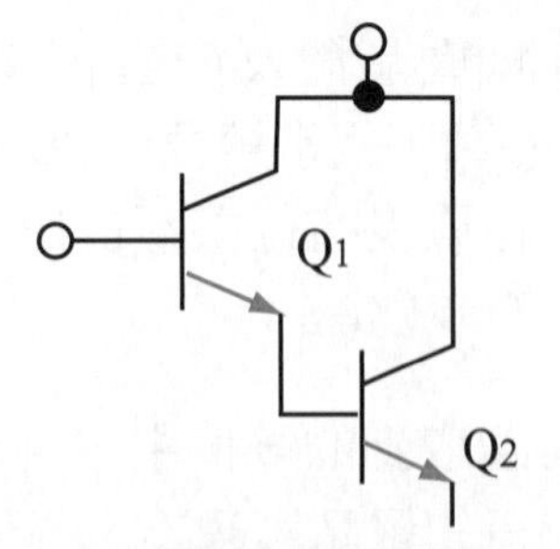

**圖 3-3 達靈頓電晶體電路圖**

當BJT操作在**截止區**時，$I_C=I_B=I_E=0$，可視為電晶體關閉或電路開路；當BJT操作在飽和區時，射極與集極之間的電壓差甚小，可視為射極與集極之間短路，故截止區與飽和區可用在數位邏輯電路中表示關閉與導通。

**觀念加強**

( ) **6** 下列何者不屬於達靈頓電路(Darlington circuit)的特性? (A)高輸入阻抗 (B)低輸出阻抗 (C)高電壓增益 (D)高電流增益 (E)電流放大器。

( ) **7** 下列關於電晶體基本放大電路組態特性的敘述,何者**錯誤**? (A)共射極組態放大電路又稱為射極隨耦器 (B)共射極組態之輸入與輸出信號相位差180度 (C)共基極組態放大電路的高頻響應最佳 (D)共射極組態兼具電流放大與電壓放大的作用。

( ) **8** 如右圖所示之達靈頓(Darlington)電路,下列敘述何者**錯誤**?
(A) $Q_1$與$Q_2$之連接屬於直接耦合
(B)輸入阻抗極高
(C)輸出阻抗極低
(D)電流增益約為1。

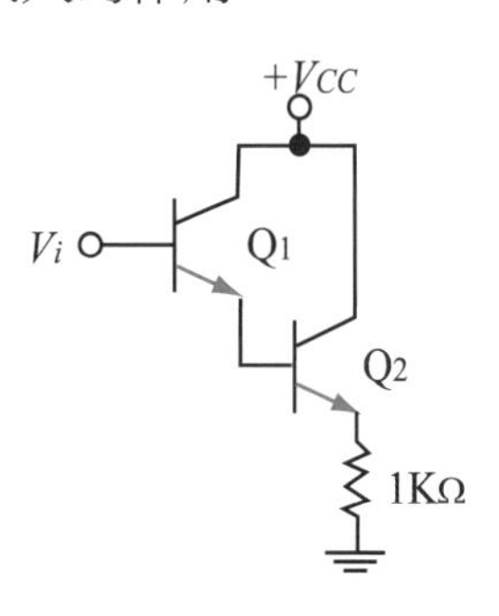


## 第四節 雙極性電晶體之特性曲線

電晶體的特性曲線可分為共基極特性曲線與共射極特性曲線,橫軸與縱軸座標雖有不同,但圖形大同小異,所表示的意義也大致相同,只要熟悉電晶體特性,均很容易明瞭,在此以共射極特性曲線為例。

**共射極電晶體特性曲線**

**輸入特性曲線**

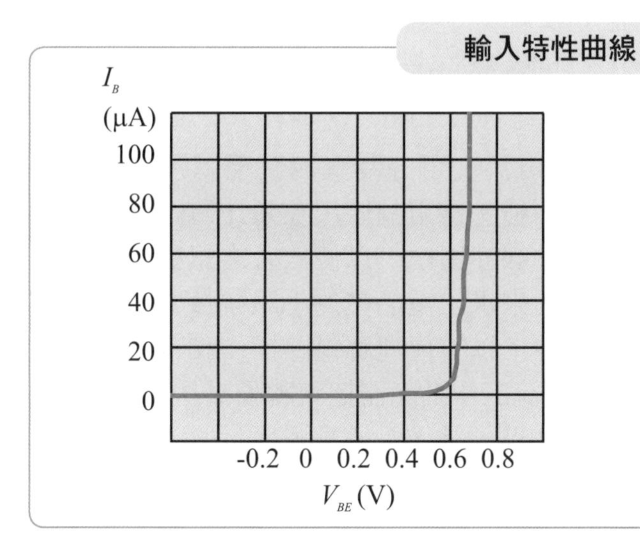


輸入電壓$V_{BE}$和輸入電流$I_B$的關係圖。

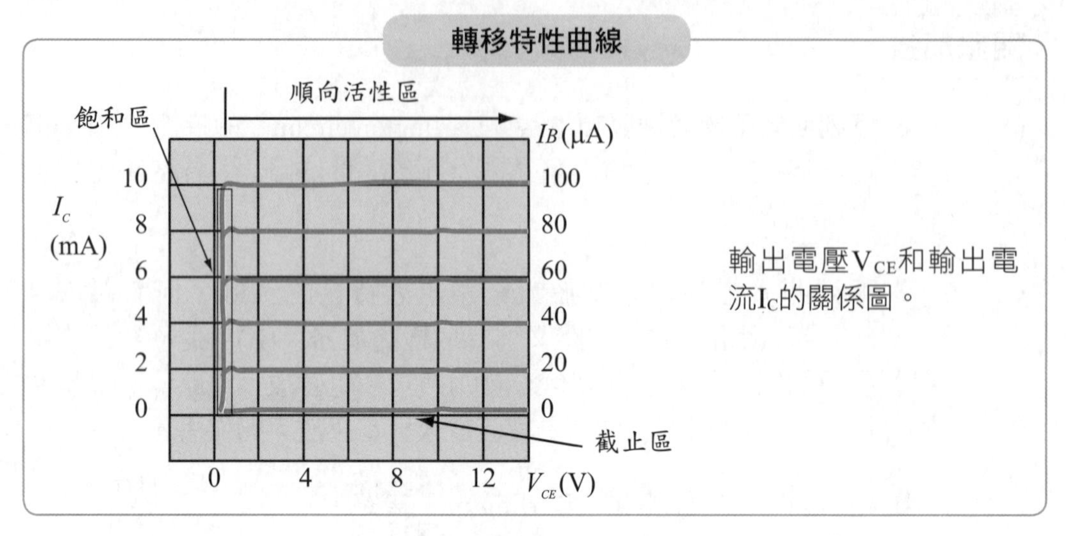


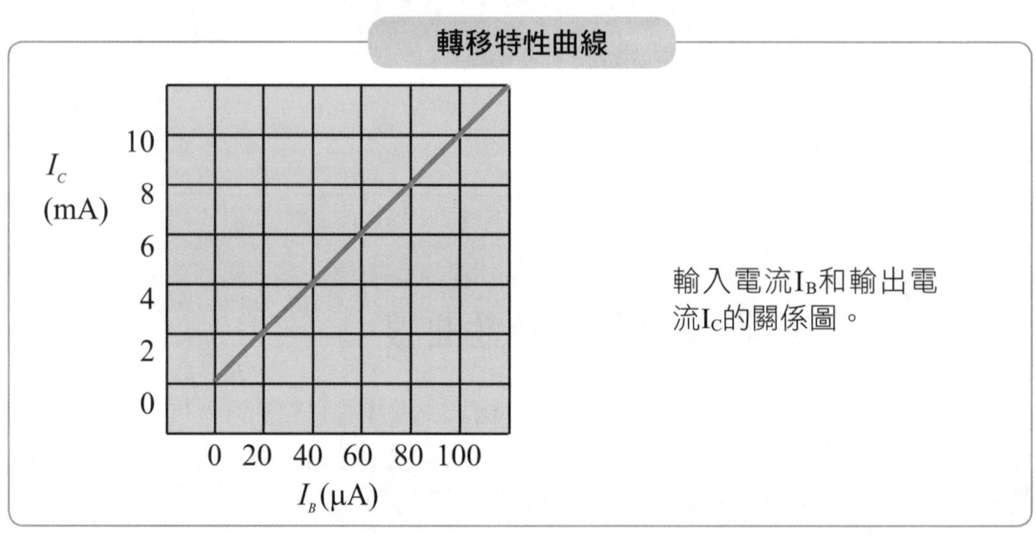


## 第五節 直流工作點

一般而言，加至電路的訊號（電壓或電流）可分為直流偏壓以及交流訊號（亦可稱為交流小訊號或交流訊號）兩種。當電晶體用在類比電路作訊號放大時，需施加適當之偏壓使工作點位於線性區內，以使放大之訊號保持線性放大。此工作點即為直流工作點，可用來求出電晶體的小訊號參數，以把非線性的電晶體電壓電流關係近似為線性，以方便理解電路操作和求解電路的放大率與輸出入阻抗等參數。適當的直流工作點除需把雙載子電晶體BJT偏壓在主動區（金氧半電晶體MOS則為飽和區）外，且應盡量靠近直流負載線之中心點，以能容許較大範圍的訊號輸入。

## 觀念加強

( ) **9** 利用電晶體做小訊號的線性放大器，電晶體必須施加適當的偏壓，使工作點（operating point）落於何區域內？
(A)作用區與飽和區交界　(B)作用區內
(C)截止區內　(D)飽和區內
(E)飽和區與截止區均可。

( ) **10** 下列有關雙極性電晶體特性的描述，何者**錯誤**？
(A)電晶體操作在作用（active）區時，射極E－基極B接面為順向偏壓，集極C－基極B接面為逆向偏壓
(B)電晶體操作在飽和（saturation）區時，射極E－基極B接面為逆向偏壓，集極C－基極B接面為逆向偏壓
(C)一般電晶體放大器之輸入阻抗：共基極（CB）＜共射極（CE）＜共集極（CC）
(D)一般電晶體放大器之輸出阻抗：共集極（CC）＜共射極（CE）＜共基極（CB）。

( ) **11** 如下圖所示，如果減少電阻$R_B$之值，則電路之工作點（Q點）在直流負載線上會如何移動？

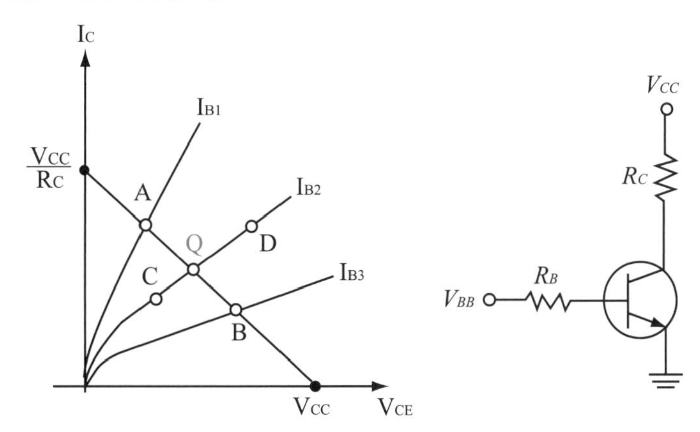


(A)移向A點　(B)移向B點
(C)移向C點　(D)移向D點。

# 第六節 固定偏壓

固定偏壓的優點是簡單但缺點是穩定性差，當電晶體的電流放大率 $\beta$ 變動時，直流工作點也隨之變動。實際的放大電路較少採用，可適用於簡單的數位電路中。

此外，電晶體在工作時有 $P = I_C V_{CE}$ 的功率消耗，會使溫度上升，而溫度上升又使 $I_C$ 增大，使溫度再上升，$I_C$ 再增大，直至電晶體燒毀為止，稱為熱跑脫。

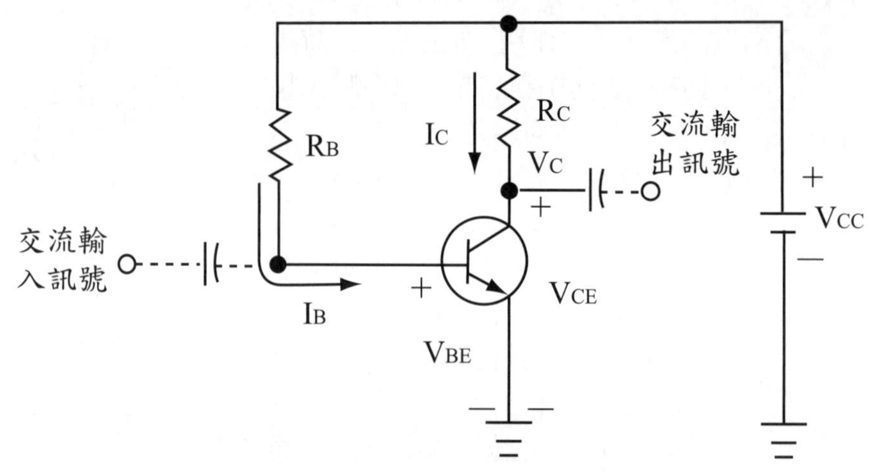


**圖 3-4　固定偏壓電路圖**

固定偏壓的典型電路圖如上，其直流工作點可依下列順序的公式分析之。

**1** $I_B = \dfrac{V_{CC} - V_{BE}}{R_B}$ ⇒ **2** $I_C = \beta I_B$ ⇒ **3** $V_C = V_{CC} - I_C R_C$

## 觀念加強

(　　) **12** 如右圖所示電路及電晶體之特性曲線，假設電晶體原來的工作點為Q點，則當$R_B$電阻值變大時，其新的工作點應近似於那一點？
(A) A點　(B) B點
(C) C點　(D) D點。

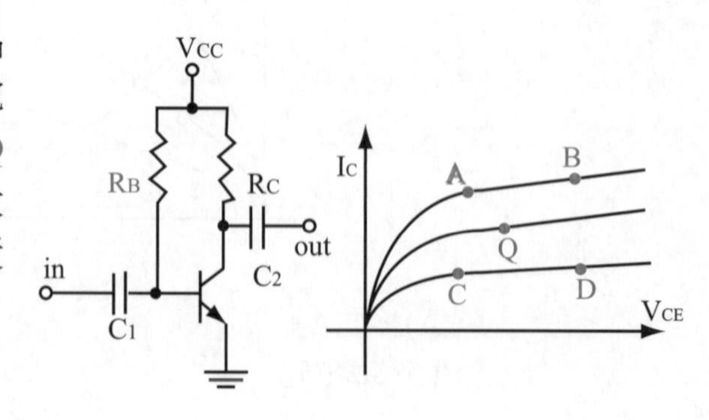

## 第七節 分壓偏壓

分壓偏壓可透過電阻分壓器調整直流偏壓的電壓值，不僅可調至較佳的直流工作點，受電流放大率 $\beta$ 變動的影響也較小。

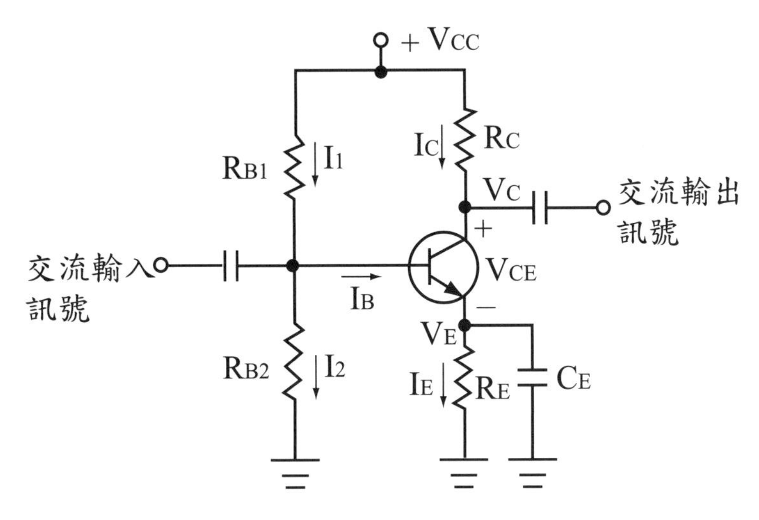


**圖 3-5 分壓偏壓電路圖**

分壓偏壓的典型電路圖如上，其直流工作點可依下列順序的公式分析之。

**1** $V_{BB}=V_{CC}\times\dfrac{R_{B2}}{R_{B1}+R_{B2}}$ ⇒ **2** $R_{BB}=R_{B1}//R_{B2}$ ⇒ **3** $I_B=\dfrac{V_{BB}-V_{BE}}{V_{BB}+(1+\beta)R_E}$

**4** $I_C=\beta I_B$ ⇒ **5** $V_C=V_{CC}-I_CR_C$

### 觀念加強

(　　) **13** 如右圖所示，有一電晶體電路，請問此電晶體工作於何區？
(A)主動區
(B)飽和區
(C)截止區
(D)順向崩潰區。

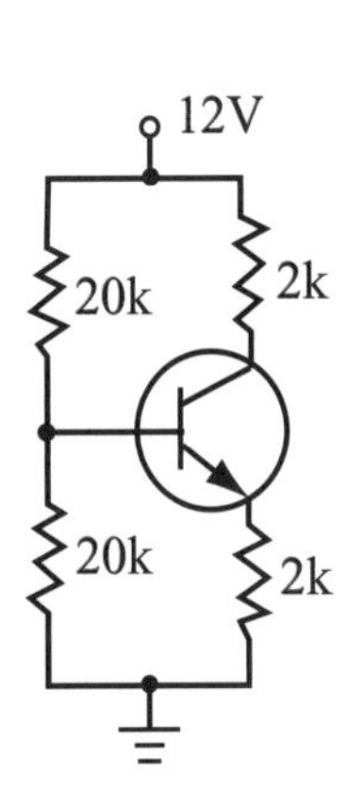

## 第八節 回授偏壓

回授偏壓的工作點較不受溫度變動的影響，因為當溫度上升使$I_C$增大時，回授電阻的壓降增加，使基極射極接面的壓降$V_{BE}$降低，因而使$I_C$的增加幅度減低，可避免熱跑脫的問題。

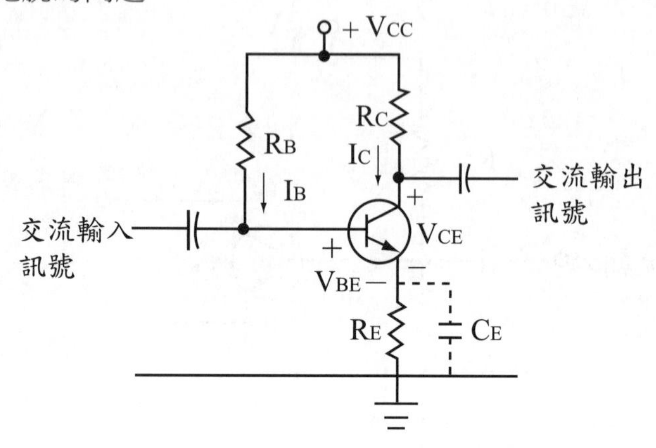


**圖 3-6　射極回授偏壓電路圖**

回授偏壓的典型電路圖如上，因為透過射極電阻$R_E$回授，故亦稱射極回授偏壓，其直流工作點可依下列順序的公式分析之。

**1** $I_B = \dfrac{V_{CC} - V_{BE}}{R_B + (1+\beta)R_E}$ ⇒ **2** $I_C = \beta I_B$ ⇒ **3** $V_C = V_{CC} - I_C R_C$

此電路加入$R_E$後，形成負回授電路，穩定性良好，但會降低增益；通常可在$R_E$兩端並聯一旁路電容器$C_E$以補償小訊號增益。

此外，下面兩種偏壓電路可視為射極回授偏壓的變形，分析的公式依序列在電路圖下。

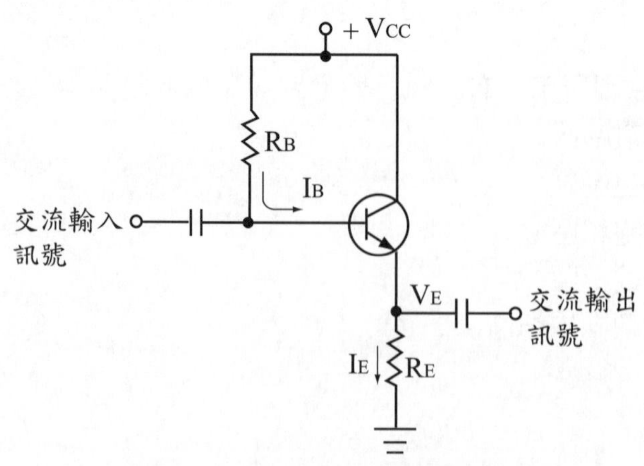


**圖 3-7　共集極偏壓電路圖**

**1** $I_B=\dfrac{V_{CC}-V_{BE}}{R_B+(1+\beta)R_E}$ ⇒ **2** $I_E=(\beta+1)\,I_B$ ⇒ **3** $V_E=I_ER_E$

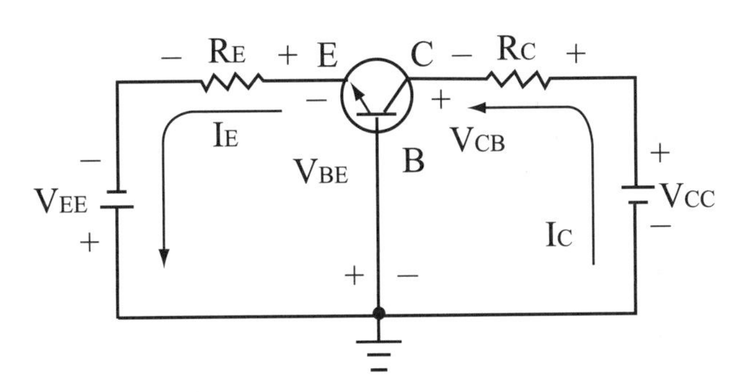


**圖 3-8　共集極偏壓電路圖**

**1** $I_E=\dfrac{0-(-V_{EE})-V_{BE}}{R_E}$ ⇒ **2** $I_C=\alpha\,I_E$ ⇒ **3** $V_C=V_{CC}-I_CR_C$

**觀念加強**

( 　) **14** 若右圖所有的電阻與電容特性都不受溫度影響，則一旦**溫度升高**時會造成何種變動：

(A) $I_C$ 減少，$V_{CE}$ 減少
(B) $I_C$ 減少，$V_{CE}$ 增加
(C) $I_C$ 增加，$V_{CE}$ 減少
(D) $I_C$ 增加，$V_{CE}$ 增加。

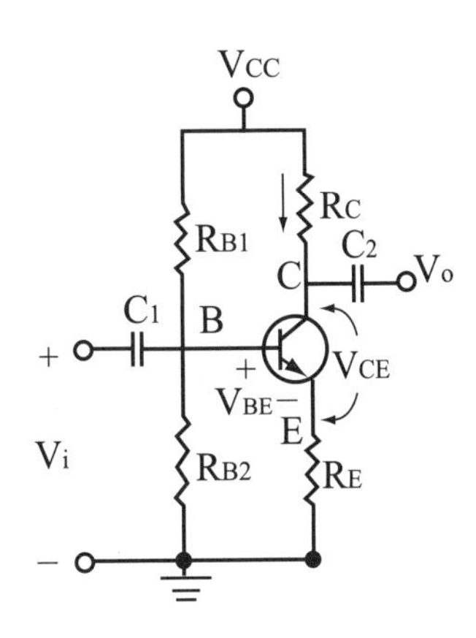

# 試題演練

## 經典考題

( ) **1** 有一電晶體，適當偏壓於**作用區**，測得$I_B$＝0.05mA，$I_E$＝5mA，則此電晶體的$\alpha$參數值為多少？
(A) 0.01 (B) 0.99 (C) 9.9 (D) 100。

( ) **2** 某放大電器中，電晶體工作於**作用區**，且其$\alpha$＝0.98，基極電流 $I_B$＝0.04mA，則射極電流為多少？
(A) 0.1mA (B) 2mA (C) 3.8mA (D) 5mA。

( ) **3** 已知某電晶體操作於**飽和區與截止區**，則下列何者為不適合驅動的元件？
(A)擴音器的放大級 (B)小燈泡
(C)發光二極體（LED） (D)繼電器（Relay）。

( ) **4** 將雙載子電晶體當開關使用，若**開關閉合**，則電晶體應工作於何區？
(A)截止區 (B)工作區 (C)飽和區 (D)線性區。

( ) **5** 右圖電路中的電晶體當開關使用，求輸出電壓$V_o$為多少？
(A) 20V
(B) 10V
(C) 5V
(D) 0V。

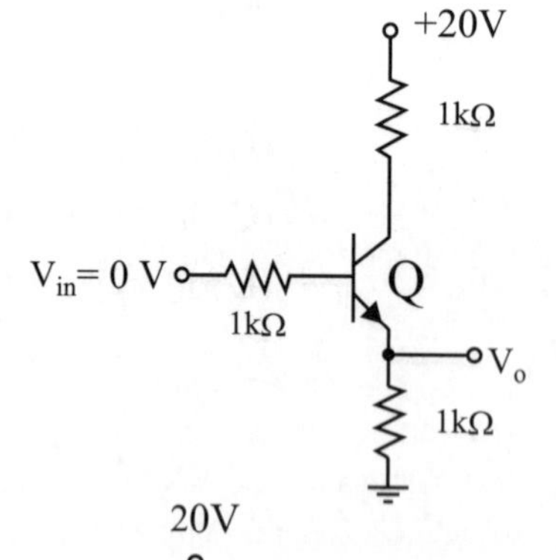


( ) **6** 如右圖所示電路，$\beta$＝100，若 $V_i$＝5V 欲使電晶體開關閉合，則$R_B$最大約為：
(A) 100Ω
(B) 2kΩ
(C) 4kΩ
(D) 10kΩ。

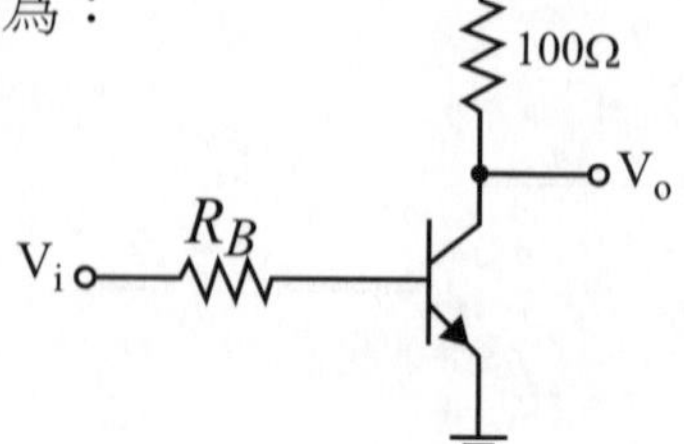

( ) **7** 如右圖所示之電路，若$Q_1$及$Q_2$中$V_{BE1}=V_{BE2}=0.7V$，$\beta_1=50$，$\beta_2=100$，$V_{cc}=5V$，$R_B=100$ kΩ，$R_E=$ 0.5 kΩ，則$\frac{V_0}{V_i}$之值約為何？

(A)5000 (B)100
(C)50 (D)1。

( ) **8** 下列有關達靈頓（Darlington）電路之敘述，何者正確？
(A)電壓增益與輸出阻抗甚高
(B)電流增益與輸出阻抗甚高
(C)電壓增益與輸入阻抗甚低
(D)輸出阻抗低，為串級直接耦合電路。

( ) **9** 如右圖，假設射極電壓為-0.7V、$\beta=50$ 時，求$V_C=$？
(A) 1.37V
(B) 3.82V
(C) 5.45V
(D) 7.73V。

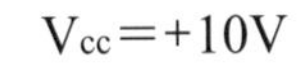


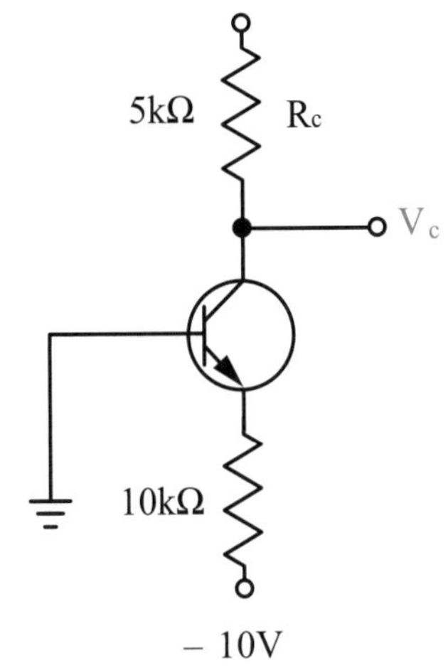


( ) **10** 如右圖所示，若電晶體的β值為100，則使電晶體處於飽和狀態的最小$I_B$約為多少？
(A) 0.05mA
(B) 0.5mA
(C) 5mA
(D) 500mA。

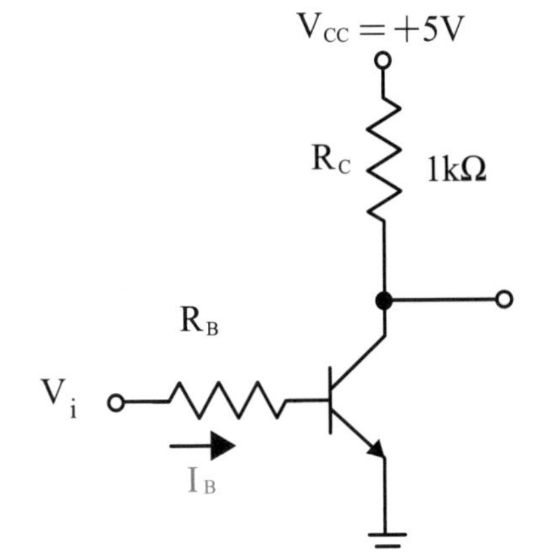

(　　) **11** 電晶體小訊號放大電路中，同學可依電晶體的偏壓找到集極輸出迴路負載線（直流負載線），而有關集極輸出迴路負載線特性的敘述，下列何者錯誤？
(A)可預知為負斜率
(B)可預知頻率響應
(C)可預知該電路輸出訊號（電壓值）
(D)可預知工作點 Q的位置。

(　　) **12** 如右圖所示電路，下列何者錯誤？
(A) $I_B = 3.85\mu A$
(B) $I_C = 3.85mA$
(C) $V_E = 3.89V$
(D) $V_{CE} = 8.41V$。

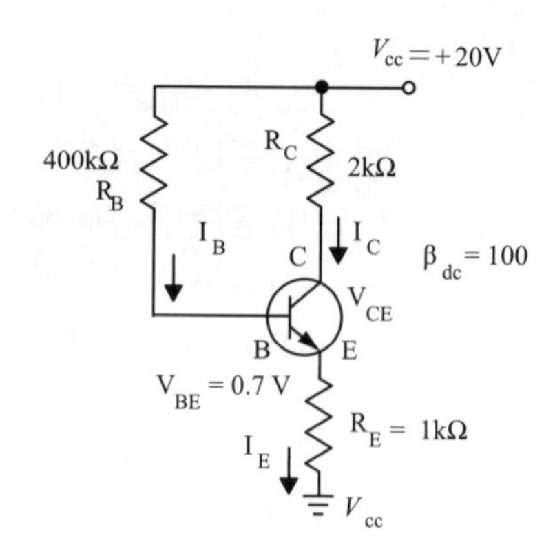


(　　) **13** 已知某電晶體之共基極（CB）電流增益 $\alpha$ 由 0.99 變為0.98，若此電晶體**基極電流** $I_B = 0.02mA$，請問下列敘述何者**錯誤**？
(A)共射極（CE）電流增益 $\beta$ 將會增加
(B)射極電流由 2mA 降為1mA
(C)集極電流由 1.98mA 降為0.98mA
(D)若想維持原來的集極電流，可增加基極電流。

(　　) **14** 如右圖之電路，其中$R_C = 1k\Omega$，$R_B = 10k\Omega$，並假設電晶體的特性：$V_{CE}$飽和電壓為0.2V，$V_{BE}$飽和電壓為0.8V，$V_{BE}$順向作用之切入電壓為0.7V，共射極順向電流增益$\beta_F = 100$，請問下列敘述何者**錯誤**？
(A)若 $V_{CC} = 5V$，$V_{BB} = 1.15V$，
　則 $V_{CE} = 0.5V$
(B)若 $V_{CC} = 5V$，$V_{BB} = 1.0V$，則 $I_C = 3mA$
(C)若 $V_{CC} = 5V$，$V_{BB} = 5V$，則 $I_C = 43mA$
(D)若 $V_{CC} = 5V$，$V_{BB} = 0V$，則 $V_{CE} = 5V$。

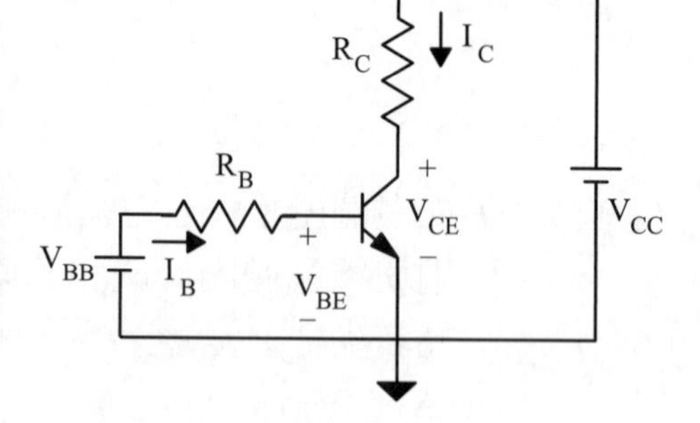

( ) **15** 如下圖所示電路，為一偏壓電路及其直流輸出負載線，若原工作點在 $Q_1$ 位置，欲修正工作點至 $Q_2$ 位置，則應：

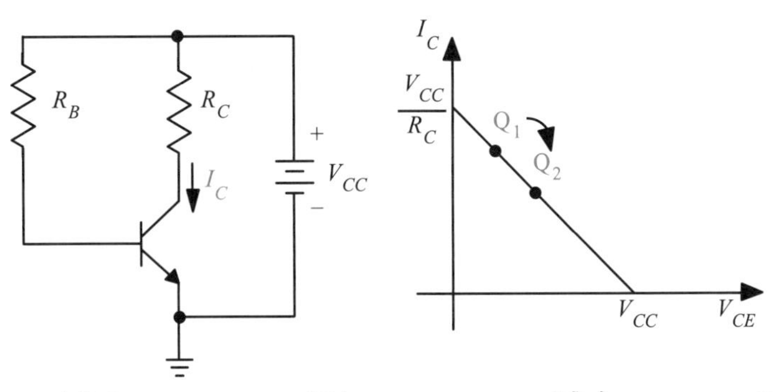


(A)減少 $R_B$　(B)增加 $R_B$　(C)減少 $R_C$　(D)增加 $R_C$。

( ) **16** 如圖所示之電路，若電晶體β＝50，切入電壓 $V_{BE}$＝0.7V，則此電路消耗直流功率為何？
(A)130.4mW
(B)102.1mW
(C)85.2mW
(D)65.2mW。

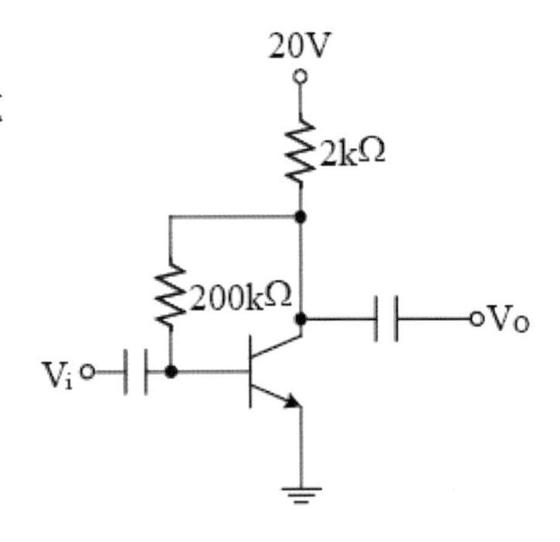


## 模擬測驗

( ) **1** 下列何者為**高頻用NPN型**電晶體？
(A) 2SB77　(B) 1N4007　(C) 2SC372　(D) 2SK30。

( ) **2** 右圖為一電晶體開關電路，其中 $C_B$ 的主要作用為何？
(A)提高 $V_i$ 交流旁路及濾除雜訊
(B)阻隔 $V_i$ 的直流成份
(C)抑止電晶體高頻振盪
(D)加速電晶體之導通（turn on）與關閉（turn off）。

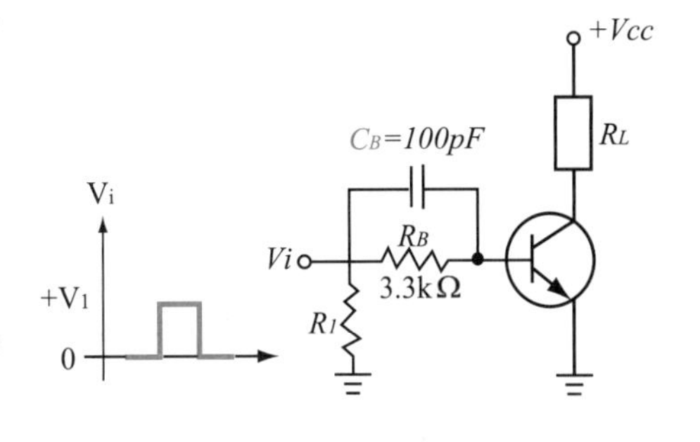


試題演練

( ) **3** 電晶體開關OFF時，電晶體相當於進入？
(A)飽和區 (B)截止區 (C)線性工作區 (D)崩潰區。

( ) **4** 電晶體電路中，在正常情況下若將電晶體當成開關，當OFF狀態時，其工作區域為？
(A)線性工作區 (B)截止區 (C)飽和區 (D)負電阻區。

( ) **5** 一般大型BJT功率電晶體包裝外殼為電晶體的那一極？
(A)射極 (B)基極
(C)集極 (D)沒有通用的規範。

( ) **6** 右圖電路中電晶體Q作為開關使用，其電容$C_B$及電阻R的主要功能為：
(A)縮短電晶體的切換過程時間
(B)延長電晶體的切換過程時間
(C)提高電晶體導通時電流
(D)降低電晶體導通時電流。

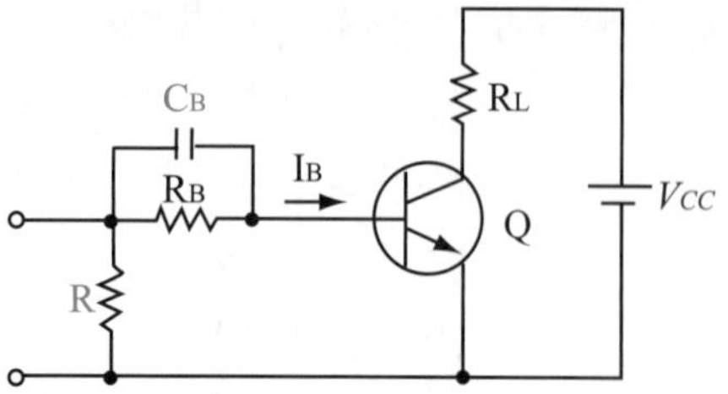

$C_B$ $R_B$ $I_B$ $R_L$ $V_{CC}$ Q R

( ) **7** 電晶體做為開關電路，負載為電感性時的保護措施為：
(A)將電阻器與負載並聯 (B)將電阻器與負載串聯
(C)將電容器與負載串聯 (D)將二極體與負載並聯。

( ) **8** 若一電晶體的 $I_C < \beta I_B$ 時，則電晶體之工作區為何？
(A)主動區 (B)飽和區 (C)截止區 (D)載法判斷。

( ) **9** 電晶體開關電路中，集極為ON狀態時，下列選項何者正確？
(A) $I_B = I_E = 0$ (B) $\beta I_B \geq I_C$（sat）
(C) $\beta I_B < I_C$（sat） (D) $V_{BE} = 0V$。

( ) **10** 下列何者為電晶體之編號？
(A) $\mu$A741 (B) 1N4001 (C) 2N2222 (D) NE555。

( ) **11** 若一電晶體的基極電流$I_b = 1mA$，集極電流$I_c = 0.1A$，電晶體之$\beta =$ 100，則此電晶體工作在那一區？
(A)主動區 (B)飽和區 (C)截止區 (D)無法判斷。

( ) **12** 電晶體偏壓時，若將集極與射極對調，使得**基極對射極**接面為**逆向**偏壓，而**基極對集極**接面為**順向**偏壓，則下列有關電晶體的敘述，何者正確？
(A)耐壓降低，增益提高 (B)耐壓提高，增益降低
(C)耐壓及增益皆降低 (D)耐壓及增益皆提高。

( ) **13** 有一電晶體，適當偏壓於**作用區**，測得$I_B$＝0.05mA，$I_E$＝5mA，則此電晶體的$\alpha$參數值為多少？
(A) 0.01 (B) 0.99 (C) 9.9 (D) 100。

( ) **14** 下列何者為**高頻用NPN型**電晶體？
(A) 2SB77 (B) 1N4007 (C) 2SC372 (D) 2SK30。

( ) **15** 右圖所示電路，當$V_I$＝0.7V時，電晶體工作區域及集極對射極電壓$V_{CE}$為何？
(A)截止區，0V
(B)飽和區，0V
(C)截止區，10V
(D)飽和區，10V。

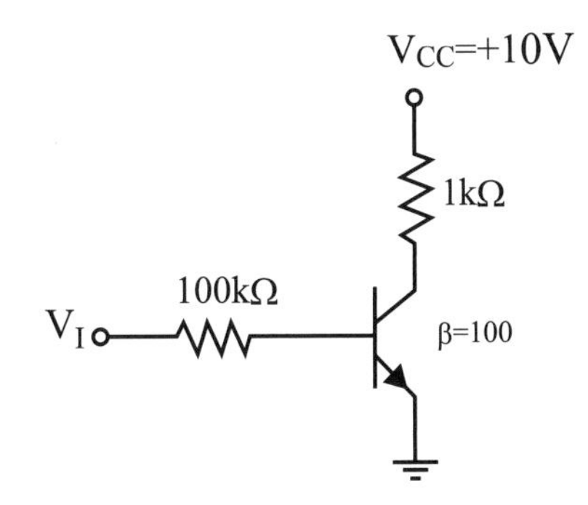


( ) **16** 如下圖之電路，若 $V_{CC}$＝10V，$R_B$＝100kΩ，$R_C$＝500Ω，$V_{BE}$＝0.7V，$\beta$＝100，則 $I_C$ 約為多少？

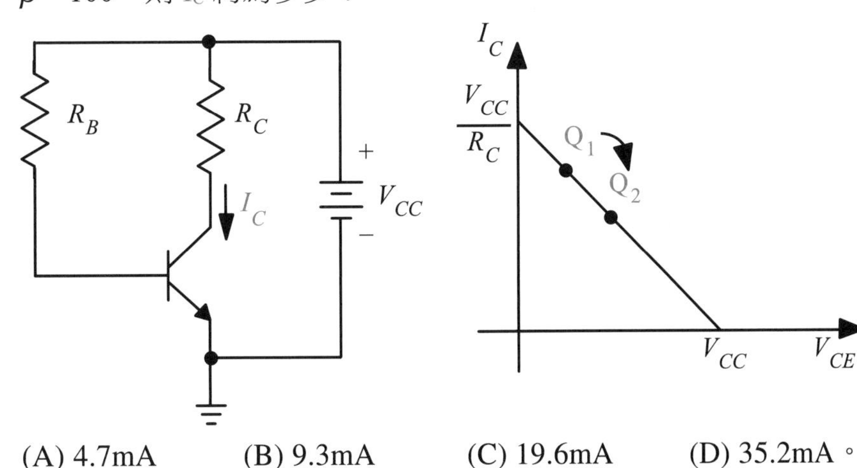


(A) 4.7mA (B) 9.3mA (C) 19.6mA (D) 35.2mA。

試題演練

( ) **17** 一NPN電晶體共射極放大器，若$I_B$＝0.06mA，$I_E$＝6.06mA，則其$\beta$值為：
(A) 98 (B) 99 (C) 100 (D) 101。

( ) **18** 右圖為電晶體Q驅動繼電路RY的接線圖，此電晶體當作開關使用，應操作於何工作區？
(A)線性區與截止區
(B)截止區與飽和區
(C)線性區與飽和區
(D)線性區與電阻區。

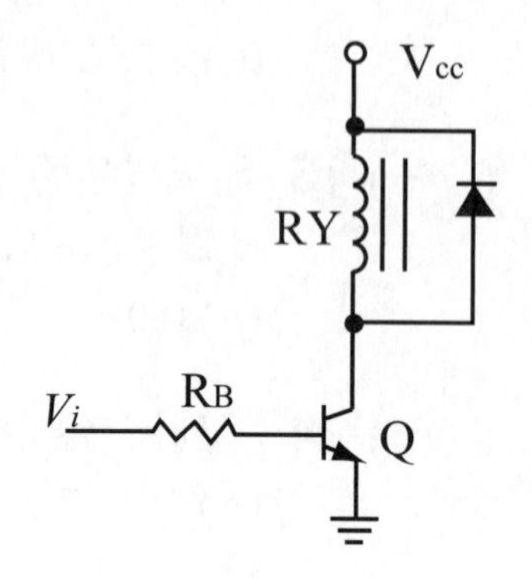


( ) **19** 右圖是電晶體Q驅動發光二極體（LED）的電路，若此電晶體當開關使用，輸入的電壓$V_i$為5V，則LED亮時，輸出電壓$V_0$的近似值為多少？
(A) 0V
(B) 5V
(C) 7.5V
(D) 15V。

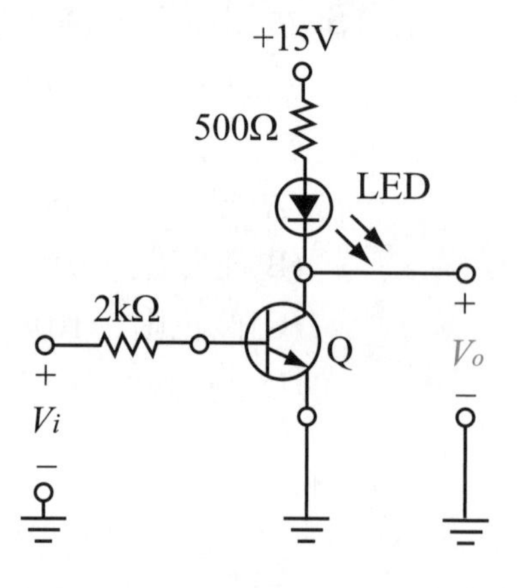


( ) **20** 右圖中的電晶體Q，其$\beta$＝100，若此電晶體當開關使用，當輸入電壓$V_i$為5V時，該電晶體的工作區域為何？
(A)作用區
(B)飽和區
(C)截止區
(D)負電阻區。

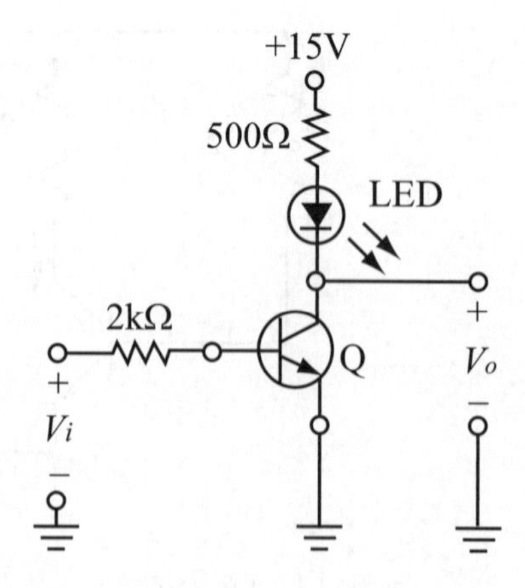

( ) **21** 如下圖所示電路，為一偏壓電路及其直流輸出負載線，若原工作點在$Q_1$位置，欲修正工作點至$Q_2$位置，則應：

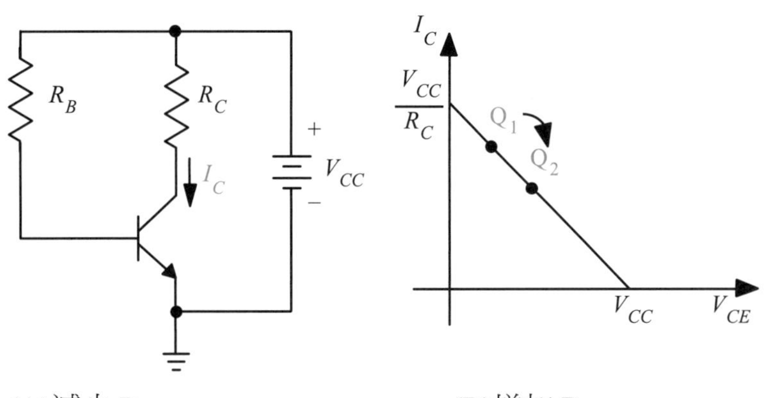


(A)減少 $R_B$　　(B)增加 $R_B$
(C)減少 $R_C$　　(D)增加 $R_C$。

( ) **22** 如右圖為LED的驅動電路，使LED發亮的電壓為2V，電流為15mA。假設飽和電晶體之$V_{CE(sat)}$電壓降可忽略不計，試求$R_B$、$R_C$的適當電阻值？

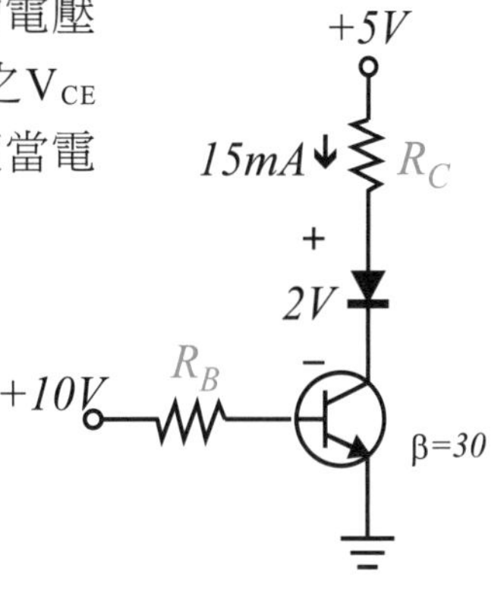


(A) 15KΩ，200Ω

(B) 15KΩ，100Ω
(C) 25KΩ，100Ω
(D) 25KΩ，200Ω。

( ) **23** 如右圖所示的電晶體電路，假設$\beta=100$，$V_{BE(sat)}=0.7V$，$V_{CE(sat)}=0.2V$，$V_i=5V$，求使電晶體停留在飽和區之最大$R_B$值為多少？

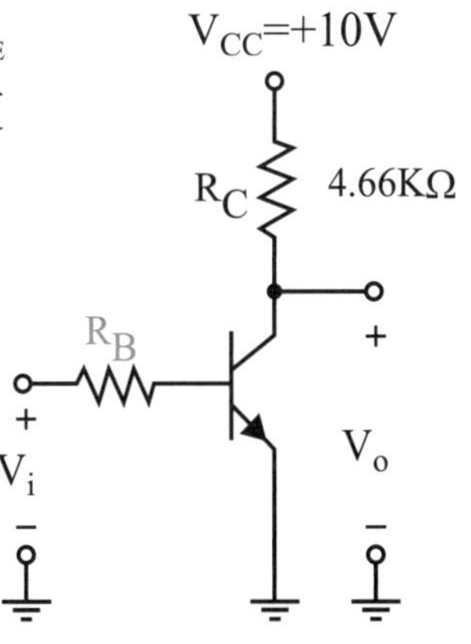


(A) 204KΩ
(B) 48KΩ
(C) 112KΩ
(D) 76KΩ。

試題演練

( ) **24** 如右圖所示之電路，若 $\beta=100$，$V_{BE\,(sat)}=0.8V$，$V_{CE\,(sat)}=0.2V$，且電晶體進入飽和區，下列選項何者正確？

(A) $R_{C\,(max)}=161\Omega$

(B) $R_{C\,(min)}=161\Omega$

(C) $R_{C\,(max)}=1609.8\Omega$

(D) $R_{C\,(min)}=1609.8\Omega$。

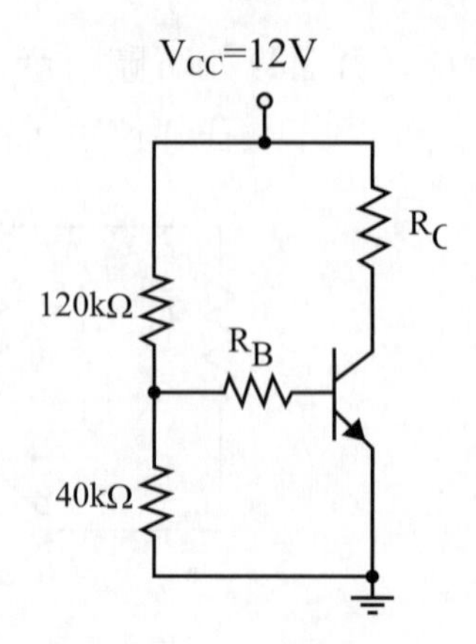


( ) **25** 承第24題，若 $R_C=5k\Omega$ 且電晶體偏壓在飽和區，下列選項何者正確？

(A) $\beta_{(min)}=32.2$　(B) $\beta_{(max)}=32.2$

(C) $\beta_{(min)}=100$　(D) $\beta_{(max)}=100$。

*Notes*

# 雙極性接面電晶體放大電路

## 第一節 小訊號電路模型

當電晶體偏壓在主動區，且加入微小交流訊號時，可將電晶體替換為線性的小訊號模型以利分析，小訊號模型可分為π模型、T模型、μ模型與h參數模型，但同學僅需熟記π模型與T模型即足夠，使用時除非題目特別指明，否則通常可不計$V_{ce}$改變造成$I_c$變動的$r_o$電阻。

**雙極性電晶體小訊號電路模型與參數**

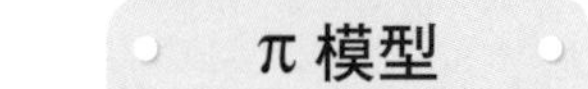


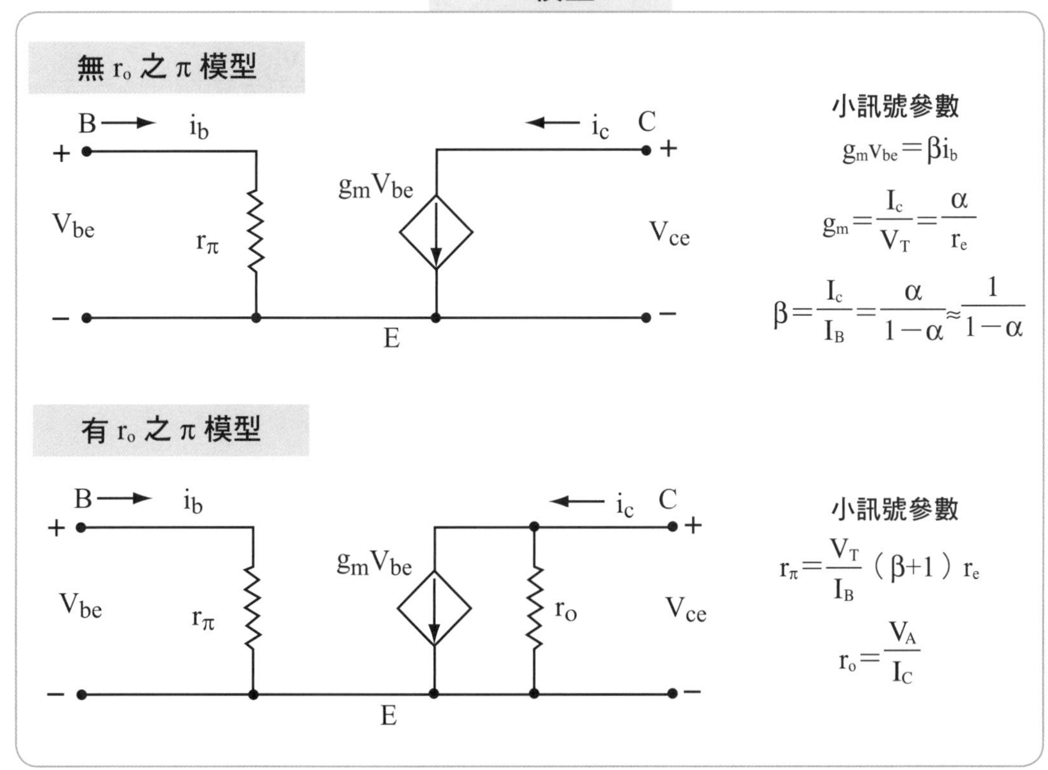

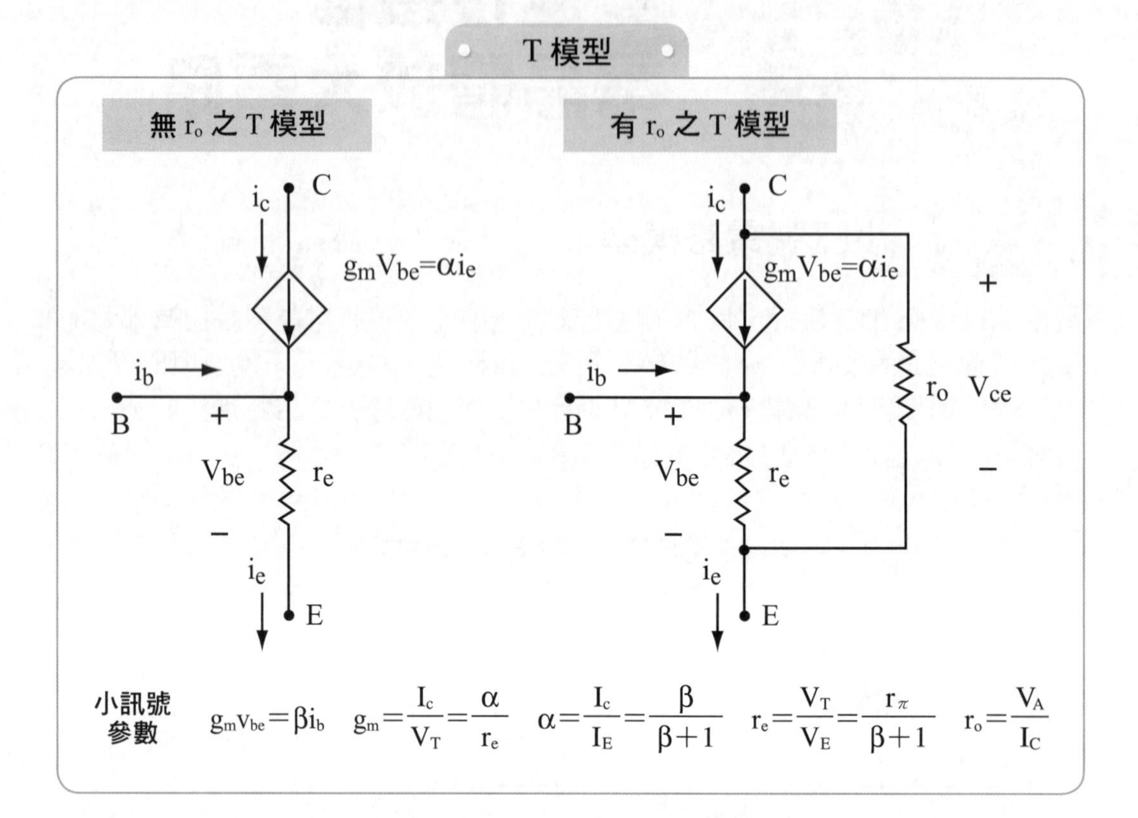


## 第二節 共射極放大電路

共射極（CE）放大電路係指訊號從**基極B輸入**，由**集極C輸出**，而**射極E為共同接地**。

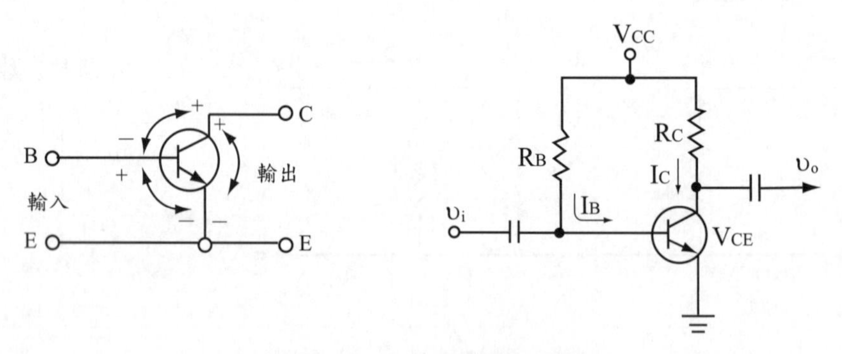


**共射極（CE）放大電路示意圖**

共射極放大電路因**功率增益最高**，為**最常使用之放大電路**，可用於電壓、電流及功率之放大，而兩個電晶體組合之差動放大器亦可視為共射極放大電路。其輸入阻抗高，輸出阻抗亦高，電壓增益大於1（但輸出訊號電壓相位與輸入訊號電壓相位反相，即負值），電流增益 $A_I=\frac{i_c}{i_b}=\beta$。

## 觀念加強

( ) **1** 在具有射極電阻的共射極放大器上，與射極電阻**並聯**的旁路電容的作用是
(A)濾去電源漣波
(B)防止短路
(C)阻止直流電流通過射極電阻
(D)提高電壓增益。

( ) **2** 電晶體共射極放大器，若加入射極電阻，但不加射極旁路電容，則下列敘述何者正確？
(A)輸入阻抗降低
(B)輸出阻抗降低
(C)電壓增益降低
(D)非線性失真增加。

( ) **3** 在雙極性電晶體的共射極組態中，**作用區**常被用來**放大信號**，主要是因為在該區有何特性？
(A) $I_C$ 與 $I_B$ 無關
(B)輸入阻抗極高
(C)電晶體輸出電流對輸入電流反應極為靈敏
(D) $I_C$ 等於$I_{CBO}$。

( ) **4** 如右圖所示電路，那兩者電容的目的是用來消除電壓增益的衰減？
(A) $C_1$，$C_3$ (B) $C_2$，$C_4$
(C) $C_3$，$C_4$ (D) $C_1$，$C_2$。

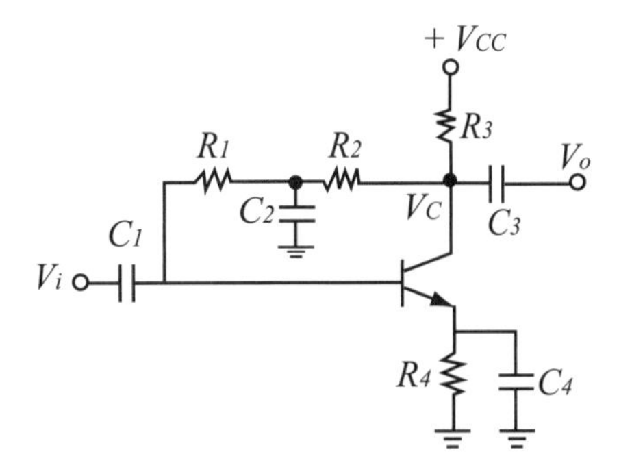

(　　) **5** 下列關於共射極放大電路之敘述，何者**錯誤**？
(A)在共射極偏壓電路中加入射極電阻，可提高工作點的穩定度
(B)在共射極偏壓電路中加入射極電阻，是一種負回授作用
(C)在共射極偏壓電路中加入射極電阻，可提高電壓增益
(D)在共射極偏壓電路中的射極電阻加入並聯的旁路電容，可提高電壓增益。

## 第三節 共集極放大電路

共集極（CC）放大電路係指訊號從**基極B輸入**，由**射極E輸出**，而**集極C為共同接地**。

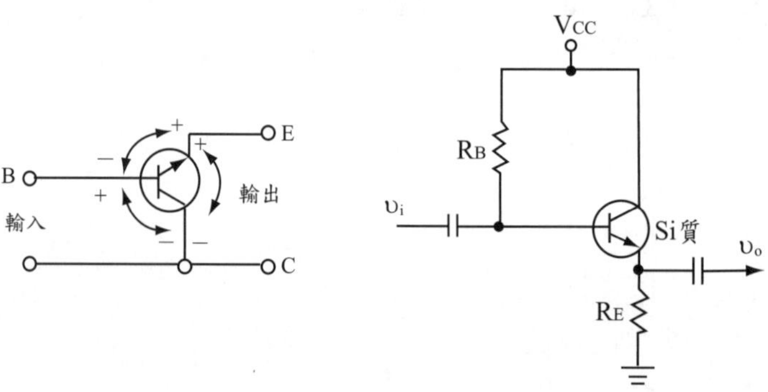


**共集極（CC）放大電路示意圖**

共集極（CC）放大電路又稱**射極隨耦器**，因其電壓增益小於但近似於1，故射極的輸出電壓會隨著輸入電壓變化，且輸出訊號電壓相位與輸入訊號電壓相位同相，常用於阻抗匹配。其電壓增益雖低，但電流增益 $A_I=\frac{i_e}{i_b}=\beta+1$ 高，輸入阻抗高，輸出阻抗低。

### 觀念加強

(　　) **6** 如右圖所示電路，試問何者電阻是利用**米勒**（Miller）**效應**來提升輸入阻抗？
(A) $R_1$　(B) $R_2$
(C) $R_3$　(D) $R_4$。

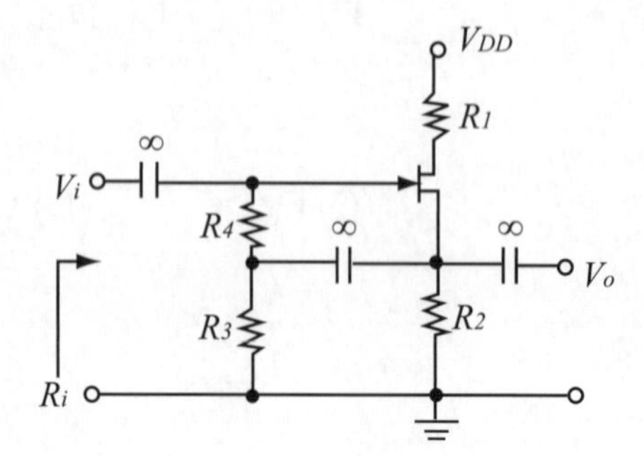

## 第四節 共基極放大電路

共基極（CB）放大電路係指訊號從**射極E輸入**，由**集極C輸出**，而**基極B為共同接地**。

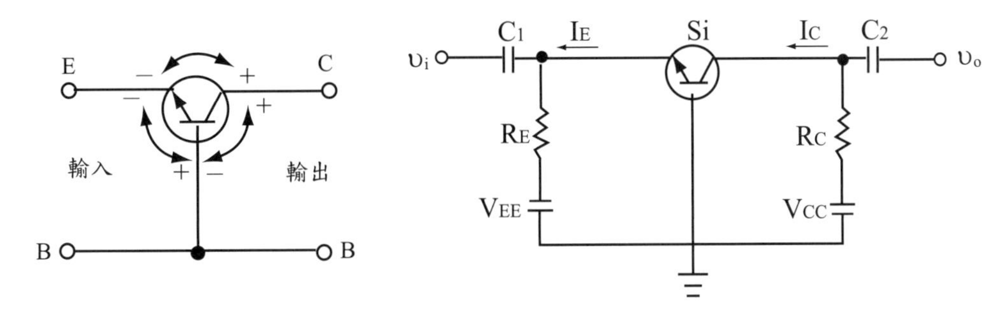


**共基極（CB）放大電路示意圖**

共基極（CB）放大電路的輸入阻抗低，輸出阻抗高，輸出訊號電壓相位與輸入訊號電壓相位同相，為良好之電壓放大電路。其電流增益$A_I=\frac{i_c}{i_e}=\alpha$低，但高頻響應佳，**常用於高頻放大電路**。

### 觀念加強

( ) **7** 下列有關右圖所示電路的敘述，何者**正確**？
(A)為共集極放大電路
(B)電流增益小於1
(C)$C_3$為一旁路（Bypass）電容，用來提高電壓增益
(D)增加負戴$R_L$會降低電壓增益。

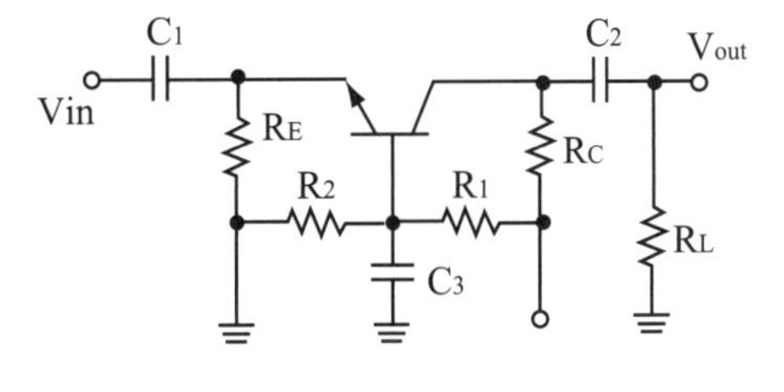


( ) **8** 如右圖所示電路，$V_i$為輸入信號，$R_L$為負載，下列何者為此放大器電路組態？
(A)共基極放大器
(B)共射極放大器
(C)共集極放大器
(D)射極隨耦器。

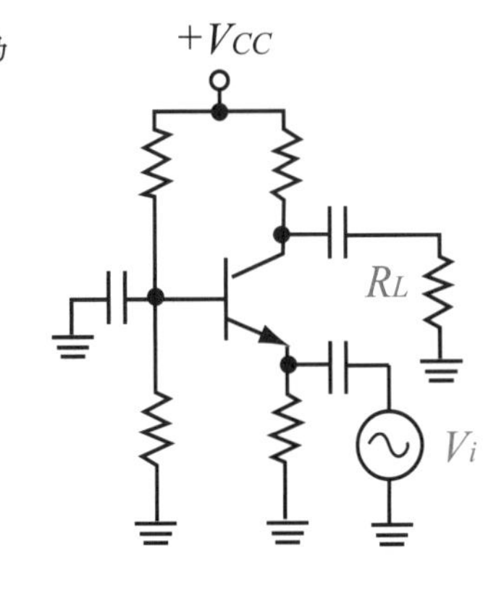

## 第五節 三種基本放大器之比較

從小訊號的觀點，可得下列參數：

基極B看入之阻抗：$r_\pi = \frac{V_T}{I_B} = (\beta+1)\ r_e$

射極E看入之阻抗：$r_e = \frac{V_T}{I_E}$，集極C看入之阻抗：$r_o$

集極電流對基極電流的電流增益：$A_I = \frac{i_c}{i_b} = b$

集極電流對基極電壓的轉移電導：$g_m = \frac{i_c}{v_\pi} = \frac{\alpha}{r_e} \approx \frac{1}{r_e}$

由上述參數配合三種基本放大器之電路可得其基本特性比較如下：

**三種電晶體基本放大器之基本特性比較 1**

| | 共射極CE | 有$R_E$之共射極 CEwith$R_E$ | 共集極CC | 共基極CB |
|---|---|---|---|---|
| 輸入阻抗 | 高 | 最高 | 高 | 低 |
| 輸出阻抗 | 高 | 最高 | 低 | 高 |
| 電壓放大 | 高 | 低 | 無 | 高 |
| 電流放大 | 高 | 低 | 高 | 無 |
| 功率增益 | 高 | 中 | 低 | 中 |

**三種電晶體基本放大器之基本特性比較 2**

| | |
|---|---|
| 輸入阻抗 $R_i$ | CC＞CE＞CB |
| 輸出阻抗 $R_o$ | CB＞CE＞CC |
| 電壓增益 $A_v$ | CB＞CE＞CC |
| 電流增益 $A_i$ | CC＞CE＞CB |
| 功率增益 $A_p$ | CE＞CB＞CC |

## 觀念加強

( ) **9** 兼具電流放大與電壓放大作用的雙極性電晶體放大器為
(A)共基極組態 (B)共射極組態
(C)共集極組態 (D)射極隨耦器。

( ) **10** 在雙載子接面電晶體（BJT）放大器中，具有**最大**電壓增益與電流增益乘積的是何種組態？
(A)共基極放大器 (B)共射極放大器
(C)共集極放大器 (D)共汲極放大器。

( ) **11** 具電流放大，不具電壓放大的電晶體組態是：
(A)共基極電路 (B)共射極電路
(C)共集極電路 (D)共陽極電路。

( ) **12** 下列有關雙極性電晶體三種基本放大器間比較之敘述何者**不正確**？
(A)共集極之輸入阻抗最高 (B)共射極之功率增益最高
(C)共基極之輸出阻抗最低 (D)共射極為反相放大。

( ) **13** 雙極性電晶體（BJT）放大器有三種基本組態：共基極（CB）組態、共射極（CE）組態與共集極（CC）組態，其中具有電壓大小放大作用但不具電流大小放大作用者為： (A) CB (B) CE (C) CC (D) CE 及 CB。

( ) **14** 對於需要具備低輸入阻抗及高輸出阻抗、卻不要求高電流增益的電路而言（如：電流緩衝器），最適合採用下列哪一種形式之電晶體放大電路？
(A)無射極電阻之共射極放大電路
(B)有射極電阻之共射極放大電路
(C)共基極放大電路
(D)共集極放大電路。

( ) **15** 下列電晶體放大器中，具有**最低**輸出阻抗的為何者？
(A)共集極放大器 (B)共射極放大器
(C)共基極放大器 (D)多級共射極放大器。

# 試題演練

## 經典考題

( ) **1** 如右圖所示之達靈頓對（Darlington Pair）放大器，已知其兩個電晶體特性相同，若 $h_{oc}h_{fe}R_E \leqq 0.1$，其電流增益及輸入阻抗分別為何？
(A) 400，400kΩ
(B) 400，20kΩ
(C) 40，40kΩ
(D) 40，400kΩ。

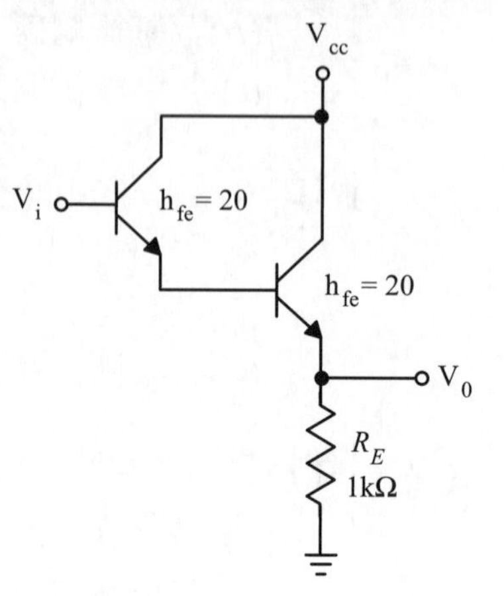


( ) **2** 一電晶體放大電路中，電晶體之 $h_{fe}=99$，熱電壓$V_T=25mV$，基極直流電流為$50\mu A$，則電晶體之射極交流電阻 $r_e=$？
(A) 0.25Ω (B) 5Ω
(C) 50Ω (D) 500Ω。

( ) **3** 如右圖所示電晶體放大電路，$h_{fe}=200$，$h_{ie}=4k\Omega$，$h_{oe}=h_{re}=0$，電容阻抗忽略不計，試利用近似等效模型求解 $\frac{I_0}{I_i}$ 約為多少？
(A) 150
(B) −150
(C) 138
(D) −138
(E) −166。

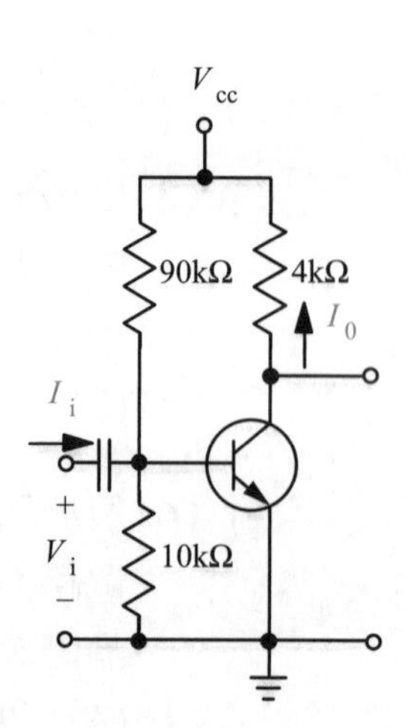


( ) **4** 如右圖所示電路，若 $h_{re}=h_{oe}=0$，$h_{ie}=1k\Omega$，$h_{fe}=100$，則 $V_i$ 點與接地間的輸入阻抗為
(A) 5KΩ
(B) 4KΩ
(C) 1KΩ
(D) 205KΩ。

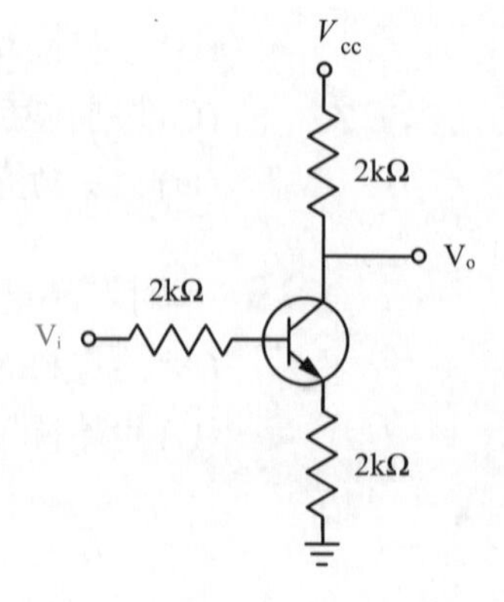

( ) **5** 一共基極放大器，在室溫 25ºC 下工作，已知其電壓增益為10，若直流工作點 $I_{EQ}=1mA$，則小信號 $r_e$ 電阻為多少歐姆？
(A) 26 (B) 400 (C)10k (D)無窮大。

( ) **6** 試以近似解計算右圖之 $A_N$、$R_i$ 及 $R_o$ 之值（$\beta=100$）
(A) $A_v\cong-4$，$R_i\cong5K\Omega$，$R_o\cong4K\Omega$
(B) $A_v\cong-4$，$R_i\cong1K\Omega$，$R_o\cong2K\Omega$
(C) $A_v\cong-6$，$R_i\cong5K\Omega$，$R_o\cong2K\Omega$
(D)以上皆非。

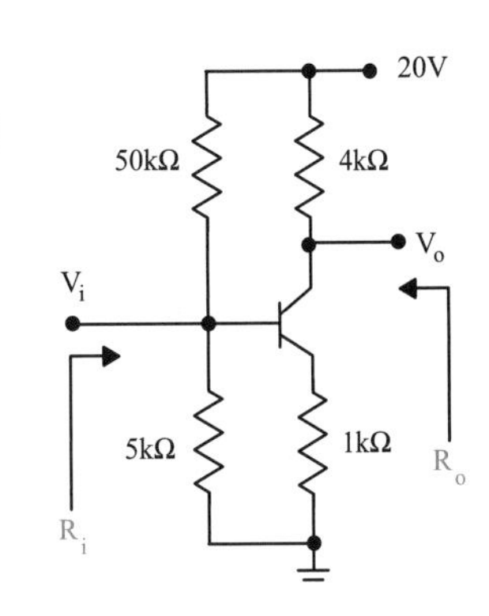


( ) **7** 如右圖所示電路，若$h_{fe}=50$，$h_{ie}=1K\Omega$，$h_{re}$及$h_{oe}$略去不計，則電壓增益 $A_v$約為多少？
(A)－150
(B) 150
(C)－200
(D) 200。

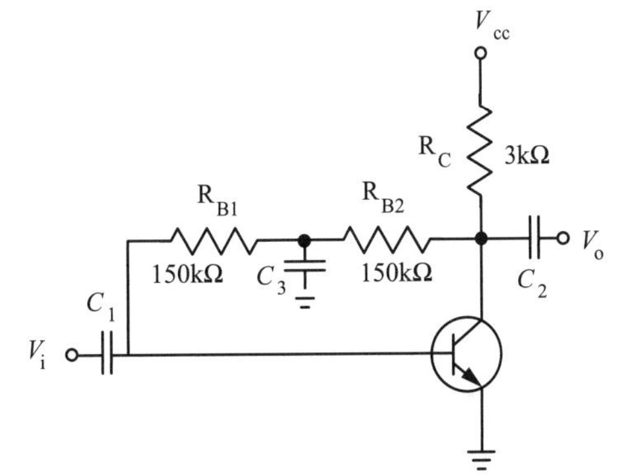


( ) **8** 如右圖電路中，電晶體之 $\beta=100$，則此電路中靜態工作點之 $I_B$，其最接近之電流值為
(A) 10$\mu$A
(B) 50$\mu$A
(C) 100$\mu$A
(D) 500$\mu$A。

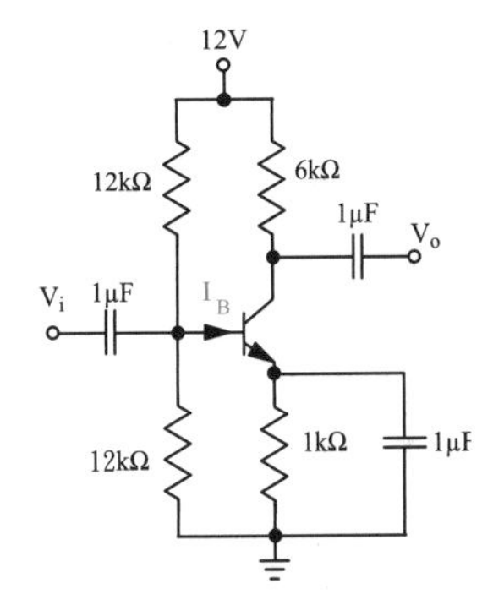


( ) **9** 如右圖電路中，其輸入為小訊號輸入，則電壓增益 $\frac{V_o}{V_i}$ 約為
(A) 0
(B)－25
(C)－50
(D) 50。

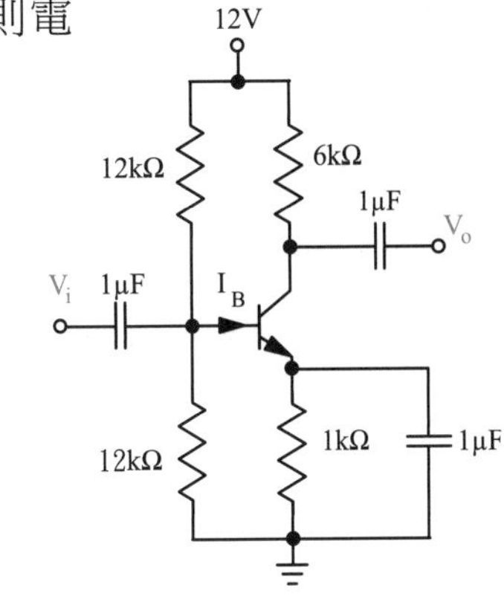


試題演練

(　　) **10** 如右圖，其小信號等效輸出阻抗 $Z_0$ 最接近下列何值？（熱當電壓$V_T$＝26mV）

(A) 7.5Ω

(B) 17.5Ω

(C) 27.5Ω

(D) 37.5Ω。

(　　) **11** 若右圖之$V_{CC}$＝15V，$R_{B1}$＝$R_{B2}$＝100kΩ，$R_C$＝4.3kΩ，$R_E$＝6.8kΩ，$V_{BE}$＝0.7V，且$C_1$、$C_2$及$\beta$都非常大，則電壓增益$A_V$約為：

(A)－0.63

(B)－0.76

(C)－0.996

(D)－2.58。

(　　) **12** 右圖為電晶體放大電路，假設其工作點位於作用區，下列有關此電路之描述何者**錯誤**？

(A) 此電路為共射極放大電路

(B) $C_E$為旁路電容，可提高交流增益

(C) $C_1$為阻隔電容，可用來阻隔$V_i$之直流偏壓

(D) 此放大器的偏壓電路為固定偏壓法，其缺點為溫度穩定性不佳。

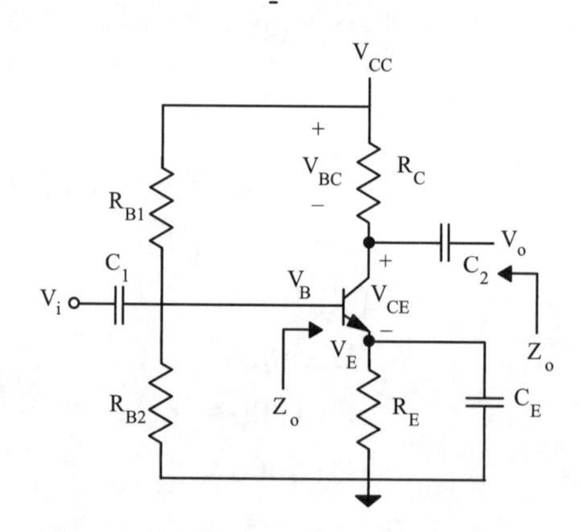


(　　) **13** 承上題圖之電路，若電路中$V_{CC}$＝22V、$R_{B1}$＝45kΩ、$R_{B2}$＝5kΩ、$R_C$＝10kΩ、及$R_E$＝1.5kΩ，且假設電晶體之電流增益$\beta$很大，BE接面的切入電壓為0.7V，計算電路中的直流偏壓，請問下列何者**錯誤**？

(A) $V_E$＝1.5V　　(B) $V_{CE}$＝20.5V

(C) $V_B$＝2.2V　　(D) $V_{RC}$＝10V。

( ) **14** 承第12題圖之電路，與第13題之直流偏壓，並假設電晶體之電流增益 $\beta=100$，且熱電壓$V_T=25mV$，進行電路小訊號分析，計算阻抗$Z_b$、$Z_O$、及放大器電壓增益 $A_V=V_o/V_i$，請問下列答案何者最接近？
(A) $Z_b=25\Omega$，$Z_O=10k\Omega$，$A_v=-400$
(B) $Z_b=2.5k\Omega$，$Z_O=1M\Omega$，$A_V=400$
(C) $Z_b=2.5k\Omega$，$Z_O=10k\Omega$，$A_v=-400$
(D) $Z_b=2.5k\Omega$，$Z_O=10k\Omega$，$A_v=400$。

( ) **15** 承第12題圖之電路，若 $V_{CC}=10V$，$R_B=100k\Omega$，$R_C=500\Omega$，$V_{BE}=0.7V$，$\beta=100$，則 $I_C$ 約為多少？
(A) 4.7mA (B) 9.3mA (C) 19.6mA (D) 35.2mA。

( ) **16** 下列何種BJT電晶體放大電路組態之功率增益最高？
(A)共閘極組態 (B)共集極組態
(C)共基極組態 (D)共射極組態。

( ) **17** 下列關於BJT電晶體射極隨耦器之特性敘述，何者錯誤？
(A)輸出訊號與輸入訊號相位相同
(B)電壓增益略小於1
(C)電流增益低於1
(D)輸入阻抗甚高。

( ) **18** 如圖所示之電路，電晶體β＝100，切入電壓$V_{BE}=0.7V$，熱電壓$V_T=25mV$，則輸入阻抗$Z_i$為何？
(A)33.5kΩ
(B)40.5kΩ
(C)45.3kΩ
(D)50kΩ。

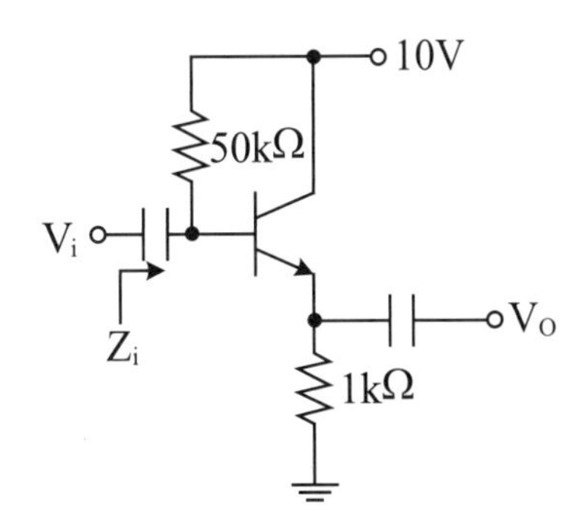


( ) **19** 下列關於有射極電阻$R_E$（無射極旁路電容）之電晶體共射極放大電路之敘述，何者正確？
(A)射極電阻$R_E$會有正回授作用
(B)射極電阻$R_E$可降低輸入阻抗
(C)射極電阻$R_E$會增加電路穩定度
(D)射極電阻$R_E$會增加電壓增益。

( ) **20** 如圖所示之電路，兩電晶體之β皆為80，切入電壓$V_{BE}$皆為0.7V，則輸入阻抗$Z_i$約為何？
(A)12.8MΩ
(B)6.4MΩ
(C)1.52MΩ
(D)0.42MΩ。

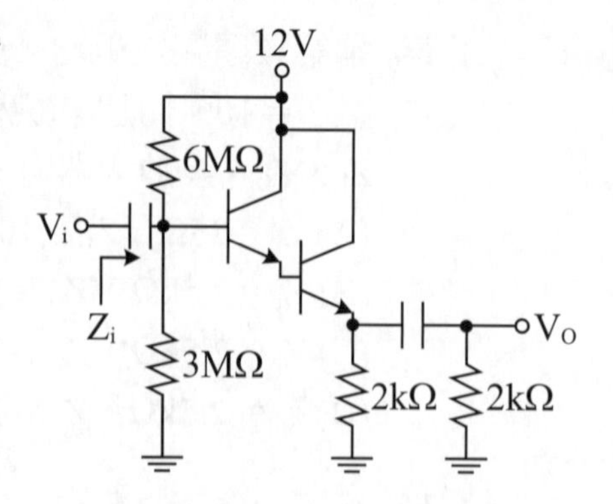


( ) **21** 關於雙極性接面電晶體基本放大電路組態的特性比較，下列敘述何者錯誤？
(A)電壓增益最大的是共基極組態
(B)電流增益最大的是共集極組態
(C)輸入阻抗最大的是共射極組態
(D)輸出阻抗最大的是共基極組態。

( ) **22** 關於雙極性接面電晶體的共基極偏壓組態的特性，下列敘述何者錯誤？
(A)輸入信號與輸出信號同相位
(B)輸入阻抗低，輸出阻抗高
(C)電壓增益大，電流增益約等於1
(D)適合用於低頻電路中作阻抗匹配。

( ) **23** 共射極組態之雙極性接面電晶體開關在開路時，電晶體工作區域為何？
(A)截止區 (B)作用區 (C)飽和區 (D)歐姆區。

( ) **24** 下列敘述何者正確？ (A)共射極電路常用於高頻振盪電路 (B)共射極電路常用作阻抗匹配器 (C)共集極電路常用作電壓隨耦器 (D)共基極電路適合作電流放大器。

( ) **25** 如右圖所示之電路，電晶體$\beta=100$，$V_{BE}\approx0V$，熱電壓$V_T=25V$，則輸入阻抗$Z_{in}$之值約為何？
(A)9kΩ (B)15kΩ
(C)20kΩ (D)25kΩ。

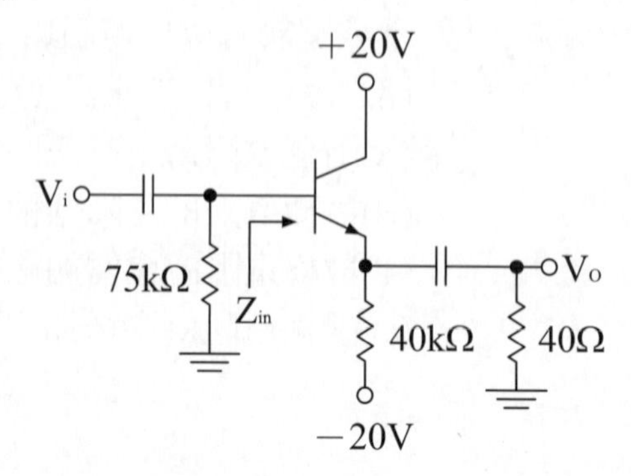

## 模擬測驗

( ) **1** 某一電晶體放在電路，設 $Z_L = 2.5 \times 10^3$歐姆，$h_t = 3.2 \times 10^3$歐姆、$h_r = 1.3 \times 10^{-4}$、$h_f = 100$、$h_e = 7.6 \times 10^{-6}$ 歐姆，則輸入阻抗Z為
(A) $1.13 \times 10^3$ (B) $2.14 \times 10^3$
(C) $3.17 \times 10^3$ (D) $4.51 \times 10^3$ 歐姆。

( ) **2** 如右圖所示之電路，若$C_2$因故開路，則該電路之小訊號中頻電壓增益會如何？
(A)增益變大
(B)增益變小，但不為零
(C)增益與 $C_2$ 正常時一樣
(D)增益為零。

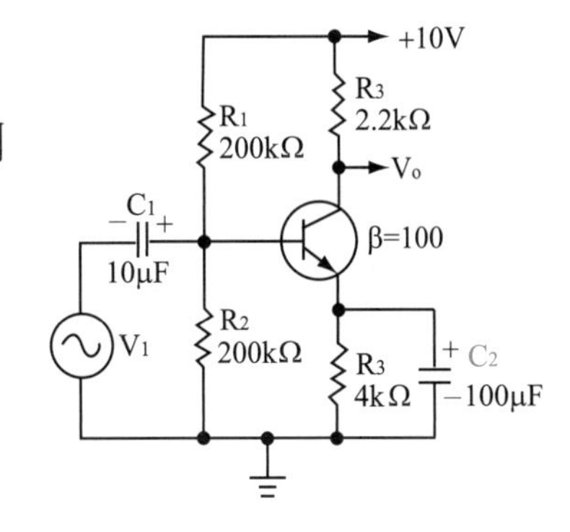


( ) **3** 如第2題圖所示之電路，與$C_2 = 100\mu F$比較，若$C_2$使用$10\mu F$，則該電路
(A)低頻 3dB 截止頻率變低 (B)低頻 3dB 截止頻率變高
(C)低頻 3dB 截止頻率不變 (D)小訊號中頻增益變大。

( ) **4** 如第2題圖所示之電路，當實際裝配後，發現$V_O$之波形如圖所示，則原因可能為何？（設$V_S = 20mV_{PP}$，1KHz正弦波）
(A) $C_1$ 短路 (B) $C_2$ 開路
(C) $C_2$ 短路 (D) $\pm_1$ 開路。

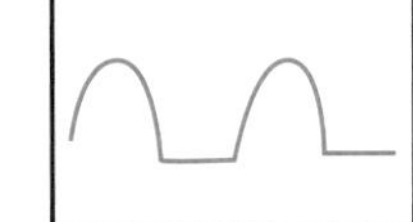

( ) **5** 右圖中在輸出波形$V_O$不會發生截波失真的前提下，測得未加射極電容 $C_E$ 時的中頻電壓增益為5.5，將$C_E$與1KΩ電阻並聯並調整$V_i$振幅，測得沒有截波失真情況下之電壓增益為$A_r$，下列何者為真？

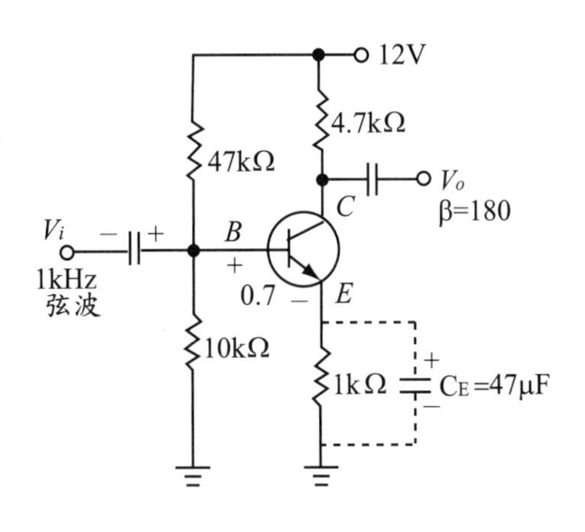


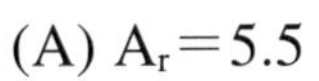
(A) $A_r = 5.5$
(B) $A_r$ 比 5.5 小很多
(C) $A_r$ 遠大於5.5
(D) $A_r$ 值會忽大忽小。

( ) **6** 小信號操作，其主要目標為
(A)功率放大 (B)穩定性佳 (C)線性放大 (D)頻率響應佳。

# 金氧半場效電晶體

## 第一節　場效電晶體之種類與特性

場效電晶體（又名場效應電晶體）（FET）與BJT相似，為一個具有電壓及電流放大作用的**三接腳半導體主動元件**，但導通載子僅有**電子或電洞其中一種**，分別為N通道及P通道FET。載子由源極S發射，經過由閘極G控制之通道，到達汲極D。FET 通常設計成對稱之結構，故需從電路設計及配置才能判斷出源極S與汲極D，若電壓及電流反向，則源極S與汲極D也會對調。FET的種類很多，簡單分類如下：

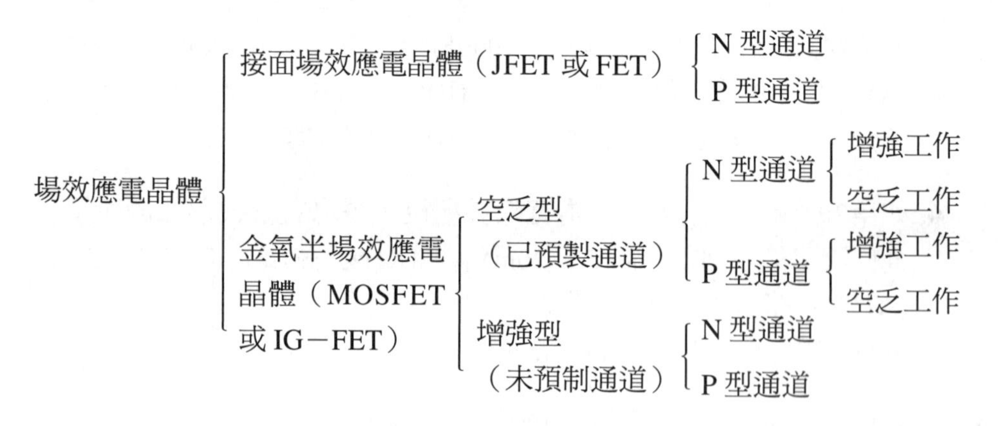


**場效應電晶體（FET）之分類**

FET同樣有**三種**操作模式，但其類比電路的**放大**功能係操作在**飽和區**，數位電路的**開關**功能操作在**三級區（歐姆區）**與**截止區**，與BJT不同，需小心。

金氧半場效應電晶體（MOSFET）為**目前使用最多之電晶體**，通常**簡稱為MOS**。除分為**N通道**與**P通道**外，尚可分為**空乏型**與**增強型**。空乏型MOSFET（D－MOSFET）係**預先設置載子通道**，增強型MOSFET（E－MOSFET）則**需以閘極電壓感應出載子通道**。空乏型MOSFET操作與JFET類似，但因閘極與通道之間有絕緣的氧化層隔絕，故偏壓$V_{GS}=0$可正可負，除空乏型操作外，尚可作增強型操作，**無飽和電流之限制**。目前電路設計**以增強型MOSFET為主**，因其較亦以適當之偏壓控制載子通道之產生。

MOSFET之電路符號及結構示意圖如下面所圖示：

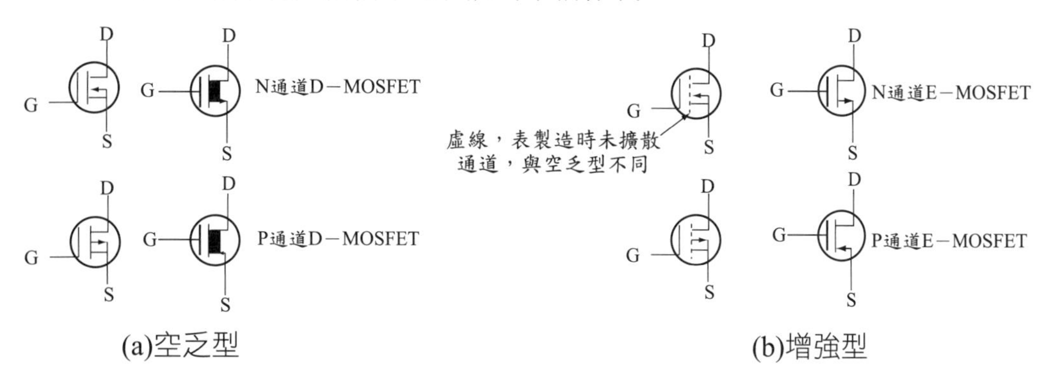


**圖 5-1 MOS 電路符號**

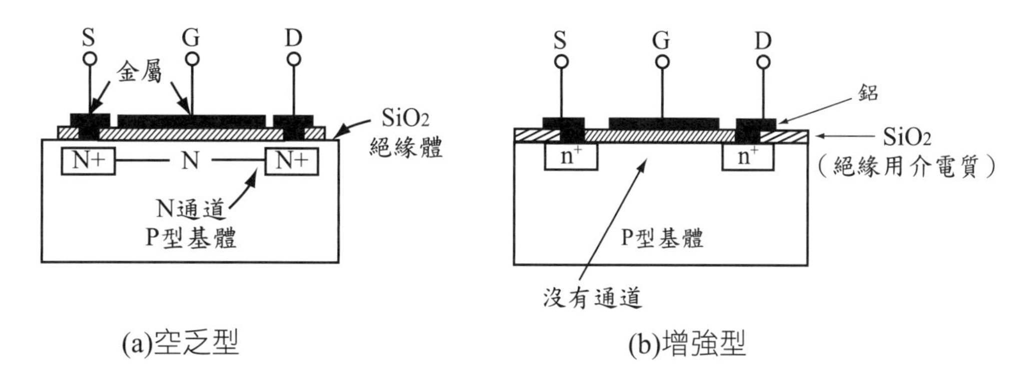


**圖 5-2 NMOS 結構示意圖**

**MOSFET 偏壓條件與電流關係**

| | | MOSFET | | | |
|---|---|---|---|---|---|
| | | n 通道 | | p 通道 | |
| | | **增強型** | **空乏型** | **增強型** | **空乏型** |
| 臨界電壓 $V_T$ | | $V_T>0$ | $V_T<0$ | $V_T<0$ | $V_T>0$ |
| 截止區 | 偏壓條件 | $V_{GS}\leq V_T$ | | $V_{GS}\geq V_T$ | |
| | 電流 | $I_G=0$<br>$I_D=I_S=0$ | | | |
| 三極區 | 偏壓條件 | $V_{GS}>V_T$<br>$V_{GD}>V_T$ | | $V_{GS}<V_T$<br>$V_{GD}<V_T$ | |
| | 電流 | $I_G=0$<br>$I_D=K〔2(V_{GS}-V_T)V_{DS}-V_{DS}〕$ | | | |

| | | MOSFET | | | |
|---|---|---|---|---|---|
| | | n 通道 | | p 通道 | |
| | | 增強型 | 空乏型 | 增強型 | 空乏型 |
| 飽和區 | 偏壓條件 | $V_{GS}>V_T$<br>$V_{GD}\leq V_T$ | | $V_{GS}<V_T$<br>$V_{GD}\geq V_T$ | |
| | 電流 | $I_G=0$<br>$I_D=K(V_{GS}-V_T)^2$ | | | |

MOSFET之偏壓條件與電流關係如上表所示，其中K為一常數；VT為使MOS關閉之臨界電壓。

當MOSFET作為放大器使用時，其轉移電導

$$g_m=\frac{\Delta I_D}{\Delta V_{GS}}\bigg|_{V_{DS}=定值}=2K(V_{GS}-V_T)=2\sqrt{K\times I_D}=\frac{2I_D}{V_{GS}-V_T}。$$

此外，由上表的偏壓條件以及電壓電流之間的關係可得MOSFET的數個特性曲線如下所示。

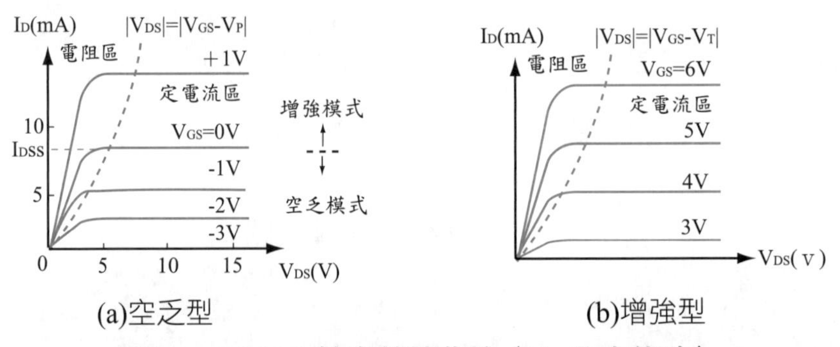


**圖 5-3 NMOS 輸出特性曲線（$V_{GS}$為定值時）**

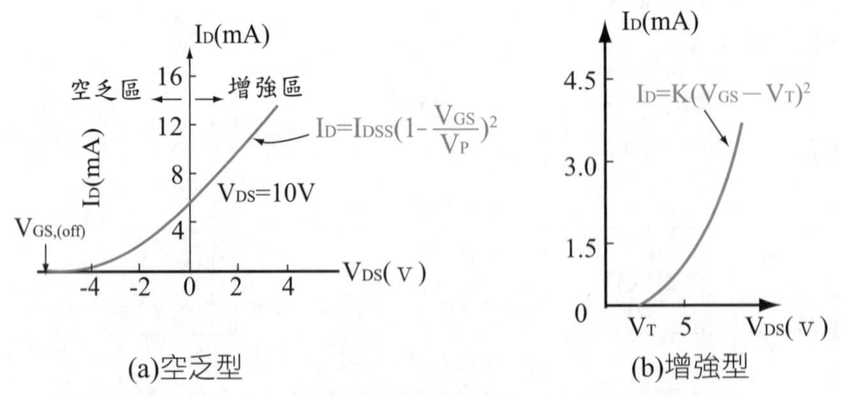


**圖 5-4 NMOS 轉換特性曲線（$V_{DS}$為定值時）**

## 觀念加強

( ) **1** 下列那一種元件是靠一種載子來傳送電流？ (A) FET (B)雙極性電晶體 (C)二極體 (D) SCR。

( ) **2** N通道增強型MOSFET欲使之導通，則閘極源極間電壓（$V_{GS}$）應加何種偏壓？ (A) 0V (B)負電壓 (C)小於臨界電壓（$V_T$）之正電壓 (D)大於臨界電壓（$V_T$）之正電壓。

( ) **3** 有關場效應電晶體（FET）之敘述下列何者錯誤？
(A)一般可分成 JFET及MOSFET二類
(B)可分成N通道及P通道兩種
(C)MOSFET又分成空乏型及增強型兩種
(D)輸入阻抗較雙極性電晶體為低。

( ) **4** 下列何者最適合用在低功率的積體電路中? (A)BJT (B)JFET (C)V_FET (D)CMOS。

( ) **5** 下列何者為正確的增強型PMOS電晶體特性曲線？

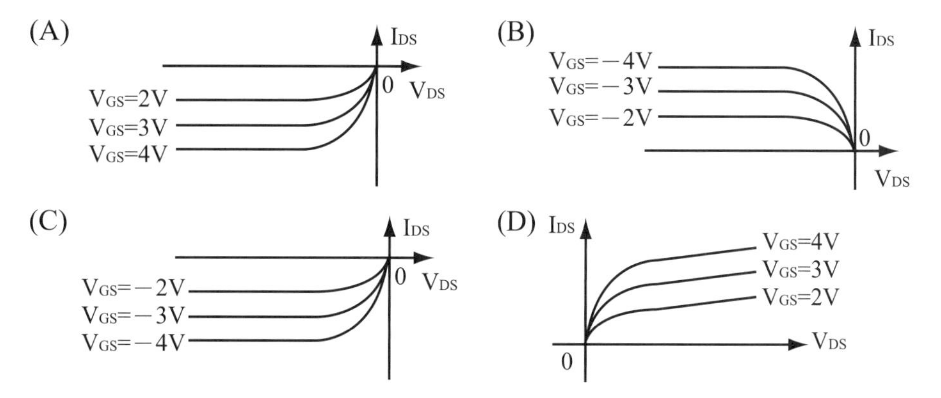


( ) **6** 下列金氧半場效應電晶體（MOSFET）元件之電路符號，何者不是N通道型式？

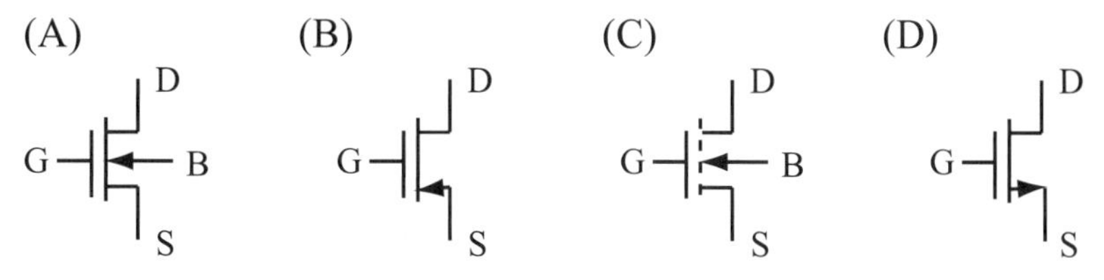

(　　) **7** MOSFET元件之結構如右圖所示，若此元件為**增強型N通道MOSFET**，則圖中甲區與乙區分別為何種型式半導體？若要形成通道，$V_{GS}$之條件為何？

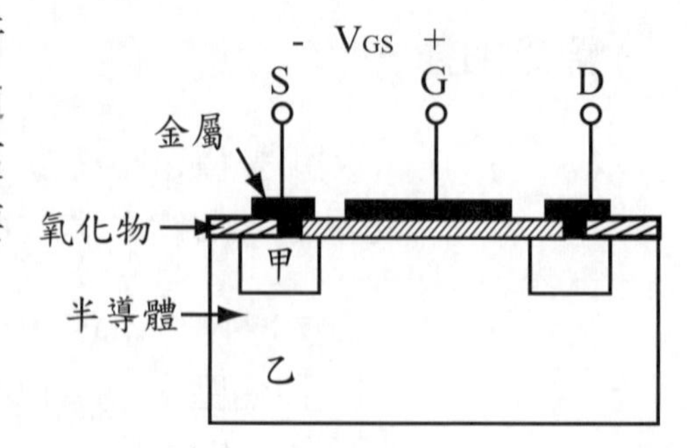


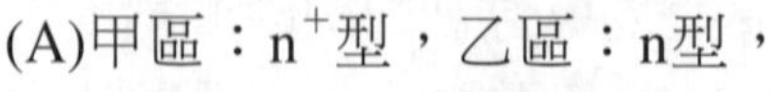

(A)甲區：$n^+$型，乙區：n型，$V_{GS}>V_T$（臨界電壓）$>0$
(B)甲區：$n^+$型，乙區：p型，$V_{GS}<V_T$（臨界電壓）$<0$
(C)甲區：$p^+$型，乙區：n型，$V_{GS}>V_T$（臨界電壓）$>0$
(D)甲區：$n^+$型，乙區：p型，$V_{GS}>V_T$（臨界電壓）$>0$。

(　　) **8** 下列關於MOSFET的敘述，何者為**錯誤**？
(A) MOSFET有空乏型及增強型兩種型式
(B) MOSFET有N通道及P通道兩種
(C) MOSFET是電流控制元件
(D) MOSFET之閘極與源極間直流電阻很大。

(　　) **9** 下列敘述何者**錯誤**？
(A) FET具高輸入阻抗
(B) FET的源極與汲極可以對調使用
(C) FET增益與頻帶寬之乘積大於BJT
(D) FET受輻射的影響較大BJT小。

## 第二節　場效電晶體G、D、S之判別

場效電晶體雖有G（閘極）、D（汲極）及S（源極）三隻接腳，但因D（汲極）及S（源極）的結構相同，故僅需判斷出閘極G即可。若是空乏型場效電晶體，可依下列步驟判別場效電晶體腳位：

a.將紅色探棒插入「＋」插座，黑色探棒插入「－ＣＯＭ」插座，並將電表撥到測阻抗的檔位，例如1K檔（電表在電阻檔位時，紅棒為負電位、黑棒為正電位）。

b.將探棒輪流接觸電晶體之兩腳位，直至找出其中兩根腳，無論紅、黑探棒正接、反接指針所指示之電阻相同者，則此兩接腳為D及S，剩下的另一隻腳位為G腳（因空乏型場效電晶體未加電壓時，D極及S極間有預設通道）。

## 第三節 場效應電晶體功用

FET **最常應用在數位邏輯電路中**，當操作在**三極區**與**截止區**時可分別表示電路的**導通**與**關閉**；當操作在**飽和區**時，則作為類比**放大**電路之用，其小訊號操作與 BJT 有類似之處。

**BJT 與 FET 操作模式對照表**

| | BJT | FET |
|---|---|---|
| **類比放大** | 主動區 | 飽和區 |
| **數位關閉** | 截止區 | 截止區 |
| **數位導通** | 飽和區 | 三級區 |

**BJT 與 FET 特性之比較**

| 特性 | BJT | FET |
|---|---|---|
| **工作載子** | 雙載子（電子和電洞） | 單載子（電子或電洞） |
| **控制電流大小** | $I_B$（電流控制） | 零（電壓控制） |
| **漏電流** | 大 | 極小 |
| **輸入阻抗** | 中等 | 非常高 |
| **高頻響應** | 佳 | 不佳 |
| **增益頻寬乘積** | 大 | 小 |
| **操作速率** | 快 | 慢 |
| **包裝密度** | 低 | 高（易積體化） |
| **雜訊** | 大 | 小 |

FET用在類比電路時的放大功能較BJT為差，適合用在數位電路中，但單一型式的MOS仍非相當理想，若以NMOS與PMOS組合成互補型金氧半場效應電晶體（CMOSFET，通常簡稱為CMOS）則可設計出近乎理想之數位邏輯電路，其符號與電路結構如圖示：

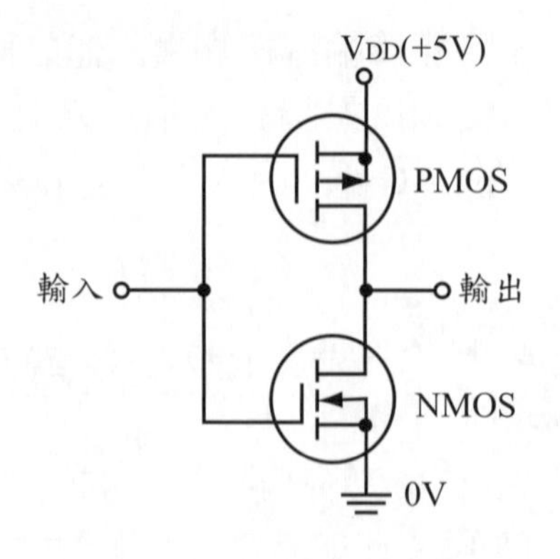

圖 5-5 CMOS 電路圖

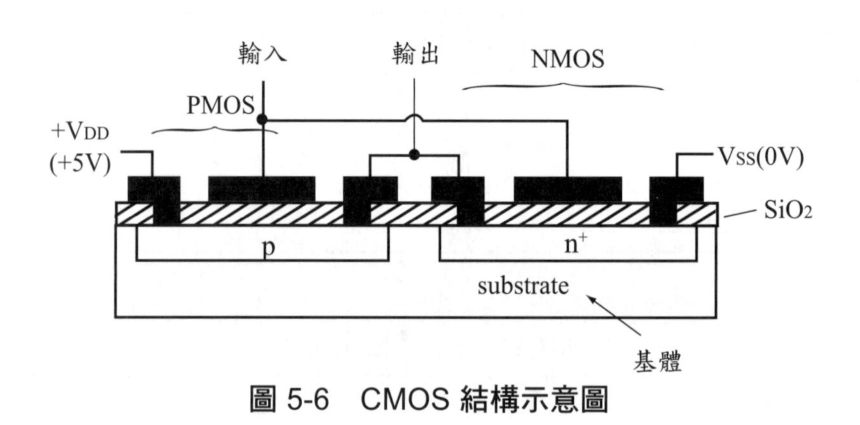

圖 5-6 CMOS 結構示意圖

Notes

# 試題演練

## 經典考題

( ) **1** 有一個P通道增強型 MOSFET，其臨限電壓$V_t$＝－2V，假使其閘極（gate）接地而源極（source）接至＋5V，欲使此元件操作在飽和區（saturation），則汲極（drain）之最高電壓為何？
(A) 7V　(B) 5V　(C) 3V　(D) 2V。

( ) **2** 如右圖，求此N通道增強型MOSFET的直流偏壓$V_{DS}$最接近下列何值？
(A) 1.3V
(B) 4.3V
(C) 8.3V
(D) 10.3V。

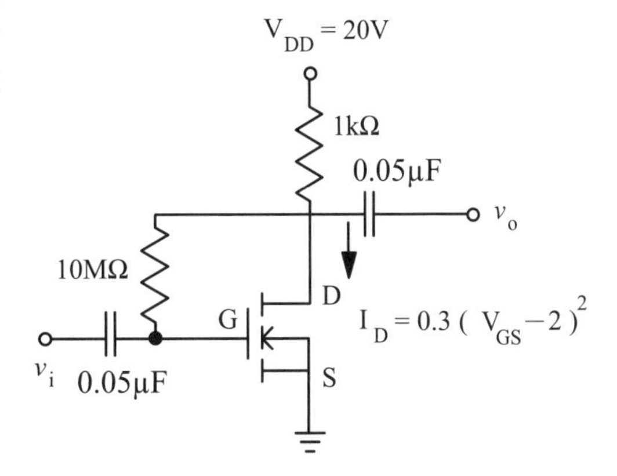


( ) **3** 如右圖所示之電路，若MOSFET之臨限電壓（threshold voltage）為2V，閘源極間電壓$V_{GS}$＝4V時之汲極電流$I_{D(on)}$＝20mA，則此電路之汲源極間電壓$V_{DS}$及汲極電流$I_D$約為何？
(A)3.4V，18.4mA
(B)4.3V，18.4mA
(C)4.5V，15.3mA
(D)5.4V，15.3mA。

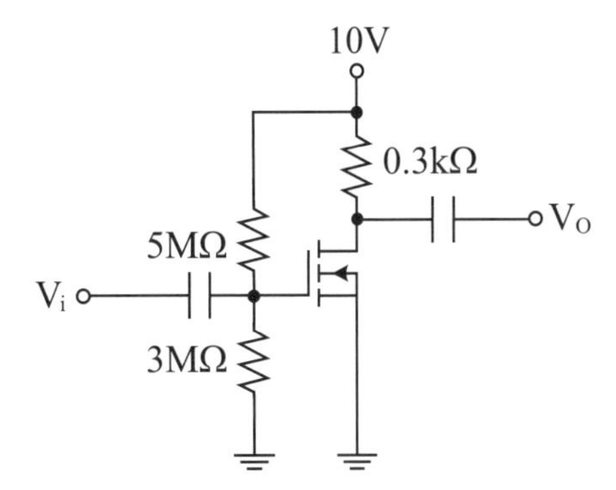


試題演練

## 模擬測驗

( ) **1** 下列有關於MOSFET之敘述，何者有誤？
(A)MOSFET之閘極與源極間的直流電阻接近無窮大
(B)增長型之P型MOSFET與空乏型之N型MOSFET特性完全相同
(C)MOSFET之閘極與通道（channel）間一般是隔著二氧化矽（$SiO_2$）
(D)與增長型比較，空乏型在製造上多了離子佈植（ion implantation）的手續。

( ) **2** 場效電晶體（FET）是利用
(A)磁場 (B)電場
(C)電磁場 (D)壓電 之效應控制電流的元件。

*Notes*

# 金氧半場效電晶體放大電路

## 第一節 場效電晶體小訊號電路模型

當場效電晶體偏壓在主動區（飽和區），且加入微小交流訊號時，可將場效電晶體替換為線性的$\pi$模型或T模型的小訊號模型以利分析。因場效電晶體的閘極有絕緣層，故從閘極看入時，無論是直流偏壓或小訊號模型的閘極均為開路，計算上較雙極性電晶體單純，使用時除非題目特別指明，否則通常可不計$V_{DS}$ 改變造成$I_D$變動的$r_o$電阻。

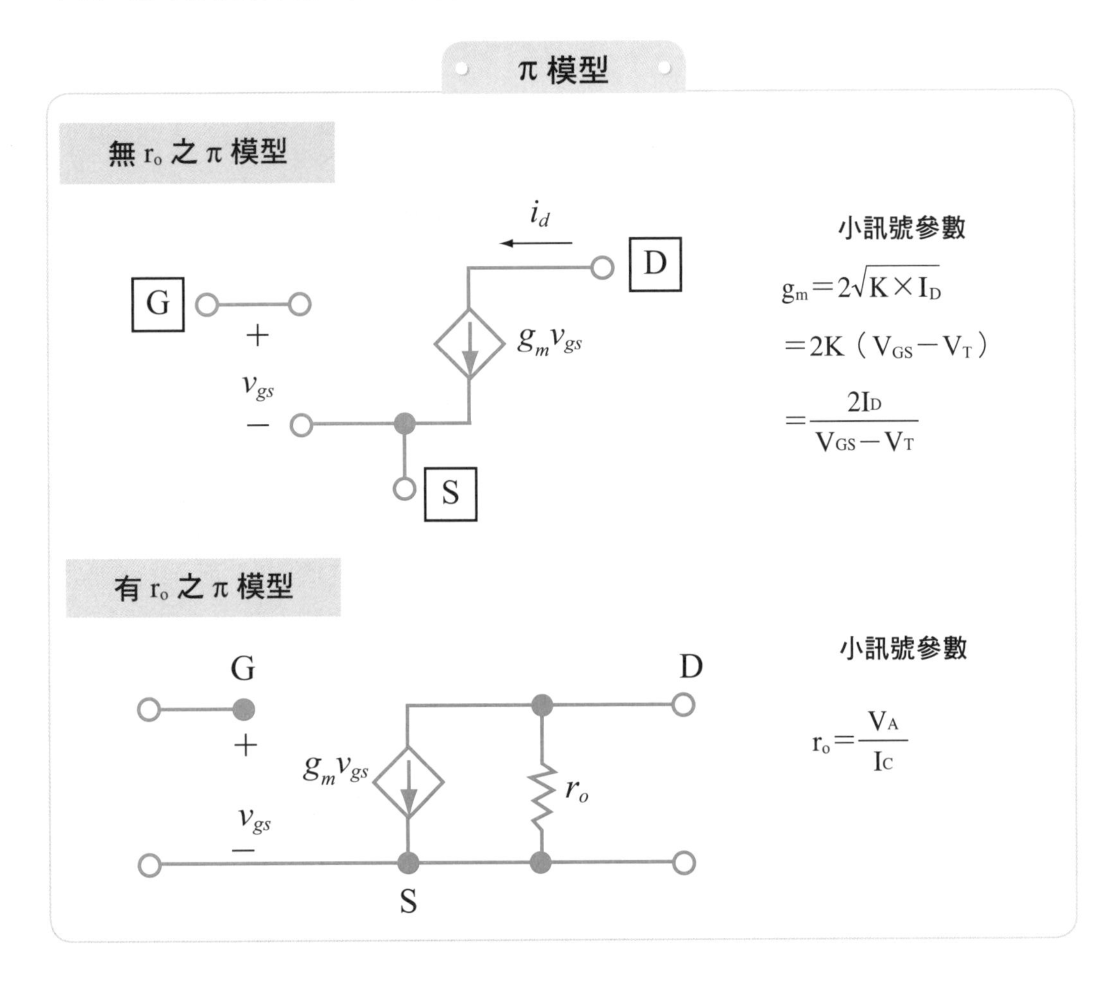

### T 模型

**無 $r_o$ 之 T 模型**

D

$i_d$

$g_m v_{gs}$

$i_g=0$

G

+

$v_{gs}$

−

$1/g_m$

$i_s$

S

**小訊號參數**　$g_m = 2\sqrt{K} \times I_D$

$= 2K\,(V_{GS}-V_T)$

$= \dfrac{2I_D}{V_{GS}-V_T}$

**有 $r_o$ 之 T 模型**

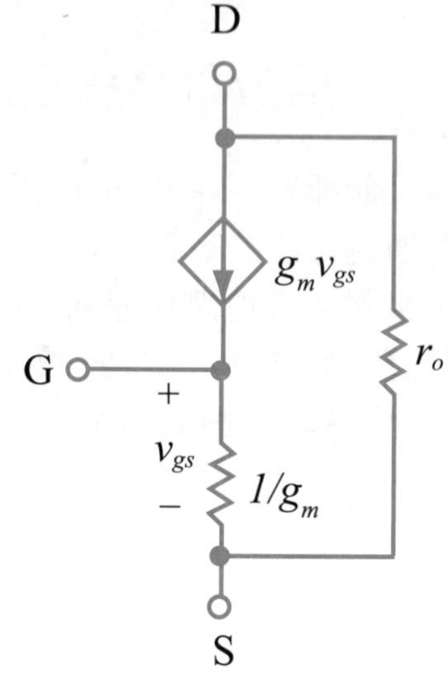


**小訊號參數**　$r_o = \dfrac{V_A}{I_C}$

## 第二節　共源極放大電路

共源極（CS）放大電路係指訊號從閘極G輸入，由汲極D輸出，而源極S為共同接地，為最常用的場效電晶體放大器電路。

共源極放大電路因功率增益最高，為最常使用之場效電晶體放大器電路，可用於電壓及功率之放大，而兩個電晶體組合之差動放大器亦可視為共源極放大電路。其輸入阻抗高，輸出阻抗亦高，電壓增益大於1（但輸出訊號電壓相位與輸入訊號電壓相位反相，即負值）。

## 第三節 共汲極放大電路

共汲極（CD）放大電路係指訊號從閘極G輸入，由源極 S 輸出，而汲極D為共同接地。

共汲極（CD）放大電路又稱源極隨耦器，因其電壓增益小於但近似於1，故源極的輸出電壓會隨著輸入電壓變化，且輸出訊號電壓相位與輸入訊號電壓相位同相，常用於阻抗匹配。其電壓增益低，輸入阻抗高，輸出阻抗低。

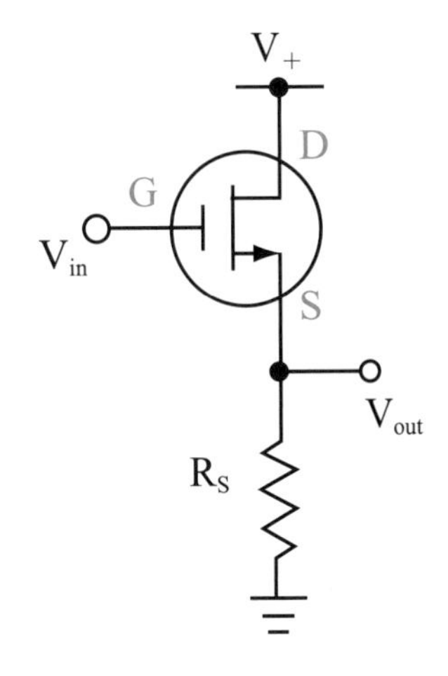


**圖 6-1 共汲極放大電路圖**

## 第四節 共閘極放大電路

共閘極（CG）放大電路係指訊號從源極S輸入，由汲極D輸出，而閘極G為共同接地。

共閘極放大電路的電流增益為1，基本上無電流放大功能，故較少使用，但其頻率響應特性較佳，主要用於高頻電路中。

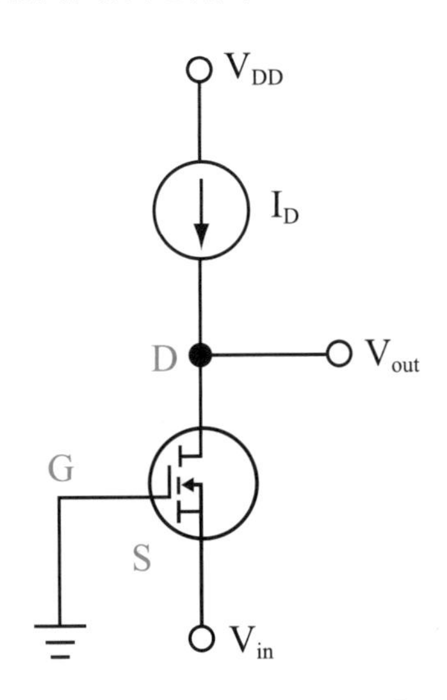


**圖 6-2 共閘極放大電路圖**

## 第五節 BJT與FET之比較

FET最常應用在數位邏輯電路中，當操作在三極區與截止區時可分別表示電路的導通與關閉；當操作在飽和區時，則作為類比放大電路之用，其小訊號操作與BJT有類似之處。

BJT 與 FET 操作模式對照表

| | BJT | FET |
|---|---|---|
| 類比放大 | 主動區 | 飽和區 |
| 數位關閉 | 截止區 | 截止區 |
| 數位導通 | 飽和區 | 三級區 |

BJT 與 FET 特性之比較

| 特性 | BJT | FET |
|---|---|---|
| 控制電流大小 | $I_B$（電流控制） | 零（電壓控制） |
| 漏電流 | 大 | 極小 |
| 輸入阻抗 | 中等 | 非常高 |
| 高頻響應 | 佳 | 不佳 |
| 增益頻寬乘積 | 大 | 小 |
| 操作速率 | 快 | 慢 |
| 雜訊 | 大 | 小 |

FET用在類比電路時的放大功能較BJT為差，適合用在數位電路中。

# 試題演練

## 經典考題

( ) **1** 如右圖所示，$V_{DS}$＝10V，則$V_{GS}$為：

(A)＋2.5V
(B)－3.5V
(C)－2.0V
(D)－2.5 V。

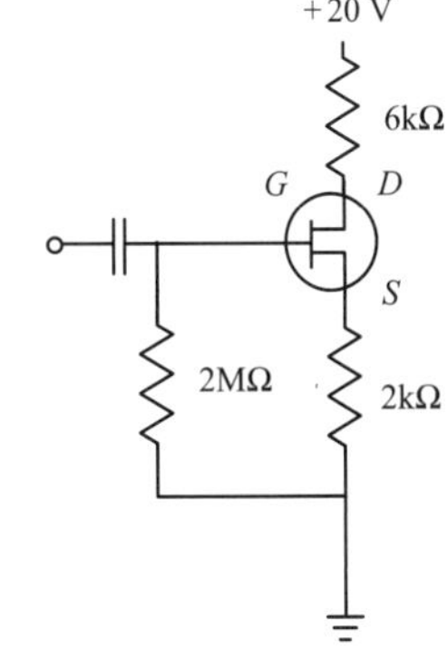


( ) **2** 如右圖所示為共源極放大器，若場效應電晶體參數$r_d$＝30kΩ、$g_m$＝2mA/V，則此電路的中頻電壓增益 $V_o/V_i$為多少？

(A)－60
(B) 60
(C)－15
(D) 15。

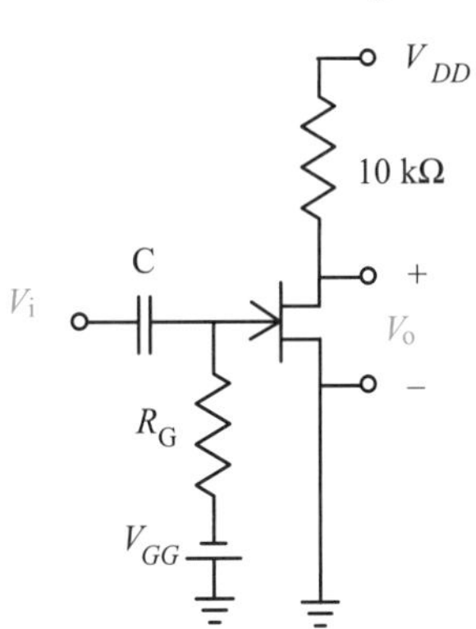


( ) **3** 如右圖之共源極放大器，設$g_m$＝1mA/V，$r_d$＝20KΩ，其電壓增益為何？

(A)－10
(B)－20
(C) 10
(D) 20。

( ) **4** 如右圖所示為共源極MOSFET放大電路，若$g_m$＝2mA/V，$r_d$＝20KΩ，則其電壓增益約為：

(A)－10
(B)－4
(C) 10
(D) 4。

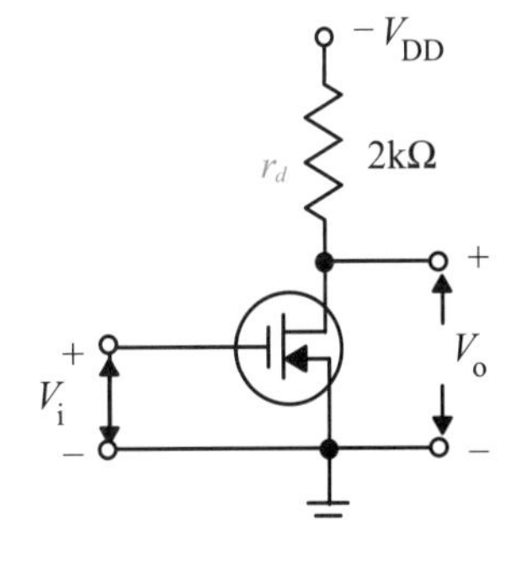


試題演練

(　　) **5** 如右圖所示電路，假設N通道MOSFET電晶體工作點之$I_D = 0.6mA$，臨界（threshold）電壓$V_T = 1V$，電容值視為無窮大，試求其小訊號電壓增益$\frac{V_o}{V_i}$為何？

(A)$-10$　(B)$-8$

(C)$-6$　(D)$-4$。

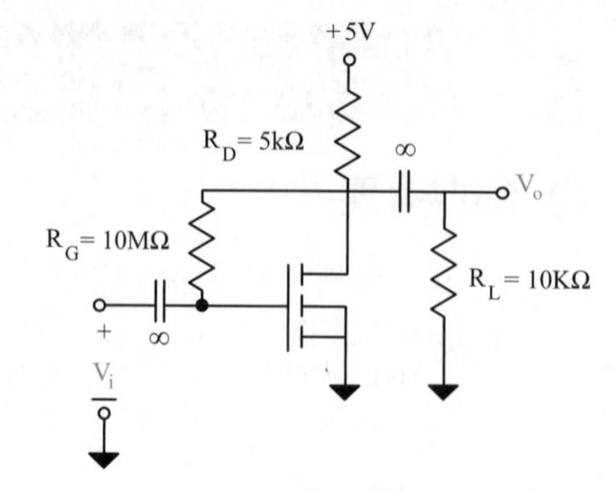


(　　) **6** 如右圖，求此N通道增強型MOSFET的直流偏壓$V_{DS}$最接近下列何值？

(A) 1.3V

(B) 4.3V

(C) 8.3V

(D) 10.3V。

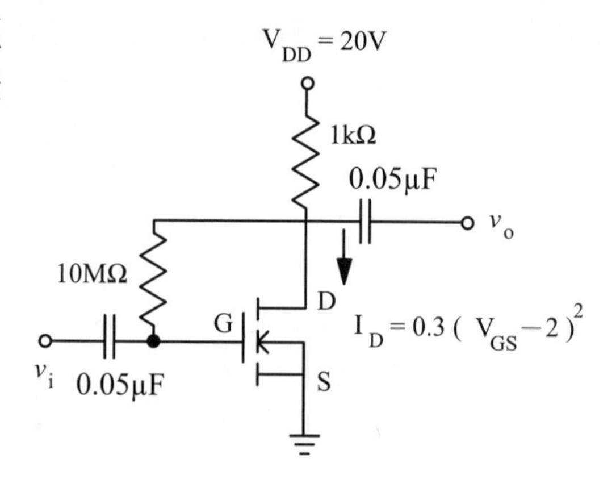


(　　) **7** 下列關於JFET共汲極放大電路之敘述，何者正確？

(A)又稱為源極隨耦器

(B)電壓增益甚高

(C)輸出訊號與輸入訊號相位相反

(D)電流增益低於1。

(　　) **8** 如圖所示之電路，若JFET的$g_m = 6mA/V$，輸出阻抗$Z_o$為100Ω，則$R_S$約為何？

(A)250Ω　(B)300Ω

(C)350Ω　(D)400Ω。

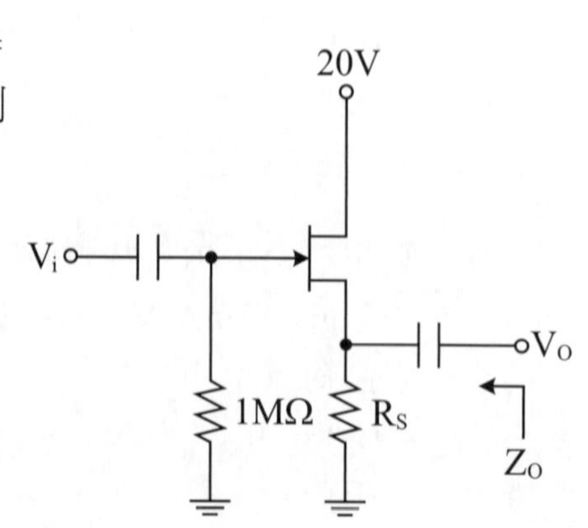

## 模擬測驗

( ) **1** 如右圖之共源極放大器，設 $g_m$＝1mA/V，$r_d$＝20KΩ，其電壓增益為何？
(A)－10
(B)－20
(C) 10
(D) 20。

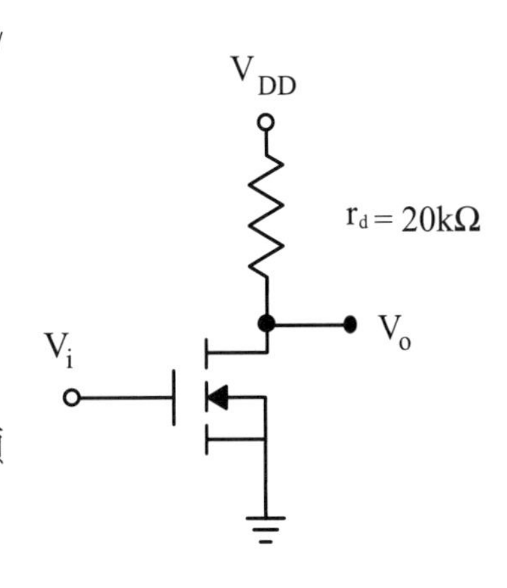


( ) **2** 如1題圖所示之電路，在小訊號中頻時，$\frac{v_0}{v_s}$ 約為何？
(A)$-\frac{1}{4}$ (B)$-\frac{1}{2}$ (C)－2 (D)－4。

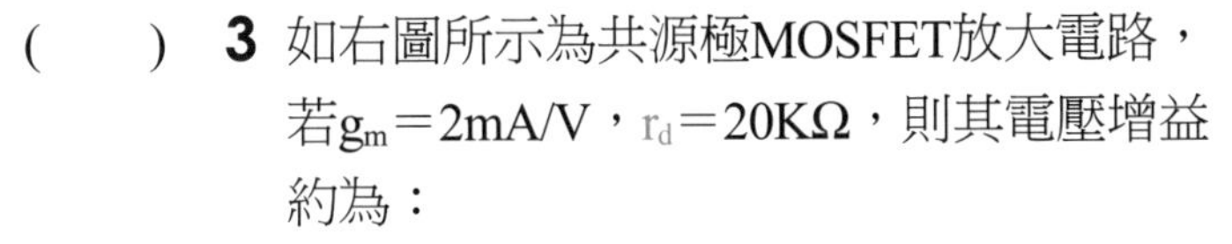

( ) **3** 如右圖所示為共源極MOSFET放大電路，若$g_m$＝2mA/V，$r_d$＝20KΩ，則其電壓增益約為：
(A)－10
(B)－4
(C) 10
(D) 4。

( ) **4** 如右圖所示之電路，當 $V_s$＝0 時，A點之直流電壓為何？
(A)＋1V
(B)＋3.7V
(C)＋5V
(D)＋8V。

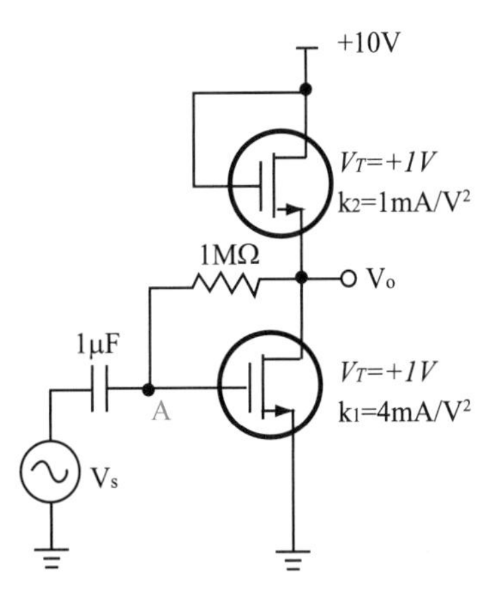


試題演練

# 多級放大電路

## 第一節 直接耦合放大器

直接耦合放大器係將前一級的輸出端直接耦合到下一級的輸入端，**為最簡單的耦合方式**，可放大直流訊號，故**亦稱為直流放大器**。因其無耦合電容所造成之低頻衰減，故頻寬最大，但因偏壓與訊號均直接耦合，實際上對交流訊號的響應不佳，**僅適用於低頻率的電路**。

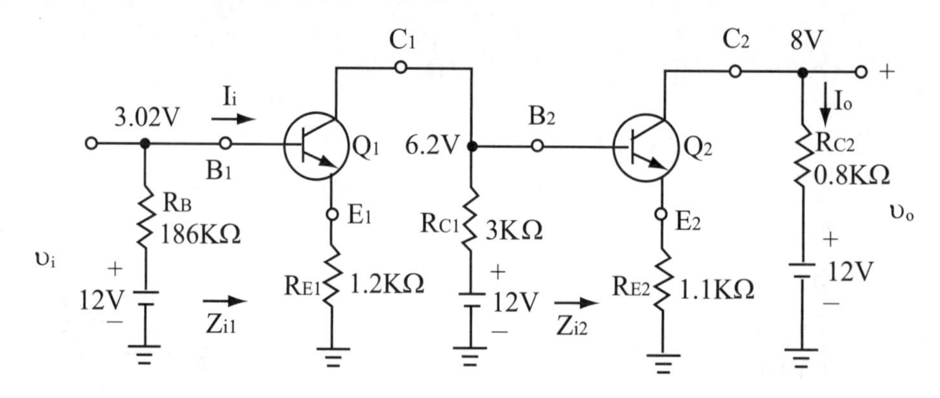


**圖 7-1　直接耦合放大器示意圖**

輸入訊號在$B_1$點直接耦合至第一級放大器之輸入，第一級放大器之輸出在$B_2$點直接耦合至第二級放大器之輸入，第二級放大器之輸出在$C_2$點直接耦合至負載。

### 觀念加強

(　　) **1** 下列多級放大器耦合類別中，**低頻響應最佳**的為何者？
(A)電阻電容耦合　(B)變壓器耦合
(C)電感耦合　(D)直接耦合。

## 第二節 電阻／電容耦合放大器

電阻／電容耦合放大器係透過耦合電容器將交流小訊號從前一級的輸出端耦合到下一級的輸入端。因電容對交流電壓而言如同短路，可容許交流訊號的通過，但對直流電壓而言則為開路，可隔離直流偏壓訊號，故又稱為隔離電容器。

電路中的耦合電容及旁路電容影響電路的低頻響應，而高頻響應係受電晶體內部的電容所影響。

電阻／電容耦合放大器的頻率響應良好，構造簡單且成本低，故最常被採用，但若前後級輸出入阻抗不匹配時，會降低放大器效率。

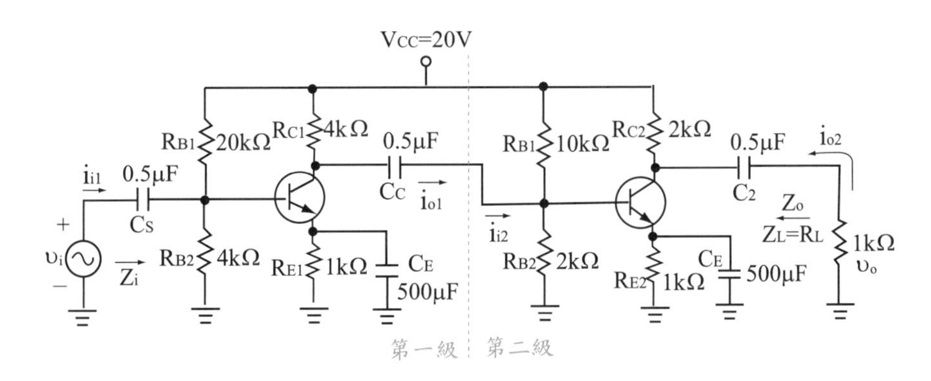


圖 7-2 電阻／電容耦合放大器示意圖

輸入訊號透過電容$C_S$及電阻耦合至第一級放大器之輸入，第一級放大器之輸出透過電容$C_C$及電阻耦合至第二級放大器之輸入，第二級放大器之輸出透過電容$C_2$耦合至負載。

### 觀念加強

( ) **2** 假設CE，CC與CB分別為共射極，共集極與共基極放大器，下列疊接或串接中，何者適用於高頻電路？

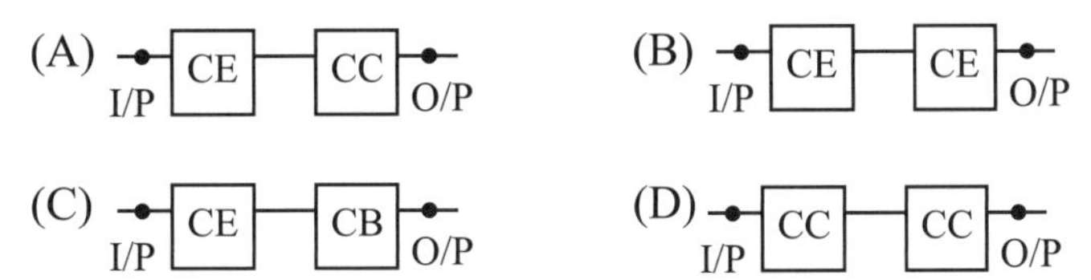

( ) **3** 如右圖所示之電晶體放大器電路，下列何者為$Q_1$與$Q_2$的連接方式？
(A)變壓器耦合 (B)電感耦合
(C)電阻電容耦合 (D)直接耦合。

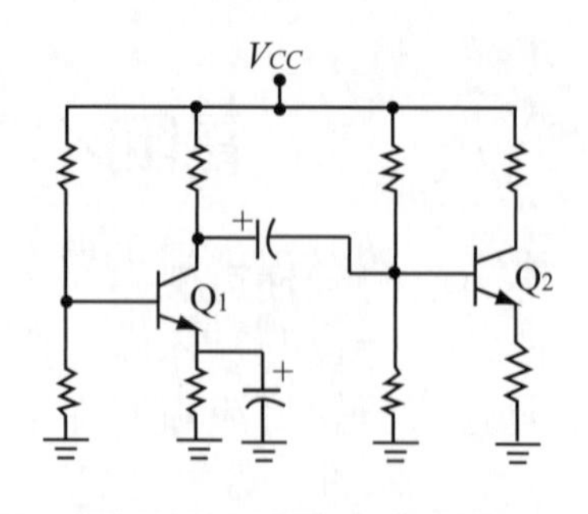


## 第三節 疊接放大器

疊接放大器係以同一偏流上下疊接而成，當以BJT構成時，係以CE架構為輸入級，再接CB架構為輸出級，因CB架構並未放大電流，故常與CE放大器做比較；當以MOS構成時，係以CS架構為輸入級，再接CG架構為輸出級，因CG架構並未放大電流，故常與CS放大器做比較。

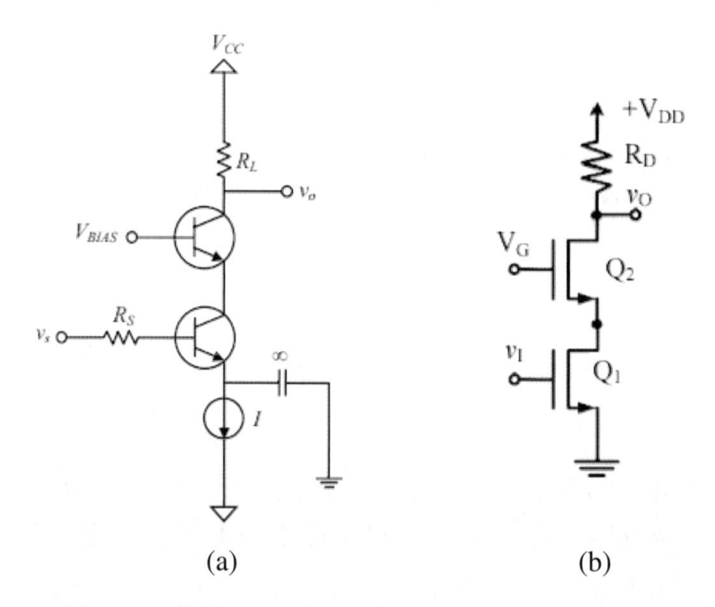


**圖 7-3 疊接放大器電路示意圖(a)BJT (b)MOS**

BJT疊接放大器的輸入級為CE架構，故輸入阻抗與CE相同，亦可加入$R_E$電阻提高輸入阻抗，但會降低電壓增益；放大器第一級CE架構的輸出端接到CB架構的輸入端，因CB架構的輸入阻抗甚小，故會大幅降低米勒效應（Miller effect），改善高頻響應，增加頻寬，為疊接放大器的優點之一；輸出級CB架構的輸出阻抗由集極看入，因輸入級電路的關係使輸出阻抗提高至約為 $r_o$的等級，比起CB架構的輸出阻抗$r_o$大幅提高，此亦為疊接放大器的優點。

MOS疊接放大器的輸入級為CS架構，故輸入阻抗與CS相同，亦可加入$R_S$電阻提高輸入阻抗，但會降低電壓增益；放大器第一級CS架構的輸出端接到CG架構的輸入端，同樣會大幅降低米勒效應（Miller effect），改善高頻響應增加頻寬；輸出級CG架構的輸出阻抗由汲極看入，比起CS架構的輸出阻抗$r_o$也會大幅提高。因輸出阻抗提高，並聯外部負載阻抗後，整體的電壓增益也會稍微改善。

**觀念加強**

( ) **4** 如圖之疊接（Cascode）放大器，相較於共源（CS）放大器，其特性為： (A)輸入電阻較小 (B)輸出電阻較大 (C)電壓增益較小 (D)頻寬較小。

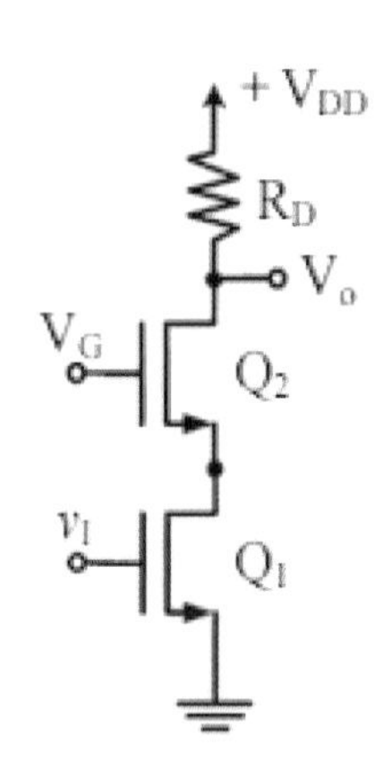


( ) **5** 如圖之疊接（Cascode）放大器，相較於共源（CS）放大器，何者錯誤？ (A)輸入電阻大約相同 (B)電壓增益大約相同 (C)頻寬大約相同 (D)電晶體偏流大約相同。

## 第四節 變壓器耦合放大器

變壓器耦合放大器係透過變壓器將交流小訊號從前一級的輸出端耦合到下一級的輸入端。變壓器具有良好的直流隔離作用，且可依據前後級輸出與輸入的阻抗比調整變壓器線圈比以得到最佳之阻抗匹配，而達到最大之功率轉移及訊號增益。

在低頻時，因變壓器中的線圈使低頻響應降低，而高頻響應係受電晶體內部的電容所影響。

變壓器耦合放大器雖可透過阻抗匹配達到最大功率轉移之目的，但其頻率響應不佳，且**體積過大**，**價格相對較高**，不適合用在積體電路中。

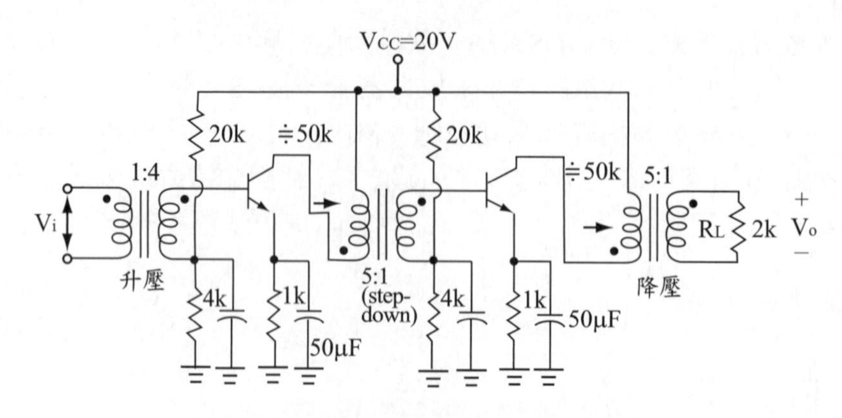


圖 7-4 變壓器耦合放大器示意圖

輸入訊號透過變壓器耦合至第一級放大器之輸入，第一級放大器之輸出透過變壓器耦合至第二級放大器之輸入，第二級放大器之輸出透過變壓器耦合至負載。

## 觀念加強

( ) **6** 下列何者不是變壓器耦合放大器的**優點**？
(A)提高功率轉移效率 (B)提供前後兩級之阻抗匹配
(C)提供直流隔離作用 (D)改善頻率響應。

( ) **7** 下列何者最能代表變壓器耦合放大器電路的增益-頻率響應圖？

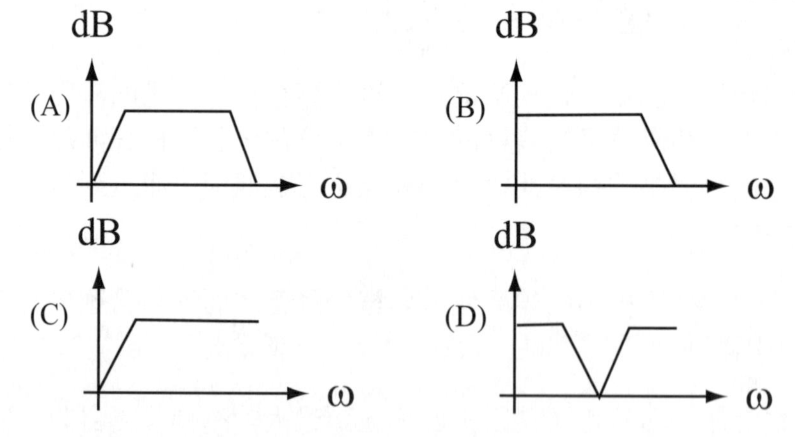


( ) **8** 下列關於變壓器耦合放大器的敘述，何者**正確**？
(A)效率較RC耦合放大器低 (B)頻率響應不佳
(C)不容易實現阻抗匹配 (D)容易以積體電路實現。

## 第五節 多級放大率之表示與計算

多級放大器的總增益即為其各級放大器的相乘積（但要考慮到前後級輸出輸入端阻抗所造成之效應），如下所示：

$$A_{V,總}=A_{V1}\times A_{V}\times\cdots\cdots\times A_{Vn}$$

$$A_{I,總}=A_{I1}\times A_{I2}\times\cdots\cdots\times A_{In}$$

$$A_{P,總}=A_{P1}\times A_{P2}\times\cdots\cdots\times A_{Pn}$$

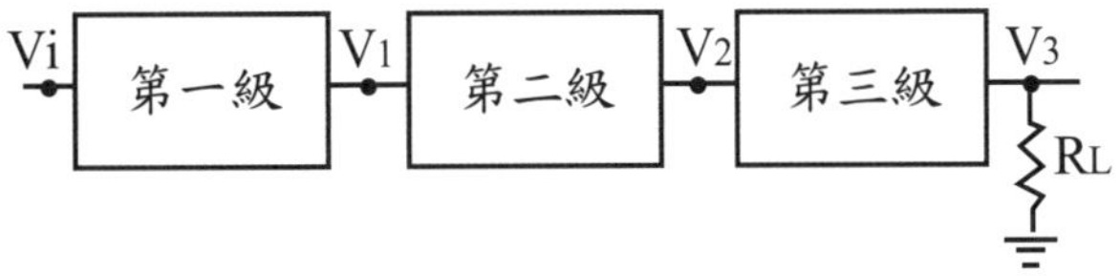

圖 7-5 多級放大器示意圖

若僅知電壓增益或電流增益其中之一時，可透過阻抗之關係求得另一者：

$$A_{I,總}=\frac{I_o}{I_i}=\frac{V_o/R_o}{V_i/R_i}=A_{V,總}\frac{R_i}{R_o} \qquad A_{V,總}=\frac{V_o}{V_i}=\frac{I_oR_o}{I_iR_iV}=A_{I,總}\frac{R_o}{R_i}$$

因多級放大器之總增益通常甚大，故常以分貝dB為單位，以分貝計算時要注意電壓增益、電流增益與功率增益前面所乘上的係數不同。

$$A_V=20\log\frac{P_o}{P_i}\ \text{dB} \qquad A_I=20\log\frac{P_o}{P_i}\ \text{dB} \qquad A_P=10\log\frac{P_o}{P_i}\ \text{dB}$$

當用於多級放大器電路時，系統總增益為各級增益之相乘積，但若用分貝計算，則其總分貝增益為各級分貝增益之和。

$$A_{V,總,dB}=A_{V1,dB}+A_{V2,dB}+\cdots\cdots+A_{Vn,dB}\ \text{dB}$$

$$A_{I,總,dB}=A_{I1,dB}+A_{I2,dB}+\cdots\cdots+A_{In,dB}\ \text{dB}$$

$$A_{P,總,dB}=A_{P1,dB}+A_{P2,dB}+\cdots\cdots+A_{Pn,dB}\ \text{dB}$$

另一與dB類似之單位為dBm，dBm係以在600Ω之負載電阻上消耗1mW功率為參考值，即$dB_m=10\log\frac{P}{1mW}$。

但要注意的是，**dBm為一帶有物理量的絕對單位，dB僅為一相對的比較值**，兩者在意義上大不相同。

# 試題演練

## 經典考題

( 　 ) **1** 有一組三級串接放大電路，其電壓增益分別為：第一級$A_{V1}=50$，第二級：$A_{V2}=40$，第三級：$A_{V3}=20$，若第一級的輸入電壓$V_i$為$10\mu V$，則第三級輸出電壓$V_0$為何？
(A) 400V　(B) 40V　(C) 4V　(D) 0.4V　(E) 0.04V。

( 　 ) **2** 有電壓串聯回授放大器，已知未加回授時，電壓增益$A_V$為100，輸出阻抗 $R_O$為10Ω，頻寬BW為50kHZ，若加上回授因數$\beta=0.01$的負回授電路，則下列何者**錯誤**？
(A)閉迴路輸出阻抗為20Ω　(B)閉迴路電壓增益為50
(C)閉迴路頻寬為100kHZ　(D)閉迴路輸入阻抗會變大。

( 　 ) **3** 如右圖所示電路，若在（$h_{oe}$ $h_{fe}$ $R_E$）≤0.1情況下，則其電流增益$A_i$及輸入電阻$R_i$分別是：
(A) $A_i=40$，$R_i=40K\Omega$
(B) $A_i=-40$，$R_i=40K\Omega$
(C) $A_i=400$，$R_i=400K\Omega$
(D) $A_i=-400$，$R_i=400K\Omega$。

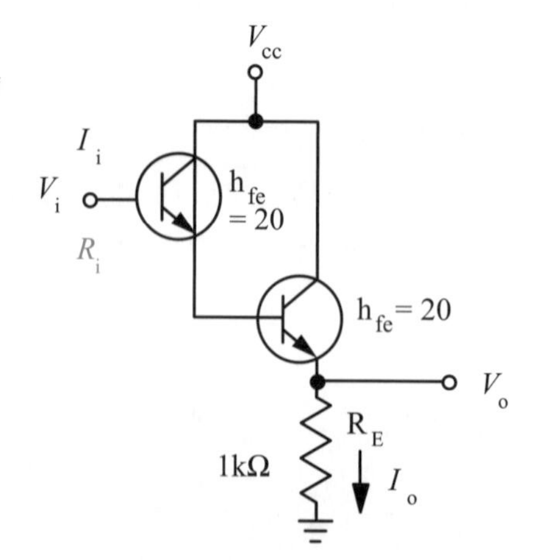


( 　 ) **4** 如下圖所示電路，假設NPN、PNP電晶體之$\beta$值均為100，試求$V_{C2}$電壓值約為何？
(A) 4.2 伏特
(B) 6.7 伏特
(C) 5.6 伏特
(D) 3.3 伏特。

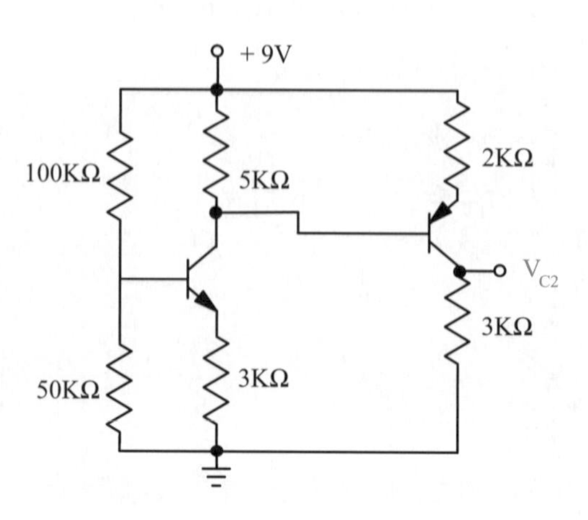

( ) **5** 如右圖所示電路，假如 $Q_1$，$Q_2$ 電晶體之參數完全相同，且電晶體之基極電流可忽略不計，試求電路之小訊號電壓增益 $A_v = V_o / V_i$ 約為何？
(A) −165
(B) +133
(C) −101
(D) +89。

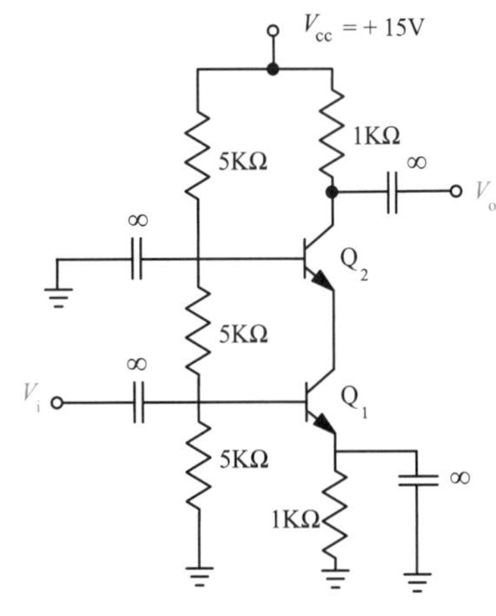


( ) **6** 如右圖所示電路，試求其小訊號電壓增益 $A_V = V_O / V_S$ 約為何？

(A) $\dfrac{R_{C1} \cdot R_{C2}}{R_1 \cdot R_2}$

(B) $\dfrac{(R_1 + R_2) \cdot R_{C2}}{R_1 \cdot R_{C1}}$

(C) $\dfrac{(R_1 + R_2) \cdot R_{C2}}{R_2 \cdot R_S}$

(D) $\dfrac{R_2 \cdot R_{C2}}{R_1 \cdot R_S}$。

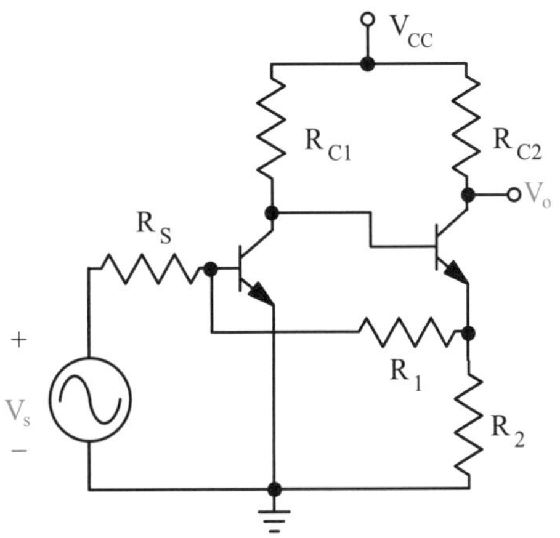


( ) **7** 已知有一個多級放大器，其輸入電阻為1kΩ，而負載為9Ω，當輸入電壓為100V時，其輸出電壓為30V，求其**功率增益**為多少dB？
(A) 10 (B) 20 (C) 30 (D) 40。

( ) **8** 如下圖所示，第一級電壓增益為20dB，第二級電壓增益為40dB，第三級輸出為20dBm。假設輸入 $V_i$為1$\mu$V 且輸出阻抗 $R_L = 1k\Omega$，下列敘述，何者**錯誤**？

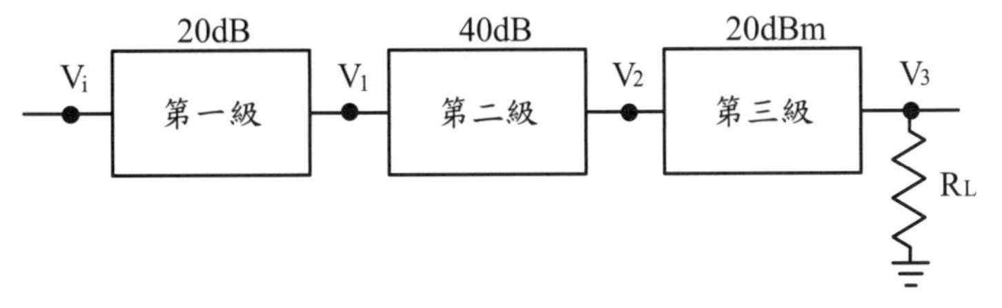


(A)第三級輸出功率 $P_3$為20mW (B)第二級輸出電壓$V_2$為1mV
(C)第三級輸出電壓$V_3$為10V (D)三級放大器總增益為140dB。

試題演練

( ) **9** 如右圖所示電路，假設經由小訊號分析及考慮$r_o$效應後得知 $Z_1=2M\Omega$，則其電流增益 $i_o/i_i$ 約為：
(A) 800
(B) 1200
(C) 3200
(D) 4800。

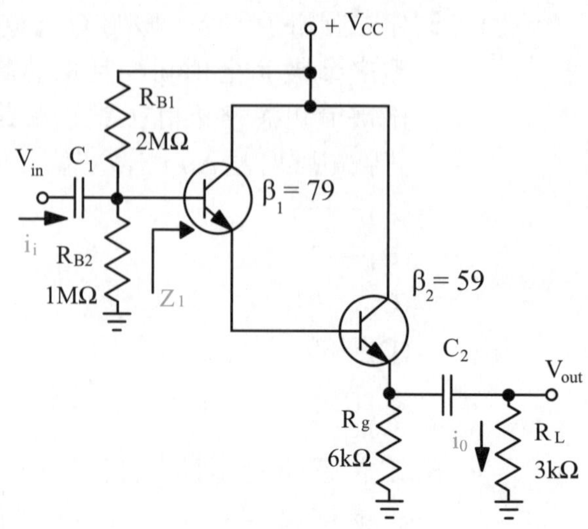


( ) **10** 如下圖所示之$A_v$、$R_i$、$R_o$分別代表各級放大器之電壓增益、輸入及輸出阻抗、試問整個電路的電壓增益$V_o/V_{in}$約為：

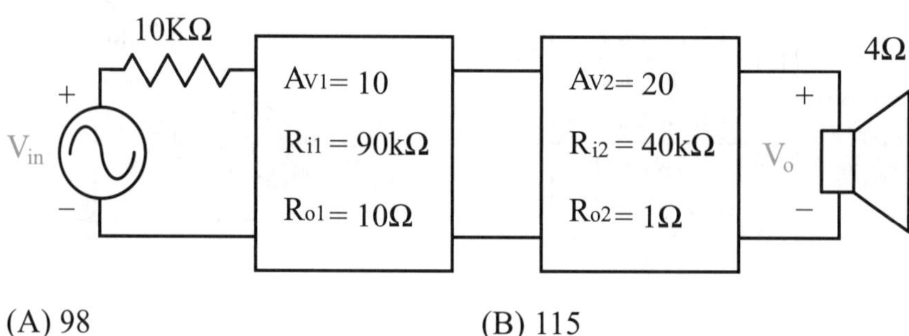


(A) 98
(B) 115
(C) 144
(D) 200。

( ) **11** 如下圖所示，一個三級串接的放大器，若輸入電壓$V_{in}$為$2\mu V$，請問輸出電壓$V_{out}$＝？

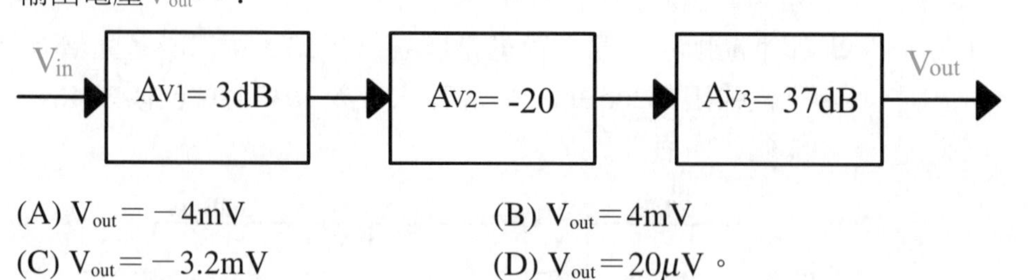


(A) $V_{out}=-4mV$
(B) $V_{out}=4mV$
(C) $V_{out}=-3.2mV$
(D) $V_{out}=20\mu V$。

(  ) **12** 如下圖所示，一個兩級串接直接耦合放大器，其中$V_{CC}$＝10.7V、$R_{B1}$＝100kΩ、$R_{C1}$＝1kΩ、$R_{E1}$＝1kΩ、$R_{C2}$＝0.5kΩ、$R_{E2}$＝1kΩ，假設電晶體$Q_1$、$Q_2$之共射極電流增益分別為99、48，且$Q_1$、$Q_2$之BE接面的切入電壓均為0.7V，計算此電路之直流偏壓，請問$I_{B1}$、$I_{B2}$分別為多少？

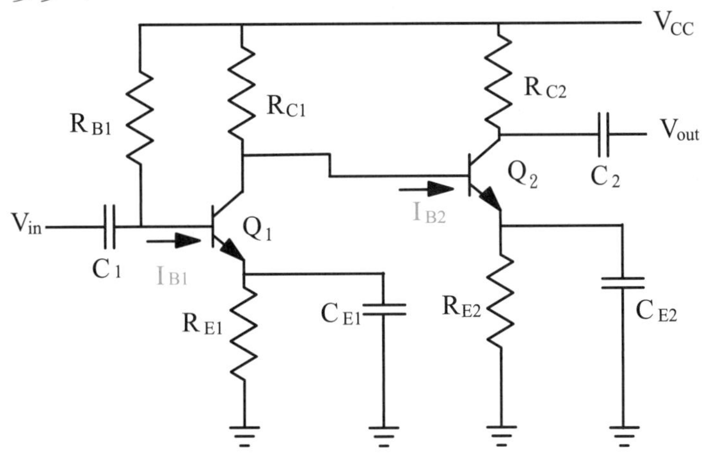


(A) $I_{B1}$＝0.05mA，$I_{B2}$＝0.101mA
(B) $I_{B1}$＝0.05mA，$I_{B2}$＝10mA
(C) $I_{B1}$＝0.1mA，$I_{B2}$＝0.101mA
(D) $I_{B1}$＝0.1mA，$I_{B2}$＝10mA。

(  ) **13** 某串級放大器輸入電壓為0.01sin(t)V，第一級與第二級電壓增益分別為10dB與30dB，則第二級輸出電壓有效值約為何？
(A)7.07V (B)1.414V (C)1V (D)0.707V。

## 模擬測驗

(  ) **1** 四級串接放大器中，各級的電壓增益為10，則總電壓增益為：
(A) 120 (B) 100 (C) 80 (D) 140 分貝。

(  ) **2** 有三級串接放大器，各級電壓增益為50、80及250，則總分貝電壓增益為： (A) 100dB (B) 120dB (C) 140dB (D) 160dB。

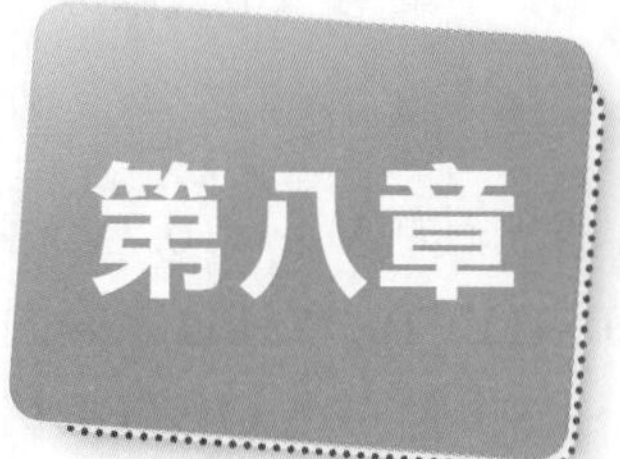


# 金氧半場效電晶體數位電路

## 第一節 金氧半場效電晶體反相器

電晶體除了可作為放大器使用之外，亦可用在邏輯電路中。在邏輯電路中的電晶體只區分導通以及非導通兩種狀態，以區分真（True）與假（False）兩種布林代數的狀態，也就是把電晶體只視為開與關兩種狀態，所以邏輯電路亦稱為開關電路。BJT與MOS電晶體在數位電路與類比電路的操作狀態如下表。

**表 8-1 電晶體在數位電路與類比電路的操作狀態**

| 分類 | | BJT | MOS |
|---|---|---|---|
| 數位電路（開關電路） | 關閉 | 截止區 | 截止區 |
| | 導通 | 飽和區 | 三極區 |
| 類比電路（放大電路） | 放大 | 主動區 | 飽和區 |

從電路的構成元件區分，數位邏輯電路大致可區分為RTL（Resistor Transistor Logic）、DTL（Diode Transistor Logic）、TTL（Transistor-Transistor Logic）、ECL（Emitter-Coupler Logic）、NMOS（N-type Metal-Oxide-Semiconductor）、CMOS（Complementary Metal-Oxide-Semiconductor）和BiCMOS等。RTL邏輯電路由電阻和BJT構成，DTL邏輯電路由二極體和BJT構成，TTL和ECL邏輯電路主要由BJT構成，NMOS邏輯電路主要由N型MOS，而CMOS邏輯電路則由N型MOS和P型MOS構成，至於BiCMOS則由BJT和CMOS共同構成，為近年來新發展出的邏輯電路製程。以上邏輯電路的操作特性各有不同，例如RTL最簡單，ECL操作速度快，CMOS省電，BiCMOS製程複雜但兼具BJT與CMOS的優點等。

數位邏輯電路的示意圖如下，包含上拉網路（PUN，pull-up network）及下拉網路（PDN，pull-down network）兩部分。上拉網路係把輸出電壓往上拉至接近$V_{DD}$，也就是高準位；而下拉網路則把輸出電壓往下拉至接近0V，也就是低準位。

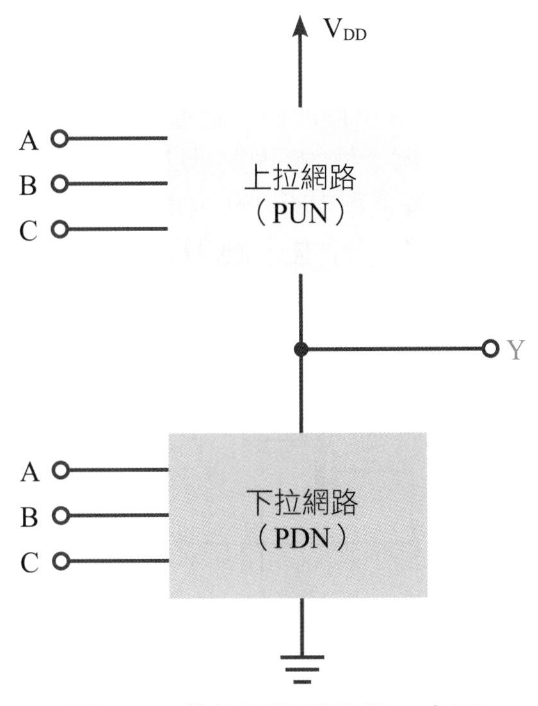


**圖 8-1　數位邏輯電路的示意圖**

最簡單的數位邏輯電路為反相器，以一個NMOS及電阻構成的反相器如下圖所示，NMOS為下拉網路，而電阻為上拉網路。當輸入低準位時，NMOS關閉，輸出經由電阻得到高準位；當輸入高準位時，NMOS導通，輸出經由NMOS成為低準位。這同時也是一個最簡單的類比反相放大電路，只是當作放大電路時與邏輯電路的操作模式不同。

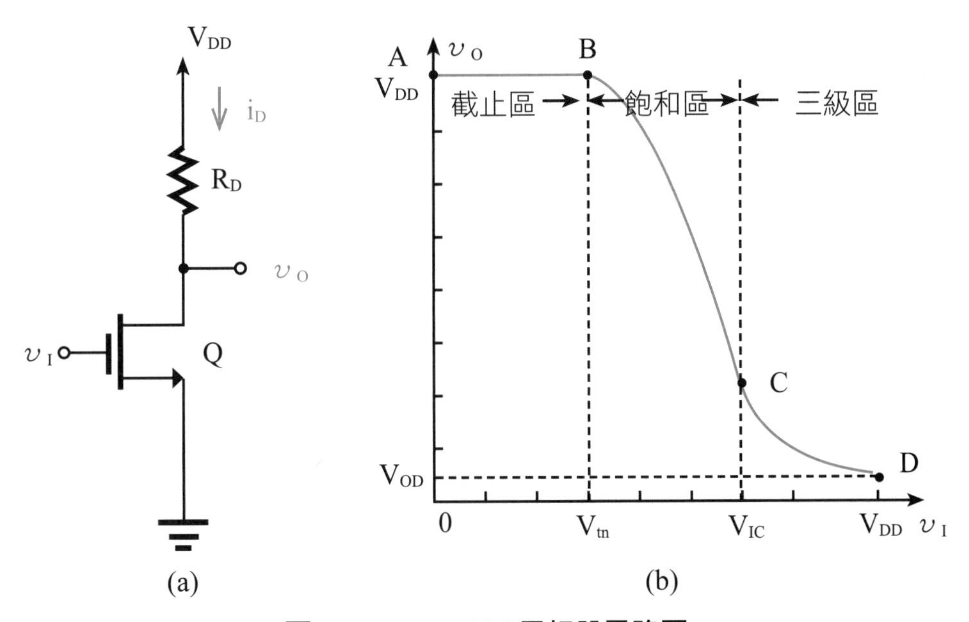


**圖 8-2　RTL MOS反相器電路圖**

在半導體邏輯電路的歷史發展上，經由製程的進步，上拉網路部分曾出現許多不同的形式，但下拉網路均固定由NMOS組成。增強型負載邏輯電路與下拉網路使用相同的NMOS，製程上最簡便，但輸出準位受到導通電壓的限制；空乏型負載邏輯電路改善輸出準位的問題，但耗電量較大；PMOS負載邏輯電路使用PMOS取代原先的增強型和空乏型NMOS，故亦稱為偽NMOS（pseudo-NMOS）邏輯電路，特性較前兩者為佳，但很快的就被CMOS取代。

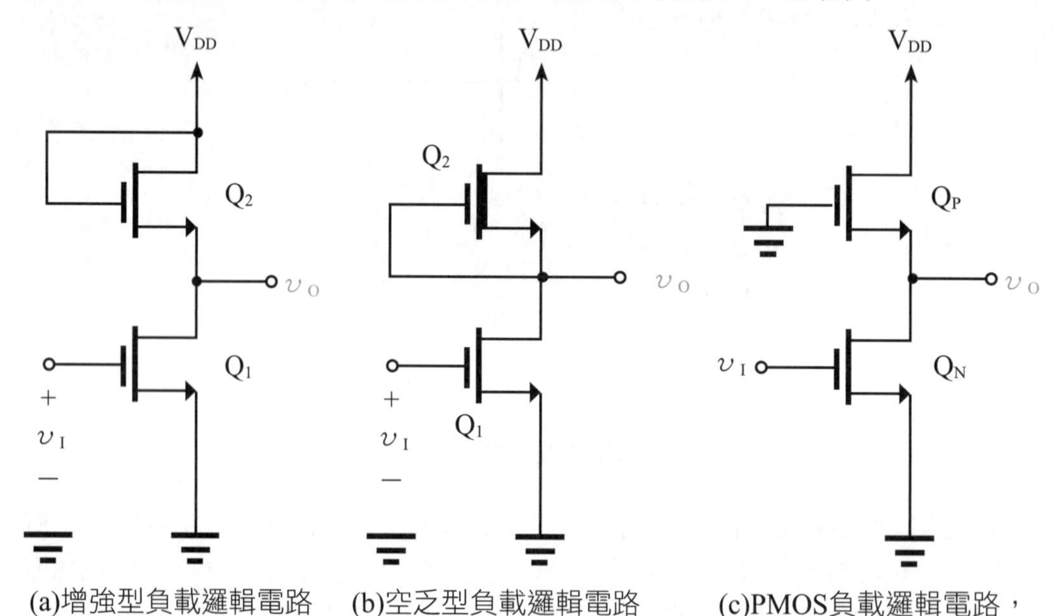


**圖 8-3 依製程難易度演進的上拉網路邏輯電路圖**

互補式金屬氧化物半導體又稱為互補式金氧半導體（CMOS，Complementary Metal-Oxide-Semiconductor），也稱為互補式金氧半場效電晶體，係由NMOS的下拉網路以及PMOS的上拉網路所組成。因為NMOS與PMOS的導通條件不同，當輸入高準位時NMOS導通PMOS關閉；而輸入低準位時NMOS關閉PMOS導通，故稱為互補式。CMOS邏輯電路的優點有省電、抗雜訊等，為現今使用量最大的邏輯電路。

最簡單的CMOS邏輯電路為反相器，由一個NMOS與一個PMOS組成，PMOS的源極接到工作電壓而NMOS的源極接地，NMOS與PMOS的閘極共接為輸入，NMOS與PMOS的汲極共接為輸出。

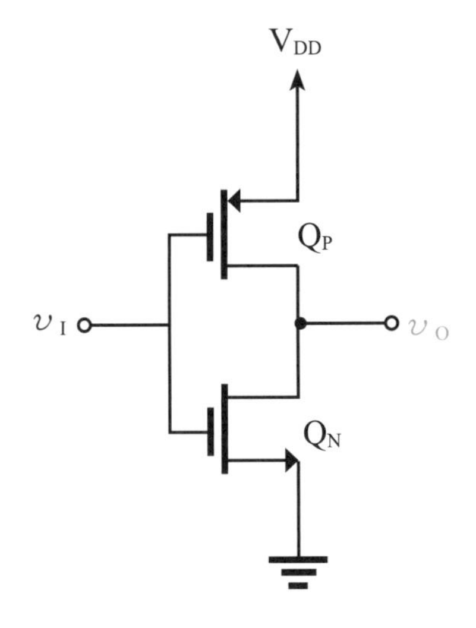


**圖 8-4　CMOS反相器的電路圖**

CMOS反相器的操作模式可分為五個區域，如下表所示。其中第III區的斜率絕對值最大，作為類比放大電路之用；數位電路操作在第I區和部分的第II區（斜率絕對值小於1的部分）以及第V區和部分的第IV區（斜率絕對值小於1的部分）。

**表 8-2　CMOS電晶體操作模式及特性**

| 操作區域 | 操作模式 | | 操作特性 |
|---|---|---|---|
| | NMOS | PMOS | |
| I | 截止區 | 三極區 | 輸入小於$V_t$，輸出為$V_{DD}$ |
| II | 飽和區 | 三極區 | 輸入大於$V_t$，輸出低於$V_{DD}$ |
| III | 飽和區 | 飽和區 | 作為類比放大電路 |
| IV | 三極區 | 飽和區 | 輸入低於（$V_{DD}$-$V_t$），輸出大於0V |
| V | 三極區 | 截止區 | 輸入大於（$V_{DD}$-$V_t$），輸出為0V |

當NMOS與PMOS驅動能力匹配時，可以得到對稱的輸入輸出特性曲線圖，如下圖所示。欲設計匹配的CMOS電路通常可令PMOS閘極的寬長比為NMOS閘極的寬長兩倍，這是因為NMOS的載子為電子而PMOS的載子為電洞，而電子的移動速率大致為電洞的兩倍，所以加倍PMOS閘極大小可得到與NMOS匹配的驅動能力。缺點則是PMOS佔據的面積大小比NMOS為大。

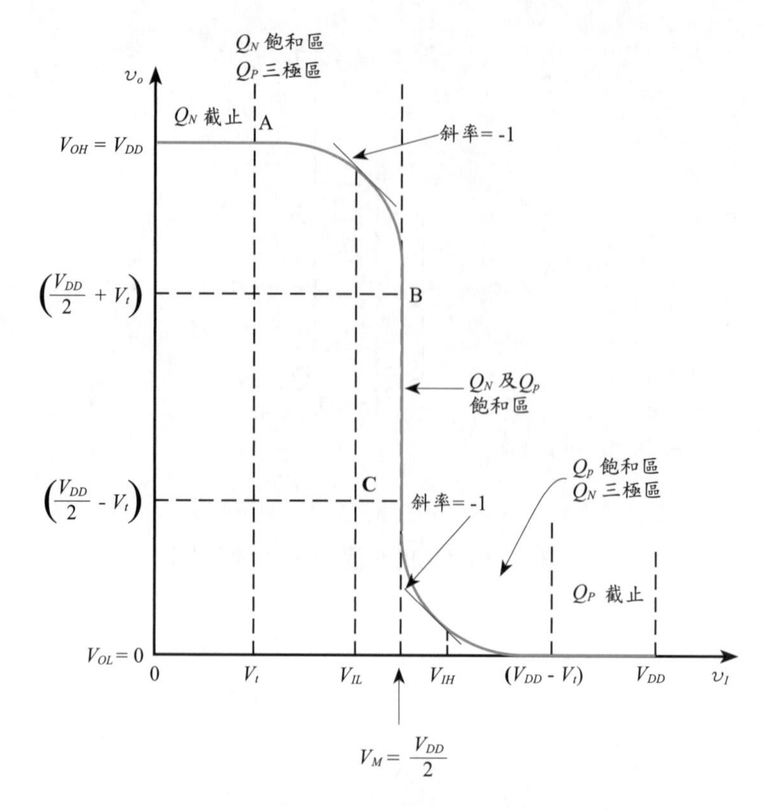


**圖 8-5 理想的CMOS反相器輸入輸出特性曲線圖**

## 觀念加強

( ) **1** 如圖之電路圖，屬於何種邏輯電路族？ (A)DTL (B)TTL (C)NMOS (D)CMOS。

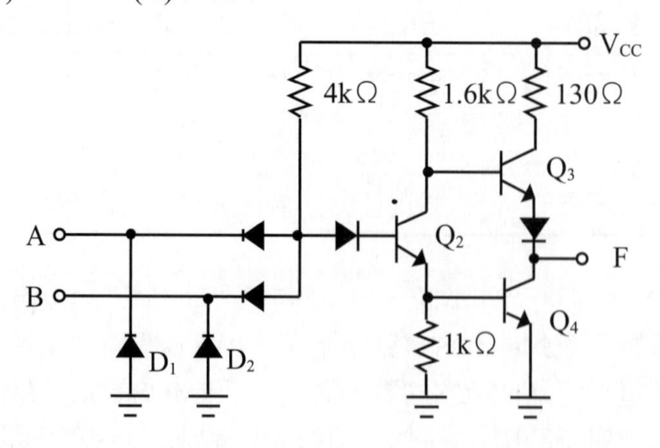

( ) **2** 呈上，該電路為何種邏輯閘？
(A)AND閘 (B)OR閘
(C)NAND閘 (D)NOR閘。

( ) **3** 以下哪種邏輯電路最省電？
(A)DTL (B)TTL
(C)ECL (D)CMOS。

( ) **4** 理論上而言，以下哪種邏輯電路操作速度最快？
(A)DTL (B)TTL
(C)ECL (D)CMOS。

( ) **5** 在CMOS邏輯電路中
(A)NMOS與PMOS同時導通且同時關閉
(B)NMOS導通時PMOS關閉，NMOS關閉時PMOS導通
(C)PMOS永遠導通，由NMOS的導通狀態決定輸出
(D)NMOS永遠導通，由PMOS的導通狀態決定輸出。

## 第二節 金氧半場效電晶體反及閘與反或閘

在設計邏輯電路之前，可先利用布林代數求出邏輯函數再規劃出電路。邏輯函數可整理成積之和（SOP，sum of product）或是和之積（POS，product of sum）的形式，不管是SOP或POS形式，均可用及閘（AND）、或閘（OR）與非閘（NOT）組合而成。

在CMOS的邏輯電路中，通常先設計NMOS的下拉電路，再取其對偶形式得到PMOS的上拉電路。NMOS串聯時得到及（and）的功能，並聯時得到或（or）的功能，而因為下拉電路導通時會連接到低準位，故得到的邏輯函數為反相的。

下圖顯示CMOS邏輯電路的反及閘（NAND）與反或閘（NOR）的電路設計，不管是反及閘或是反或閘，均可單獨組合出及閘、或閘與非閘的功能，所以單獨使用反及閘或是反或閘，即可組合出任何形式的邏輯函數。

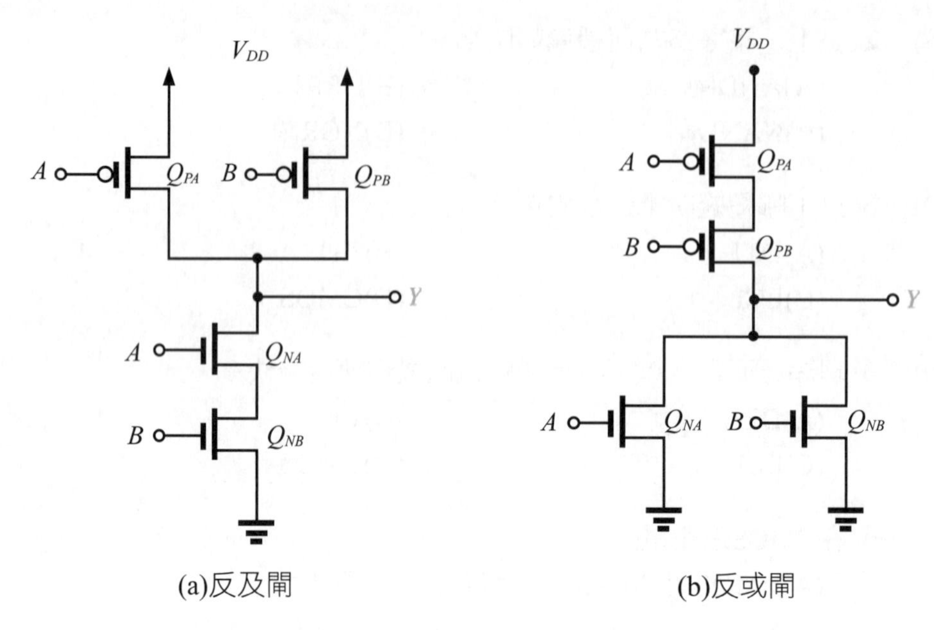


**圖 8-6　二輸入CMOS邏輯電路**

其他形式的邏輯電路僅需考慮NMOS的下拉網路設計，上拉網路部分依邏輯電路的不同，均為固定的形式，如下圖顯示不同上拉網路設計的三輸入反及閘。

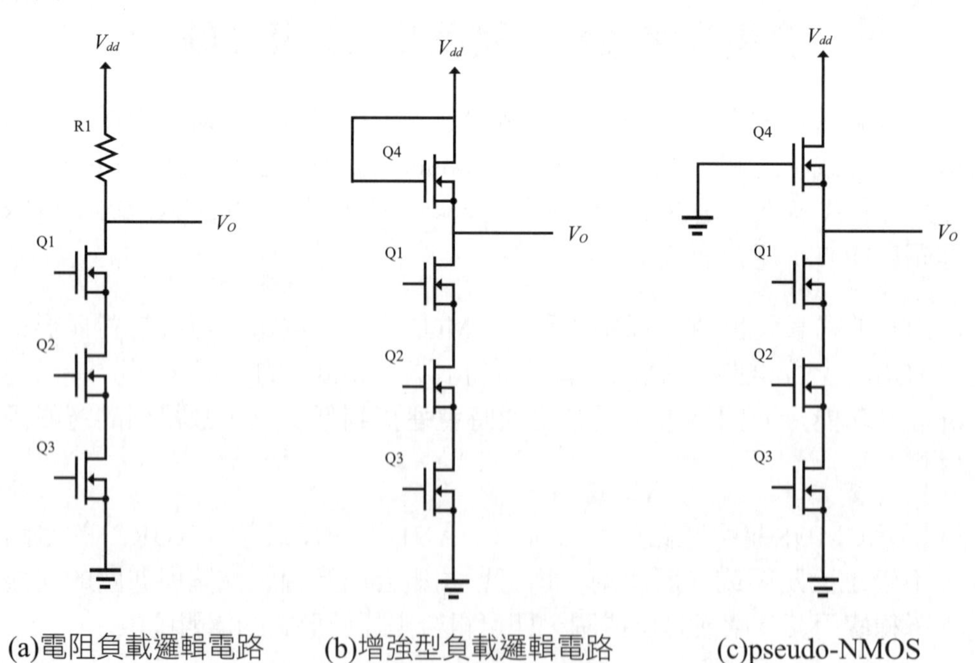


**圖 8-7　三輸入反及閘**

## 觀念加強

( ) **6** 如圖所示之邏輯電路，屬於何種邏輯閘？
(A)NAND閘
(B)NOR閘
(C)XOR閘
(D)XNOR閘。

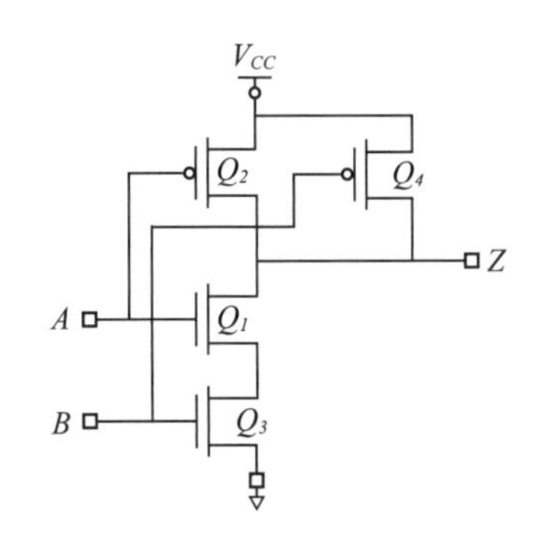


( ) **7** 如圖所示之邏輯電路，屬於何種邏輯閘？
(A)三輸入NOR閘
(B)三輸入NAND閘
(C)三輸入OR閘
(D)三輸入AND閘。

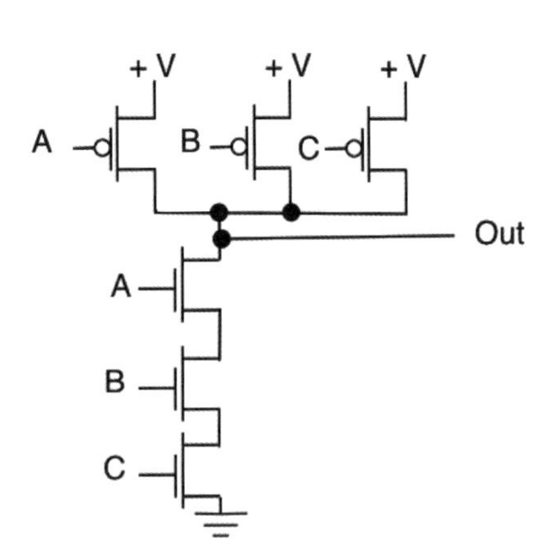


( ) **8** 如圖所示之邏輯電路，屬於何種邏輯閘？
(A)NAND閘
(B)NOR閘
(C)AND閘
(D)OR閘。

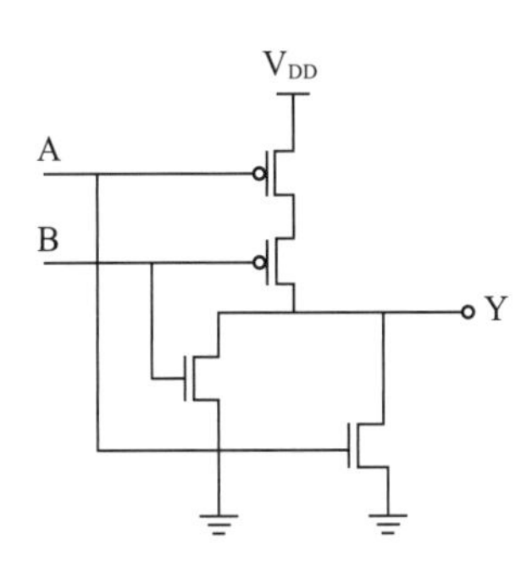


( ) **9** 如圖所示之邏輯電路，屬於何種邏輯閘？
(A)NAND閘
(B)NOR閘
(C)AND閘
(D)OR閘。

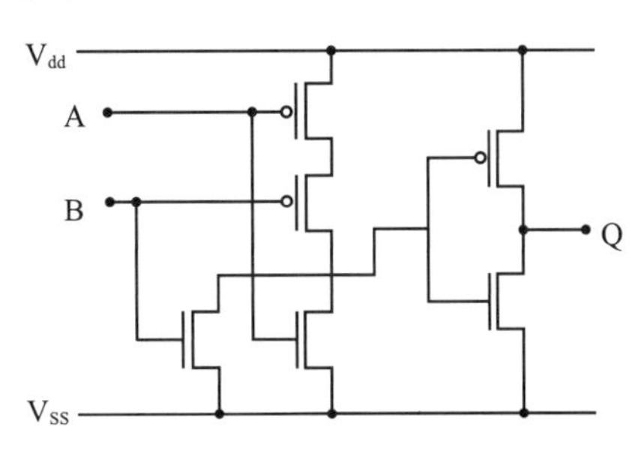

# 第三節 金氧半場效電晶體數位電路

當看到一個CMOS邏輯電路時，可觀察其NMOS下拉電路的串並聯狀態得到邏輯函數輸出，再反相即可。

在設計電路時，也要記得該函數的輸出為反相的形式，否則須先利用笛摩根定理（De Morgan's laws）運算。通常先設計出NMOS的下拉電路，串聯時得到及（and）的功能，並聯時得到或（or）的功能，再取其對偶形式得到PMOS的上拉電路，也就是把串聯的NMOS改為並聯的PMOS，而並聯的NMOS改為串聯的PMOS。因為下拉電路導通時會連接到低準位，故得到的邏輯函數為反相的。

下面為幾個電路圖為CMOS邏輯函數的設計範例。

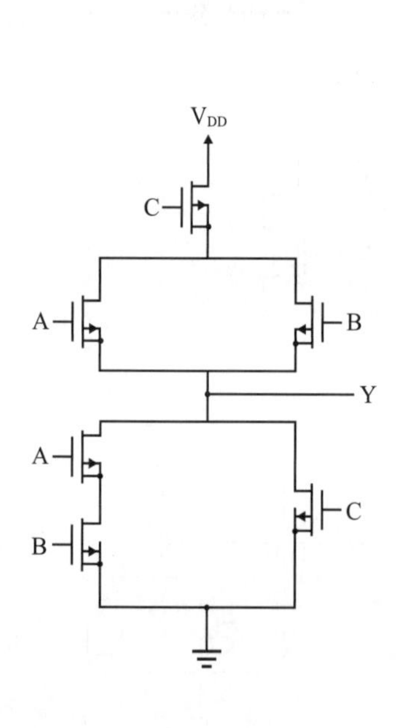


圖 8-8
邏輯函數Y＝$\overline{AB+C}$
的CMOS邏輯電路圖

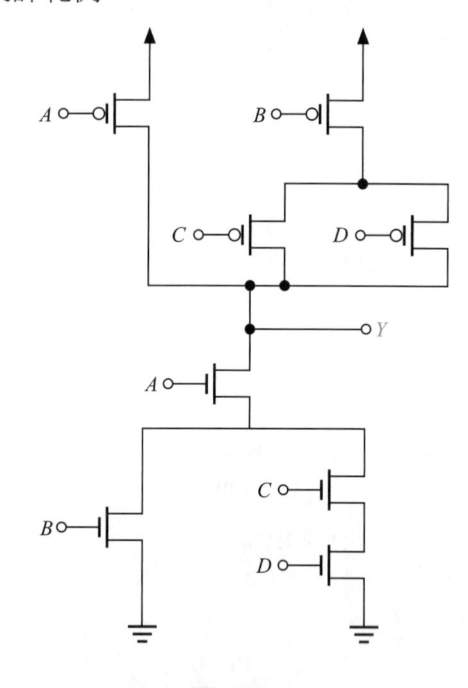


圖 8-9
邏輯函數Y＝$\overline{A(B+CD)}$
的CMOS邏輯電路圖

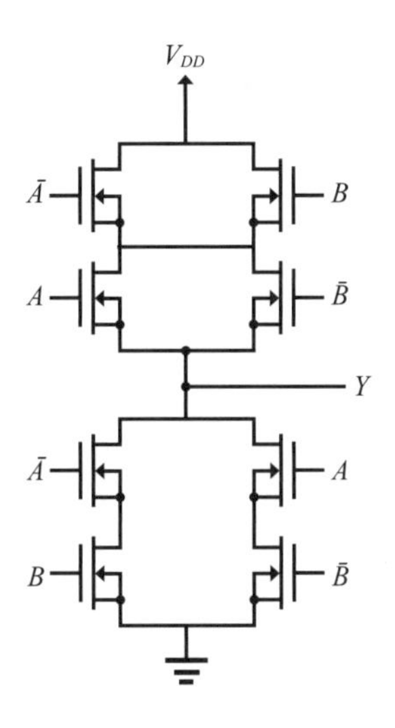


**圖 8-10 互斥或閘（XOR）邏輯函數Y＝$\overline{A}B+A\overline{B}$的CMOS邏輯電路圖**

## 觀念加強

( ) **10** 如圖所示之邏輯電路，其邏輯函數為？
(A)F＝AB＋C
(B)F＝$\overline{AB+C}$
(C)F＝(A＋B)C
(D)F＝$\overline{(A+B)C}$ 。

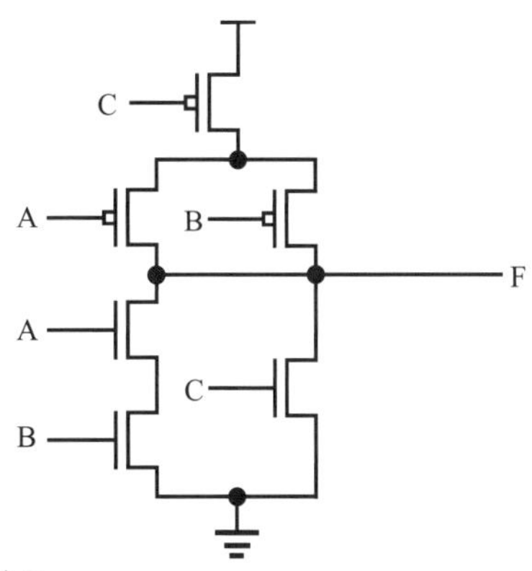


( ) **11** 如圖所示之邏輯電路，屬於何種邏輯閘？
(A)NAND閘
(B)NOR閘
(C)XOR
(D)XNOR。

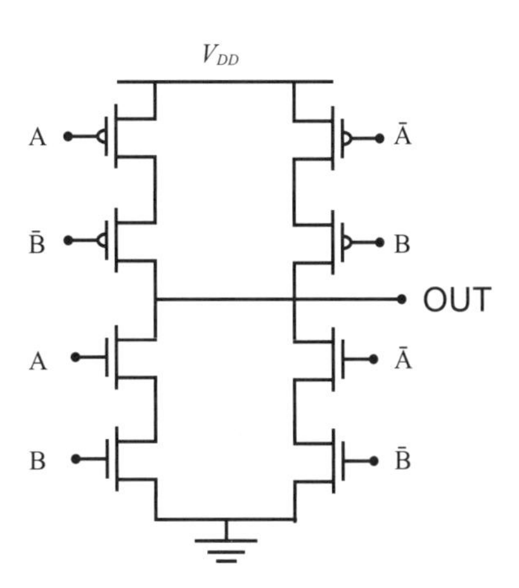

# 第九章 音訊放大電路

音訊放大電路用於音響的喇叭或耳機等輸出，為多級放大器的輸出版，亦稱為功率放大器。功率放大器大致可分為類比式的A類、B類、AB類及C類放大器，以及數位式的D類放大器，此外還可延伸出E類、F類、G類、H類甚至S類放大器等。在此，僅簡單討論A類、B類、AB類及C類放大器等四者。

## 第一節 A類放大器

A類放大器之偏壓工作點Q位於負載線之中點，電晶體永遠維持導通（**導通角 $360^{\circ}$**），因無訊號輸入時亦會消耗功率，故效率最低，雖然失真最小，但因理論效率最高僅25%，基本上不再使用。

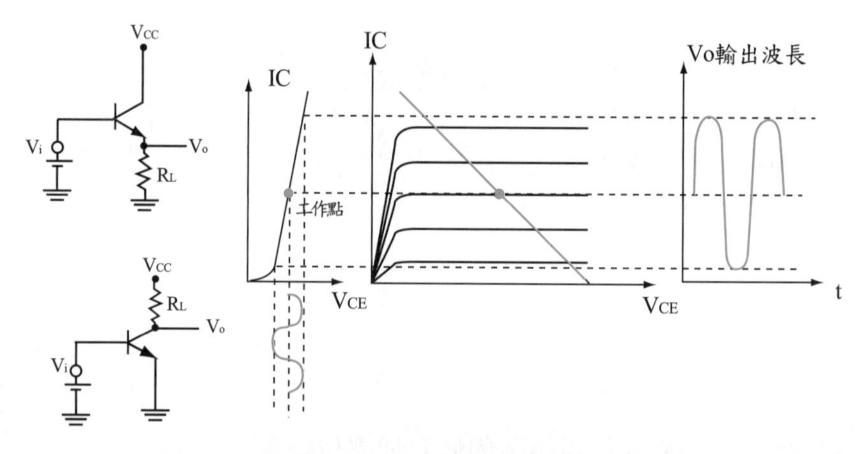


**圖 9-1 A類放大器之電路圖及特性轉移曲線**

假設將工作點偏壓在 $V_{CEQ}=\frac{1}{2}V_{CC}$ 處

(1) 工作點靜態電流：$I_{CQ}=\frac{\frac{1}{2}V_{CC}}{R_C}$。

(2) 直流電源供給電路之平均功率：$P_{i(dc)}=V_{CC}I_{CQ}=V_{CC}\times\frac{\frac{1}{2}V_{CC}}{R_C}=\frac{V_{CC}^2}{2R_C}$

(3) 電晶體集極靜態最大直流消耗功率：

$$P_{c(max)}=V_{CEQ}I_{CQ}=\frac{1}{2}V_{CC}\times\frac{\frac{1}{2}V_{CC}}{R_C}=\frac{V_{CC}^2}{4R_C}$$

(4) 負載電阻上產生之最大交流輸出功率：$P_{o(max)}=\frac{(\frac{V_{CC}}{2\sqrt{2}})^2}{R_C}=\frac{V_{CC}^2}{8R_C}$

(5) 最大效率：$\eta_{max}=\frac{P_{o(max)}}{P_{i(dc)}}=\frac{\frac{V_{CC}^2}{8R_C}}{\frac{V_{CC}^2}{2R_C}}=\frac{1}{4}=25\%$

當A類放大器的輸出透過變壓器耦合至負載時，可透過阻抗匹配將最大效率提升至50%，但**因變壓器體積龐大，價格昂貴，且線圈比需配合阻抗**，故幾乎不會採用此方式。

### 觀念加強

( ) **1** 失真度最低的功率放大器為那一種放大器？ (A) A類 (B) B類 (C) C類 (D) AB類。

( ) **2** 下列放大器類別中，效率最低的為何者？ (A) A類 (B) AB類 (C) B類 (D) C類。

( ) **3** 下列關於A類放大器的敘述，何者正確？ (A) A類放大器若供給電阻性負載時，效率$\eta\leqq 25\%$ (B) A類放大器若供給變壓器負載時，效率$\eta\leqq 78.5\%$ (C) A類放大器工作於截止點與負載線中間之間 (D) A類放大器可完全消除諧波失真。

( ) **4** 下列哪一種放大器失真率最低？ (A) AB類 (B) C類 (C) B類 (D) A類。

## 第二節 B類、AB類

### 一、B類放大器

B類放大器之偏壓工作點Q位於截止點，只有使電晶體為順向偏壓的輸入訊號才會放大，若使電晶體為逆向偏壓時則截止，故輸入的訊號僅有一半會被放大（**導通角180°**），必須**使用推挽電路**，才可得到完整的訊號輸出。

推挽式（push-pull）放大電路係使用兩個串接的主動元件分別擔任正負半週之放大工作，以使輸出信號不致失真。

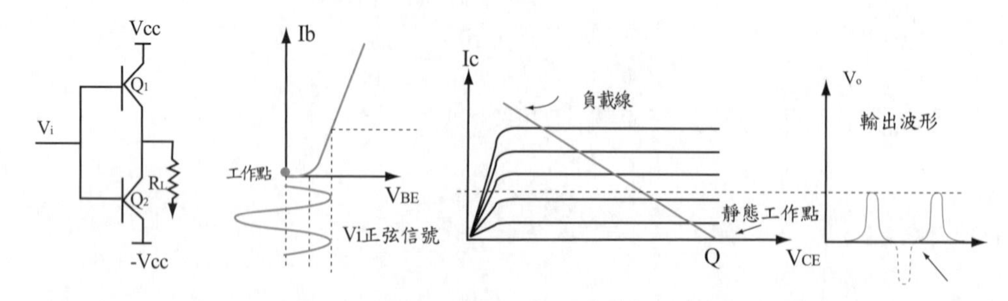


**圖 9-2　推挽式 B類放大器電路圖以及單一電晶體之特性轉移曲線的輸出**

B類放大器在無信號輸入時，因電晶體截止，無功率損耗，故輸出效率較A類放大器為大，但諧波失真亦較大。

在實際的電路中，當使用BJT為B類放大器時，因交流信號必須**大於**0.7V才能使BJT導通，故0V～0.7V的輸入信號不會導通，同樣的，－0.7V～0V的輸入信號亦不會導通，因此，輸出信號就會造成失真，稱之為**交越失真**。

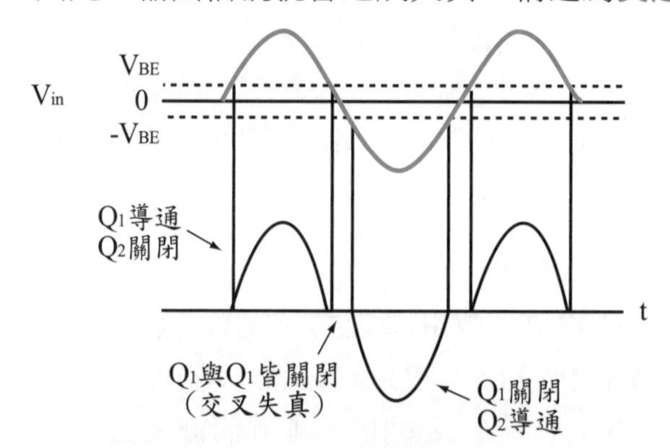


**圖 9-3　交越失真示意圖**

B類放大器的工作點偏壓在截止點 $V_{CEQ}=V_{CC}$ 處

(1) 工作點靜態電流：$I_{CQ}=0$

(2) 直流電源供給電路之平均功率：$P_{i(dc)}=V_{CC}I_{CQ}=V_{CC}\cdot\frac{2}{\pi}I_m=\frac{2}{\pi}I_mV_{CC}$

(3) 電晶體集極靜態最大直流消耗功率：$P_{c(max)}=\frac{2V_{CC}^2}{\pi^2R_L}$

(4) 負載電阻上產生之最大交流輸出功率：$P_{o(max)}=\frac{V_{CC}^{2}}{R_L}$

(5) 最大效率：$\eta_{max}=78.5\%$

## 二、AB類放大器

A類放大器的失真低但效率低，B類放大器的效率但有交越失真，故組合A類放大器與B類放大器可得具有**低失真與高效率**的AB類放大器。

AB類放大器的偏壓工作點較截止點為高，介於轉換特性曲線中點（A類放大器）與截止點（B類放大器）之間（**導通角在180º～360º之間**，效率亦界於A類放大器與B類放大器之間），**可避免交越失真**，**通常採推挽式輸出**，以獲得完整之放大訊號。

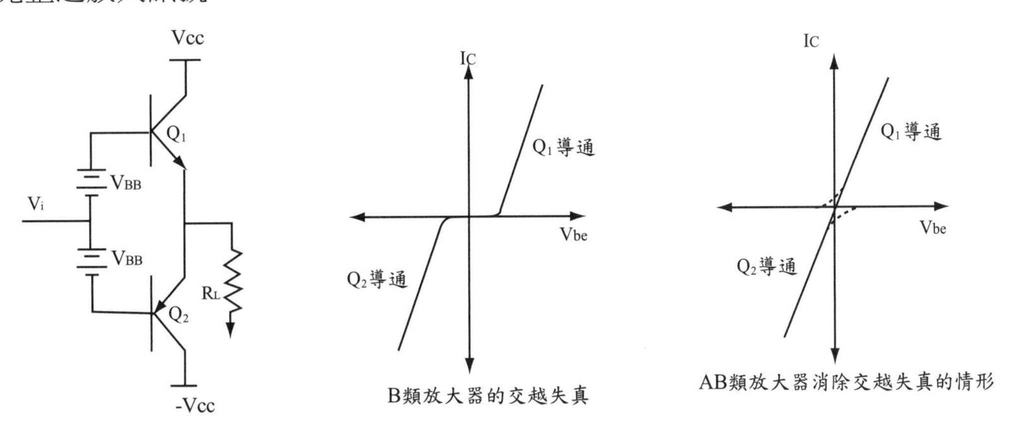


**圖 9-4 AB類放大器之電路圖及消除交越失真的情形**

### 觀念加強

(　　) **5** 如右圖所示屬B類推挽式放大電路，在正常的運作下，$R_L$在負半週所消耗的功率主要由下列何者直接提供？ (A)$V_{CC}$ (B)$Q_1$ (C)$Q_2$ (D)$C_2$。

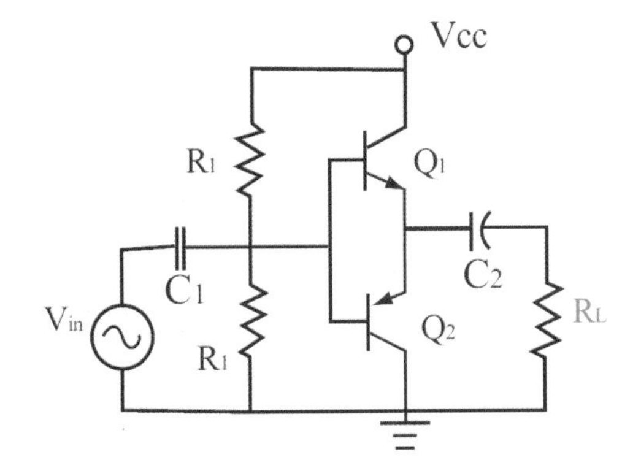

## 第三節 C類放大器

C類放大之偏壓工作點是設定在截止點以下，輸入信號僅在使電晶體為順向偏壓的部分週期才導通（導通角小於180º）。無訊號輸入時，集極靜態電流為零，不消耗直流功率，故效率最高，可超過B類放大器的78.5%。但因導通角小，故失真最大，不應用在音頻的輸出，通常應用在射頻訊號的調諧電路的發射機功率放大器及倍頻器。

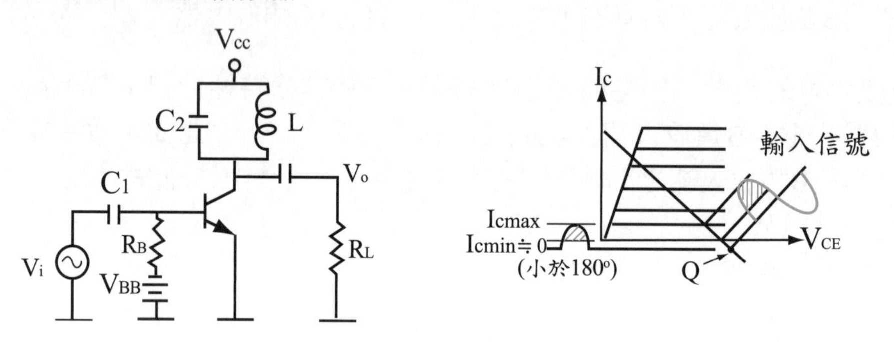


圖 9-5 C類放大器電路圖及其工作點示意圖

### 觀念加強

( ) **6** 下列那一類功率放大器，其導通角度小於180º？ (A) A類 (B) B類 (C) AB類 (D) C類。

( ) **7** 下列哪一類功率放大器的電晶體導通角度（導電角度）最小：(A) A (B) AB (C) B (D) C。

( ) **8** 下列放大器類別中，何者較適合用來作諧波產生器？
(A) A類 (B) AB類
(C) B類 (D) C類。

( ) **9** 下列關於C類放大器之敘述，何者錯誤？
(A)失真大於B類放大器
(B)電晶體導通角度大於180º
(C)轉換效率高於B類放大器
(D)可用於射頻調諧放大器。

## 第四節 A類、B類、AB類及C類放大器之比較

| | A類 | B類 | AB類 | C類 |
|---|---|---|---|---|
| **靜態工作點** | 負載線之中點 | 截止點 | 負載線中點與截止點之間 | 截止點以下 |
| **導通角度** | 360º | ≅180º | 180º～360º | <180º |
| **最大效率** | 25% | 78.5% | 25%～78.5% | >78.5% |
| **失真度** | 最小 | 大 | 中 | 最大 |

### 觀念加強

(　　) **10** 下列有關功率放大器間比較之敘述，何者不正確？
(A) C類放大器效率最高
(B) A類放大器以電阻為負載之最高效率為25%
(C) B類放大器之失真程度最高
(D) AB類推挽式放大器可消除交越失真。

(　　) **11** 下列有關A類、B類、AB類、及C類功率放大器特性的描述，何者錯誤？
(A) A類放大器失真最小
(B) C類放大器效率最高
(C) AB類放大器可消除推挽電路的交叉失真
(D) B類放大器不能做大功率放大。

(　　) **12** 在各類功率放大器中，導通角度由大至小排序，下列何者正確？
(A) C＞AB＞A＞B　　(B) B＞A＞C＞AB
(C) AB＞A＞B＞C　　(D) A＞AB＞B＞C。

# 試題演練

## 經典試題

( ) **1** 某功率放大器，其弦波輸入電壓：$V_{i \cdot P\text{-}P}$＝4V，弦波輸出電壓：$V_{O \cdot P\text{-}P}$＝8V，負載阻抗：4Ω，輸入阻抗：100Ω，則功率放大倍數為：
(A) 10dB (B) 20dB (C) 30dB
(D) 40dB (E) 50dB。

( ) **2** 若有一電阻衰減器將100mW的輸入功率降至10mW的輸出功率，則該衰減器分貝損失為？
(A)－2 (B)－4
(C)－6 (D)－10 dB。

( ) **3** 一放大器之各次諧波失真分別是：$D_2$＝0.1、$D_3$＝0.02、$D_4$＝0.01，試求其諧波失真率$D_T$？
(A) 0.13 (B) 0.00002
(C) 0.1 (D) 1。

( ) **4** 下圖之B類推挽放大電路中，$R_L$＝5Ω，若已知其最大輸出功率為10W，則$V_{CC}$為多少？
(A) 7.07V
(B) 10V
(C) 14.14V
(D) 20V。

( ) **5** 一放大器之輸入阻抗為100kΩ，負載為10Ω，電壓增益為100，則此放大器的功率增益為？
(A) 20dB (B) 40dB
(C) 60dB (D) 80dB。

( ) **6** 某功率放大器在示波器上所顯示的波形值為$V_{CE,\,min}$＝1V，$V_{CE,\,max}$＝20V，$V_{CE \cdot Q}$＝10V，則其二次諧波失真的百分比為：
(A) 2.6% (B) 5% (C) 7.2% (D) 10%。

( ) **7** 若調整下圖中變壓器初級與次級線圈之圈數比，可讓揚聲器獲得最大之功率，則此**最大功率**為：

(A) 4.62mW (B) 9.25mW
(C) 31.25mW (D) 62.5mW。

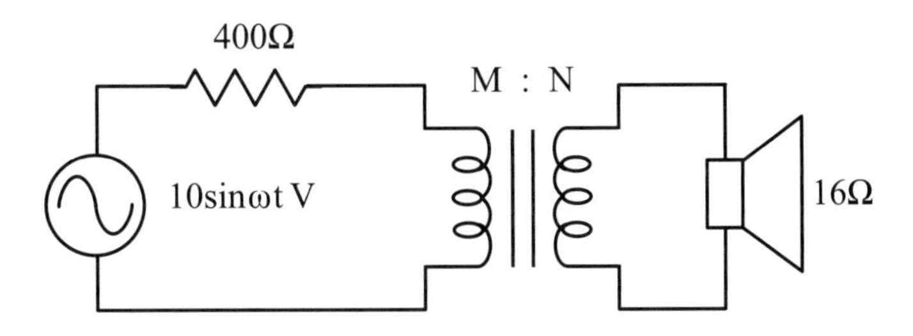


( ) **8** 如右圖所示之功率放大器，下列敘述何者**正確**？

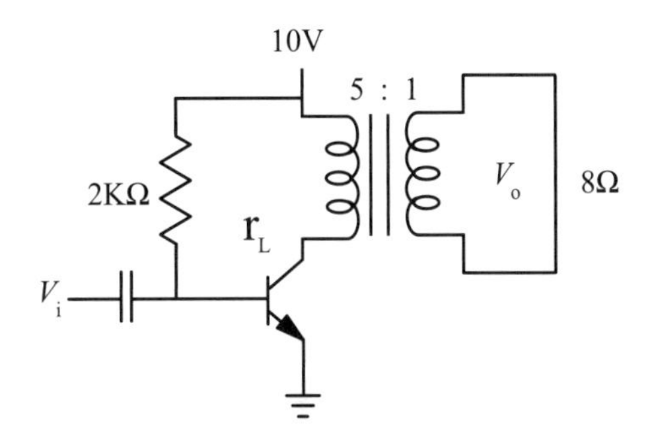


(A)此電路為C類放大器
(B)初級線圈的阻抗n為40Ω
(C)工作點的集極電流為50mA
(D)直流電源供給電路之平均功率為2.5W。

( ) **9** 已知一放大電路電壓增益$A_v$為100，電流增益$A_i$為10，則其功率增益$A_P$（dB）為多少？

(A) 10dB (B) 30dB
(C) 60dB (D) 1000dB。

( ) **10** 如圖所示之A類變壓器耦合放大器，$V_{CE}$為電晶體集極對射極之電壓，已知$1.3V \leq V_{CE} \leq 19.3V$，負載$R_L = 5\Omega$，則$R_L$之交流功率$P_{L(ac)} = ?$

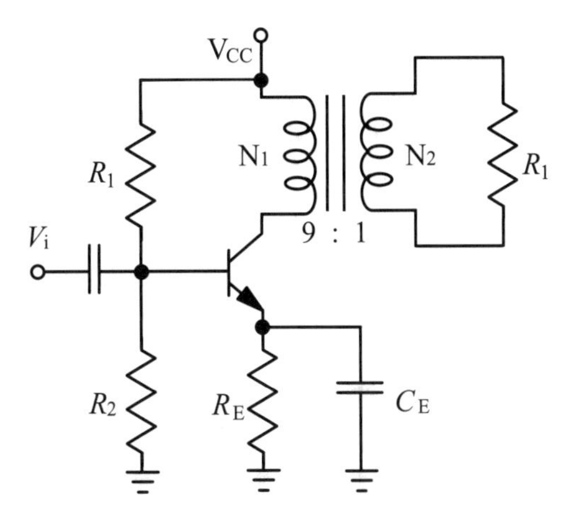


(A) 0.1W
(B) 0.2W
(C) 0.3W
(D) 0.4W。

試題演練

## 模擬測驗

( ) **1** 某功率放大器輸出部份之電路如圖所示。若該放大器標示之輸出為100 Watt（平均功率）／8Ω，則該放大器之輸出變壓器之M：N值，最可能為何？

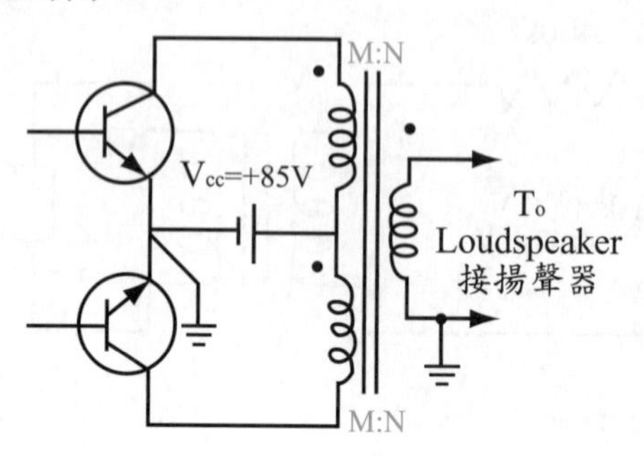


(A) 1：5　　(B) 2：1
(C) 10：1　　(D) 1200：8。

( ) **2** 承上題，若已知該放大器為近似B類放大。則在滿功率（即 100W）輸出至8Ω之電阻性負載時，該放大器從市電（AC117$V_{RMS}$/60Hz）中汲取之電流大約為何（設該放大器之功率來源為市電）？

(A) 1.2$A_{RMS}$　　(B) 1.8$A_{RMS}$
(C) 2.5$A_{RMS}$　　(D) 5.0$A_{RMS}$。

( ) **3** 如圖所示之電路中，若其$V_{CC}$（+85V）係由電源變壓器經全波整流濾波後得之，則該放大器之電源變壓器之規格可能為何（設該放大器使用 AC 117$V_{RMS}$/60Hz 電源）？

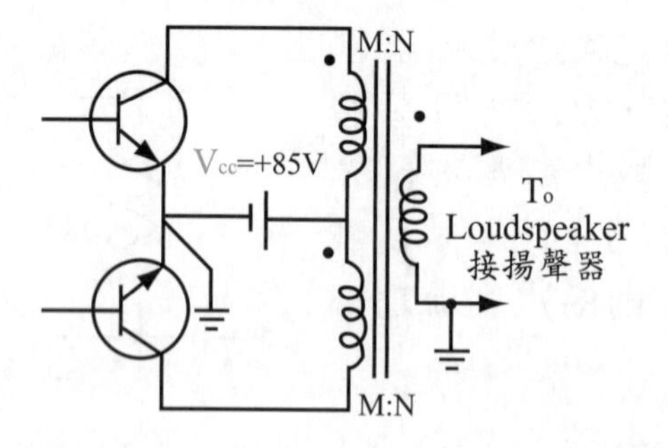


(A) 117V：6.3V　　(B) 117V：36V
(C) 117V：60V　　(D) 117V：85V。

( ) **4** 已知一共射極放大器之功率增益為16650，電流增益為50，輸入阻抗為500Ω，則此放大器之輸出阻抗為多少？
(A) 166.5KΩ (B) 333Ω
(C) 3.33KΩ (D) 16.65KΩ。

( ) **5** B類推挽式（push-pull）放大器可**減少**下列何種失真？
(A)奇次諧波失真 (B)直流成份失真
(C)交越失真 (D)偶次諧波失真。

( ) **6** 圖中之點1至4將對應至A類、B類、C類及AB類功率放大器的直流工作點在轉換特性曲線上的位置。下列的對應關係（依序為①－②－③－④）何者**正確**？
(A) A－B－AB－C
(B) C－B－AB－A
(C) C－AB－B－A
(D) B－AB－A－C。

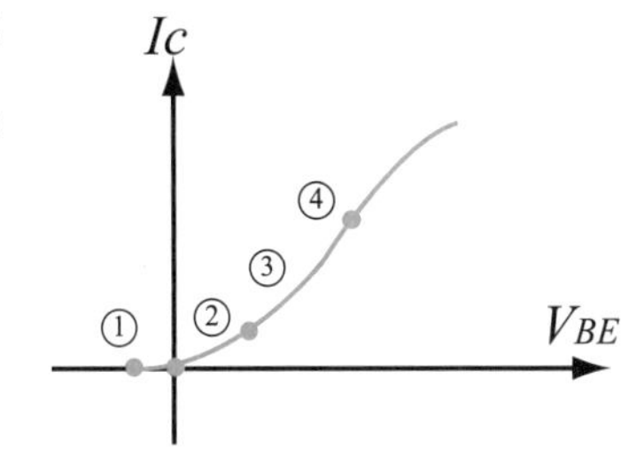


( ) **7** 下圖所示放大器之**最大**輸出功率可達多少瓦特（W）？
(A) 0.8W (B) 1.6W
(C) 20W (D) 0.4W。

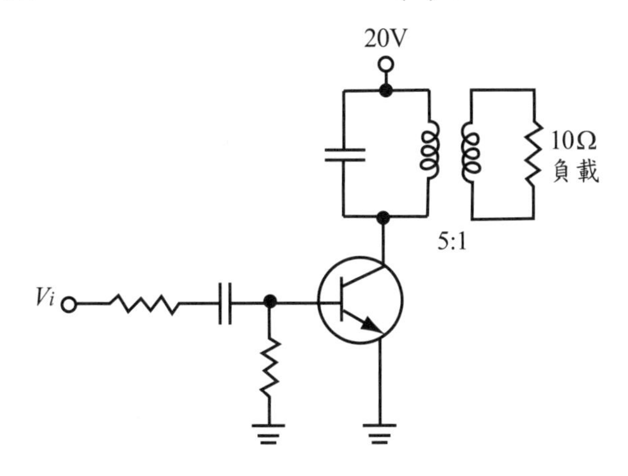


( ) **8** **理想**的A類推挽功率放大器，其輸出效率為
(A) 50% (B) 78.5%
(C) 90% (D) 95%。

試題演練

如圖所示電路，若輸入信號為頻率等於 2.595 MHz，±5V之對稱正弦波，回答第9題至第12題：

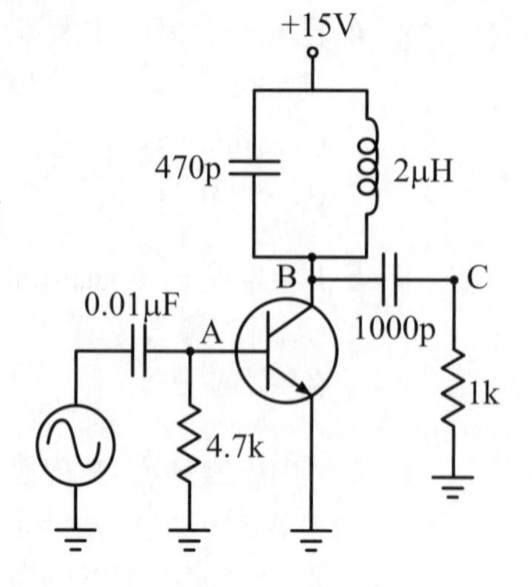


(　　) **9** 此一放大電路，最有可能為下列何者？
(A) A類
(B) B類
(C) C類
(D) AB類　放大器。

(　　) **10** 請問A點的波形及大小為何？
(A)與輸入信號同相，峰對峰值－5V至＋5V之對稱正弦波
(B)與輸入信號反相，峰對峰值－5V至＋5V之對稱正弦波
(C)與輸入信號同相，峰對峰值－9.3V至＋0.7V之對稱正弦波
(D)±5V脈衝信號。

(　　) **11** 請問B點的波形及大小為何？
(A)與輸入信號同相，峰對峰值0V至＋15V之對稱正弦波
(B)與輸入信號反相，峰對峰值0V至＋30V之對稱正弦波
(C)與輸入信號反相，峰對峰值－15V至＋15V之對稱正弦波
(D)與輸入信號反相，峰對峰值0V至＋15V之對稱正弦波

(　　) **12** 請問C點的波形及大小為何？
(A)與輸入信號同相，峰對峰值0V至＋15V之對稱正弦波
(B)與輸入信號反相，峰對峰值0V至＋30之對稱正弦波
(C)與輸入信號反相，峰對峰值－15V至＋15V之對稱正弦波
(D)與輸入信號反相，峰對峰值0V至＋15V之對稱正弦波。

(　　) **13** 試問AB類放大器的效率為
(A)小於50%　(B)介於50%和78.5%之間
(C)大於78.5%　(D)100%。

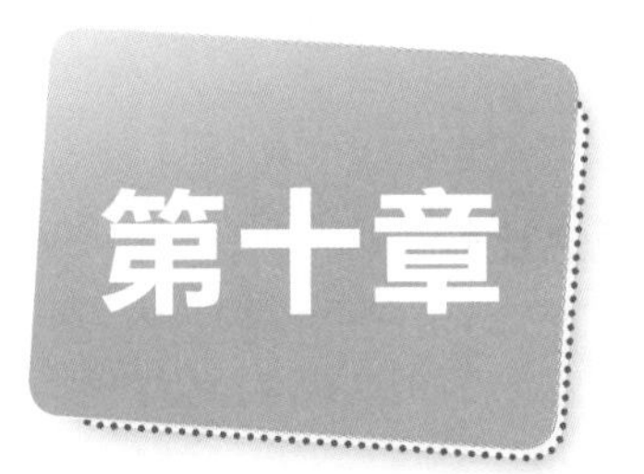


# 運算放大器

## 第一節 差動放大

### 一、結構

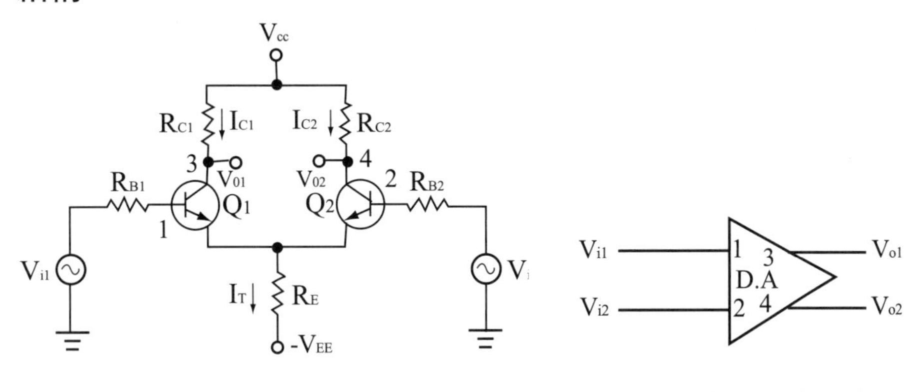


差動放大器電路圖　　　差動放大器電路符號

差動放大器係由兩個**參數相同**的共射極放大電路（或兩個參數相同的共源極放大器）對稱地排列所組成，用以放大兩輸入信號之間的差值，常用於放大電路中的輸入端。

差動放大器主要係用以放大兩輸入端之間的一電壓差 $V_d = V_{i1} - V_{i2}$，但因電路的不理想性，亦會對兩輸入信號之平均值 $V_c = \frac{V_{i1}+V_{i2}}{2}$ 進行放大，而評估差動放大器優劣的一項重要參數共模拒斥比CMRR係定義為差模增益$A_d$與共模增益$A_c$之比值，即 $CMRR = \left|\frac{A_d}{A_c}\right|$，此值越大越佳。

差動放大器的輸出信號包括差模與共模部分，即

$$V_o = A_dV_d + A_cV_c = A_dV_d\left(1 + \frac{A_cV_c}{A_dV_d}\right) = A_dV_d\left(1 + \frac{A_c}{A_d} \cdot \frac{V_c}{V_d}\right)$$

$$= A_dV_d\left(1 + \frac{1}{CMRR} \cdot \frac{V_c}{V_d}\right)。$$

**差動放大器之差模組態與共模組態之比較**

| | 差模組態 | 共模組態 |
|---|---|---|
| **輸入信號** | $V_d=V_{i1}-V_{i2}$ | $V_c=\dfrac{V_{i1}+V_{i2}}{2}$ |
| **放大率** | $A_d$ | $A_c$ |
| **輸出信號** | $V_o=A_dV_d+A_cV_c=A_dV_d(\dfrac{1}{CMRR}\cdot\dfrac{V_c}{V_d})$ | |
| **共模拒斥比** | $CMRR=\left\lvert\dfrac{A_d}{A_c}\right\rvert$ | |
| **理想差動放大器之放大率** | $A_d\to\infty$ | $A_c=0$ |
| **理想差動放大器之共模拒斥比** | $CMRR\to\infty$ | |

差動放大器中電晶體的偏壓電流為$I_{c1}=I_{c2}=\dfrac{I_T}{2}$，小訊號阻抗$r_{e1}=r_{e2}=\dfrac{I_{E1}}{V_T}=\dfrac{I_T}{2V_T}$。

當採雙端輸出時 $V_o=V_{o1}-V_{o2}\approx-\dfrac{2R_C}{2r_e}V_d=-\dfrac{R_C}{r_e}V_d$，$A_d\approx-\dfrac{R_C}{r_e}\approx-g_mR_C$；

若採單端輸出時 $V_o=V_{o1}\approx-\dfrac{R_C}{2r_e}V_d$，$A_d\approx-\dfrac{R_C}{2r_e}\approx-\dfrac{1}{2}g_mR_C$。

## 觀念加強

( ) **1** 如右圖所示之$Q_1$與$Q_2$完全對稱，且$V_{i1}=V_{i2}$，
則在正常的運作下將$R_E$阻值調高的影響為：
(A) $I_E$ 變小，$V_{O1}$ 變高，Vo 不變
(B) $I_E$ 變小，$V_{O1}$ 變低，Vo 不變
(C) $I_E$ 變大，$V_{O1}$ 變低，Vo 不變
(D) $I_E$ 變小，$V_{O1}$ 變高，Vo 變高。

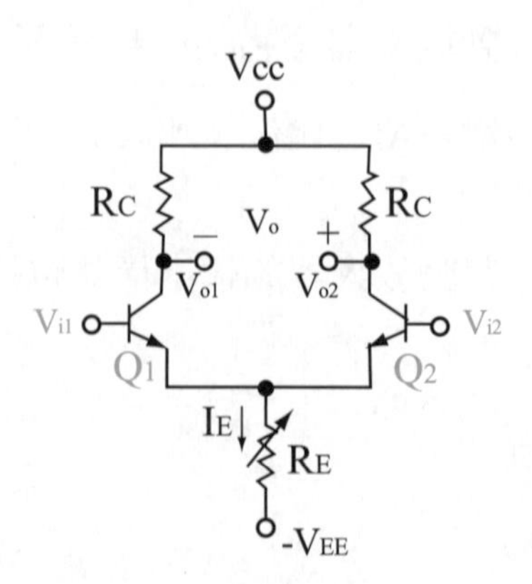

## 第二節 運算放大器

運算放大器具有兩個高阻抗之輸入端及一個低阻抗之輸出端，內部以多級放大器串接以達到非常高的開迴路電壓增益，**以μA741為代表**。當作為放大器使用時，係將回授電路以負回授方式接至反相輸入端；若將回授電路以正回授方式接至非反相輸入端時，通常係作為**樞密特觸發器**使用。

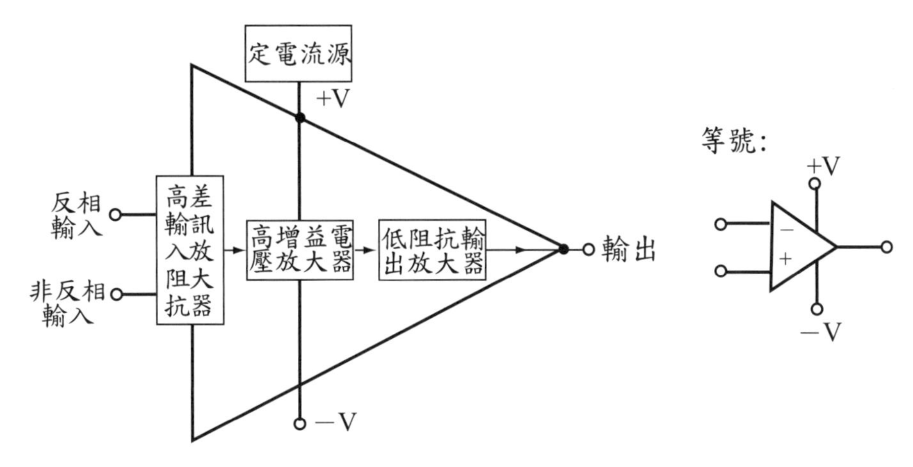


**運算放大器結構示意圖及電路符號**

**放大器之差模組態與共模組態之比較**

| | 差模組態 | 共模組態 |
|---|---|---|
| **輸入信號** | $V_d = V_{i1} - V_{i2}$ | $V_c = \dfrac{V_{i1} + V_{i2}}{2}$ |
| **放大率** | $A_d$ | $A_c$ |
| **輸出信號** | $V_o = A_d V_d + A_c V_c = A_d V_d \left(\dfrac{1}{CMRR} \cdot \dfrac{V_c}{V_d}\right)$ | |
| **共模拒斥比** | $CMRR = \left\lvert \dfrac{A_d}{A_c} \right\rvert$ | |
| **理想差動放大器之放大率** | $A_d \to \infty$ | $A_c = 0$ |
| **理想差動放大器之共模拒斥比** | $CMRR \to \infty$ | |

**理想運算放大器特性**

| 輸入阻抗 | 輸出阻抗 | 開迴路電壓增益 | 頻帶寬度 | 共模拒斥比 |
| --- | --- | --- | --- | --- |
| $R_i \to \infty$ | $R_o \to 0$ | $A_V \to \infty$ | $B.W. \to \infty$ | $CMRR \to \infty$ |

**非理想運算放大器參數**

| | |
| --- | --- |
| 輸入抵補電壓 | 使輸出電壓為零，而必須在輸入端加入的電壓。 |
| 輸出抵補電壓 | 兩輸入端接地，在輸出端出現的直流電壓。 |
| 輸入偏壓電流 | $V_o=0$時，兩輸入端電流和之平均值，即$I_{ib}=\left.\frac{I_{B1}+I_{B2}}{2}\right\|_{vo=0}$。 |
| 輸入抵補電流 | 當$V_o=0$時，兩輸入端偏壓電流之差值，即 $I_{io}=\left.\|I_{B1}-I_{B2}\|\right\|_{vo=0}$。 |
| 迴轉率 | 輸入電壓變動時，輸出電壓變化的最大速率，$SR=2\pi V_{o(m)}f$，單位為$V/\mu s$，$V_{o(m)}$為輸出電壓最大值，f為弦波之最高頻率。SR值越大，表示運算放大器的反應越快。 |

## 一、虛接地（虛短路）

理想運算放大器的放大率趨近無窮大，故兩輸入端間的電位差**趨近於零**，稱為虛短路或虛接地，但要注意，欲應用虛短路概念解題時，電路**不可為正迴授**（迴授電阻接至非反相輸入端），且運算放大器輸出**不可飽和**。

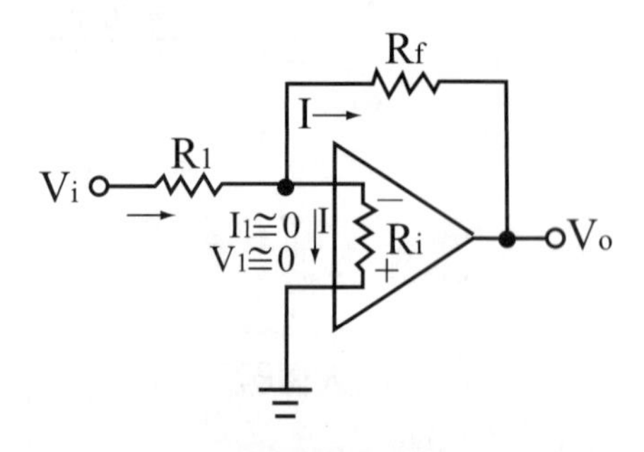


虛短路示意圖

## 二、輸入偏壓電流之消除

輸入偏壓電流會在輸出端形成一直流電壓輸出，使輸出電壓改變，欲消除輸入偏壓電流的影響，可在非反相輸入端串聯一電阻$R_3$，其值相當於從放大器反相端往電路看入之等效阻抗。

**反相輸入端未加電容時**

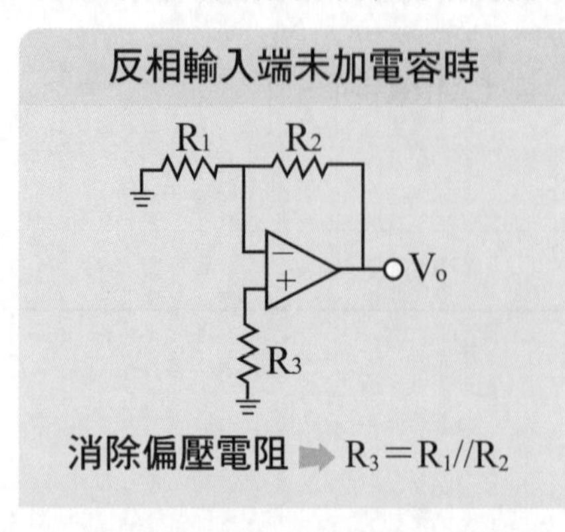


**消除偏壓電阻** ➡ $R_3=R_1//R_2$

**反相輸入端未加電容時**

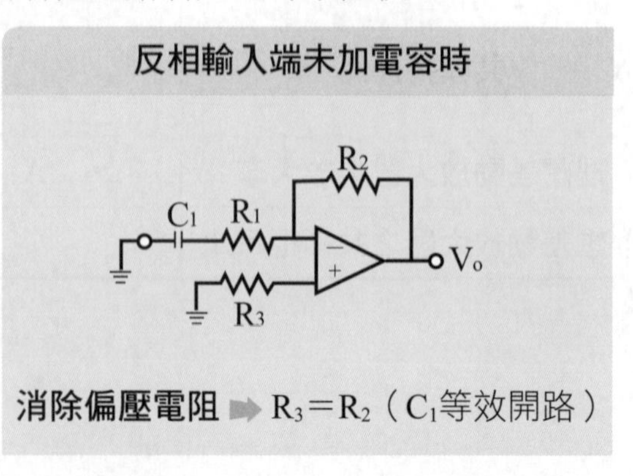


**消除偏壓電阻** ➡ $R_3=R_2$（$C_1$等效開路）

## 觀念加強

( ) 2 下列何者不為理想運算放大器（OPA）的特性？
(A)輸入阻抗無限大 (B)輸出阻抗無限大
(C)頻寬無限大 (D)共模互斥比無限大。

( ) 3 如圖所示電路，若要消除運算放大器輸入偏壓電流（input bias current）的效應，則$R_3$之電阻值應為
(A) $R_1$ (B) $R_2$
(C) $R_1+R_2$ (D) $R_1//R_2$。

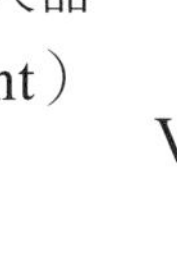

( ) 4 有關理想運算放大器的特性描述，下列何者錯誤？
(A) 開路電壓增益 $A_v\to\infty$ (B) 輸入阻抗 $R_i\to\infty$
(C) 輸出阻抗 $R_o\to\infty$ (D) 頻帶寬度 $BW\to\infty$。

## 第三節 非反相放大器

非反相放大器（或非倒相放大器）的訊號由非反相端輸入，$R_f$為回授電阻，其輸出信號與輸入信號同相（相位差0°），由反相輸入端與非反相輸入端虛短路可得

非反相放大器電路圖

$$A_v=\frac{V_o}{V_i}=1+\frac{R_f}{R_1}。$$

## 第四節 反相放大器

反相放大器的訊號由反相端輸入，$R_f$為回授電阻，其輸出信號與輸入信號反相（相位差180°），由反相輸入端與非反相輸入端虛短路可得

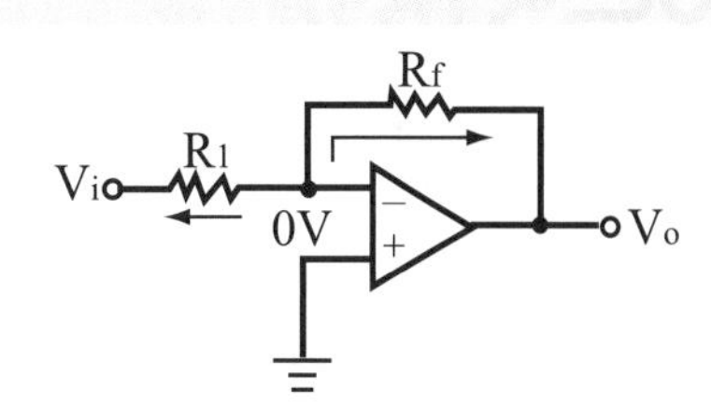

反相放大器電路圖

$$A_v=\frac{V_o}{V_i}=-\frac{R_f}{R_1}。$$

# 第五節 加／減法器

## 一、加法器

反相放大器的輸入端接上多個輸入訊號及多個輸入電阻時，可構成加法器，由反相輸入端與非反相輸入端虛短路可得

$V_o=-\left(\frac{R_f}{R_1}V_1+\frac{R_f}{R_2}V_2+\frac{R_f}{R_3}V_3\right)$，

若令$R_1=R_2=R_3$則$V_o=-\frac{R_f}{R_1}(V_1+V_2+V_3)$。

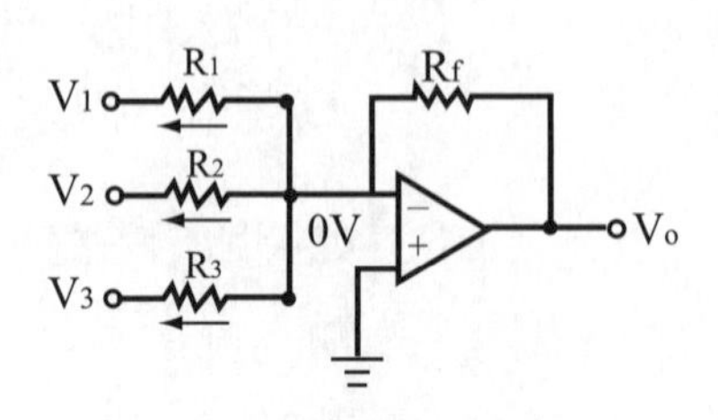


加法器電路圖

## 二、減法器

同時應用反相放大器及非反相放大器可構成減法器，由反相輸入端與非反相輸入端虛短路可得

$V_o=\frac{R_3}{R_2+R_3}\frac{R_1+R_f}{R_1}V_2-\frac{R_f}{R_1}V_1$，

若令 $R_1=R_2$，$R_3=R_f$ 可得$V_o=\frac{R_f}{R_1}(V_2-V_1)$。

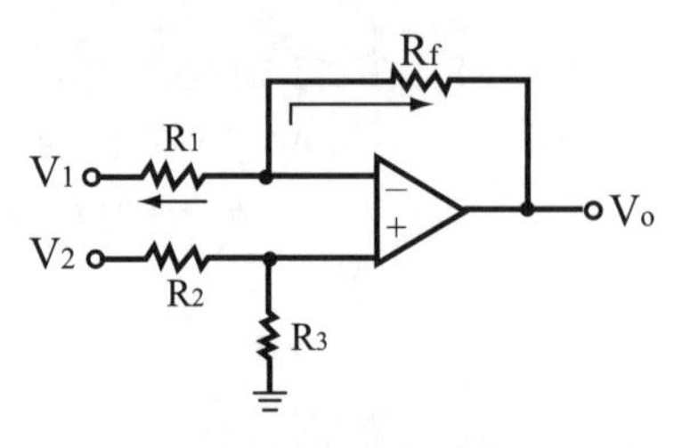


減法器電路圖

# 第六節 微分器

微分器係由運算放大器與電容和電阻所組成，為一高通電路，放大率

$A_v=\frac{V_O}{V_i}=-\frac{R}{\frac{1}{SC}}=-SRC$，或$V_o(t)=-RC\frac{dV_i}{dt}$。

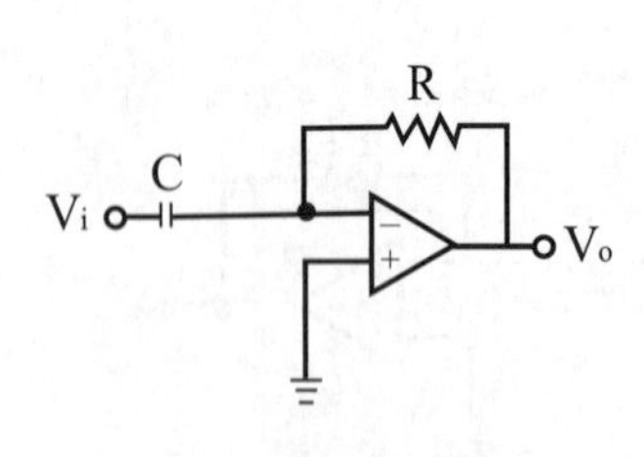


微分器電路圖

微分器輸入波形與輸出波形之關係

| 輸入信號波形 | 微分器輸出波形 |
|---|---|
| 正弦波 | 餘弦波 |
| 餘弦波 | 正弦波 |
| 拋物線 | 三角波 |
| 三角波 | 方波 |
| 方波 | 脈波 |

**觀念加強**

( ) **5** 如右圖所示，若 $V_i$為三角波，則 $V_o$為
(A)三角波 (B)脈衝波
(C)鋸齒波 (D)方波 (E)以上皆非。

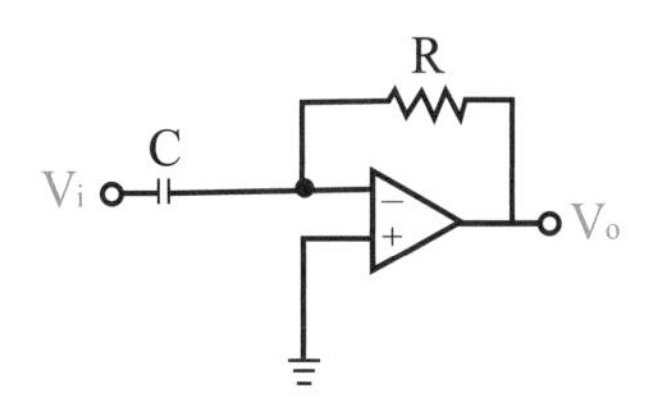


( ) **6** 如右圖所示之電路，稱之為
(A)同相放大器 (B)對數放大器
(C)微分器 (D)積分器。

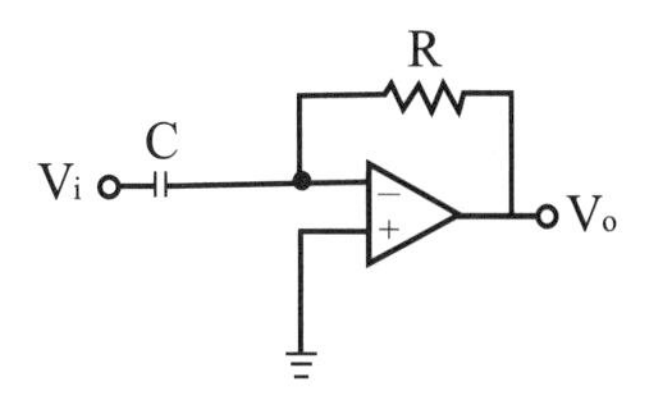


## 第七節 積分器

積分器係由運算放大器與電容和電阻所組成，為一低通電路，放大率

$$A_v=\frac{V_o}{V_i}=-\frac{\frac{1}{SC}}{R}=-\frac{1}{SRC}\text{，或}V_o(t)=-\frac{1}{RC}\int V_i dt\text{。}$$

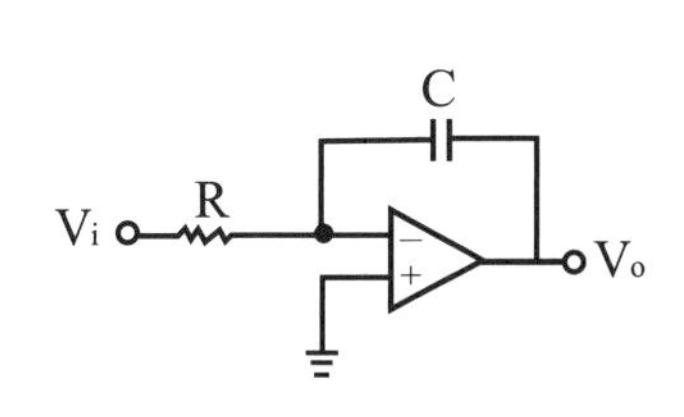

**積分器電路圖**

**積分器輸入波形與輸出波形之關係**

| 輸入信號波形 | 積分器輸出波形 |
|---|---|
| 正弦波 | 餘弦波 |
| 餘弦波 | 正弦波 |
| 脈波 | 方波 |
| 方波 | 三角波 |
| 三角波 | 拋物線 |

**觀念加強**

( ) **7** 在RC低通網路中，RC為此網路之時間常數，輸入訊號週期為T，若要此低通網路可做為積分電路使用，則RC與T之關係為何？
(A)RC≧10T (B)RC≦T (C)RC≦0.1T (D)RC≦5T。

(　　) **8** 如右圖所示電路及其輸入波形，假設理想放大器且電容之初始電壓值為0，下列何者為輸出$V_o$之波形？

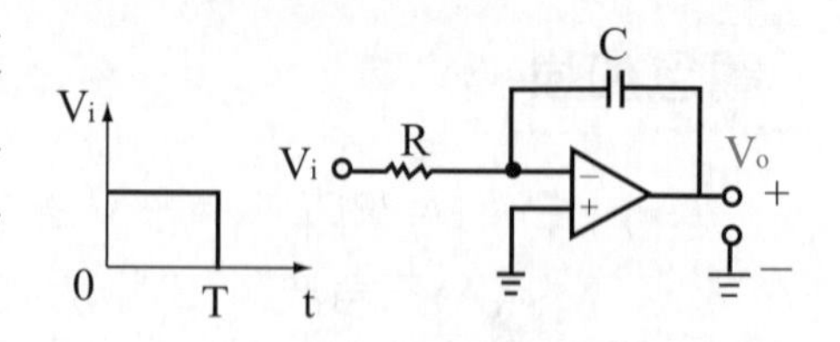


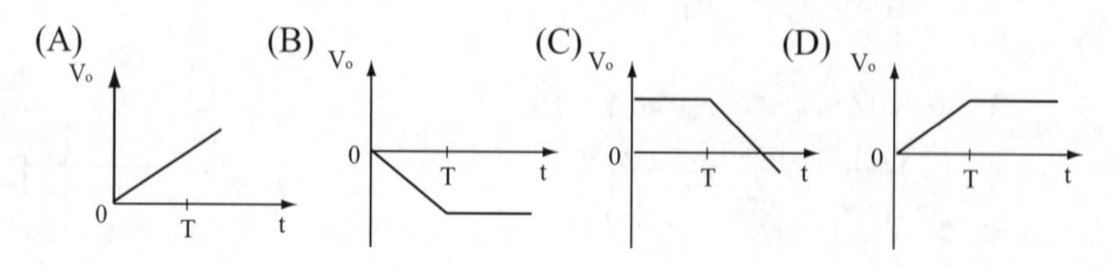


(　　) **9** 右圖所示電路為何種電路？
(A)微分電路
(B)積分電路
(C)樞密特觸發電路
(D)加法器。

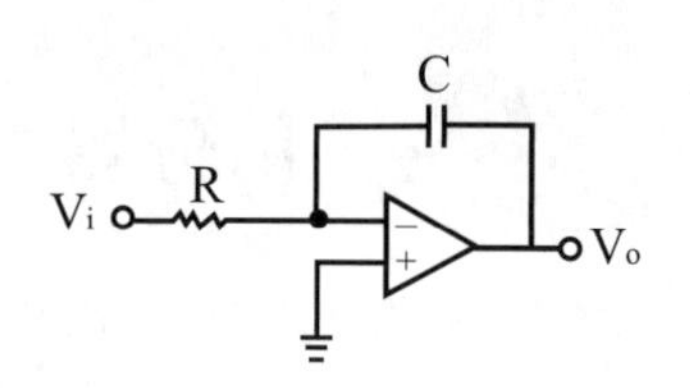


## 第八節 比較器

比較器為一個**開迴路放大器，沒有負回授**，只要$V_i$和$V_{ref}$有一小差額，運算放大器即可飽和。當$V_i < V_{ref}$時，$V_o = -V_{sat}$，當$V_i > V_{ref}$時，$V_o = +V_{sat}$，無論輸入為弦波、三角波或方波，**輸出皆為方波**。

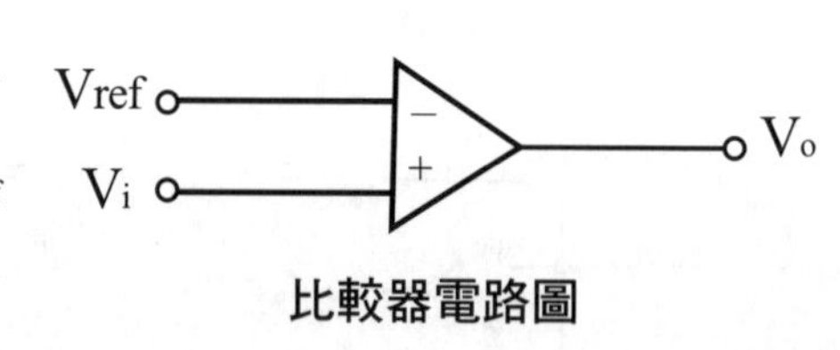

比較器電路圖

### 觀念加強

(　　) **10** 下列由理想運算放大器（OPA）所製作的應用電路中，那一種電路中之OPA的輸入端不可看成虛短路？ (A)比較器 (B)非反相放大器 (C)反相放大器 (D)微分電路。

(　　) **11** 如右圖所示為：
(A)全波整流器　(B)積分器
(C)峰值檢波器　(D)半波整流器。

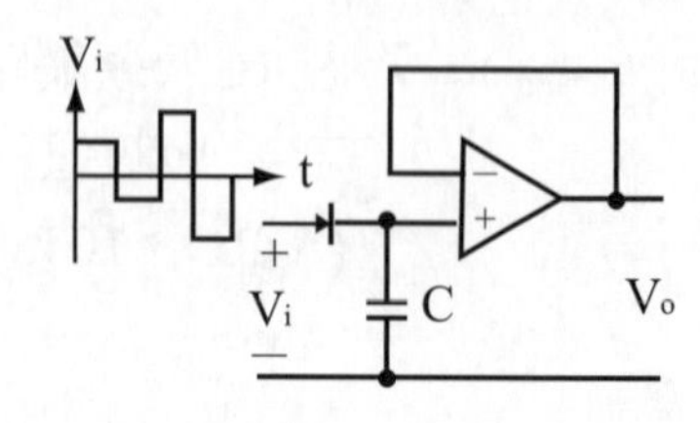

# 試題演練

## 經典考題

( ) **1** 若理想運算放大器的輸入阻抗為$R_i$，輸出阻抗為$R_o$，則下何者正確？
(A) $R_i=0$，$R_o=0$　(B) $R_i=\infty$，$R_o=0$
(C) $R_i=0$，$R_o=\infty$　(D) $R_i=\infty$，$R_o=\infty$。

( ) **2** 下列有關微分器、積分器的敘述何者正確？
(A)方波通過積分器之輸出波形為三角波
(B)三角波通過積分器之輸出波形為方波
(C)方波輸入微分器之輸出波形為三角波
(D)三角波輸入微分器之輸出波形為正弦波。

( ) **3** 運算放大器之積體電路編號741的接腳定義，下列何者正確？
(A)第 3 腳為輸出　(B)第 6 腳為輸出
(C)第 2 腳為輸出　(D)第 7 腳為輸出。

( ) **4** 右圖電路的功用為何？
(A)作比例限制器使用
(B)作精密整流器使用
(C)作信號比較器使用
(D)作電壓振盪器作用。

( ) **5** 電壓隨耦器之電路如右圖所示，有關其特性敘述，下列何者正確？
(A)電壓增益為－1
(B)電壓增益為1
(C)輸入電阻非常小
(D)輸出電阻非常大。

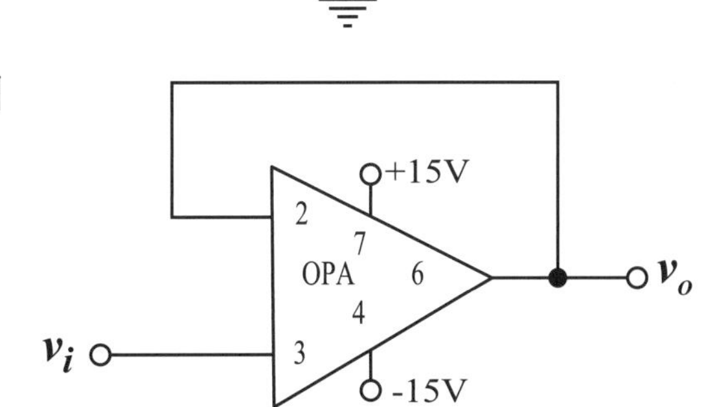


( ) **6** 編號為$\mu$A741的IC，其輸出為第幾接腳？
(A)第3腳　(B)第4腳　(C)第5腳　(D)第6腳。

(　　) **7** 在右圖所示之電路中，$\frac{V_o}{V_i}$＝？

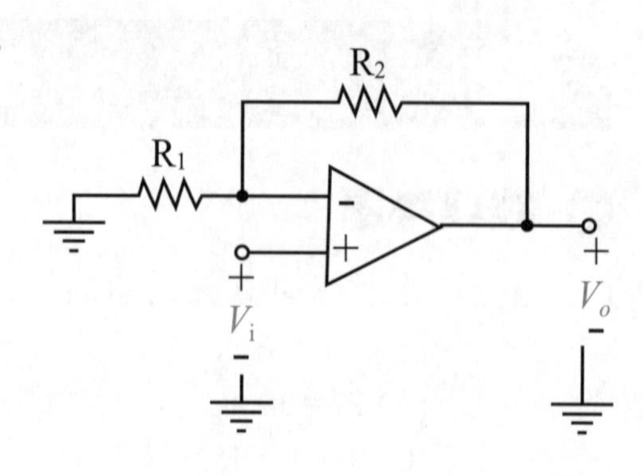


(A) $1+\frac{R_1}{R_2}$

(B) $-\left(1+\frac{R_1}{R_2}\right)$

(C) $1+\frac{R_2}{R_1}$

(D) $-\left(1+\frac{R_2}{R_1}\right)$。

(　　) **8** OPA 應用電路中，右圖屬於下列何種電路？

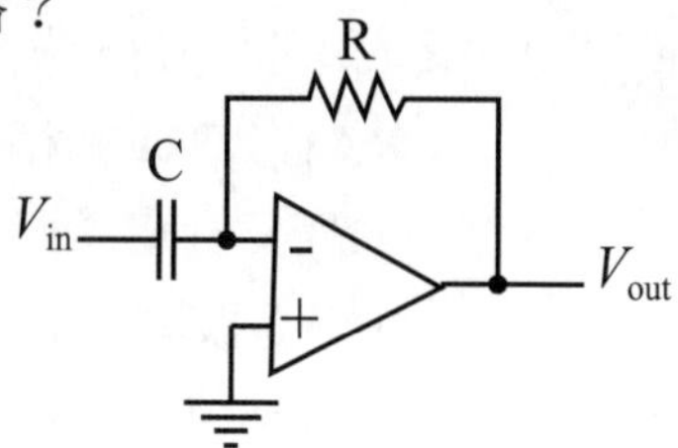


(A)微分器

(B)積分器

(C)指數放大器

(D)對數放大器。

(　　) **9** 如右圖所示，輸入信號為**正弦波**，則輸出端$V_{out}$的波形為：

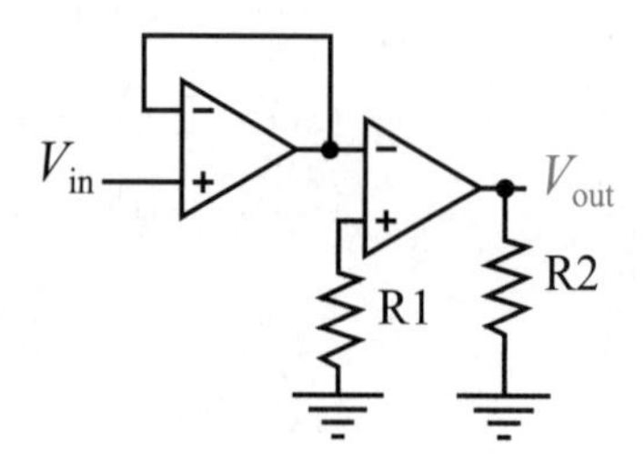


(A)正弦波

(B)三角波

(C)方波

(D)鋸齒波。

(　　) **10** 如右圖所示之電路，運算放大器的飽和電壓為±12V，下列敘述何者正確？

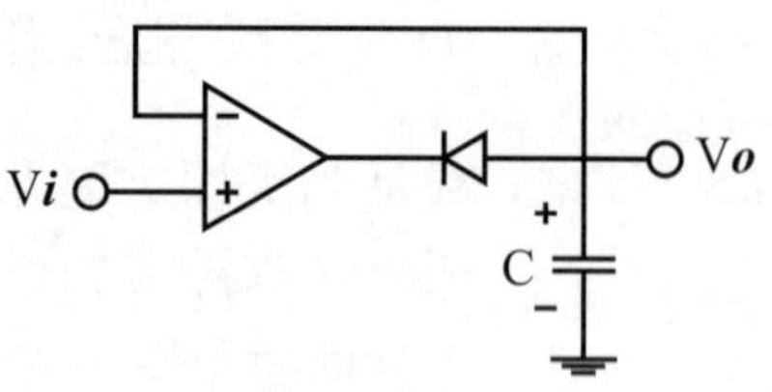


(A)電路為負峰值電壓檢知器

(B)電路為正峰值電壓檢知器

(C)電路為電壓隨耦器

(D)電路為正半波整流器。

(　　) **11** 承上題，若$V_i$＝3sin377tV，則$V_o$之穩態值為多少？

(A) 3V　　(B) 3sin377tV

(C)－3V　　(D)－3sin377tV。

(　　) **12** 非理想運算放大器（OPA）的原理敘述中，下列何者正確？　(A)輸入阻抗為有限值約100Ω　(B)輸出阻抗為有限值約100kΩ　(C)頻寬為有限值　(D)增益可不必考慮。

(  ) **13** 下列何者為運算放大器之編號？
(A) NE555 (B) 1N4001 (C) SN74LS00 (D) $\mu$A741。

(  ) **14** 下圖所示電路，若運算放大器為理想，則 $V_1$＝？

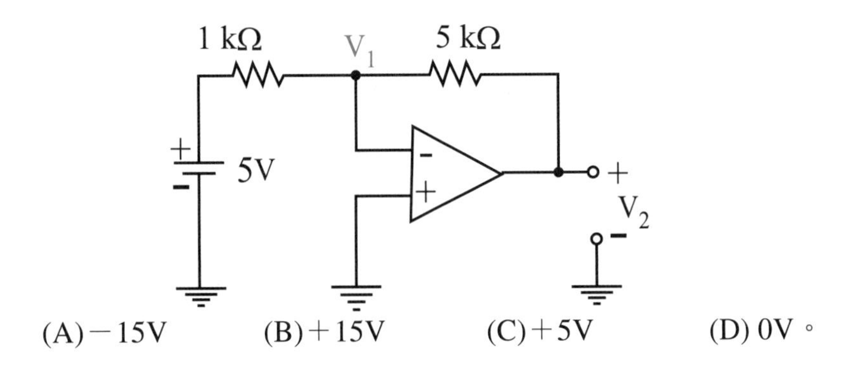


(A)－15V (B)＋15V (C)＋5V (D) 0V。

(  ) **15** 下列電路何者是比較器？

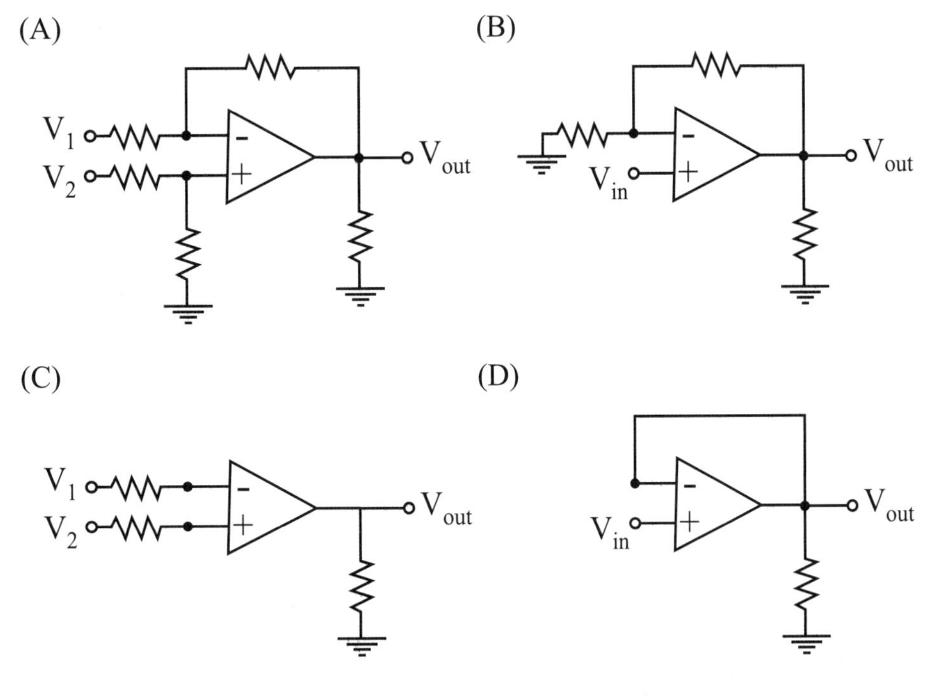


(  ) **16** 右圖所示為RC組成之**積分電路**，其截止頻率點為何？

(A) $\frac{1}{RC}$ (B) $\frac{1}{2\pi RC}$

(C) $\frac{1}{\sqrt{RC}}$ (D) $\frac{1}{2\pi\sqrt{RC}}$。

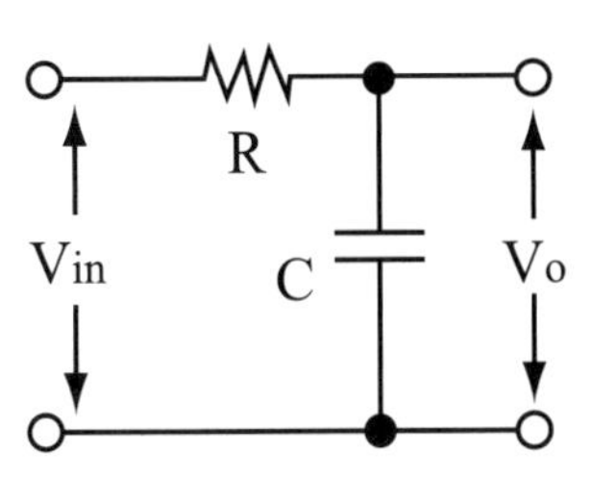


試題演練

( ) **17** 如右圖所示，$V_i$＝10mV，則$V_O$為：

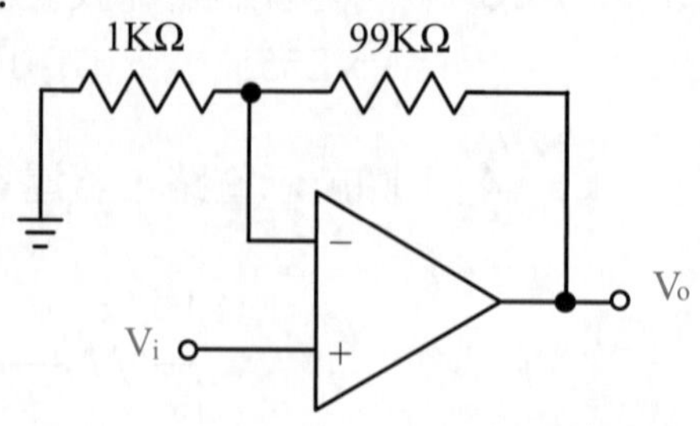


(A)－1V
(B)－1.1V
(C) 1V
(D) 1.1V
(E)－2V。

( ) **18** 如右圖所示，若$V_1$＝3V，$V_2$＝2V，則$V_o$為：

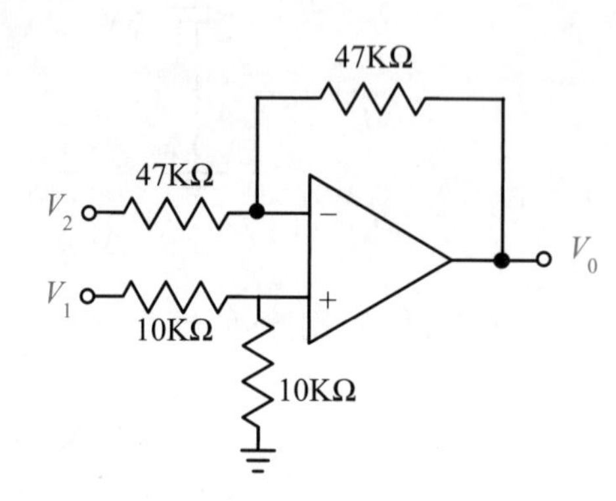


(A) 1V
(B) 2V
(C)－1V
(D)－2V
(E) 4V。

( ) **19** 如右圖所示，若$V_1$＝8V，$V_2$＝16V，$R_1$＝$R_3$＝100kΩ，$R_2$＝$R_f$＝200kΩ，則輸出電壓$V_0$應接近多少？

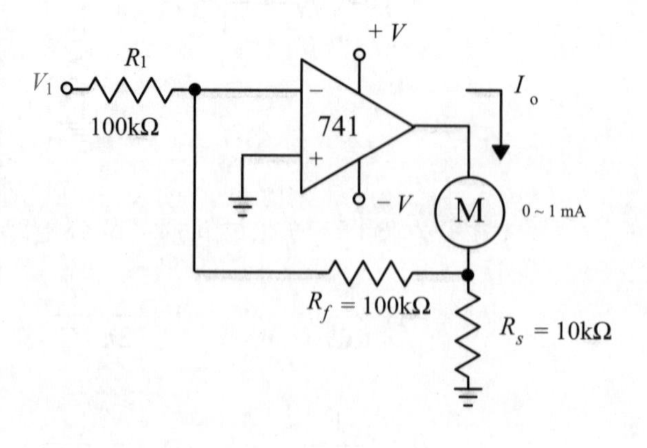


(A) 8V (B) 0V
(C)－8V (D) 16V
(E)－16V。

( ) **20** 如右圖所示，待測電壓$V_1$經放大器推動電流表，若表頭內阻不計，則當輸入電壓$V_1$為2mV時，流過電流表的電流為多少？



(A) 0.8mA
(B) 0.7mA
(C) 0.5mA
(D) 0.2mA
(E) 1mA。

(　　) **21** 如下圖所示，若 $V_1=0.1V$，$V_2=0.2V$，則 $V_0=$？

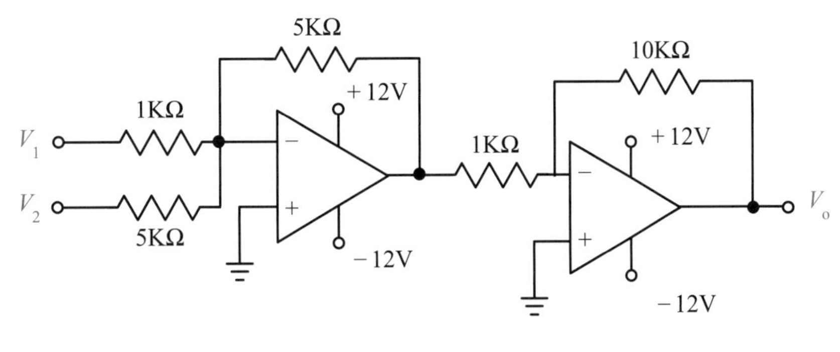


(A) 5V　(B) 6V　(C) 7V　(D) 8V。

(　　) **22** 如右圖所示，若 $V_1=10mV$，$V_2=20mV$，$V_3=30mV$，假設 OPA為理想，試求其輸出電壓？

(A) 60

(B) 120

(C) 180

(D) −60　mV。

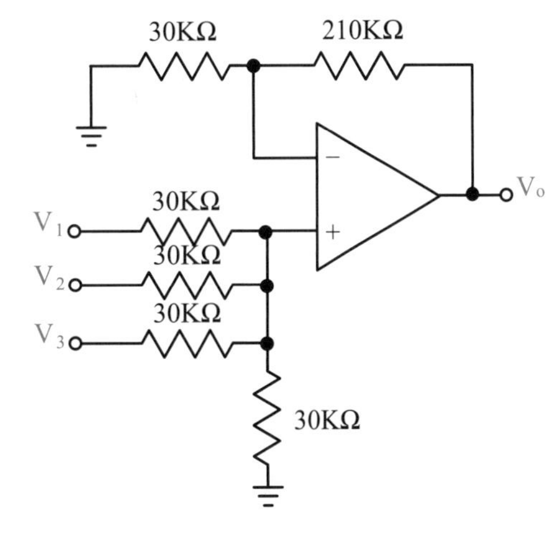


(　　) **23** 如右圖所示，若$R_1=10k\Omega$、$R_2=5k\Omega$、$R_3=5k\Omega$、$R_f=10k\Omega$且$V_1=2$伏特，$V_2=3$伏特，則輸出電壓$V_0$為？

(A) 1

(B) 2

(C) 3

(D) 5　V。

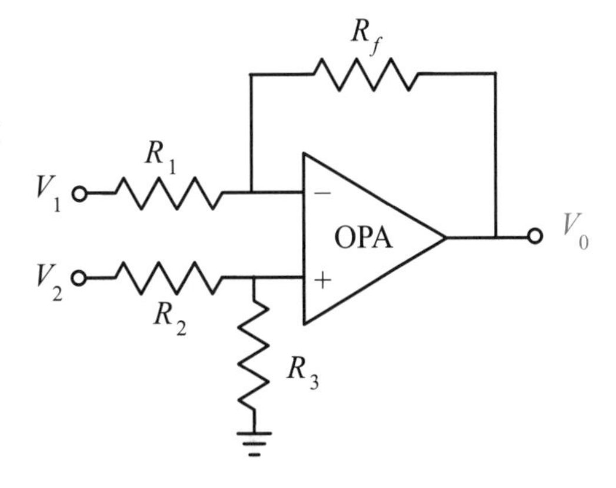


(　　) **24** 一運算放大器的兩個輸入端之輸入電壓均為1mV，此時之輸出電壓為0.5mV，則此運算放大器之**共模增益**為多少？

(A) 0.5　(B) 13　(C) 2　(D) ∞。

試題演練

(　　) **25** 在右圖的減法器中。輸出電壓$V_0$ ＝$V_2$－2$V_1$，則$R_2/R_3$須等於多少？

(A) 0.33

(B) 0.5

(C) 1

(D) 2。

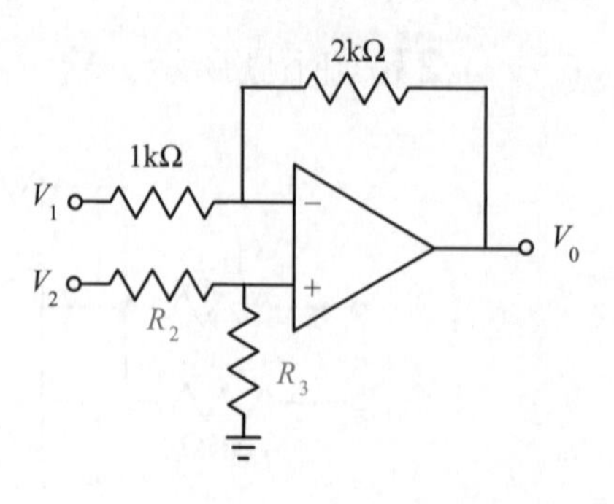


(　　) **26** 如右圖所示是一差動放大器，若$Q_1$之$A_{V1}$＝－20，$V_{i1}$＝1V，$Q_2$之$A_{V2}$＝－30，$V_{i2}$＝0.6V，則差動輸出電壓$V_{od}$＝$V_{o1}$－$V_{o2}$為多少？

(A)－4V

(B)－2V

(C) 1V

(D) 2V。

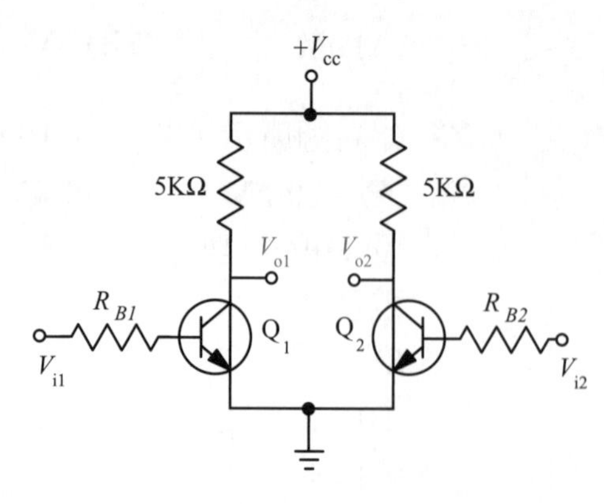


(　　) **27** 如右圖所示電路，若OPA視為理想放大器，則輸出電壓$V_{out}$為多少？

(A)－4V

(B) 6V

(C) 2V

(D)－2V。

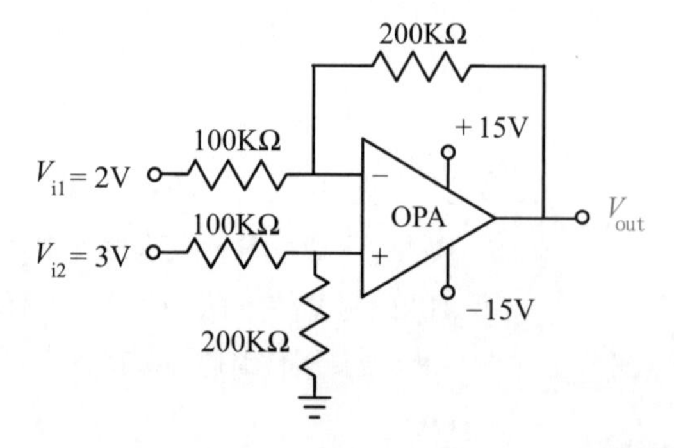


(　　) **28** 如右圖之反相放大器中，其電壓增益$V_o/V_i$為多少分貝？

(A)＋20dB

(B)＋10dB

(C)－10dB

(D)－20dB。

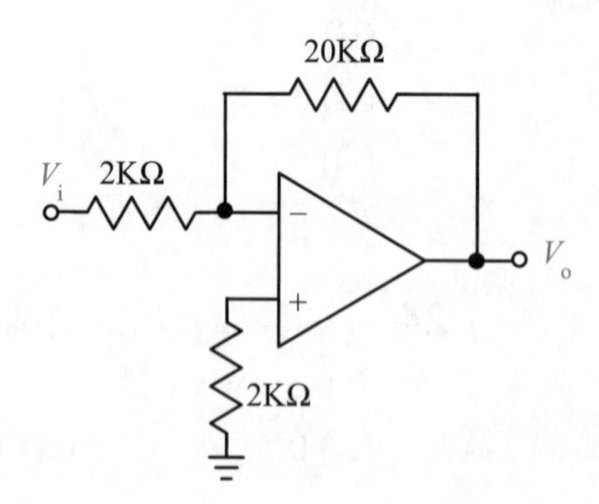

( ) **29** 某差動放大器之共模拒斥比CMRR＝60dB、差模增益$A_d$＝100，若差動放大器之共模輸入訊號$V_c$＝10V、差模輸入訊號$V_d$＝0.1V；則此差動放大器之**輸出電壓**可能為？

(A) 10.01V (B) 10.00V (C) 11.00V (D) 20.00V。

( ) **30** 某一運算放大器之轉動率S.R.＝0.6V/$\mu$s，若此運算放大器之輸出電壓峰對峰值為10V；則此運算放大器在輸出不允許失真的狀況下，輸出所能允許**正弦波之最高頻率**約為？

(A)9.5KHz (B) 19KHz (C) 38KHz (D) 57KHz。

( ) **31** 假設一差動放大器的輸入電壓為$V_{i1}$＝140$\mu$V，$V_{i2}$＝60$\mu$V時，其輸出電壓$V_0$＝81mV，輸入電壓為$V_{i1}$＝120$\mu$V，$V_{i2}$＝80$\mu$V時，其輸出電壓$V_o$＝41mV，試求該放大器之共模拒斥比（CMRR）為何？

(A) 100 (B) 200 (C) 50 (D) 400。

( ) **32** 如圖所示，若為一個理想的OP電路，則$R_{in}$為：

(A)$-R\left(\frac{R_1}{R_2}\right)$

(B)$-R\left(\frac{R_2}{R_1}\right)$

(C)$-R\left(\frac{R_1+R_2}{R_1}\right)$

(D)$-R\left(\frac{R_1}{R_1+R_2}\right)$。

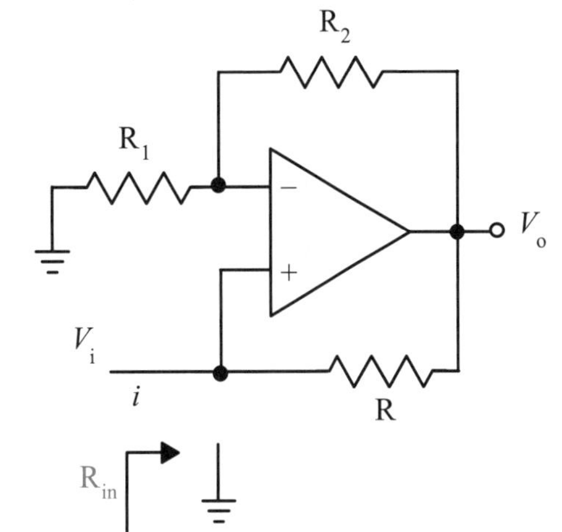


( ) **33** 如右圖，假定運算放大器為理想，求$\frac{V_o}{V_i}$＝？

(A)＋1

(B)－1

(C)＋2

(D)－2。

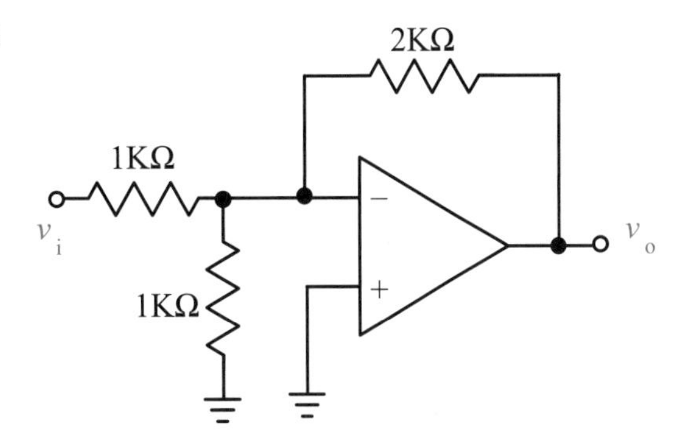

(　　) **34** 若放大器的頻率響應，其曲線上的最大電壓增益大小為100，則在－3dB截止頻率處之電壓增益大小為何？　(A)35.5　(B)50　(C)70.7　(D)100。

(　　) **35** 如圖所示電路，假設電晶體之$h_{fe}=\beta=60$，$h_{ie}=r\pi=3k\Omega$，當電路採雙端輸入、單端輸出時，其共模拒斥比（CMRR）約為：
(A) 150
(B) 200
(C) 300
(D) 400。

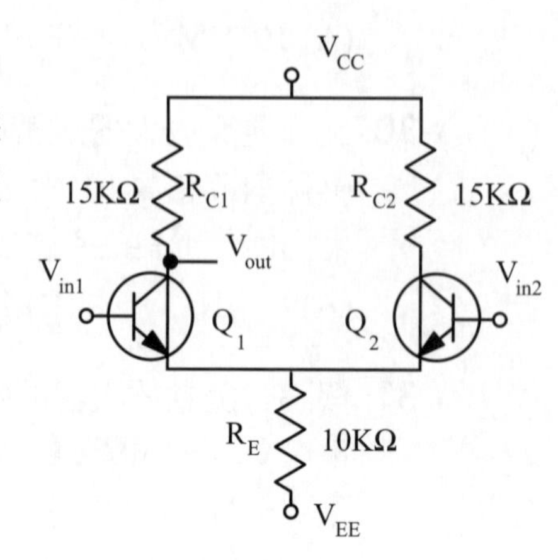


(　　) **36** 如圖所示電路（假設為理想OP），當頻率為159kHz時，其電壓增益約為：
(A) 20dB
(B) 17dB
(C) 3dB
(D) 0dB。

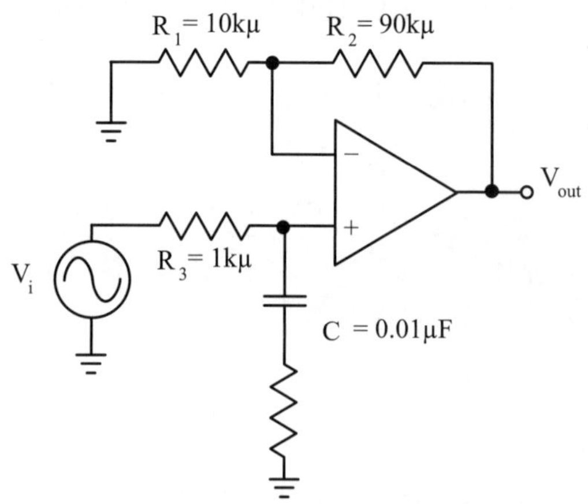


(　　) **37** 如右圖所示為理想運算放大器之電路，其電壓增益為：
(A)－1.01　(B)－2
(C)－2.01　(D)－100。

(　　) **38** 理想運算放大器電路，如圖所示，請問 $V_o$＝？
(A)－5V
(B) 5V
(C)－6V
(D) 6V。

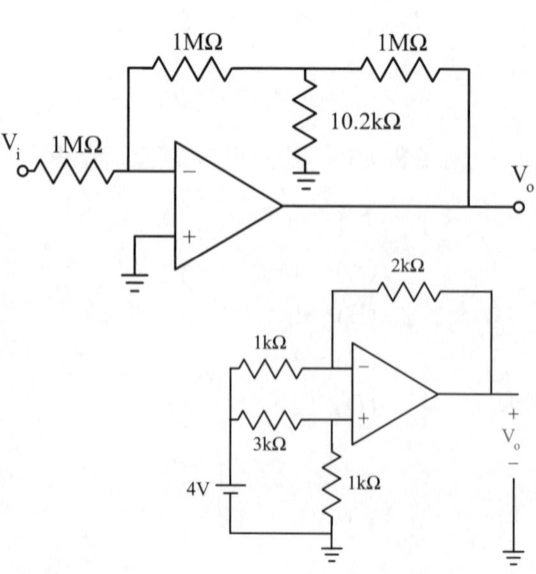

( ) **39** 理想運算放大器電路，如圖所示，其中$V_i$＝0.2V，請問下列電流、電壓值何者**錯誤**？

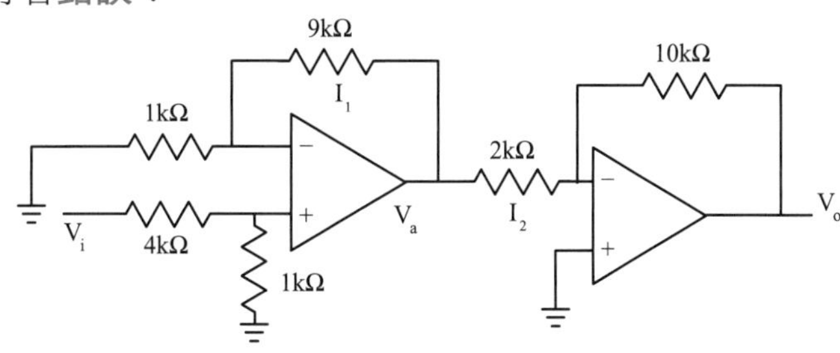


(A) $V_o$＝2V (B) $V_a$＝0.4V
(C) $I_2$＝0.2mA (D) $I_1$＝－0.04mA。

( ) **40** 如右圖所示電路，$V_1$＝1V，$V_2$＝2V，$V_3$＝3V，則輸出電路$V_o$為多少？

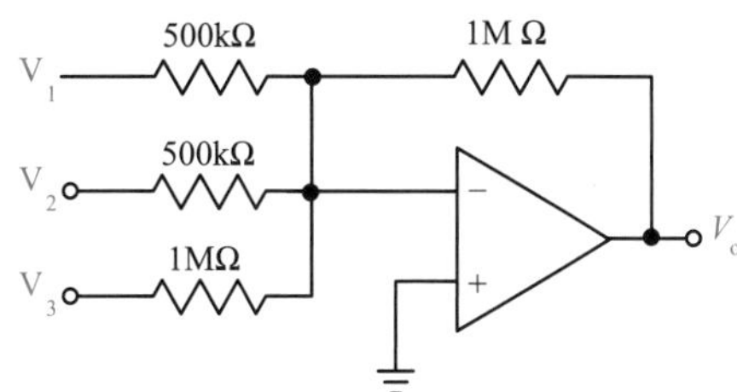


(A)－9V
(B)－7V
(C) 7V
(D) 9V。

( ) **41** 如右圖所示電路，$V_S$＝1V，則輸出電壓$V_o$為多少？

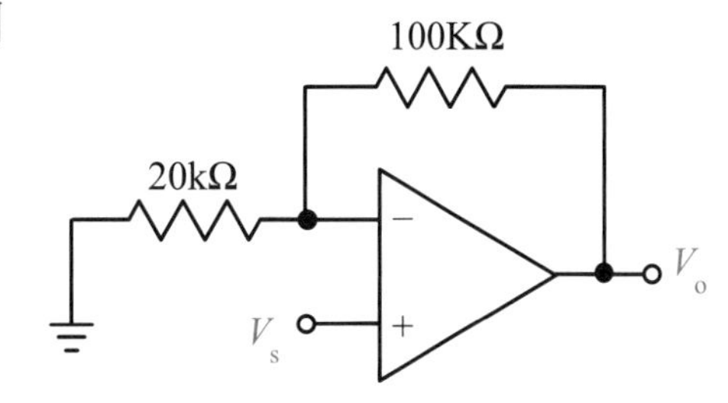


(A)－12V
(B)－6V
(C) 6V
(D) 12V。

( ) **42** 有一差動放大器，差模增益$A_d$＝1000，共模增益$A_c$＝0.1，則其共模拒斥比CMRR為多少？
(A) 0.0001 (B) 100 (C) 1000.1 (D) 10000。

( ) **43** 如右圖所示之理想運算放大器電路，若 $R_1$＝$R_2$＝$R_3$＝1kΩ，$R_4$＝20kΩ，$V_i$＝1V，則$V_o$為多少？

(A)－20V
(B)－15V
(C) 15V
(D) 20V。

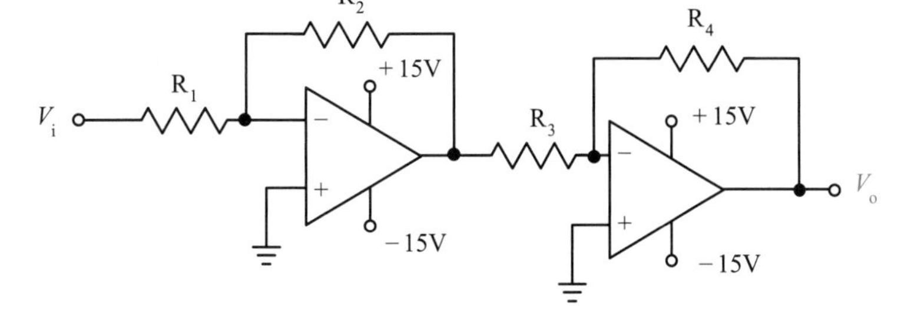


試題演練

( ) **44** 有一差動放大器，其差模增益$A_d$＝1000、共模增益$A_c$＝1，則其共模拒斥比CMRR＝？
(A) 30dB (B) 40dB (C) 50dB (D) 60dB。

( ) **45** 如右圖所求電路，運算放大器之開路增益為100dB，則可產生**正飽和的最小**輸入電壓為多少？
(A) 150mV (B) 15mV
(C) 1.5mV (D) 150$\mu$V。

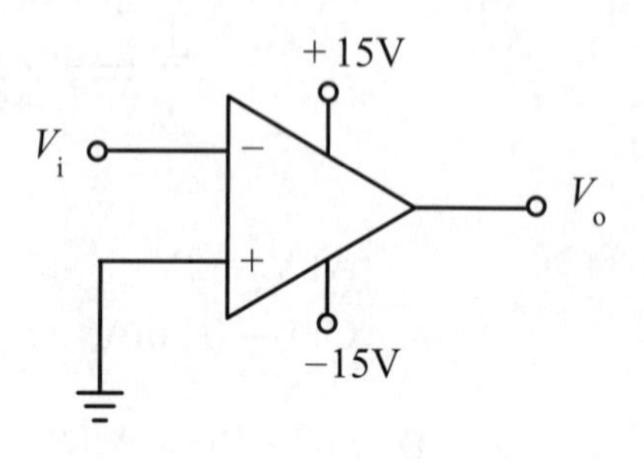


( ) **46** 如右圖所示電路，其輸出電壓$V_o$為多少？
(A)－9V
(B)－7V
(C) 3V
(D) 4V。

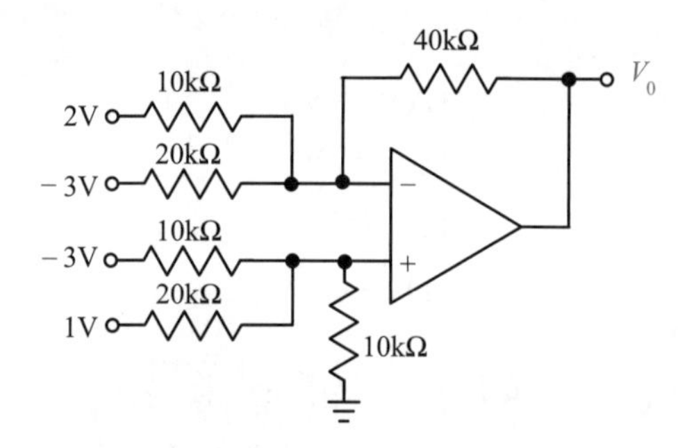


( ) **47** 如右圖所示之理想運算放大器電路，若$R_1$＝$R_2$＝1kΩ，$V_i$＝1V，則$V_o$＝？
(A) 0V
(B) 1V
(C) 2V
(D) 3V。

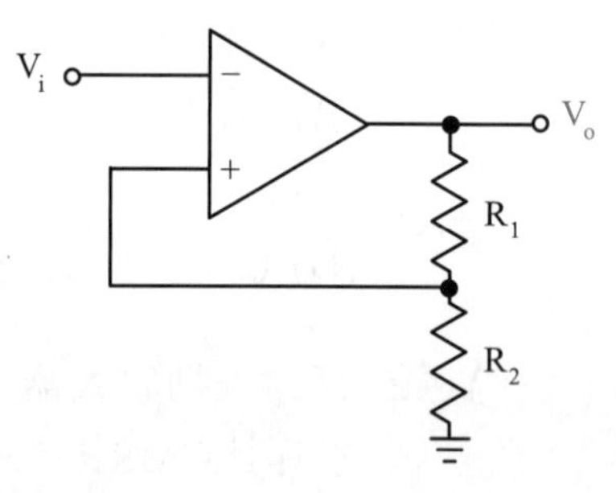


( ) **48** 如下圖所示之電路，$A_1$與$A_2$均為理想運算放大器，輸出飽和電壓為±12V，當$V_i$＝1.5V時，輸出$V_o$＝？

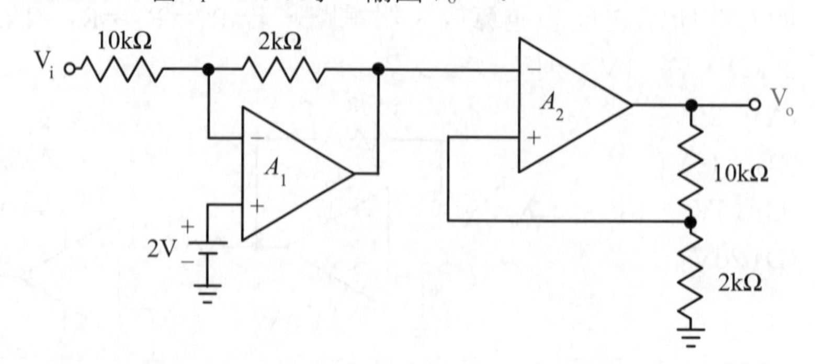


(A)－6V (B)＋6V (C)－12V (D)＋12V。

(　　) **49** 如下圖所示之運算放大器電路，當$V_i$＝5sin（2π×1000t）V時，輸出電壓$V_o$＝？

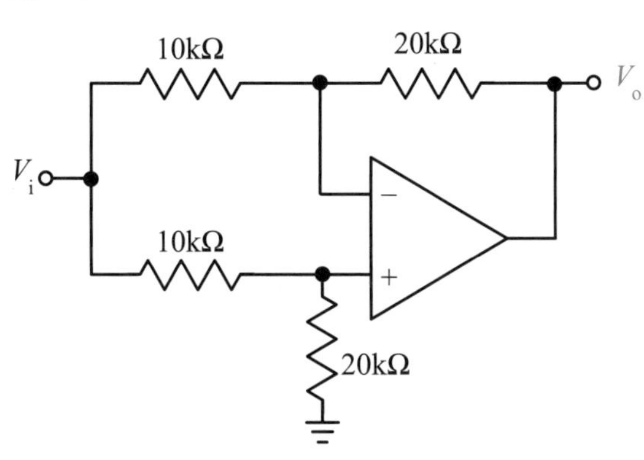


(A)－10sin（2π×1000t）V　(B)－10cos（2π×1000t）V
(C) 5sin（2π×1000t）V　(D) 0V。

(　　) **50** 如右圖所示為米勒積分器，設電容器初始電壓為0V，t＝0時S接通，當t＝1秒時，$V_0$電壓為多少？
(A)＋1V　(B)＋2V
(C)－2V　(D)－5V。

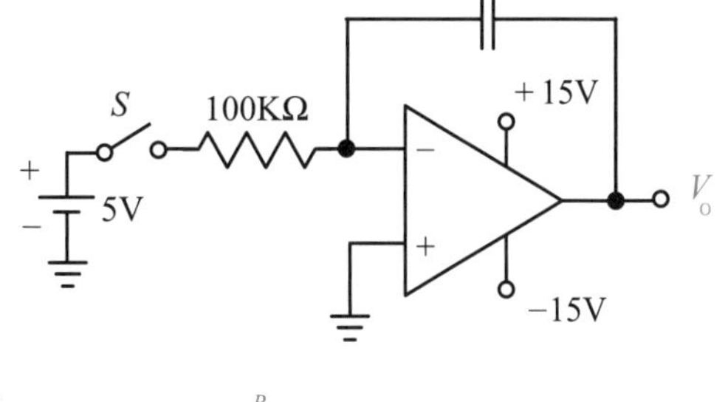


(　　) **51** 如右圖所示之運算放大器移相振盪器電路，試求要達成振盪之最小$R_f$電阻值為何？
(A) 64kΩ　(B) 58kΩ
(C) 50kΩ　(D) 32kΩ。

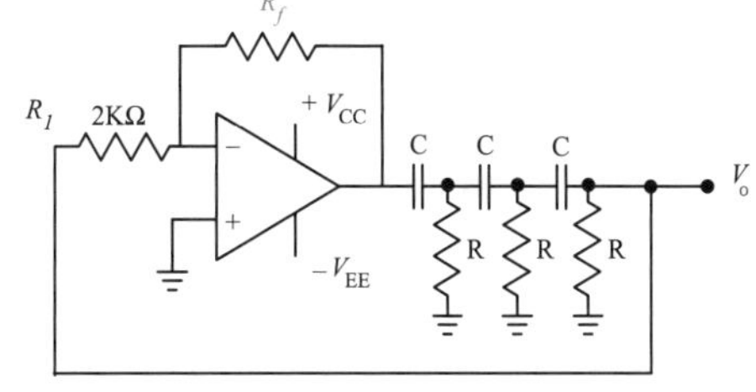


(　　) **52** 如右下圖所示為理想運算放大器之電路，其輸出電壓為多少伏特？

(A) $-\frac{R_f}{R_1}$

(B) $\frac{1/（1/Rr_f+C）}{R_1}$

(C) $-\frac{（R_f+1/C）}{R_1+R_2}$

(D) $-（\frac{R_f}{R_1}）（\frac{R_3}{R_2}）$。

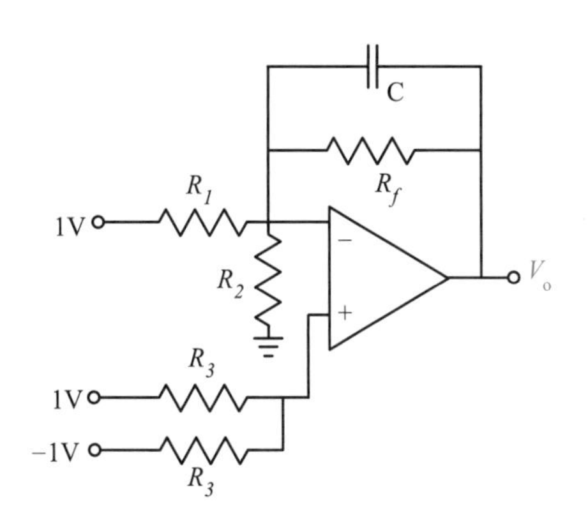


試題演練

( ) **53** 如右圖所示屬於何種電路？
(A)積分器
(B)微分器
(C)倒相放大器
(D)非倒相放大器。

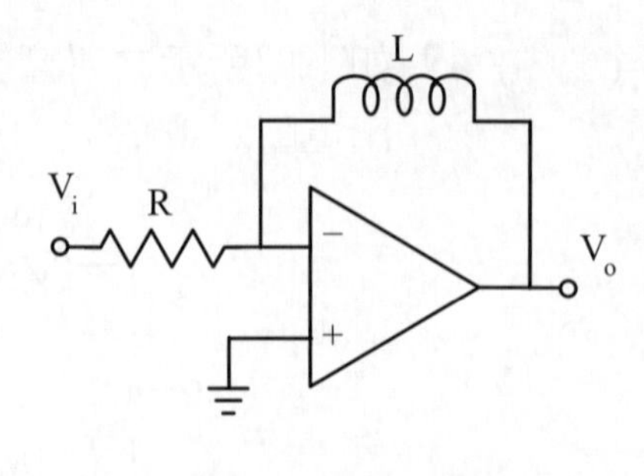


( ) **54** 右圖為何種電路？
(A)反相微分器
(B)反相積分器
(C)非反相微分器
(D)非反相積分器。

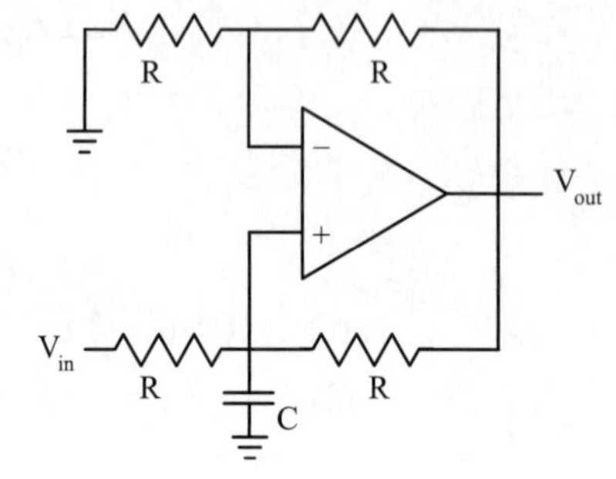


( ) **55** 如在圖之電路，其中$V_{cc}$＝5V，請問下列何者敘述**錯誤**？
(A)電路中的運算放大器做為比較器使用
(B)$V_{in}$＝1.5V時，紅光LED亮，綠光LED不亮
(C)$V_{in}$＝5V時，綠光LED亮，紅光LED不亮
(D)若輸入電壓$V_{in}$＝5sin（$\omega$t）V，紅、綠光LED會交互發光，且紅光LED亮的時間比綠光LED亮的時間長。

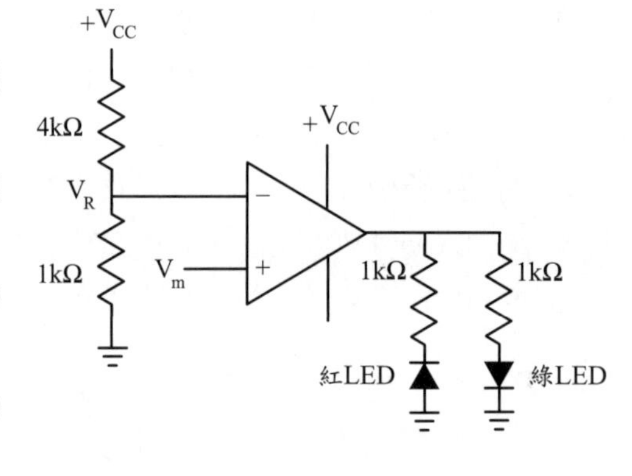


( ) **56** 右圖所示電路為何種電路？
(A)微分電路
(B)積分電路
(C)樞密特觸發電路
(D)加法器。

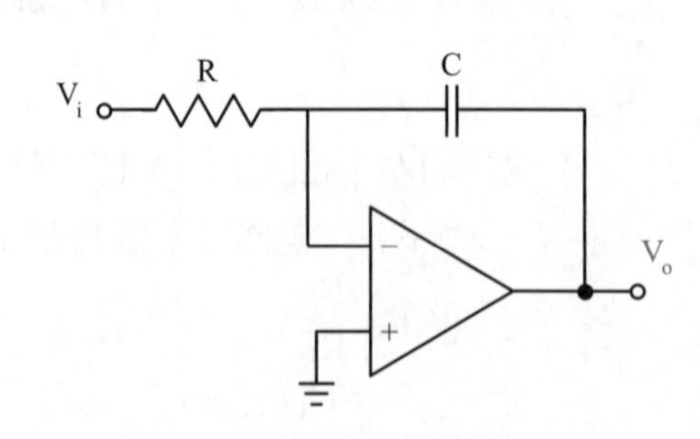


( ) **57** 承第56題圖之電路，$V_i$＝3.77cos377tV，R＝100kΩ，C＝1$\mu$F，電容電壓初值為零，則輸出電壓$V_o$為多少？
(A)－0.1sin377tV (B)－sin377tV
(C) cos377tV (D) 10cos377tV。

(　　) **58** 某一個訊號經分析得知含有130Hz、150Hz與32760 Hz三種頻率，若要使用右圖之一階低通濾波器去除其中的32760Hz訊號，下列哪一組RC最適合？

(A) R＝10kΩ，C＝0.01μF
(B) R＝10kΩ，C＝0.001μF
(C) R＝100kΩ，C＝0.01μF
(D) R＝1kΩ，C＝0.001μF。

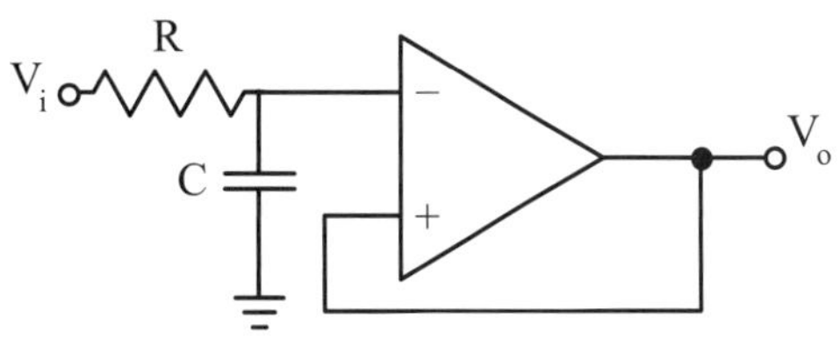


(　　) **59** 右圖中的運算放大器假設**具有理想特性**，其輸出電壓$V_o$為多少？

(A) 1V　　(B) 2V
(C) 4V　　(D) 6V。

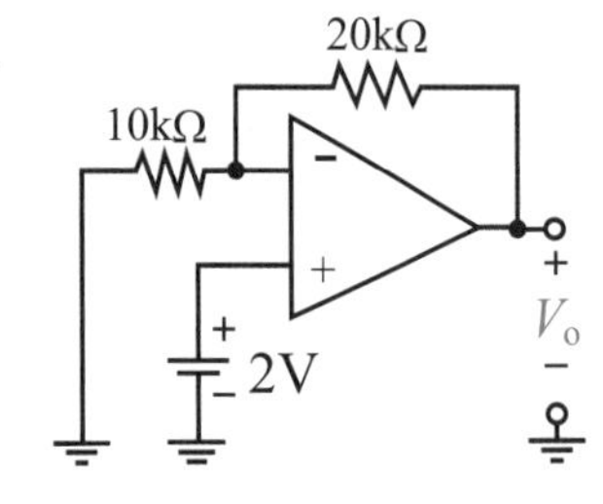


(　　) **60** 試求右圖電路之電流I為多少？

(A) 10mA
(B) 20mA
(C) 30mA
(D) 40mA。

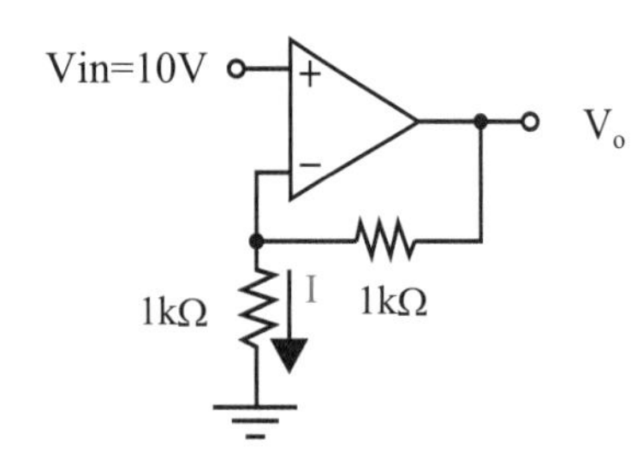


(　　) **61** 如右圖所示電路，$V_{sat}$＝±15V，若$V_i$＝2V，則輸出電壓$V_o$約為：

(A)－10V　　(B)－0.4V
(C) 0.4V　　(D) 10V。

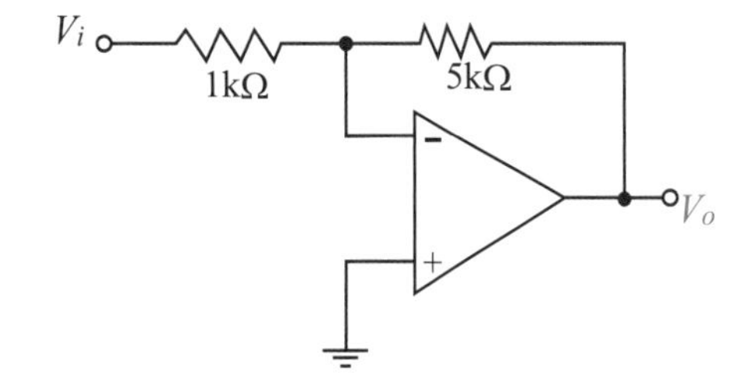


(　　) **62** 承第61題，若 $V_i$＝4sin200tV，則輸出電壓$V_o$ 約為：

(A) 0.8sin200tV　　(B)輸出電壓$V_{p-p}$＝30V
(C) 4sin1000tV　　(D)輸出電壓$V_{p-p}$＝0.8V。

(　　) **63** 右圖所示電路，已知運算放大器輸出之正、負飽和電壓為±13.5V，當$V_{in}$＝＋3V，則輸出電壓$V_{out}$＝？

(A)＋13.5V　(B)－13.5V
(C)＋4.7V　(D)－4.7V。

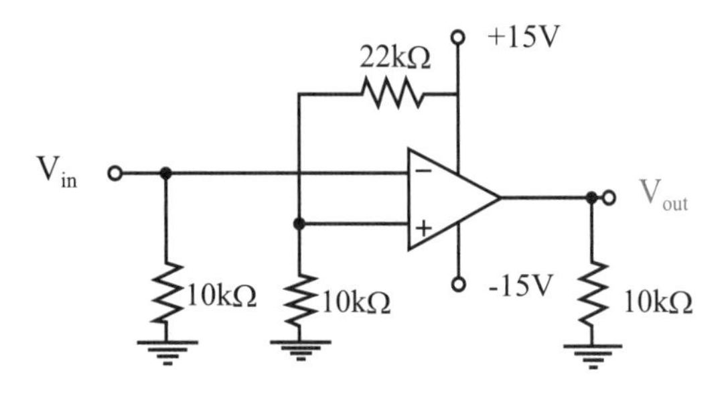


試題演練

(　　) **64** 如圖所示之理想運算放大器電路，在不飽和情況下，輸出電壓$V_O$為何？
(A)$V_O=V_i$
(B)$V_O=-V_i$
(C)$V_O=V_i+2$
(D)$V_O=2V_i+1$。

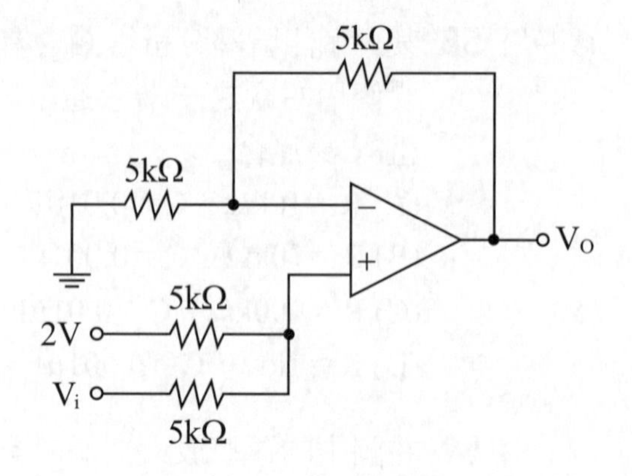


(　　) **65** 如圖所示之理想運算放大器電路，在不飽和情況下，若$V_i=2\sin(t)V$，$V_O$的有效值為2.828V，則$R_1$約為何？
(A)50kΩ
(B)80kΩ
(C)100kΩ
(D)200kΩ。

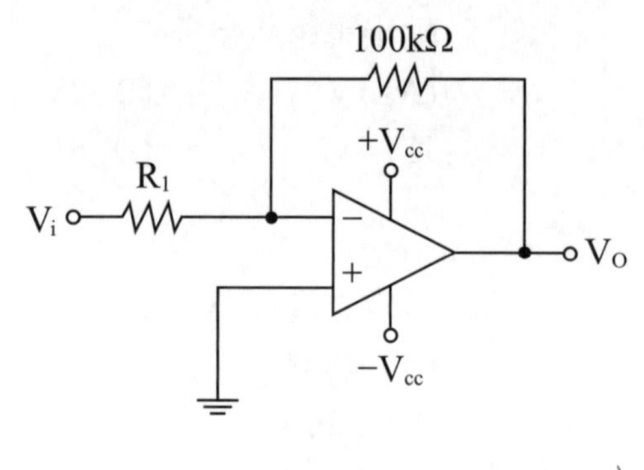


(　　) **66** 如圖所示之理想運算放大器電路，在不飽和情況下，輸出電壓$V_O$為何？

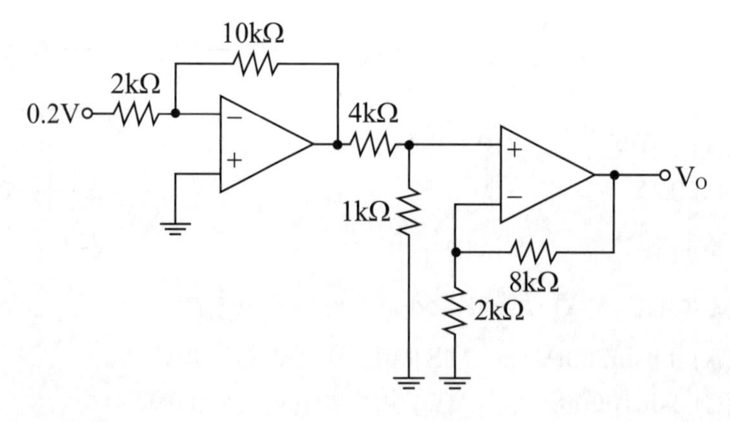


(A)−0.5V　(B)−1V　(C)−2V　(D)−4V。

(　　) **67** 如圖所示之理想運算放大器電路，在不飽和情況下，輸出$V_O=-10V$，則$R_2$約為何？
(A)20kΩ　(B)40kΩ
(C)60kΩ　(D)100kΩ。

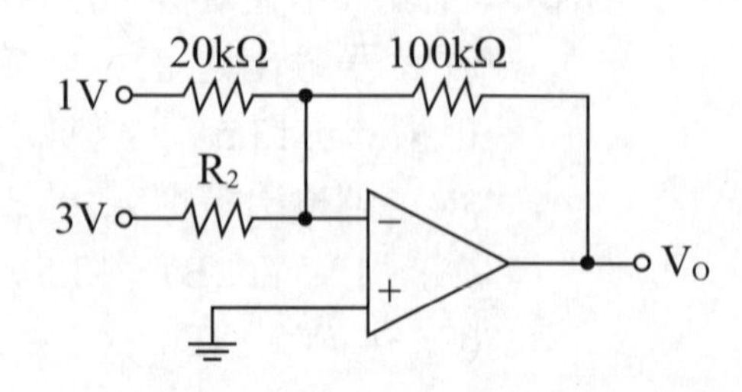

( ) **68** 如右圖所示之理想放大器電路，若運算放大器輸出正負飽和電壓分別為＋12V與－12V，則此電路之遲滯電壓為何？
(A)10V (B)8V (C)6V (D)4V。

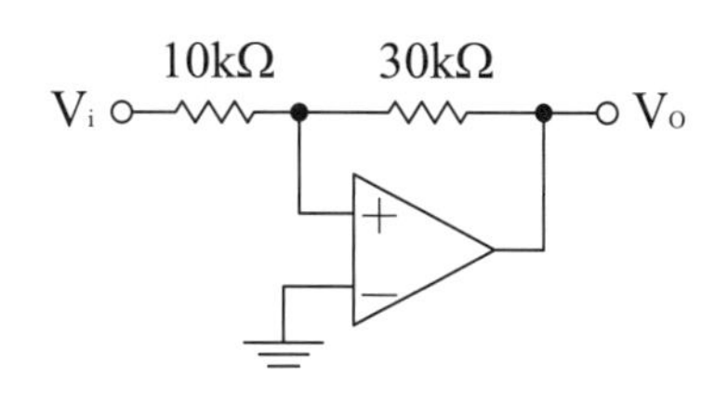


( ) **69** 如右圖所示之理想運算放大器電路，電流I為何？
(A)0mA (B)6mA
(C)10mA (D)20mA。

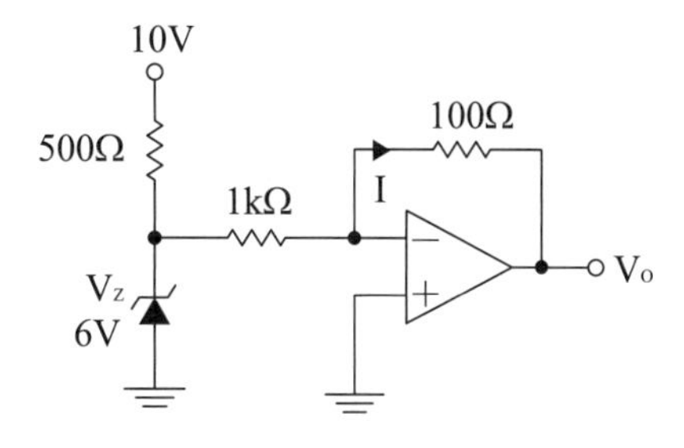


( ) **70** 如右圖所示之理想運算放大器電路，其電壓增益$\frac{V_o}{V_i}$之值為何？
(A)621 (B)821
(C)1121 (D)1321。

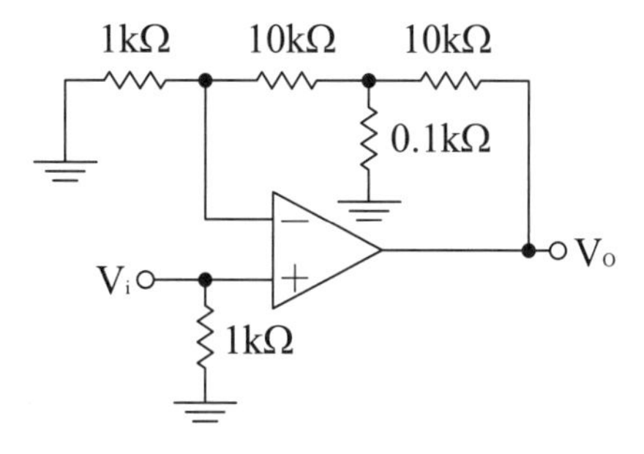


## 模擬測驗

( ) **1** 如右圖所示之電路中，在$V_S=0$時，$I_B$約為何？
(A) 1mA (B) 10$\mu$A
(C) 5$\mu$A (D) 1$\mu$A。

( ) **2** 如1.題圖所示之電路中，在小訊號中頻之（$\frac{V_o}{V_S}$）值約為何？
(A)－50dB (B) 37dB
(C) 34dB (D) 50dB。

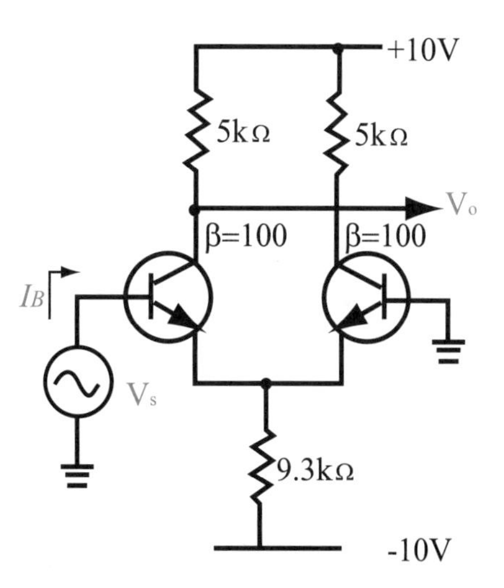


試題演練

(　　) **3** 右圖中之$I_o$為多少？（假設該OPA為理想運算放大器）
(A) 0.8mA
(B) 1mA
(C) 0.25mA
(D) 0.5mA。

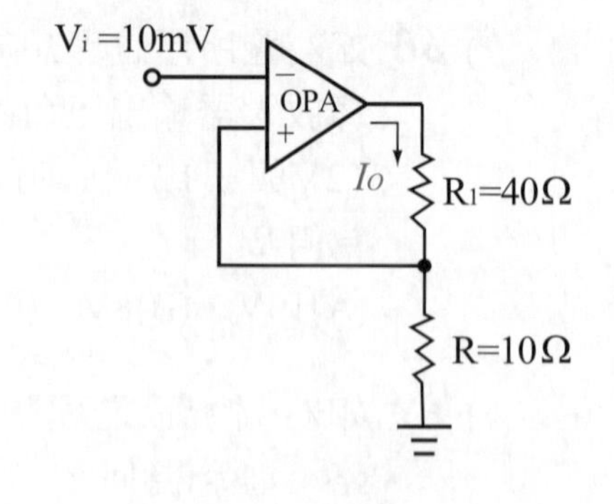


(　　) **4** 右圖的輸出電壓$V_o$應近似於下列何值？
(A) 10V
(B) 0V
(C)－10V
(D) 15V。

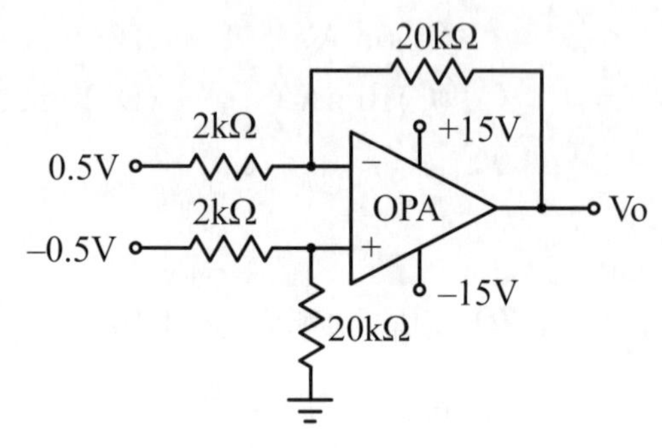


(　　) **5** 右圖之OPA為非理想運算放大器，其中$V_{io}$為考慮OPA之輸入抵補電壓後之等效電壓值，且測得$V_{io}$＝2.5mV。若$V_1$＝$V_2$＝$V_3$＝0V則輸出$V_o$為多少？
(A) 2.5mV　(B) 10mV
(C)－10mV　(D) 15V。

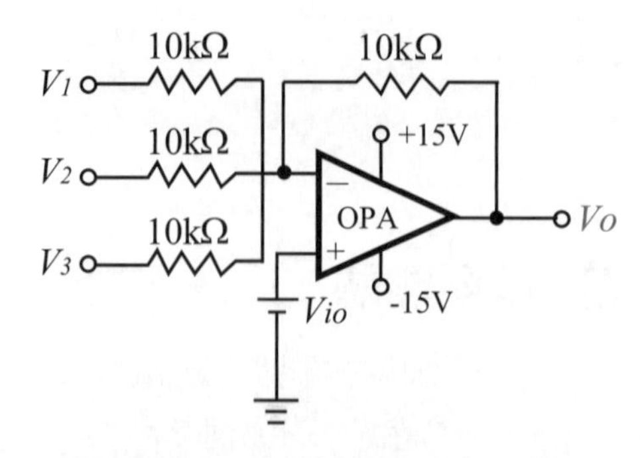


(　　) **6** 下列那一項**不是**理想放大器（ideal OP-AMP）之特點？
(A)輸入阻抗無限大　(B)輸出阻抗等於零
(C)電壓放大倍數無限大　(D)抵補電壓無限大。

(　　) **7** 欲提高差動放大器的CMRR值（共模拒斥比），則應
(A)加大基極電阻 $R_B$　(B)加大射極電阻 $R_E$
(C)加大集極電阻 $R_C$　(D)加大輸入訊號。

(　　) **8** 在$\mu$A741電路中，只有一個電容器，此電容器的作用為
(A)耦合電容　(B)補償電容　(C)極際電容　(D)旁路電容。

(　　) **9** 如圖(a)電路，若a點電壓波形如圖(b)，則c點電壓波形為以下何者？

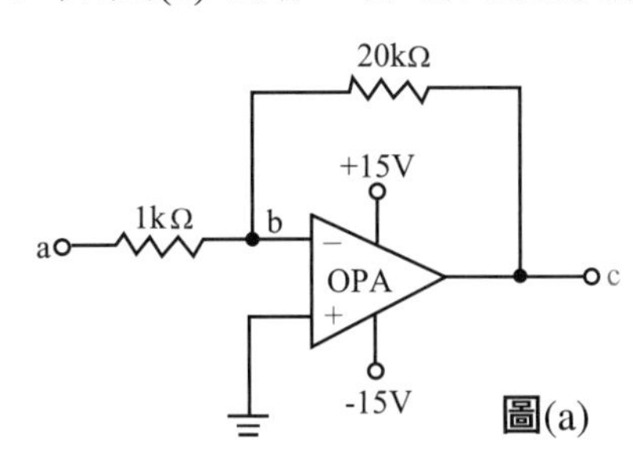


圖(a)

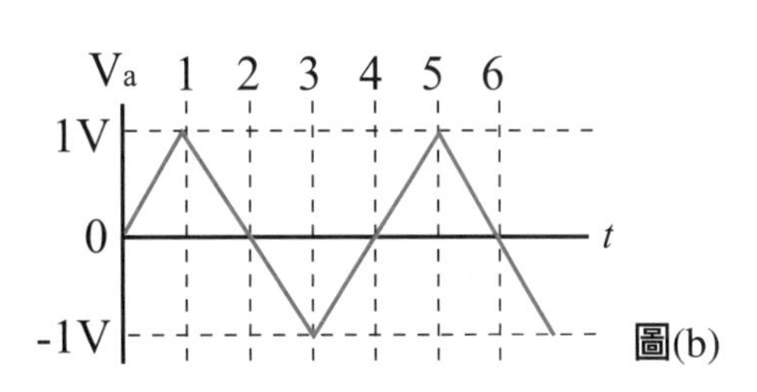


圖(b)

(A)

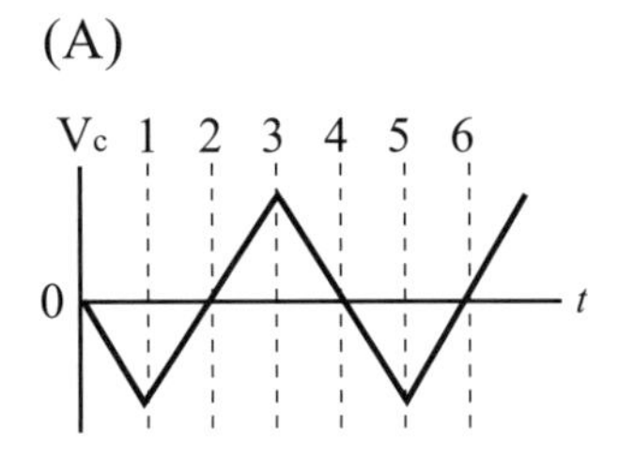


(B)

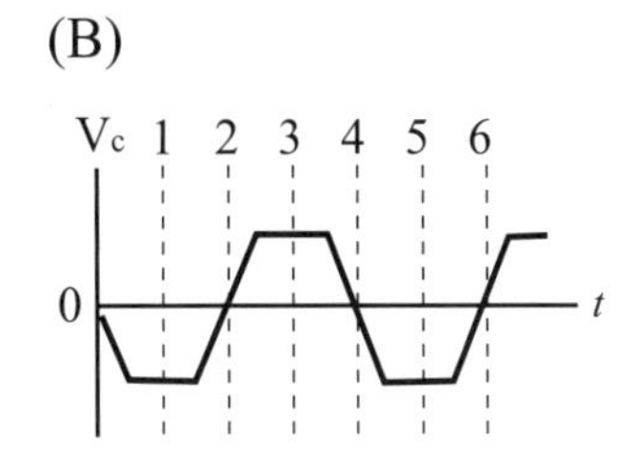


(C)

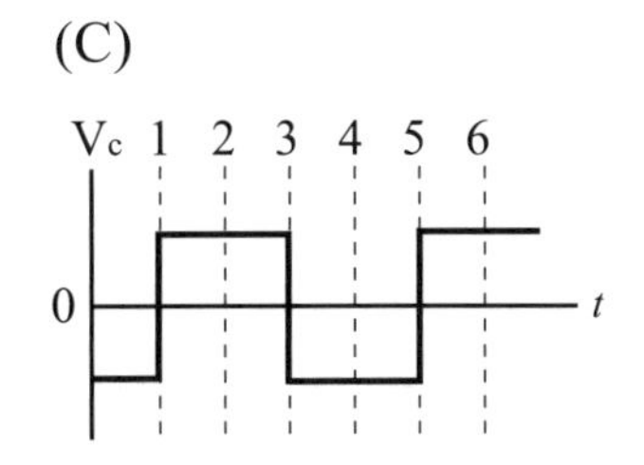


(D)

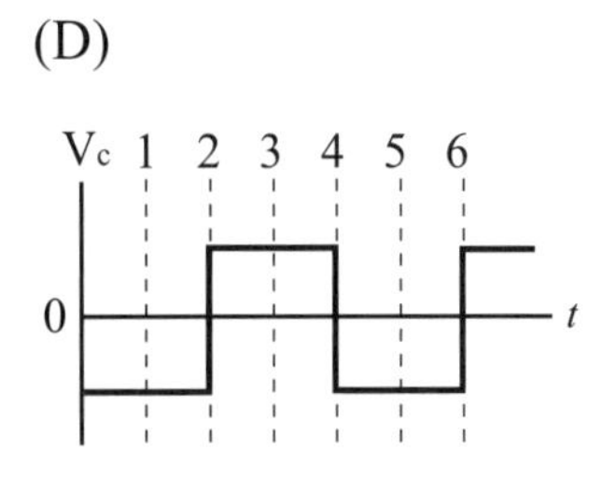


(　　) **10** 接上題，b點電壓波形為以下何者？

(A)

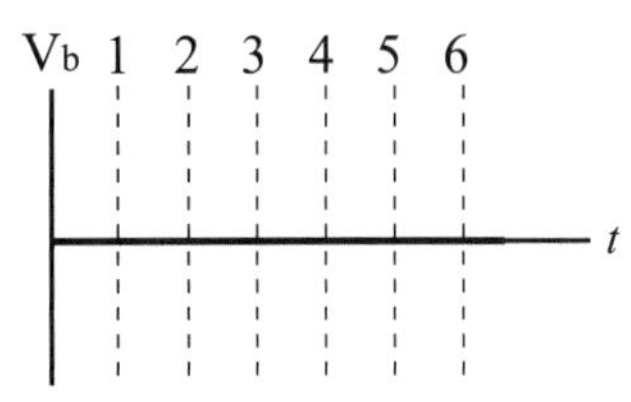


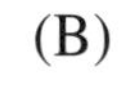

(B)

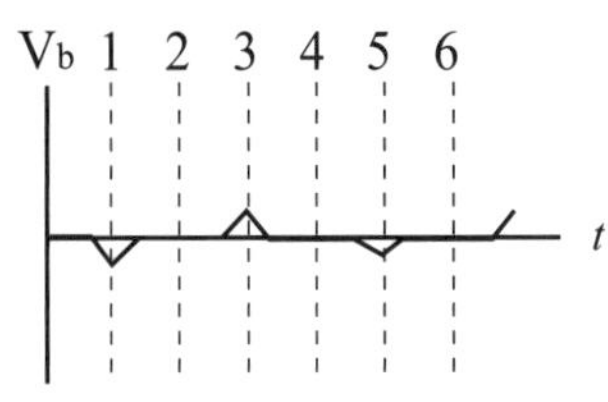


(C)

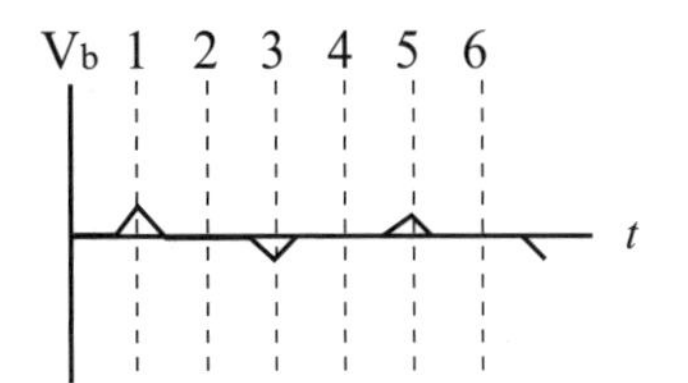


(D)

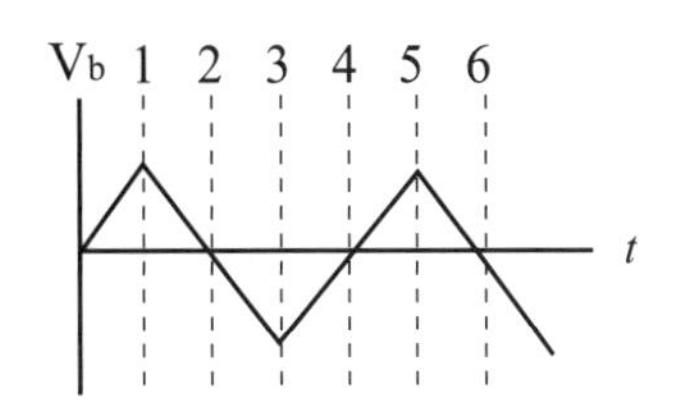

( ) **11** 如右圖電路，為一差動放大器，當$V_{cc}$**值不跌**時，若仍滿足條件（1＋$h_{fe}$）$2R_E >> h_{fe}$，則下列何者仍將維持不變？
(A)共模增益絕對值
(B)差模增益絕對值
(C)共模拒斥比（CMRR）
(D)輸出信號$V_o$大小。

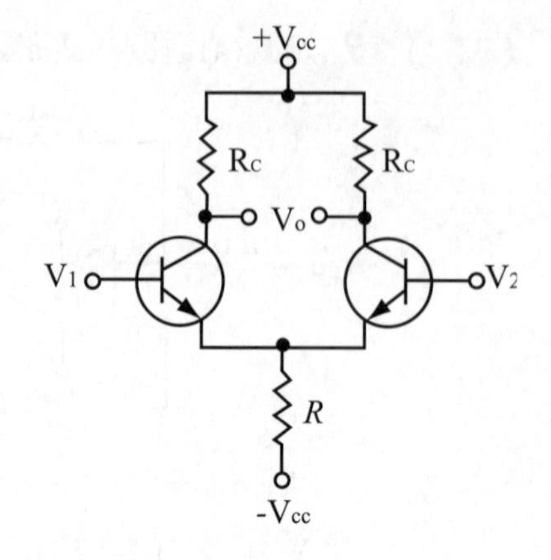


( ) **12** 如下圖電路，若 $R_1 = 1k\Omega$，$R_2 = 10k\Omega$，$V_o = 0.11V$，則其輸入抵補電壓（Input Offset Voltage）為
(A) 10mV
(B) 11mV
(C) 12mV
(D) 15mV。

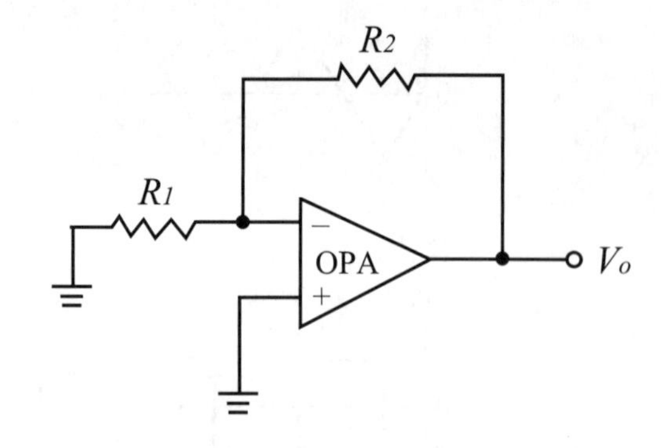


( ) **13** 如右圖所示之電路，當$V_S$是20KHz，$0.1V_{PP}$正弦波時，若其輸出為三角波，則主要原因可能為何（以OPA實際特性考量）？
(A) OPA的迴轉率（slew rate）太高
(B) OPA的迴轉率（slew rate）太低
(C)電源電壓太高
(D) $R_L$太小。

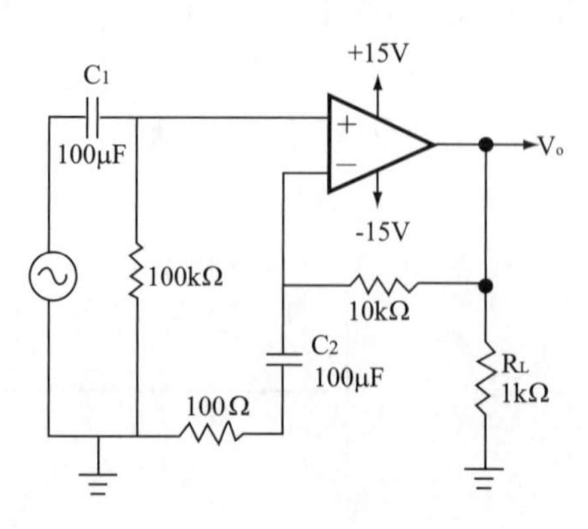


( ) **14** 如右圖所示之電路，其小訊號中頻之電壓增益約為何（設OPA為741）？
(A) 10
(B) 100
(C) 101
(D) 100000。

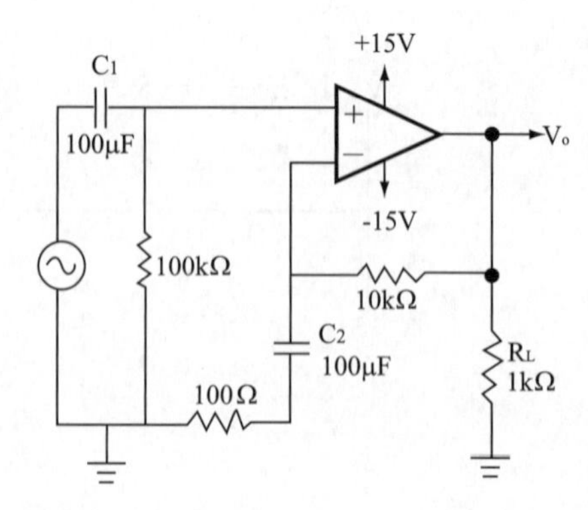

( ) **15** 右下圖為加補償元件後之微分電路。輸入信號之頻率f應為下列何者，此電路才是微分器？（假設$R_1C > RC_1$）

(A) $f > \frac{1}{2\pi R_1C}$
(B) $f < \frac{1}{2\pi RC_1}$
(C) $f < \frac{1}{2\pi R_1C}$
(D) $f > \frac{1}{2\pi RC_1}$。

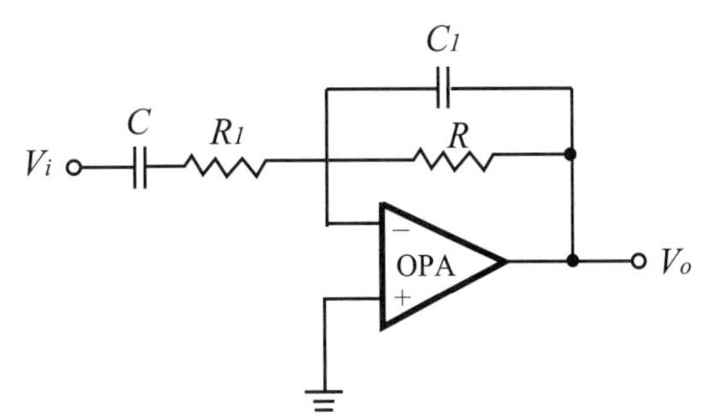


( ) **16** 考慮下圖之OPA為非理想運算放大器，下列敘述何者**錯誤**？
(A) SW閉合可讓電容器C釋放其所儲存的電荷
(B) $V_1$的頻率必須小於$\frac{1}{2\pi R_1C}$，此積分電路才能正常動作
(C) $R_1$的作用在限制電路之低頻增益
(D)適當的$R_S$將有助於降低輸出之誤差。

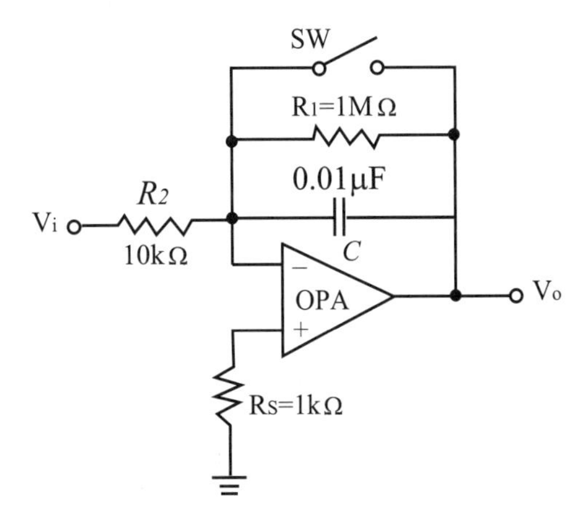


( ) **17** 如右圖所示，假設此電路電源為±20V，且輸出信號落於±18V之間。請問此電路一般用途為何？請選出最可能的答案。
(A)放大
(B)截波
(C)防止彈跳
(D)比較。

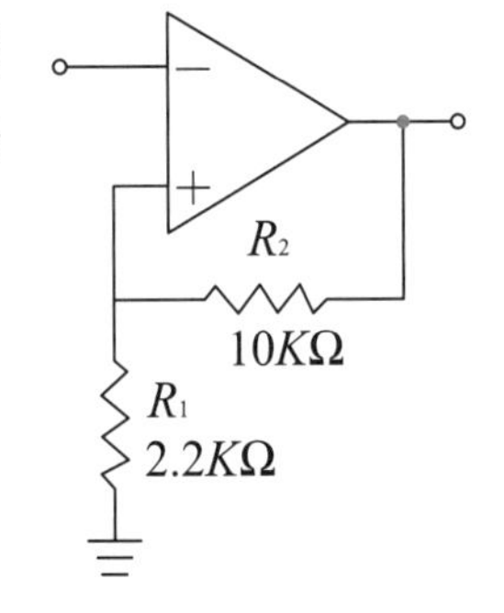


( ) **18** 有關於主動濾波器及被動濾波器下列何者**錯誤**？
(A)主動濾波器一般採主動元件搭配被動元件一起設計
(B)被動濾波器不包含主動元件
(C)主動濾濾器特別適用於低頻範應用
(D)被動低濾波器所需的電感值小且便宜。

( ) **19** 右圖電路為一限制低頻增益之OPA反相積分器（Integrator），為了消除因偏差電流（Bias Current）造成對輸出之影響，宜選取R值為

(A) 100Ω

(B) 1kΩ

(C) 10kΩ

(D) 100kΩ。

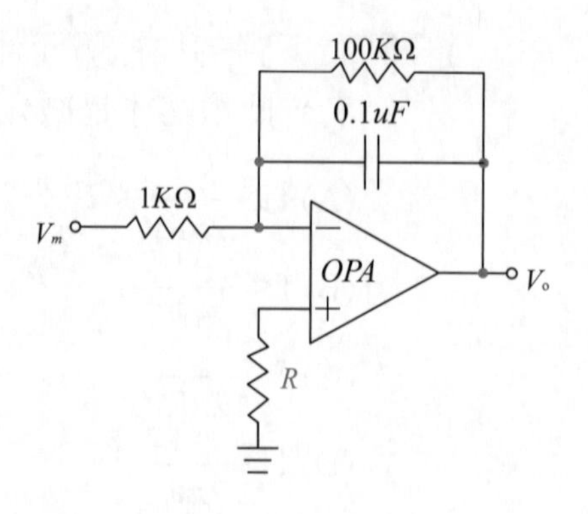


( ) **20** 如下圖1電路，其輸入波形如下圖2，則輸出波形$V_o$為下列何者？

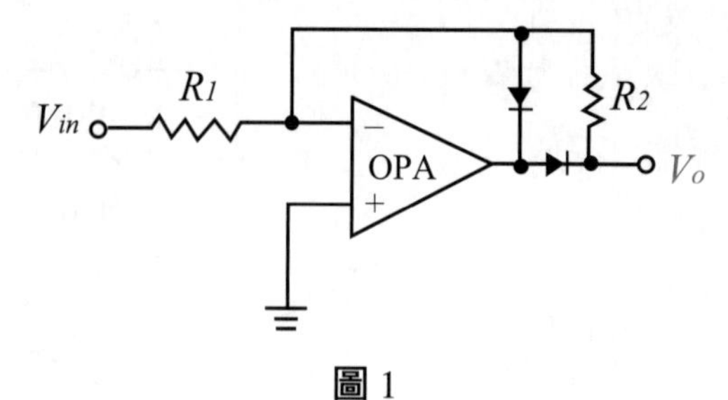


圖 1

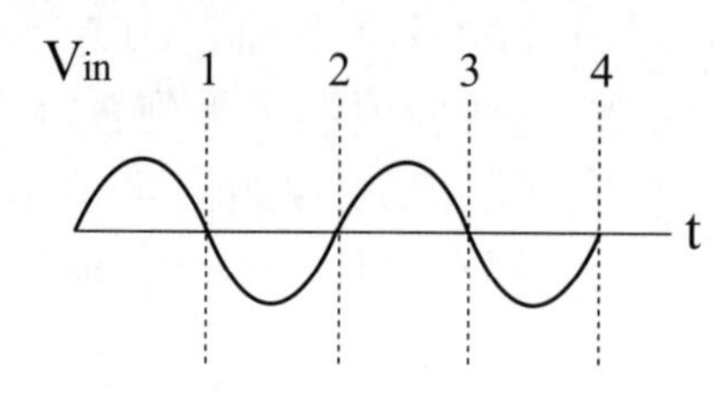


圖 2

(A)

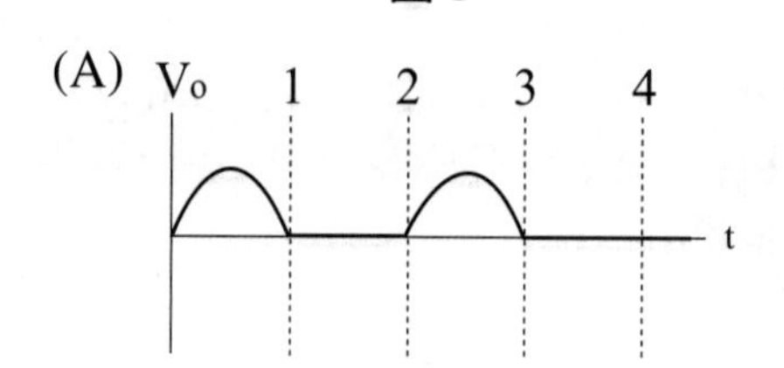


(B)

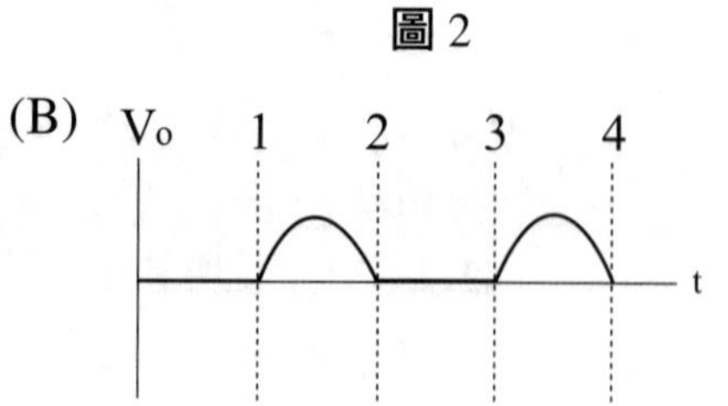


(C)

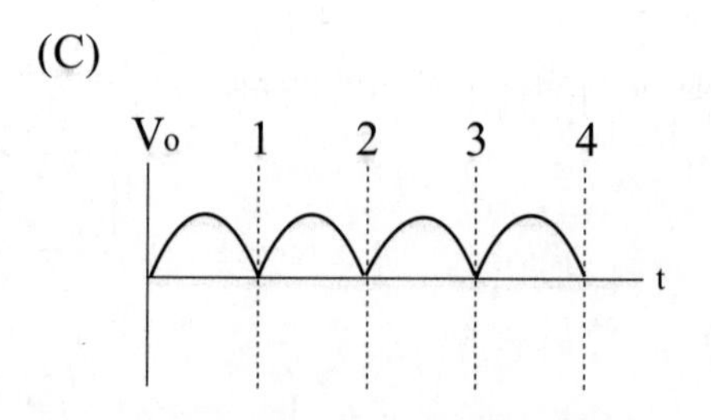


(D)

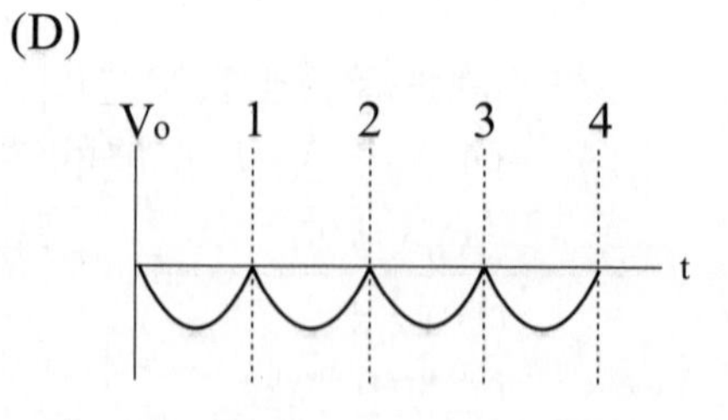


( ) **21** 如右圖所示電路，假設理想OPA，若$R_f$＝10KΩ，$R_1$＝2KΩ，$V_i$＝2V，則輸出電壓$V_o$＝？

(A) 9V (B) 10V

(C) 11V (D) 12V。

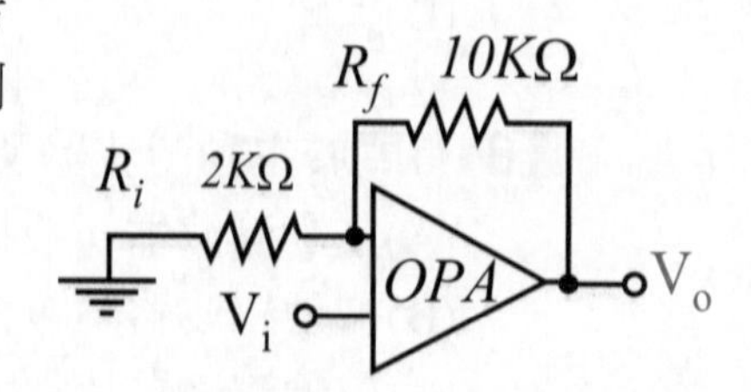

(  ) **22** 如右圖所示電路中，假設理想OPA，若$V_z$＝6V，$R_1$＝2KΩ，$R_2$＝4KΩ，$R_f$＝2KΩ，試求流過稽納二極體之電流$I_z$為何？
(A) 1mA (B) 0.5mA
(C) 5mA (D) 2mA。

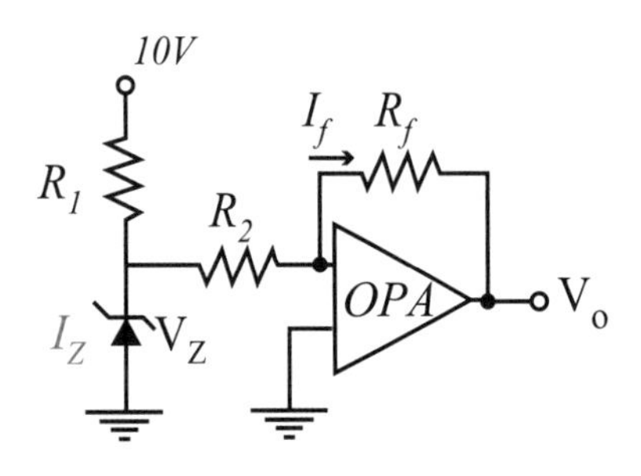


(  ) **23** 如右圖所示電路，輸出電壓$V_o$為
(A) 15V
(B) 12.4V
(C) 6.2V
(D) 3.1V。

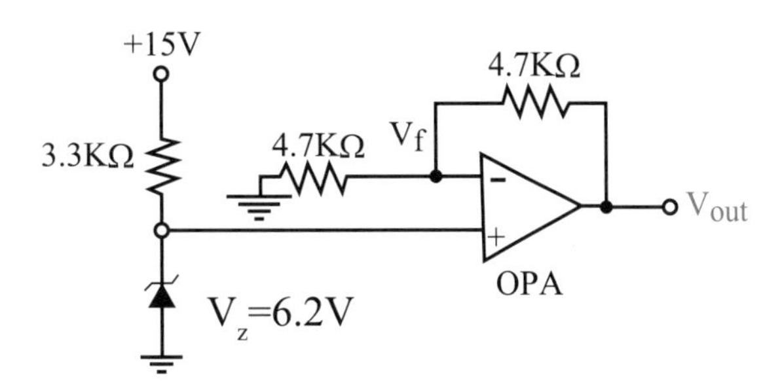


(  ) **24** 右圖為實際運算放大器之接線圖，且電源供給電壓為15伏特及－15伏特，若輸入電壓為2伏特，則輸出電壓約為多少？
(A) 20伏特
(B) 14伏特
(C)－14伏特
(D)－20伏特。

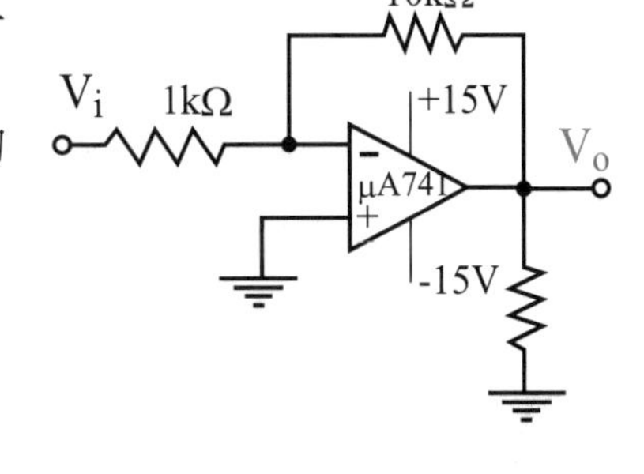


(  ) **25** 下圖所示的電路為理想運算放大器，其電源電壓為±15V，若$R_{12}$＝$4R_{11}$，當$V_1$為－1.9V時，求$V_3$處的電壓，下列何者較為正確？

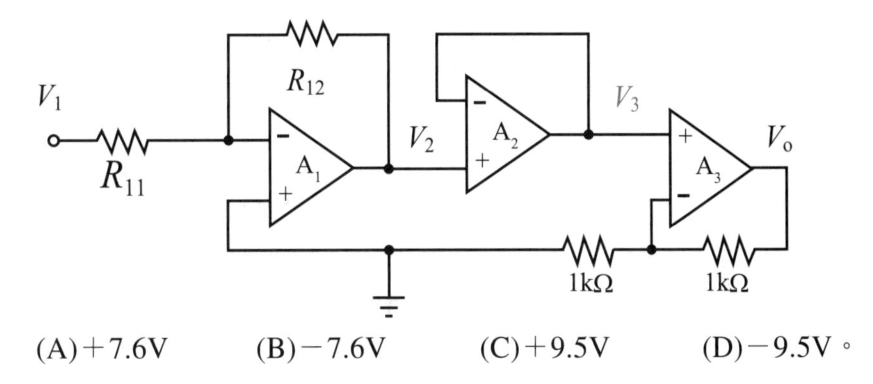


(A)＋7.6V (B)－7.6V (C)＋9.5V (D)－9.5V。

試題演練

( ) **26** 承第25題，求$V_o$處的電壓，下列何者較為正確？
(A)＋15.2V (B)－15.2V (C)＋15V (D)－15V。

( ) **27** 承第25題，若將$A_2$的輸入端（反相與非反相）對調，求$V_3$處的電壓，下列何者較為正確？
(A)＋7.6V (B)－7.6V
(C)＋9.5V或－9.5V (D)－15V或＋15V。

( ) **28** 承第25題，若$V_1$＝sin（2000πt）V時，則示波器測量到的電壓波形，下列何者較為正確？
(A)直流 (B)正弦波 (C)脈波 (D)三角波。

( ) **29** 右圖所示的電路，運算放大器的飽和電壓為±12V，下列選項何者正確？
(A)若 $V_A$＝－5V 則 $V_o$＝＋12V
(B)若 $V_A$＝－5V 則 $V_o$＝－12V
(C)若 $V_A$＝＋2V 則 $V_o$＝＋4V
(D)若 $V_A$＝－2V 則 $V_o$＝＋4V。

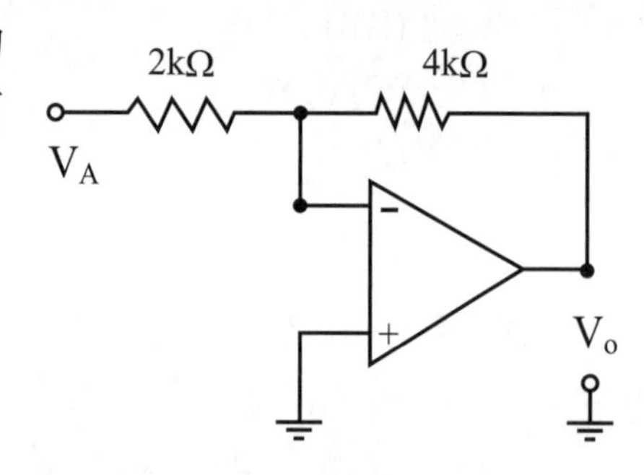


( ) **30** 右圖所示的電路，運算放大器的飽和電壓為±12V，下列選項何者正確？
(A)若 $V_A$＝－5V 則 $V_o$＝－12V
(B)若 $V_A$＝－5V 則 $V_o$＝＋12V
(C)若 $V_A$＝－2V 則 $V_o$＝＋3V
(D)若 $V_A$＝＋2V 則 $V_o$＝＋1V。

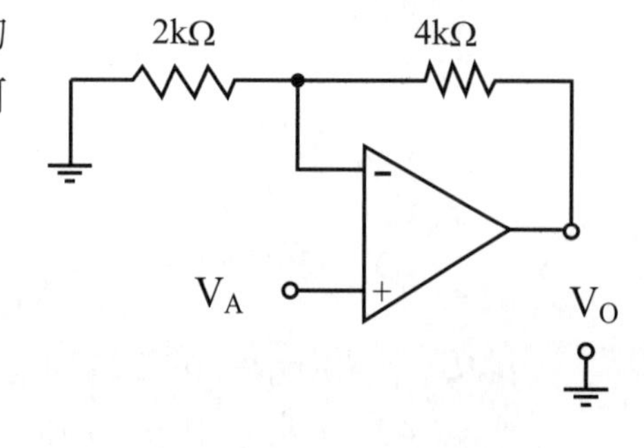


( ) **31** 右圖所示的電路，運算放大器的飽和電壓為±12V，則$V_o$為多少？
(A)－9.9V
(B)－6V
(C)＋6V
(D)＋12V。

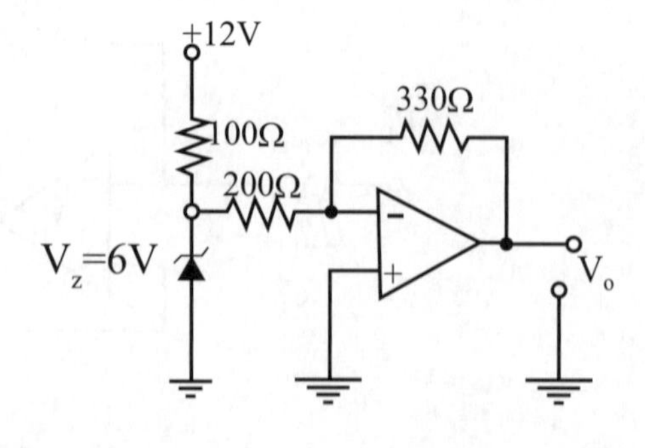


( ) **32** 承第31題，流經稽納二極體之電流為多少？
(A) 0mA (B) 10mA (C) 20mA (D) 30mA。

( ) **33** 右圖所示的電路，運算放大器的飽和電壓為±12V，下列選項何者正確？

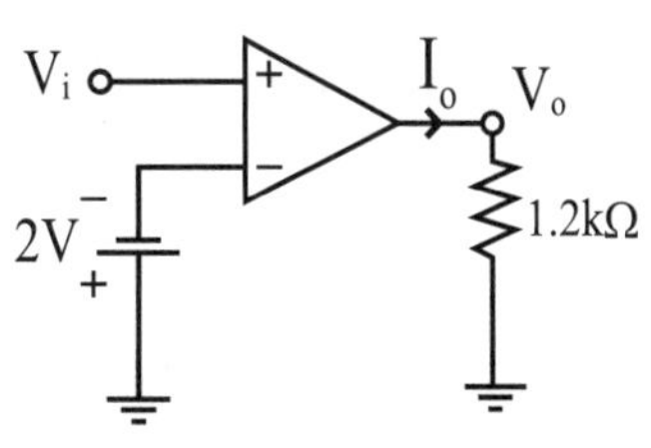


(A)若 $V_i$＝－3V 則 $I_o$＝＋10mA
(B)若 $V_i$＝－3V 則 $V_o$＝＋12V
(C)若 $V_i$＝－1V 則 $I_o$＝＋10mA
(D)若 $V_i$＝－1V 則 $V_o$＝－12V。

( ) **34** 如下圖所示之電路，運算放大器的飽和電壓為±12V。若$V_1$＝－2V，$V_2$＝1.5V，則$V_o$為多少？

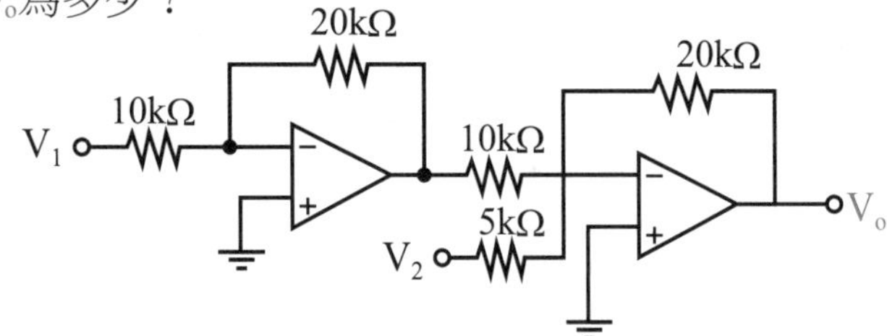


(A)－14V
(B)－12V
(C) 12V
(D) 14V。

( ) **35** 試求右圖電路之輸出電壓$V_o$為多少？

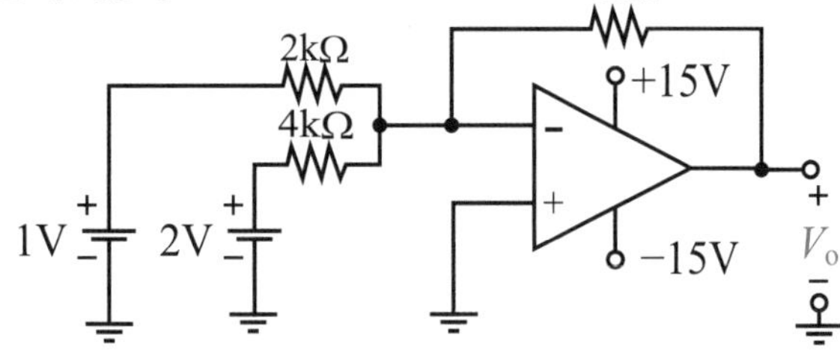


(A)－4V
(B)－2V
(C) 2V
(D) 4V。

( ) **36** 右圖中的運算放大器假設**具有理想特性**，當$V_i$＝1V輸入時，求輸出電壓$V_o$為多少？

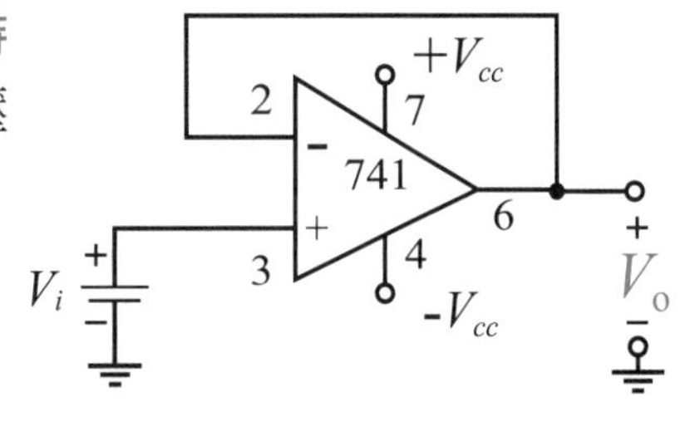


(A)－2V (B)－1V
(C) 1V (D) 2V。

( ) **37** 下圖電路中之輸出電壓$V_o$為多少？

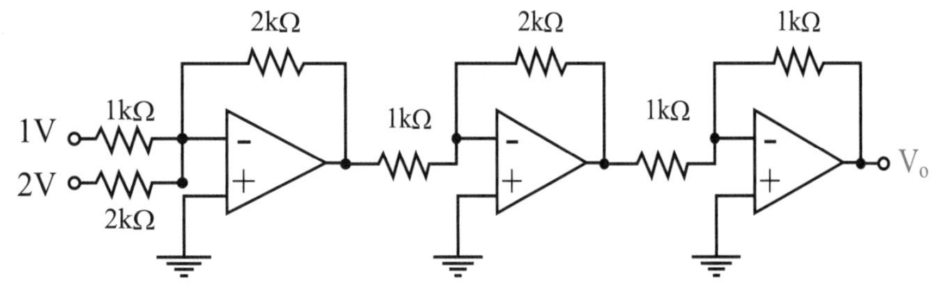


(A)－6V (B)－8V (C)－10V (D)－12V。

試題演練

# 運算放大器振盪電路及濾波器

振盪器依輸出的波形可分為**弦波振盪器**與**非弦波振盪器**，其中非弦波振盪器可分解成為多種諧振頻率的弦波，故又稱為**多諧振盪器**，常見者為方波振盪器或三角波振盪器。而多諧振盪器依狀態可再區分為無穩態多諧振盪器、單穩態多諧振盪器或雙穩態多諧振盪器。

一般而言，在RC**電路取出的振盪波形為弦波，放大器或邏輯電路的輸出振盪波形則多為方波，三角波則可利用方波經積分電路後得到**，同學在無法正確區分時，可依此判斷。

## 第一節　巴克豪生振盪條件

振盪器無需輸入訊號即可產生輸出，故通常由**回授電路**所構成，欲使電路維持振盪輸出，電路需滿足巴克豪生振盪條件。巴克豪生振盪條件又稱巴克豪生準則，其要點有二：

**振幅條件**：迴路增益要大或等於1，訊號才會放大並持續振盪下去

**相位條件**：需要360º或0º的相位移

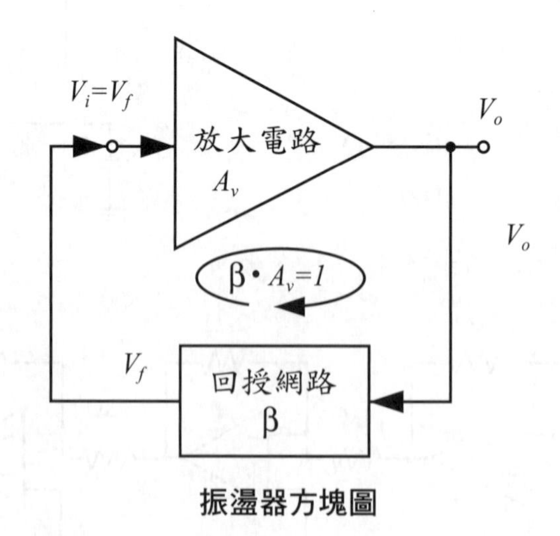


**振盪器方塊圖**

# 第二節 正弦波產生電路

弦波振盪器的輸出波形係正弦波或餘弦波，振盪頻率較低者主要使用由電阻及電容構成的RC振盪器，振盪頻率較高者可使用由電感及電容構成的LC振盪器。

## 一、RC 相移振盪器

由電阻及電容的R、C元件組成回授迴路，所以又稱為RC振盪器，下圖係以負回授之方式構成電路。因每節RC網路相位移無法超過90º，故要獲取180º相位移最少需三節RC回授網路。此電路之分析計算較為複雜，不可能在考場中推導之，同學熟記結果即可。

在滿足巴克豪生振盪條件的前提下，可推出：

**振盪頻率**：$\omega_0=\dfrac{1}{\sqrt{6}RC}$ **或** $f_0=\dfrac{1}{2\pi\sqrt{6}RC}$

RC **回授網路的回授因數**：$\beta(\omega_0)=\dfrac{V_f}{V_o}=-\dfrac{1}{29}$

**反相放大電路的電壓增益**：$A_v=\dfrac{V_o}{V_f}=-\dfrac{R_f}{R_i}$ **且增益**$|A_v|\geqq 29$

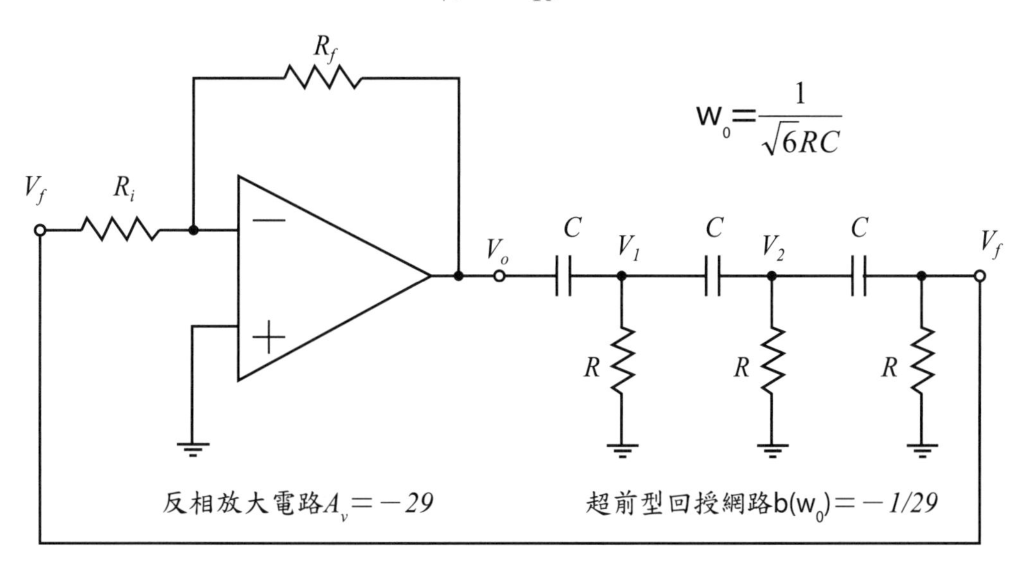


RC 相移振盪器

其中回授網路亦可改為右圖，其$V_f$相位較$V_o$落後180º，振盪條件不變，但振盪頻率成為$\omega_0=\frac{\sqrt{6}}{RC}$。

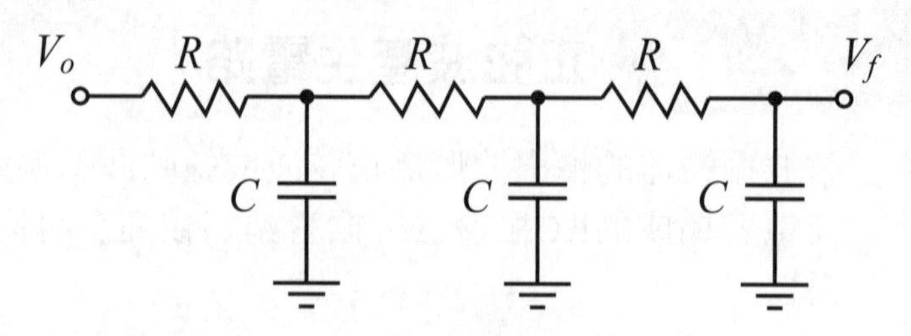


落後型回授網路

## 二、考畢子振盪器

考畢子振盪器的回授網路由兩個串聯電容與一個並聯電感所構成，其振盪條件：

**振盪頻率：** $\omega_0=\frac{1}{\sqrt{L\left(\frac{C_1C_2}{C_1+C_2}\right)}}$

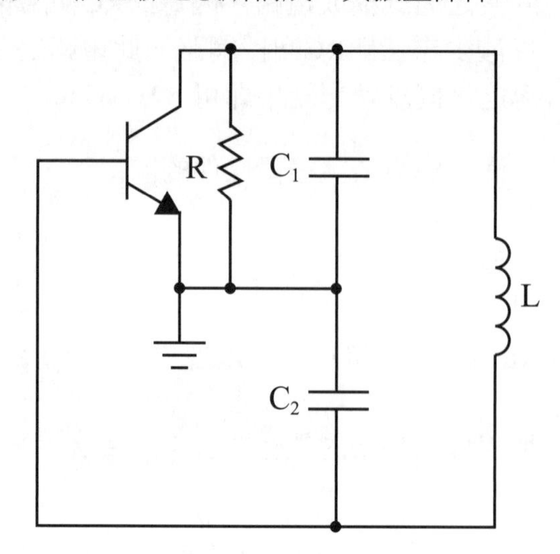


考畢子振盪器電路圖

**RC回授網路的回授因數：**

$$\beta(\omega_0)=\frac{V_f}{V_o}=-\frac{C_1}{C_2}$$

**反相放大電路的電壓增益：**

$$|A_v|=\frac{V_o}{V_f}\geq\frac{C_2}{C_1}$$

## 三、哈特萊振盪器

哈特萊振盪器的回授網路由兩個串聯電感與一個並聯電容所構成，其振盪條件：

**振盪頻率：** $\omega_0=\frac{1}{\sqrt{(L_1+L_2)C}}$

**RC回授網路的回授因數：**

$$\beta(\omega_0)=\frac{V_f}{V_o}=-\frac{L_2}{L_1}$$

**反相放大電路的電壓增益：**

$$|A_v|=\frac{V_o}{V_f}\geq\frac{L_1}{L_2}$$

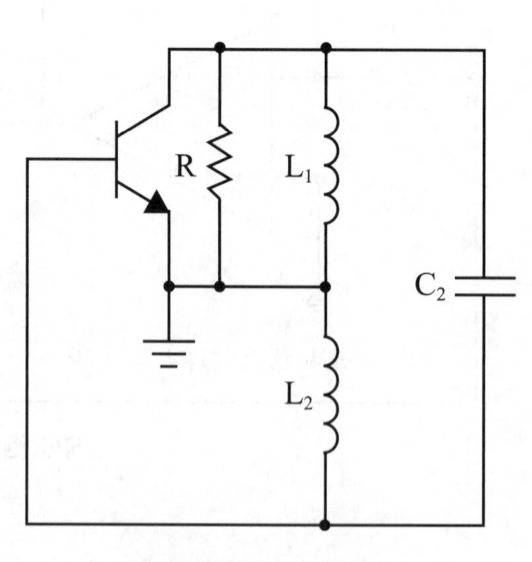


哈特萊振盪器電路圖

### 四、韋恩電橋振盪電路

韋恩電橋振盪器的回授網路由一組電橋所構成，如下圖所示，其振盪條件：

**振盪頻率**：$\omega_0=\dfrac{1}{\sqrt{R_1R_2C_1C_2}}$ 或 $f_0=\dfrac{1}{2\pi\sqrt{R_1R_2C_1C_2}}$

**振盪條件**：$\dfrac{R_3}{R_4}\geqq\dfrac{R_1}{R_2}+\dfrac{C_2}{C_1}$

當$R_1=R_2$且$C_1=C_2$時

RC 回授網路的回授因數：$\beta(\omega_0)=\dfrac{V_f}{V_o}=\dfrac{1}{3}$

反相放大電路的電壓增益：$A_v=\dfrac{V_o}{V_f}=1+\dfrac{R_3}{R_4}\geqq3$

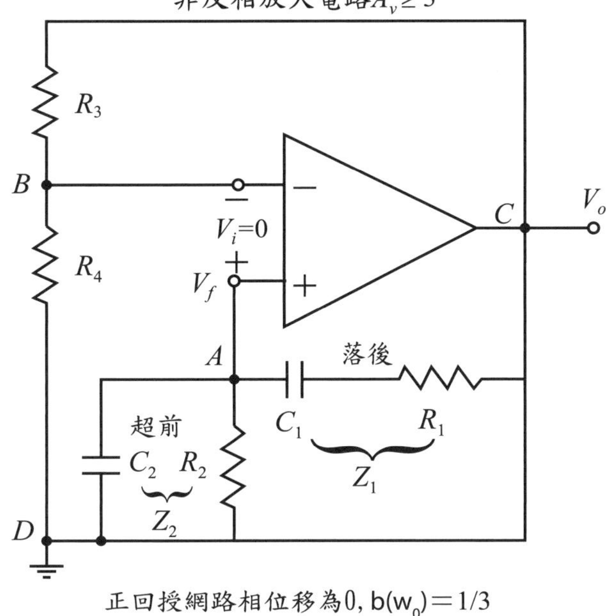

韋恩電橋振盪器電路圖

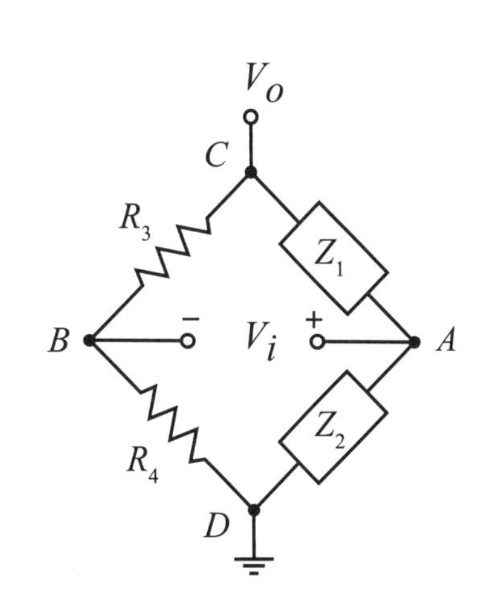


韋恩電橋振盪器的電橋網路示意圖

## 第三節 石英晶體振盪電路

石英晶體（Quartz Crystal）是振盪電路中決定振盪頻率的關鍵零件，由純石英材質製成，具有壓電效應，通電後可在其共振頻率振盪，而晶體愈薄質量愈輕，振動頻率愈高。其等效電路係由LC串聯諧振電路所構成，Q值愈高，頻寬愈狹窄，可用在需要產生穩定頻率的地方。

石英晶體有二共振頻率，一為串聯諧振頻率 $\omega_s$，一為並聯諧振頻率$\omega_p$：

$$\omega_s = \frac{1}{\sqrt{LC_s}}$$

$$\omega_p = \frac{1}{\sqrt{L\left(\frac{C_sC_p}{C_s+C_p}\right)}}$$

但在石英晶體中，此兩者差距甚小，通常可用共振頻率 $\omega_0 \cong \omega_s = \frac{1}{\sqrt{LC_s}}$ 表示。

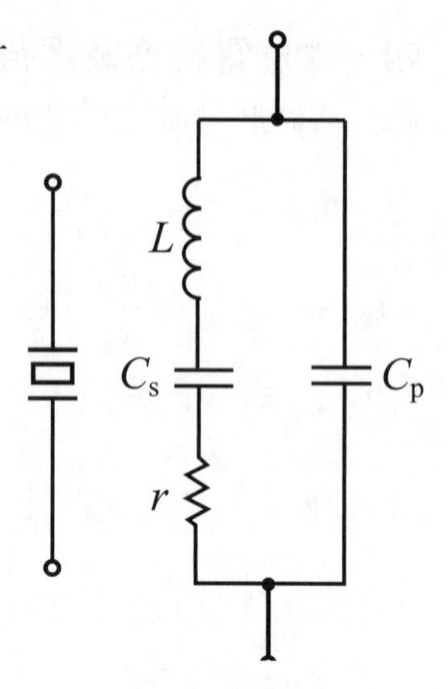

石英晶體電路符號與等效電路圖

石英晶體阻抗特性與頻率關係如下圖所示，可看出，在串聯諧振時電感及電容的等效阻抗最小為零，在並聯諧振時電感及電容的等效阻抗接近無窮大。

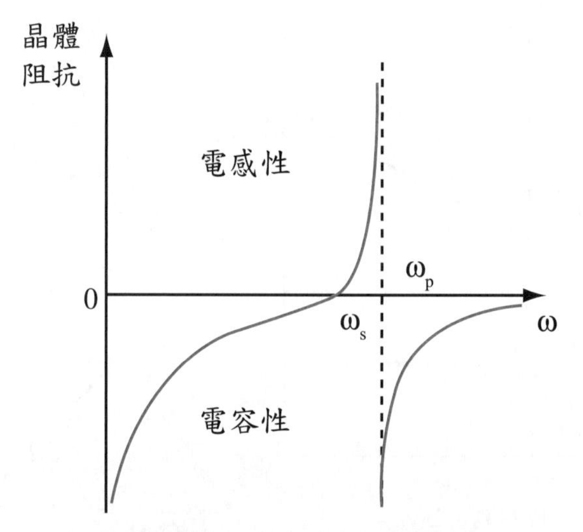

石英晶體阻抗特性與頻率關係圖

## 第四節　無穩態多諧振盪器

在無外加訊號的情況下，無穩態多諧振盪器中的元件不會停止在某一穩定態，若採電晶體者，電晶體會在飽和與截止兩種暫態之間交互變化，若採運算放大器者，運算放大器會在正飽和與負飽和兩種暫態之間交互變化。

一種典型的無穩態多諧振盪器如下面電路圖所示，其主要係應用兩顆電晶體特性不可能完全一樣而產生振盪，其振盪週期為$T=T_1+T_2=0.7(R_{B1}C_1+R_{B2}C_2)$。

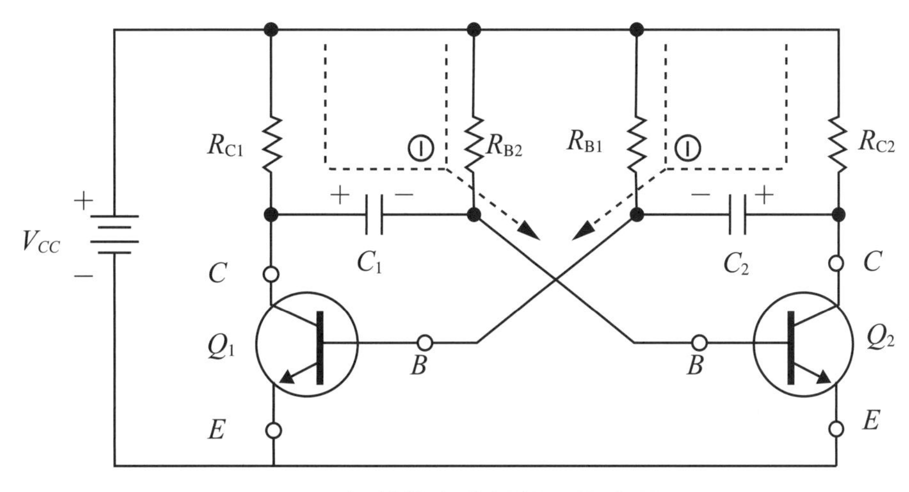


**無穩態多諧振盪器電路圖**

## 第五節 單穩態多諧振盪器

在無外加訊號的情況下，單穩態多諧振盪器中的元件停止在某一穩定態；當有觸發訊號輸入時，電路由穩定態轉變為暫態，經一定時間後，電路回復為原先的穩態。

一種典型的單穩態多諧振盪器電路圖如下，穩態時 $Q_2$ 飽和 $Q_1$ 截止；若以低準位觸發則 $Q_2$ 截止 $Q_1$ 導通，電路由 $R_{B2}$ 對 $C_B$ 充電；$C_B$ 充電至使 $Q_2$ 導通後，$Q_1$ 截止，回至穩態。其振盪週期為 $T = R_{B2}C_B \ell n\,2 \approx 0.7\,R_{B2}C_B$。

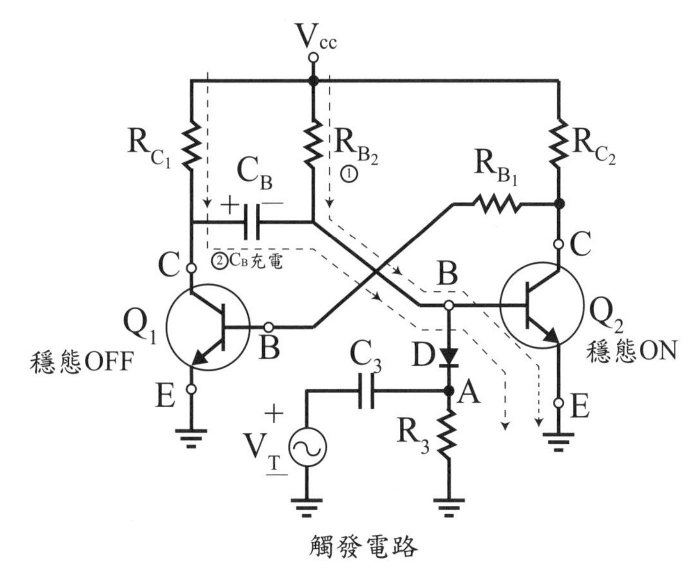


**單穩態多諧振盪器電路圖（穩態時$Q_1$截止，$Q_2$飽和）**

## 第六節 雙穩態多諧振盪器

雙穩態多諧振盪器具有兩種穩態。在無外加訊號的情況下，雙穩態多諧振盪器中的元件停止在某一穩定態；當有觸發訊號輸入時，電路由其中一種穩定態轉變為另外一種穩定態，並維持不變；當有另一觸發訊號輸入時，電路才回復為原先的穩態。

典型之雙穩態多諧振盪器如下圖，當左端觸發訊號輸入低準位而右端觸發訊號輸入高準位時，$Q_1$截止$Q_2$飽和，故$V_{CE1}$高準位而$V_{CE2}$低準位；當左端觸發訊號輸入高準位而右端觸發訊號輸入低準位時，$Q_1$飽和$Q_2$截止，故$V_{CE1}$低準位而$V_{CE2}$高準位；當兩觸發訊號皆輸入低準位時，兩電晶體$Q_1$與$Q_2$截止，訊號準位維持不變。

此種雙穩態多諧振盪器之電路構造即為RS正反器之電路構造，故雙穩態多諧振盪器可作為記憶元件。

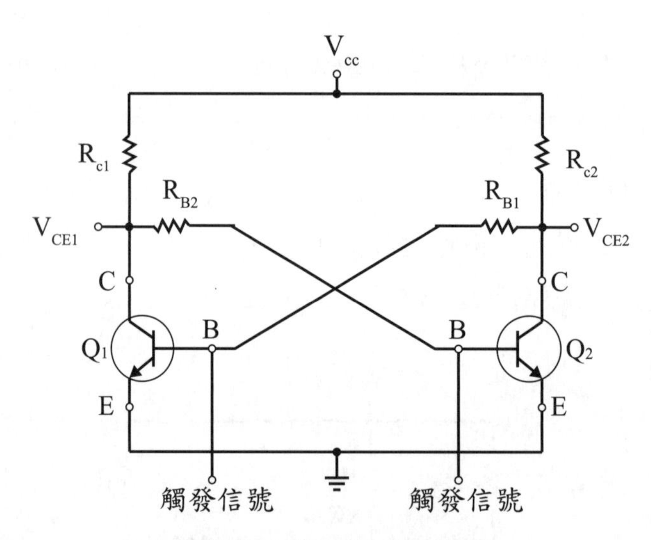


**雙穩態多諧振盪器電路圖**

## 第七節 555計時器IC

NE 555計時器IC是被普遍使用的IC之一，其內部主要有兩個比較器與一個RS正反器配合其他的驅動電路與回授電路所構成，如下圖所示。

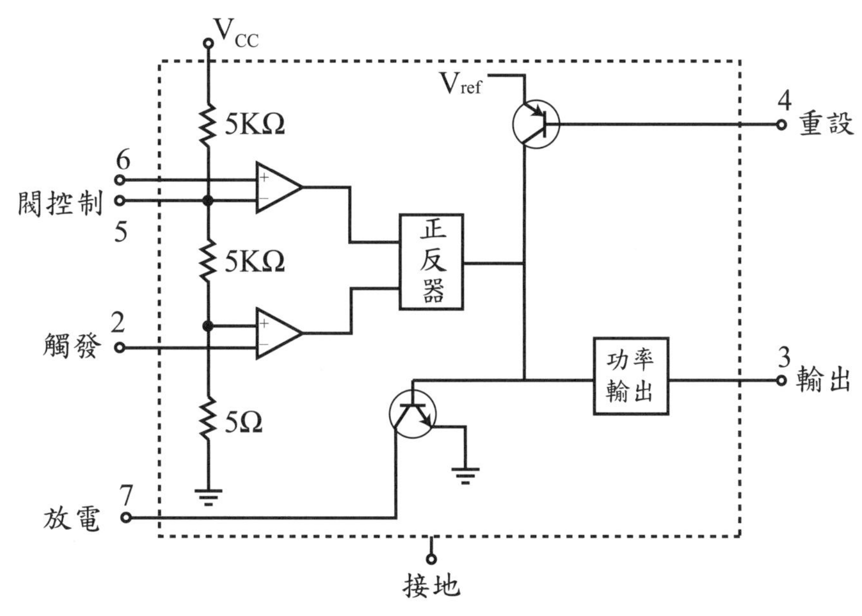

NE555 IC內部電路示意圖

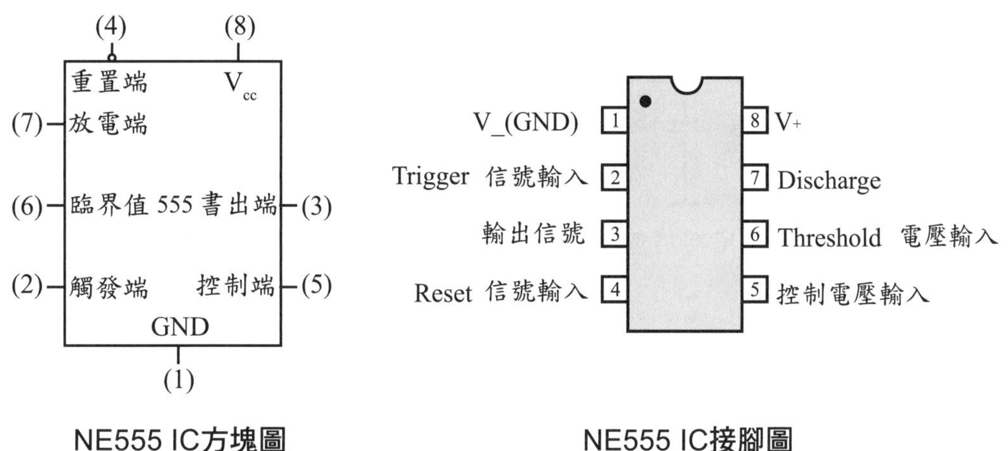

NE555 IC方塊圖　　NE555 IC接腳圖

由上面電路圖可知，兩個比較器的參考比較電壓分別係輸入電壓的2/3與1/3，另外則與臨界輸入電壓與輸入觸發電壓相比較。555計時器IC可接成無穩態多諧振盪器與單穩態多諧振盪器，其操作原理及計算推導較為耗時，同學僅需記住電路配置型式與最後的輸出結果即可。

## 一、無穩態多諧振盪器

如下面電路所示，無穩態多諧振盪器主要係將555計時器IC的第6腳與第2腳相連接，藉由對電容C充放電可使內部正反器不斷地轉態，並使第3腳的$V_o$輸出方波。由下面的分析可得，此電路輸出方波之工作週期通常大於50%（因$R_1$不可為零），為非對稱之方波。**若$R_1$與$R_2$兩電阻值相等，其工作週期為66.6%。**

輸出高準位的時間（電容充電時間）：$T_H = \ell n2(R_1 + R_2)C \approx 0.7(R_1 + R_2)C$

輸出低準位的時間（電容放電時間）：$T_L = \ell n2R_2C \approx 0.7R_2C$

方波週期：$T = T_H + T_L = \ell n2(R_1 + 2R_2)C \approx 0.7(R_1 + 2R_2)C$

方波頻率：$f = \dfrac{1}{T} = \dfrac{1}{\ell n2(R_1 + 2R_2)C} \approx \dfrac{1}{0.7(R_1 + 2R_2)C}$

工作週期：$D = \dfrac{T_H}{T_H + T_L} = \dfrac{\ell n2(R_1 + R_2)C}{\ell n2(R_1 + R_2)C + \ell n2R_2C} = \dfrac{R_1 + R_2}{R_1 + 2R_2}$

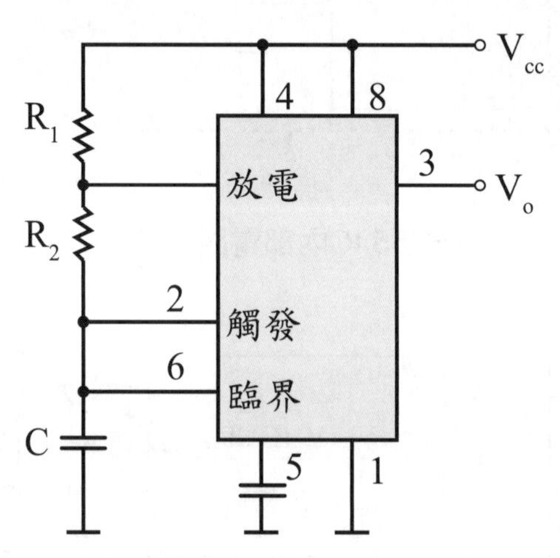


以NE555 IC接成無穩態多諧振盪器（無輸入觸發訊號）

## 二、單穩態多諧振盪器

如右電路所示，單穩態多諧振盪器主要係將555計時器IC的第6腳與第7腳相連接，並將第2腳接至一個觸發的輸入訊號。第2腳未觸發時維持在高準位，會使第7腳放電並讓電容維持在低準位，使第6腳輸入在低準位並使$V_o$輸出維持在低準位的穩態。

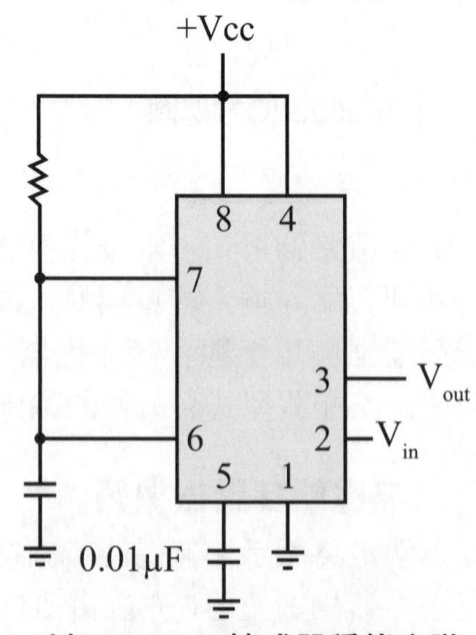


以NE555 IC接成單穩態多諧振盪器（有輸入觸發訊號）

當第2腳以低準位觸發後，輸出$V_o$轉為高準位之暫態，第7腳停止放電，電容C透過電阻充電；若此時第2腳切換為高準位，$V_o$仍會維持高準位輸出，電容C亦持續充電。當電容C充電達2/3輸入電壓的臨界輸入電壓時，正反器轉態，輸出轉為低準位的穩態，第7腳放電，電容C回到低準位。

輸出高準位的時間（電容充電時間，暫態時間）：$T_H = \ell n 3RC \approx 1.1RC$

## 第八節 施密特觸發電路

施密特觸發器（或稱樞密特觸發器）的輸出與輸入和目前的狀態有關，為一有記憶性的元件，可用於波形整形及電壓偵測器等，可分為反相施密特觸發器與非反相施密特觸發器。

### 一、反相施密特觸發器

反相施密特觸發器之電路圖及轉換特性曲線如下。

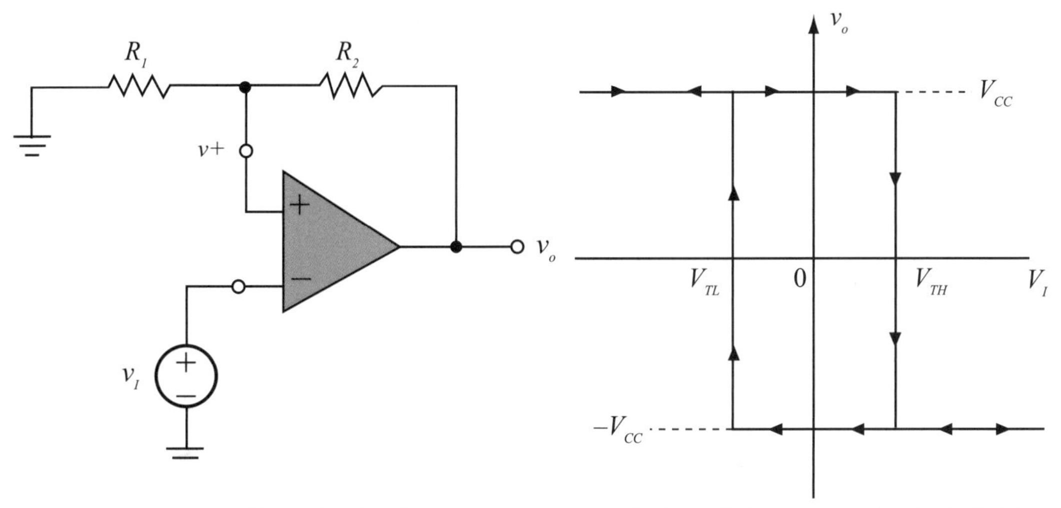


反相施密特觸發器電路圖　　反相施密特觸發器的轉換特性曲線

因轉換特性曲線的關係，施密特觸發器的輸出一般為方波，如上圖所示，當$V_i > V_{TH}$時$V_o = -V_{CC}$，當$V_i < V_{TL}$時$V_o = +V_{CC}$，其中

$$V_{TH} = +V_{CC} \times \frac{R_1}{R_1 + R_2}$$

$$V_{TL} = -V_{CC} \times \frac{R_1}{R_1 + R_2}$$

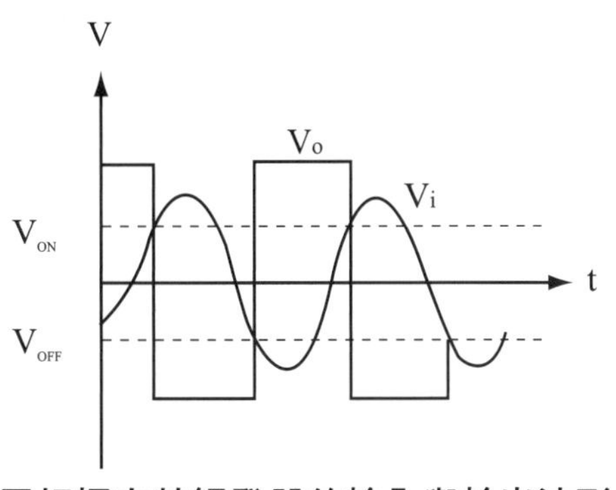


反相樞密特觸發器的輸入與輸出波形

而磁滯電壓

$$V_H = V_{TH} - V_{TL} = +V_{CC} \times \frac{R_1}{R_1+R_2} - (-V_{CC}) \times \frac{R_1}{R_1+R_2} = 2V_{CC} \times \frac{R_1}{R_1+R_2}。$$

## 二、非反相施密特觸發器

非反相施密特觸發器之電路圖及轉換特性曲線如下。

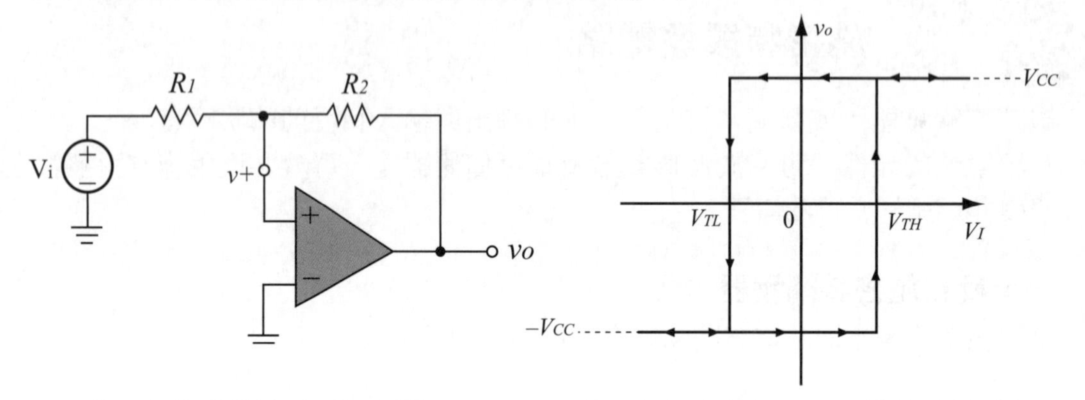


非反相施密特觸發器電路圖　　非反相施密特觸發器的轉換特性曲線

當$V_i > V_{TH}$時$V_o = V_{CC}$，當$V_i < V_{TL}$時$V_o = -V_{CC}$，其中

$V_{TH} = +V_{CC} \times \frac{R_1}{R_2}$　　$V_{TL} = -V_{CC} \times \frac{R_1}{R_2}$

而磁滯電壓$V_H = V_{TH} - V_{TL} = +V_{CC} \times \frac{R_1}{R_2} - (-V_{CC}) \times \frac{R_1}{R_2} = 2V_{CC} \times \frac{R_1}{R_2}$。

當施密特觸發器用在放大器的輸入端時，可避免微小的輸入訊號被雜訊干擾，導致輸出訊號忽上忽下（尤其在數位系統中）。

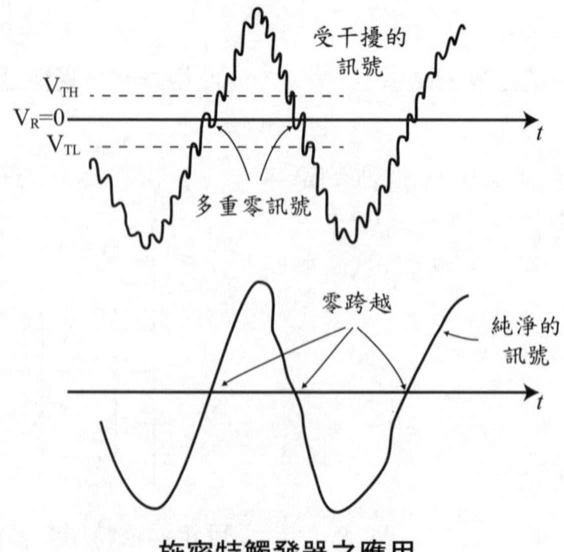


施密特觸發器之應用

# 第九節 施密特振盪電路

利用外加週期性訊號或利用回授之方式將訊號送至施密特觸發器可得到週期性的振盪輸出，而成為振盪器。

## 一、外加週期性訊號

以外加週期性訊號觸發施密特觸發器而產生週期性振盪輸出，其輸出週期與輸入週期相同。在輸入端可利用微分電路使輸入訊號脈衝值超過轉換電壓，電路圖如下。

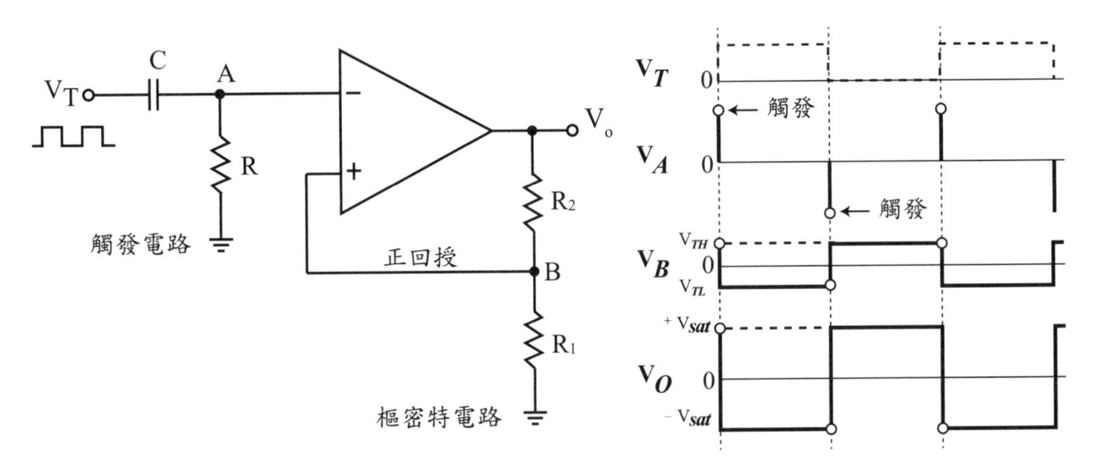


**外加訊號之史密特振盪器電路圖及輸出訊號圖**

## 二、無穩態多諧振盪器

以負回授之方式對電容充放電，並將負回授訊號接至由正回授構成之反相施密特觸發器，當電容電壓超過轉換電壓時，輸出訊號轉態。

正回授因數：$\beta=\frac{R_1}{R_1+R_2}$

充電時間：$T_1=RC\ell n\frac{1+\beta}{1-\beta}$

放電時間：$T_2=RC\ell n\frac{1+\beta}{1-\beta}$

振盪週期：$T=T_1+T_2=2RC\ell n\frac{1+\beta}{1-\beta}=2RC\ell n\left(1+\frac{2R_1}{R_2}\right)$

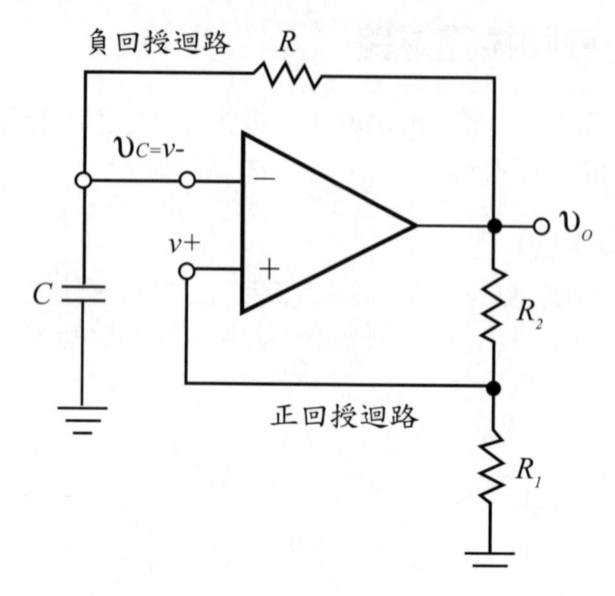


**以施密特觸發器構成之無穩態多諧振盪器電路圖**

## 三、單穩態多諧振盪器

由無穩態多諧振盪器（樞密特電路與RC負回授電路）加上觸發電路及定位二極體$D_1$所構成（無定位二極體$D_1$亦可，工作原理相同，僅脈波寬度不同）。當無觸發信號時，運算放大器維持在正飽和之穩態，電容C因定位二極體$D_1$使電壓固定在$v_C = V_{D1(ON)} = 0.7$ V；當外加訊號以低準位觸發電路時，運算放大器轉變為負飽和之暫態，電容C經電阻R放電直至$v_-$電壓小於$v_+$電壓，運算放大器轉變為正飽和之穩態。故在訊號觸發時，會產生一暫時性的脈波輸出（負飽和電壓），然後自動回復到原來的穩態（正飽和電壓）。

上臨界電壓：$V_{TH} = \beta' \times (+V_{sat}) = \dfrac{R_1 // R_3}{(R_1 // R_3) + R_2} V_{sat}$

下臨界電壓：$V_{TL} = \beta \times (-V_{sat}) = -\dfrac{R_1}{R_1 + R_2} V_{sat}$

脈波寬度 $T = RC \ln \dfrac{1}{1-\beta}$

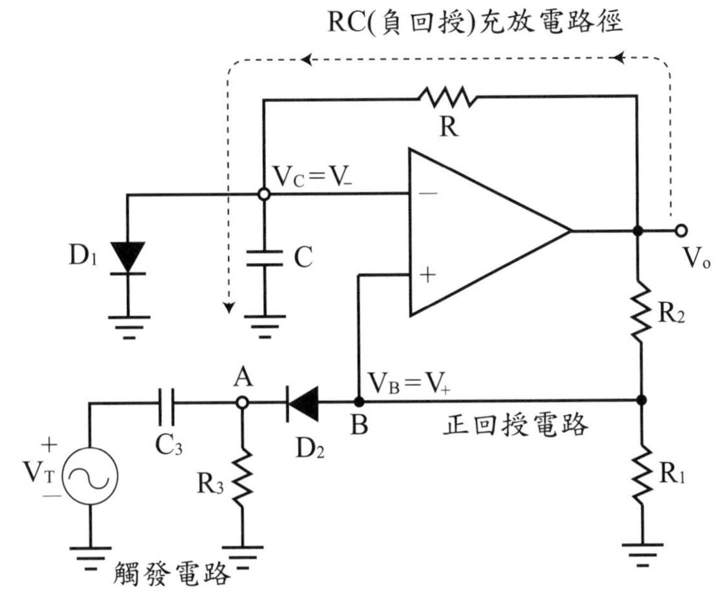


以施密特觸發器構成之單穩態多諧振盪器電路圖

## 第十節 三角波產生電路

三角波產生電路通常是在方波產生電路後面接上積分電路而得，若是此方波電路可輸出定電流，則積分後可輸出斜率固定的三角波形；若方波電路的驅動能力較弱時，需採用時間常數較大的RC充放電積分電路，波形會較接近三角波。

### 觀念加強

( ) 如圖所示電路，當發生振盪時，$V_o$的輸出波形為何？

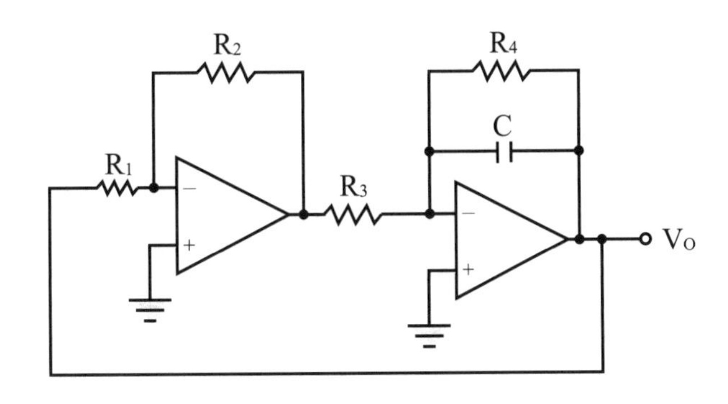


(A)弦波 (B)三角波 (C)方波 (D)脈波。

## 第十一節 一階濾波器

濾波器主要用於濾除干擾信號。可從複雜頻率成分中分離出單一的頻率分量，或濾掉不感興趣的頻率成分以提高分析精確度，或將有用的信號與雜訊分離以提高信號的抗干擾性。一般係在微弱的信號放大同時附加濾波功能，或在信號採樣前使用濾波器。

濾波器可依其傳輸特性或階次（order）來分類。若依照傳輸特性大致可分為低通、高通、帶通、帶拒及全通濾波器等五大類。通過頻段及截止頻段之間以截止頻率 $\omega_p$ 作區隔，但實際的濾波器函數並不如理想濾波器般可直接分隔通過頻段及截止頻段，故以3dB點 $\omega_{3dB}$ 作為截止頻率，3dB點係表示功率增益從最大值下降到50%時或電壓增益從最大值下降到約70.7%（$1/\sqrt{2}$）。

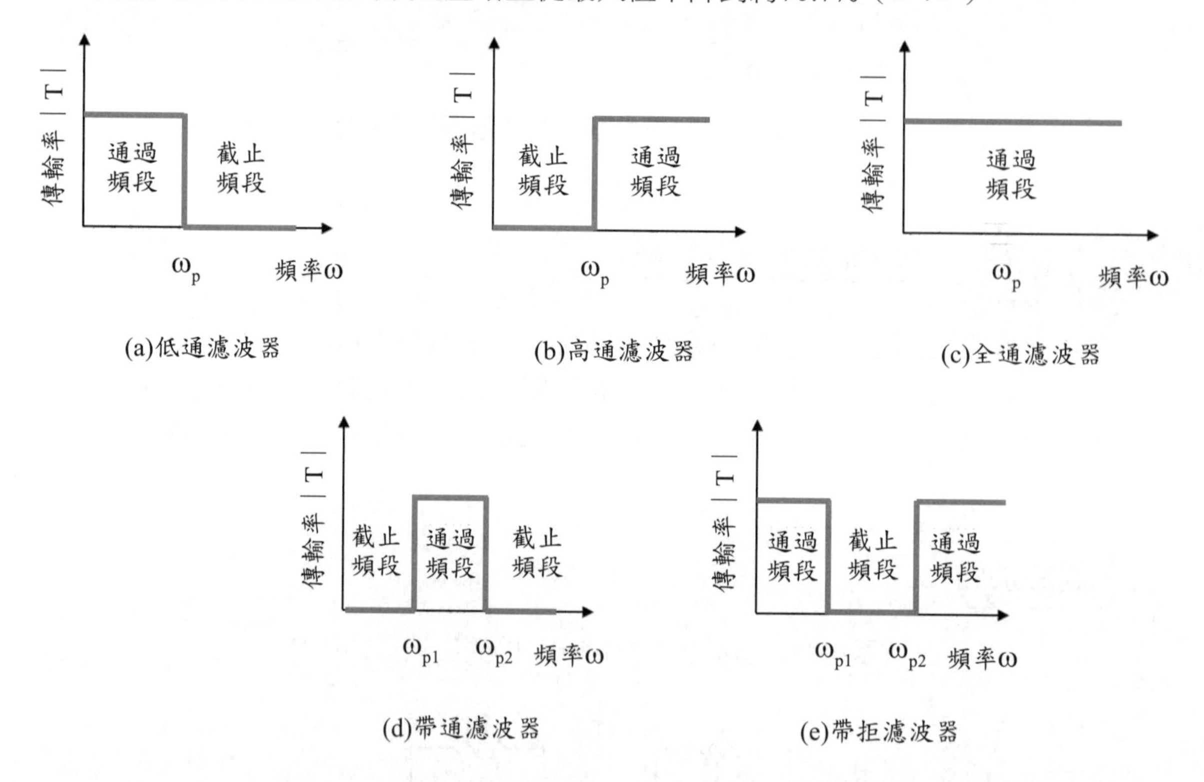


(a)低通濾波器 (b)高通濾波器 (c)全通濾波器

(d)帶通濾波器 (e)帶拒濾波器

階次與其使用到的與頻率相關元件有關，n階濾波器就至少需使用n個頻率相關元件，也就是至少需使用n個電容或電感。但是帶通濾波器及帶拒濾波器需要使用到兩個以上的電容或電感，或是同時使用電容與電感才能達成，所以在一階濾波器中，僅有低通濾波器、高通濾波器以及全通濾波器等三類。顧名思義，低通濾波器可通過比截止頻率低頻的訊號，而阻隔比截止頻率高的訊號；高通濾波器則可通過比截止頻率高頻的訊號，而阻隔比截止頻率低的訊號；至於全通濾波器則可通過所有頻段的訊號，但依頻率不同而改變訊號的相位。

單純由電容或電感與電阻組合而成的一階濾波器如下表：

| 純被動元件的一階濾波器 | | |
|---|---|---|
| 分類 | 電容的一階濾波器 | 電感的一階濾波器 |
| 低通濾波器 | 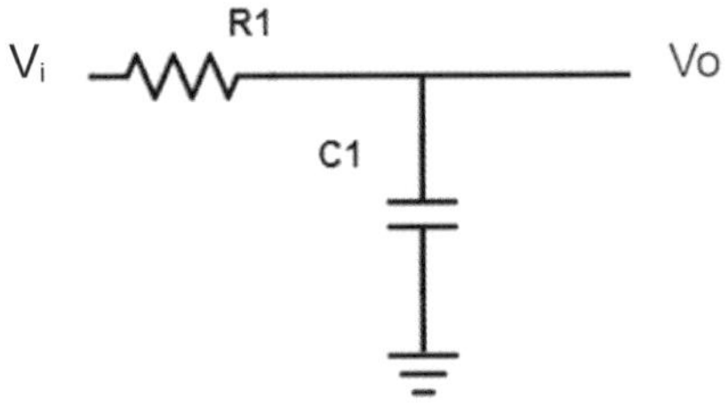 Vi R1 Vo C1<br>$\omega_{3dB} = \frac{1}{R_1C_1}$ | 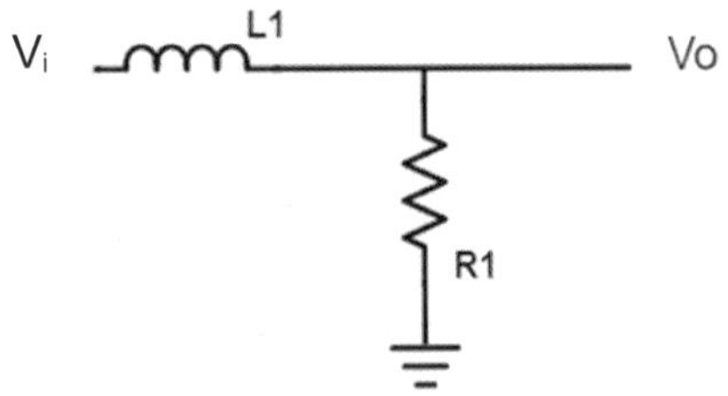 Vi L1 Vo R1<br>$\omega_{3dB} = \frac{R_1}{L_1}$ |
| 高通濾波器 | 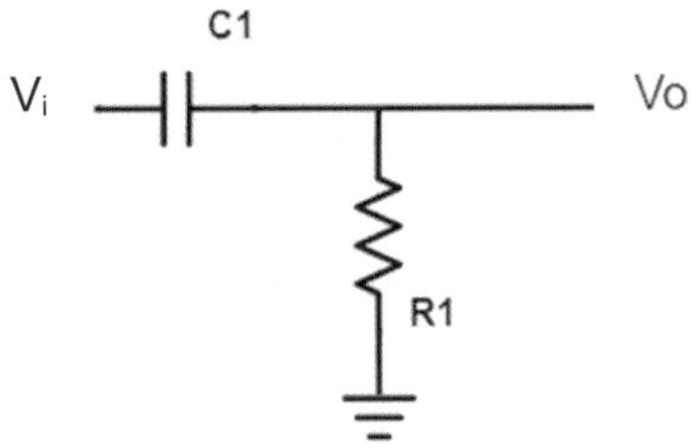 Vi C1 Vo R1<br>$\omega_{3dB} = \frac{1}{R_1C_1}$ | 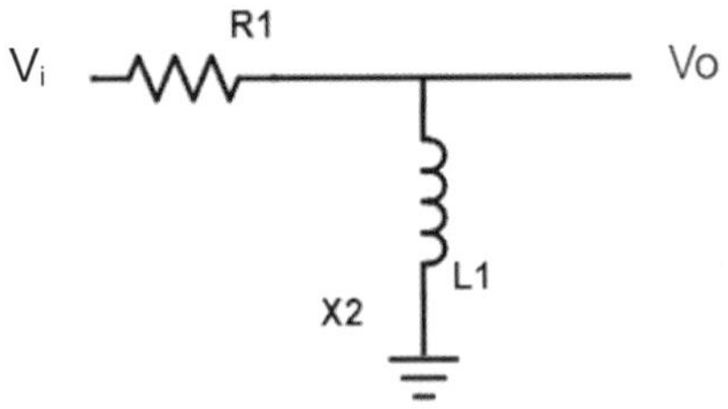 Vi R1 Vo L1 X2<br>$\omega_{3dB} = \frac{R_1}{L_1}$ |
| 全通濾波器 | 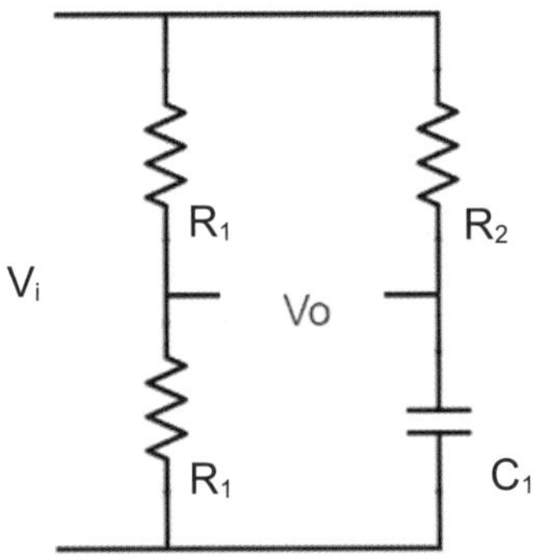 Vi R1 R1 Vo R2 C1<br>$\omega_{3dB} = \frac{1}{R_2C_1}$ | 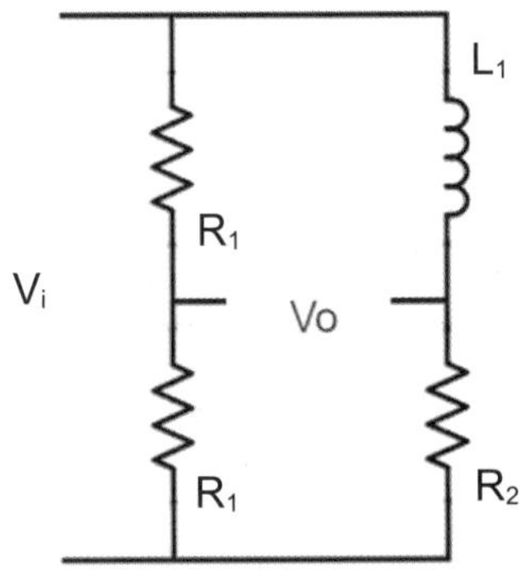 Vi R1 R1 Vo L1 R2<br>$\omega_{3dB} = \frac{R_2}{L_1}$ |

至於結合運算放大器的一階濾波器整理如下表：

| 運算放大器的一階濾波器 | | |
|---|---|---|
| 分類 | 電容的一階濾波器 | 電感的一階濾波器 |
| 低通濾波器 | 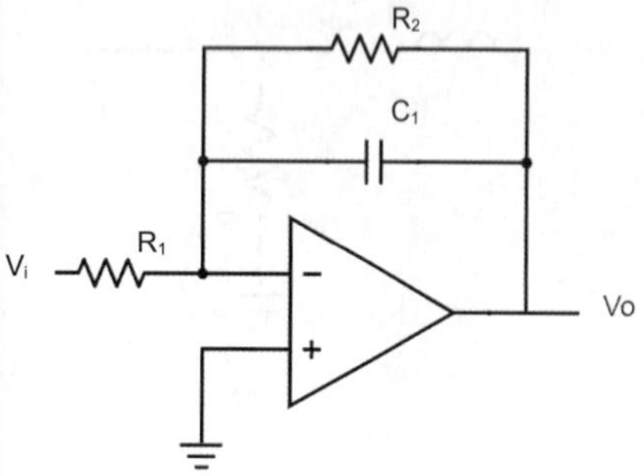 | 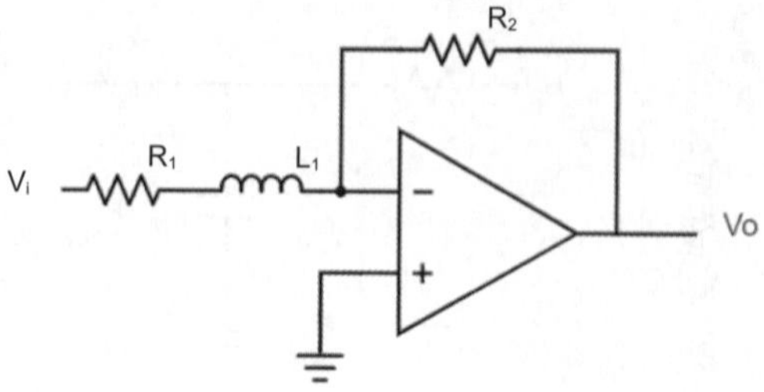 $\omega_{3dB} = \dfrac{R_1}{L_1}$ |
| 高通濾波器 | 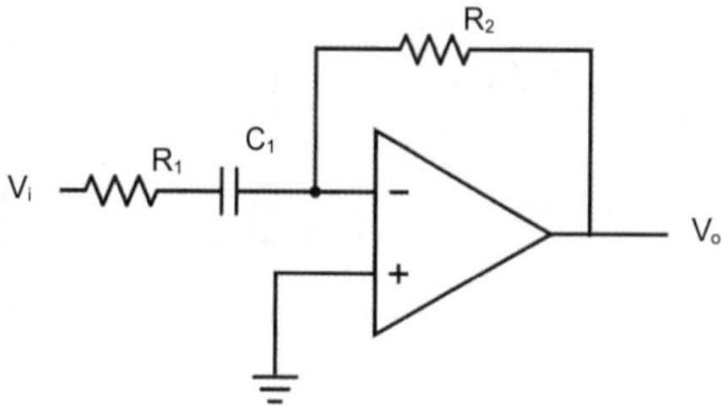 $\omega_{3dB} = \dfrac{1}{R_1C_1}$ | 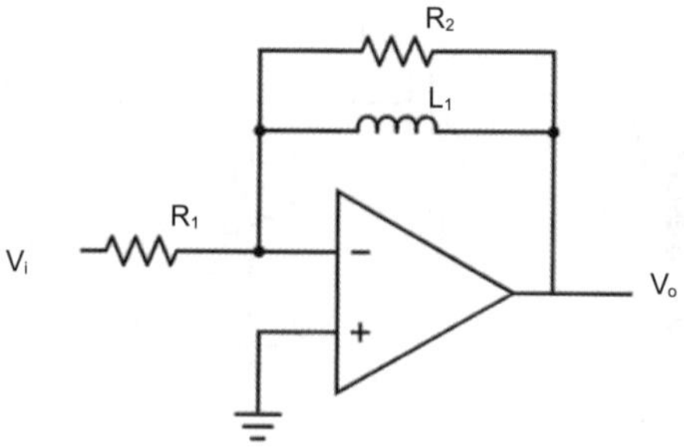 $\omega_{3dB} = \dfrac{R_2}{L_1}$ |
| 全通濾波器 | 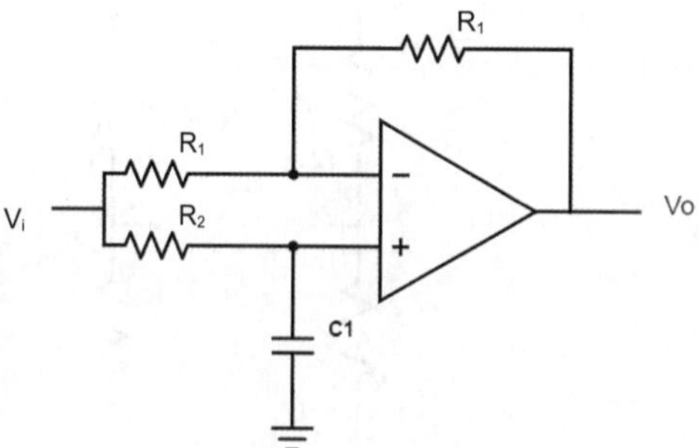 $\omega_{3dB} = \dfrac{1}{R_2C_1}$ | 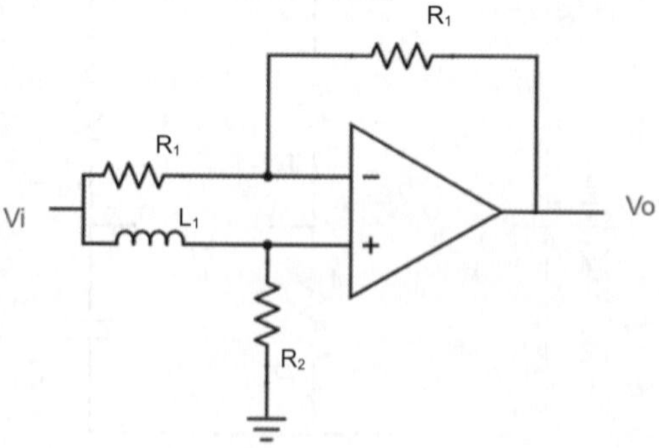 $\omega_{3dB} = \dfrac{R_2}{L_1}$ |

# 試題演練

## 經典考題

( ) **1** 如右圖所示，若已構成振蕩條件，且 $C_1=C_2$，$R_1=R_2$，則$R_3$與$R_4$的關係約為：
(A) $R_3=R_4$
(B) $R_3=2R_4$
(C) $R_4=2R_3$
(D) $R_3=\frac{1}{3}\pm R_4$
(E) $R_4=\frac{1}{4}R_3$。

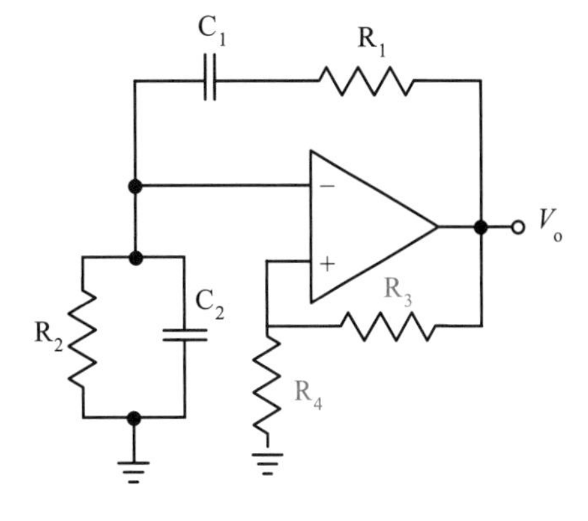


( ) **2** 如右圖所示電路中，輸出電壓$V_o$之工作週期（duty cycle）為：
(A) 50%
(B) 33%
(C) 25%
(D) 20%。

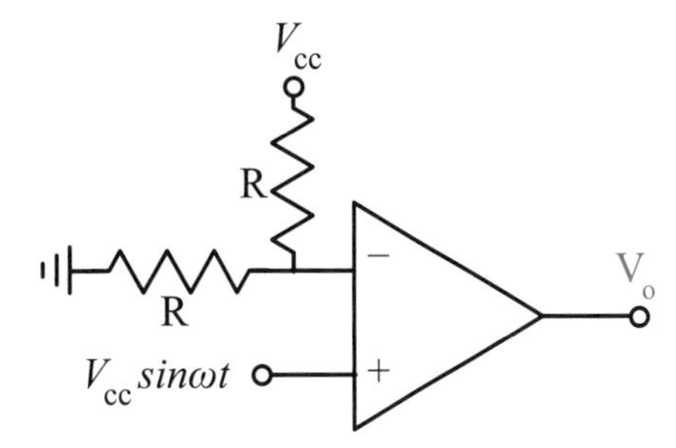


( ) **3** 如右圖所示之理想運算放大器電路，其輸出$V_o$與輸入$V_i$之間呈現什麼關係？
(A)非反相樞密特觸發器
(B)非反相微分器
(C)非反相帶通濾波器
(D)非反相積分器。

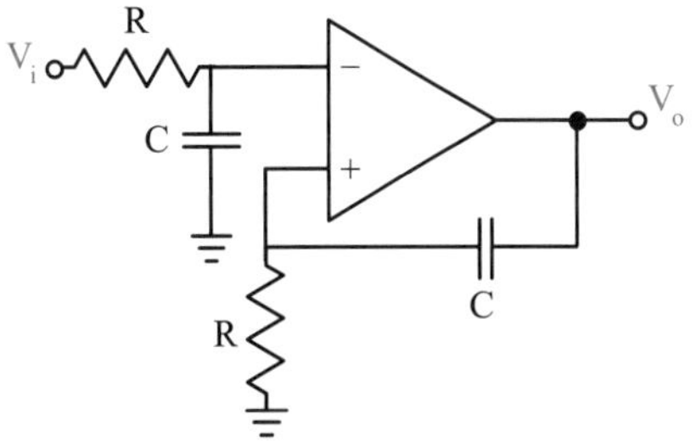


( ) **4** 如右圖所示電路，當輸入端為**正弦波**，則下列何者為正確輸出波形？
(A)方波
(B)正弦波
(C)三角波
(D)無法輸出。

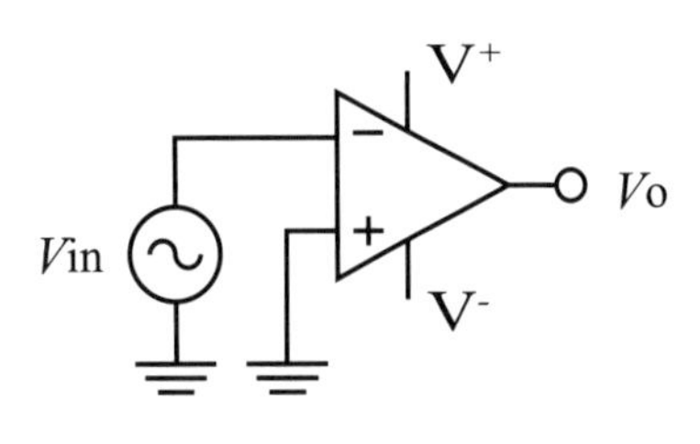

( ) **5** 下列IC，何者由線性比較器與數位正反器組合而成？
(A) NE555 (B) $\mu$A741 (C) 74LS00 (D) AD590。

( ) **6** 石英晶體的**晶體厚度**與**自然頻率**（nature frequency）之間的關係，下列敘述何者正確？
(A)厚度越厚其自然頻率越高 (B)厚度與自然頻率無關
(C)厚度越薄其自然頻率越低 (D)厚度越薄其自然頻率越高。

( ) **7** 有關石英晶體振盪電路，下列敘述何者錯誤？
(A)石英晶體可設計為脈波振盪電路
(B)振盪器的輸出頻率穩定
(C)並聯諧振時阻抗最小
(D)串聯回授諧振時正回授量最大。

( ) **8** 如右圖所示FET的RC相移電路，**$\beta$為回授量**，則下列何者正確？
(A)$\omega_0 = \frac{1}{\sqrt{3}RC}$ 且 $\beta = -\frac{1}{29}$
(B)$\omega_0 = \frac{1}{\sqrt{3}RC}$ 且 $\beta = -\frac{1}{8}$
(C)$\omega_0 = \frac{1}{\sqrt{6}RC}$ 且 $\beta = -\frac{1}{29}$
(D)$\omega_0 = \frac{1}{\sqrt{6}RC}$ 且 $\beta = -\frac{1}{8}$。

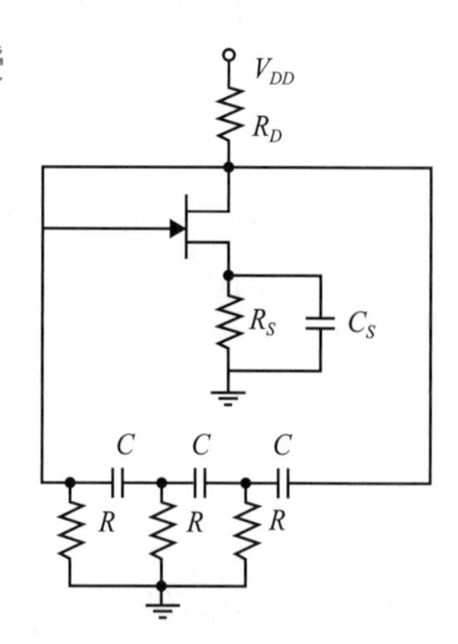


( ) **9** 日前，毛毛上電子實習課時，想要設計一個信號產生器，下列主要元件何者最適合？
(A) MC1741 (B) CA158 (C) MC1358 (D) ICL8038。

( ) **10** 下列IC何者可以組成**單穩態多諧振盪器**？
(A) SN7483 (B) IC7805 (C) NE555 (D) ADC0804。

( ) **11** 如右圖所示的電路，在正常工作時$V_o$的輸出波形為：
(A)三角波 (B)正弦波
(C)脈波 (D)鋸齒波。

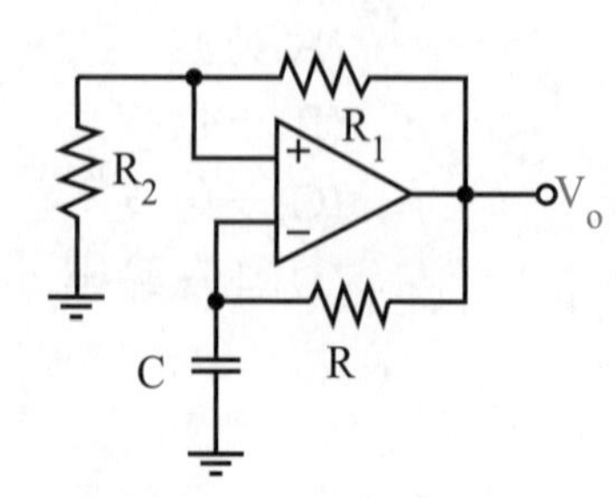

( ) **12** 下列IC，何者最適合製作單穩態計時電路？
(A) 555 (B) 7447 (C) 7805 (D) 7912。

( ) **13** 用555 IC組成施密特觸發電路時，若供給IC的電源為＋Vcc，則其正觸發臨界電壓為何？
(A) $+\frac{2}{3}$Vcc (B) $-\frac{2}{3}$Vcc (C) $+\frac{1}{3}$Vcc (D) $-\frac{1}{3}$Vcc。

( ) **14** 下列IC何者可以組成史密特振盪電路？
(A) mA741 (B) ADC0804 (C) DAC0800 (D) SN7493。

( ) **15** 右圖所示之電路屬於何種電路？
(A)正相放大器
(B)反相放大器
(C)緩衝電路
(D)史密特電路。

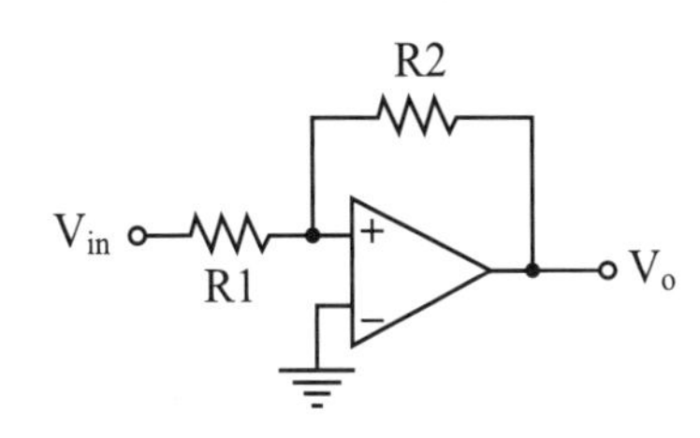


( ) **16** 下列何者為史密特振盪器的輸出波形？
(A)正弦波 (B)脈波 (C)三角波 (D)鋸齒波。

( ) **17** 在正常的運用情況下，施密特觸發器（Schmitt trigger）的輸出波形為何
(A)正弦波 (B)三角波 (C)脈波 (D)鋸齒波。

( ) **18** 右圖所示電路，當$R_1$＝10kΩ，$R_2$＝10kΩ，$C_1$＝0.01μF 時，則$V_o$的輸出為何？
(A) 3.76kHz 脈波
(B) 4.76kHz 脈波
(C) 5.76kHz 脈波
(D) 6.76kHz 脈波。

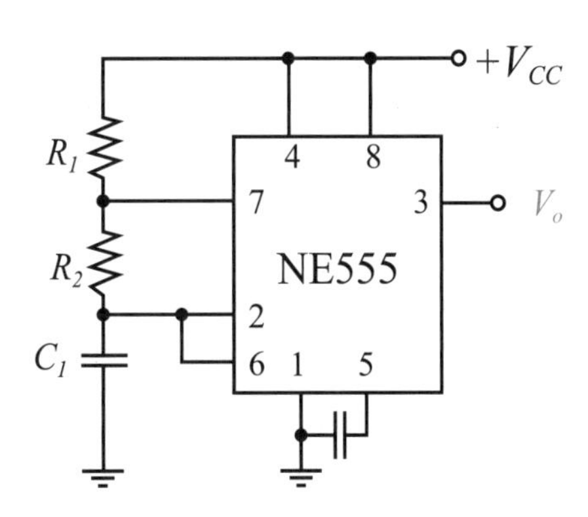


( ) **19** 承上題，$V_o$ 輸出波形的工作週期（duty cycle）為何？
(A) 25.0% (B) 33.3% (C) 50.0% (D) 66.6%。

試題演練

(　　) **20** 如右圖所示的電路，$V_{sat}$＝±9V，其遲滯電壓（hysteresis voltage；$V_{TH}$）為：
(A) 3V
(B) 4V
(C) 5V
(D) 6V。

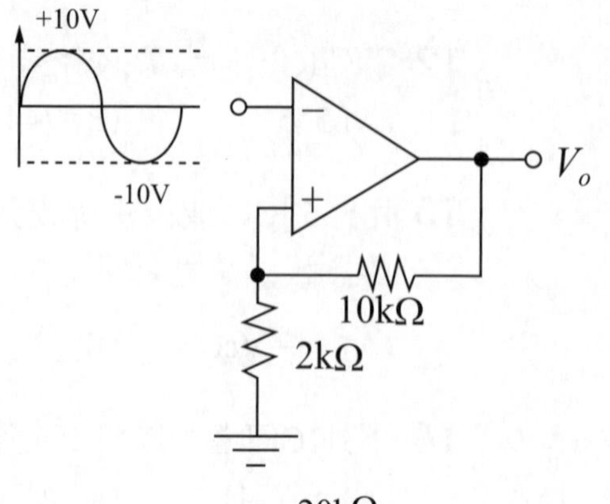


(　　) **21** 如右圖所示之電路，若$V_O$為等幅波且頻率為398Hz，則下列敘述何者正確？
(A)C＝0.02μF且R＝10kΩ
(B)C＝0.02μF且R＝20kΩ
(C)C＝0.01μF且R＝10kΩ
(D)C＝0.01μF且R＝20kΩ。

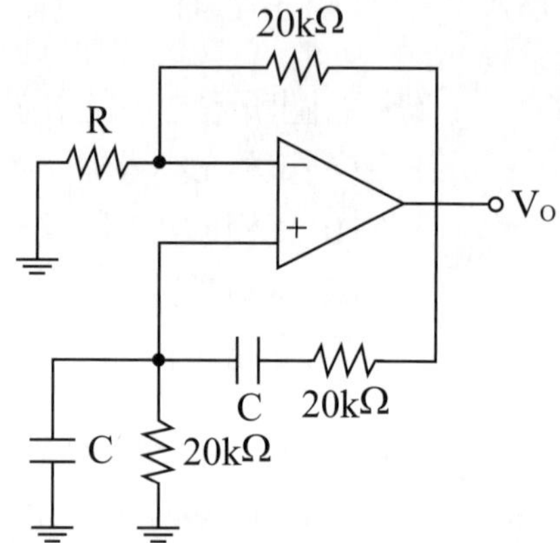


(　　) **22** 如右圖所示相移振盪器電路，若$R_1$＋$R_2$＝60kΩ，則使電路振盪的$R_2$最小值為何？
(A)44kΩ
(B)47kΩ
(C)51kΩ
(D)58kΩ。

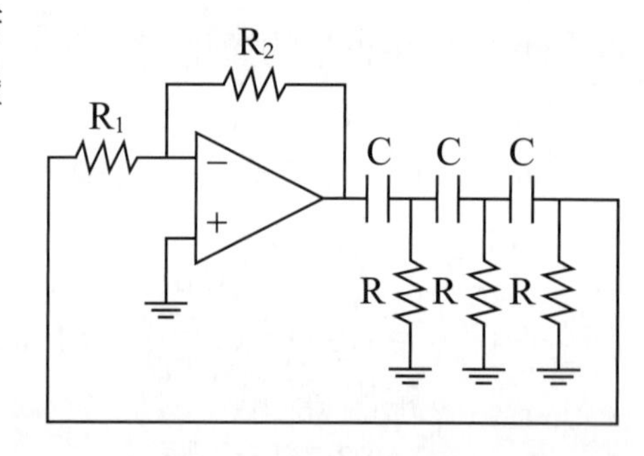


(　　) **23** 如右圖所示之IC 555電路，D為理想二極體，在電路能正常工作下，若$R_1$＝1.5$R_2$，則$V_O$工作週期（duty cycle）約為何？
(A)30%
(B)50%
(C)60%
(D)70%。

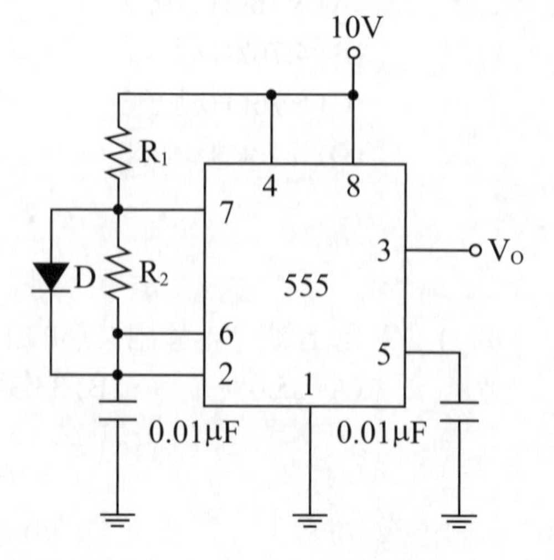

( ) **24** 如右圖所示之施密特觸發電路，若其遲滯電壓$V_H$為8V，則運算放大器的飽和電壓約為何？
(A)±8V
(B)±10V
(C)±12V
(D)±15V。

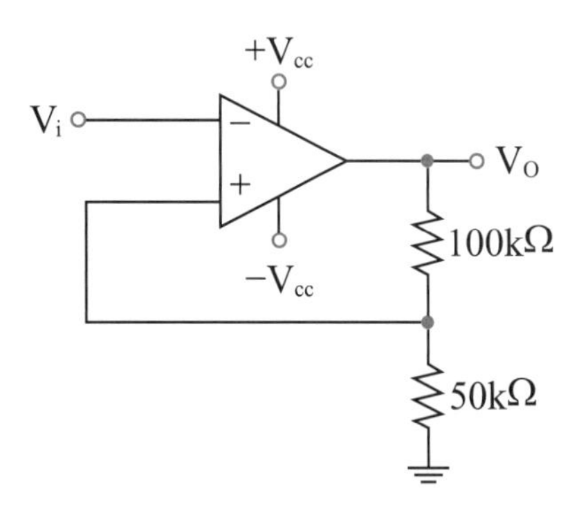


( ) **25** 如右圖所示之電路，輸入電壓$V_i$為方波，頻率100Hz，峰值為±2V，則輸出電壓$V_o$之峰值為何？
(A)±0.5mV (B)±5mV
(C)±50mV (D)±500mV。

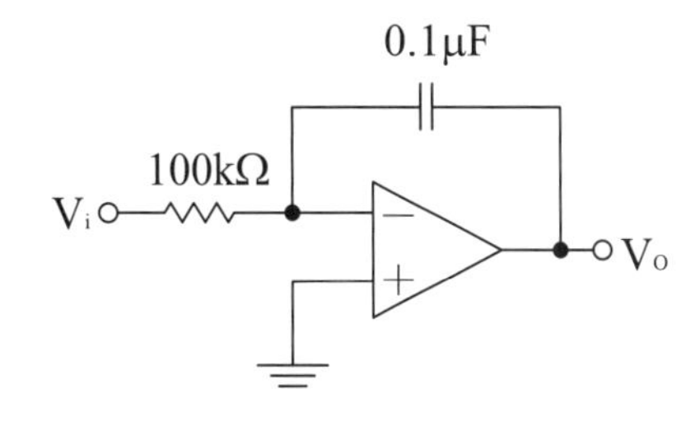


## 模擬測驗

( ) **1** 下圖所示之電路為何種振蕩器？

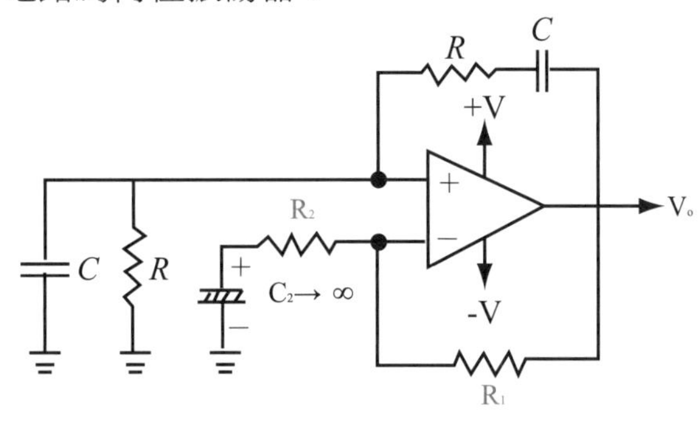


(A)韋恩電橋（Wien-bridge）振蕩器
(B)RC相移振蕩器
(C)考畢子（Colpitts）振蕩器
(D)不穩態多諧振蕩器（astablemultivibrator）。

( ) **2** 如第1題圖所示之電路中，欲使該電路維持等幅振蕩，則$\frac{R_1}{R_2}$約為何？

(A) 1 (B) 2 (C) 3 (D) $\frac{1}{3}$。

試題演練

( ) **3** 如1題圖所示之電路中，若$R=1k\Omega$，$C=1\mu F$，則該電中之振蕩頻率為何（設該電路可正常動作）？
(A) 160Hz (B) 1KHz (C) 1.6KHz (D) 10KHz。

( ) **4** 如右圖所示之方波振蕩電路，下列敘述何者**錯誤**？
(A) C之數值增加，則振蕩頻率下降
(B) $R_2$之數值增加，則振蕩頻率增加
(C)對實際OPA而言，$V_o$之峰對峰值接近$2V_{cc}$
(D)對實際OPA而言，$V_a$之工作週期（duty cycle）約為50%。

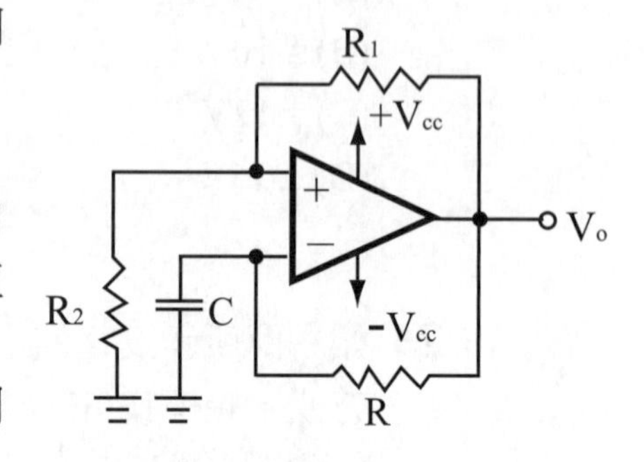


( ) **5** 如右圖所示之方小振蕩電路，如$V_o$之最大值為$\pm12V$，$R_1=R_2=10k\Omega$，則跨於電容器兩端電壓之**最大值**約為何（不計正負號）？
(A) 1V (B) 3V
(C) 6V (D) 12V。

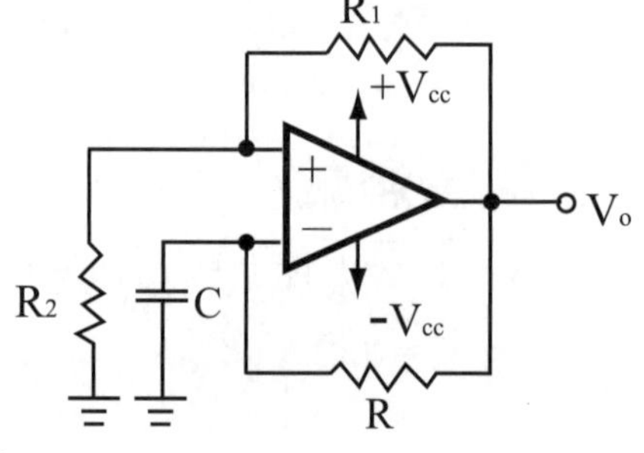


( ) **6** 下列有關振盪器的敘述，何者有誤？
(A)石英晶體振盪器的頻率最為穩定
(B)石英晶體是一種壓電材料
(C)石英晶片愈薄振動頻率愈低
(D)低頻振盪器一般採用±C電路為主。

( ) **7** 下列有關石英晶體及石英晶體振盪器的敘述，何者有誤？
(A)石英晶體具有壓電效應特性
(B)石英晶體厚度愈薄，振動頻率愈低
(C)振盪頻率穩定
(D)振盪頻率精準。

( ) **8** 如右圖所示電路，那一顆電容的主要功能是用來**控制振盪頻率**？
(A) $C_b$ (B) $C_c$
(C) $C_E$ (D) $C_1$。

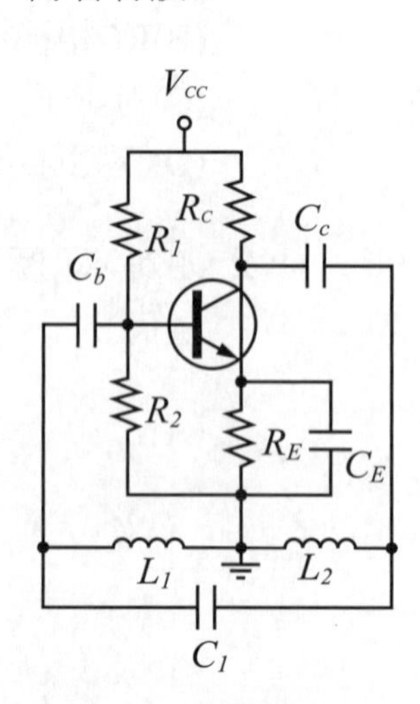

( ) **9** 由運算放大器所組成的 RC 相移振盪器，下列敘何者錯誤？
(A)迴路增益 $\beta$A 最小為1
(B)必為負回授網路
(C)回授網路可能相移 180º
(D)能將直流電能轉換成交流電能。

( ) **10** 如右圖所示電路，為那一種振盪器？
(A)韋恩振盪器
(B)哈特萊振盪器
(C)晶體振盪器
(D)考畢子振盪器。

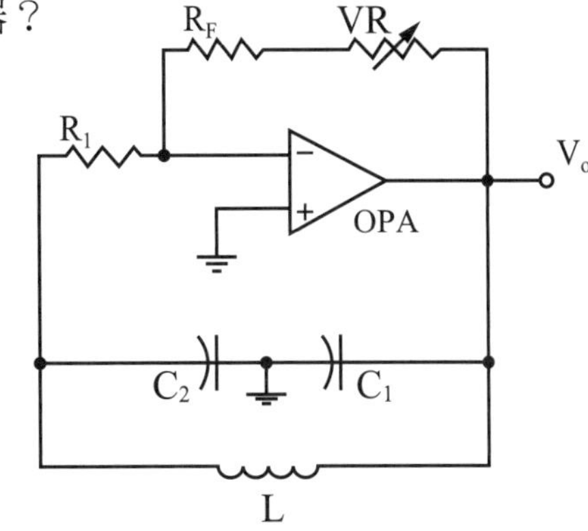


( ) **11** 下列關於右圖電路的敘述，何者較為正確？
(A)當 $V_1=0$ 時，$V_o$為鋸齒波
(B)當 $V_1=1$ 時，$V_o$為鋸齒波
(C)當 $V_1=0$ 時，$V_o$為脈波
(D)當 $V_1=1$ 時，$V_o$為脈波。

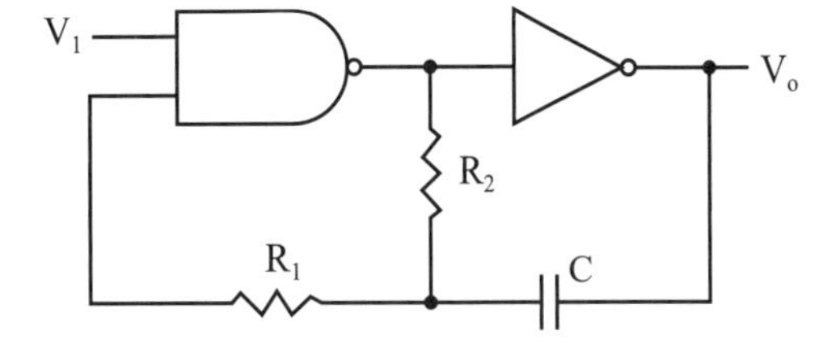


( ) **12** 右圖所示的電路功能為：
(A)單穩態電路
(B)雙穩態電路
(C)無穩態電路
(D)波形整形電路。

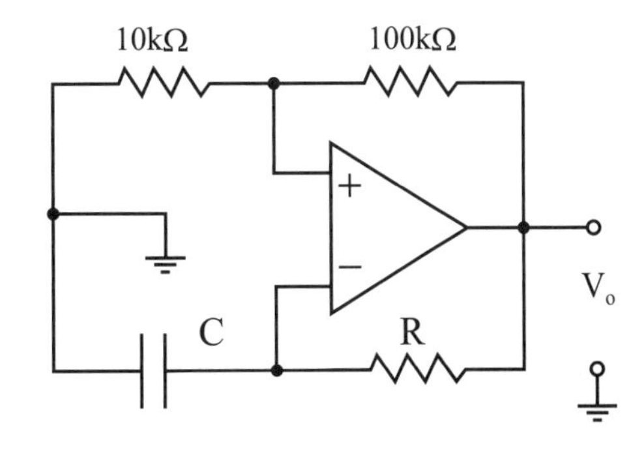


( ) **13** 下列有關555定時IC的敘述，何者**有誤**？
(A)第 6 腳為輸出
(B)第 8 腳為電源正端（$V_{cc}$）
(C)第 1 腳為接地端（GND）
(D)外加電阻、電容即可完成定時功能。

試題演練

( ) **14** 右圖所示之電路中，在輸出端所量到的波形為何？
(A)方波
(B)三角波
(C)弦波
(D)鋸齒波。

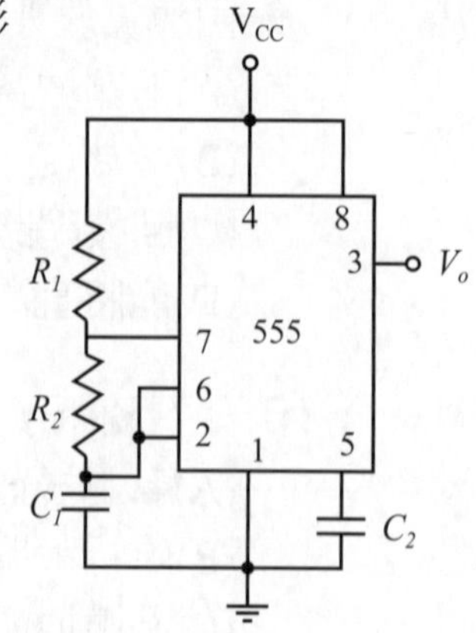


( ) **15** 右圖所示的電路，$V_{cc}=12V$，下列敘述何者**有誤**？
(A)電路功能為施密特觸發器
(B)負觸發臨界電壓$V_N=4V$
(C)正觸發臨界電壓$V_P=8V$
(D)電容器 C 會影響觸發臨界電壓值。

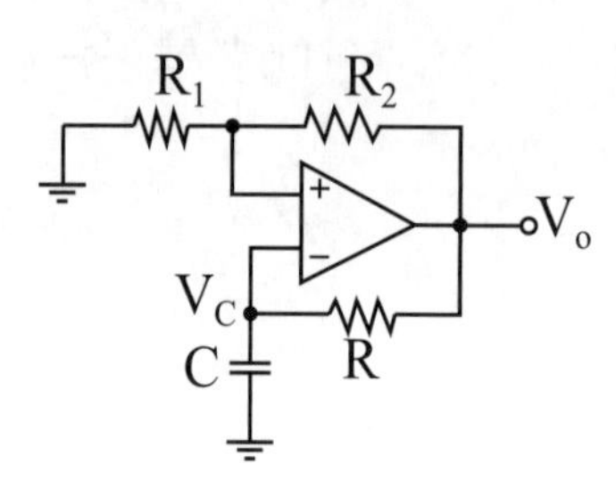


( ) **16** 如右圖所示之電路，下列敘述何者正確？
(A) $V_C$ 波形為正弦波
(B) $V_C$ 波形為方波
(C) $V_o$ 波形為正弦波
(D) $V_o$ 波形為方波。

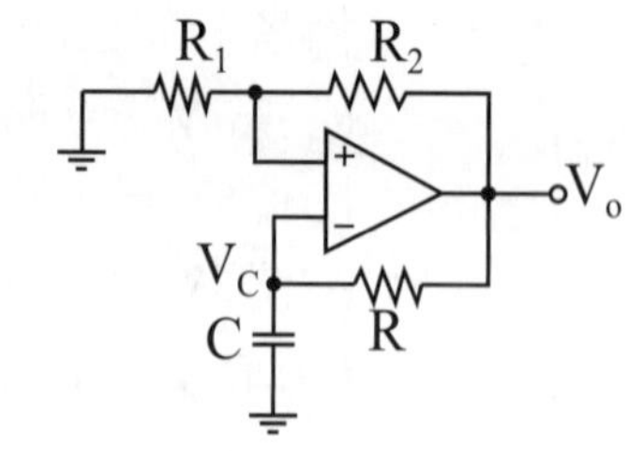


( ) **17** 承第 16 題，下列選項何者正確？
(A)此電路為正弦波產生器
(B)電路之正回授因數$\beta=\frac{R_1}{R_1+R_2}$
(C) $V_o$ 波形之週期和 ± 成反比
(D) $V_o$ 波形之週期和 C 成反比。

( ) **18** 如右圖所示之電路，$V_o$為輸出，此電路具有何種功能？
(A)積分器
(B)微分器
(C)方波產生器
(D)弦波產生器。

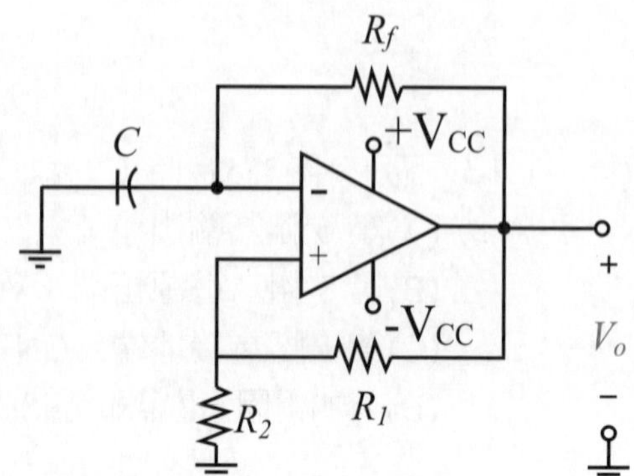

(　　) **19** 如右圖所示 555 IC 振盪電路，下列何者錯誤？
(A)內含兩個比較器
(B)內含一個輸出緩衝器
(C)無法改接成單穩態振盪器
(D)可當無穩態振盪器。

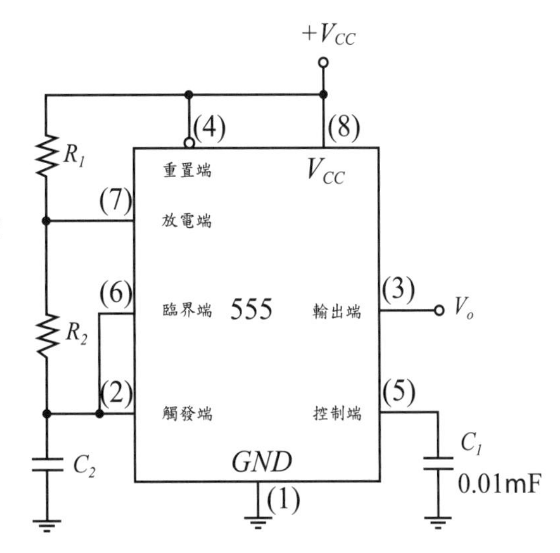


(　　) **20** 如右圖所示運算放大器的RC相移電路，則下列何者正確？
(A) $\omega_0=\frac{1}{\sqrt{6}RC}$ 且 $\frac{R_2}{R}\geq 8$
(B) $\omega_0=\frac{1}{\sqrt{6}RC}$ 且 $\frac{R_2}{R}\geq 29$
(C) $\omega_0=\frac{1}{\sqrt{3}RC}$ 且 $\frac{R_2}{R}\geq 8$
(D) $\omega_0=\frac{1}{\sqrt{3}RC}$ 且 $\frac{R_2}{R}\geq 29$。

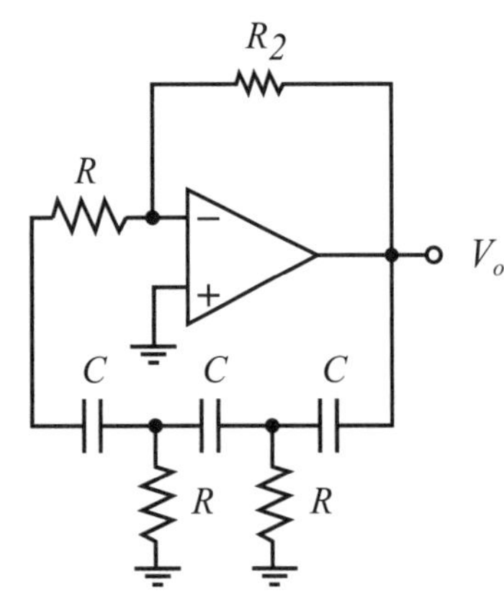


(　　) **21** 施密特觸發電路如右圖所示，則有關磁滯電壓的敘述，下列何者正確？
(A)磁滯電壓與$R_1$、$R_2$及$V_{CC}$有關係
(B)磁滯電壓與$R_1$及$R_2$有關係，與$V_{CC}$無關係
(C)磁滯電壓與$R_1$及$V_{CC}$有關係，與$R_2$無關係
(D)磁滯電壓與$R_2$及$V_{CC}$有關係，與$R_1$無關係。

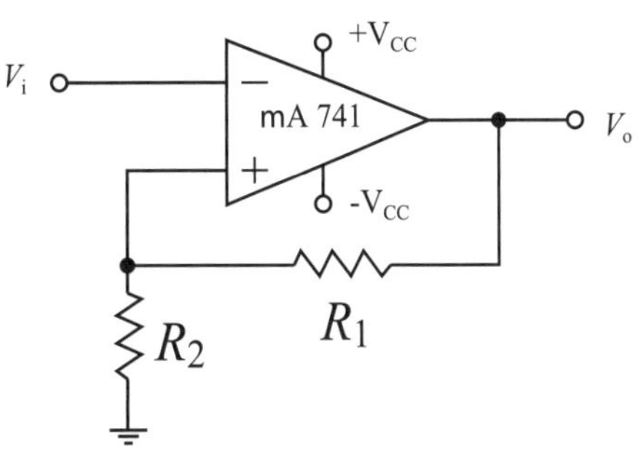


(　　) **22** 右圖所示的電路功能為：
(A)單穩態電路
(B)放大電路
(C)無穩態電路
(D)波形整形電路。

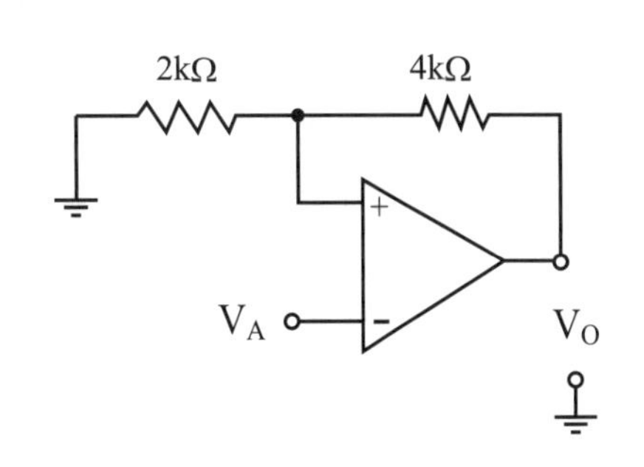


試題演練

(　　) **23** 右圖所示之電路為何種電路？

(A)石英晶體振盪器
(B)穩壓電路
(C)非反相放大器
(D)施密特觸發器（Schmitt trigger）。

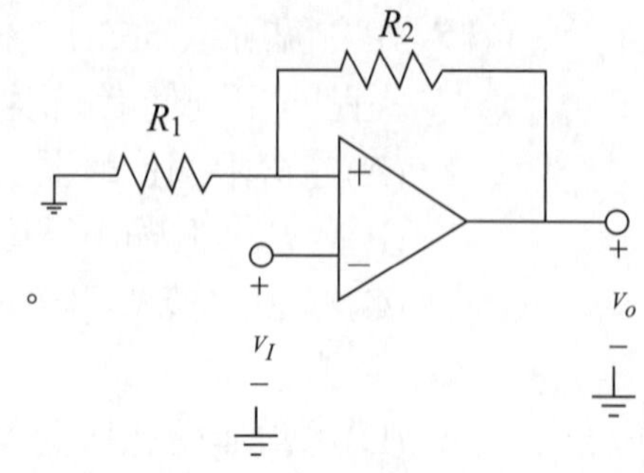


(　　) **24** 右圖所示的電路功能為：

(A)非反相放大電路
(B)波形整形電路
(C)單穩態電路
(D)無穩態電路。

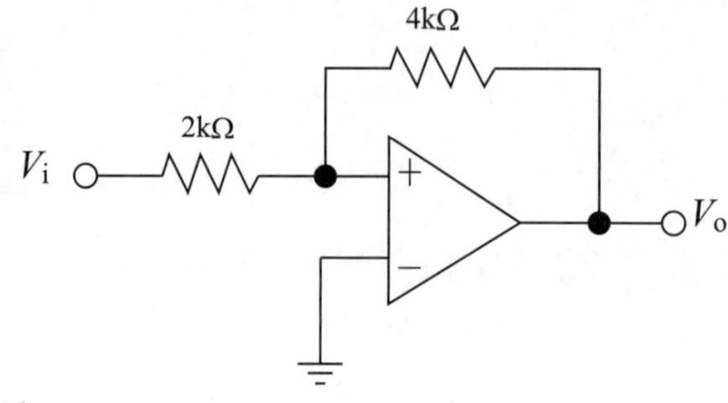


(　　) **25** 如右圖所示之電路，所有電壓皆對應到同一參考點，$V_a = 2V$，則此電路為何？

(A)反相施密特觸發電路
(B)非反相施密特觸發電路
(C)反相放大電路
(D)非反相放大電路。

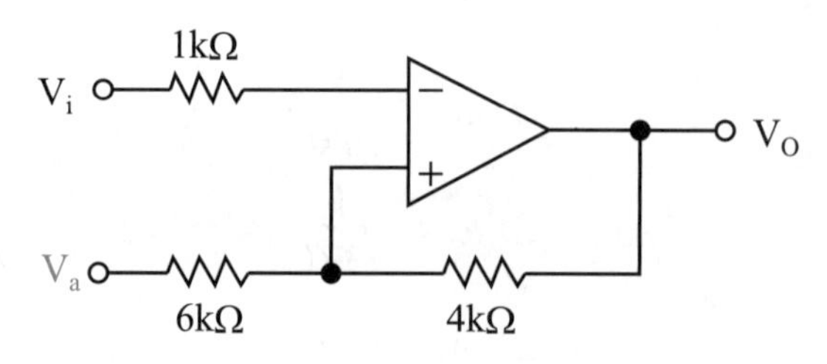


(　　) **26** 如右圖所示之施密特觸發電路，其遲滯電壓約為2.7V，若輸入電壓$V_i$（t）＝5sin1000tV，則其輸出電壓$V_o$（t）為何種波形？

(A)正弦波　(B)鋸齒波
(C)三角波　(D)方波。

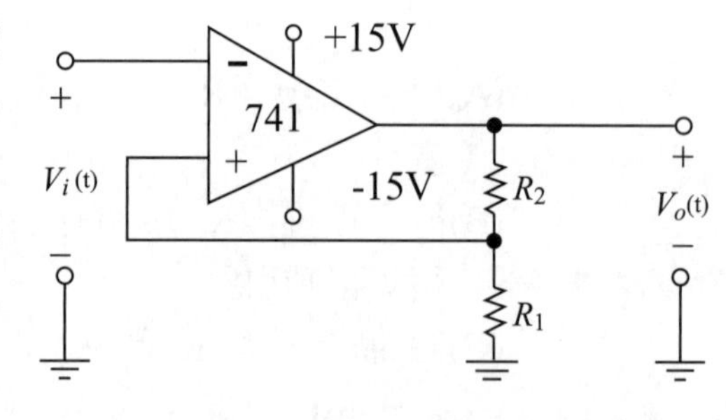


(　　) **27** 如右圖所示，為555不穩態多諧振盪器，其輸出脈波週期為？

(A) 2.1
(B) 1.1
(C) 0.9
(D) 0.7　RC。

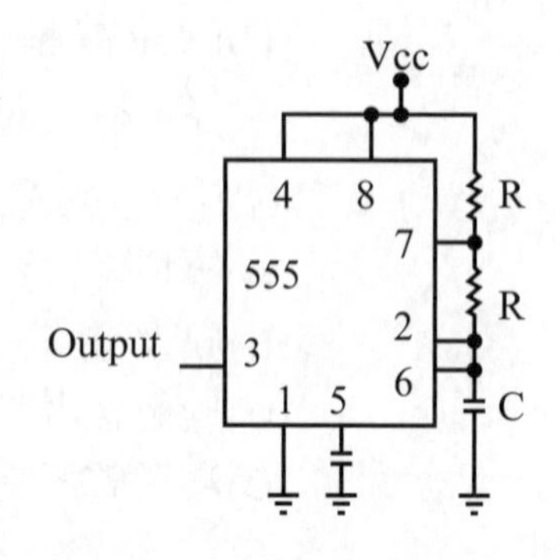

(　　) **28** 如右圖所示，為RC相移振盪器，設運算放大器具理想特性，若R＝650Ω，C＝0.01$\mu$f，則輸出的**振盪頻率**為？

(A) 1

(B) 5

(C) 10

(D) 20　kHz。

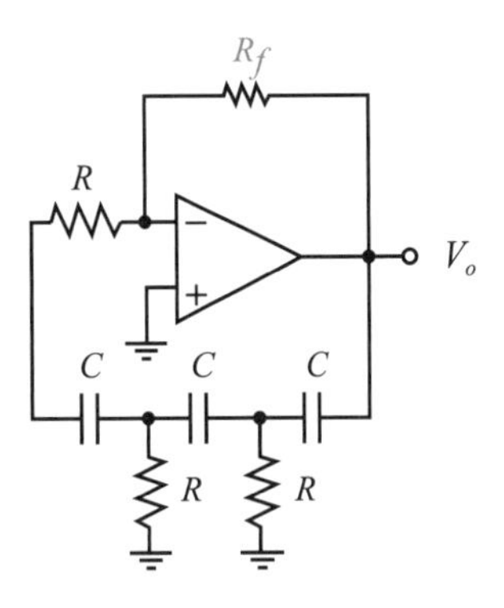


(　　) **29** 如右圖所示，為RC相移振盪器，設運算放大器具理想特性，若R＝650Ω，C＝0.01$\mu$f，欲維持電路振盪，使輸出波形為正弦波，則電阻$R_f$＝？

(A) 1

(B) 10

(C) 18.85

(D) 28.85　kΩ。

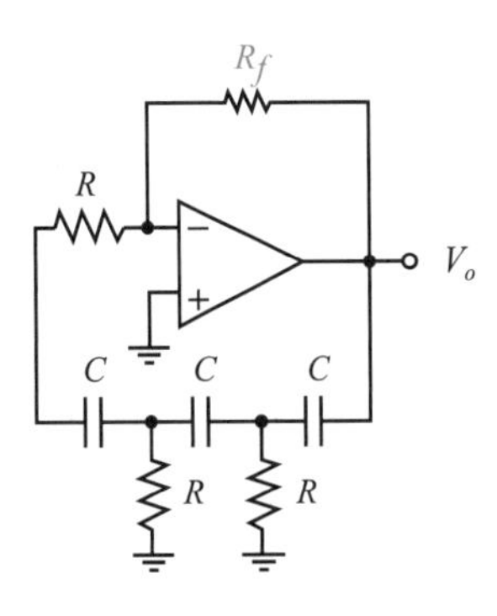


(　　) **30** 下圖1為積體電路編號555所組成方波產生器，其**輸出之方波週期**的近似值為

(A) 0.7（$R_1$＋$2R_2$）$C_1$　　(B) 0.7（$R_1$＋$R_2$）$C_2$

(C) 0.7（$R_1$＋$2R_L$）$C_1$　　(D) 0.7（$R_1$＋$2R_L$）$C_2$。

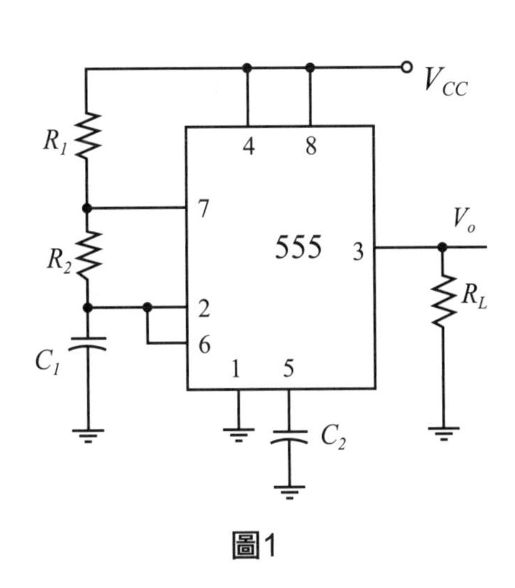


圖1

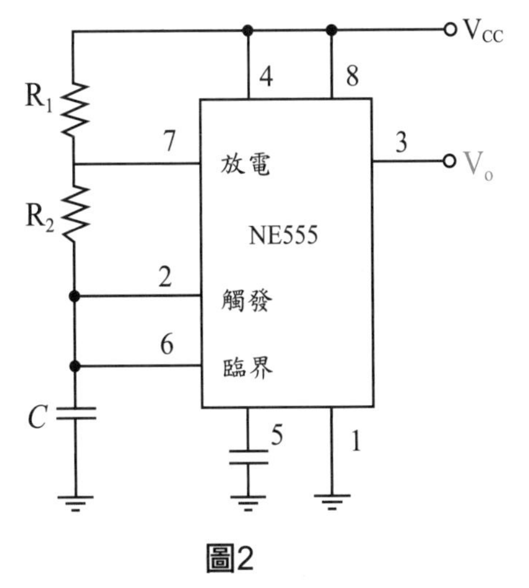


圖2

( ) **31** 上圖2所示的電路，當 C＝0.01$\mu$F，$R_1$＝10kΩ，$R_2$＝20kΩ 時，$V_o$的輸出何者較為正確？
(A) 4.8kHz 脈波　(B) 2.9kHz 脈波
(C) 4.8kHz 鋸齒波　(D) 2.9kHz 鋸齒波。

( ) **32** 右圖所示的電路功能為：
(A)單穩態電路
(B)雙穩態電路
(C)無穩態電路
(D)波形整形電路。

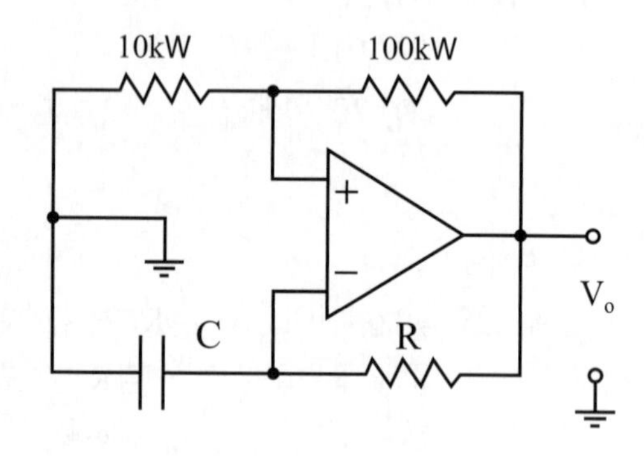


( ) **33** 承第32題，運算放大器的飽和電壓為±11V，下列選項何者有誤？
(A)回授因數$\beta$約為0.09
(B)上下臨界電壓約為±1V
(C)振盪週期為2RCℓn（0.83）秒
(D)輸出為方波、工作週期為50%。

( ) **34** 右圖所示的電路，下列敘述何者較為正確？
(A)第 3 腳輸出 45.45Hz 方波
(B)第 3 腳輸出 45.45kHz 方波
(C)第 3 腳輸出 45.45Hz 鋸齒波
(D)第 3 腳輸出 45.45kHz 鋸齒波。

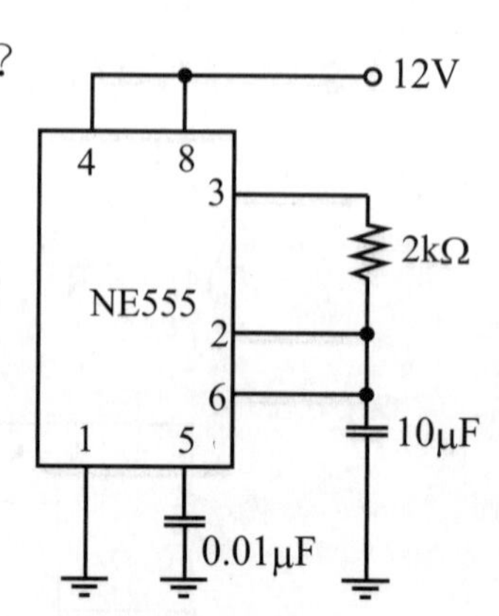


( ) **35** 如下圖3所示為IC 555的無穩態工作模式，其輸出波形的頻率約為多少？
(A) 1.5kHz　(B) 2.04kHz　(C) 3.7kHz　(D) 4.2kHz。

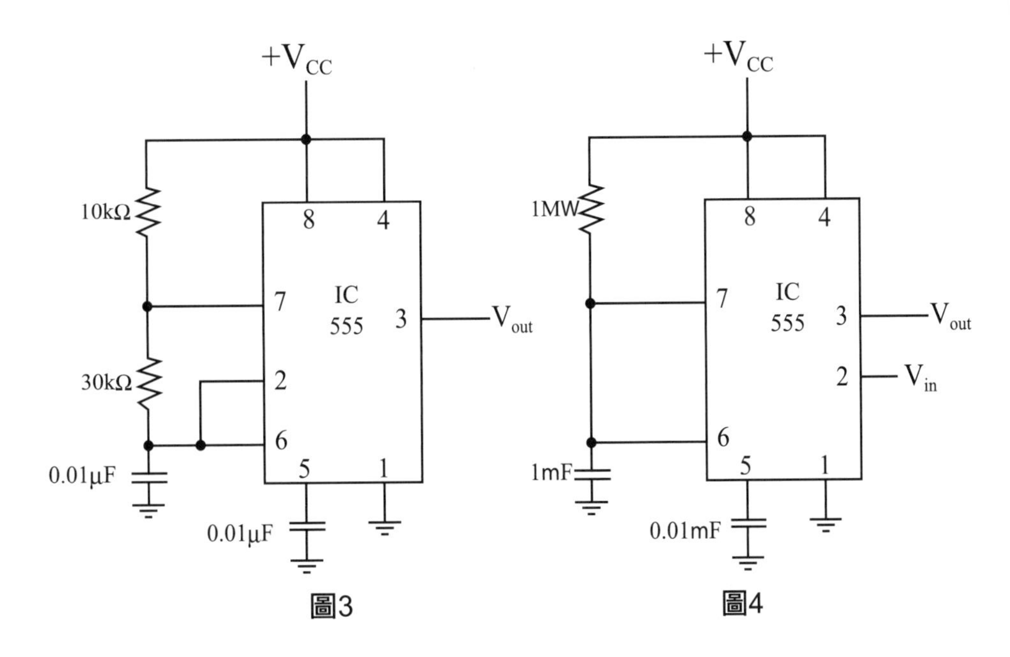


( ) **36** 用 IC 555 組成的單穩態電路如上圖4所示，若計時元件採用 1MΩ 及 1μF，則輸出脈波寬度時間為多少？
(A) 0.8 秒 (B) 0.9 秒 (C) 1.0 秒 (D) 1.1 秒。

( ) **37** 使用積體電路（IC）編號555組成的電路，如下圖所示，若按鈕開關PB**按下後即放開**，則發光二極體（LED）亮約多少時間後就會熄滅？
(A) 7 秒 (B) 11 秒
(C) 15 秒 (D) 20 秒。

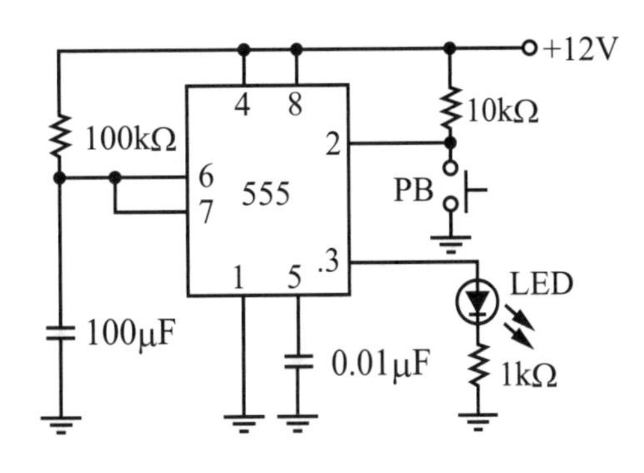


( ) **38** 如右圖所示之多諧振盪電路，輸出信號$V_o$的振盪週期約：
(A) $0.7R_1C$
(B) 0.7（$R_1C+R_2C$）
(C) $1.4R_1C$
(D) $1.4R_2C$。

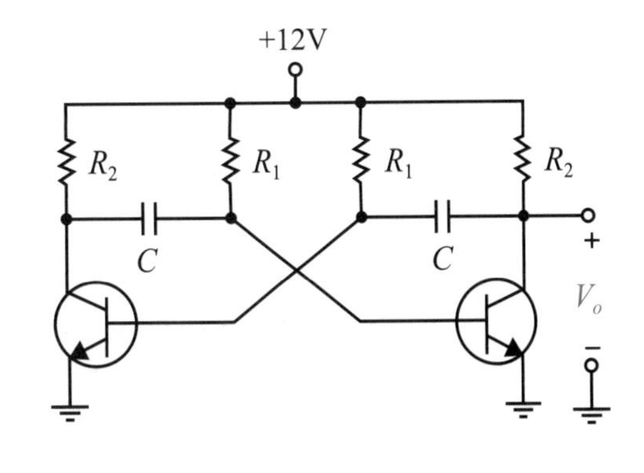


試題演練

( ) **39** 如右圖所示的電路，若 $Q_1$ 與 $Q_2$ 完全相同，則 $V_o$的週期約為：
(A) 2RC
(B) 2πRC
(C) 0.7RC
(D) 1.4RC。

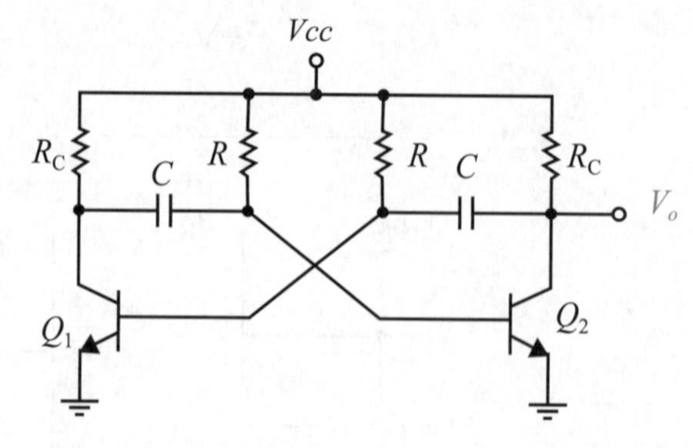


( ) **40** 右圖所示的電路功能為：
(A)單穩態電路
(B)放大電路
(C)無穩態電路
(D)波形整形電路。

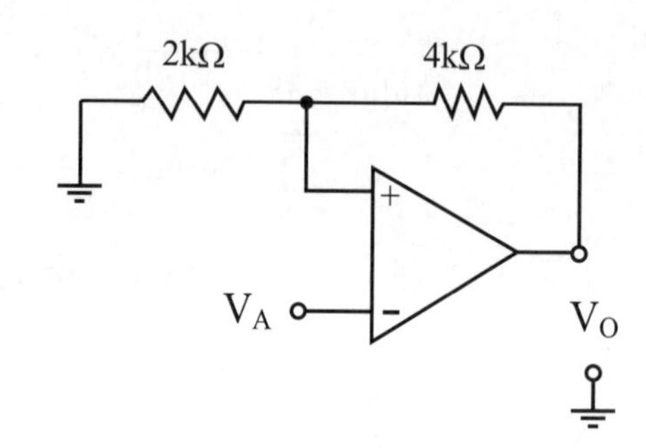


( ) **41** 承第40題，運算放大器的飽和電壓為±12V，下列選項何者正確？
(A)若 $v_A$＝−2V 則 $v_O$＝+6V
(B)若 $v_A$＝+5V 則 $v_O$＝+12V
(C)若 $v_A$＝−2V 則 $v_O$＝−6V
(D)若 $v_A$＝−5V 則 $v_O$＝+12V。

( ) **42** 右圖所示的電路功能為：
(A)非反相放大電路
(B)波形整形電路
(C)單穩態電路
(D)無穩態電路。

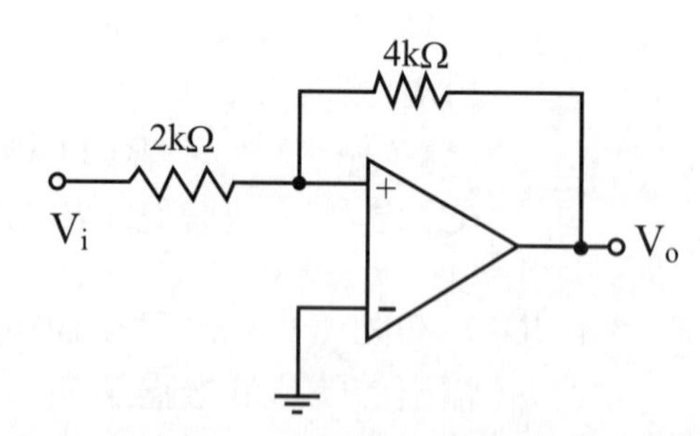


( ) **43** 承第42題，運算放大器的飽和電壓為±12V，下列選項何者正確？
(A)若 $V_i$＝−3V 則 $V_o$＝−9V
(B)若 $V_i$＝−3V 則 $V_o$＝+9V
(C)若 $V_i$＝+7V 則 $V_o$＝−12V
(D)若 $V_i$＝+7V 則 $V_o$＝+12V。

(　　) **44** 承第43題，運算放大器的飽和電壓為±12V，若 $V_i=5\sin377tV$ 之正弦波，下列選項何者正確？
(A) $V_o$ 波形為一直線
(B) $V_o$ 波形為一方波
(C) $V_o$ 波形為一三角波
(D) $V_o$ 波形為一正弦波。

(　　) **45** 如右圖所示為運算放大器組態的史密特觸發電路，求此電路之磁滯電壓大小為多少？

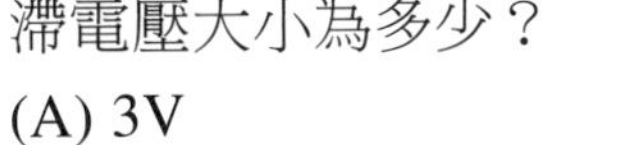

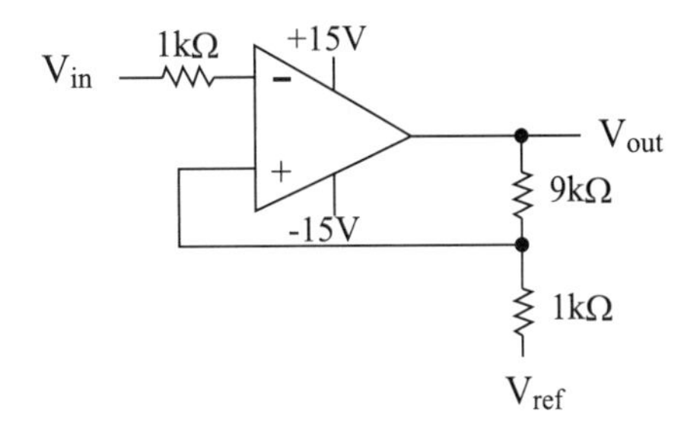


(A) 3V
(B) 4V
(C) 5V
(D) 6V。

(　　) **46** 如右圖所示之電路，所有電壓皆對應到同一參考點，$V_a=2V$，則此電路為何？

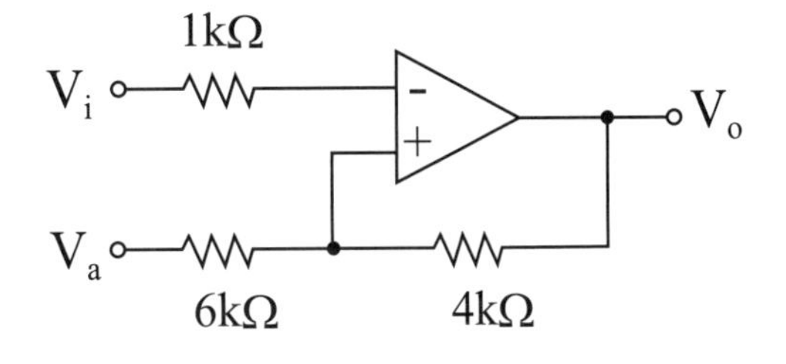


(A)反相施密特觸發電路
(B)非反相施密特觸發電路
(C)反相放大電路
(D)非反相放大電路。

(　　) **47** 承第46題，運算放大器的飽和電壓為±12V，下列選項何者正確？
(A)若 $V_i=-3V$ 則 $V_o=+9V$
(B)若 $V_i=3V$ 則 $V_o=-9V$
(C)若 $V_i=-7V$ 則 $V_o=+12V$
(D)若 $V_i=-7V$ 則 $V_o=-12V$。

(　　) **48** 承第46題及第47題，若 $V_i=10\sin377tV$，下列選項何者正確？
(A) $V_o=-12V$
(B) $V_o=+12V$
(C) $V_o=10\sin377tV$
(D) $V_o$波形為方波。

# 第十二章 歷年試題

## 103年 電子學（電機類、資電類）

(　　) **1** 某電壓$v(t)=4\sqrt{2}+6\sin377tV$，v(t)之最大值為何？
(A)11.66V　(B)10.66V
(C)6.66V　(D)5.66V。

(　　) **2** 下列有關單一個發光二極體（LED）元件之敘述，何者正確？
(A)在逆向偏壓下才能發光
(B)順向電流大小決定發光顏色
(C)順向偏壓下電子和電洞復合時釋出能量發光
(D)發光強度與順向電流成反比。

(　　) **3** 下列有關稽納二極體之敘述，何者正確？
(A)稽納崩潰時其稽納電壓為負溫度係數
(B)累增崩潰時其稽納電壓為負溫度係數
(C)累增崩潰是由於電場效應增強所引發
(D)稽納崩潰是由於熱效應增強所引發。

(　　) **4** 如右圖所示之電路，若$D_1$及$D_2$均為理想二極體，$V_i(t)=200\sqrt{2}\sin377tV$，變壓器匝數比$N_1：N_2：N_3=10：1：1$，則電流$i_o$之有效值為何？
(A)2A
(B)$2\sqrt{2}$A
(C)4A
(D)$4\sqrt{2}$A。

(　　) **5** 下列何種電路，輸出會改變交流輸入信號的直流位準，而不會改變輸入信號的波形？
(A)箝位電路　(B)倍壓電路
(C)截波電路　(D)整流電路。

(　　) **6** 如下圖所示理想二極體之電路；若令s為輸出對輸入轉換曲線中斜線部分之斜率，則此電路之轉換曲線為何？

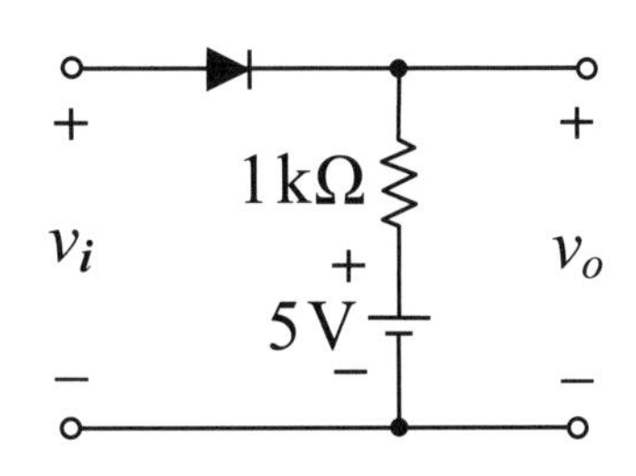


(A)
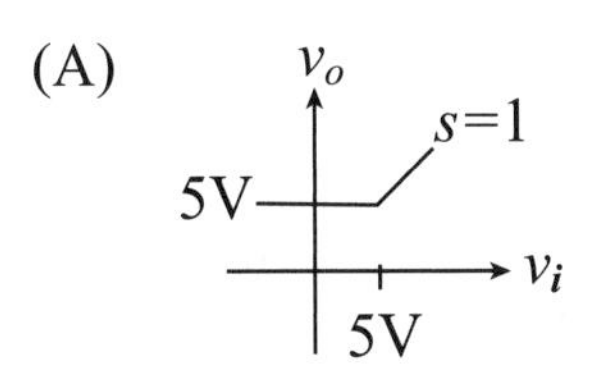


(B)
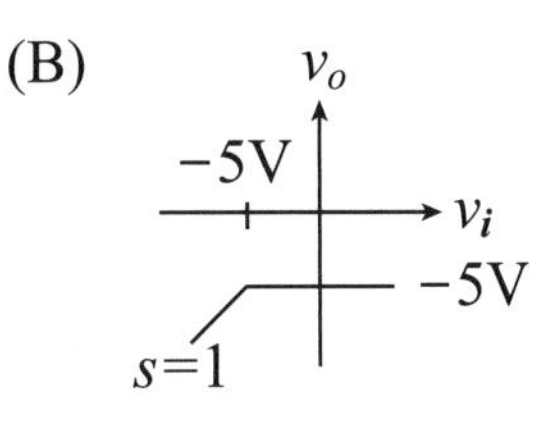


(C)
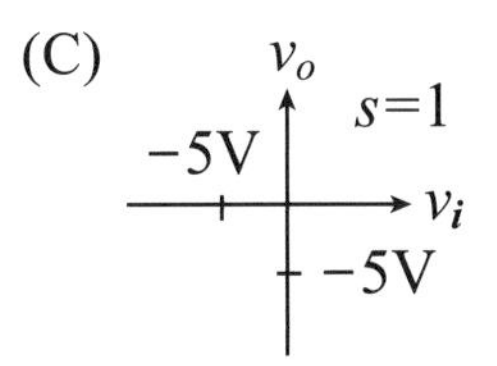


(D)
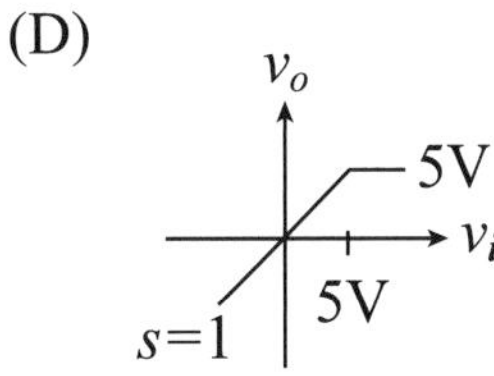


。

(　　) **7** 下列有關BJT基極之敘述，何者正確？
(A)發射載子以提供傳導之電流
(B)收集射極發出的大部分載子
(C)控制射極載子流向集極的數量
(D)基極參雜濃度最高。

(　　) **8** 下列放大電路中，何者電流增益略小於1？
(A)共集極放大電路　　(B)共基極放大電路
(C)共射極放大電路　　(D)共源極放大電路。

(　　) **9** 下列有關BJT含射極回授電阻的分壓偏壓電路（無射極旁路電容）放大器之敘述，何者正確？
(A)直流工作點位置幾乎和β值無關
(B)加入射極回授電阻可使得電壓增益提升
(C)加入射極回授電阻可使得輸入阻抗降低
(D)電路為正回授設計。

( ) **10** 如右圖所示之電路，若BJT之$\beta = 100$，$V_{BE} = 0.7V$，則$V_{CE}$約為何？
(A)4.4V
(B)5.5V
(C)6.9V
(D)8.7V。

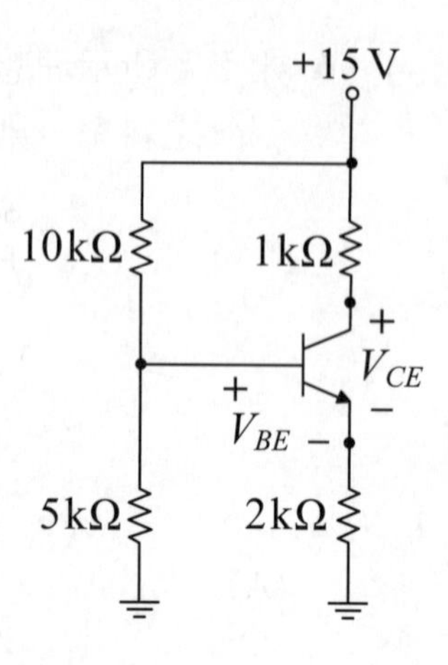


( ) **11** 若BJT工作在主動區且基極直流偏壓電流為12.5μA，$\beta = 80$，熱電壓（thermal voltage）$V_T = 25mV$，則其轉移電導$g_m$為何？
(A)2mA/V
(B)6mA/V
(C)20mA/V
(D)40mA/V。

( ) **12** 如右圖所示之電路，若BJT之$\beta = 100$，熱電壓（thermal voltage）$V_T = 26mV$，切入電壓$V_{BE} = 0.7V$，則輸入阻抗$Z_i$約為何？
(A)0.9kΩ
(B)1.7kΩ
(C)3.2kΩ
(D)8.3kΩ。

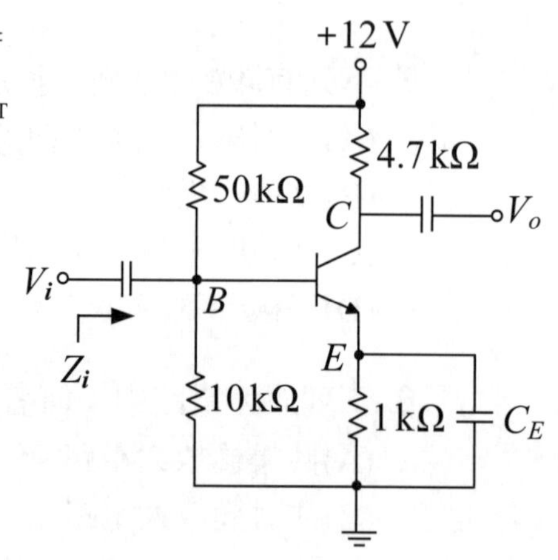


( ) **13** 下列有關BJT共射極（CE）、共集極（CC）和共基極（CB）基本組態放大電路特性之比較，何者正確？
(A)輸入阻抗：CB＞CE＞CC
(B)輸出阻抗：CE＞CC＞CB
(C)電壓增益：CB＞CE＞CC
(D)輸出與輸入信號之相位關係：CC和CB為反相，CE為同相。

( ) **14** 下列有關直接耦合串級放大電路之敘述，何者正確？
(A)電路穩定度極高
(B)各級間之直流偏壓工作點不會相互干擾
(C)各級間阻抗匹配容易
(D)低頻響應佳。

( ) **15** 各級電壓增益皆大於1之串級放大電路，若級數越多則：
(A)增益越大且頻寬越大
(B)增益越大且頻寬越小
(C)增益越小且頻寬越大
(D)增益越小且頻寬越小。

( ) **16** 某N通道空乏型MOSFET之截止電壓$V_{GS(off)}=-4V$；若此MOSFET工作於夾止區，閘極對源極電壓$V_{GS}$為0V時汲極電流為12mA，則當閘極對源極電壓為－2V時汲極電流為何？
(A)8mA
(B)6mA
(C)5mA
(D)3mA。

( ) **17** 下列電子元件中，何者是靠單一種載子來傳導電流？
(A)雙極性電晶體
(B)發光二極體
(C)稽納二極體
(D)場效電晶體。

( ) **18** 如右圖所示之放大電路，若JFET的轉移電導$g_m=4mA/V$，不考慮汲極輸出電阻，則輸出阻抗$Z_o$為何？
(A)100Ω
(B)200Ω
(C)250Ω
(D)1000Ω。

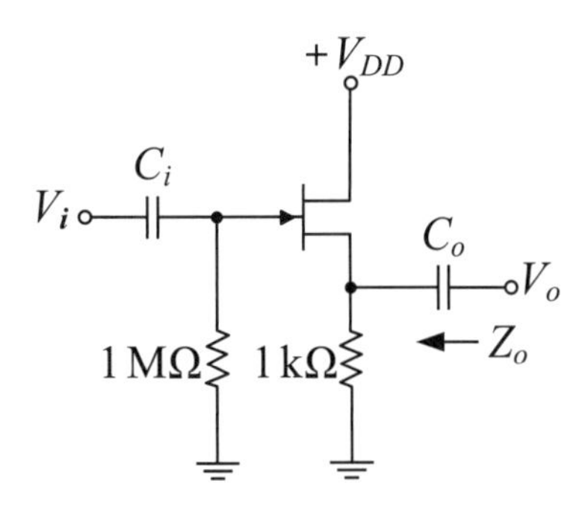

( ) **19** 如右圖所示之電路，MOSFET之臨界電壓（threshold voltage）$V_t$＝1V，參數K＝0.4mA/$V^2$，不考慮汲極輸出電阻，則$V_o/V_i$約為何？
(A)－12.5
(B)－9.9
(C)－8.3
(D)－6.4。

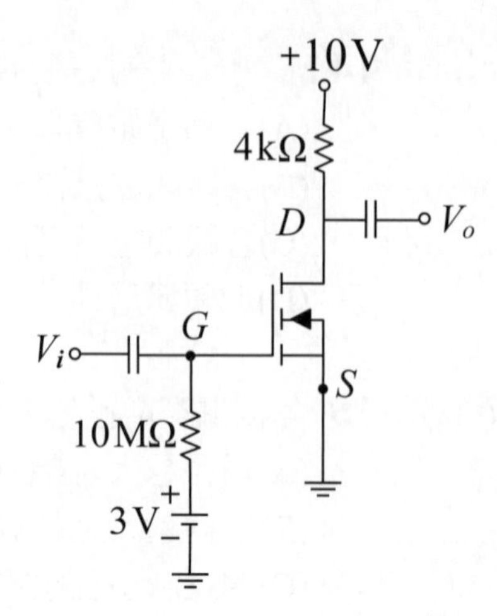


( ) **20** 下列何者為運算放大器的輸入電壓變動時，輸出電壓的最大變化率？
(A)共模拒斥比（CMRR） (B)輸入抵補電壓
(C)轉動率（slew rate, SR） (D)輸出電壓擺幅。

( ) **21** 如下圖所示理想運算放大器之電路，$V_o$約為何？
(A)－6V
(B)－10V
(C)10V
(D)12V。

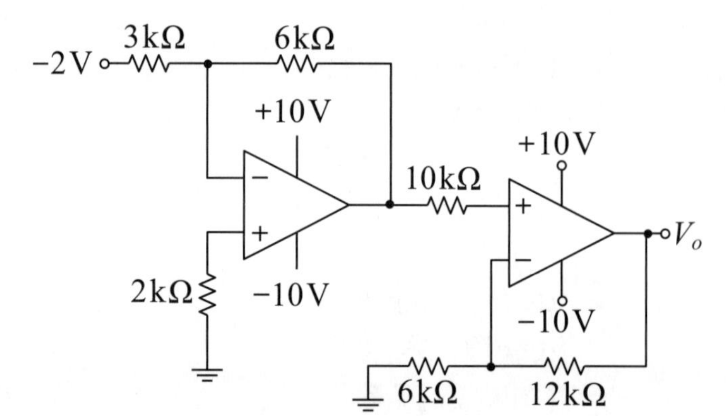


( ) **22** 如下圖所示理想運算放大器之電路，則下列敘述何者正確？
(A)電流增益為1
(B)電壓增益為1
(C)輸入阻抗非常小
(D)輸出阻抗非常大。

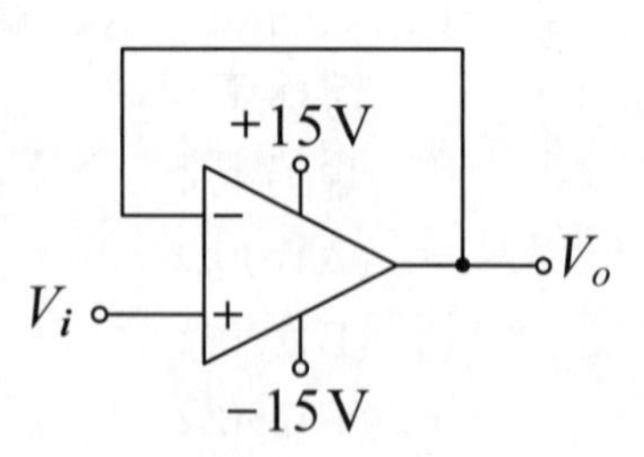

(　　) **23** 如下圖所示之振盪電路，正常工作下$V_o$之頻率約為何？
(A)20Hz
(B)100Hz
(C)200Hz
(D)1000Hz。

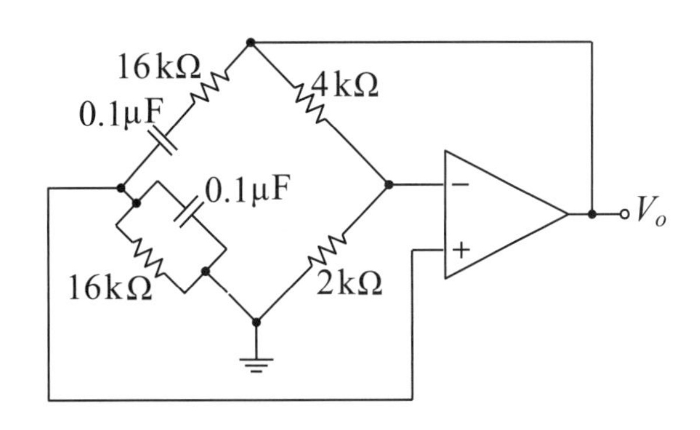


(　　) **24** 如下圖所示之振盪電路，$V_o$之振盪頻率為10kHz，回授因數$\beta = -\frac{1}{29}$，則$R_f$之最小值約為何？
(A)10kΩ
(B)87kΩ
(C)92kΩ
(D)100kΩ 。

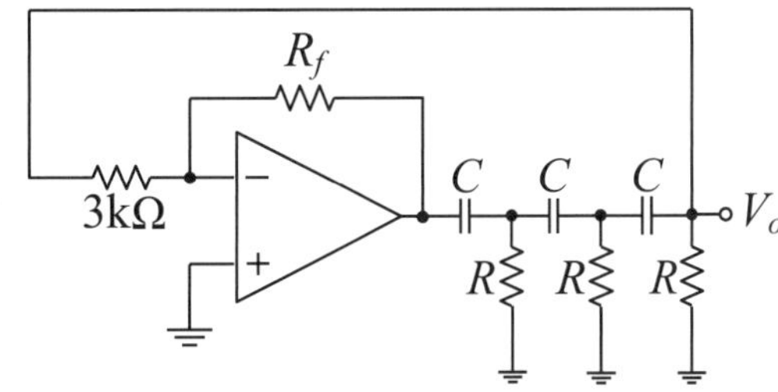


(　　) **25** 如下圖所示之施密特觸發電路，其遲滯電壓為何？
(A)15V
(B)10V
(C)7V
(D)5V。

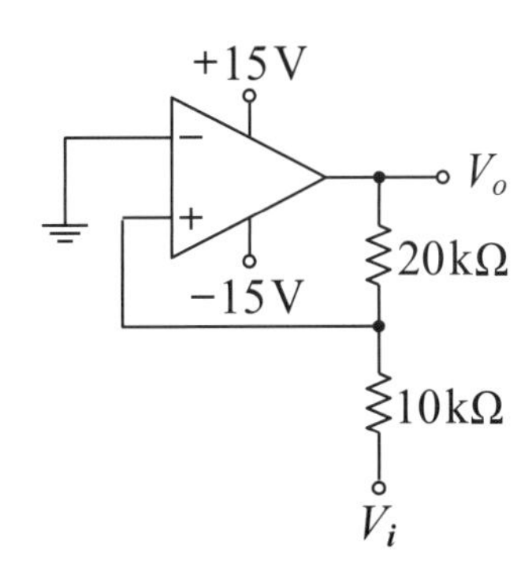

# 103年 電子學實習（電機類）

( ) **1** 如下圖所示之電路，當電源變壓器一次側接至AC110V（有效值），$R_L=2k\Omega$，若二極體均視為理想二極體，當二極體$D_1$發生開路故障時，則$V_{DC}$之直流電壓平均值約為何？

(A)9V
(B)8.5V
(C)7.4V
(D)5.4V。

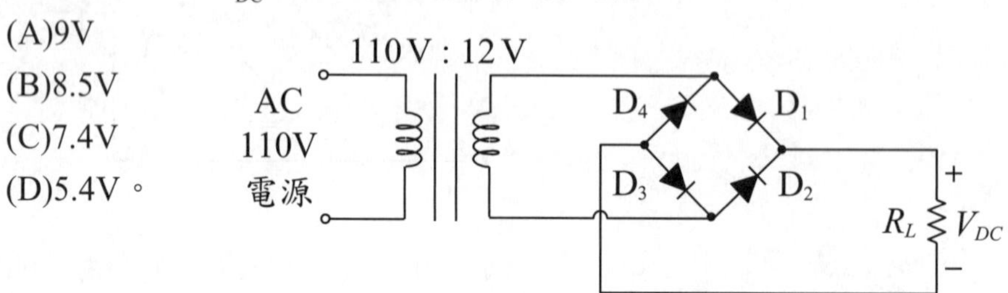


( ) **2** 如下圖所示之電路，稽納（Zener）二極體的最大額定功率為400mW，$R_L=200\Omega$，輸出電壓$V_L$維持10V，欲使稽納二極體維持正常工作，則輸入電壓$V_S$最大值為何？

(A)10V
(B)13V
(C)19V
(D)24V。

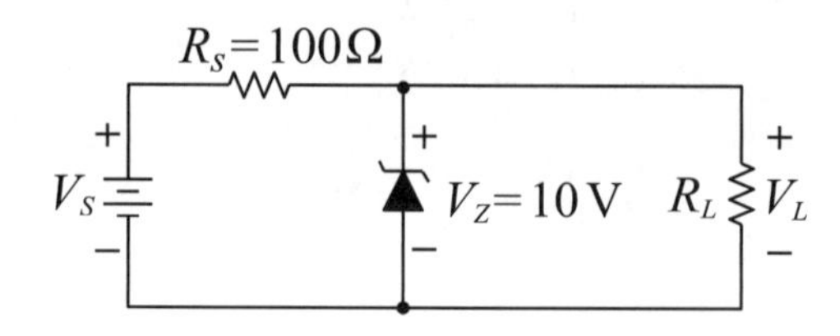


( ) **3** 如下圖所示，輸入電壓$v_{in}(t)$為100sin(377t)V，二極體均視為理想二極體。若輸出電壓$v_{out}(t)$波形如圖中所示，則其故障原因最可能為何？

(A)$D_2$開路
(B)$D_1$開路
(C)R開路
(D)$D_1$與$D_2$短路。

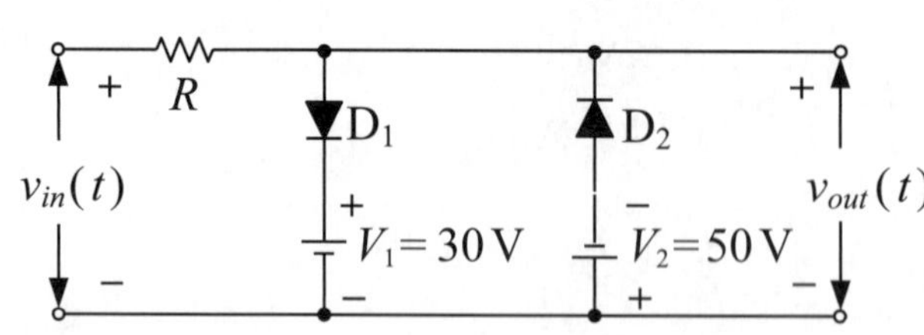


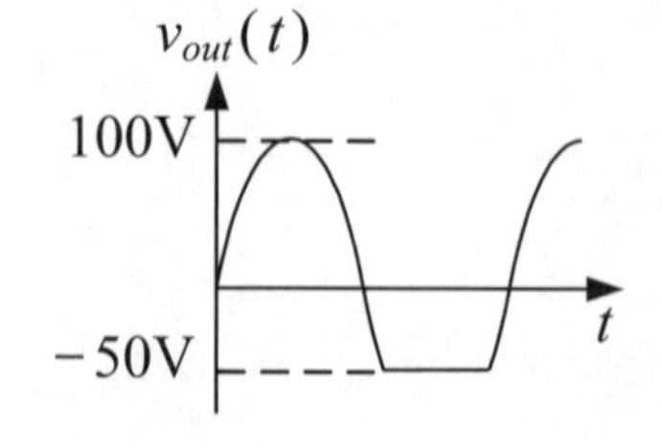

(　　) **4** 某一電晶體由其規格表中得知其 $\alpha$ 值（即共基極組態直流電流轉換率）為0.96，則共集極組態之直流電流增益$I_E/I_B$（即射極電流/基極電流）為何？
(A)24 (B)25
(C)28 (D)31。

(　　) **5** 如下圖所示之電晶體電路，$V_{CC}=8V$，$R_C=1k\Omega$，$\beta=100$，假設$V_{BE}=0V$，若欲將Q點（工作點）置於負載線之中點，則$R_B$之值應為何？
(A)100kΩ
(B)200kΩ
(C)300kΩ
(D)400kΩ。

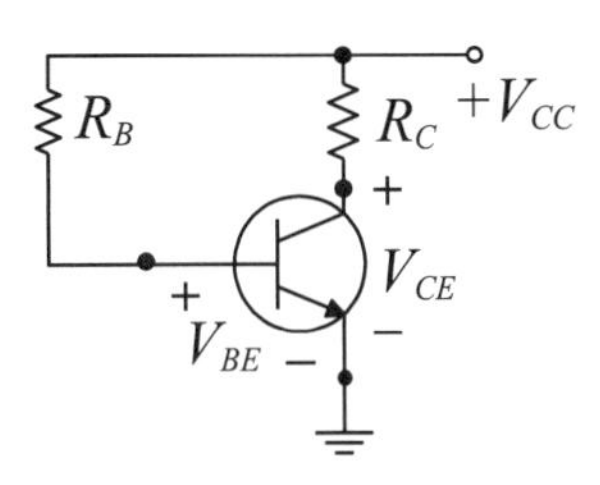


(　　) **6** 如下圖所示之電路，若電晶體之$\beta=50$，$V_{CE}$測得約為0.7V，則其故障原因最可能為何？
(A)$R_B$電阻器發生短路
(B)$R_B$電阻器發生斷路
(C)$R_C$電阻器發生斷路
(D)$R_C$電阻器發生短路。

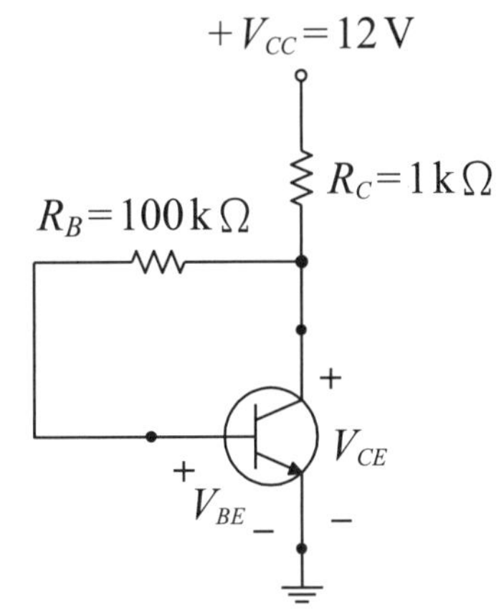


(　　) **7** 關於電晶體基本放大電路組態特性，下列敘述何者正確？
(A)共射極組態放大電路又稱為射極隨耦器
(B)共基極組態放大電路其電流增益遠大於1
(C)共射極組態放大電路兼具有電壓與電流放大功能
(D)共集極組態放大電路之輸入訊號與輸出訊號相位反相。

( ) **8** 如下圖所示之電晶體共射極放大器，當電路在正常工作且各電阻均不為零之狀況下，若交流電壓增益$A_v = |v_o| / |v_i|$，則下列敘述何者正確？

(A)若將$C_2$短路，則$A_v$變大
(B)若$R_C$變大，則$A_v$變小
(C)若$C_1$開路，則$A_v$變大
(D)若將$C_E$移除，則$A_v$變小。

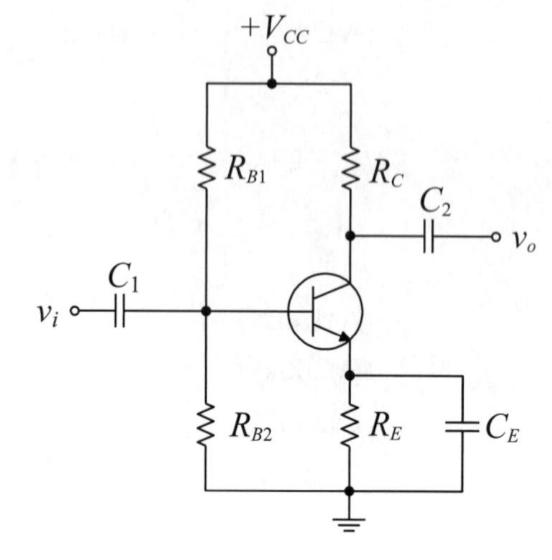


( ) **9** 如右圖所示之電路，若$V_{CC}=15V$，$R_1=R_3=10k\Omega$，$R_2=R_4=20k\Omega$，$V_1=8V$，$V_2=5V$，則$V_o$為何？

(A)－6V
(B)－3V
(C)＋3V
(D)＋6V。

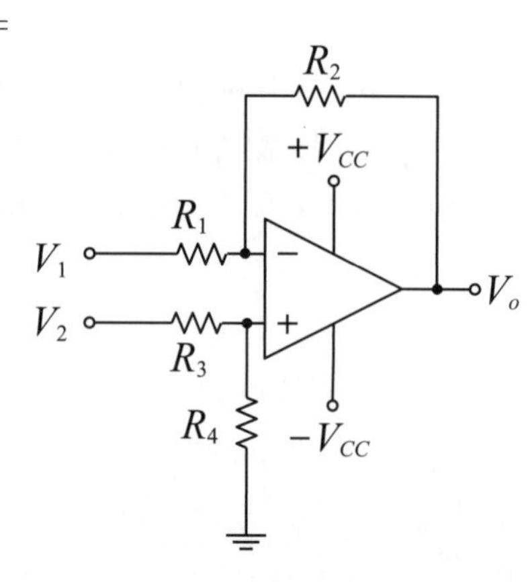


( ) **10** 如右圖所示之JFET電路，若$I_D=2mA$，$R_D=5k\Omega$，$R_S=1k\Omega$，$R_G=1M\Omega$，則$V_D$與$V_{GS}$（$V_{GS}=V_G-V_S$）分別為何？

(A)－5V，－2V
(B)－5V，2V
(C)5V，－2V
(D)5V，2V。

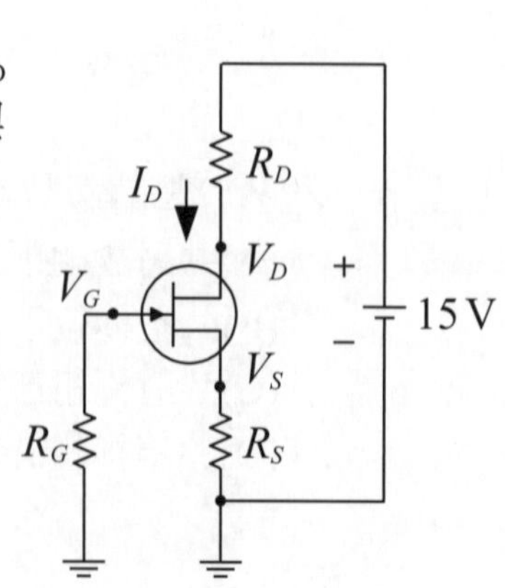

( ) **11** 如右圖所示之電路，$R_1 = 10k\Omega$，欲使電路產生振盪，則$R_2$之最小值應為何？

(A)5kΩ

(B)10kΩ

(C)15kΩ

(D)20kΩ。

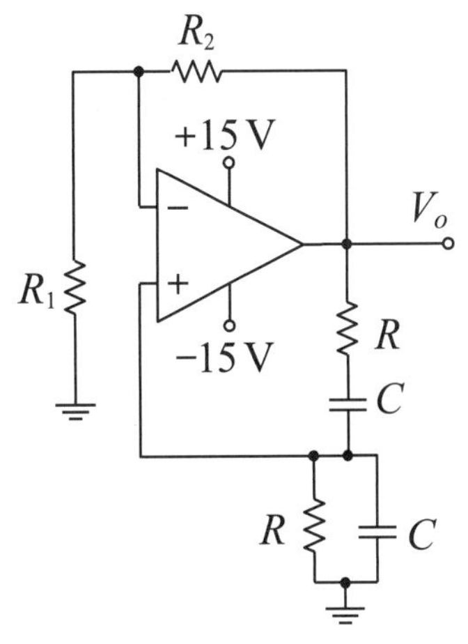


( ) **12** 如右圖所示之電路，若$R_1 = 1k\Omega$，$R_2 = 0.85k\Omega$，$R = 10k\Omega$，$C = 0.01\mu F$，則振盪頻率約為何？（自然對數ln（2.7）≅1）

(A)20kHz

(B)15kHz

(C)10kHz

(D)5kHz。

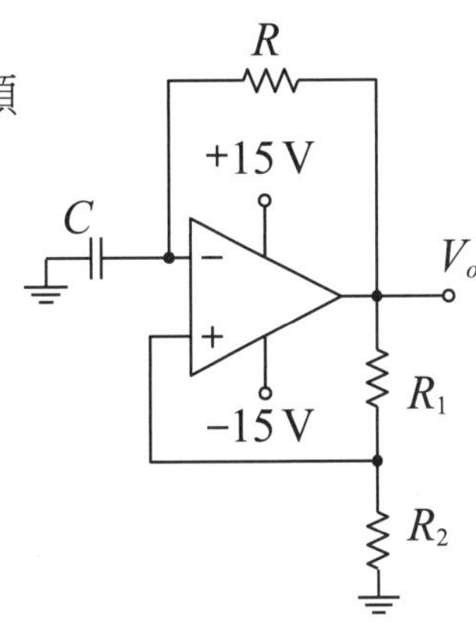


( ) **13** 如右圖所示，使用指針式三用電表之1kΩ檔位量測JFET元件，黑棒接閘極（G），紅棒接汲極（D）或是源極（S），則下列敘述何者正確？

(A)若為N通道元件時則指針會偏轉，若為P通道元件時則指針不偏轉

(B)若為N通道元件時則指針不偏轉，若為P通道元件時則指針會偏轉

(C)若為N通道元件時則指針會偏轉，若為P通道元件時則指針亦會偏轉

(D)若為N通道元件時則指針不偏轉，若為P通道元件時則指針亦不偏轉。

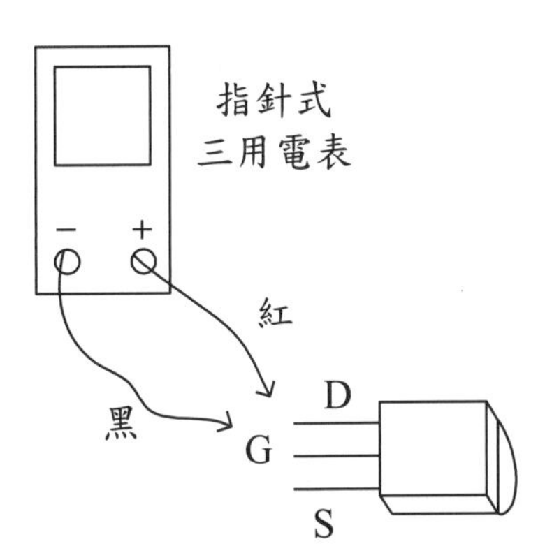

(　　) **14** 如右圖所示之電路，則下列敘述何者正確？
(A)$LED_1$熄滅，$LED_2$燈亮
(B)$LED_1$燈亮，$LED_2$熄滅
(C)$LED_1$燈亮，$LED_2$燈亮
(D)$LED_1$熄滅，$LED_2$熄滅。

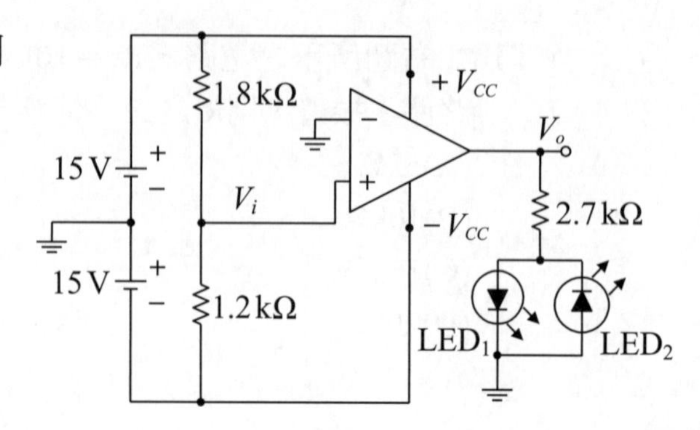


(　　) **15** 如右圖所示之施密特觸發電路（Schmitt trigger），若此運算放大器（OP Amp）之飽和電壓$V_{sat}=\pm 12V$，$R_1=1k\Omega$，$R_2=9k\Omega$，則遲滯電壓（Hysteresis voltage）$V_H$為何？
(A)1.2V
(B)1.8V
(C)2.4V
(D)3.0V。

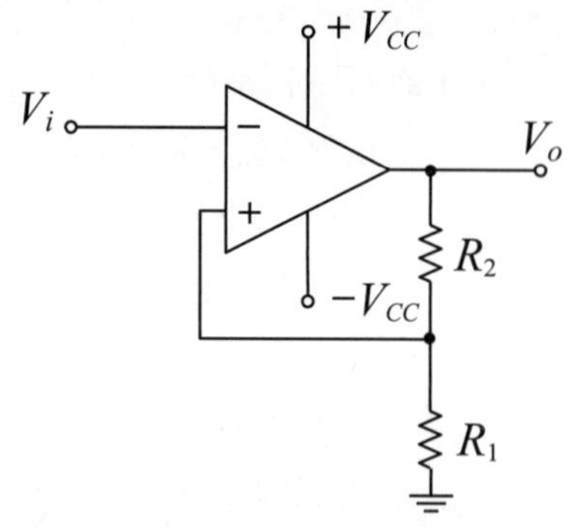


*Notes*

# 103年 電子學實習（資電類）

( ) **1** 下列有關使用心肺復甦術（CPR）急救基本步驟的敘述，何者錯誤？
(A)Analysis（分析現場狀況）
(B)Breathing（實施人工呼吸）
(C)Circulation（按壓心臟維持循環）
(D)Defibrillation（利用心臟電擊器進行體外去顫）。

( ) **2** 有關三用電表的使用，下列敘述何者錯誤？
(A)三用電表可以用來量測元件的電阻值以及電路的電壓與電流值
(B)三用電表的電壓計可以量測電路的交流與直流電壓，使用時必須與待測電路串接
(C)當量測電阻時，電阻檔位在X10，所得讀值為330，所以此電阻值為3.3千歐姆
(D)三用電表不用時應將檔位歸回OFF檔，省電又安全。

( ) **3** 有關電子學實習中所用的示波器，下列敘述何者正確？
(A)如果同時使用CH1與CH2量測電路信號，應將CH1與CH2共同接地才能量到正確結果
(B)示波器螢幕上的垂直方向刻度表示週期
(C)可以使用示波器的EXT輸入端子來量測電路待測點的電流信號
(D)如將示波器輸入耦合選擇開關置於DC位置，只能觀測待測點的直流信號。

( ) **4** 中間抽頭整流電路如下圖所示，假設此電路中$D_1$與$D_2$均為理想二極體。輸出電壓$V_o$為電阻$R_L$的端電壓。請問下列何者為比較接近正確輸出的電壓波形？

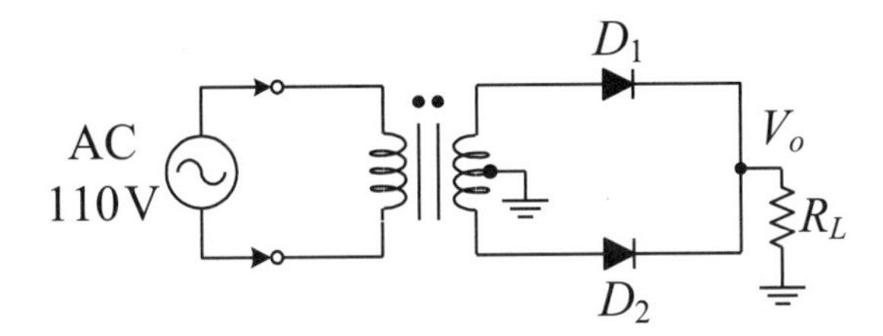

(A)
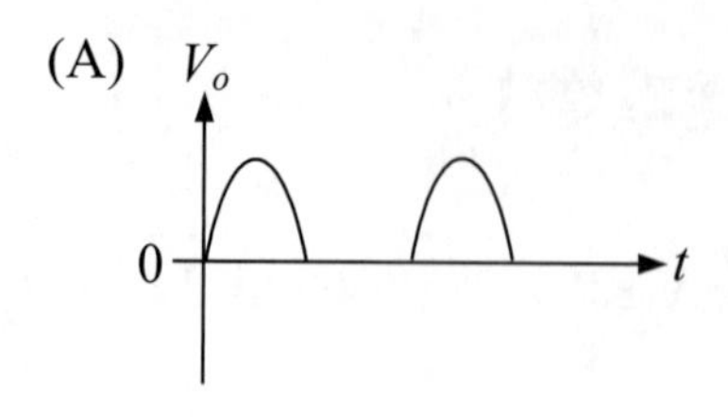


(B)
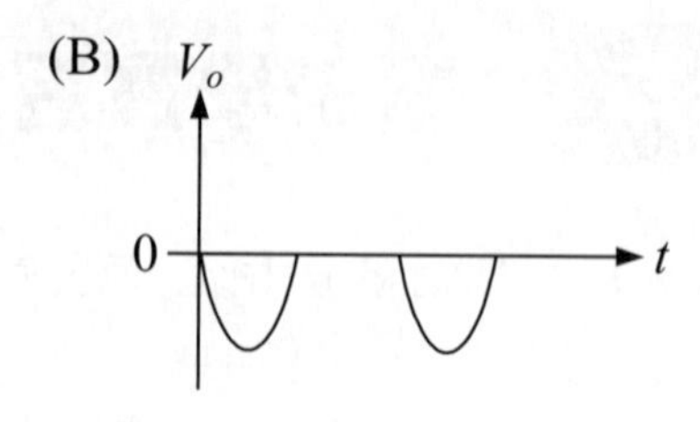


(C)
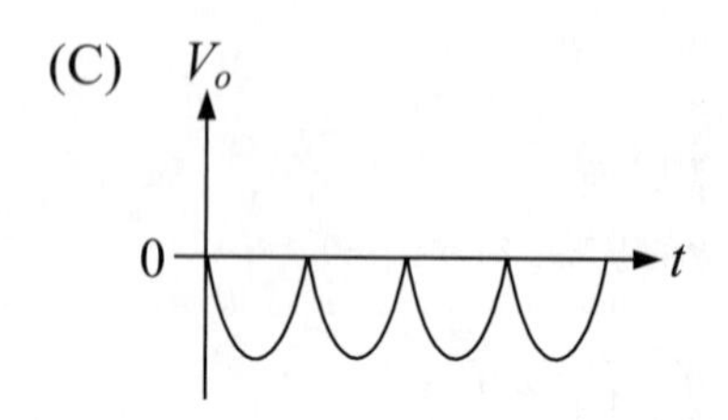


(D)
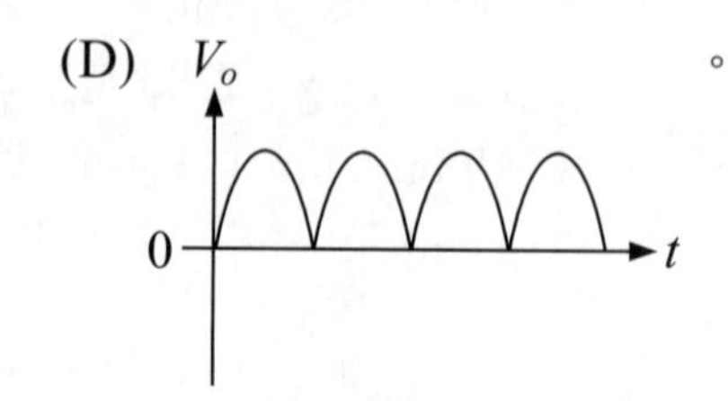

。

(　　) **5** 關於雙極性接面電晶體（Bipolar Junction Transistor，BJT）的特性，下列敘述何者錯誤？

(A)NPN型電晶體與PNP型電晶體流入基極的電流$I_B$方向相反

(B)NPN電晶體工作在飽和區（Saturation Region）時，其基射極間的電壓（$V_{BE}$）為順向偏壓，且基集極間的電壓（$V_{BC}$）為順向偏壓

(C)若用此電晶體來設計共基極放大器（CB）時，其輸入端是射極（E極），輸出端是基極（B極）

(D)當此電晶體作為開關使用時，其必須工作在截止區（Cut-off Region）或飽和區。

(　　) **6** 請參考下圖電路，輸入電壓為AC110V/60Hz，D為理想二極體，C為理想電容器且初始電壓為零。若電阻$R_L$兩端之輸出電壓為$V_o$，請問下列敘述何者錯誤？

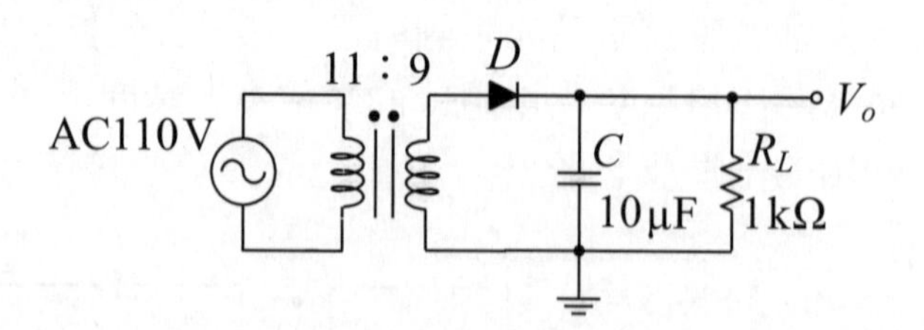


(A)若使用三用電表量測$V_o$值，以AC50V檔位量測是合適的

(B)此電路是半波整流電路加上電容濾波電路

(C)若電容值提高為20μF，則可以降低漣波電壓與改善濾波效果

(D)電容器C在輸入電壓的正半週期充電。

(  ) **7** 在一N通道增強型MOSFET共源極放大電路中，如果所用的電晶體臨界電壓$V_T$＝2伏特（V），導電參數K＝1mA/$V^2$，下列敘述何者正確？

(A)若是$V_{GS}$<2V，則此電晶體將工作於歐姆區（三極體區），此時沒有通道可以導通電流

(B)此電晶體的汲極電流（$I_D$）是以電洞作為主要載子，並由閘源間電壓（$V_{GS}$）控制此電流大小

(C)在MOSFET放大器實驗中，閘極電流（$I_G$）大於汲極電流（$I_D$）是正常現象

(D)此放大電路工作在飽和區時，汲極電流可由閘源間電壓（$V_{GS}$）控制。當$V_{GS}$等於3伏特時，汲極電流（$I_D$）為1毫安培（mA）。

(  ) **8** 參考下圖之電路與輸入信號$V_i$波形，ZD為稽納二極體（Zener Diode），其稽納電壓$V_z$為6伏特，D為理想二極體。請問電阻R兩端電壓$V_o$的波形比較接近下列何者？

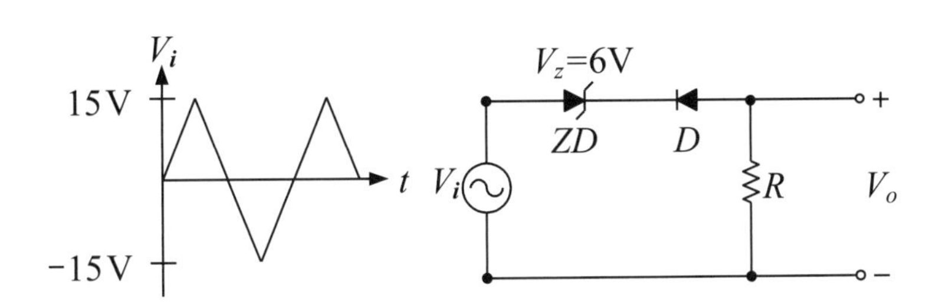


(A)
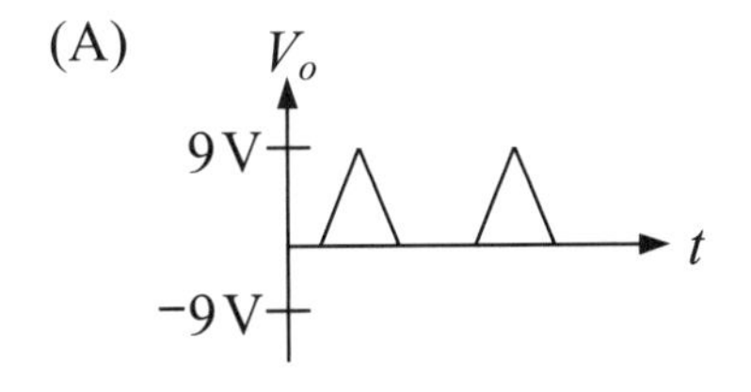


(B)
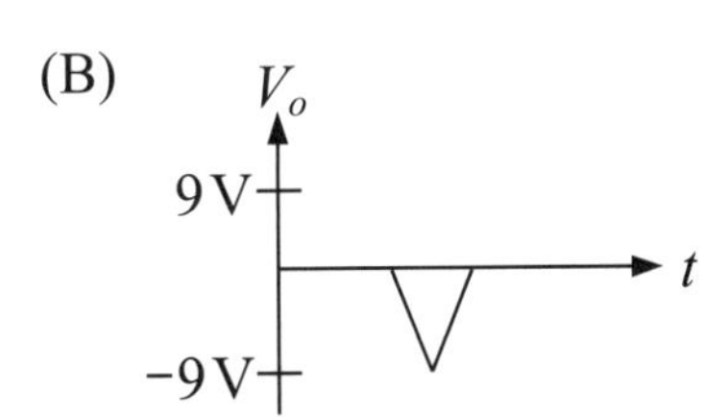


(C)
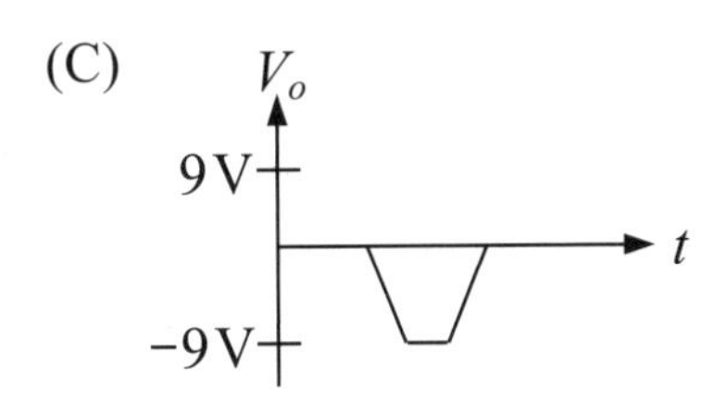


(D)
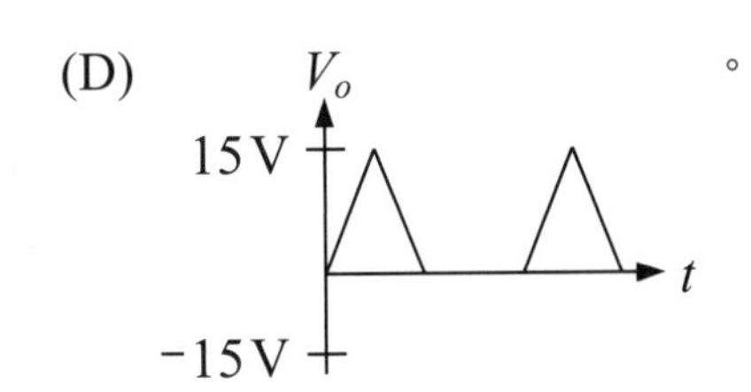


。

(　) **9** 下圖為矽（Si）二極體與鍺（Ge）二極體的電壓-電流（V-I）特性曲線，請依照此圖判斷下列敘述何者正確？

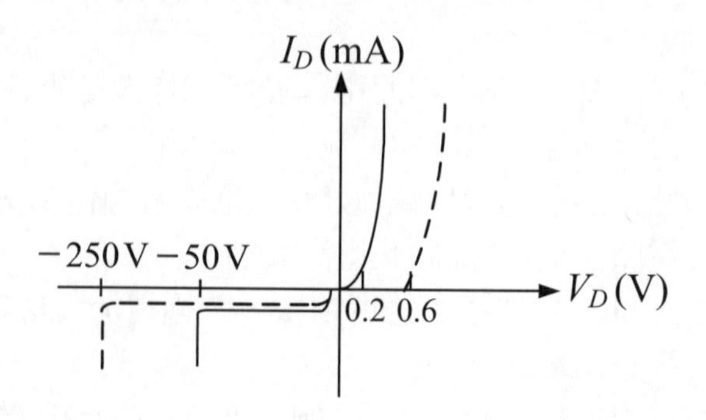


(A)不論矽或鍺二極體，其PN接面只要順向電壓大於0伏特，即可導通電流

(B)圖中的虛線是矽二極體的特性曲線

(C)矽二極體比鍺二極體容易導通

(D)矽二極體在逆偏壓50伏特就會崩潰。

(　) **10** 下圖所示為使用理想運算放大器（Operational Amplifier）所構成的串級放大器電路，其中$D_1$與$D_2$為理想二極體。請問下列敘述何者錯誤？

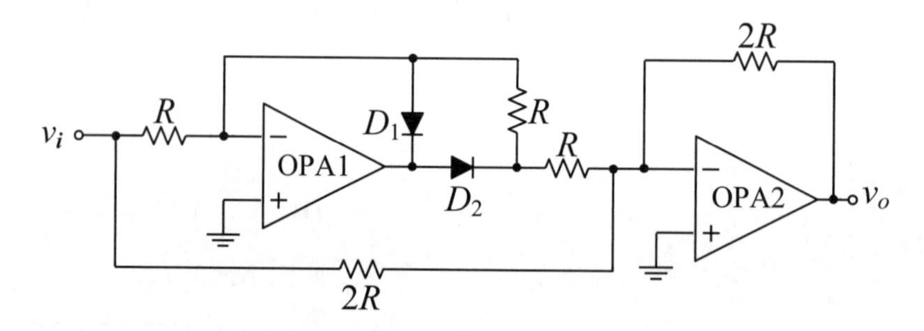


(A)OPA1與OPA2運算放大器均採用非反相放大器配置

(B)OPA1電路用途為半波整流

(C)OPA2電路用途為加法器

(D)此電路為全波整流電路。

(　　) **11** 下圖為一理想雙極性接面電晶體所構成的固定偏壓放大電路，$C_1$與$C_2$為理想電容器且初始電壓為零。請問下列（甲）至（戊）的敘述哪些錯誤？（甲）此電路為共射極放大電路，射極為共用端，可作為電壓放大器；（乙）依據克希荷夫電壓定律（KVL），可知$V_{CC}=I_BR_B+V_{BE}$及$V_{CE}=V_{CC}-I_CR_C$；（丙）此電路所用的電晶體為PNP型；（丁）若輸入信號為弦波$v_i$，輸出信號為$v_o$，則$v_i$與$v_o$相位差為180°；（戊）此電路的輸出阻抗是$(R_B+R_C)$

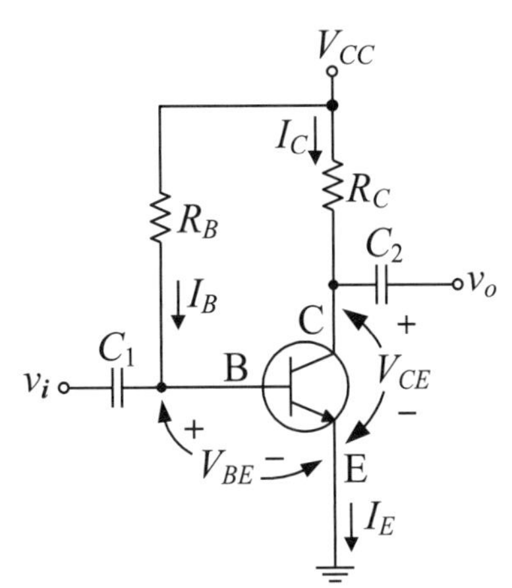

(A)（丙）（丁）
(B)（甲）（乙）
(C)（乙）（丁）
(D)（丙）（戊）。

(　　) **12** 震盪電路設計如下圖，假設運算放大器OPA1、OPA2與電容器C皆為理想元件且C的初始電壓為零，請問下列敘述何者正確？（甲）OPA1作為施密特觸發電路（SchmittTrigger）之用；（乙）OPA2、$R_3$與C構成微分電路；（丙）此電路因缺乏輸入參考信號所以不會有輸出信號；（丁）以示波器觀測OPA1的輸出$v_{o1}$為方波，OPA2的輸出$v_o$則為三角波；（戊）當此電路產生輸出信號時，此信號的週期是由電容C及$R_3$決定並且與$R_1$及$R_2$無關

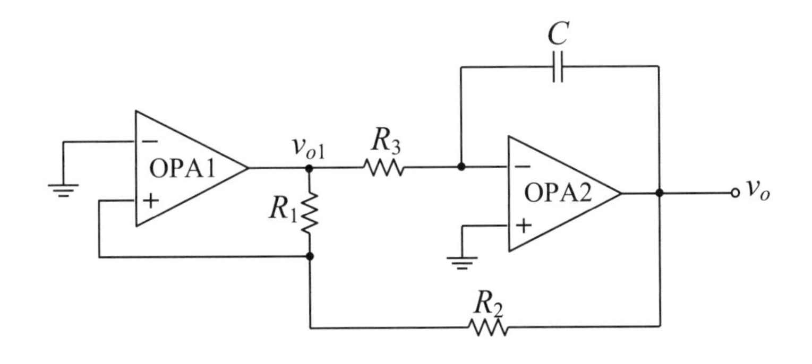


(A)（甲）（乙）
(B)（乙）（丁）
(C)（甲）（丁）
(D)（丙）（戊）。

# 104年 電子學（電機類、資電類）

( ) **1** 兩電壓$V_1(t)=8\cos(20\pi t+13^\circ)$V及$v_2(t)=4\sin(20\pi t+45^\circ)$V，則兩電壓之相位差為多少度？

(A)58° (B)45°
(C)32° (D)13°。

( ) **2** 下列有關半導體之敘述，何者正確？
(A)當溫度升高時本質半導體的電阻會變大
(B)P型半導體內電洞載子濃度約等於受體濃度
(C)外質半導體中電洞與自由電子的濃度相同
(D)N型半導體內總電子數大於總質子數。

( ) **3** 下列敘述何者正確？
(A)紅外線LED可發紅色可見光
(B)LED發光原理與白熾鎢絲燈泡相同
(C)矽二極體之障壁電壓即為熱當電壓（thermal voltage）
(D)矽二極體於溫度每上升10°C，其逆向飽和電流約增加一倍。

( ) **4** 如圖(一)所示之理想二極體整流電路，若$V_o$之平均值為39.5V，$R_L=10k\Omega$，$V_i=100\sin(100\pi t)$V，$V_o$之漣波電壓峰對峰值為1V，則C值約為多少μF？

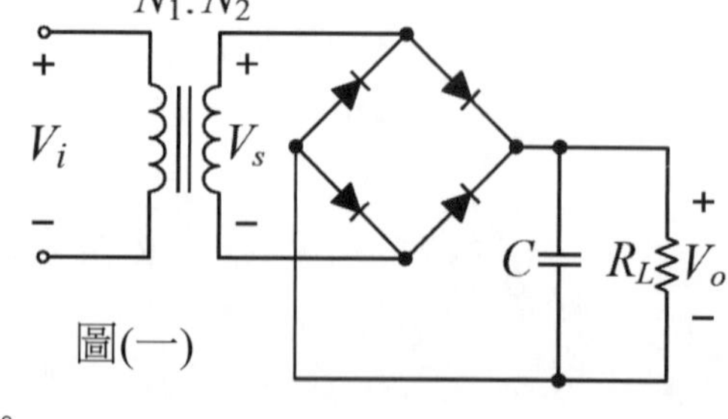

圖(一)

(A)2 (B) 40 (C) 120 (D) 360。

( ) **5** 承接上題，若變壓器匝數比$N_1/N_2=x$，則x約為何？

(A)5.5 (B) 4.5
(C)3.5 (D) 2.5。

( ) **6** 單相中間抽頭變壓器型二極體全波整流電路中，其輸出電壓平均值為50V，負載為純電阻，則每個二極體之逆向峰值電壓（PIV）約為多少伏特？

(A) 173 (B) 157 (C) 79 (D) 50。

( ) **7** NPN型BJT工作於飽和區時，下列敘述何者正確？
(A)適合作為訊號放大
(B)集極電流與基極電流成正比
(C)相同集極電流下，BJT消耗功率比工作於主動區小
(D)基-射極與基-集極間均為逆向偏壓。

( ) **8** PNP型BJT工作於主動區時，其射極電壓（$V_E$）、基極電壓（$V_B$）及集極電壓（$V_C$）之大小關係為何？
(A)$V_E>V_B>V_C$　　(B)$V_B>V_E>V_C$
(C)$V_B>V_C>V_E$　　(D)$V_C>V_B>V_E$。

( ) **9** 如圖(二)所示之電路，若BJT之β＝100，基-射極電壓$V_{BE}$＝0.7V，則$V_o$約為多少伏特？
(A)3.6
(B)4.5
(C)5.5
(D)6.4。

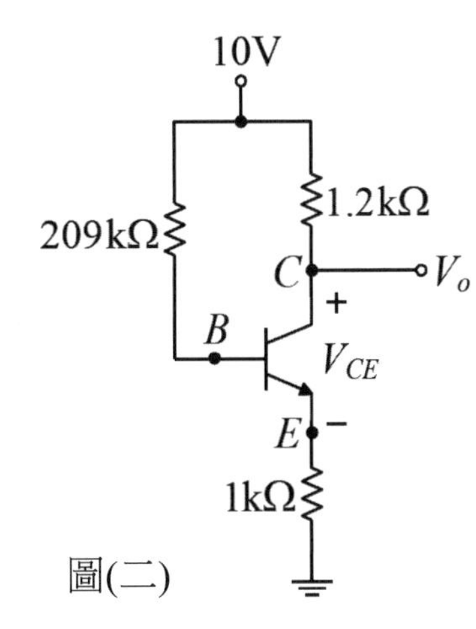

圖(二)

( ) **10** 承接上題，$V_{CE}$約為多少伏特？
(A) 2.31　(B) 3.37　(C) 4.85　(D) 5.21。

( ) **11** 如圖(三)所示之放大電路，BJT之切入電壓$V_{BE(t)}$＝0.7V，β＝100，熱當電壓$V_T$＝26mV，交流等效輸出電阻$r_o$＝∞，則$I_o$ / $I_i$約為何？
(A)92.34
(B)56.68
(C)48.42
(D)39.27。

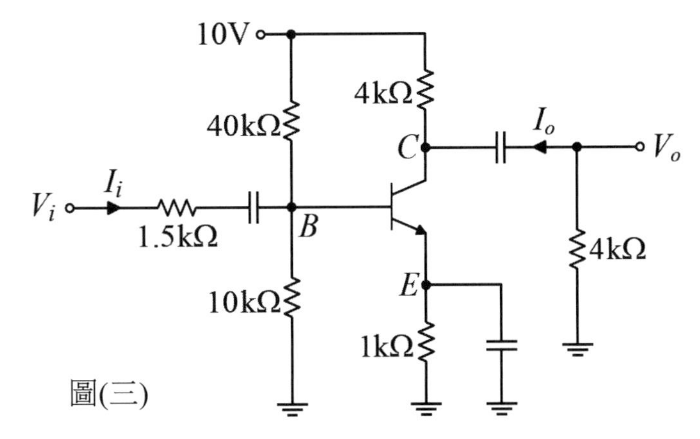

圖(三)

( ) **12** 承接上題，$V_o/V_i$約為何？

(A)–95.3 (B)–57.6
(C)–48.9 (D)–30.5。

( ) **13** 常作為射極隨耦器的電晶體組態為何？

(A)共射極組態 (B)共基極組態
(C)共集極組態 (D)共閘極組態。

( ) **14** 下列有關常見的達靈頓電路（Darlington circuit）之特點，何者錯誤？

(A)高輸出阻抗 (B)高輸入阻抗
(C)高電流增益 (D)低電壓增益。

( ) **15** 下列敘述何者正確？

(A)變壓器耦合串級放大電路不易受磁場干擾
(B)直接耦合串級放大電路之低頻響應不佳
(C)直接耦合串級放大電路前後級阻抗容易匹配
(D)電阻電容耦合串級放大電路偏壓電路獨立，設計容易。

( ) **16** 某N通道增強型MOSFET放大電路，MOSFET之臨界電壓（threshold voltage）$V_t=2V$，參數$K=0.3mA/V^2$，若MOSFET工作於夾止區，閘-源極間電壓$V_{GS}=4V$，則轉移電導$g_m$為多少mA/V？

(A)0.6 (B)1.2
(C)1.8 (D)2.4。

( ) **17** 如圖(四)所示之電路，若MOSFET之$I_D=2mA$，臨界電壓$V_t=2V$，則其參數K約為多少$mA/V^2$？

(A)0.22
(B)0.31
(C)0.42
(D)0.54。

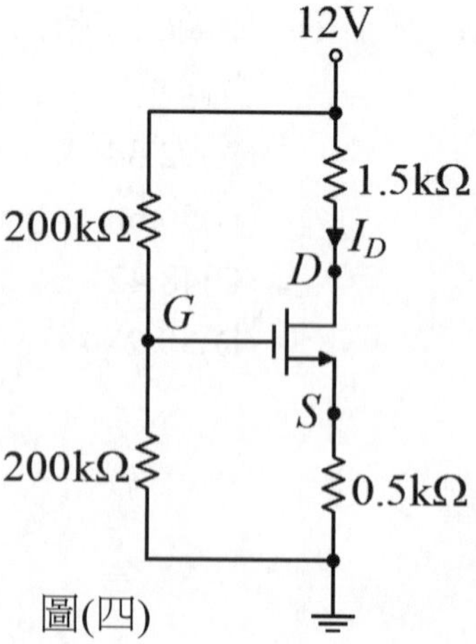

圖(四)

(　　) **18** 如圖(五)所示之放大電路，若MOSFET工作於夾止區，且轉換電導$g_m$＝0.5mA/V，不考慮汲極交流等效輸出電阻，則$V_o$ /$V_i$約為何？

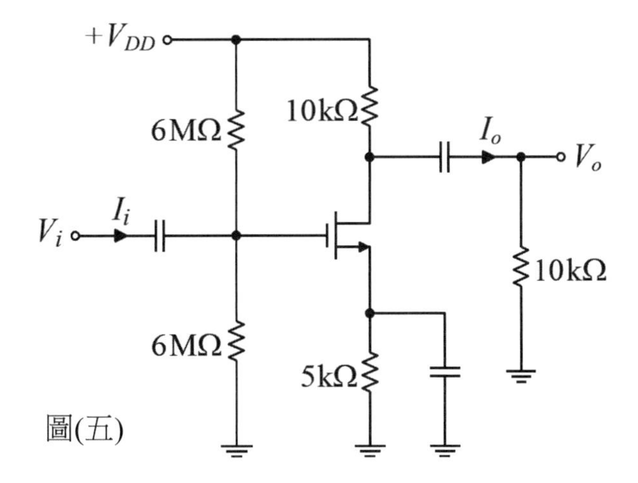

圖(五)

(A)–1.6
(B)–2.5
(C)–6.8
(D)–12.3。

(　　) **19** 承接上題，$I_o$ / $I_i$約為何？
(A)750　(B) 55　(C) –55　(D) –750。

(　　) **20** 如圖(六)所示之理想運算放大器電路，R＝1kΩ，若$V_1$＝1V，$V_2$＝2V，$V_3$＝3V，$V_4$＝4V，則$V_o$為多少伏特？

圖(六)

(A)–2
(B)–1
(C)4
(D)7。

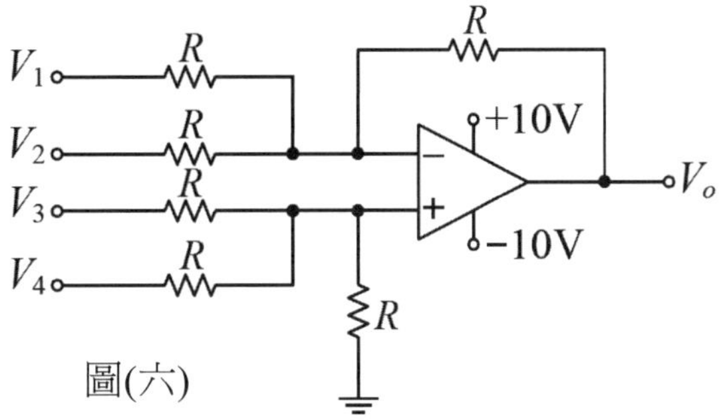

(　　) **21** 承接上題，若V1＝–1V，$V_2$＝2V，$V_3$＝– 3V時，$V_o$＝0V，則$V_4$為多少伏特？　(A) –5　(B) –4　(C) 4　(D) 5。

(　　) **22** 如圖(七)所示之電路，若$V_i$為峰值±3V之對稱三角波，則$V_o$之平均電壓約為多少伏特？

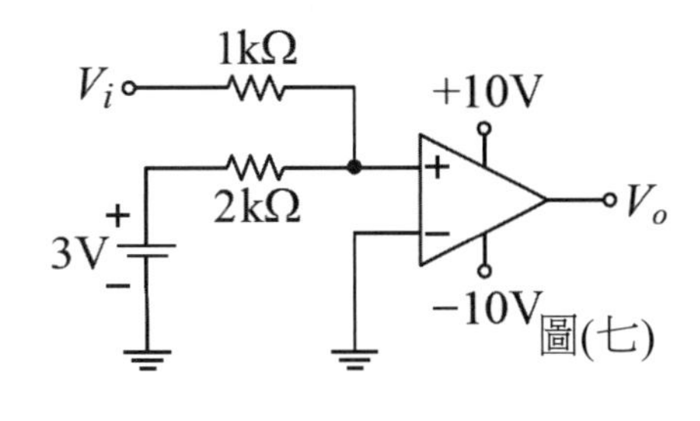

圖(七)

(A)–7.5
(B)–5
(C)5
(D)7.5。

( ) **23** 如圖(八)所示之電路，$R_2=2k\Omega$，$V_R=-2V$，若其上臨界電壓為4V，則$R_1$約為多少$k\Omega$？
(A)1.5
(B)2.8
(C)3.6
(D)4.8。

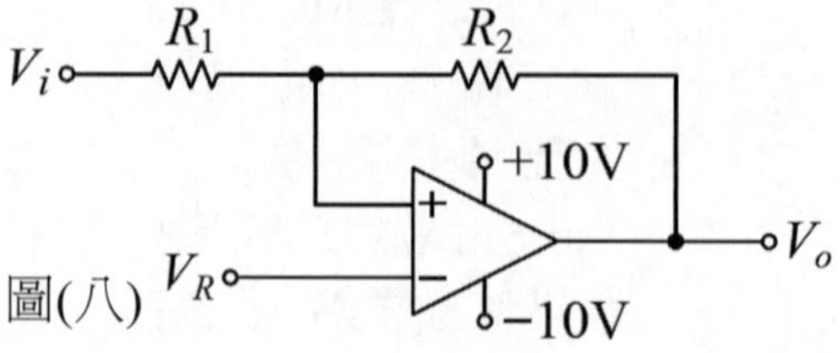

圖(八)

( ) **24** 承接上題，若$R_1=R_2=2k\Omega$且$V_R=2V$，則其下臨界電壓為多少伏特？
(A)–8　(B)–6
(C)–4　(D)–2。

( ) **25** 下列有關555計時IC的控制電壓腳（第5腳）之敘述，何者錯誤？
(A)可改變輸出之電壓大小
(B)可改變輸出之振盪頻率
(C)可改變內部上比較器之參考電位
(D)可改變內部下比較器之參考電位。

*Notes*

# 104年 電子學實習（電機類）

(　　) **1** 如圖(一)所示之理想中心抽頭式全波整流電路，AC電源接於110V之市電，若變壓器之電壓規格：一次側為120V，二次側為0 - 12 - 24V。電阻R為1kΩ，則輸出電壓$v_o$之峰值為何？

(A)$24\sqrt{2}$ V
(B)$22\sqrt{2}$ V
(C)$12\sqrt{2}$ V
(D)$11\sqrt{2}$ V。

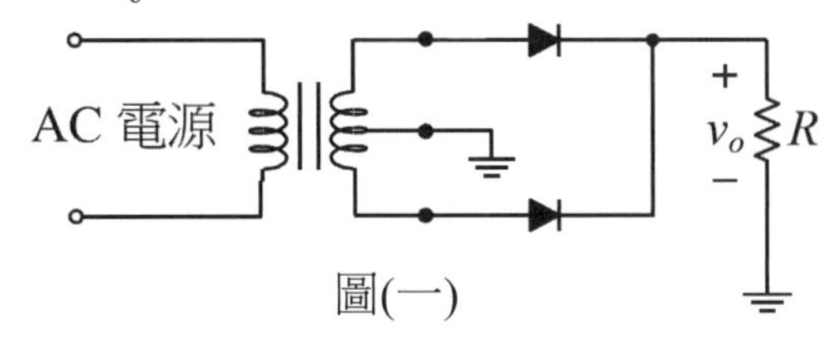


圖(一)

(　　) **2** 下列有關整流濾波電路之敘述，何者正確？
(A)整流濾波電路之負載愈大，輸出漣波電壓愈大
(B) $\pi$ 型濾波電路之L值愈大，波形因數愈大
(C)RC濾波電路之負載相同時電容值愈大，輸出漣波電壓愈大
(D)全波整流電路之輸出漣波頻率與交流電源頻率相同。

(　　) **3** 如圖(二)所示之理想二極體電路，則$v_o$ / $v_i$之轉移曲線為何？

(A)
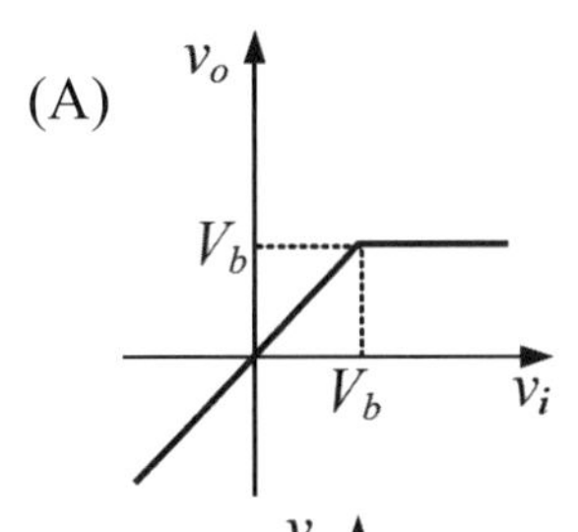


(B)
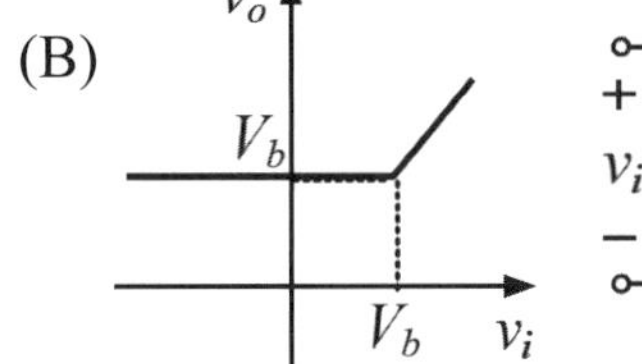


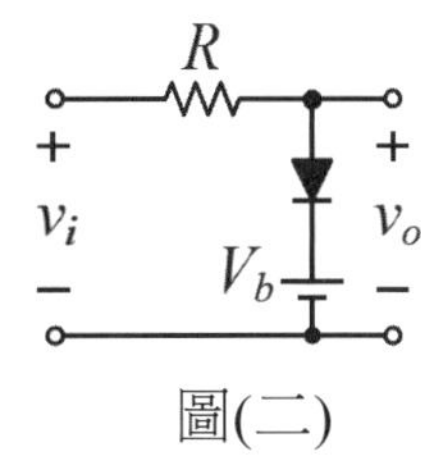


圖(二)

(C)
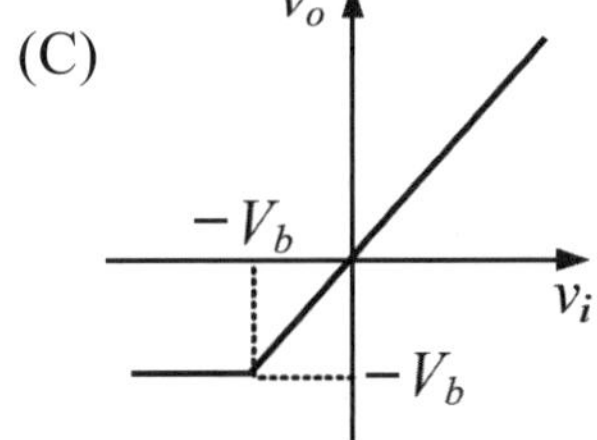


(D)
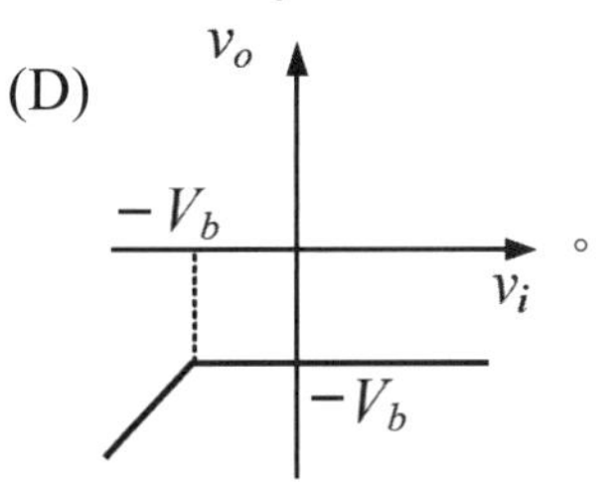

。

(　　) **4** BJT共射極直流偏壓實驗時，偏壓電路調整至最佳工作點，若測得之集極電流$I_C$＝12mA，射極電流$I_E$＝12.06mA，則此電晶體之β值為何？
(A)195　(B) 200
(C)205　(D) 220。

( ) **5** 如圖(三)所示之電晶體電路，$V_{CC}=15V$，$R_B=429k\Omega$，$R_C=1.2k\Omega$，若$V_{BE}=0.7V$，$V_{CE}=7V$，則電晶體之β值約為何？
(A)152
(B)188
(C)200
(D)220。

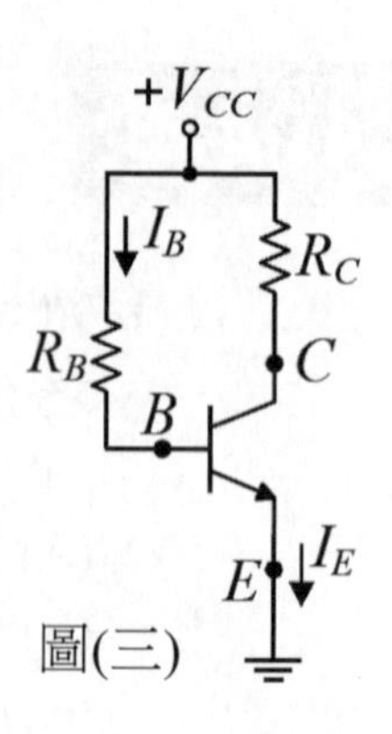

圖(三)

( ) **6** 如圖(四)所示之電路，$V_{BE}=0.7V$，$\beta=150$，$V_{CC}=15V$，$R_C=1.2k\Omega$，$R_E=1k\Omega$，調整$R_B$使$I_C=4.2mA$，則此時$R_B$之值約為何？
(A)395kΩ
(B)360kΩ
(C)330kΩ
(D)312kΩ。

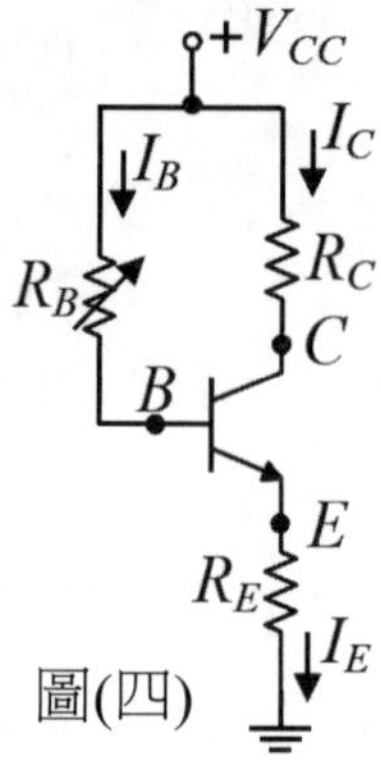

圖(四)

( ) **7** 下列有關BJT放大電路之敘述，何者錯誤？
(A)共射極放大器之電壓增益為負
(B)共集極放大器之電壓增益恆大於1
(C)分壓式偏壓放大電路之溫度穩定性較固定偏壓式佳
(D)共基極放大電路之電流增益最小。

( ) **8** 如圖(五)所示之電路，電晶體$\beta=100$，$V_{BE}=0.7V$，$V_{CC}=15V$，$R_C=1k\Omega$，$R_E=1k\Omega$，$R_{B1}=120k\Omega$，$R_{B2}=80k\Omega$，則$I_C$之值約為何？
(A)4.80mA (B) 4.25mA
(C)3.56mA (D) 3.25mA。

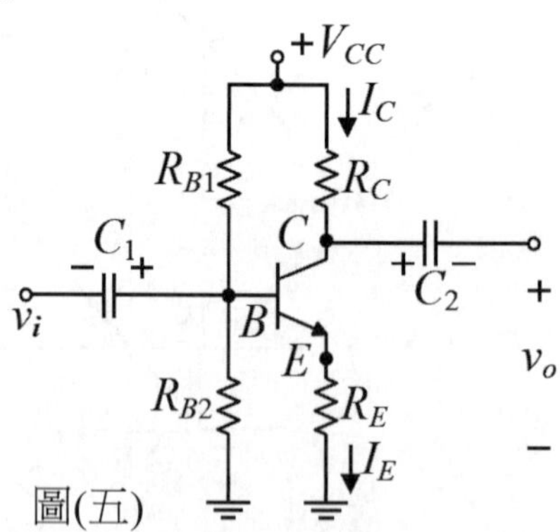

圖(五)

( ) **9** 下列關於串級放大器之敘述，何者正確？
(A)電阻電容(RC)耦合串級放大器所使用之電容(C)是用來作阻抗匹配
(B)由兩電晶體組成之達靈頓放大電路主要目的為增加頻帶寬度（bandwidth）
(C)變壓器耦合串級放大器所使用之變壓器可增加頻帶寬度
(D)直接耦合串級放大器可放大直流信號。

( ) **10** 如圖(六)所示之JFET自給偏壓電路，若飽和電流$I_{DSS}$＝4mA，$V_{DD}$＝12V，截止電壓$V_{GS(OFF)}$＝ –3.9V，則下列敘述何者正確？

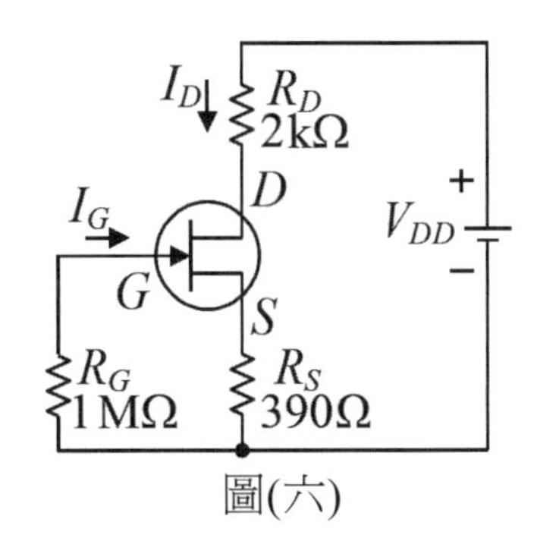

圖(六)

(A)將$R_S$短路時，量測之電流$I_D$變小
(B)電阻$R_G$愈大，則量測之電流$I_D$愈大
(C)其偏壓$V_{GS}$主要由電流$I_D$與電阻$R_S$之乘積決定
(D)當$V_{DD}$增加至18V時，量測之電流$I_D$會增大1.5倍。

( ) **11** 如圖(七)所示之共汲極放大器，$V_{DD}$＝15V，下列敘述何者錯誤？

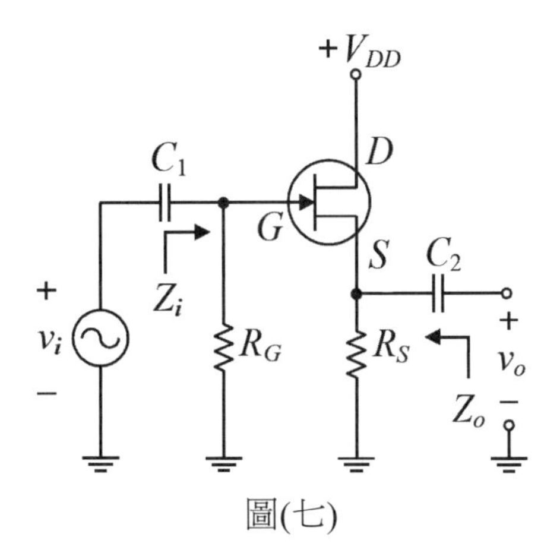

圖(七)

(A)輸出阻抗$Z_o$＝$R_S$
(B)輸入阻抗$Z_i$＝$R_G$
(C)電壓增益恆小於1
(D)輸出電壓與輸入電壓相位相同。

( ) **12** 如圖(八)所示之電路，實驗時其偏壓電源$V_{CC}$＝15V，若輸入信號為振幅1V且頻率為1kHz之弦波電壓，則下列敘述何者正確？

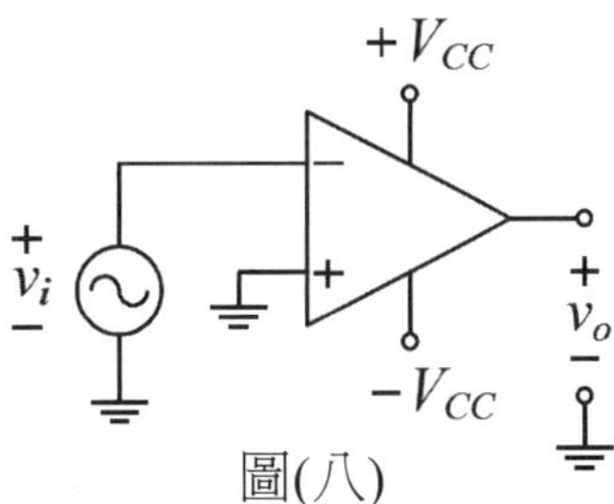

圖(八)

(A)輸出信號為弦波信號且與輸入信號同相位
(B)輸出信號為弦波信號且與輸入信號反相
(C)輸出信號為方波信號且與輸入信號同相位
(D)輸出信號為方波信號且與輸入信號反相。

( ) **13** 如圖(九)所示之理想運算放大器電路，其偏壓電源$V_{CC}$＝15V，則輸出電壓$V_o$為何？
(A)10V
(B)5V
(C)–2V
(D)–4V。

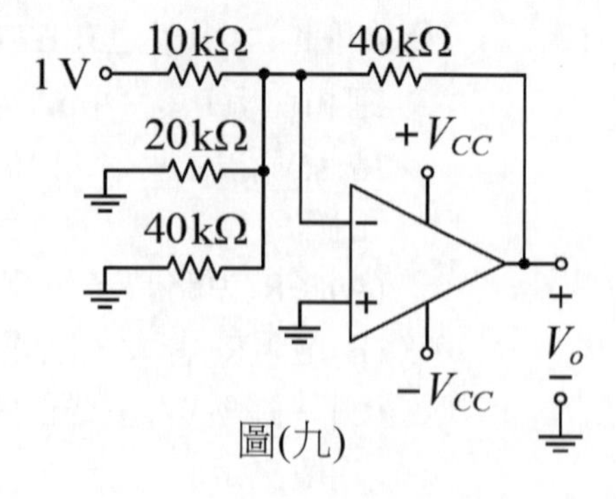

圖(九)

( ) **14** 如圖(十)所示之理想運算放大器電路，其偏壓電源$V_{CC}$＝12V，輸入信號$v_i$為振幅8V、1kHz之弦波信號，若不慎將圖中運算放大器之反相(–)輸入端與非反相(+)輸入端互換連接，則輸出信號$v_o$為何？
(A)與$v_i$同相位之弦波信號
(B)與$v_i$反相之弦波信號
(C)方波信號
(D)零電壓。

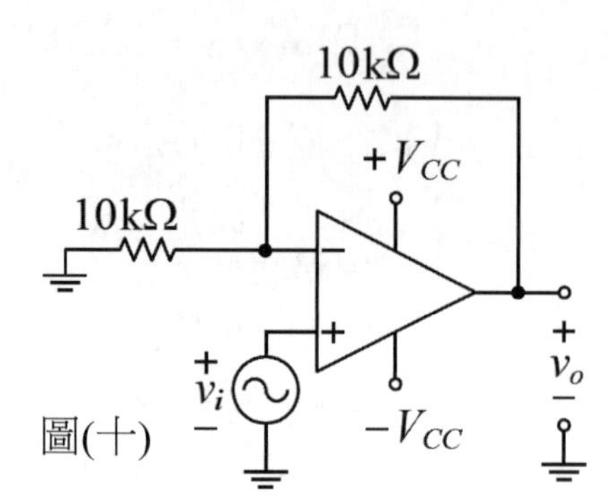

圖(十)

( ) **15** 如圖(十一)所示之電路，若運算放大器之飽和電壓+$V_{sat}$與–$V_{sat}$分別為12V與–12V，則輸出信號$v_o$為何？
(A)峰值為6V之三角波
(B)峰值為12V之方波
(C)峰值為6V之方波
(D)峰值為12V之三角波。

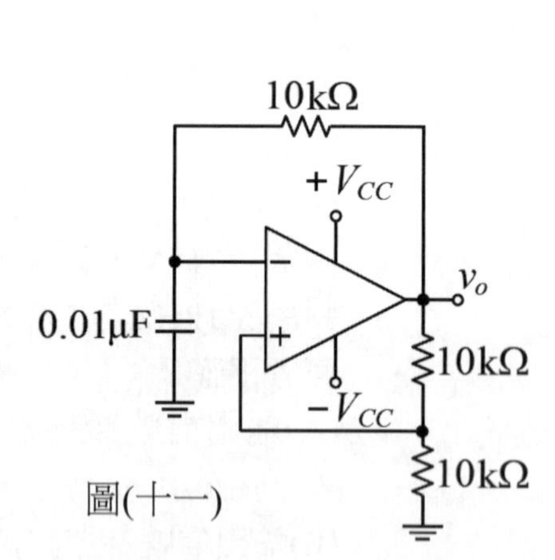

圖(十一)

# 104年 電子學實習（資電類）

( ) 1 下列有關一般指針型三用電表的敘述，何者正確？
(A)可測得交流電壓的頻率
(B)可測得兩交流電壓波形的相位差
(C)可測得交流電壓的有效值
(D)可測得交流電流的波形。

( ) 2 如圖(一)電路所示，已知電晶體$Q_1$工作在主動區，如果電晶體$Q_1$溫度上升了，以下的回授過程分析，何者正確？
(A)$I_C$減少→$V_X$減少→$V_Y$減少→$I_C$增加
(B)$V_X$減少→$I_C$減少→$V_Y$減少→$I_C$增加
(C)$I_C$增加→$V_Y$減少→$V_X$減少→$I_C$減少
(D)$V_Y$減少→$I_C$增加→$V_X$減少→$I_C$減少。

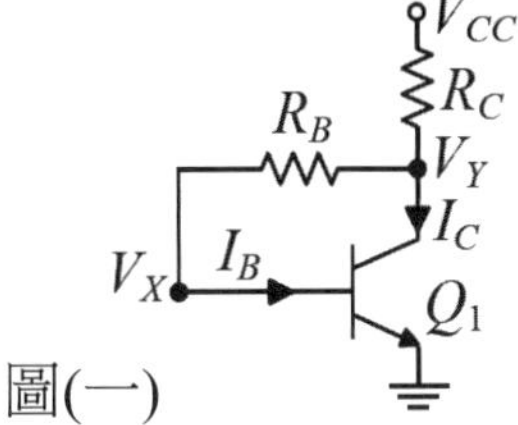

圖(一)

( ) 3 右圖(二)為某生作實驗的電路圖，量$V_o$端波形時發現漣波因數太大，下列何者不是降低漣波因數的可行做法？
(A)將二極體反接
(B)增加電容C的值
(C)增加電阻$R_L$的值
(D)增加$V_i$的頻率。

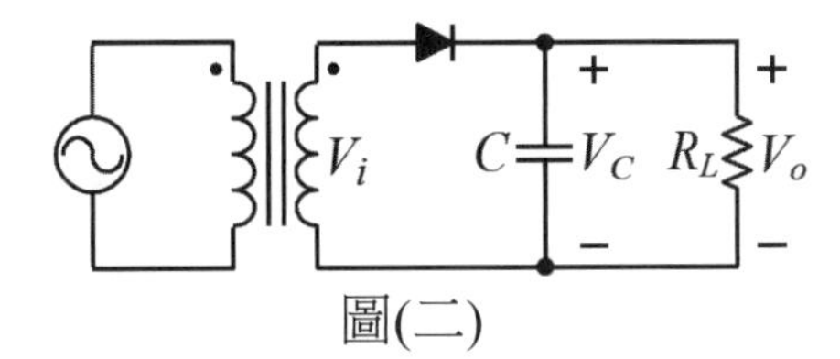

圖(二)

( ) 4 下列有關圖(三)電路之敘述，何者錯誤？
(A)靜態工作點必在直流負載線上
(B)直流負載線與交流負載線重合
(C)靜態工作點即電晶體在直流偏壓下的工作電壓與電流
(D)靜態工作點必在交流負載線上。

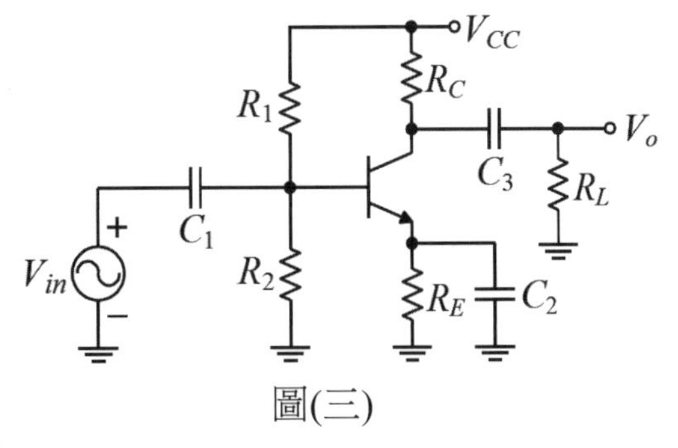

圖(三)

( ) **5** 下列關於圖(四)電路的敘述，何者錯誤？

(A)若由$V_{out}$取信號輸出，此電路功能為相位落後電路

(B)若由$V_{o1}$取信號輸出，此電路功能為相位超前電路

(C)相位超前電路意指輸入信號相位超前輸出信號相位

(D)若由$V_{o1}$取信號輸出，此電路功能為高通電路。

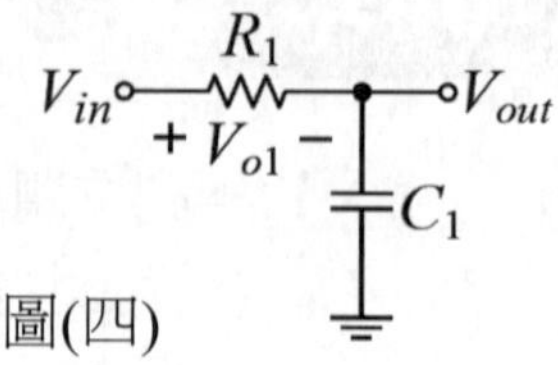

圖(四)

( ) **6** 關於運算放大器應用電路的實現，下列何者錯誤？

(A)利用運算放大器（OPA）實現非零電位檢測器時，OPA會工作於線性區

(B)利用運算放大器（OPA）實現微分器時，OPA會工作於線性區

(C)利用運算放大器（OPA）實現減法器時，OPA會工作於線性區

(D)利用運算放大器（OPA）實現反相放大器時，需使用負回授電路架構。

( ) **7** 圖(五)韋恩振盪電路中，$Z_1$為$R_1$與$C_1$的串聯阻抗，$Z_2$為$R_2$與$C_2$的並聯阻抗，下列何者錯誤？

(A)此電路為弦波振盪器

(B)電路之正回授由$Z_2$與$R_4$組成

(C)在電路中放大器電壓增益為$\frac{-R_3}{Z_1}$

(D)此電路之迴路增益為$\frac{Z_2}{Z_1} \times \frac{Z_1 + R_3}{Z_2 + R_4}$。

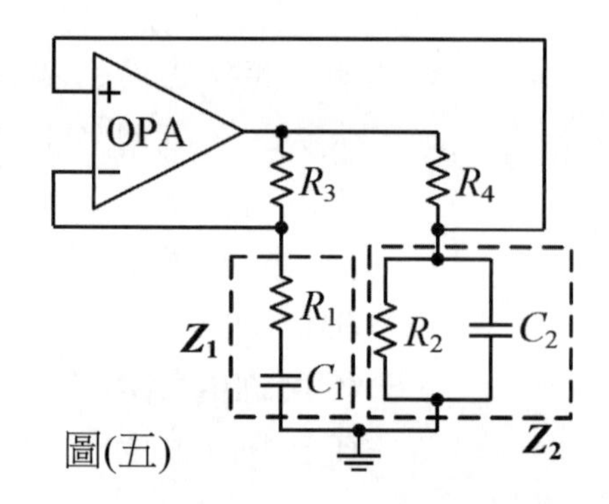

圖(五)

( ) **8** 如圖(六)之雙準位截波電路，若$V_i = 10\sin(\Omega t)$V，且$D_1$與$D_2$為理想的二極體，則$V_o$的輸出波形的電壓範圍應為多少？

(A)–8V至+12V

(B)–8V至+8V

(C)–12V至+8V

(D)–12V至+12V。

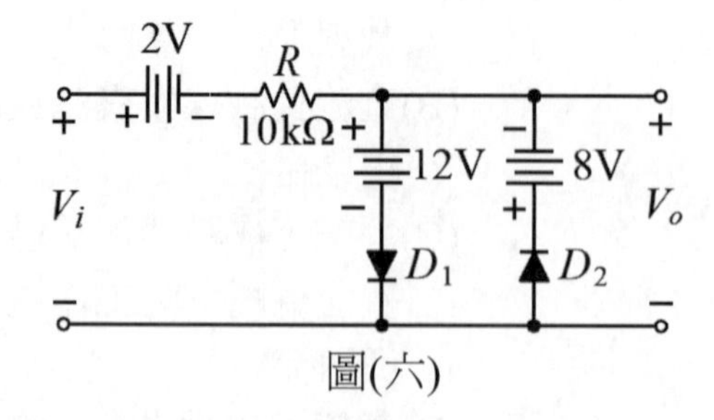

圖(六)

(　　) **9** 如圖(七)電路所示，若要量測電晶體特性曲線，下列哪一個方塊的儀表安排是錯誤的？

(A)A為電流表

(B)B為電壓表

(C)C為示波器

(D)D為電壓表。

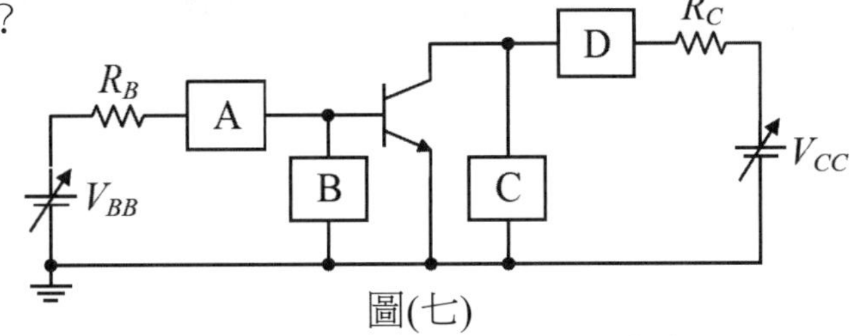


圖(七)

(　　) **10** 如圖(八)所示的稽納穩壓電路中，採用$V_Z = 10V$，功率$P_{z(max)} =$ 500mW規格的稽納二極體（Zener Diode），在此電路正常穩壓情況下，$R_L$電阻值上限為多少？

(A)500

(B)1k

(C)2k

(D)3k。

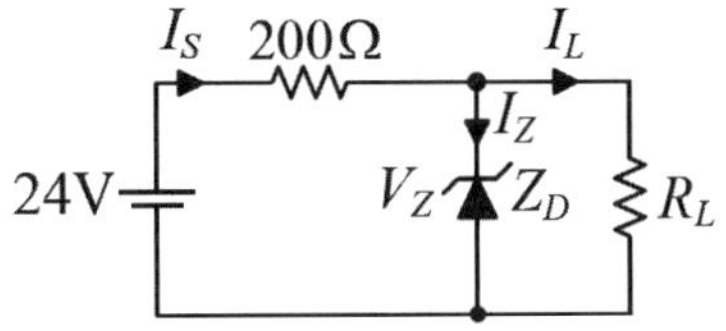

圖(八)

(　　) **11** 下列有關圖(九)電路的敘述，何者錯誤？

(A)屬於無穩態多諧震盪器

(B)Vo輸出端可產生方波

(C)振盪週期可由被動元件調整

(D)VX輸出端可產生弦波。

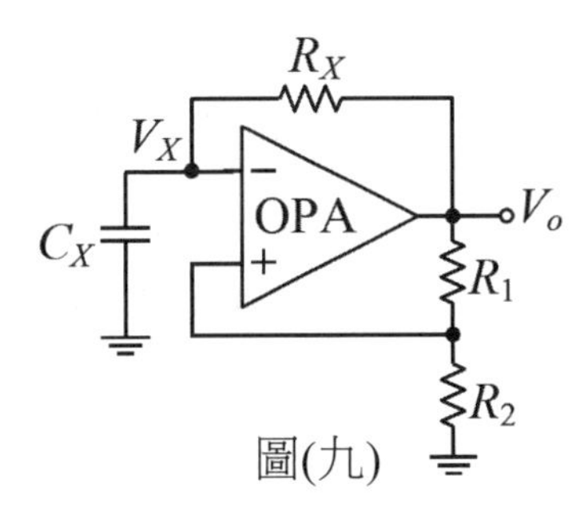


圖(九)

(　　) **12** 在(1)半波整流電容濾波電路，(2)中間抽頭全波整流電容濾波電路，(3)橋式整流電容濾波電路的實驗中，當使用相同的110V，60Hz($f_s$)電源輸入，並採用110V/6V-0-6V變壓器、理想二極體與相同的電阻電容的元件。若$V_m$為峰值電壓，則下列有關輸出電壓的敘述，何者正確？

(A)前兩者漣波週期都是$\frac{1}{f_s}$

(B)三電路的實驗中，後兩者的漣波因數較大

(C)三電路的實驗中，其漣波有效值均相等

(D)前兩者的二極體峰值逆向電壓PIV都是$2V_m$。

## 105年　電子學（電機類、資電類）

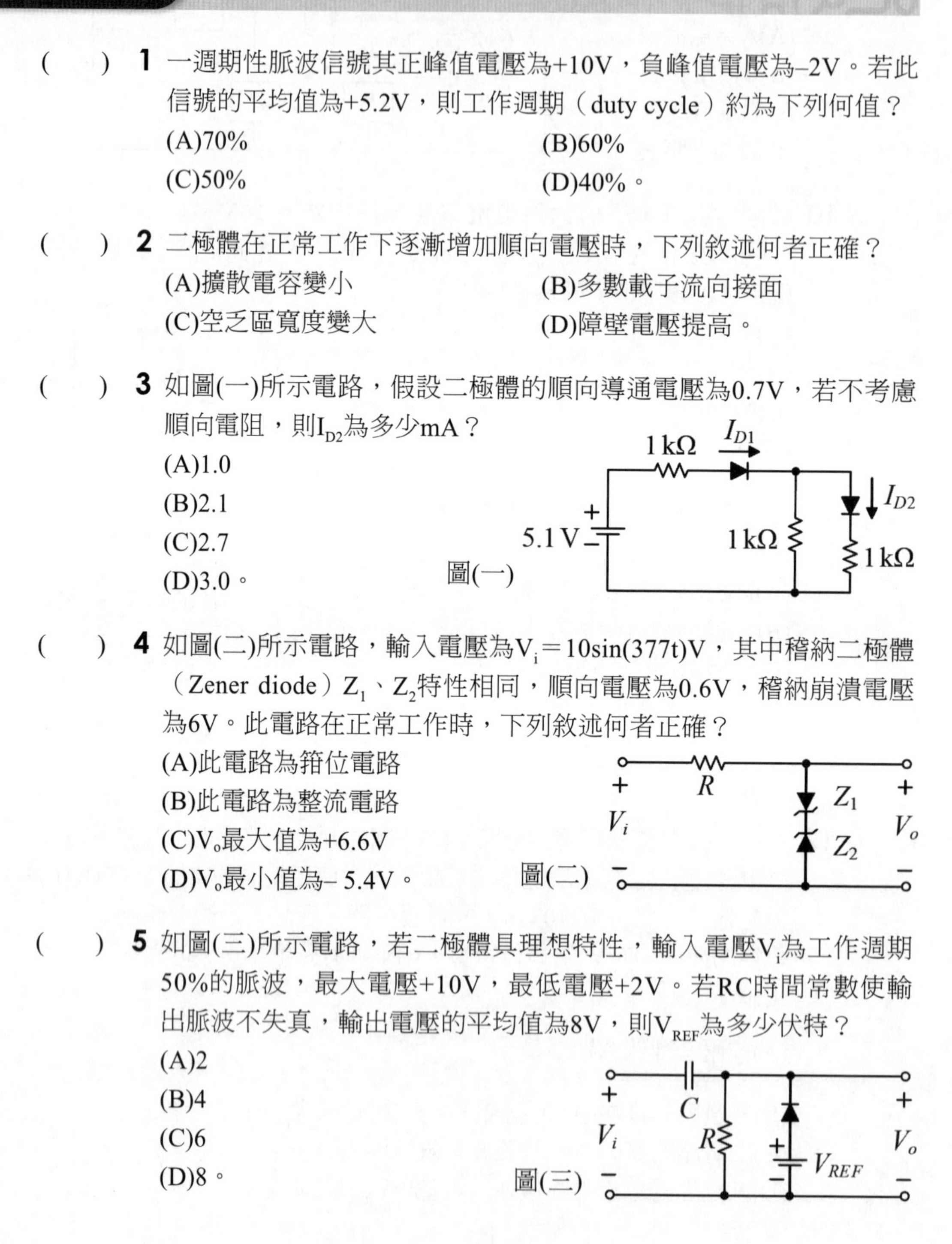

(　　) **1** 一週期性脈波信號其正峰值電壓為+10V，負峰值電壓為–2V。若此信號的平均值為+5.2V，則工作週期（duty cycle）約為下列何值？
(A)70%　(B)60%
(C)50%　(D)40%。

(　　) **2** 二極體在正常工作下逐漸增加順向電壓時，下列敘述何者正確？
(A)擴散電容變小　(B)多數載子流向接面
(C)空乏區寬度變大　(D)障壁電壓提高。

(　　) **3** 如圖(一)所示電路，假設二極體的順向導通電壓為0.7V，若不考慮順向電阻，則$I_{D2}$為多少mA？
(A)1.0
(B)2.1
(C)2.7
(D)3.0。



圖(一)

(　　) **4** 如圖(二)所示電路，輸入電壓為$V_i = 10\sin(377t)$V，其中稽納二極體（Zener diode）$Z_1$、$Z_2$特性相同，順向電壓為0.6V，稽納崩潰電壓為6V。此電路在正常工作時，下列敘述何者正確？
(A)此電路為箝位電路
(B)此電路為整流電路
(C)$V_o$最大值為+6.6V
(D)$V_o$最小值為– 5.4V。



圖(二)

(　　) **5** 如圖(三)所示電路，若二極體具理想特性，輸入電壓$V_i$為工作週期50%的脈波，最大電壓+10V，最低電壓+2V。若RC時間常數使輸出脈波不失真，輸出電壓的平均值為8V，則$V_{REF}$為多少伏特？
(A)2
(B)4
(C)6
(D)8。



圖(三)

(　　) **6** 關於提高NPN雙極性接面電晶體（BJT）電流放大率的方法，下列敘述何者正確？
(A)射極雜質濃度減少，基極寬度變寬
(B)射極雜質濃度增加，基極寬度變寬
(C)射極雜質濃度減少，基極寬度變窄
(D)射極雜質濃度增加，基極寬度變窄。

(　　) **7** 關於雙極性接面電晶體（BJT）共基極放大電路，下列敘述何者正確？
(A)輸出電流為射極電流$I_E$
(B)輸入電流為集極電流$I_C$
(C)輸入阻抗小
(D)輸入與輸出電壓反相。

(　　) **8** 如圖(四)所示放大器直流偏壓電路，電晶體$\beta=99$，$V_{BE}=0.7V$。若$I_B=50\mu A$，$V_{CE}=5V$，則$R_E$為多少Ω？
(A)500
(B)600
(C)800
(D)920。

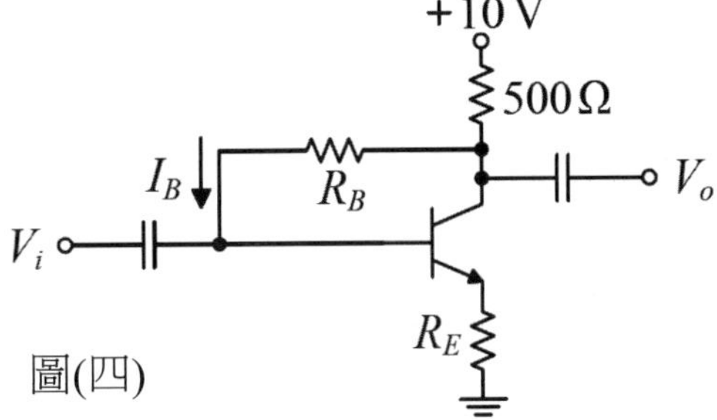

圖(四)

(　　) **9** 如圖(五)所示放大器直流偏壓電路，電晶體$\beta=99$，$V_{BE}=0.7V$。若$I_B=40\mu A$，$R_E$為多少Ω？
(A)413
(B)502
(C)612
(D)705。

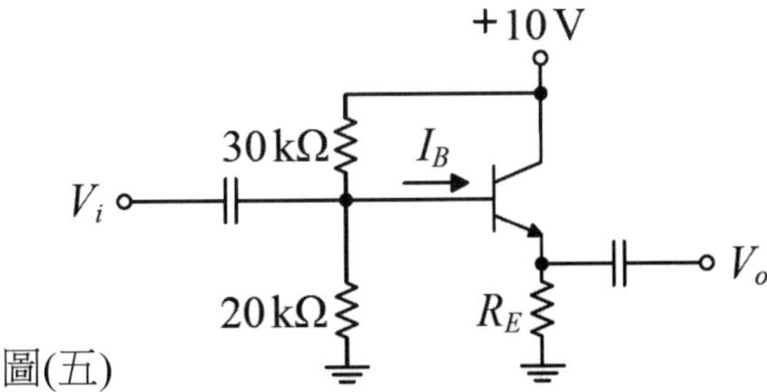

圖(五)

(　　) **10** 如圖(六)所示電路，電晶體工作於作用區，$\beta=99$，$V_{BE}=0.7V$，熱電壓（thermal voltage）$V_T=26mV$，則此放大電路之電流增益$A_i=\frac{I_O}{I_i}$約為何值？

(A)30

(B)28

(C)25

(D)22。

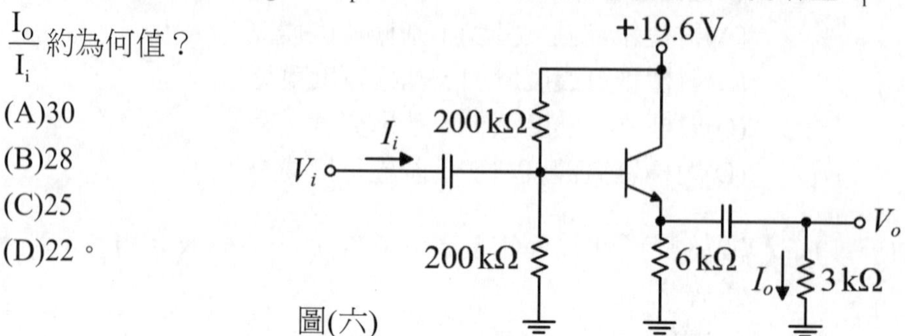

圖(六)

(　　) **11** 雙極性接面電晶體（BJT）小訊號模型中，$V_T$為熱電壓，$r_e$為射極交流電阻，$\Delta i_C$為集極電流微小變動量、$\Delta v_{BE}$為基射極電壓微小變動量，$i_c$為集極小訊號電流，$v_{be}$為基射極小訊號電壓，Q為工作點，$I_{CQ}$為工作點集極直流偏壓電流。若不考慮歐力效應（Early effect），則下列有關轉移電導$g_m$的敘述，何者錯誤？

(A) $g_m=\left.\frac{\Delta i_C}{\Delta v_{BE}}\right|_{Q點}$　　(B) $g_m=\frac{I_{CQ}}{V_T}$

(C) $g_m=\frac{i_c}{v_{be}}$　　(D) $g_m=\frac{\beta}{r_e}$。

(　　) **12** 如圖(七)所示電路，電晶體工作於作用區，$\beta=99$，射極交流電阻$r_e=20\Omega$。若此放大電路之電壓增益$A_V=\frac{V_O}{V_i}$ 200，則$R_C$約為何值？

(A)2.2kΩ

(B)4.1kΩ

(C)6.8kΩ

(D)13.6kΩ。

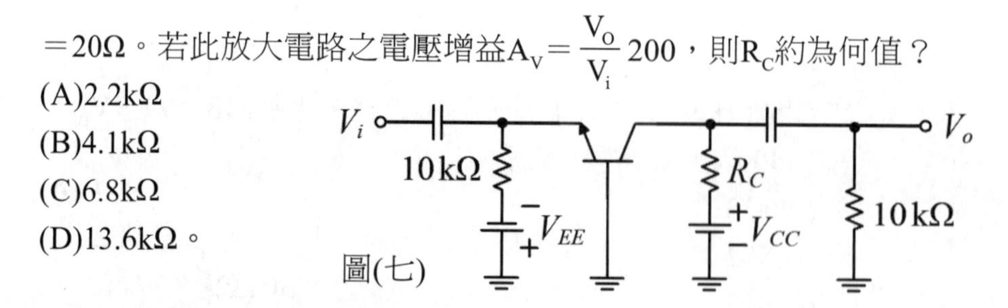

圖(七)

(　　) **13** 下列哪兩種電容較會影響串級放大器之低頻響應？

(A)電晶體極際電容、旁路電容

(B)耦合電容、變壓器雜散電容

(C)電晶體極際電容、變壓器雜散電容

(D)耦合電容、旁路電容。

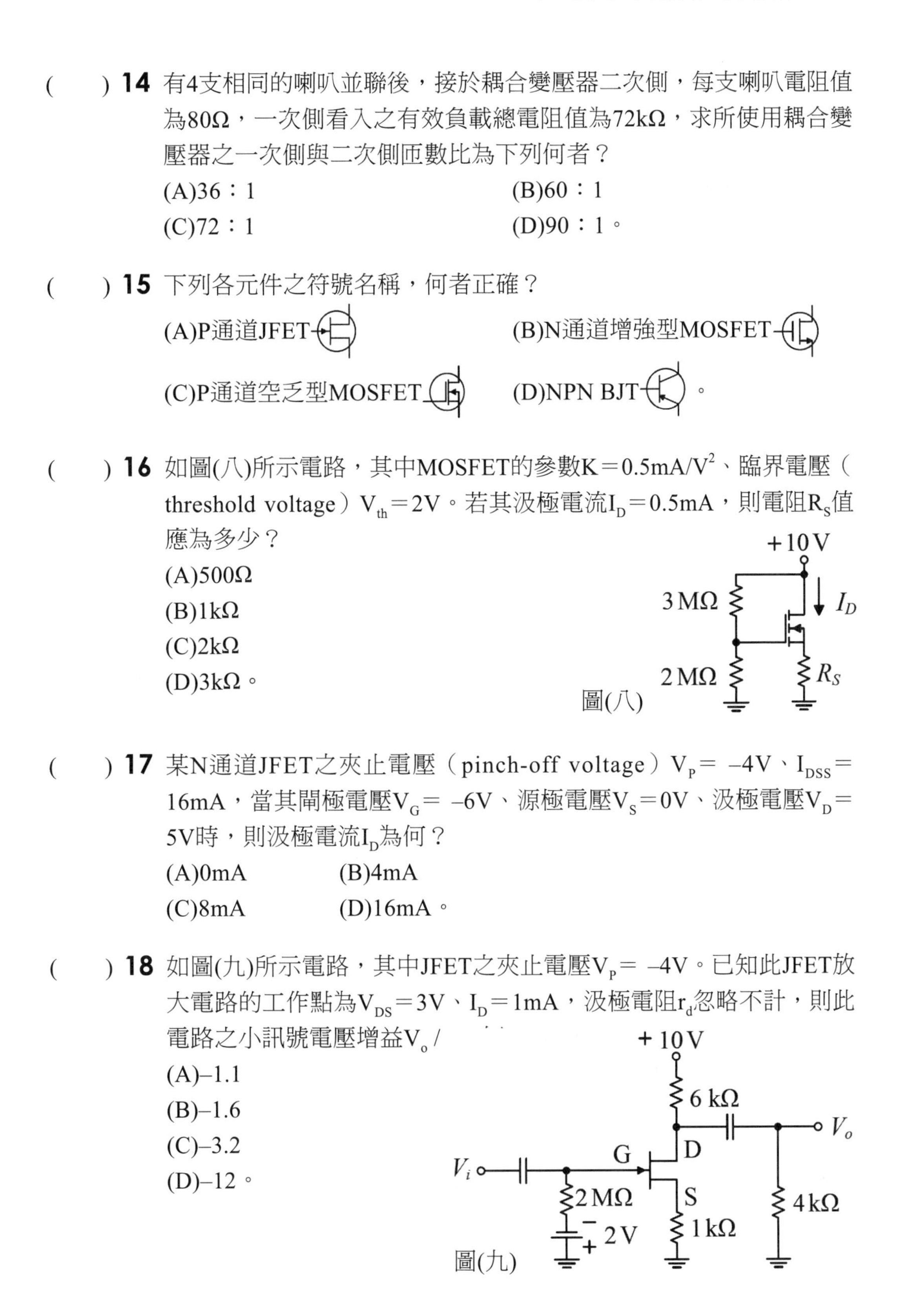

(　　) **14** 有4支相同的喇叭並聯後，接於耦合變壓器二次側，每支喇叭電阻值為80Ω，一次側看入之有效負載總電阻值為72kΩ，求所使用耦合變壓器之一次側與二次側匝數比為下列何者？

(A)36：1　　(B)60：1
(C)72：1　　(D)90：1。

(　　) **15** 下列各元件之符號名稱，何者正確？

(A)P通道JFET　　(B)N通道增強型MOSFET
(C)P通道空乏型MOSFET　　(D)NPN BJT。

(　　) **16** 如圖(八)所示電路，其中MOSFET的參數$K=0.5mA/V^2$、臨界電壓（threshold voltage）$V_{th}=2V$。若其汲極電流$I_D=0.5mA$，則電阻$R_S$值應為多少？

(A)500Ω
(B)1kΩ
(C)2kΩ
(D)3kΩ。


圖(八)

(　　) **17** 某N通道JFET之夾止電壓（pinch-off voltage）$V_P=-4V$、$I_{DSS}=16mA$，當其閘極電壓$V_G=-6V$、源極電壓$V_S=0V$、汲極電壓$V_D=5V$時，則汲極電流$I_D$為何？

(A)0mA　　(B)4mA
(C)8mA　　(D)16mA。

(　　) **18** 如圖(九)所示電路，其中JFET之夾止電壓$V_P=-4V$。已知此JFET放大電路的工作點為$V_{DS}=3V$、$I_D=1mA$，汲極電阻$r_d$忽略不計，則此電路之小訊號電壓增益$V_o$ /

(A)–1.1
(B)–1.6
(C)–3.2
(D)–12。


圖(九)

( ) **19** 如圖(十)所示電路，若MOSFET電晶體之轉移電導$g_m$＝2mA/V，汲極電阻$r_d$＝50kΩ，則此電路之小訊號電壓增益$V_o$ / $V_i$約為何值？

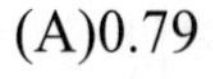

(A)0.79

(B)0.91

(C)1.09

(D)1.58。

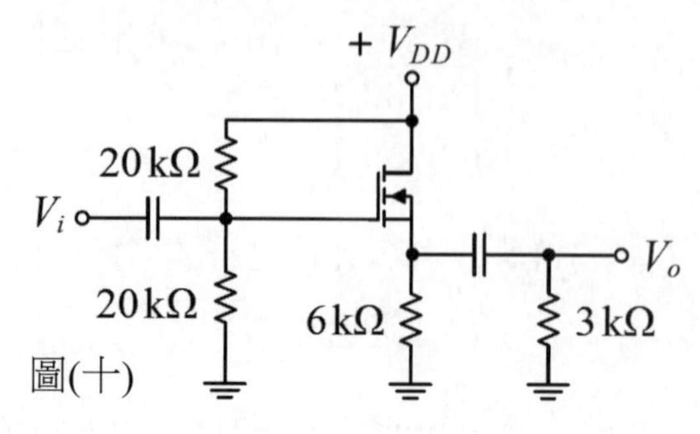

圖(十)

( ) **20** 如圖(十一)所示之運算放大器電路工作在未飽和情形下，請問電壓增益$V_o$ /$V_i$為何？

(A)–10

(B)–5

(C)5

(D)10。

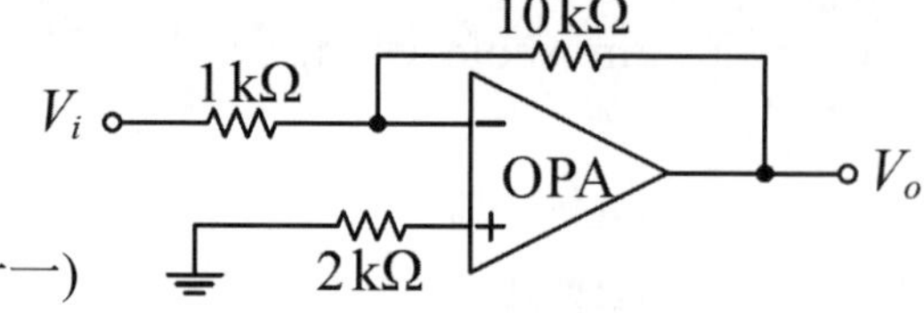

圖(十一)

( ) **21** 如圖(十二)所示之運算放大器電路，稽納二極體（Zener diode）的稽納崩潰電壓為$V_Z$＝6.2V，求在正常工作下的輸出電壓$V_o$為多少？

(A)3.1V

(B)6.2V

(C)12.4V

(D)15V。

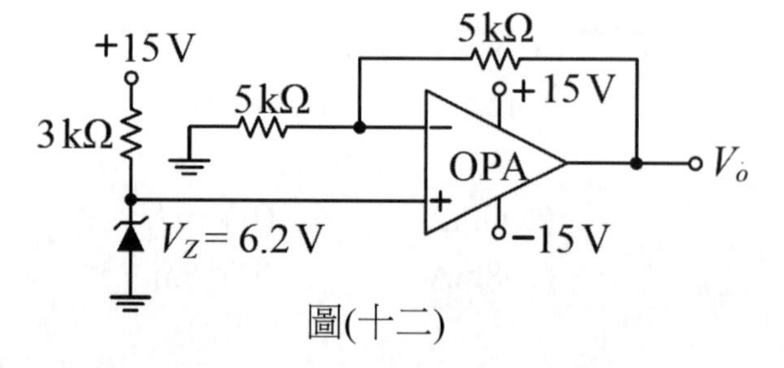

圖(十二)

( ) **22** 如圖(十三)所示之兩級運算放大器電路皆工作在未飽和情形下，其中電阻$R_1$＝10kΩ、$R_2$＝20kΩ、$R_3$＝$R_4$＝30kΩ、$R_{f1}$＝$R_{f2}$＝30kΩ，當輸入電壓$V_1$＝1V、$V_2$＝2V、$V_3$＝3V，請問輸出電壓$V_o$為多少？

(A)9V

(B)6V

(C)–6V

(D)–9V。

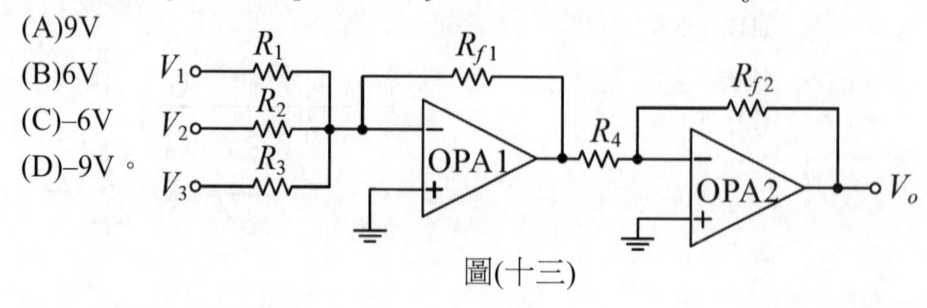

圖(十三)

( ) **23** 有關多諧振盪器的敘述，下列何者錯誤？
(A)多諧振盪器之輸出波形為非正弦波
(B)無穩態多諧振盪器有一個輸入觸發信號
(C)單穩態多諧振盪器的輸出狀態包括一種穩定狀態和一種暫時狀態
(D)雙穩態多諧振盪器之工作情形有如數位電路的正反器。

( ) **24** 有一施密特（Schmitt）觸發電路如圖(十四)所示，其中$+V_{CC}$和$-V_{CC}$為電源電壓，$V_r$為參考電壓，若輸出之正飽和電壓為$+V_{sat}$，負飽和電壓為$-V_{sat}$，則其遲滯電壓$V_H$為下列何者？
(A)$(2V_{sat}R_1)/R_2$
(B)$(2V_{sat}R_2)/R_1$
(C)$(2V_{sat}R_1)/(R_1+R_2)$
(D)$(2V_{sat}R_2)/(R_1+R_2)$。

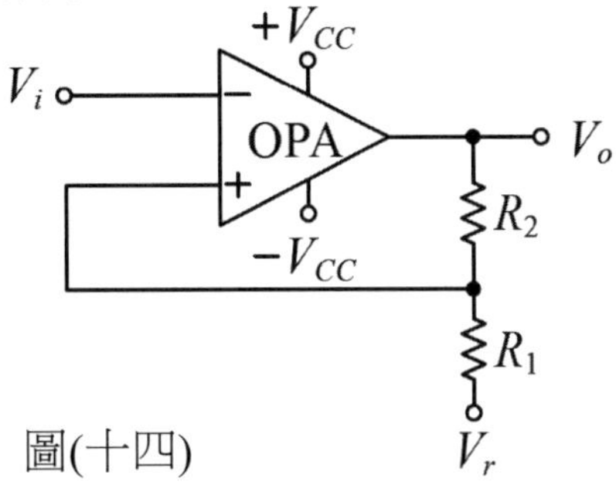

圖(十四)

( ) **25** 三角波信號產生電路可以應用施密特（Schmitt）觸發電路與下列何種電路來組成？
(A)微分器電路 (B)比較器電路
(C)隨耦器電路 (D)積分器電路。

Notes

# 105年 電子學實習（電機類）

(　　) **1** 如圖(一)所示之電路，稽納二極體之$V_Z$＝5V，最大額定功率為200mW，且其逆向最小工作電流（膝點電流）$I_{ZK}$＝0A。若$v_o$要維持在5V，則負載電阻$R_L$值之範圍為何？

(A)10Ω～50Ω
(B)50Ω～100Ω
(C)100Ω～500Ω
(D)500Ω～900Ω。

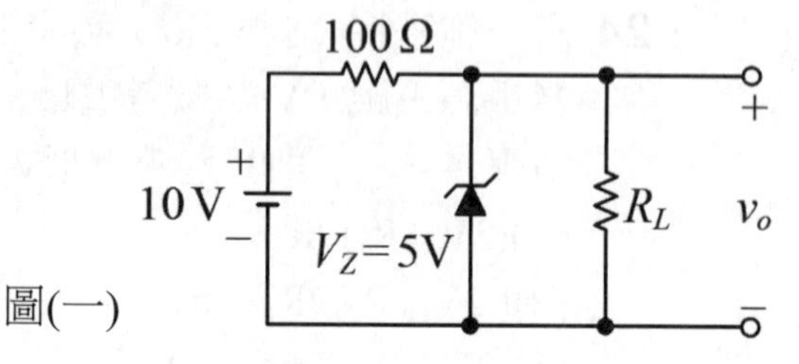

圖(一)

(　　) **2** 如圖(二)所示之理想二極體電路，若$v_i$為±12V、頻率為100Hz之對稱方波，則$v_o$之平均值約為何？

(A)–3V
(B)–1.5V
(C)1.2V
(D)2.5V。

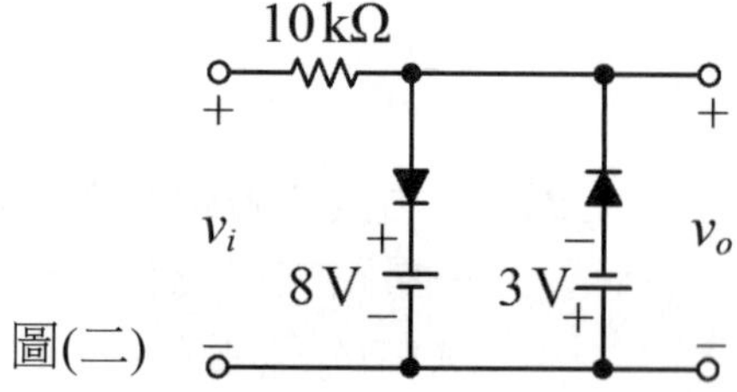

圖(二)

(　　) **3** 如圖(三)所示之理想二極體電路，若$v_i$＝10sin(377t)V且$V_E$＝3V，則下列敘述何者正確？

(A)若$v_i>V_E$，則二極體導通且$v_o= -v_i$
(B)若$v_i<V_E$，則二極體導通且$v_o= -V_E$
(C)若$v_i>V_E$，則二極體導通且$v_o=V_E$
(D)若$v_i<V_E$，則二極體不導通且$v_o=v_i$。

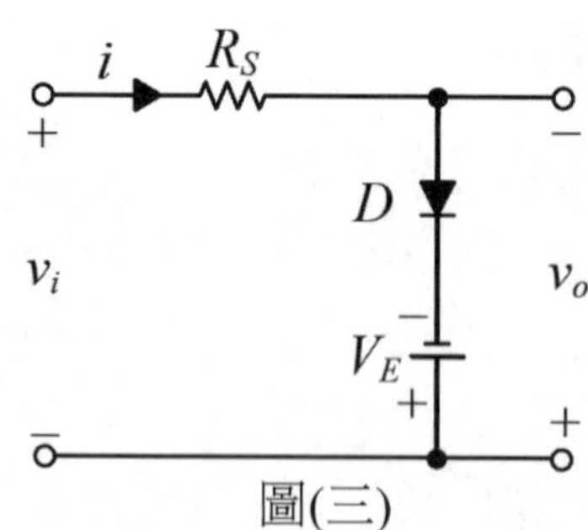

圖(三)

(　　) **4** 以指針型三用電表歐姆檔判別BJT接腳，若①號接腳分別對②號與③號接腳測試時皆呈現導通狀態，則①號接腳為下列何者？

(A)基極　(B)源極
(C)集極　(D)射極。

(　　) **5** 如圖(四)所示之電路，BJT之β＝120，$V_{BE}$＝0.7V，若BJT工作在主動區且$I_B$＝0.03mA，則$R_B$值約為何？
(A)95.5kΩ
(B)110.5kΩ
(C)212.7kΩ
(D)255.2kΩ。

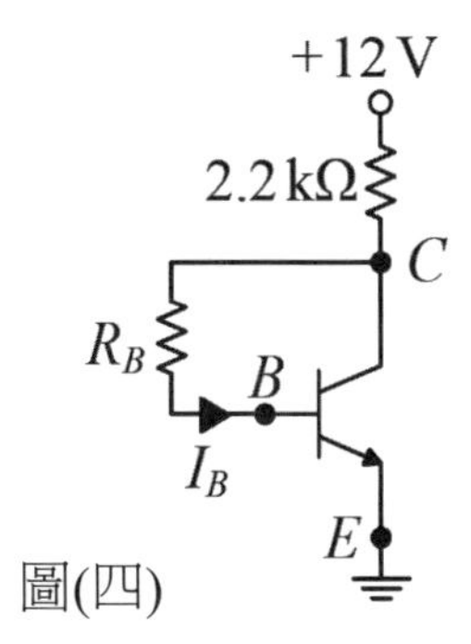

圖(四)

(　　) **6** 如圖(五)所示之電路，BJT之β＝100，$V_{BE}$＝0.7V，則$V_{CE}$約為何？
(A)9.2V
(B)8.2V
(C)7.6V
(D)6.6V。

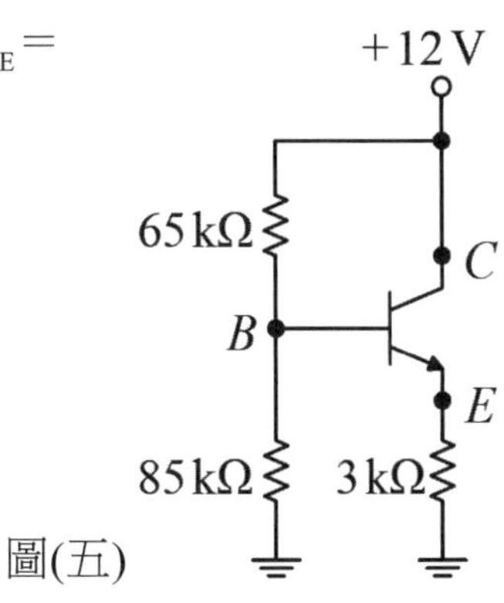

圖(五)

(　　) **7** 如圖(六)所示之電路，BJT之β＝100且工作於順向主動區，基極交流電阻$r_\pi$＝1kΩ，則輸入阻抗$Z_i$約為何？
(A)818Ω
(B)2246Ω
(C)3125Ω
(D)4500Ω。

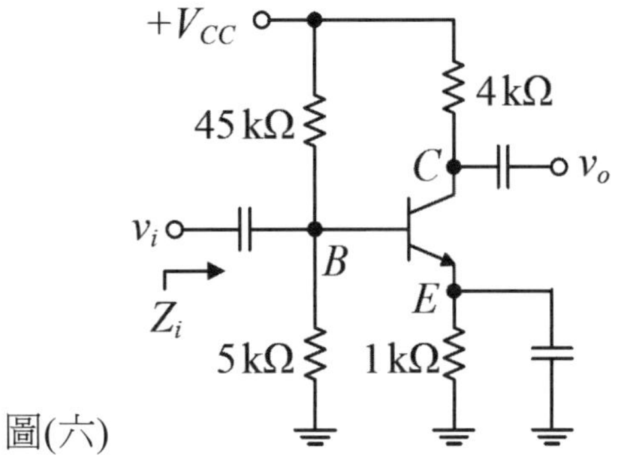

圖(六)

(　　) **8** 若BJT共射極放大器電路之電壓增益大小為100，當輸入電壓訊號$v_i(t)$＝ 20sin(Ωt)mV時，則其輸出電壓訊號為何？
(A)–2cos(Ωt)V　　(B)2cos(Ωt)V
(C)–2sin(Ωt)V　　(D)2sin(Ωt)V。

(　　) **9** 下列有關BJT串級放大電路之敘述，何者正確？
(A)RC耦合串級放大器之前後級阻抗匹配容易
(B)直接耦合串級放大器之低頻響應佳
(C)變壓器耦合串級放大器沒有直流隔離作用
(D)RC耦合串級放大器之前後級直流工作點會相互影響。

(　　) **10** 某工作於飽和區之增強型N通道MOSFET，其臨界電壓$V_T$＝4V，當閘-源極間電壓$V_{GS}$＝6V時，汲極電流$I_D$＝2mA；則當$I_D$＝8mA時，其$V_{GS}$應為何？
(A)9V　(B)8V
(C)7V　(D)5V。

(　　) **11** 下列有關圖(七)所示放大器電路之敘述，何者正確？
(A)輸入阻抗$Z_i$為$R_GR_S$ / ($R_G$+$R_S$)
(B)輸出阻抗$Z_o$為$R_D$
(C)$v_o$和$v_i$同相位
(D)輸入阻抗$Z_i$無窮大。

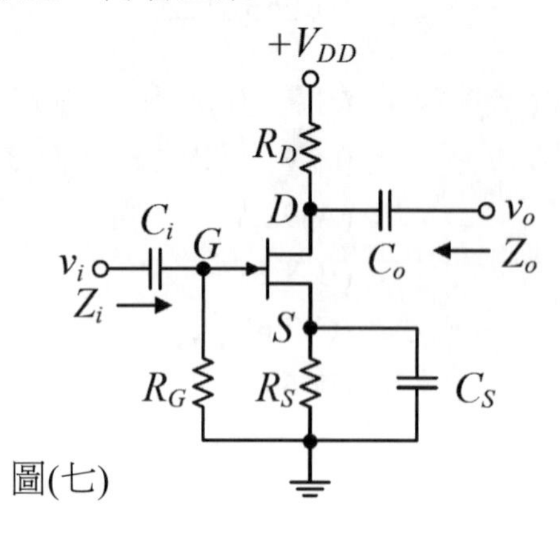

圖(七)

(　　) **12** 如圖(八)所示之理想運算放大器電路，$v_o$值應為何？
(A)0V
(B)4V
(C)8V
(D)12V。

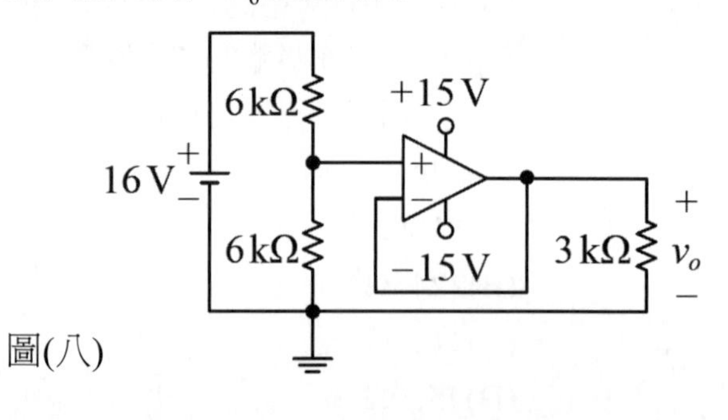

圖(八)

(　　) **13** 如圖(九)所示之理想運算放大器電路，若$v_o$＝8V，則$v_i$應為何？
(A)–4V
(B)–3V
(C)1V
(D)2V。

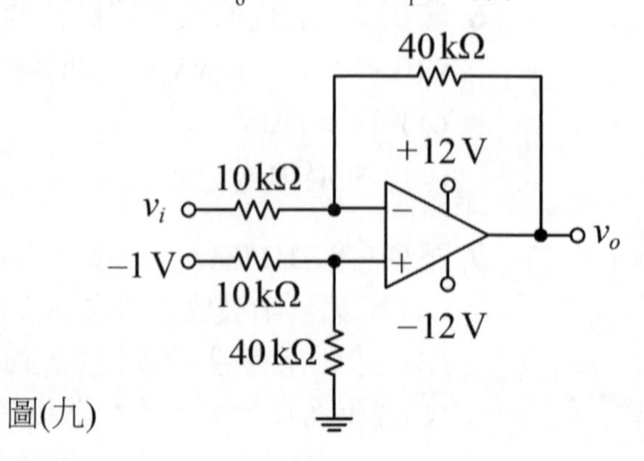

圖(九)

( ) **14** 下列有關圖(十)所示多諧振盪器電路之敘述，何者正確？
(A)為單穩態多諧振盪器電路
(B)$C_2$之功用為降低雜訊干擾
(C)正常工作下，$C_1$之電壓$v_c$最高值為$+V_{CC}$
(D)$v_o$之波形為三角波。

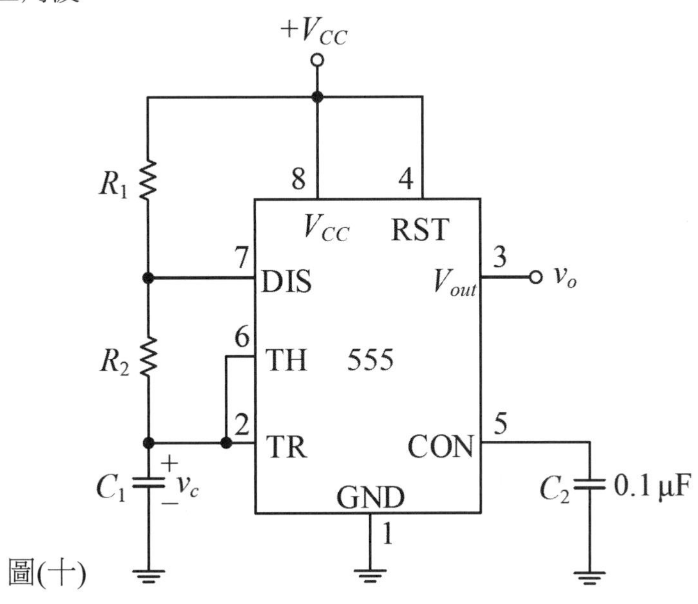

圖(十)

( ) **15** 如圖(十一)所示之電路，若$v_i$為1V之直流電壓，則下列敘述何者正確？
(A)其上臨限電壓為2V
(B)其下臨限電壓為−2V
(C)為反相施密特觸發器
(D)$v_o$＝12V。

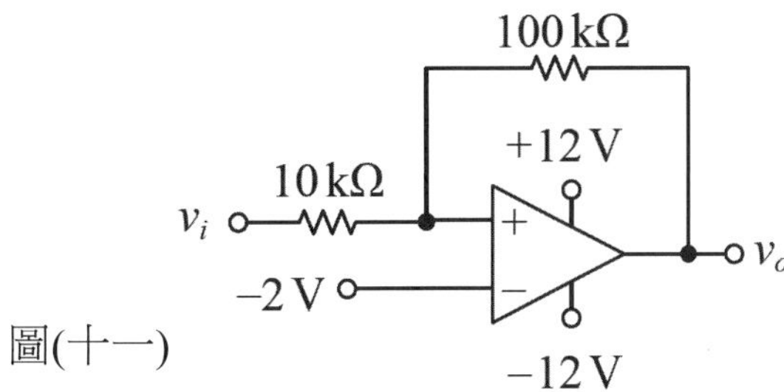

圖(十一)

# 105年 電子學實習（資電類）

(　　) **1** 小林上電子學實習課時，想要設計一個穩定電壓的全波整流輸出電路供給手機充電，其輸出的直流平均電壓$V_{DC}$＝3.7V，則其輸入的交流正弦波的峰對峰值電壓約為多少？
(A)4V　(B)8V
(C)10V　(D)12V。

(　　) **2** 小林上電子學實習課時，為了能準確量測其實驗電路，首先需校正他使用的雙軌跡示波器，示波器面板上有一個標示為CAL的小孔，則其輸出信號最有可能是哪一種波形？
(A)1kHz方波　(B)1kHz三角波
(C)0.5kHz鋸齒波　(D)0.5kHz三角波。

(　　) **3** 小林上電子學實習課時，想要設計一個穩定電壓的橋式整流輸出電路供給手機充電，他先量測其輸出的直流脈動電壓，得到漣波電壓的峰對峰值$V_{r(p-p)}$為2V，其輸出電壓的峰值$V_p$或$V_m$為10V，則其漣波百分率r(%)約為多少？
(A)4%　(B)8%
(C)10%　(D)12%。

(　　) **4** 有一二極體電路如圖(一)所示，若施加一正弦波信號於輸入端點$v_i$，則下列敘述何者錯誤？

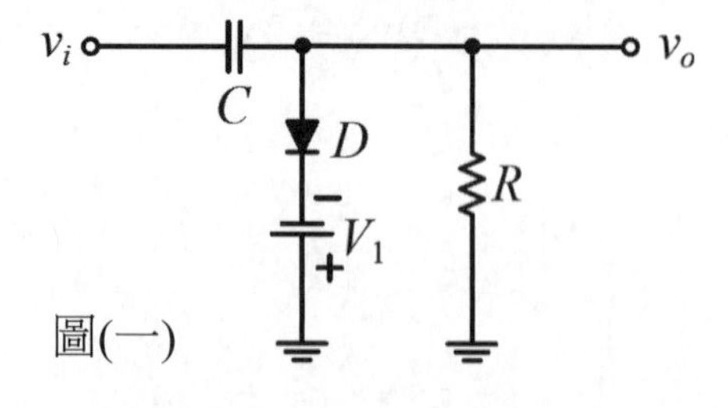

圖(一)

(A)該電路為偏壓型截波電路（Clipping Circuit）
(B)截波電路可用來將輸入的交流電壓信號之部份波形截除
(C)該電路中電阻R值之大小會影響輸出波形失真
(D)箝位電路（Clamping Circuit）可用來將輸入的交流電壓信號定位到所要的直流電壓準位上。

( ) **5** 實作圖(二)之電路以繪製輸出特性曲線，A、B、C、D為量測儀表，繪製成如圖(三)所示的3條曲線，請選出錯誤的描述。

(A)若曲線1、2、3各自對應的是在工作溫度T1,T2,T3所量得的結果，則T1<T2<T3

(B)儀表A與D可以是電流表

(C)儀表B與C可以是示波器或電壓表

(D)此電路架構為共射極組態。

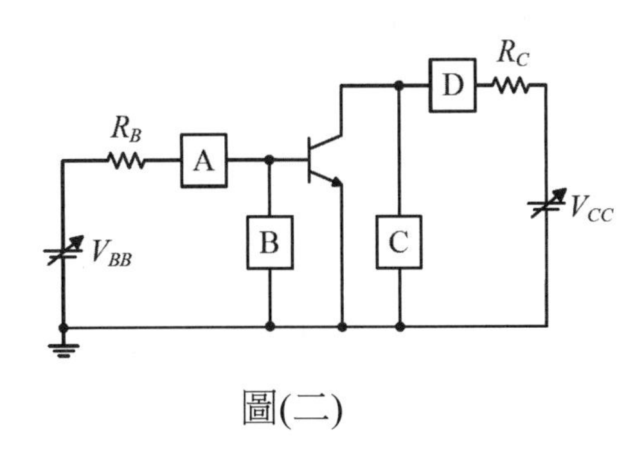


圖(二)

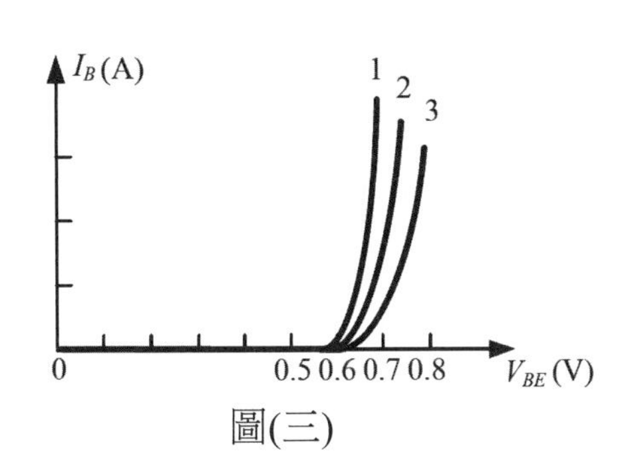


圖(三)

( ) **6** 有關圖(四)的電路設計，下列敘述何者正確？

(A)屬於射極回授偏壓的設計

(B)電容$C_E$對交流信號是短路，因此屬於共基極的設計

(C)電容$C_C$對交流信號是短路，因此屬於集極回授偏壓的設計

(D)屬於共集極的設計。

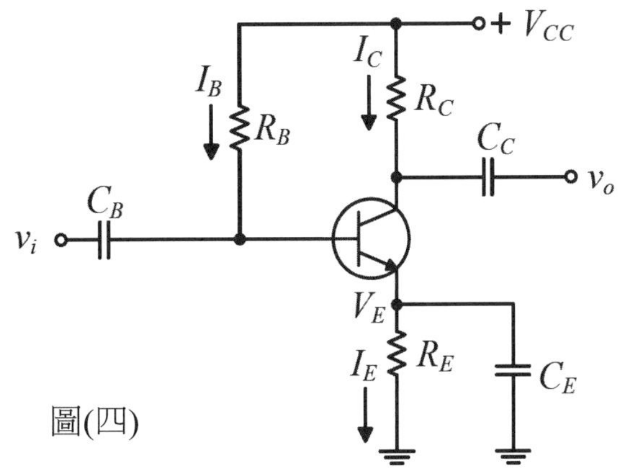


圖(四)

( ) **7** 下列有關達靈頓（Darlington）電路的敘述何者錯誤？

(A)達靈頓電路可由1個PNP電晶體與1個NPN電晶體構成

(B)達靈頓電路可由2個PNP電晶體構成

(C)達靈頓電路為直接耦合串級放大電路

(D)達靈頓電路特點是輸入阻抗很小。

(　　) **8** 台灣的積體電路製造公司每年貢獻政府非常多的稅收與就業機會，關於其製造的MOSFET電晶體特性，下列敘述何者正確？
(A)MOSFET電晶體是以電壓控制的元件
(B)MOSFET電晶體是以電流控制的元件
(C)MOSFET電晶體的閘極電流$I_G$大於汲極電流$I_D$是正常現象
(D)N通道MOSFET電晶體是以電洞作為主要傳輸載子。

(　　) **9** 下列有關場效電晶體放大器之敘述何者錯誤？
(A)共源極(CS)放大器輸入阻抗大，適合輸入電壓訊號
(B)共閘極(CG)放大器輸入阻抗小，適合輸入電流訊號
(C)共汲極(CD)放大器輸出與輸入電壓訊號同相，適合作電壓放大器
(D)共汲極(CD)放大器輸入阻抗大，適合輸入電壓訊號。

(　　) **10** 關於運算放大器(OPA)應用電路的實現，下列何者為正確？
(A)利用運算放大器(OPA)實現非零電位檢測器時，OPA需使用負回授電路架構
(B)利用運算放大器(OPA)實現減法器時，OPA之非反相輸入端電壓會追隨反相輸入端電壓
(C)利用運算放大器(OPA)實現反相放大器時，此反相放大器之輸入阻抗為無限大
(D)利用運算放大器(OPA)實現積分器時，OPA會工作於線性區。

(　　) **11** 小明上電子學實習課時，詳細聽老師講解運算放大器的理想特性與應用後，終於知道理想的運算放大器有幾項特點。由此，當選擇運算放大器來設計反相放大器時，下列何者錯誤？
(A)運算放大器的輸入阻抗愈大愈好
(B)運算放大器的共模拒斥比(CMRR)，愈大愈能抑制雜訊效應
(C)運算放大器的差模增益$A_d$愈小愈好
(D)運算放大器的共模增益$A_c$愈小愈好。

(　　) **12** 下列有關振盪器的敘述何者錯誤？
(A)石英晶體振盪電路振盪頻率穩定性差
(B)方波產生電路又稱為多諧振盪器
(C)輸入一觸發脈衝信號可產出一特定的矩形波信號之電路稱為單穩態多諧振盪器
(D)韋恩(Wien)電橋振盪器可產生正弦波電壓波形。

# 106年 電子學（電機類、資電類）

( ) **1** 如下圖所示之$v_1$（t）為週期性電壓波形，若Vp＝10V，$T_1$＝3s，$T_2$＝2s，則其工作週期（duty cycle）為何？
(A)30%
(B)40%
(C)60%
(D)80%。

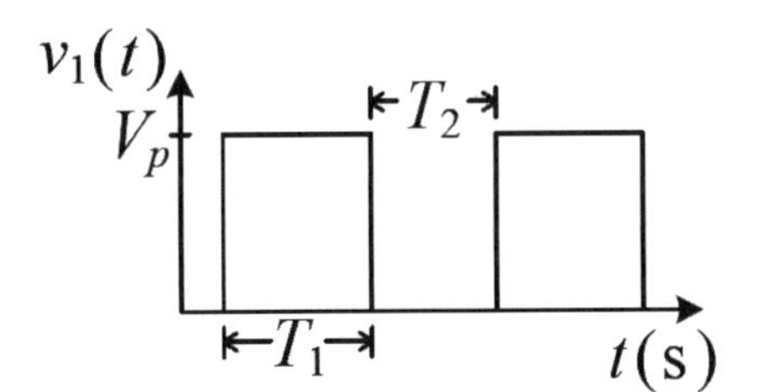


( ) **2** 如下圖所示之理想稽納二極體電路，若$Z_1$、$Z_2$之崩潰電壓分別為2V及3V，$V_S$＝6V，$R_S$＝200Ω，$R_L$＝300Ω，則電流$I_Z$為何？
(A)5mA
(B)8mA
(C)10mA
(D)15mA。

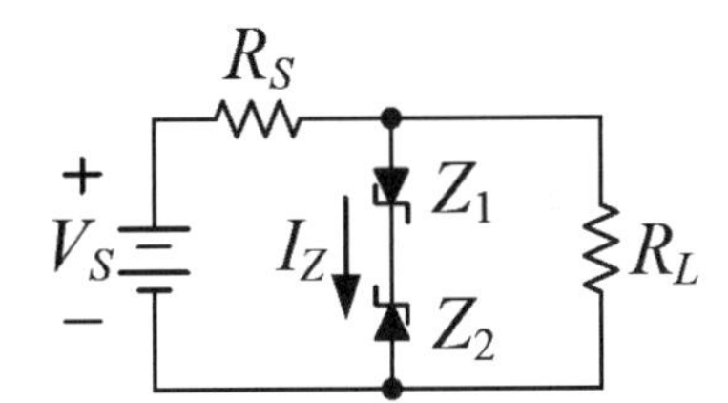


( ) **3** 如下圖所示之理想二極體電路，AC電源接於110V交流市電，則二極體$D_4$所承受之最大逆向電壓約為多少？
(A)48V (B)34V
(C)24V (D)17V。

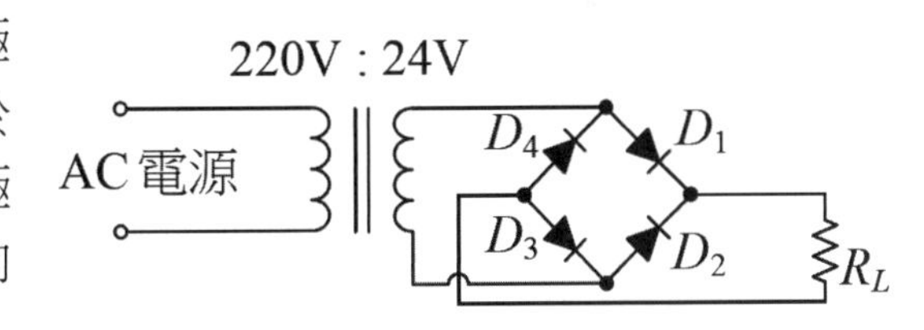


( ) **4** 如右圖所示之理想二極體電路，$v_{in}$＝10sin（ωt）V，E＝3V，R＝3kΩ，試觀察$v_{out}$一週期之波形為何？

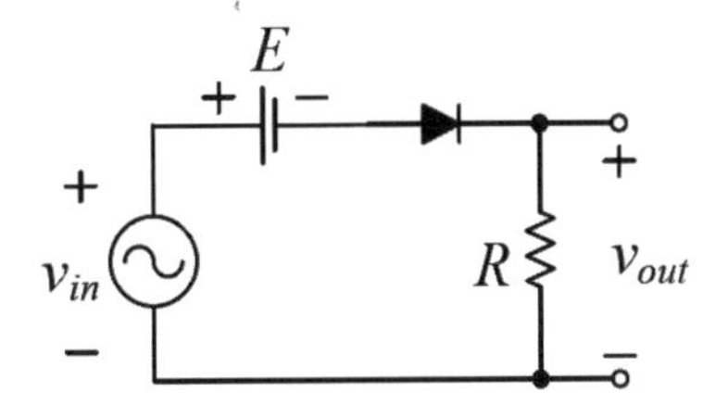

(A)
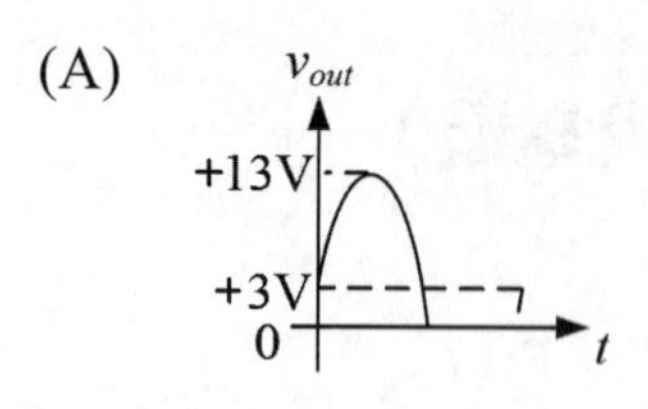


(B)
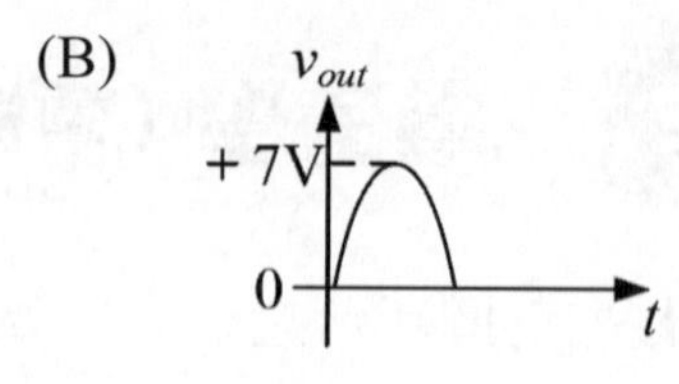


(C)
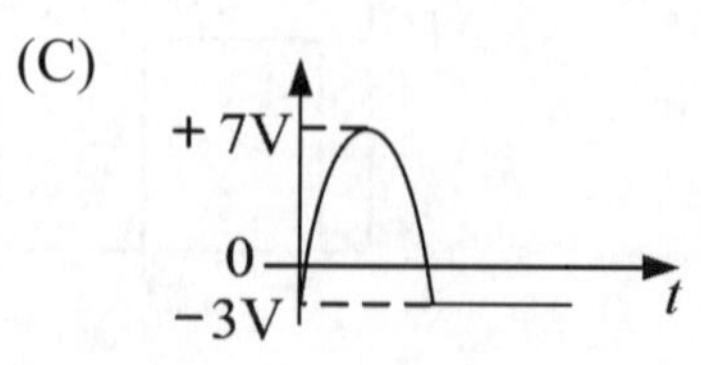


(D)
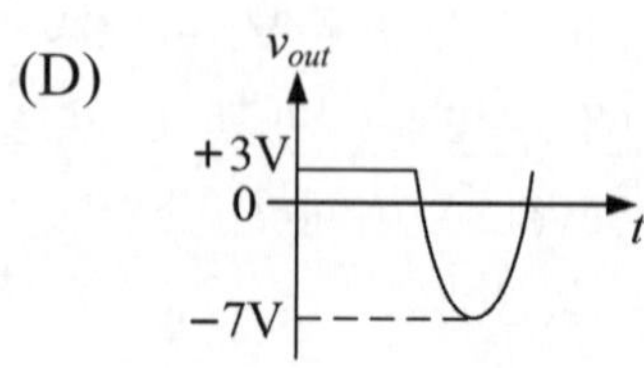


(　　) **5** 如下圖所示之理想二極體電路，$v_{in}$為高低位準的.度各佔50%之波形，其高位準6V，低位準–1V，則$v_{out}$之有效值為何？

(A)6.7V

(B)8.5V

(C)9.2V

(D)10.4V。

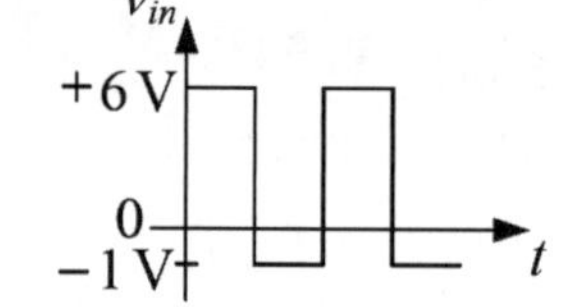


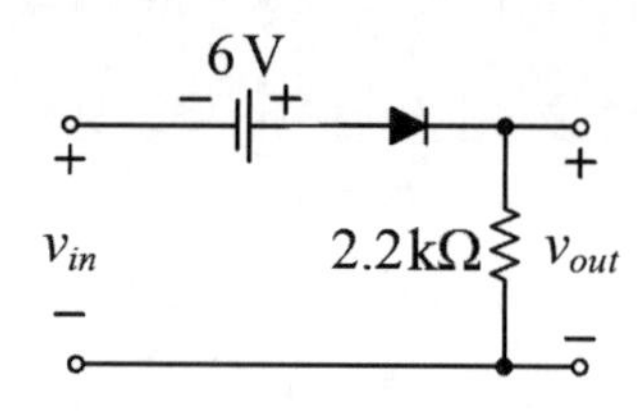


(　　) **6** 關於BJT電晶體之B、C、E三極摻雜濃度之敘述，下列何者正確？

(A)B極濃度最高

(B)C極、E極濃度相同且較B極高

(C)C極濃度最高

(D)E極濃度最高。

(　　) **7** 如下圖所示之電路，電晶體的β＝100，$V_{BB}$＝6V，$V_{CC}$＝12V，$R_B$＝100kΩ，$R_C$＝1kΩ，$V_{BE}$＝0.7V，則$V_{CE}$約為何？

(A)5.3V

(B)6.0V

(C)6.7V

(D)7.4V。

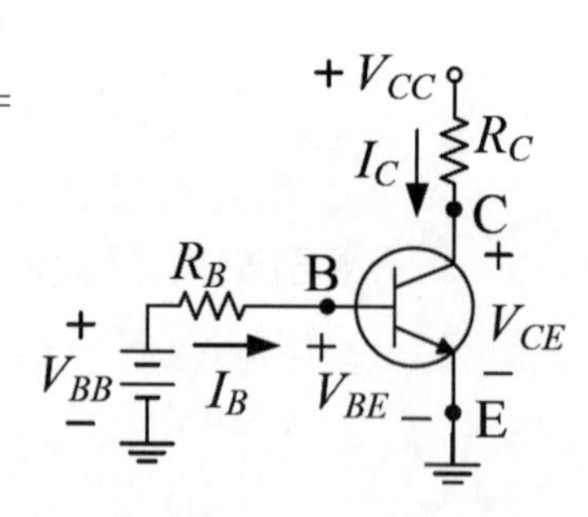


(　　) **8** 關於BJT電晶體放大電路在正常工作時之特性，下列敘述何者正確？

(A)集極回授式偏壓電路不會發生飽和

(B)射極回授式偏壓電路之工作點較不穩定

(C)固定式偏壓電路可得穩定之工作點

(D)射極隨耦器之電流增益低於1。

(　　) **9** 如右圖所示之電路，電晶體的$\beta=99$，$V_{BE}=0.7V$，若$V_{CC}=12V$，$R_C=1.2k\Omega$，$V_{CE}=6V$，則$R_B$應為何？

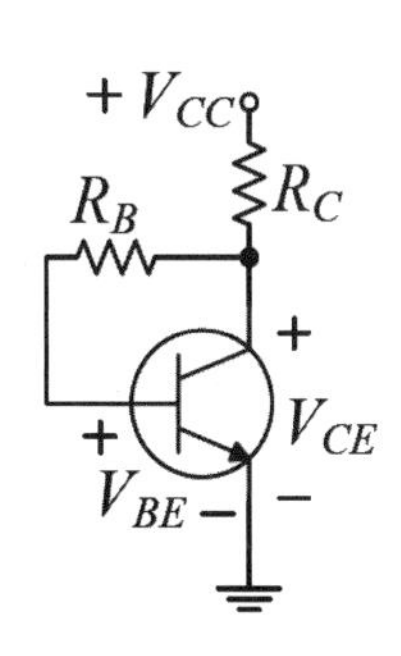


(A)68kΩ
(B)82kΩ
(C)94kΩ
(D)106kΩ。

(　　) **10** 關於共基極（CB）、共射極（CE）、共集極（CC）電晶體放大器三者之比較，下列何者正確？
(A)只有CC放大器之輸入電壓與輸出電壓同相位，其餘二者之輸入電壓與輸出電壓為反相
(B)只有CE放大器同時具有電壓與電流放大作用，且CE放大器之功率增益的絕對值為三者中最大
(C)只有CB放大器不具電流放大作用，且CB放大器之輸出阻抗及電壓增益的絕對值為三者中最小
(D)只有CC放大器不具電壓放大作用，且CC放大器之輸入阻抗及電流增益的絕對值為三者中最小。

(　　) **11** 如右圖所示之電晶體放大電路，若電晶體之$\beta=99$，$V_{BE}=0.7V$，熱電壓（thermal voltage）$V_T=26mV$，C為耦合電容或旁路電容。欲設計其電壓增益$|V_o/V_i|\approx150$，則$R_C$約為多少？

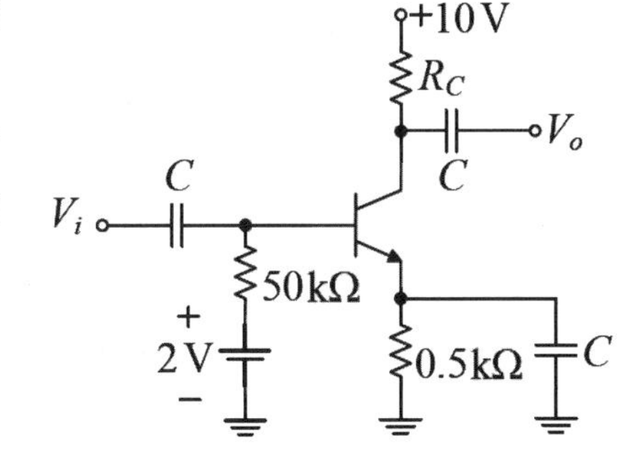


(A)2kΩ
(B)3kΩ
(C)4kΩ
(D)6kΩ。

(　　) **12** 如下圖所示之電晶體放大電路，C為耦合電容，在正常工作下，其$\beta=99$，射極交流電阻$r_e=50\Omega$，則此電路之電壓增益$V_o/V_s$約為何？

(A)59.4
(B)36.8
(C)13.1
(D)3.3。

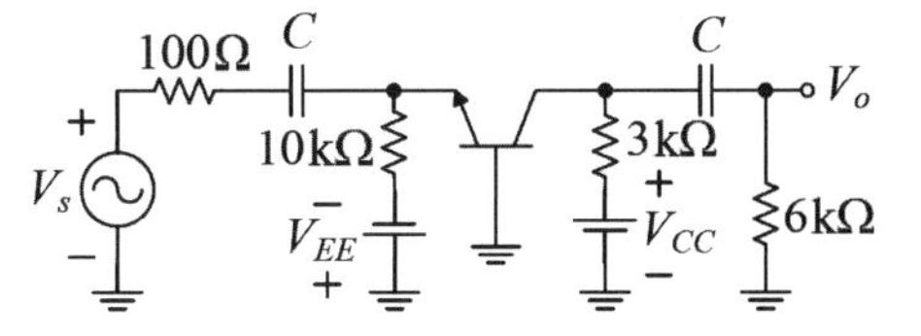

( ) **13** 在串接式多級放大器電路中，下列何者不屬於級與級間的耦合電路？
(A)直接耦合電路 (B)變壓器耦合電路
(C)電阻電容耦合電路 (D)電晶體耦合電路。

( ) **14** 有一放大器的截止頻率為100Hz和20kHz，當輸入訊號為中頻段2kHz弦波時之輸出功率為120W。若僅改變輸入訊號頻率至20kHz，則此時之輸出功率約為多少？
(A)30W (B)60W
(C)84.85W (D)120W。

( ) **15** 關於FET與BJT電晶體的比較，下列何者錯誤？
(A)FET的輸入阻抗較BJT高
(B)FET的增益與頻寬的乘積較BJT大
(C)FET的熱穩定性較BJT好
(D)MOSFET比BJT較適合應用於超大型積體電路中。

( ) **16** 如右圖所示電路，其中$Q_1$與$Q_2$的臨界電壓（threshold voltage）分別為1V與－1V。當$V_i$＝0V時，$Q_1$、$Q_2$的工作狀態為何？
(A)$Q_1$與$Q_2$皆工作在歐姆區
(B)$Q_1$與$Q_2$皆工作在截止區
(C)$Q_1$工作在截止區、$Q_2$工作在歐姆區
(D)$Q_1$工作在歐姆區、$Q_2$工作在截止區。

( ) **17** 如右圖所示電路，若MOSFET的臨界電壓（threshold voltage）$V_T$＝2V，且其參數K＝1mA/$V^2$。欲設計使其工作在$V_{DS}$＝4V，則$R_D$的值應為何？
(A)2kΩ (B)4kΩ
(C)6kΩ (D)8kΩ。

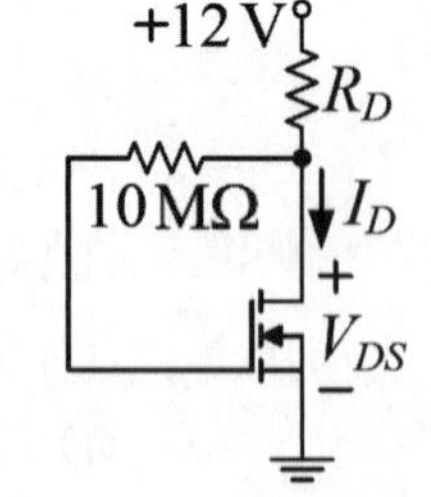


( ) **18** 如下圖所示之FET小信號模型電路，其中放大因數μ＝$g_m r_d$，則由輸出端$v_o$看入的輸出阻抗$Z_o$為何？
(A)$R_D$＋$r_d$＋（1＋μ）Rs
(B)$R_D$ //$r_d$ //（1＋μ）Rs
(C)$R_D$＋[ $r_d$ //（1＋μ）Rs ]
(D) $R_D$ // [ $r_d$＋（1＋μ）Rs ]。

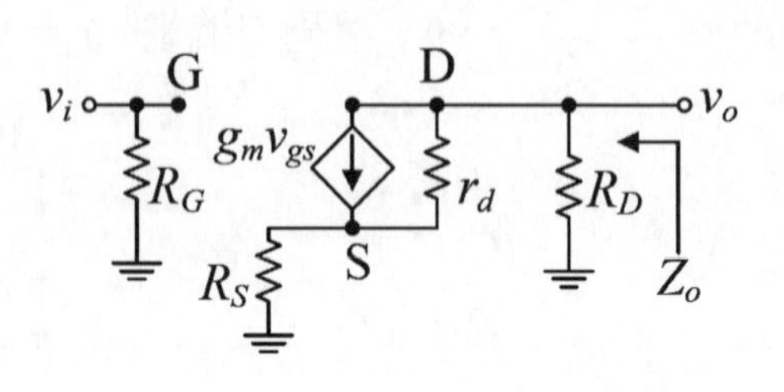

( ) **19** 如右圖所示電路，JFET工作於飽和區，其轉移電導$g_m = 0.5mA/V$，$r_d$忽略不計，則其電流增益$I_o/I_i$約為何？
(A)60 (B)81.7
(C)166.6 (D)250。

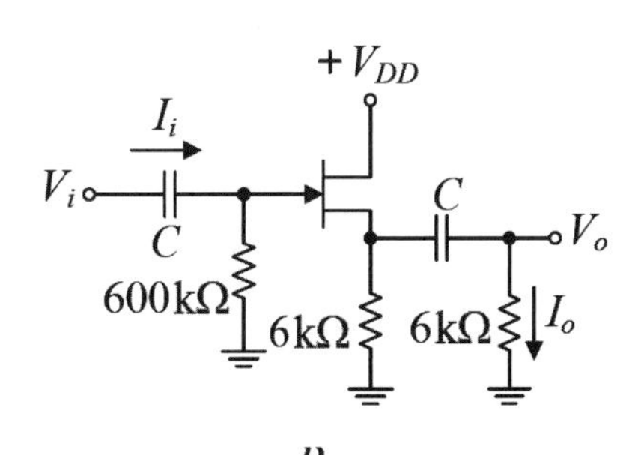


( ) **20** 如下圖所示之運算放大器電路，假設$R_1 = R_2 = R_g = R_f = 10k\Omega$，且輸入電壓$V_1 = 6V$，$V_2 = 8V$，求其正常工作於未飽和時的輸出電壓$V_o$為多少？
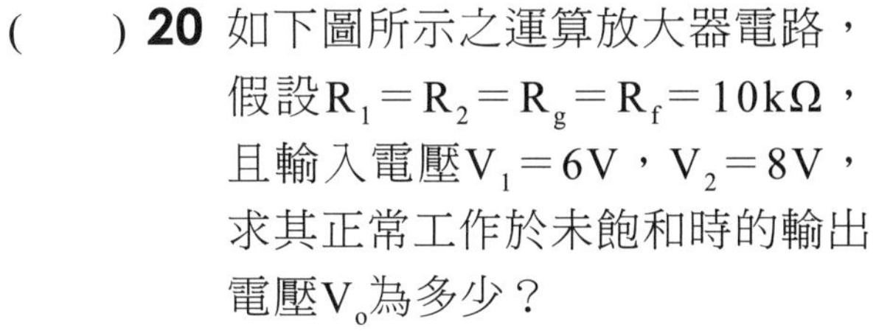
(A)14V (B)8V
(C)2V (D)－6V。

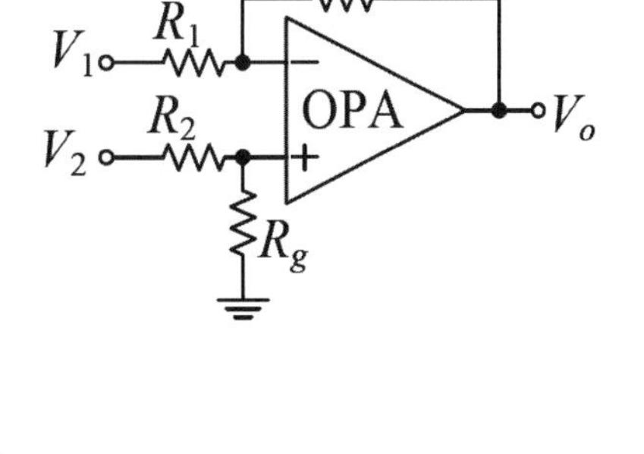


( ) **21** 如下圖所示電路，正常工作下輸出電壓波形為三角波時，則其輸入電壓波形為下列何者？

(A)方波
(B)正弦波
(C)三角波
(D)鋸齒波。

( ) **22** 如下圖所示之電路，其OPA之正負飽和電壓為±12V，若$V_i = -5V$，$V_r = 1V$，$R_1 = 5k\Omega$，$R_2 = 2k\Omega$，求輸出電壓$V_o$為多少？
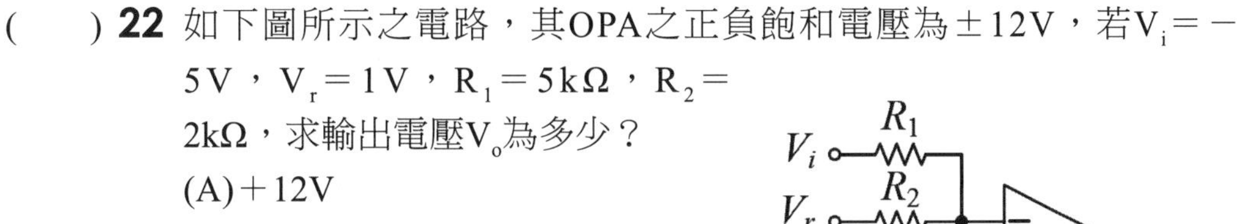
(A)＋12V
(B)＋4V
(C)－4V
(D)－12V。

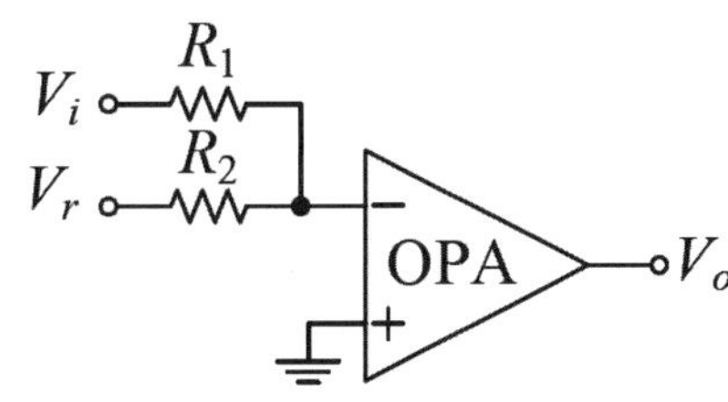


( ) **23** 關於弦波振盪器之敘述，下列何者錯誤？
(A)RC相移振盪器是屬於低頻弦波振盪器
(B)音頻振盪器一般使用考畢子振盪器（Colpitts oscillator）
(C)石英晶體振盪是應用晶體本身具有壓電效應而產生振盪
(D)振盪器電路是不需外加輸入信號，只要應用其直流電源即可轉換為特定頻率之弦波輸出。

( ) **24** 如右圖所示之振盪電路，於正常工作下，輸出電壓$V_o$之頻率約為何？
(A)100Hz
(B)398Hz
(C)796Hz
(D)100kHz。

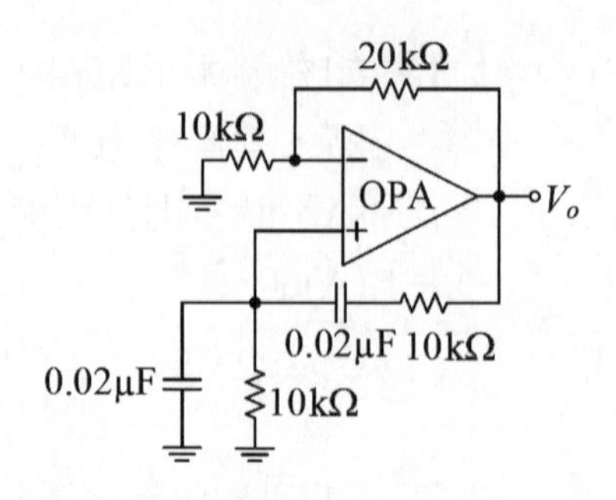


( ) **25** 如右圖所示為555IC所組成之方波產生電路，則下列何種$R_1$和$R_2$的關係可以得到最接近工作週期50%的方波信號？
(A)$R_1$>>$R_2$
(B)$R_1$＝2$R_2$
(C)$R_2$＝2$R_1$
(D)$R_2$>>$R_1$。

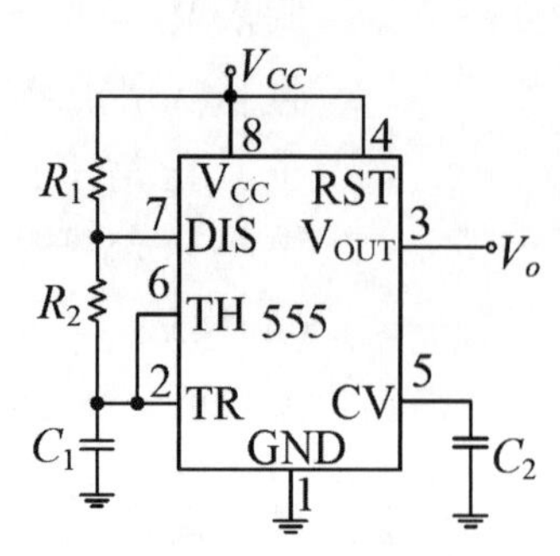


Notes

# 106年 電子學實習（電機類）

( ) **1** 「叫叫CABD」為心肺復甦術（CPR）的急救步驟，下列何者代表字母A的意義？
(A)使用體外去顫器AED電擊 (B)胸部按壓
(C)進行人工呼吸 (D)暢通呼吸道。

( ) **2** 如下圖所示之電路，其中函數波信號產生器提供峰值10V且頻率為100Hz之正弦波電壓，以一般示波器及一般非差動式探棒量測稽納二極體ZD（稽納電壓為5V）之V–I特性曲線，若已知示波器頻道CH1探棒正端M點及負端夾N點，則下列有關示波器之操作，何者錯誤？

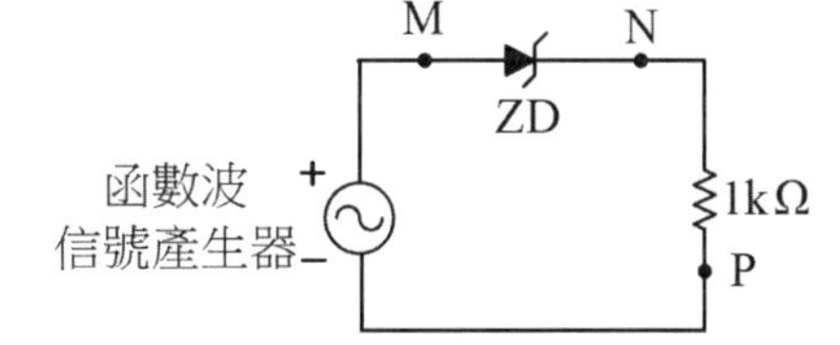


(A)頻道CH2探棒正端N點及負端夾P點

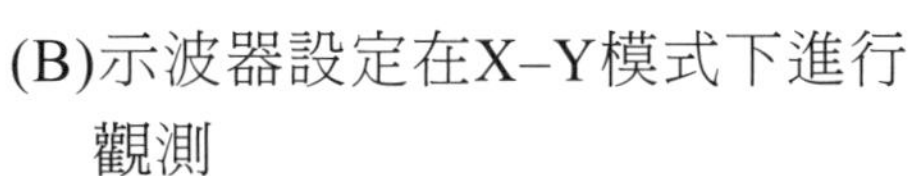

(B)示波器設定在X–Y模式下進行觀測
(C)頻道CH2應設定為反相（INV）顯示
(D)CH1及CH2兩頻道均以DC耦合模式進行觀測。

( ) **3** 如下圖所示之電路，已知輸入電壓$V_i$是週期為T秒的±10V方波，D為理想二極體，電容C之初始電壓為零，E為2V之直流電源，假設RC時間常數遠大於T使得輸出電壓不會產生失真，則輸出電壓vo之平均值約為何？

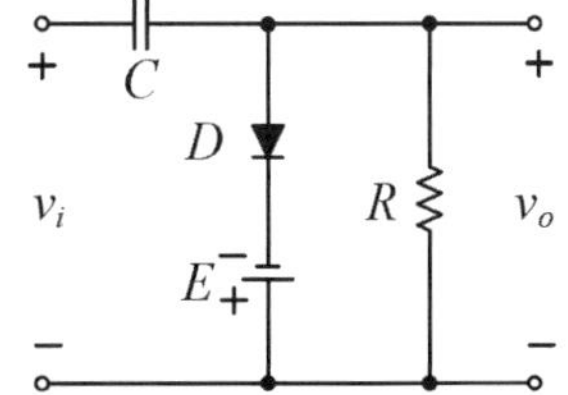


(A)20V
(B)8V
(C)－12V
(D)－16V。

( ) **4** 某BJT電晶體之最大集極功率損耗$P_{C(max)}$為400mW，最大集極電壓$BV_{CEO}$為80V，最大集極電流$I_{C(max)}$為100mA，則下列選項何者不在此電晶體之安全工作區？
(A)$V_{CE}$＝15V，$I_C$＝10mA (B)$V_{CE}$＝25V，$I_C$＝20mA
(C)$V_{CE}$＝40V，$I_C$＝8mA (D)$V_{CE}$＝8V，$I_C$＝35mA。

(　　) **5** 如右圖所示之電路，若電晶體保持在主動區工作，當提高$R_C$值而$V_{CC}$及$R_B$值保持不變，則下列敘述何者正確？

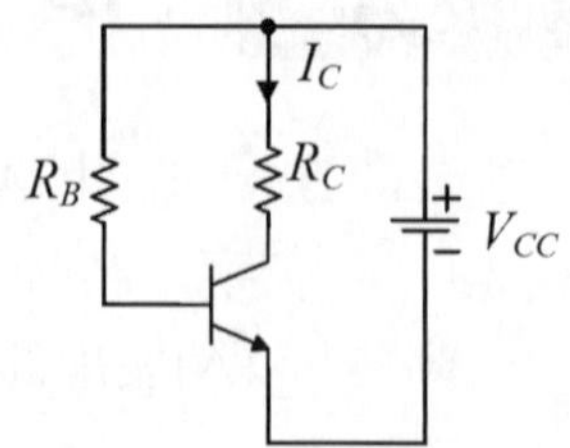


(A)工作點不變
(B)工作點朝飽和區反方向移動
(C)基極電流增加
(D)工作點朝飽和區方向移動。

(　　) **6** 下列有關BJT共射極（CE）、共集極（CC）、共基極（CB）組態放大器電路之敘述，何者錯誤？
(A)CE放大器之輸出電壓與輸入電壓相位相差180º
(B)CB放大器之電流增益非常高
(C)CC放大器常當作阻抗匹配用途
(D)CC放大器之輸入阻抗高。

(　　) **7** 如右圖所示之BJT電晶體放大器電路，假設BJT之$V_{BE(on)}$＝0.6V、β＝200、熱電壓$V_T$＝26mV，放大器不會有失真且輸入電壓 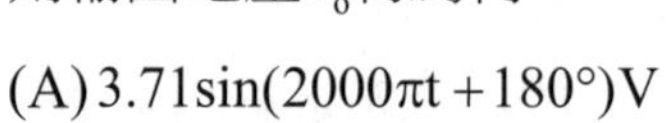 $v_i = 50\sin(2000\pi t)\text{mV}$ ，則輸出電壓$v_o$約為何？

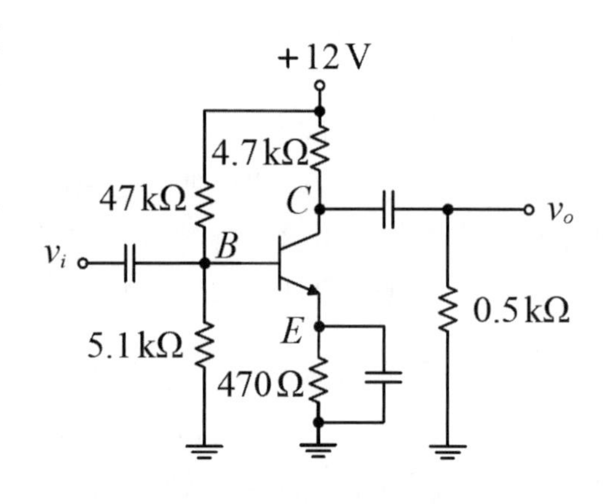


(A) $3.71\sin(2000\pi t+180°)$V
(B) $-4.56\sin(2000\pi t)$V
(C) $1.01\sin(2000\pi t+180°)$V
(D) $-5.88\sin(2000\pi t)$V 。

(　　) **8** 下列有關達靈頓（Darlington）放大電路特性之敘述，何者正確？
(A)電壓增益極高　　(B)電流增益小於1
(C)輸入阻抗高　　(D)溫度特性穩定。

(　　) **9** 有一N通道JFET其截止電壓$V_{GS(off)}$＝－4V，當工作於飽和區且閘–源極間電壓$V_{GS}$＝－2V時，量測得汲極電流為2mA；若$V_{GS}$＝－1.17V時，其汲極電流約為何？
(A)6mA　　(B)4mA
(C)2mA　　(D)1mA。

( ) **10** 如右圖所示之電路，JFET之$I_{DSS}$＝4mA，截止電壓$V_{GS(off)}$＝－4V，則電壓增益$\frac{v_0}{v_i}$約為何？
(A)0.91
(B)0.82
(C)0.74
(D)0.67。

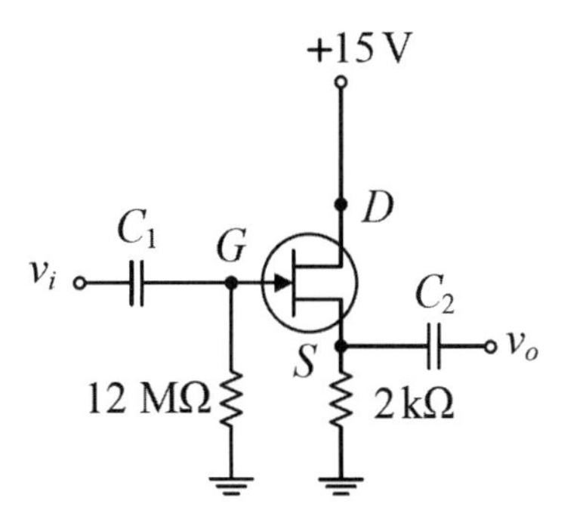


( ) **11** 如右圖所示之理想運算放大器電路，R＝20kΩ，若$v_o$＝2V，則$R_f$值應為何？
(A)20kΩ
(B)30kΩ
(C)40kΩ
(D)50kΩ。

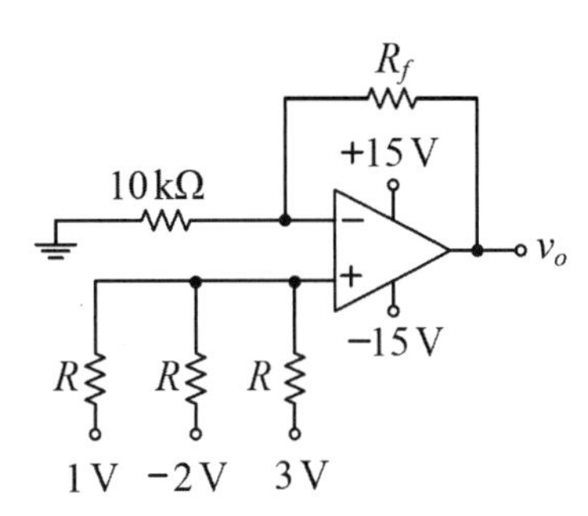


( ) **12** 如右圖所示之電路，若$v_i = \sin(2\pi t)$V，則波形每週期之正電壓時間與負電壓時間之比為何？
(A)1：1
(B)1：2
(C)1：3
(D)1：4。

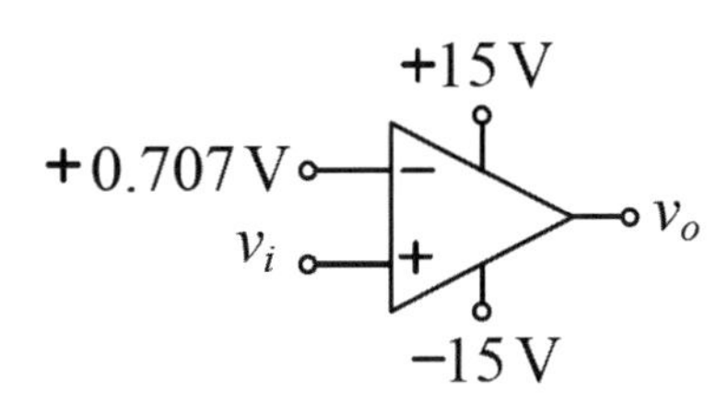


( ) **13** 下列有關右圖所示電路之敘述，何者正確？
(A)兩電容C值增加，則$v_o$之頻率亦增加
(B)兩電阻R值增加，則$v_o$之頻率亦增加
(C)穩態時$v_o$為週期2π秒之弦波
(D)電路不會產生振盪。

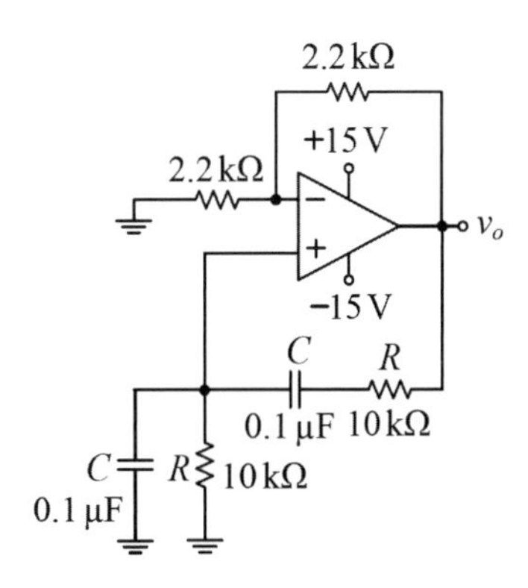

( ) **14** 如下圖所示之施密特觸發器電路，運算放大器之輸出正、負飽和電壓分別為＋15V和－15V，若其遲滯電壓為5V，則電阻R值應為何？

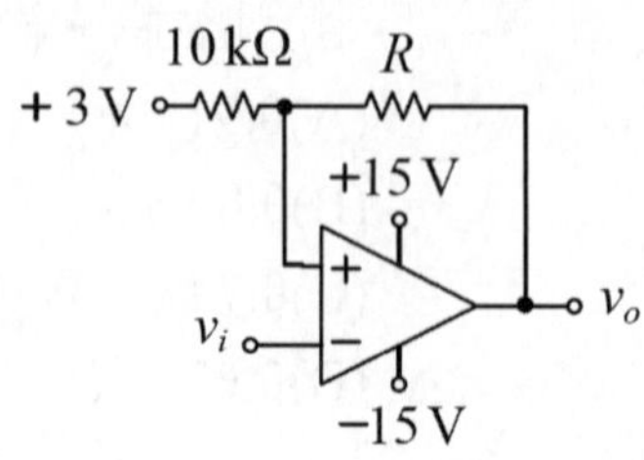


(A)5kΩ
(B)50kΩ
(C)100kΩ
(D)500kΩ。

( ) **15** 下列有關下圖所示理想運算放大器電路之敘述，何者正確？

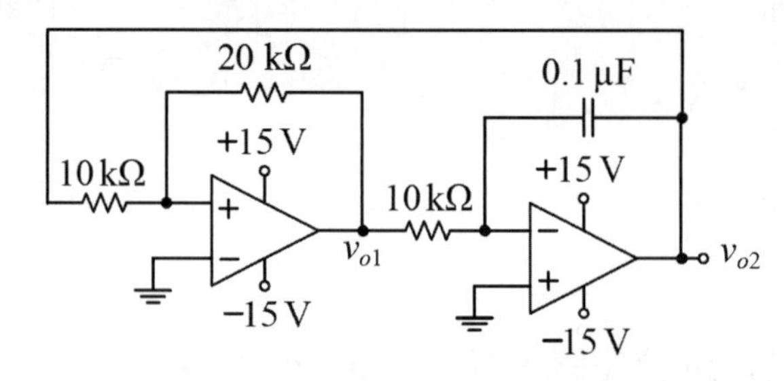


(A)$v_o$2為峰值±7.5V之三角波　(B)$v_{o2}$為頻率500Hz之方波

(C)電壓增益$\frac{V_{o1}}{V_{o2}}=3$　(D)$v_{o1}$波形之週期為500ms。

Notes

# 106年 電子學實習（資電類）

( ) **1** 以下是一段關於判斷一顆PN二極體1N4001是否為良品之操作步驟的敘述：「首先，將一臺指針型三用電表切到歐姆檔，然後以此三用電表之測試棒A和測試棒B分別接到另一臺直流電壓表的正極和負極。若此直流電壓表之電壓指針顯示為正電壓，則表示測試棒A端為三用電表內電動勢之__(1)__極。接著，取一顆待測PN二極體，以三用電表之測試棒A接此PN二極體之__(2)__極，測試棒B接此PN二極體之__(3)__極，此時三用電表指針發生大幅順向偏轉；最後，以此三用電表之測試棒A接此PN二極體之__(4)__極，測試棒B接此PN二極體之__(5)__極，此時三用電表指針不偏轉。由以上操作結果，基本上我們可以判定此PN二極體為良品的可能性極高。」此段文字敘述中編號(1)到編號(5)依序應填入的文字為以下哪一組？

(A)負、陽、陰、陰、陽　　(B)負、陰、陽、陽、陰

(C)正、陰、陽、陽、陰　　(D)正、陽、陰、陰、陽。

( ) **2** 已知一NPN型電晶體之三支接腳分別為接腳1、接腳2和接腳3，其中已知接腳1為基極（Base），先以單手之手指捏住其中兩支接腳，且不讓三支接腳直接短路，最後將指針型三用電表切至歐姆檔之R×1K或R×100（黑棒：輸出正電壓）。下列判斷電晶體接腳的敘述何者正確？

(A)若同時捏住接腳1和接腳2，用黑棒接在接腳2，紅棒接在接腳3，指針發生順時針偏轉，可判斷接腳2為集極（Collector），接腳3為射極（Emitter）

(B)若同時捏住接腳2和接腳3，用黑棒接在接腳3，紅棒接在接腳1，指針發生順時針偏轉，可判斷接腳2為集極（Collector），接腳3為射極（Emitter）

(C)若同時捏住接腳1和接腳3，用黑棒接在接腳3，紅棒接在接腳2，指針發生逆時針偏轉，可判斷接腳2為集極（Collector），接腳3為射極（Emitter）

(D)若同時捏住接腳1和接腳3，用黑棒接在接腳1，紅棒接在接腳3，指針發生逆時針偏轉，可判斷接腳2為集極（Collector），接腳3為射極（Emitter）。

( ) **3** 如下圖所示之電晶體共射極（Common Emitter）組態的放大器電路中，於輸入端輸入一弦波電壓信號 $v_i$，以示波器觀察輸出信號 $v_o$，發現輸出信號之正半週波形嚴重失真，但輸出信號之負半

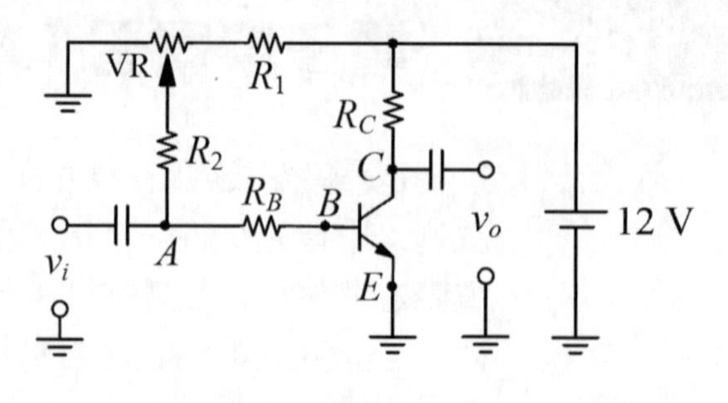


週波形堪稱正常且不易目視出有失真的現象。關於導致此失真現象的因素，下列哪一項推測較為合理？
(A)$R_B$之電阻值太小
(B)流進基極（Base）之偏壓電流$I_B$太大
(C)電晶體之直流電流增益β值太小
(D)直流偏壓點之集極（Collector）對射極（Emitter）的電壓$V_{CE}$太低。

( ) **4** 在雙載子（BJT）電晶體單級放大器中，常見三種基本電路架構（共射極、共集極、共基極）。若定義功率增益為輸出功率對輸入功率之比值，以下哪一種電路架構之輸出電壓與輸入電壓相位差約180°，且具有最大之功率增益？ (A)共基極放大器 (B)共集極放大器 (C)共射極放大器 (D)三種基本電路架構之功率增益大小與相位差均一樣。

( ) **5** 使用雙載子電晶體（BJT）設計之串級放大電路架構中，前後級之間信號傳遞有RC耦合、直接耦合、變壓器耦合等三種可能方式，下列敘述何者錯誤？
(A)RC耦合放大電路：各級間之耦合電容對直流信號有阻隔作用，各放大級間之直流偏壓不會互相影響
(B)RC耦合放大電路：各級間之耦合電容會影響低頻信號之電壓增益
(C)直接耦合放大電路：前一級輸出信號直接送至下一級輸入端，沒有耦合電容影響，電路元件值有誤差時偏壓點不易受影響，電路穩定度較好
(D)變壓器耦合放大電路：各級之間以變壓器作為連接，直流功率損失較小，較容易藉由調整變壓器匝數比來達成阻抗匹配。

( ) **6** 小華擬使用指針型三用電表來判別某一接面型場效電晶體（JFET）2SK30A之接腳。首先，他將三用電表切至歐姆檔區（R×10Ω），在量測其接腳1和接腳2間之電阻值與接腳1和接腳3間之電阻值時，發現均呈現低電阻狀態。若小華將原有探棒對調之後再重覆前述量測步驟，卻發現均呈現高電阻狀態。小華即判斷接腳1與另外兩支接腳2與3之間為單向導通，則接腳1應為

(A)源極（Source） (B)閘極（Gate）
(C)汲極（Drain） (D)射極（Emitter）。

( ) **7** 於如下圖所示電路，我們擬以示波器之X−Y模式觀察PN二極體1N4001之特性。首先，將節點A和節點C間以信號產生器輸入適當的弦波電壓信號，後續示波器CH1與CH2探棒的接法，有以下幾種可能性：甲、CH1之正端與負端分別接至節點A與B；CH2之正端與負端分別接至節點A與B。乙、CH1之正端與負端分別接至節點A與B；CH2之正端與負端分別接至節點C與B。丙、CH1之正端與負端分別接至節點C與B；CH2之正端與負端分別接至節點A與B。丁、CH1之正端與負端分別接至節點A與B；CH2之正端與負端分別接至節點B與C。請問上述四項敘述中，合理或可行的敘述為哪幾項？

(A)甲、丁
(B)乙、丙
(C)甲、乙、丙
(D)甲、丙。

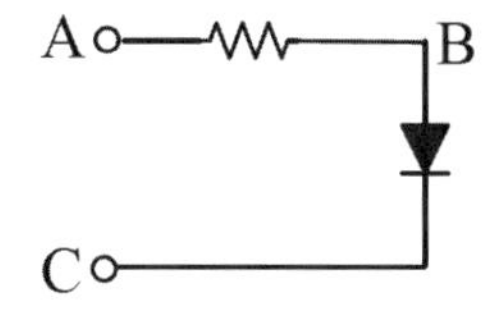


( ) **8** 如下圖所示，為使用運算放大器（OPA）之四個不同應用電路。假設運算放大器均為理想，則下列敘述何者錯誤？

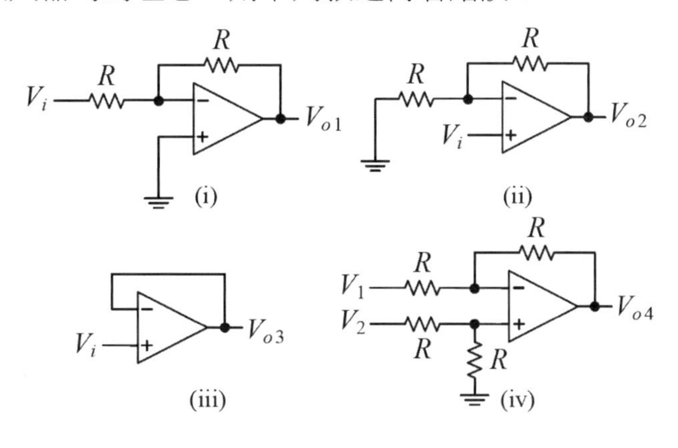


(A)圖（i）中$V_{o1}=-V_i$ (B)圖（ii）中$V_{o2}=2V_i$
(C)圖（iii）中$V_{o3}=V_i$ (D)圖（iv）中$V_{o4}=V_1-V_2$。

( ) **9** 如下圖所示為結合三級RC相移與運算放大器（OPA）之振盪電路。若希望藉由調整電阻R、電容C與電阻$R_F$之元件值來降低此振盪電路之輸出頻率，則下列元件值調整的組合，何者最有可能達成目標？

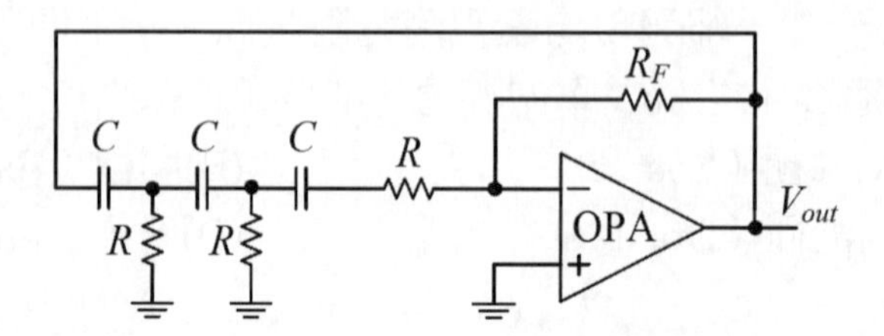


(A)R調大、$R_F$調大　　(B)C調小、$R_F$調大
(C)C調小、$R_F$調小　　(D)R調小、$R_F$調小。

( ) **10** 關於金氧半場效電晶體（MOSFET）放大電路常見之三種基本架構，包含：共源極（Common Source）、共汲極（Common Drain）、共閘極（Common Gate），則下列敘述何者正確？
(A)共源極放大電路中，輸入電壓信號經由閘極送入，輸出電壓信號經由汲極取出，且輸出與輸入電壓信號必定會同相位
(B)共閘極放大電路中，輸出與輸入電壓信號之相位接近，且具有較低之輸入阻抗
(C)共汲極放大電路中，具有低輸入阻抗，且電壓增益大於1
(D)共汲極放大電路中，具有高輸入阻抗與低輸出阻抗，可適用於阻抗匹配之應用，且輸出電壓信號與輸入電壓信號相位差約180º。

*Notes*

# 107年 電子學（電機類、資電類）

( ) **1** 某矽製二極體之PN接面於5ºC時，其逆向飽和電流為6nA，當此PN接面溫度上升至35ºC時，則其逆向飽和電流為何？
(A)60nA (B)48nA
(C)40nA (D)32nA。

( ) **2** 如下圖所示之理想稽納（Zener）二極體電路，若$V_S=18V$，則該電路之稽納二極體功率規格至少應為何？
(A)225mW
(B)180mW
(C)168mW
(D)132mW。

120Ω
$V_S$
$I_Z$
$V_Z=3V$
$R_L=60\Omega$

( ) **3** 有關輸入、輸出電壓與容量規格皆相同之理想二極體全波整流電路的比較，下列敘述何者正確？
(A)橋式整流電路之二極體逆向耐壓需求為中間抽頭式整流電路之1/2
(B)中間抽頭式整流電路之變壓器線圈僅半波動作，故變壓器容量可縮小約1/2
(C)橋式整流電路之輸出電壓漣波值較中間抽頭式整流電路高
(D)中間抽頭式整流電路之二極體電流規格可較橋式整流電路為小。

( ) **4** 下列全波整流電路之接線，何者正確？

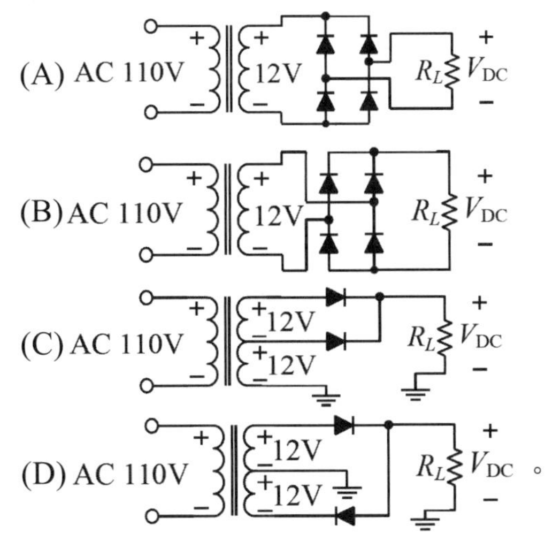

( ) **5** 某二極體電路實驗之示波器量測波形如右圖所示，已知此實驗電路的輸入信號$v_{in}$＝10sin（ωt）V，且二極體視為理想，則此實驗電路可能為下列何者？

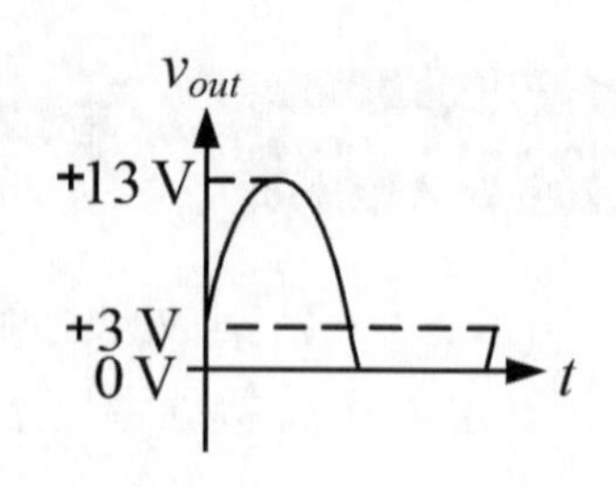


(A)
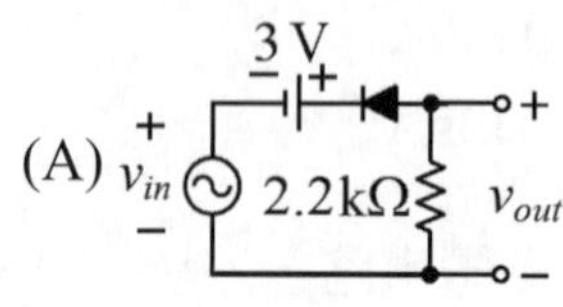


(B) 3 V，$v_{in}$，2.2kΩ，$v_{out}$

(C)
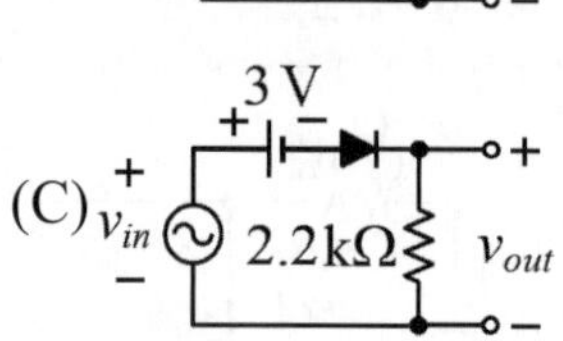


(D) 3 V，$v_{in}$，2.2kΩ，$v_{out}$。

( ) **6** 下列有關雙極性接面電晶體（BJT）操作於順向主動（active）區之條件描述，何者正確？
(A)NPN電晶體操作條件為B-E接面順偏，B-C接面逆偏
(B)NPN電晶體操作條件為B-E接面順偏，B-C接面順偏
(C)PNP電晶體操作條件為B-E接面逆偏，B-C接面順偏
(D)PNP電晶體操作條件為B-E接面逆偏，B-C接面逆偏。

( ) **7** 如右圖所示之LED驅動電路，若$V_{BB}$＝5V，$V_{CC}$＝5V，電晶體之β＝50，LED二極體流過之電流為10mA且順向電壓為2V，電晶體工作於飽和區且VCE之飽和電壓視為零，則下列何者正確？

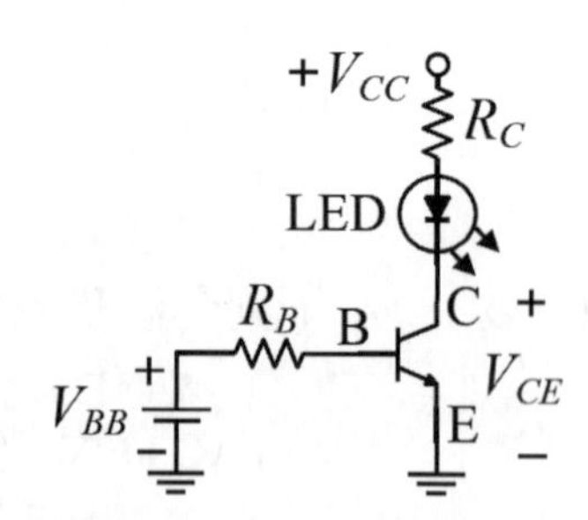


(A)$R_B$＝30kΩ，$R_C$＝300Ω
(B)$R_B$＝20kΩ，$R_C$＝300Ω
(C)$R_B$＝30kΩ，$R_C$＝200Ω
(D)$R_B$＝20kΩ，$R_C$＝200Ω。

( ) **8** 下列有關BJT電晶體偏壓電路之敘述，何者正確？
(A)當電晶體未飽和時，β值會隨工作溫度上升而變小
(B)具射極電阻之分壓式偏壓電路，工作點$I_C$易隨β變動
(C)集極回授式偏壓電路之基極電阻具正回授特性
(D)射極回授式偏壓電路之射極電阻具負回授特性。

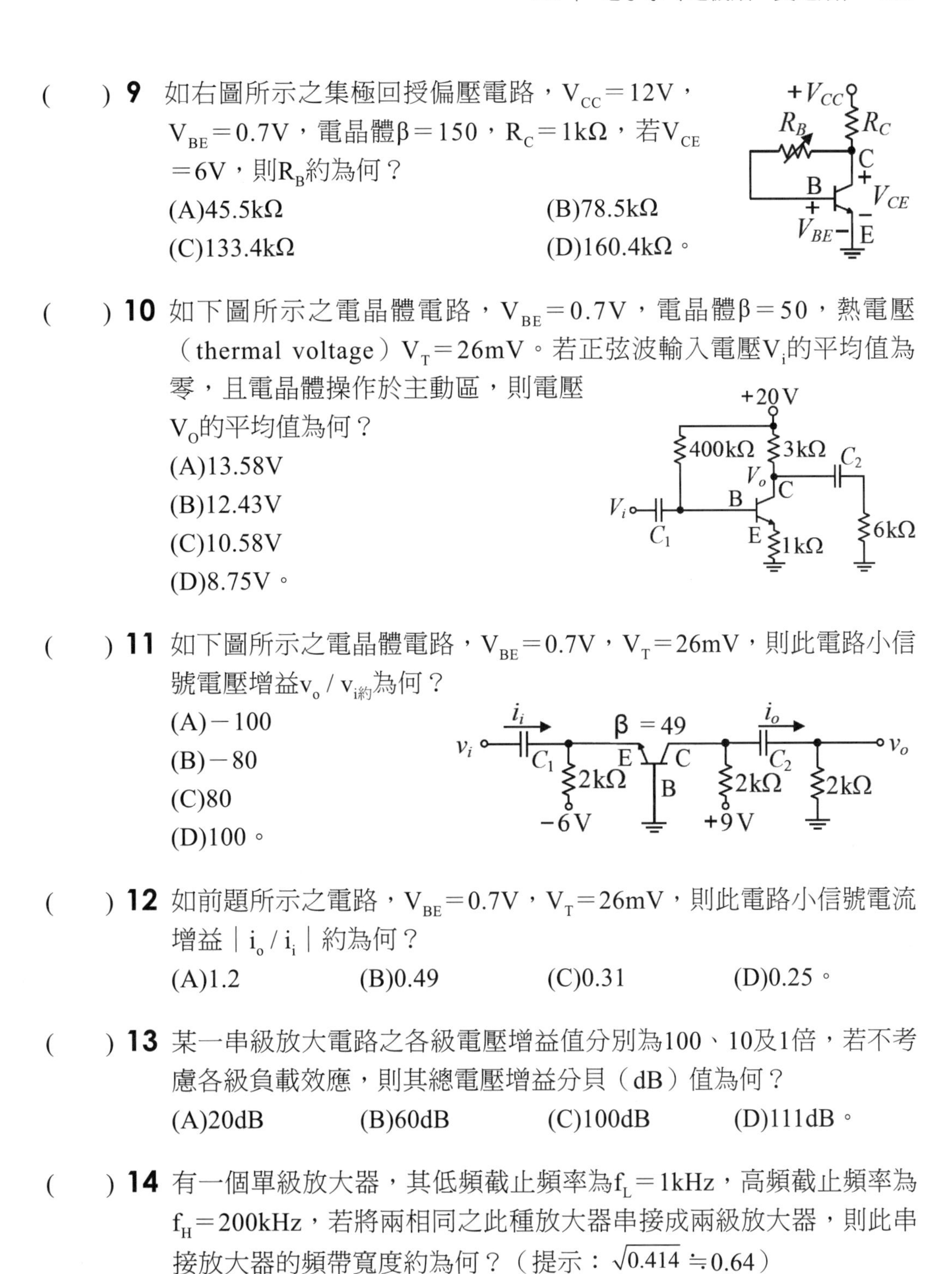

( ) **9** 如右圖所示之集極回授偏壓電路，$V_{CC}$＝12V，$V_{BE}$＝0.7V，電晶體β＝150，$R_C$＝1kΩ，若$V_{CE}$＝6V，則$R_B$約為何？
(A)45.5kΩ (B)78.5kΩ
(C)133.4kΩ (D)160.4kΩ。

( ) **10** 如下圖所示之電晶體電路，$V_{BE}$＝0.7V，電晶體β＝50，熱電壓（thermal voltage）$V_T$＝26mV。若正弦波輸入電壓$V_i$的平均值為零，且電晶體操作於主動區，則電壓$V_O$的平均值為何？
(A)13.58V
(B)12.43V
(C)10.58V
(D)8.75V。

( ) **11** 如下圖所示之電晶體電路，$V_{BE}$＝0.7V，$V_T$＝26mV，則此電路小信號電壓增益$v_o$ / $v_{i約}$為何？
(A)－100
(B)－80
(C)80
(D)100。

( ) **12** 如前題所示之電路，$V_{BE}$＝0.7V，$V_T$＝26mV，則此電路小信號電流增益｜$i_o$ / $i_i$｜約為何？
(A)1.2 (B)0.49 (C)0.31 (D)0.25。

( ) **13** 某一串級放大電路之各級電壓增益值分別為100、10及1倍，若不考慮各級負載效應，則其總電壓增益分貝（dB）值為何？
(A)20dB (B)60dB (C)100dB (D)111dB。

( ) **14** 有一個單級放大器，其低頻截止頻率為$f_L$＝1kHz，高頻截止頻率為$f_H$＝200kHz，若將兩相同之此種放大器串接成兩級放大器，則此串接放大器的頻帶寬度約為何？（提示：$\sqrt{0.414}$ ≒0.64）
(A)199kHz (B)156.25kHz
(C)126.44kHz (D)105.62kHz。

( ) **15** 如圖所示之JFET電晶體電路，已知該電晶體截止電壓$V_{GS(off)}$＝－5V，直流閘源極電壓$V_{GS}$＝－4V時，$I_D$＝0.5mA，則$R_1/R_2$值為何？
(A)0.5
(B)1
(C)2
(D)4。

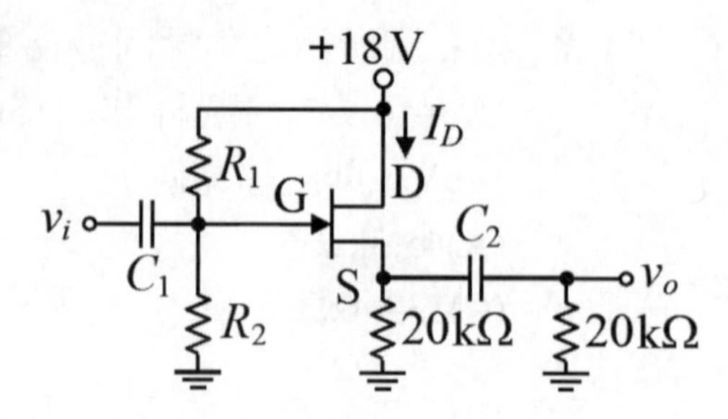


( ) **16** 如下圖所示之MOSFET電晶體電路，該電晶體之臨界電壓（threshold voltage）$V_t$＝4V，參數K＝0.5mA/$V^2$，電路操作於飽和區工作點之$I_D$＝2mA，則此工作點之$V_{GS}$為何？
(A)8V
(B)6V
(C)4V
(D)2V。

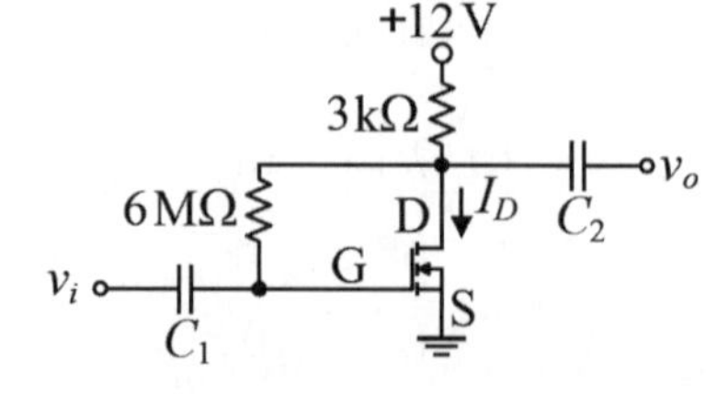


( ) **17** 某工作在夾止區的N通道JFET電晶體，直流工作點之閘源極電壓$V_{GS}$＝－2V，汲極電流$I_D$＝3mA時，互導$g_m$＝3mA/V。若直流閘源極電壓$V_{GS}$變動至0V時，則其對應的互導為何？
(A)2mA/V (B)4mA/V
(C)6mA/V (D)8mA/V。

( ) **18** 如下圖所示之增強型MOSFET電晶體電路，其參數K＝2mA/$V^2$，直流汲極電流$I_D$＝2mA。若汲極交流電阻$r_d$忽略不計，則小信號電壓增益$v_o$ / $v_i$約為何？
(A)－2.22
(B)－4.32
(C)－5.18
(D)－6.03。

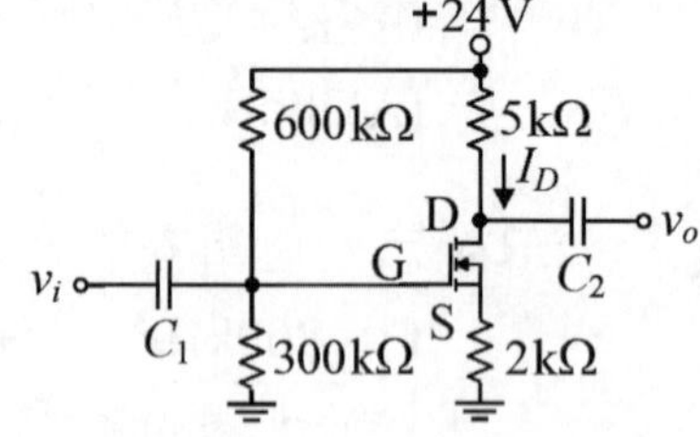

( ) **19** 如下圖所示之N通道JFET電晶體電路，其截止電壓$V_{GS(off)}=-3V$，直流工作點之$V_{GS}=-1V$，汲極電流$I_D=8mA$。若汲極交流電阻$r_d$忽略不計，則小信號電壓增益$A_V=v_o/v_i$與輸入阻抗$R_i$為何？

(A)$A_V=-24$，$R_i=62.5\Omega$
(B)$A_V=-12$，$R_i=50\Omega$
(C)$A_V=15$，$R_i=50\Omega$
(D)$A_V=16$，$R_i=62.5\Omega$。

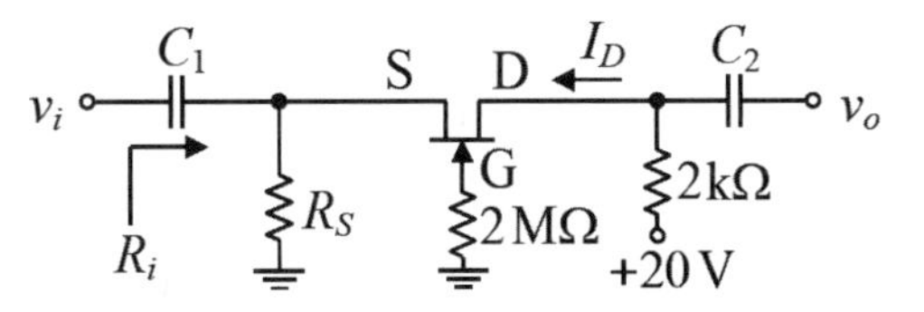


( ) **20** 關於μA741運算放大器內部的輸入級與輸出級之電路結構，下列敘述何者正確？

(A)輸入級為共集極放大器
(B)輸入級為二極體整流電路
(C)輸出級為射極隨耦器
(D)輸出級為開集極輸出電路。

( ) **21** 如右圖所示之理想運算放大器電路，其輸出電壓$V_O$為何？

(A)1.5V　　(B)2.5V
(C)6.0V　　(D)9.0V。

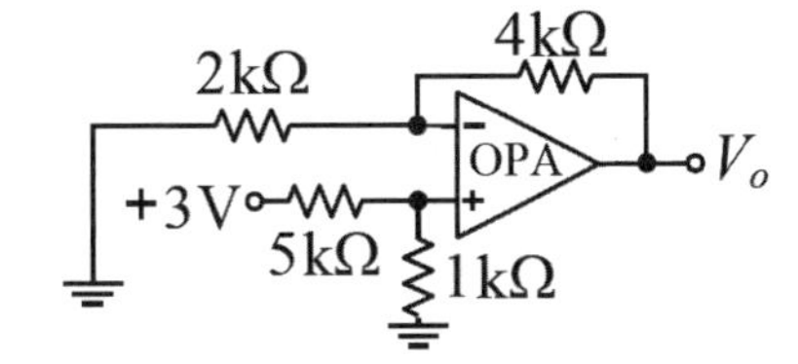


( ) **22** 如右圖所示之理想運算放大器電路，若電阻$R_1=R_2=R_3=R_4=100k\Omega$，$R_A=10k\Omega$，若欲設計輸出電壓$V_O=V_1+V_2+V_3+V_4$，則$R_B$為何？

(A)5kΩ
(B)10kΩ
(C)20kΩ
(D)30kΩ。

( ) **23** 如下圖所示之理想運算放大器RC相移振盪器，若此電路已工作於振盪頻率1300Hz且$R_i$>>R，則下列何者正確？（提示：$\sqrt{6}\fallingdotseq 2.45$）

(A)R＝500Ω，C＝0.01μF
(B)R＝1kΩ，C＝0.05μF
(C)R＝2kΩ，C＝0.01μF
(D)R＝2kΩ，C＝0.05μF。

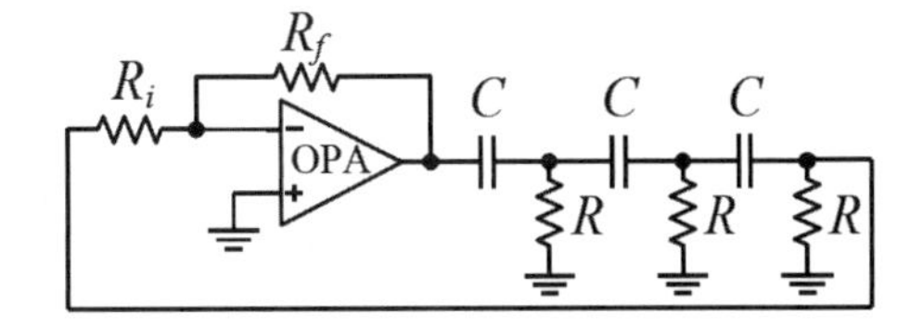

(　　) **24** 如圖所示之電路，在正常振盪情況下，$V_O$之週期約為何？（提示：ln2≒0.7）

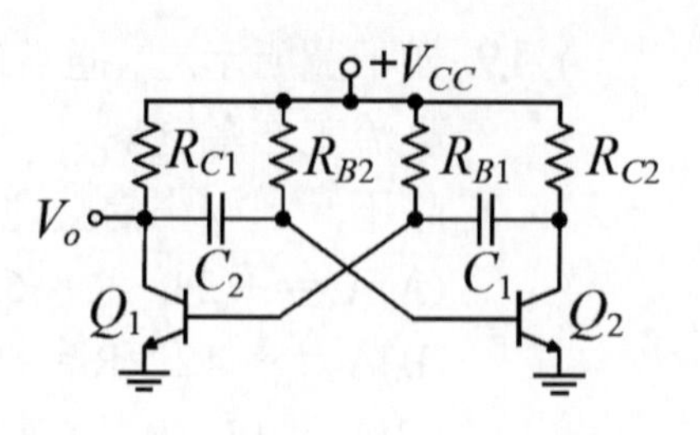


(A)$0.7R_{B1}C_1$

(B)$0.7R_{C1}C_2$

(C)$0.7（R_{C1}C_1+R_{C2}C_2）$

(D)$0.7（R_{B1}C_1+R_{B2}C_2）$。

(　　) **25** 如圖所示之施密特（Schmitt）觸發電路，$V_{CC}$為電源電壓，OPA輸出飽和電壓大小為$V_{sat}$，$V_r$為參考電壓，$V_i$為輸入電壓，則其遲滯（hysteresis）電壓$V_h$為何？

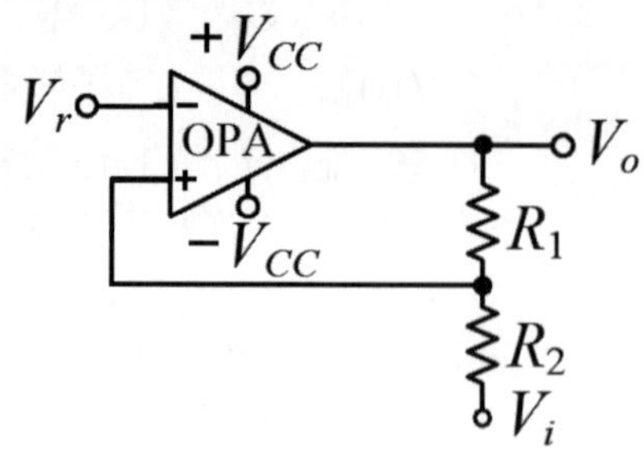


(A)$2V_{sat}（R_2／R_1）$

(B)$2V_{sat}（R_1／R_2）$

(C)$（2V_{sat}R_2）／（R_1+R_2）$

(D)$（2V_{sat}R_1）／（R_1+R_2）$。

*Notes*

# 107年 電子學實習（電機類）

(　　) **1** 使用中的馬達起火燃燒，屬於下列何種火災類別？
(A)A（甲）類火災　(B)B（乙）類火災
(C)C（丙）類火災　(D)D（丁）類火災。

(　　) **2** 當示波器垂直軸刻度旋鈕（VOLTS／DIV）順時針轉動時，螢幕上觀察到的波形會變大，則下列敘述何者正確？
(A)電壓量測值變大　(B)電壓量測值變小
(C)頻率量測值變大　(D)電壓量測值不變。

(　　) **3** 如圖所示之理想二極體電路，電阻 $R_L$ 的色碼為（紅棕黃金），電容C外觀標示為105，輸出電壓 $v_o$ 的波形為何？

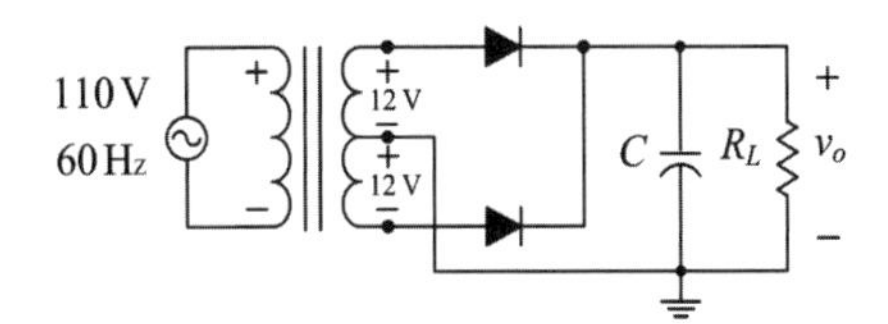


(A)
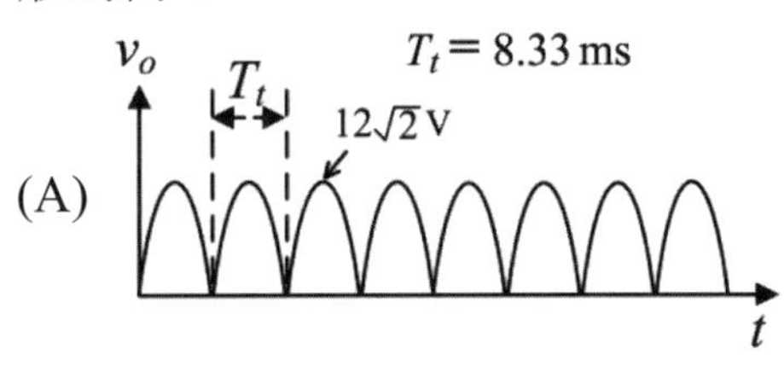


(B)
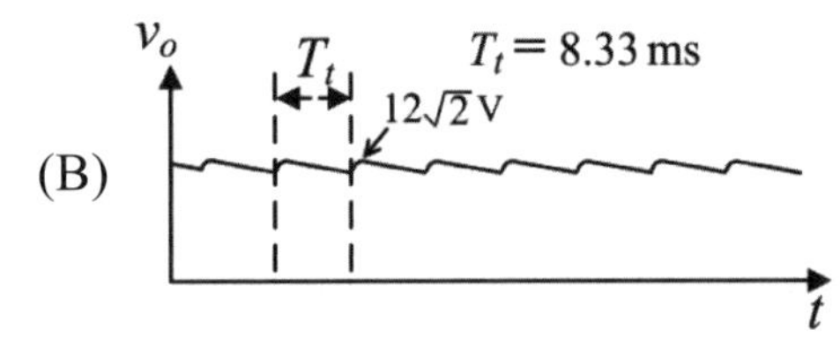


(C)
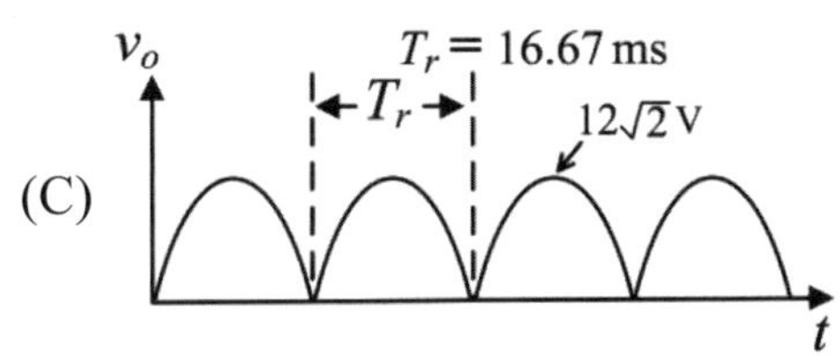


(D)
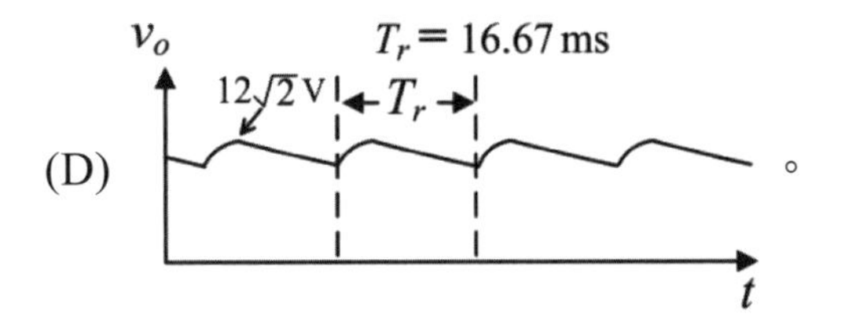

。

(　　) **4** 下列哪一個電路之輸入電壓－輸出電壓（$v_i - v_o$）轉換曲線有通過原點？

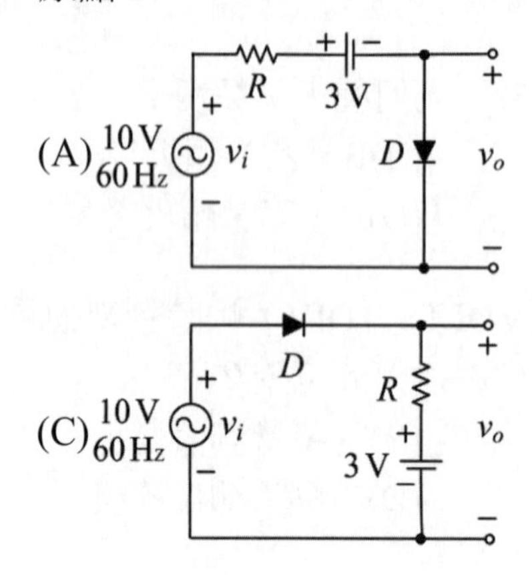


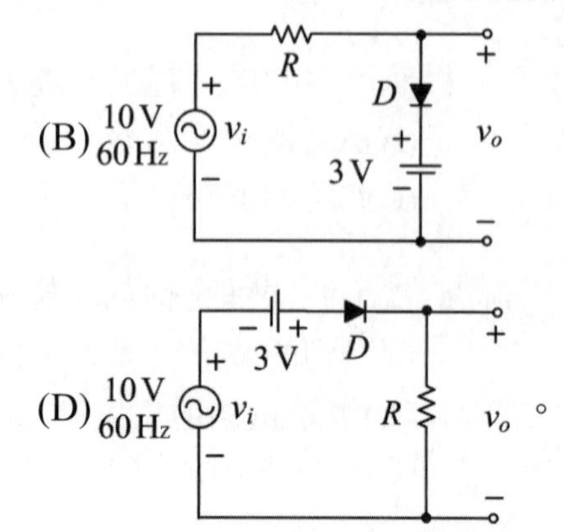


。

(　　) **5** 如圖所示，A、B、C為某電晶體的三個不同工作點，其靜態功率消耗分別為$P_A$、$P_B$、$P_C$，則下列敘述何者正確？

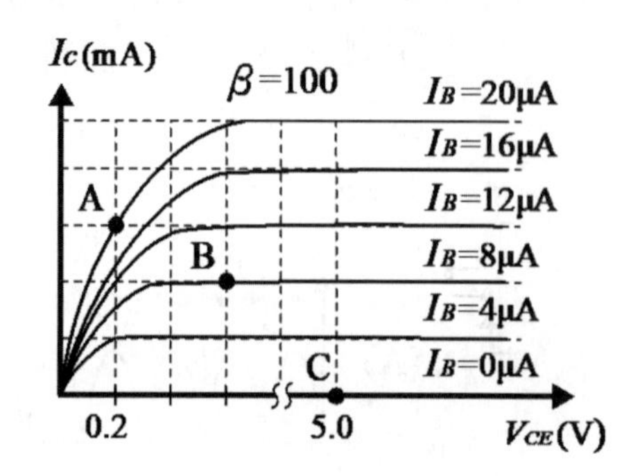


(A)$P_B > P_A > P_C$
(B)$P_A > P_C > P_B$
(C)$P_A > P_B > P_C$
(D)$P_C > P_B > P_A$。

(　　) **6** 如圖(a)所示之電路，示波器顯示$v_o$波形如圖(b)，示波器垂直軸刻度旋鈕設定為1VOLTS／DIV，電晶體的$\beta = 100$，$V_{BE} = 0.7V$，$R_B = 465k\Omega$，則下列敘述何者正確？

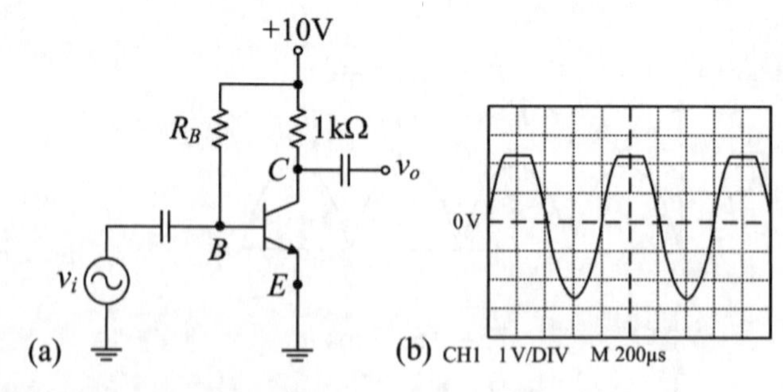


(A)電晶體的工作點在負載線中間
(B)電晶體的工作點靠近飽和區
(C)電晶體的工作點靠近截止區
(D)$v_o$與$v_i$同相位。

(　　) **7** 如圖(a)所示之電路，輸入小信號$v_i$峰對峰值為20mV，示波器垂直軸刻度旋鈕設定為0.5VOLTS／DIV，其量測輸出電壓$v_o$波形如圖(b)所示，則電壓增益為何？

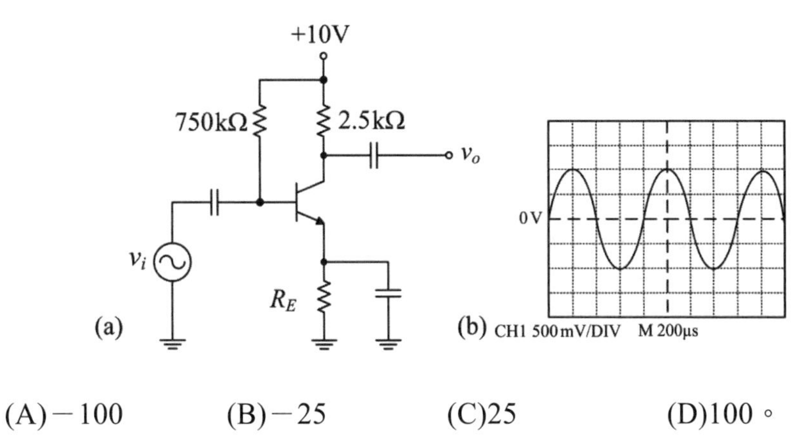


(A)－100　(B)－25　(C)25　(D)100。

(　　) **8** 下列有關RC耦合串級放大電路中的耦合電容之敘述，何者正確？
(A)使直流電流容易傳送到下一級 (B)使阻抗容易匹配
(C)使得低頻響應差 (D)提升直流電流增益。

(　　) **9** 如圖所示之電路，JFET之截止電壓$V_{GS(off)}=-4V$，$I_{DSS}=8mA$，若$V_{GS}=-6V$，則$V_D$為何？
(A)12V
(B)8V
(C)4V
(D)0V。

(　　) **10** 如圖所示之電路，JFET之截止電壓$V_{GS(off)}=-4V$，$I_{DSS}=4mA$，$r_d=\infty$；若$v_i=1.2\sin(1000t)$ mV，則$v_o$約為何？
(A)－20.2sin（1000t）mV
(B)－12.4sin（1000t）mV
(C)－8.2sin（1000t）mV
(D)－4.8sin（1000t）mV。

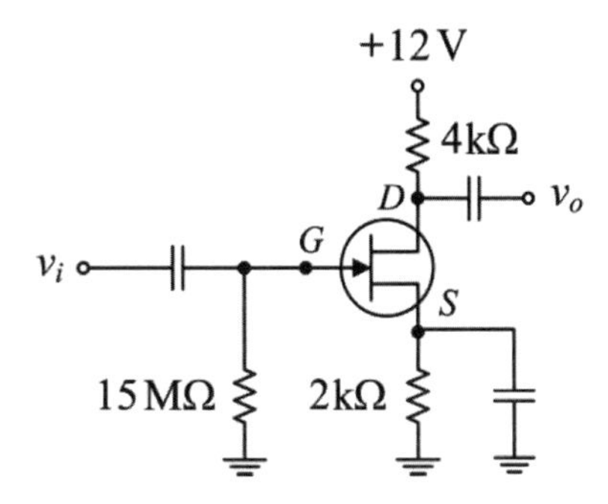

(　　) **11** 下列有關右圖所示的理想運算放大器電路之敘述，何者正確？
(A)$R_P$可限制低頻電壓增益
(B)$R_P$可提升輸出阻抗
(C)$R_P$用來限制高頻電壓增益
(D)$R_P$使A和B兩端點電壓不相等。

$R_P = 2M\Omega$
0.1μF
+15 V
10kΩ
A
$v_i$
B
$v_o$
$R_S$
−15 V

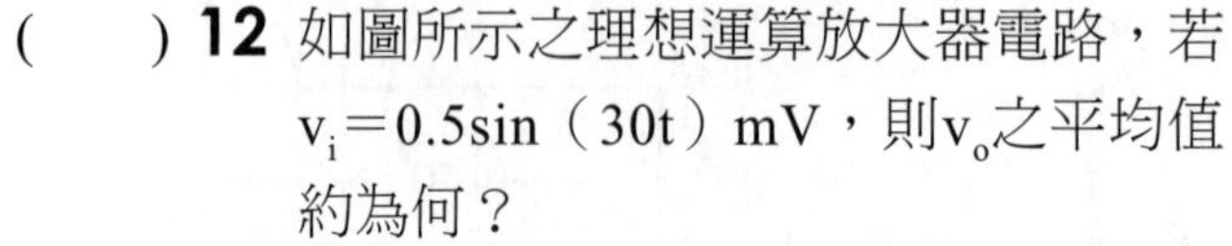

(　　) **12** 如圖所示之理想運算放大器電路，若$v_i = 0.5\sin(30t)$ mV，則$v_o$之平均值約為何？
(A)−15V　　(B)−6V
(C)4V　　(D)8V。

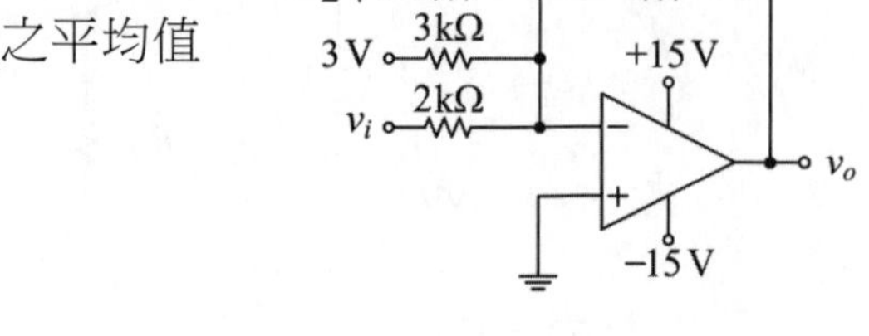


(　　) **13** 如圖所示之振盪電路，若C＝0.01μF，$R_f - R = 140k\Omega$，$\sqrt{6} = 2.45$，若電路能正常振盪且電壓增益為29，則下列敘述何者正確？
(A)$v_o$頻率約為7800Hz
(B)$v_o$頻率約為1300Hz
(C)R＝10kΩ
(D)R＝15kΩ。

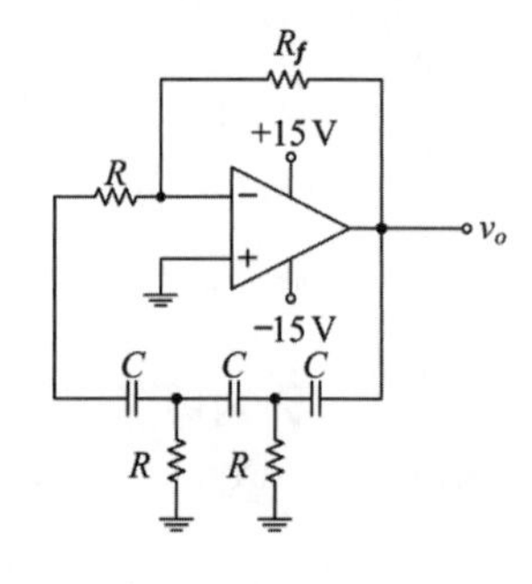


(　　) **14** 下列有關右圖所示電路之敘述，何者正確？
(A)$v_o$責任週期為50%
(B)$v_o$波形為三角波
(C)$v_o$頻率約為476Hz
(D)電路為雙穩態多諧振盪器。

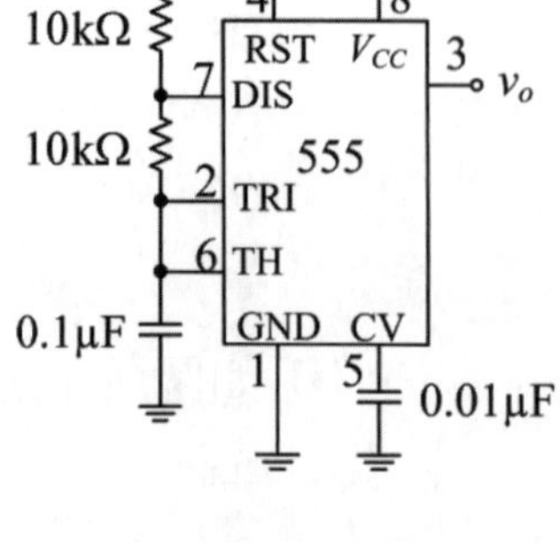


(　　) **15** 如下圖所示之電路，運算放大器之輸出正、負飽和電壓分別為＋10V和10V，若$v_i = 6\sin(60\pi t)$ V，則下列敘述何者正確？
(A)$v_o$為正弦波　　(B)$v_o$為餘弦波
(C)$v_o$頻率為60Hz　　(D)$v_o$頻率為30Hz。

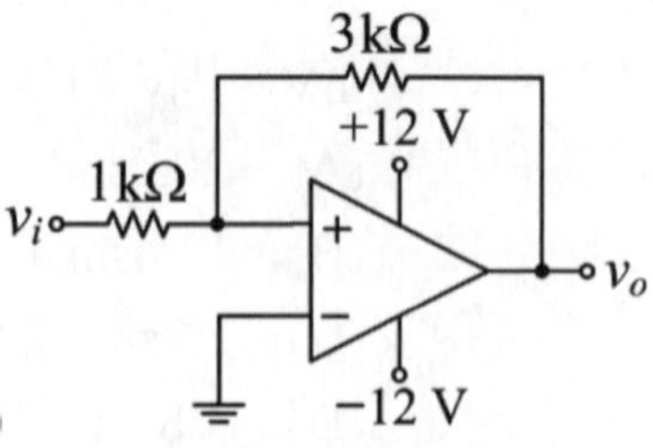

# 107年 電子學實習（資電類）

( ) **1** 在振盪器的實驗中，下列何種電路的輸出信號波形為「弦波」？
(A)RC相移振盪電路 (B)單穩態多諧振盪電路
(C)雙穩態多諧振盪電路 (D)555定時器振盪電路。

( ) **2** 下列選項的圖中$R_L$為負載，何者為正確的全波整流電路？

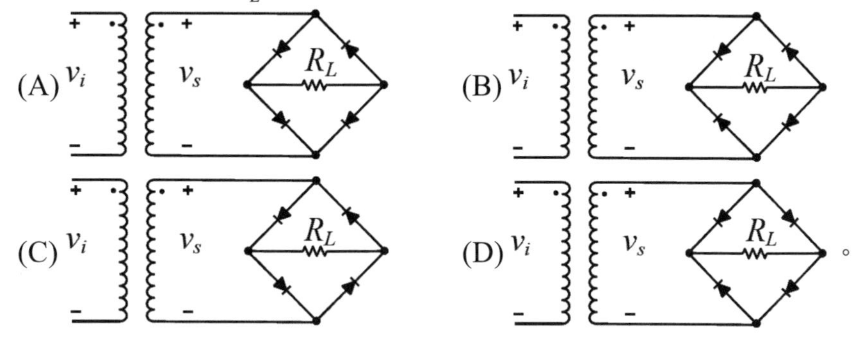


( ) **3** 雙極性接面電晶體（BJT）的接腳分別為集極（C）、基極（B）、射極（E），則下列敘述何者正確？
(A)放大器電路實驗中若要將NPN型電晶體改換為PNP型電晶體，只需將NPN型電晶體的C、E接腳對調即可
(B)電晶體的電流放大率以β或$h_{FE}$表示，且$h_{FE}=I_C/I_E$
(C)判定電晶體為PNP型或NPN型，可用三用電表之歐姆檔進行量測
(D)以摻雜濃度而言，C＞B＞E。

( ) **4** 共射極（Common Emitter）放大器特性測試實驗所得到的輸入特性曲線與下列何者最為接近？

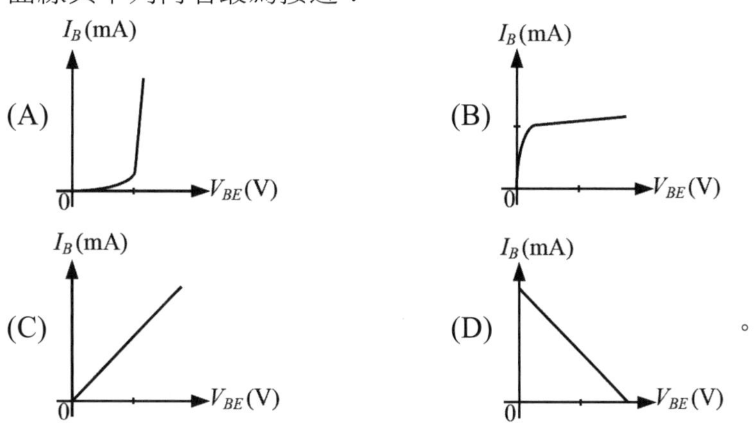

( ) **5** 如圖所示，示波器顯示兩個相同頻率的電壓波形A與B，則兩者間的相位關係敘述何者正確？
(A)A波形落後B波形135度
(B)A波形落後B波形45度
(C)A波形超前B波形135度
(D)A波形超前B波形45度。

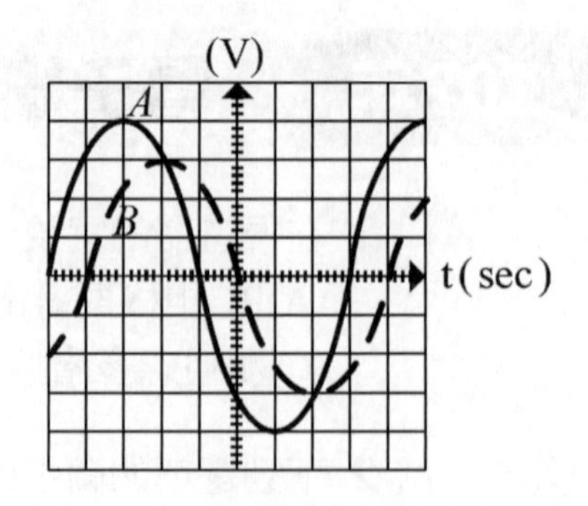


( ) **6** 有關串級放大器實驗的敘述，下列何者正確？
(A)直接耦合串級放大器因前一級交流輸出信號透過電容器直接傳送至後一級，故後一級偏壓工作點容易受前一級影響
(B)RC耦合串級放大器可放大直流信號，又稱直流放大器
(C)變壓器耦合串級放大器的體積雖大，但有前、後級的直流工作點可獨立設計的好處
(D)變壓器耦合串級放大器可放大直流信號，又稱直流放大器。

( ) **7** 下列運算放大器（OPA）的應用電路中，何者並未用到負回授架構？
(A)電壓隨耦器 (B)窗形比較器
(C)韋恩電橋振盪器 (D)積分器。

( ) **8** 如圖為一個施密特觸發器（Schmitt Trigger），其中$R_1$：$R_2$＝2：1，若運算放大器OPA的輸出之最正與最負電壓分別為＋9V及－9V，則此電路的遲滯（Hysteresis）電壓為何？
(A)2V (B)4V
(C)6V (D)10V。

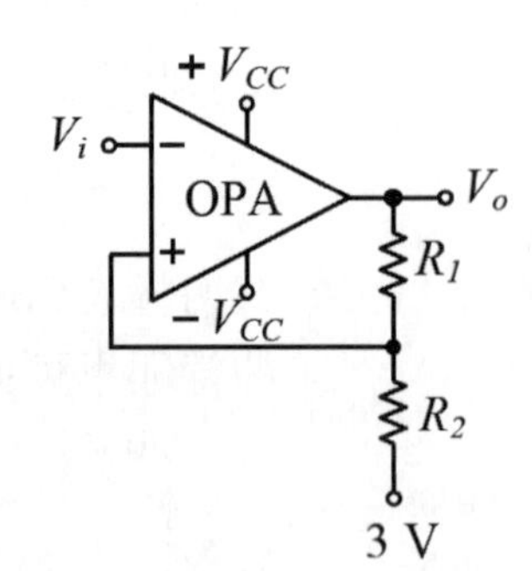


( ) **9** 下列有關截波（Clipper）電路與箝位（Clamping）電路之敘述，何者錯誤？
(A)截波電路是將輸入信號之部份電壓波形截除，讓特定電壓範圍的波形輸出
(B)箝位電路可將輸入交流信號的直流電壓準位位移（Offset），且穩態後信號的週期不變
(C)截波電路因具振幅限制功能，又稱限幅器（Limiter）
(D)箝位電路中利用電感器儲存電荷來達到箝位電壓。

( ) **10** 一個NPN電晶體的偏壓電路如圖所示，已知$V_{CC}$＝10V，$R_E$＝0.5kΩ，且流經$R_1$之電流大於10mA。當電晶體工作於順向主動區，且其電流增益β＝200時，$I_C$＝2.0mA。若該電晶體用另一顆β＝150的NPN電晶體取代時，$I_C$約為何？

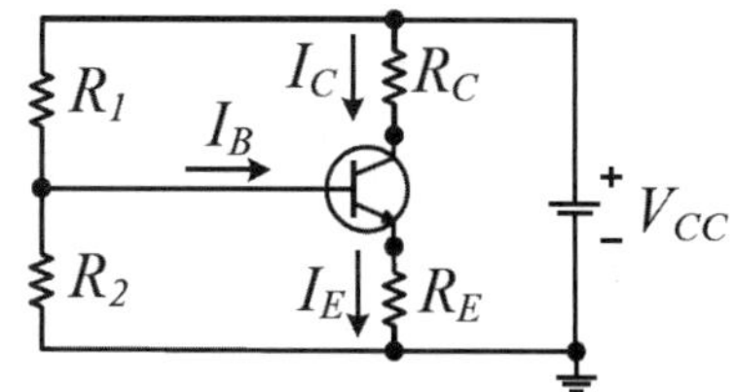


(A)1.0mA
(B)1.5mA
(C)2.0mA
(D)2.5mA。

( ) **11** 實驗時，將一個10kΩ可變電阻的三支接腳分別編號為a、b、c，若用三用電表量得a、b兩腳間的電阻值為4kΩ，則下列敘述何者錯誤？
(A)若a、c兩腳間的電阻值為6kΩ，則b、c兩腳間的電阻值為10kΩ
(B)若轉動可變電阻的旋鈕時，a、b兩腳間的電阻值增加，則b、c兩腳間的電阻值也會增加
(C)若b、c兩腳間的電阻值為6kΩ，則a、c兩腳間的電阻值為10kΩ
(D)若轉動可變電阻的旋鈕時，b、c兩腳間的電阻值增加，則a、c兩腳間的電阻值不變。

( ) **12** 下列有關場效電晶體（FET）的敘述何者錯誤？
(A)N通道JFET操作於飽和區時之大信號模型為一電流控制電壓源
(B)P通道增強型MOSFET操作於飽和區時之交流小信號模型為一電壓控制電流源
(C)應用於線性放大器設計時，靜態工作點必在直流負載線上
(D)應用於線性放大器設計時，靜態工作點必在交流負載線上。

# 108年 電子學（電機類、資電類）

( ) 1 若正弦波電壓信號$v(t)=0.1\sin(1000\pi t)$V，則下列敘述何者正確？
(A)有效值為0.1V
(B)平均值為0.05V
(C)頻率為500Hz
(D)時間t＝0.01秒時，其電壓值為0.1V。

( ) 2 下列有關電子伏特（eV）之敘述，何者正確？
(A)為能量單位
(B)為功率單位
(C)為電壓單位
(D)為電阻單位。

( ) 3 假設矽二極體在25°C時，其順向電壓降為0.65V，則當溫度上升至65°C時，其順向電壓降約為何？
(A)0.75V
(B)0.65V
(C)0.55V
(D)0.25V。

( ) 4 單相橋式全波整流電路，若其整流二極體視為理想，則輸出電壓漣波百分率約為何？
(A)121%
(B)48%
(C)21%
(D)0%。

( ) 5 有一二極體半波倍壓電路，假設二極體與電容器皆視為理想，輸入交流電源電壓之峰值為$V_m$，若要得N倍之輸出電壓($N\times V_m$)，則至少需有幾組的二極體與電容器？
(A)0.5N (B)N
(C)2N (D)3N。

(　　) **6** 如右圖所示之截波電路，若$D_1$為理想二極體，則$V_i$與$V_o$之轉移曲線為何？

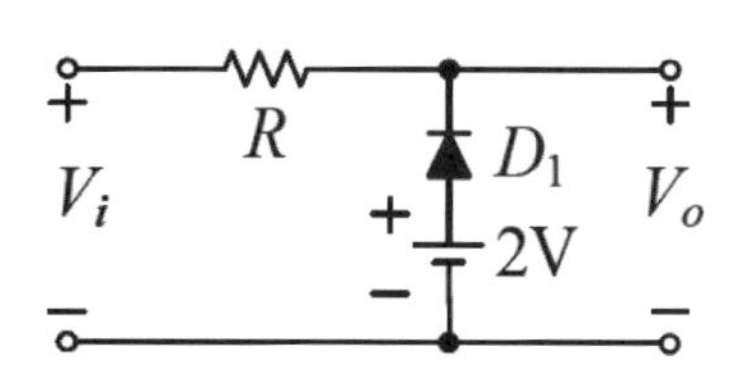


(A)
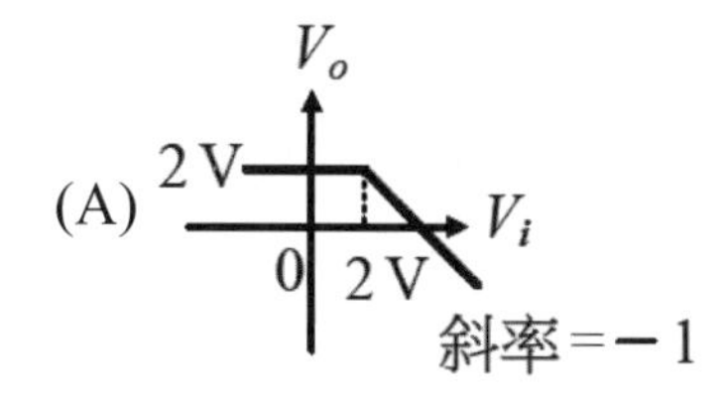


(B)
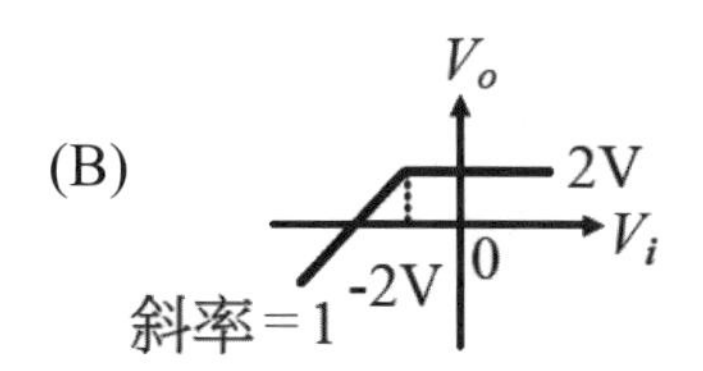


(C)
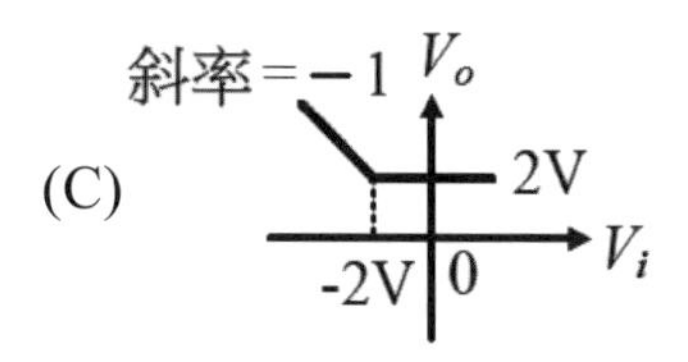


(D)
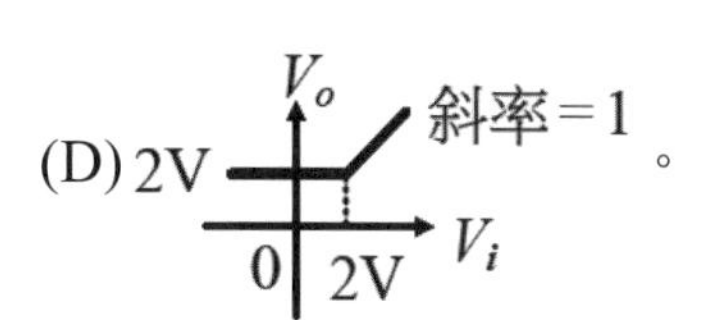

。

(　　) **7** 有關雙極性接面電晶體(BJT)射極(E)、基極(B)、集極(C)特性之敘述，下列何者正確？
(A)寬度：B＞E＞C
(B)寬度：E＞B＞C
(C)摻雜濃度比：B＞E＞C
(D)摻雜濃度比：E＞B＞C。

(　　) **8** 如下圖所示之電路，若電晶體之β＝100，$V_{BE}$＝0.7V，$V_{CE(sat)}$＝0.2V，則集極電流大小為何？
(A)0.43mA
(B)0.92mA
(C)9.8mA
(D)43mA。

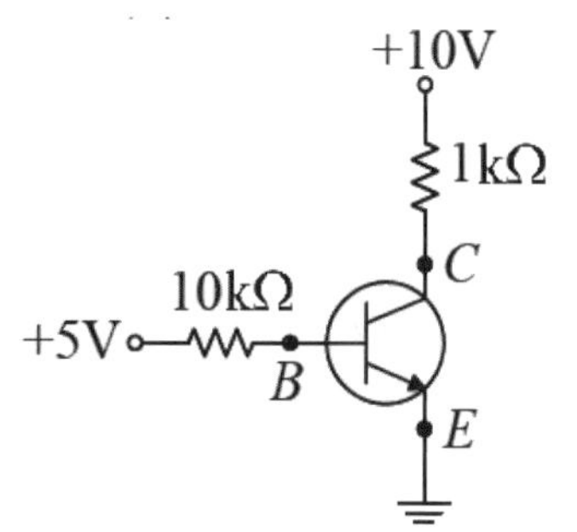

( ) **9** 如下圖所示之放大器電路，MOSFET之$I_{DSS}$＝12mA，夾止電壓(pinch-off Voltage)$V_P$＝–2V，其工作點之$I_D$＝3mA，則此放大器之小信號電壓增益$A_v$＝$v_o/v_i$及其輸出電阻$R_o$各約為何？

(A)$A_v$＝7.5，$R_o$＝1.25kΩ
(B)$A_v$＝12.5，$R_o$＝1.25kΩ
(C)$A_v$＝7.5，$R_o$＝2.5kΩ
(D)$A_v$＝12.5，$R_o$＝2.5kΩ。

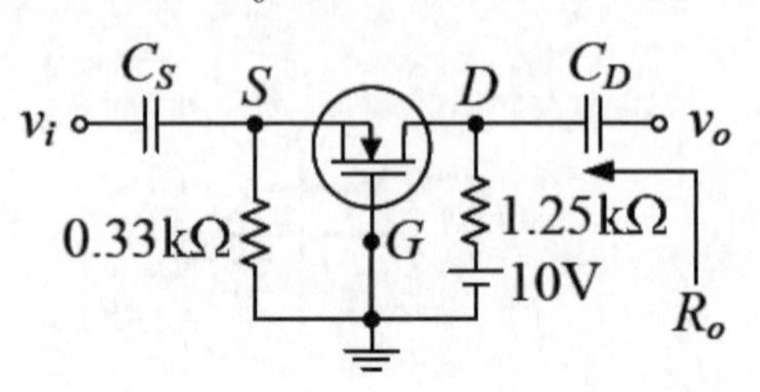


( ) **10** 如下圖所示之放大器電路，JFET之$g_m$＝40mA/V，則此放大器之小信號電壓增益$A_v$＝$v_o/v_i$約為何？

(A)–0.5
(B)0.5
(C)–1
(D)1。

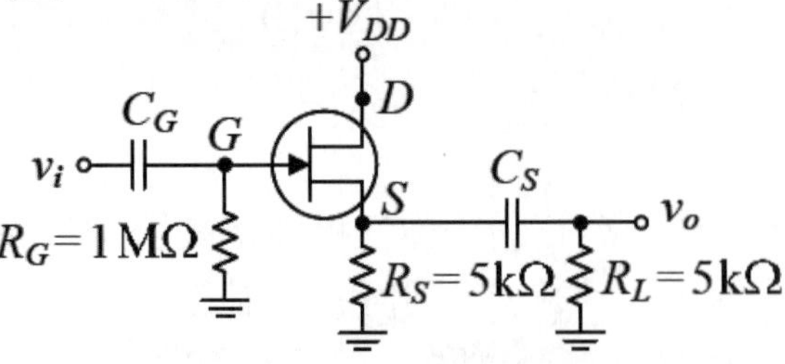


( ) **11** 如下圖所示之理想運算放大器(OPA)電路，輸入電壓信號$v_s$為對稱方波，且電路操作於未飽和狀態下，則其輸出電壓$v_o$應為何種波形？

(A)突波
(B)三角波
(C)弦波
(D)方波。

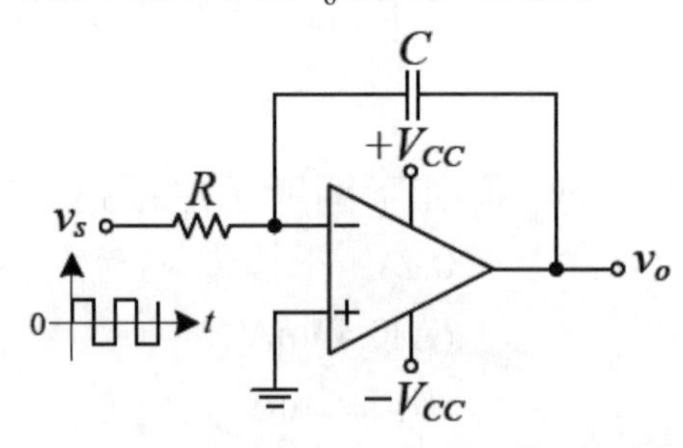


( ) **12** 如下圖所示之電路，欲使電壓增益為–11，且輸入電阻為30kΩ。則$R_1$及$R_2$之值各約為何？

(A)$R_1$＝2.5kΩ，$R_2$＝27.5kΩ
(B)$R_1$＝27.5kΩ，$R_2$＝2.5kΩ
(C)$R_1$＝30kΩ，$R_2$＝330kΩ
(D)$R_1$＝30kΩ，$R_2$＝2.73kΩ。

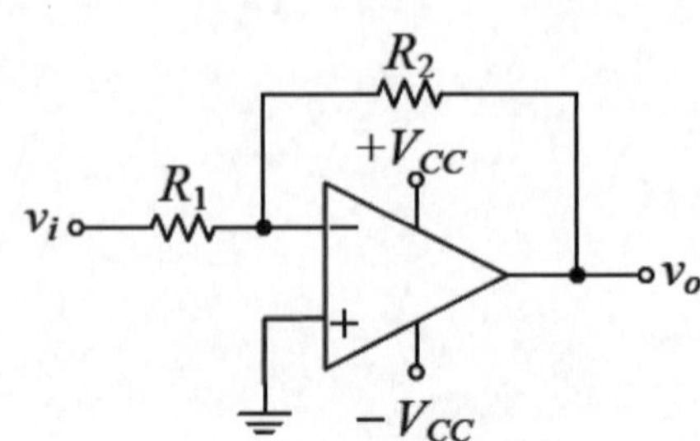

(　) **13** 如下圖所示之電路，已知$V_1$＝1V，$V_2$＝2V，$V_3$＝4V，則$V_o$為何？

(A)5V

(B)7V

(C)9V

(D)11V。

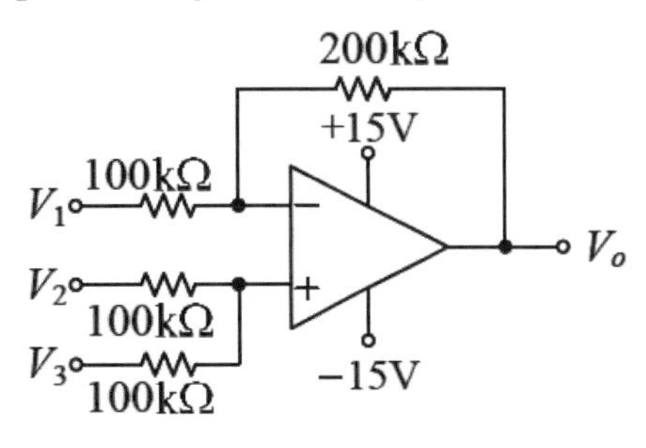


(　) **14** 利用運算放大器及RC相移電路來設計振盪器，下列敘述何者錯誤？

(A)直流供電，產生交流信號輸出

(B)回授網路之相移為180度

(C)迴路增益$|\beta A| \geq 1$

(D)RC相移形成負回授特性。

(　) **15** 有關正回授電路的特性，下列敘述何者正確？

(A)可增加系統穩定度　(B)可增加系統頻寬

(C)可降低雜訊干擾　(D)可產生週期性信號。

(　) **16** 如右圖所示之理想振盪器電路，下列敘述何者錯誤？

(A)$v_o$之波形為三角波

(B)電路可產生週期性信號

(C)電容C兩端之電壓波形近似三角波

(D)$v_o$之頻率與電阻R及電容C有關。

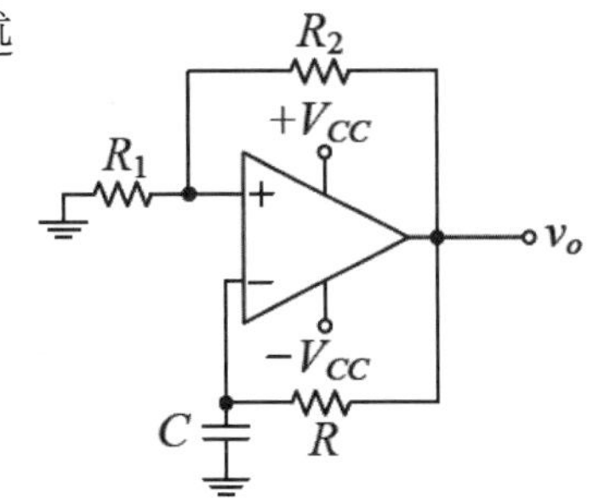


(　) **17** 有關NPN電晶體共射極組態電路，直流工作點之設計，當輸入適當之弦波電壓信號測試時，則下列敘述何者錯誤？

(A)理想之工作點位置通常設計於負載線之中間

(B)工作點位置若接近截止區時，當輸入電壓信號波形為負半週時之輸出信號波形會失真

(C)工作點位置在負載線之中間時，輸出電壓信號波形與輸入電壓信號波形反相

(D)工作點位置若接近飽和區時，會使得輸出電壓信號波形之正半週發生截波失真。

(　) **18** 如下圖所示之電路，若$V_{CC}$＝12V，$R_C$＝1kΩ，β＝100，$V_{BE}$＝0.7V，電晶體飽和電壓$V_{CE(sat)}$＝0.2V，$v_i$為5V電壓，則此電路操作於飽和區時之最大電阻$R_B$約為何？

(A)18.2kΩ

(B)26.5kΩ

(C)36.4kΩ

(D)42.2kΩ。

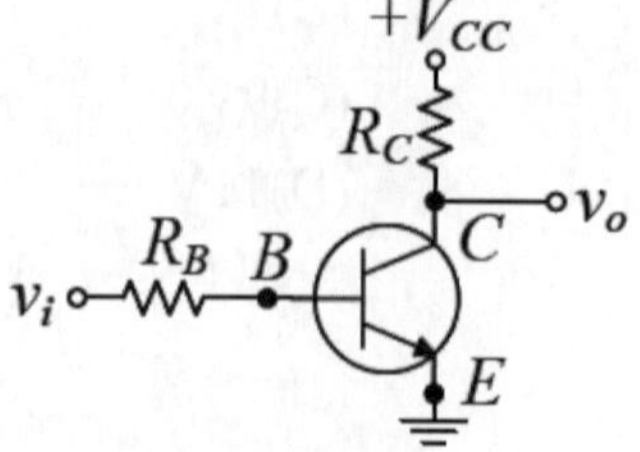


(　) **19** 下列有關BJT放大器小信號模型分析之敘述，何者正確？

(A)輸入耦合電容應視為開路

(B)混合π模型之$r_\pi$參數可由直流工作點條件求出

(C)T模型之$r_e$無法由直流工作點條件求出

(D)射極旁路電容應視為斷路。

(　) **20** 如下圖所示操作於作用區(active region)之電路，若$R_{B1}$＝120kΩ，$R_{B2}$＝60kΩ，$R_E$＝1kΩ，β＝119，模型參數$r_\pi$＝1.25kΩ，則交流輸入電阻$R_i$約為何？

(A)18.2kΩ

(B)24.3kΩ

(C)30.1kΩ

(D)36.5kΩ。

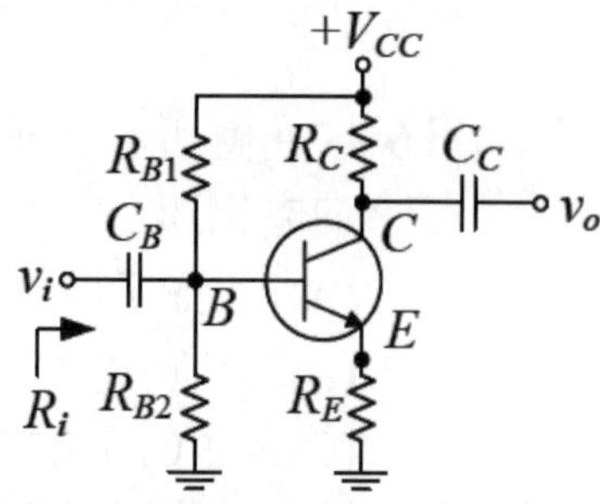


(　) **21** 如下圖所示操作於作用區之電路，若工作點之基極電壓$V_B$＝2.2V，$V_{BE}$＝0.7V，熱電壓(thermalVoltage)$V_T$＝25mV，$R_E$＝1kΩ，$R_C$＝3.3kΩ，β＝119，則電壓增益$v_o/v_i$約為何？

(A)–196.4

(B)–168.8

(C)–141.2

(D)–121.4。

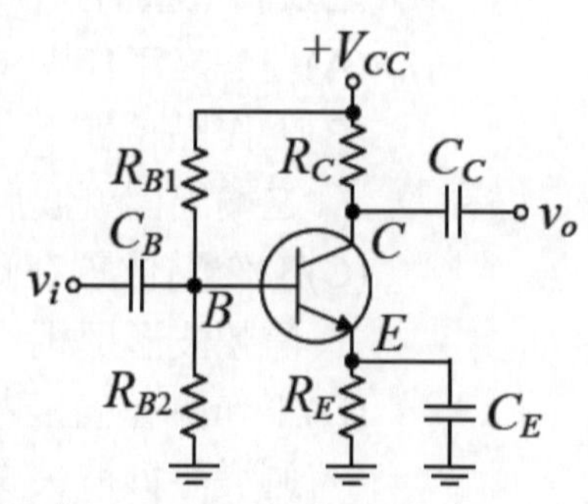

( ) **22** 一理想三級串級放大器電路，第一級電壓增益為–100，第二級放大器電壓增益為20dB，第三級放大器電壓增益為10dB。則此放大器之總電壓增益為何？
(A)70dB
(B)50dB
(C)10dB
(D)–10dB。

( ) **23** 如下圖所示操作於作用區之電路，若直流偏壓電流$I_E = 1.25mA$，熱電壓$V_T = 25mV$，$\beta = 150$，負載喇叭阻抗$R_L = 30\Omega$，則電壓增益$v_o/v_i$約為何？
(A)–149
(B)–14.9
(C)14.9
(D)149。

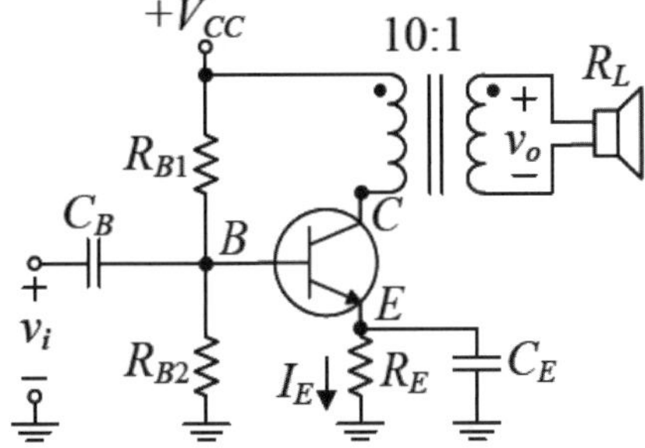


( ) **24** 如下圖所示之JFET電路，$V_{DD} = 12V$，$R_{G1} = 600k\Omega$，$R_{G2} = 120k\Omega$，$R_D = 4.7k\Omega$，$R_S = 3k\Omega$，若汲極電壓$V_D = 6V$，則G、S兩端之電壓$V_{GS}$約為何？
(A)–1.83V
(B)–0.64V
(C)0.24V
(D)1.22V。

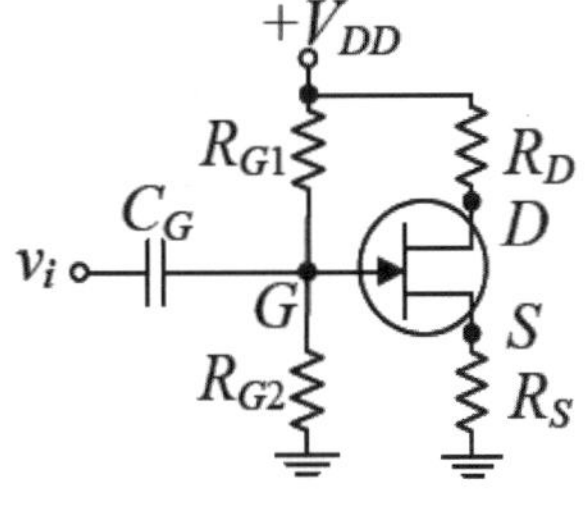


( ) **25** 如下圖所示之增強型MOSFET電路，其臨界電壓(threshold Voltage) $V_T = 2.25V$，參數$K = 0.8mA/V^2$，$V_{DD} = 15V$，$R_{G1} = 900k\Omega$，$R_{G2} = 300k\Omega$，$R_D = 3.3k\Omega$，則$V_{DS}$約為何？
(A)10.14V
(B)9.06V
(C)7.56V
(D)4.12V。

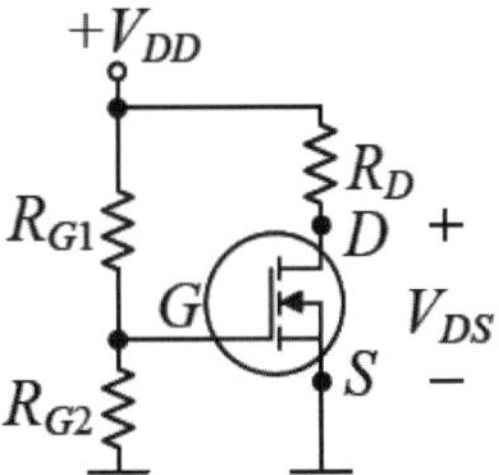

# 108年 電子學實習（電機類）

( ) **1** 電源線路、電動機具或變壓器等電器設備因過載、短路或漏電所引起之火災，在電源未切斷時，不適合使用下列何種裝置滅火？
(A)泡沫滅火器 (B)ABC乾粉滅火器
(C)BC乾粉滅火器 (D)二氧化碳滅火器。

( ) **2** 如圖所示之理想二極體電路，在正常工作下，則$V_{ab}$之最大值為何？

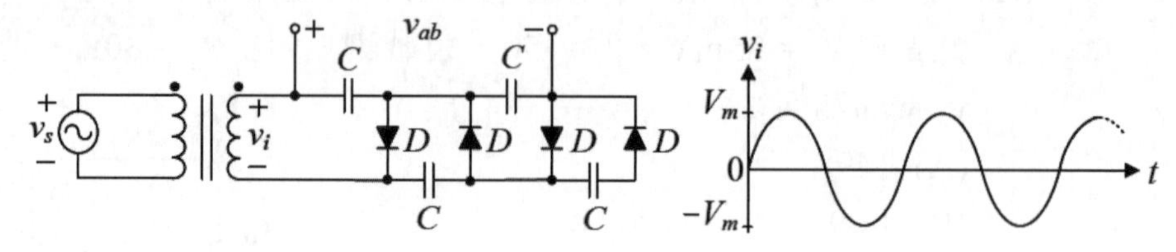


(A)$V_m$ (B)$2V_m$
(C)$3V_m$ (D)$4V_m$。

( ) **3** 使用指針型三用電表判別NPN電晶體接腳時，若已知基極接腳，將電表撥至歐姆檔×1k，以手指接觸基極與假設的集極，再以電表黑棒及紅棒交替接觸量測集極和射極。當電表指針大幅度偏轉（低電阻）時，下列敘述何者正確？
(A)黑棒接觸的接腳為集極 (B)黑棒接觸的接腳為射極
(C)紅棒接觸的接腳為集極 (D)無法判別接腳。

( ) **4** 如圖所示之理想二極體電路，$V_i$頻率為1kHz，時間常數RC>10 ms，則輸出電壓$V_o$的最大值$V_{o(max)}$和最小值$V_{o(min)}$分別為何？

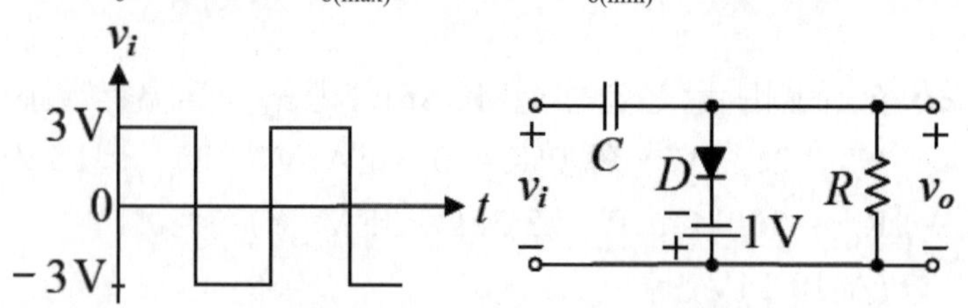


(A)$V_{o(max)}=7V$，$V_{o(min)}=1V$
(B)$V_{o(max)}=3V$，$V_{o(min)}=-3V$
(C)$V_{o(max)}=0V$，$V_{o(min)}=-6V$
(D)$V_{o(max)}=-1V$，$V_{o(min)}=-7V$。

( ) **5** 如圖所示之整流電路及輸入與輸出波形，經檢測後，下列敘述何者正確？

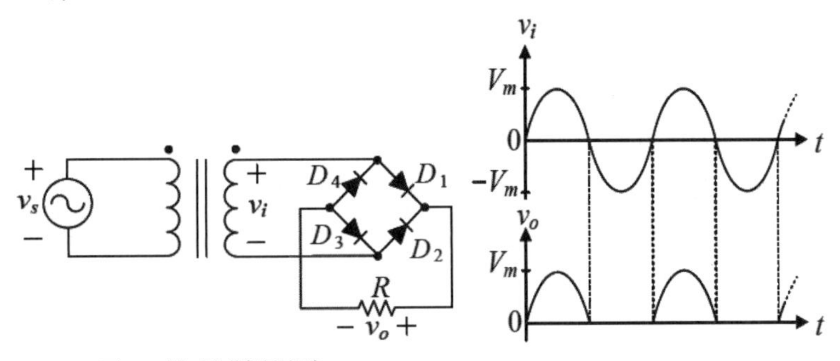


(A)$D_1$及$D_2$皆故障開路

(B)$D_2$或$D_4$故障開路

(C)$D_1$或$D_3$故障開路

(D)$D_3$及$D_4$皆故障開路。

( ) **6** 如圖所示之電路，若電晶體之切入電壓$V_{BE}$＝0.7V，$V_{CE(sat)}$＝0.2V，β＝100，則$I_C$為何？

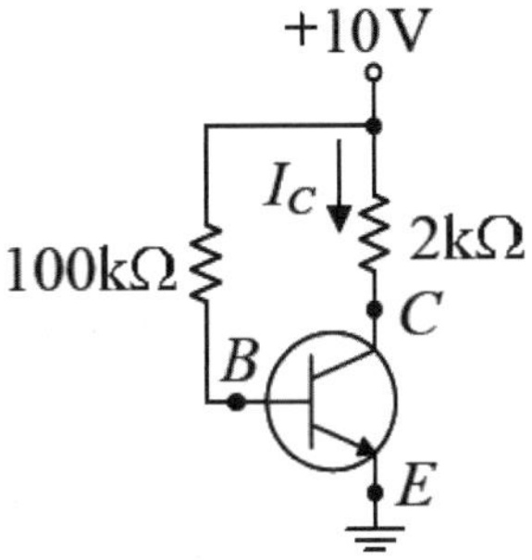

(A)0mA

(B)2.5mA

(C)4.9mA

(D)9.3mA。

( ) **7** 如圖所示之電路，$R_1$＝10kΩ，$R_2$＝5kΩ，$R_E$＝3.3kΩ，若電晶體之切入電壓$V_{BE}$＝0.7V，熱電壓$V_T$＝25mV，β＝99，則輸入阻抗$Z_i$約為何？

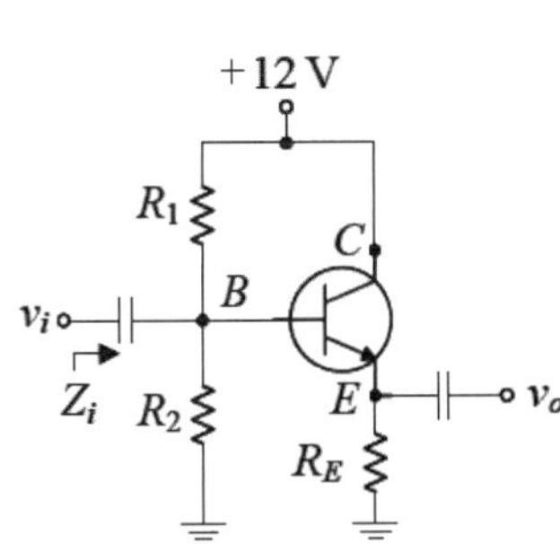


(A)5kΩ

(B)3.3kΩ

(C)1.67kΩ

(D)25Ω。

( ) **8** 如圖所示之電路，$R_1$＝20kΩ，$R_2$＝10kΩ，$R_C$＝2.5kΩ，$R_E$＝3.3kΩ，若電晶體之切入電壓$V_{BE}$＝0.7V，熱電壓$V_T$＝25mV，β＝99，則電壓增益$V_o/V_i$約為何？

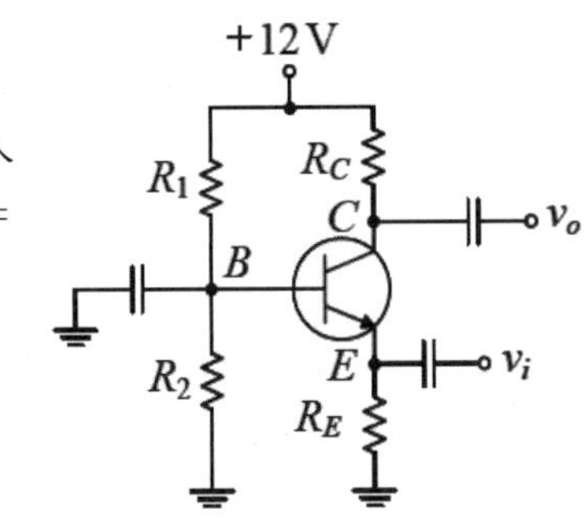


(A)1 (B)25

(C)50 (D)100。

(　　) **9** 如圖所示之放大器電路，實驗時若改變$R_4$電阻值，且兩電晶體都維持在作用區工作，則下列何者不會改變？
(A)電壓增益$V_{o1}/V_i$
(B)電壓增益$V_o/V_i$
(C)電流增益$i_o/i$
(D)輸入阻抗$Z_i$。

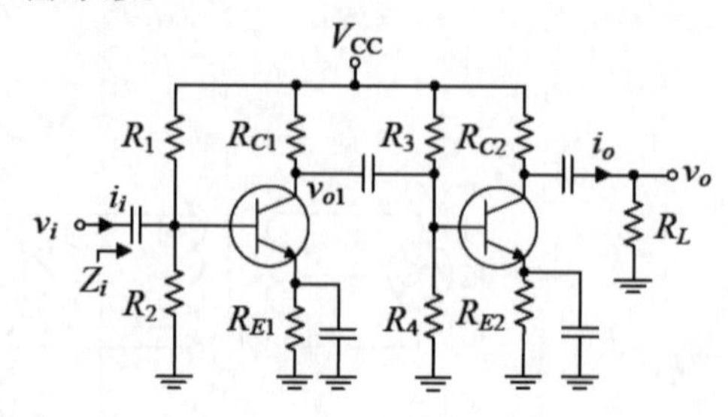


(　　) **10** 如圖所示之電路，當開關（SW）閉合且$V_{GG}$由0V逐漸調到4V時，$I_D$將逐漸降到0安培；當SW切開時$I_D$＝4mA；則當SW閉合且$V_{GG}$＝2V時，$I_D$為何？
(A)1mA
(B)2mA
(C)4mA
(D)8mA。

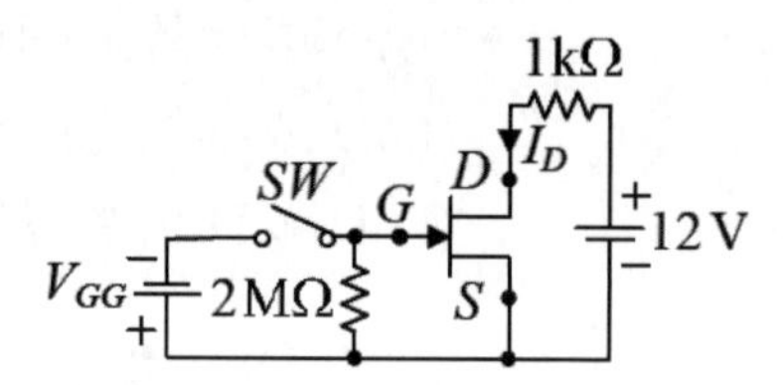


(　　) **11** 如圖所示之放大器電路，$V_{DD}$＝12V，JFET之截止電壓$V_{GS(off)}$＝–2V，$I_{DSS}$＝3mA，汲源極交流等效電阻$r_D$＝∞，汲極直流偏壓電流$I_D$＝0.9mA；若輸入小訊號$V_i$為峰對峰值50mV之弦波時，量測得$V_o$之峰對峰值為300mV，則$R_D$值約為何？
(A)1.74kΩ
(B)2.53kΩ
(C)3.64kΩ
(D)4.72kΩ。

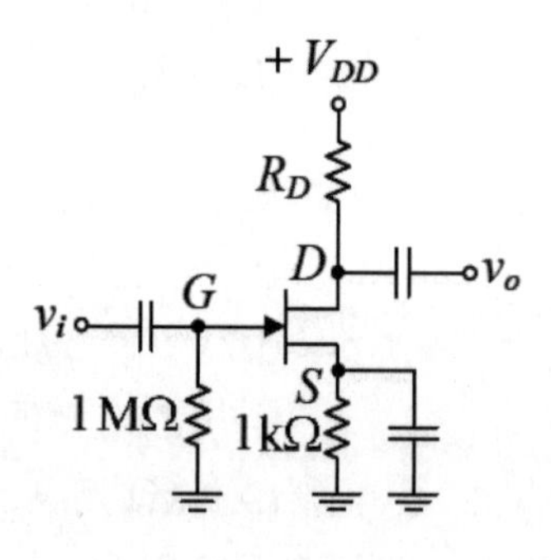


(　　) **12** 如圖所示之理想運算放大器電路，則$V_o$為何？
(A)–9V
(B)–3V
(C)6V
(D)9V。

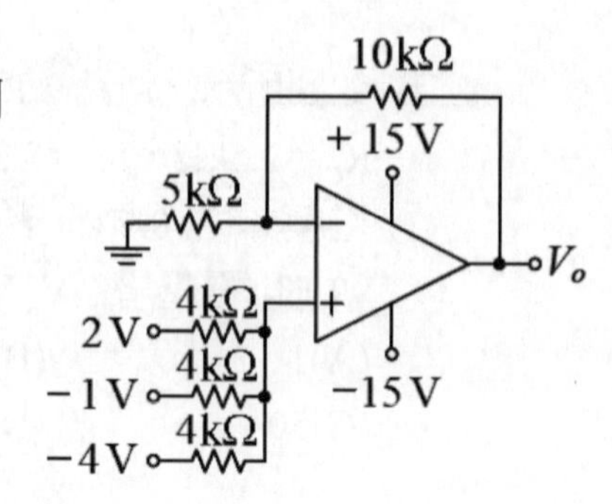

(　　) **13** 如圖所示之理想運算放大器電路，則下列敘述何者正確？

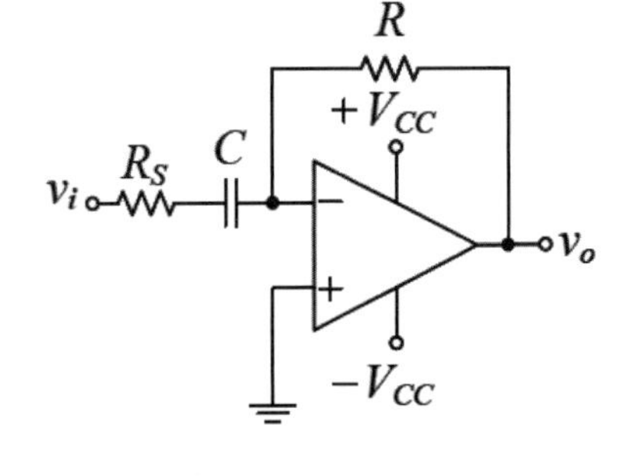


(A)當$v_i$的頻率$f \ll \frac{1}{2\pi R_S C}$時，電路工作如同積分器

(B)當$v_i$的頻率$f \gg \frac{1}{2\pi R_S C}$時，電路工作如同積分器

(C)當$v_i$的頻率$f \ll \frac{1}{2\pi R_S C}$時，電路工作如同微分器

(D)當$v_i$的頻率$f \gg \frac{1}{2\pi R_S C}$時，電路工作如同非反相放大器。

(　　) **14** 如圖所示之電路，運算放大器之輸出正、負飽和電壓分別為+10V和−10V，假設$V_o$轉態之下臨限（界）電壓為2.6V，則下列敘述何者正確？

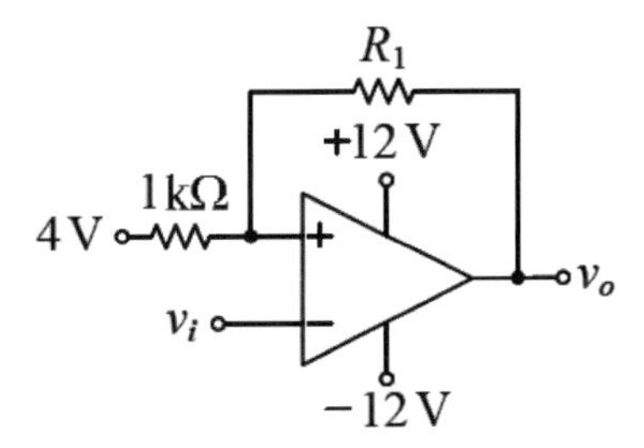


(A)$R_1 = 6k\Omega$

(B)上臨限電壓為4.6V

(C)遲滯電壓為4V

(D)$V_i = 6V$時，$V_o = 10V$。

(　　) **15** 如圖所示之振盪電路，兩運算放大器之輸出正、負飽和電壓分別為+15V與−15V，電路在正常工作下，則下列敘述何者正確？

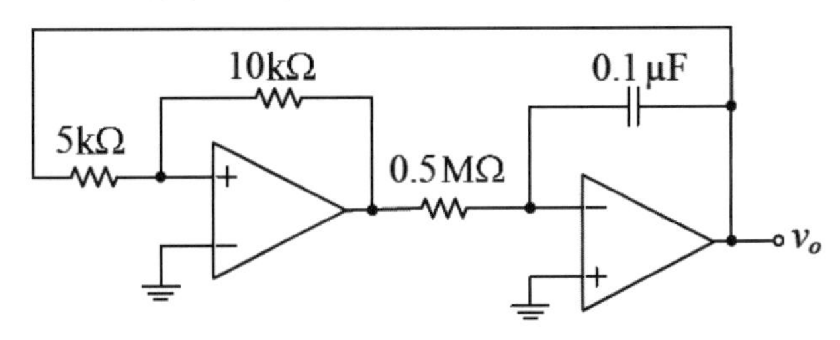


(A)$V_o$為頻率10Hz之三角波

(B)$V_o$為頻率10Hz之方波

(C)$V_o$之最大值為9V

(D)$V_o$之最小值為−12V。

# 108年 電子學實習（資電類）

( ) **1** 一雙極性接面電晶體操作在工作區（Active Region）時，若其集極（Collector）電流＝5.95mA，射極（Emitter）電流＝6.0mA，請問電流增益(β)為多少？
(A)99　(B)109　(C)119　(D)129。

( ) **2** 有關雙極性接面電晶體放大器的敘述，下列何者正確？
(A)共基極放大器電流增益大約為1
(B)共集極放大器輸入電壓信號與輸出電壓信號反相
(C)共集極放大器實驗時，即使將電晶體的射極與集極接反了，整體電路特性仍然不變
(D)共射極放大器可用來放大電壓信號，並有低輸出阻抗的特性。

( ) **3** 小明做二極體特性實驗時，量測並繪得二條I-V曲線，如圖所示之實線與虛線，則下列敘述何者錯誤？

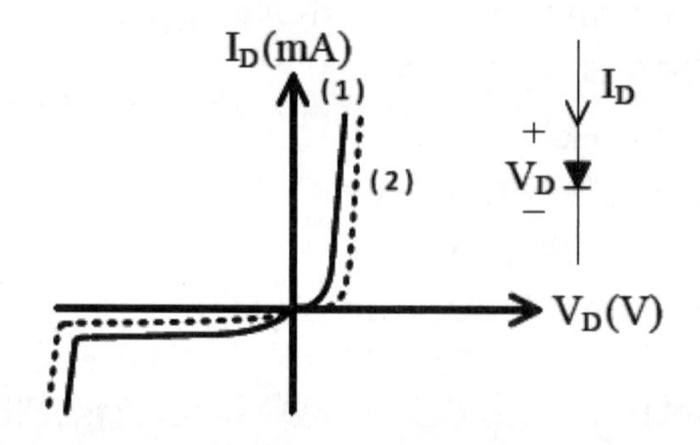


(A)逆向偏壓時，曲線中斜率較大的部分其內阻較大
(B)若分別是矽與鍺二極體的量測，則曲線(1)是鍺二極體
(C)順向偏壓時，曲線中斜率較大的部分其內阻較小
(D)若是同一矽二極體在不同工作溫度下的量測，則曲線(1)比曲線(2)溫度高。

( ) **4** 實驗中一增強型MOSFET操作在飽和區，閘-源極電壓（$V_{GS}$）與臨界電壓（$V_T$）之差為1V時，汲極電流為2mA。若改變$V_{GS}$電壓與$V_T$之差為1.2V，而MOSFET仍操作在飽和區，則此時的汲極電流變為多少？
(A)2mA　(B)2.4mA　(C)2.88mA　(D)3.46mA。

(　　) **5** 如圖電路，已知雙極性接面電晶體操作在工作區（Active Region），下列敘述何者錯誤？

(A)電容$C_C$主要作為穩壓用途，使$V_C$保持不變

(B)此電路為共射極（Common Emitter）放大器

(C)電阻$R_E$具有可穩定電路的負回授效果

(D)當溫度升高時，集極-射極間電壓$V_{CE}$下降。

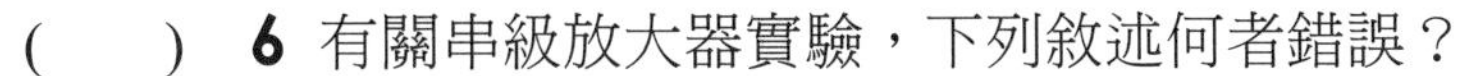

(　　) **6** 有關串級放大器實驗，下列敘述何者錯誤？

(A)串級放大器可用來達到較大的電流增益需求

(B)達靈頓電路屬於直接耦合串級放大器

(C)以同一放大器串接成串級放大器，其頻寬依串級數的增加而以固定比例下降

(D)串級放大器可用來達到較大的電壓增益需求。

(　　) **7** 下列有關振盪器的敘述何者正確？

(A)RC相移振盪器不包含負回授的電路架構

(B)石英晶體的壓電效應使石英晶體振盪電路產生振盪，不需滿足巴克豪生準則

(C)方波是由正弦波與偶次諧波所組成，故方波產生器又稱多諧振盪器

(D)弦波振盪器的啟動信號為雜訊所提供。

(　　) **8** 實驗時，使用主級線圈與次級線圈比例為110：24之變壓器裝配如圖所示之全波整流電路，若二極體順向導通時兩端的電壓為零。下列選用的二極體之額定峰值逆向電壓（Peak Inverse Voltage），何者較為適當？

(A)28V

(B)30V

(C)32V

(D)34V。

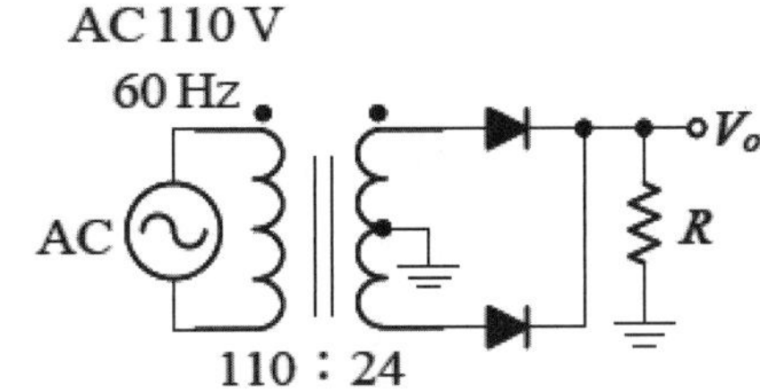

( ) **9** 實驗圖之電路，運算放大器進行線性放大功能，則輸出電壓$V_o$與輸入電壓間之表示式，下列何者正確？

(A)$V_o = -V_1-V_2+3(V_3+V_4+V_5)/4$

(B)$V_o = -V_1-V_2+2(V_3+V_4+V_5)$

(C)$V_o = -V_1-V_2+V_3+V_4+V_5$

(D)$V_o = -V_1-V_2+3(V_3+V_4+V_5)/2$。

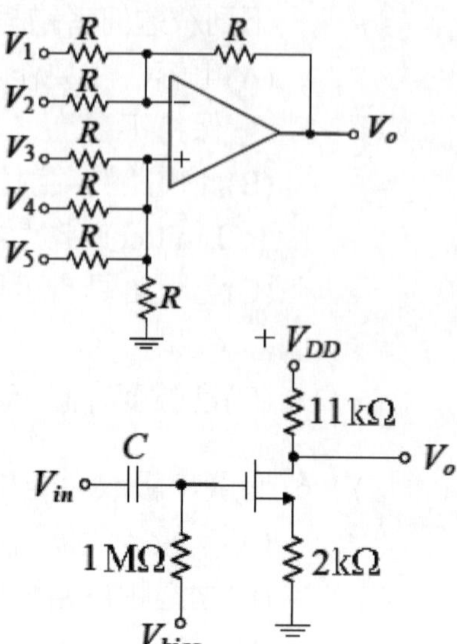


( ) **10** 如圖所示電路中增強型MOSFET操作在飽和區，若其轉導$g_m$為5mS，則電路的電壓增益為下列何者？

(A)+10V/V

(B)+5V/V

(C)－10V/V

(D)－5V/V。

( ) **11** 如圖，放大器A的輸出阻抗為160歐姆，而喇叭阻抗為10歐姆。變壓器一次側與放大器輸出連接，二次側與喇叭連接。若欲達成阻抗匹配，變壓器一次側線圈與二次側線圈之匝數比應為多少？

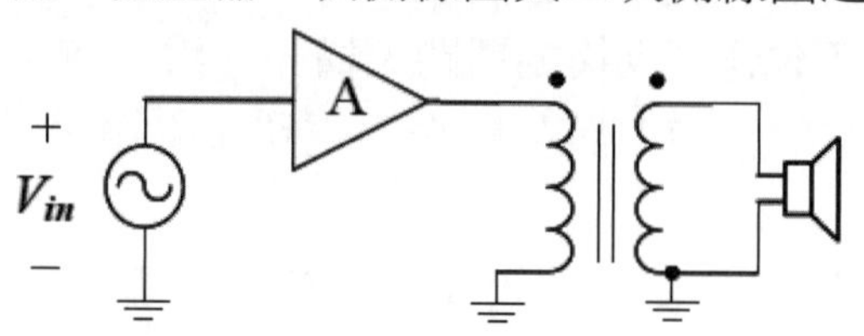


(A)1：16　(B)16：1

(C)1：4　(D)4：1。

( ) **12** 小明做如圖之二極體電路實驗，若二極體為理想二極體。當輸入電壓$V_{in}$為介於+10V至−10V之正弦波時，輸出電壓$V_o$之最大值為15V，最小值為−5V，則a、b節點間電路方塊X最可能為下列何者？

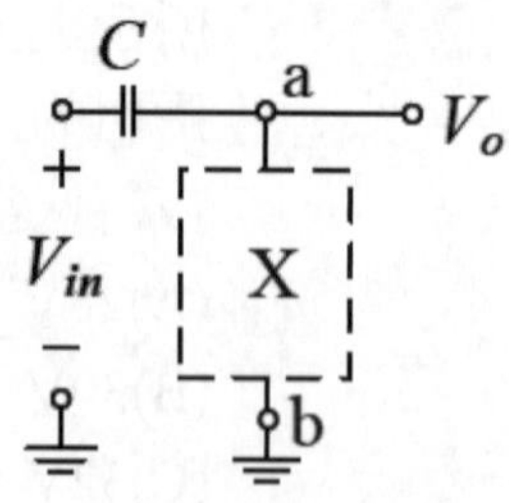


(A)
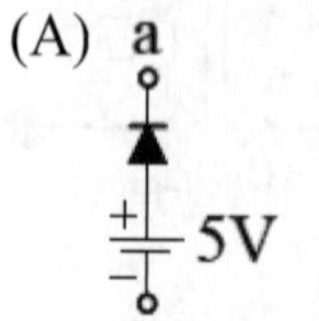


(B)
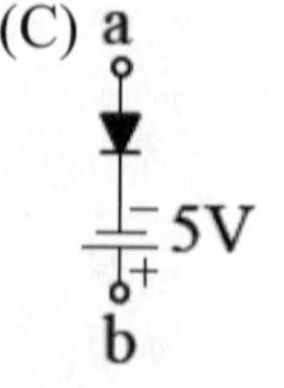


(C)
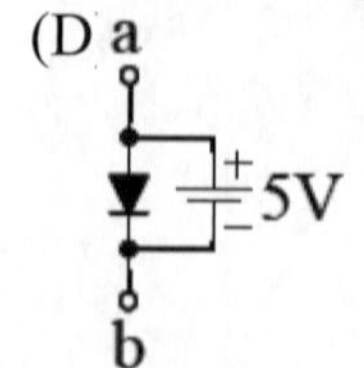


(D a

5V

b

# 109年 電子學（電機類、資電類）

( ) **1** 有關各種N通道場效電晶體偏壓於飽和區（定電流區）工作，下列敘述何者正確？
(A) $V_{GS}$皆需大於零才可使汲極端流入電流正常操作（$I_D>0$）
(B) $V_{GS}$小於零皆可使汲極端流入電流正常操作（$I_D>0$）
(C) FET內部通道靠近汲極處形成之通道較窄
(D) FET內部通道靠近汲極處形成之空乏區較窄。

( ) **2** 如圖所示之MOSFET電路，MOSFET之臨界電壓（threshold voltage）$V_T=1.8V$，參數$K=1.2mA/V^2$，已選擇適當之$R_D$使電路操作於飽和區且$I_D=10.8mA$，則$R_{G1}$應調整為何？
(A) 150kΩ
(B) 180kΩ
(C) 210kΩ
(D) 250kΩ。

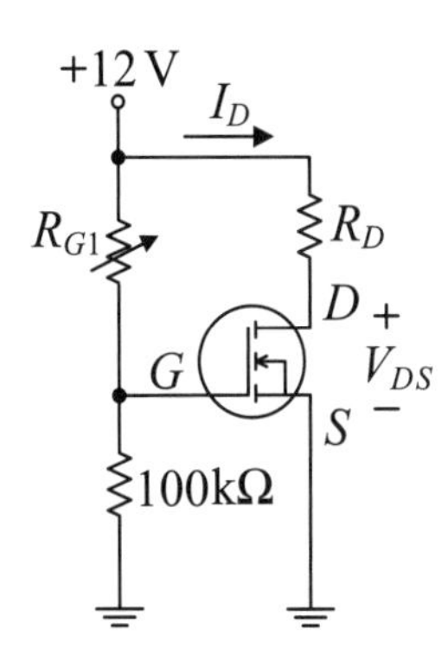


( ) **3** 操作於飽和區之JFET放大電路，其$I_{DSS}=6mA$，夾止電壓（pinch-off voltage）$V_P=-3V$，若電路工作點之$V_{GS}=-2V$，則此時電路之互導$g_m$約為何？
(A) 1.21mS
(B) 1.33mS
(C) 1.82mS
(D) 2.43mS。

( ) **4** 如圖所示之MOSFET放大電路，已知MOSFET之臨界電壓$V_T=1.5V$，參數$K=2mA/V^2$。若$V_{DD}=15V$，$R_{G1}=300kΩ$，$R_{G2}=60kΩ$，$R_S=1kΩ$，$R_D=10kΩ$，則此電路之交流信號電壓增益$v_o/v_i$為何？
(A) 7.4 (B) 15.6
(C) 20 (D) 24。

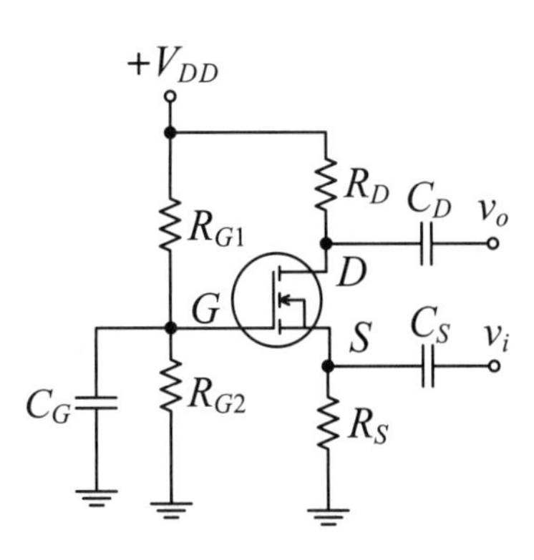

( ) **5** 如圖所示之JFET放大電路，已知JFET之夾止電壓$V_P=-2V$，$I_{DSS}=6mA$。若$V_{DD}=9V$，$R_G=1.2M\Omega$，$R_S=2k\Omega$，則此電路之交流輸出阻抗$Z_o$為何？
（$K=\frac{I_{DSS}}{V_P^2}$）

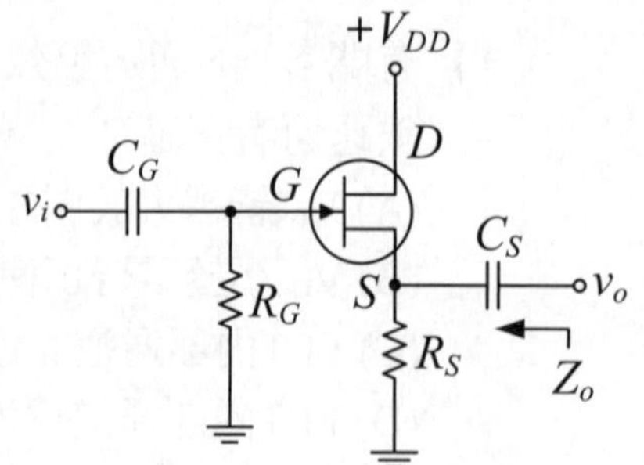


(A) 2kΩ
(B) 1.2kΩ
(C) 0.6kΩ
(D) 0.4kΩ。

( ) **6** 一正回授放大器電路形成之振盪器，其回授增益$\beta=0.02$，欲輸出振幅穩定之正弦波，則放大器之電壓增益$|A_v|$應調整為何？
(A) 75 (B) 50
(C) 48 (D) 45。

( ) **7** 如圖所示之振盪器電路，下列敘述何者正確？

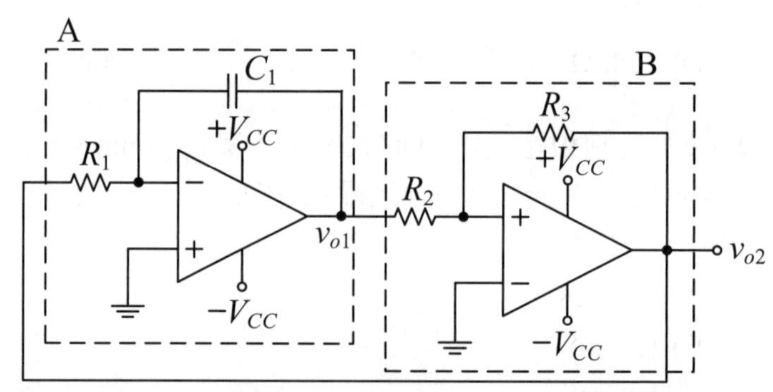


(A) 方塊A之OPA電路功能為微分電路
(B) 方塊B之OPA電路功能為積分電路
(C) $v_{o2}$之輸出為方波
(D) $v_{o1}$之輸出為弦波。

( ) **8** 如圖所示之電路，$V_{CC}=15V$，$R_1=20k\Omega$，$R_2=100k\Omega$，OPA飽和電壓$V_{sat}=13.5$ V，則磁滯（hysteresis）電壓為何？

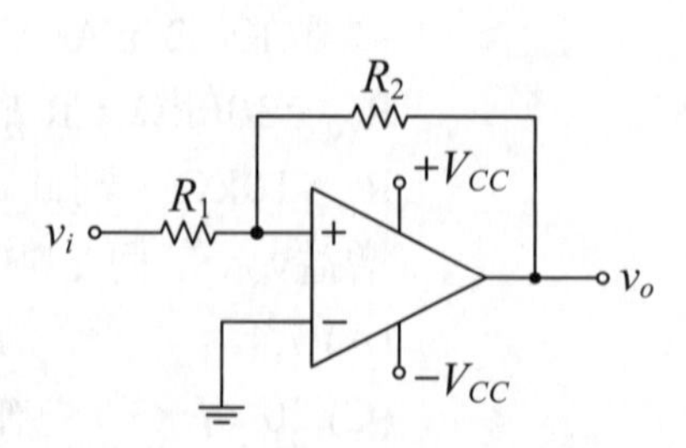


(A) 3.2V (B) 4.8V
(C) 5.4V (D) 7.8V。

( ) **9** 如圖所示為BJT共基極放大電路之小信號等效電路模型，於室溫下之熱電壓（thermal voltage）$V_T=26mV$，工作點之$I_C=0.26mA$，α約為1.0，下列敘述何者錯誤？

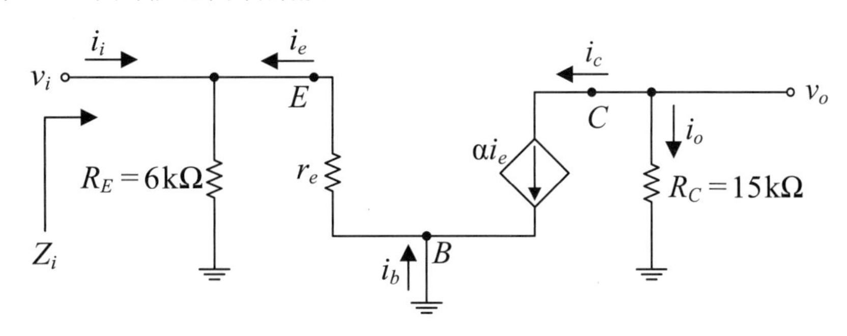


(A) $r_e$約為100Ω　(B)電壓增益$A_v=v_o/v_i$約為150
(C) 輸入阻抗$Z_i$約為6kΩ　(D)電流增益$A_i=i_o/i_i$約為1。

( ) **10** 如圖所示之理想箝位電路和輸入波形$v_i$，其穩態輸出波形$v_o$為何？

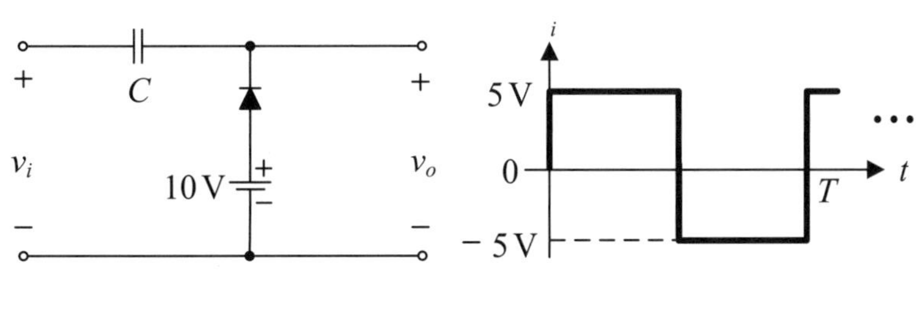


(A)
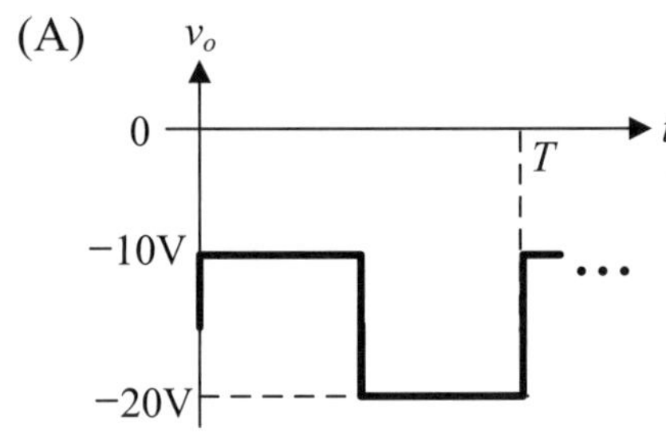


(B)
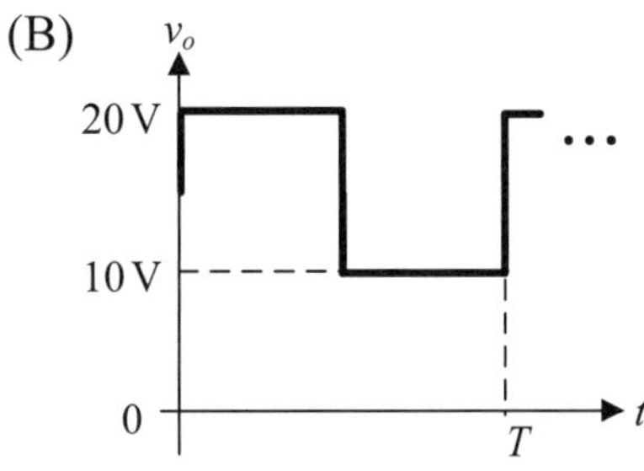


(C)
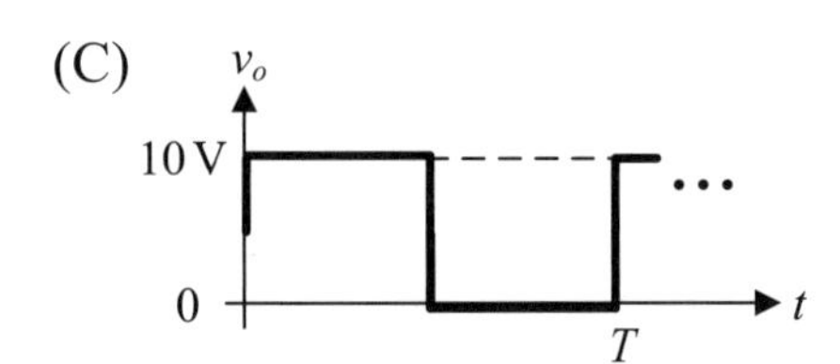


(D)
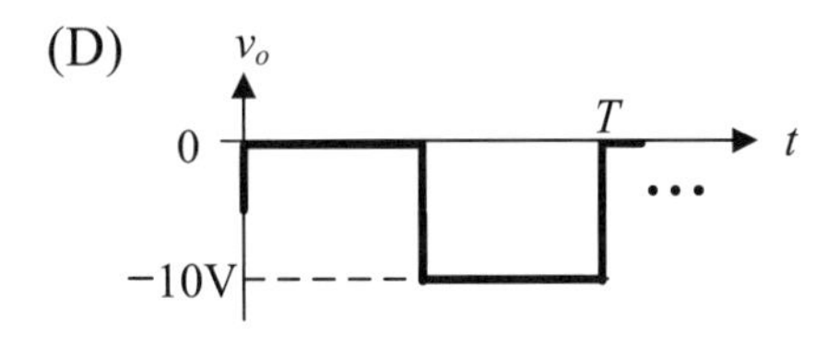

( 　) **11** 如圖所示為BJT共集極放大電路之小信號等效電路模型，若$\beta=100$，直流偏壓$I_B=0.1mA$，熱電壓$V_T=26mV$，則下列敘述何者錯誤？

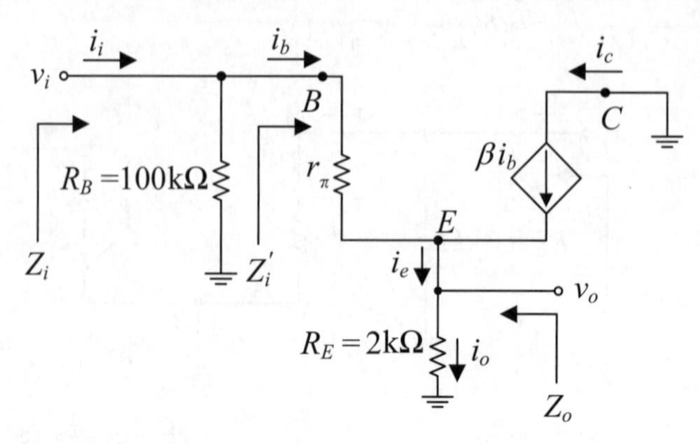


(A)電壓增益$A_v=v_o/v_i$約為1
(B) $r_\pi$約為260Ω
(C) 輸入阻抗$Z_i$約為66kΩ
(D)電流增益$A_i=i_o/i_i$約為100。

( 　) **12** 如圖所示為BJT共射極放大電路之小信號等效電路模型，若$\beta=99$，直流偏壓$I_B=0.01 mA$，熱電壓$V_T=26mV$，則下列敘述何者錯誤？

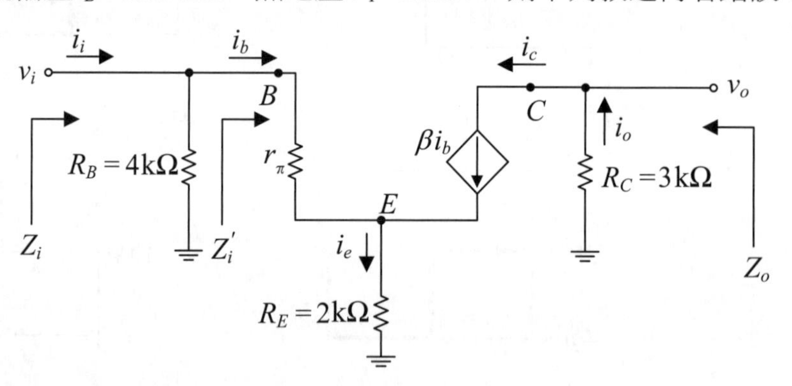


(A)電壓增益$A_v=v_o/v_i$約為−1.5
(B) $r_\pi$約為2.6kΩ
(C) 輸出阻抗$Z_o$約為3kΩ
(D)電流增益$A_i=i_o/i_i$約為−20。

(　　) **13** 如圖所示之理想二極體電路，當輸入波形為$v_i$時，輸出波形$v_o$為何？

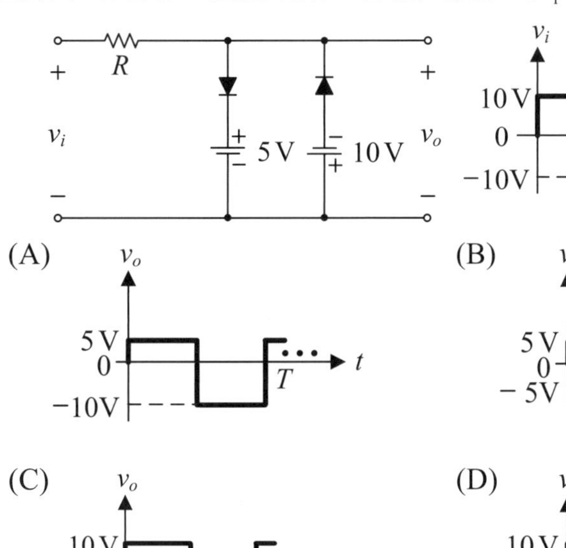


(B) $v_o$ 5 V 0 − 5V T t

(D)

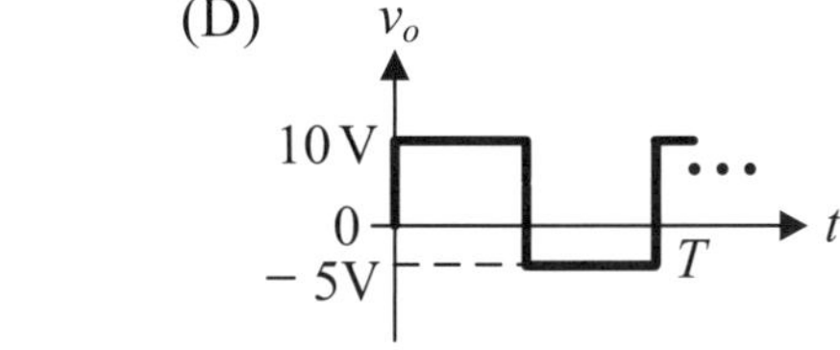


(　　) **14** 如圖所示之理想二極體電路，若輸入弦波電壓$v_i$的有效值為110V且兩電容器值適當，則輸出電壓$V_o$約為何？

(A) 11V

(B) 31V

(C) 22V

(D) 15.5V。

(　　) **15** 如圖所示之理想二極體電路，若輸入正弦波電壓$v_i$之有效值為110V，若$D_1$、$D_4$燒毀時呈現斷路狀態，則輸出波形$v_o$為何？

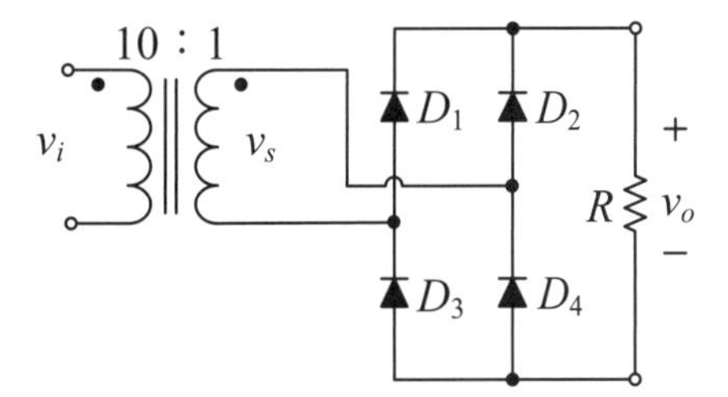


(A)

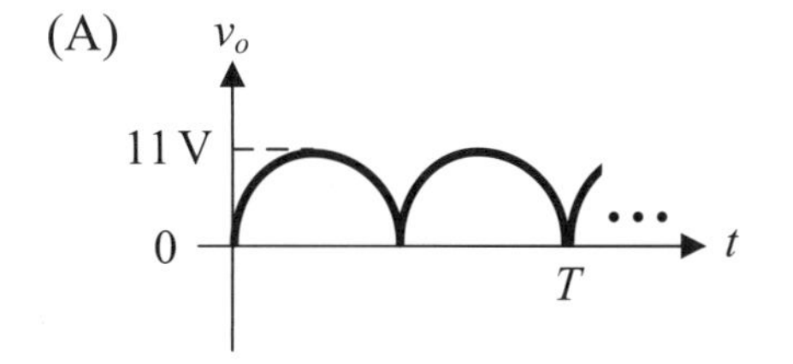


(B)

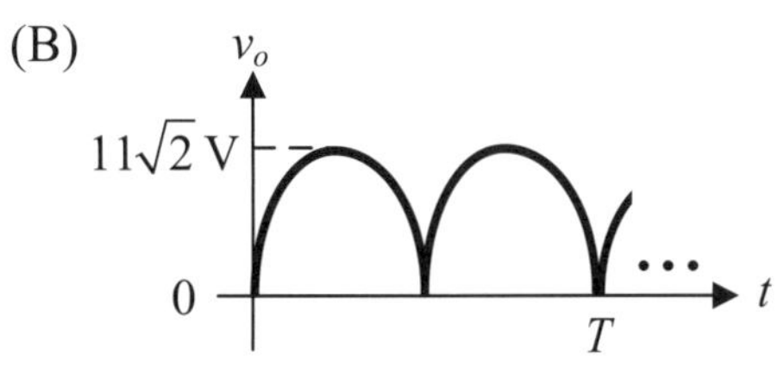

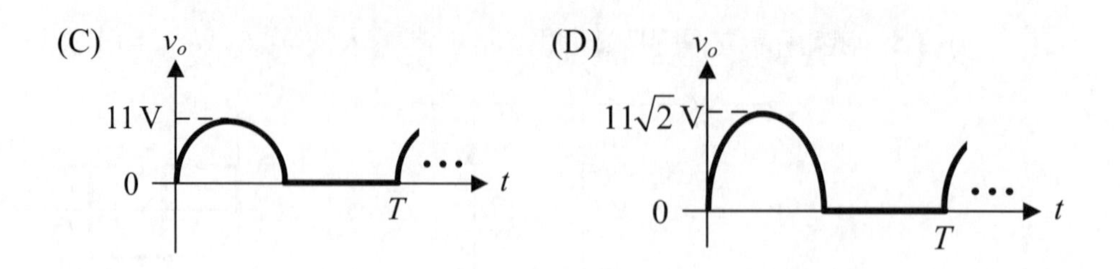


(　　) **16** 如圖所示之稽納（Zener）二極體電路，其逆向崩潰電壓為6V，$P_Z$為稽納二極體消耗功率，$P_L$為負載$R_L$功率，則下列何者錯誤？

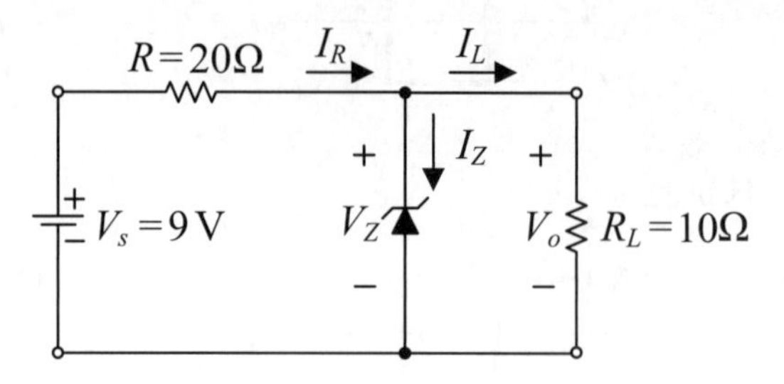


(A) $I_L=0.3A$　(B) $I_R=0.3A$　(C) $P_L=0.9W$　(D) $P_Z=2.7W$。

(　　) **17** NPN型電晶體於主動區（active region）工作時，其三接腳（B、C及E）電壓（$V_B$、$V_C$及$V_E$）之大小關係，下列何者正確？
(A) $V_B>V_C>V_E$　(B) $V_C>V_E>V_B$
(C) $V_C>V_B>V_E$　(D) $V_E>V_C>V_B$。

(　　) **18** 於主動區工作之電晶體電流增益$\alpha=0.99$，若射極電流$I_E=10mA$，漏電流$I_{CBO}=5\mu A$，則 其集極電流$I_C$值為何？
(A) 0.005mA　(B) 9.905mA
(C) 10mA　(D) 10.005mA。

(　　) **19** 如圖所示之電晶體直流偏壓電路，下列敘述何者正確？
(A)為共射極固定偏壓電路
(B)為共集極固定偏壓電路
(C)為共射極分壓偏壓電路
(D)為共集極分壓偏壓電路。

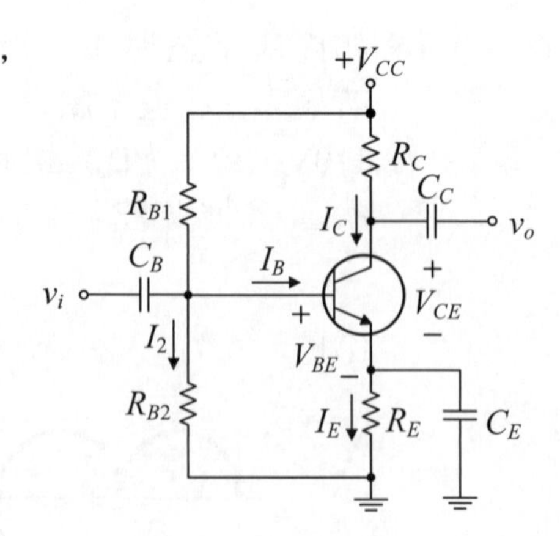

( ) **20** 如圖所示之電晶體直流偏壓電路，若$V_{BE}=0.7V$，$\beta=200$，$V_{CC}=10V$，$R_B=300k\Omega$，$R_C=1k\Omega$，則其直流工作點$I_C$與$V_{CE}$之值各約為何？

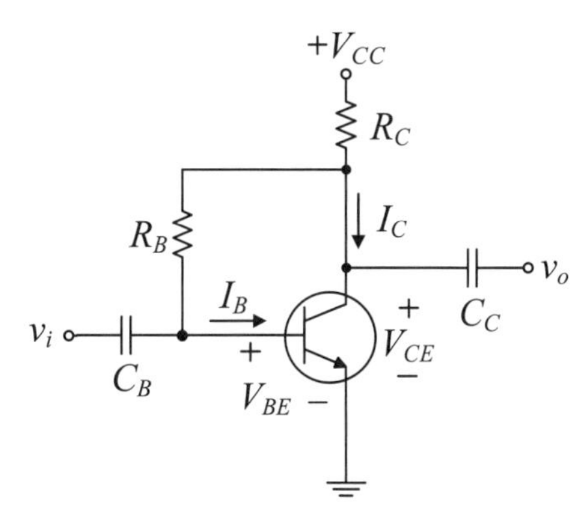


(A) $I_C=0.5mA$、$V_{CE}=9.5V$
(B) $I_C=1.7mA$、$V_{CE}=8.3V$
(C) $I_C=2.5mA$、$V_{CE}=7.5V$
(D) $I_C=3.7mA$、$V_{CE}=6.3V$。

( ) **21** 單級放大電路的低頻截止頻率為$f_L$，高頻截止頻率為$f_H$，若將完全相同的放大電路串接成n級時，則其低頻截止頻率$f_L(n)$，高頻截止頻率 $f_H(n)$，下列何者正確？

(A) $f_L(n)=\dfrac{f_L}{\sqrt{2^{\frac{1}{n}}-1}}$ ，$f_H(n)=f_H\sqrt{2^{\frac{1}{n}}-1}$

(B) $f_L(n)=f_L\sqrt{2^{\frac{1}{n}}-1}$ ，$f_H(n)=\dfrac{f_H}{\sqrt{2^{\frac{1}{n}}-1}}$

(C) $f_L(n)=\dfrac{f_L}{\sqrt{2^n-1}}$ ，$f_H(n)=f_H\sqrt{2^n-1}$

(D) $f_L(n)=f_L\sqrt{2^n-1}$ ，$f_H(n)=\dfrac{f_H}{\sqrt{2^n-1}}$ 。

( ) **22** 兩級的串級放大器，第一級放大器電壓增益為50，第二級放大器電壓增益為200，若兩級間沒有負載效應，則其總電壓增益為何？

(A) 40dB (B) 60dB
(C) 80dB (D) 10000dB。

( ) **23** 運算放大器輸出方波信號時，若信號在20μs內由−5V變動到+5V，則其轉動率（slew rate）為何？

(A) 0.25V/μs (B) 0.5V/μs
(C) 5V/μs (D) 10V/μs。

( ) **24** 如圖所示為具有抑制高頻增益之微分電路，若$R_1$=1kΩ，C=0.1μF，$R_2$=100kΩ，則其低頻截止頻率$f_L$約為何？
(A) 16Hz (B) 1kHz
(C) 1.6kHz (D) 1MHz。

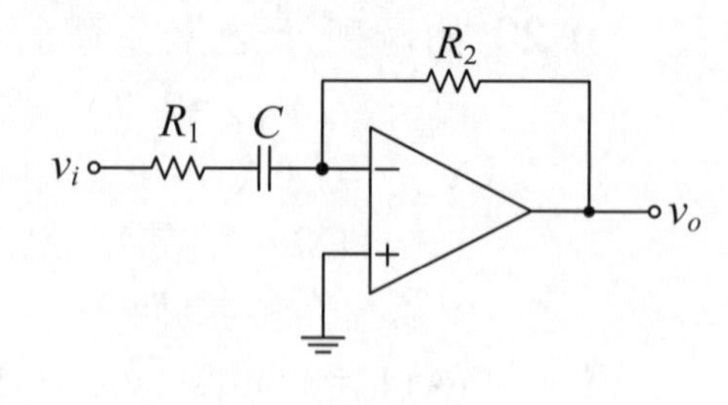


( ) **25** 如圖所示電路，若$R_1$=2kΩ，$R_2$=20kΩ，$R_3$=3kΩ，$R_4$=30kΩ，$V_a$=−0.3V，$V_b$=0.2V，則輸出電壓$V_o$為何？
(A) 5V (B) −5V
(C) 10V (D) −10V。

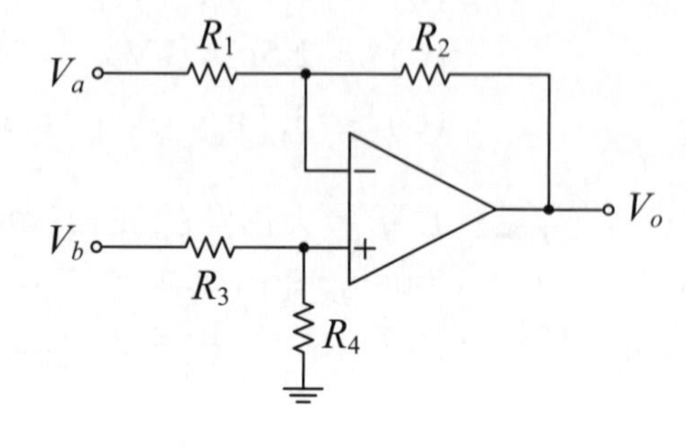


Notes

# 109年 電子學實習（電機類）

( ) **1** 在實驗室若受到火焰灼傷時，較適當的急救程序為何？
(A) 送、泡、脫、蓋、沖 (B) 沖、蓋、送、泡、脫
(C) 沖、脫、泡、蓋、送 (D) 送、沖、蓋、泡、脫。

( ) **2** 如圖所示電路，稽納（Zener）二極體之額定功率為200mW，稽納電壓$V_Z=5V$，若正常工作下$V_o$能保持為5V，則負載電阻$R_L$的最大值為何？

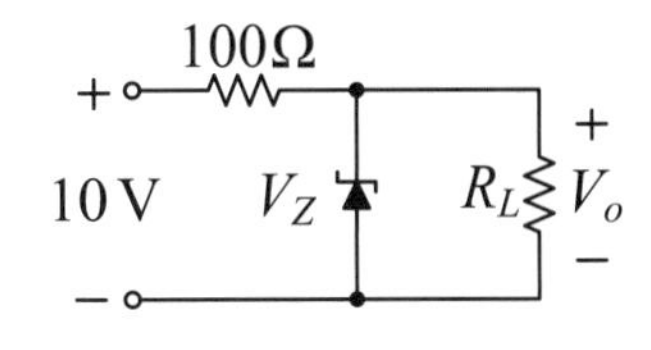


(A) 600Ω (B) 500Ω
(C) 400Ω (D) 300Ω。

( ) **3** 某理想二極體橋式全波整流電路，其輸入交流電源$v_i=10\sin(100\pi t)$ V，其輸出電壓$v_o$供給 固定電阻之負載，則下列何者錯誤？
(A) $v_o$的週期為0.02秒
(B) $v_o$的平均值約為6.37V
(C) $v_o$的有效值約為7.07V
(D) 每個二極體的逆向峰值電壓（PIV）為10V。

( ) **4** 如圖所示理想二極體電路，$v_i$頻率為100Hz，則下列敘述何者正確？

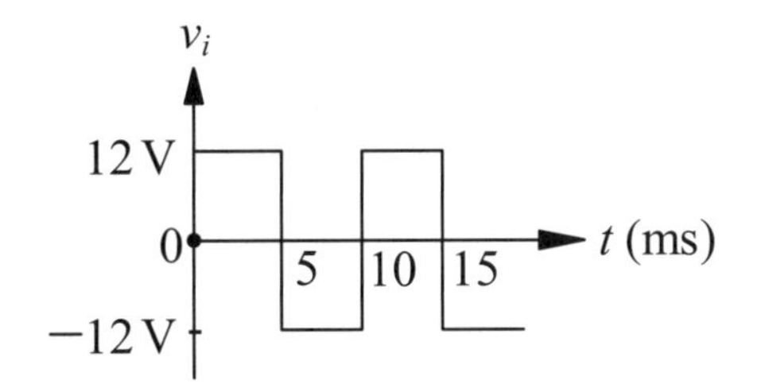


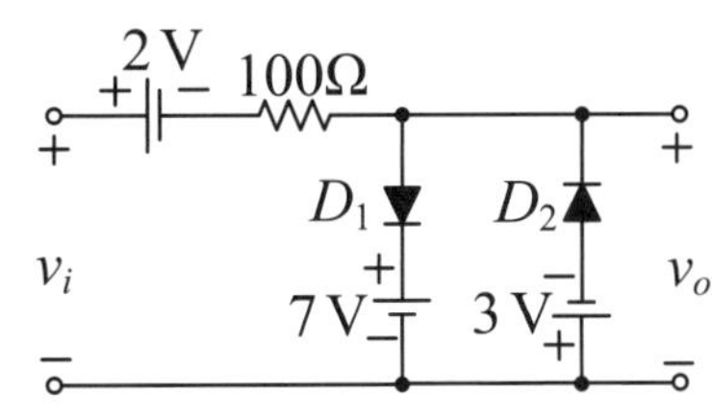


(A) $v_o$最大值為3V (B) $v_o$最小值為−7V
(C) $v_o$頻率為50Hz (D) $v_o$平均值為2V。

( ) **5** 將指針型三用電表撥至R×10歐姆檔，且將電表黑測棒固定接觸雙極性接面電晶體之其中一接腳，再將電表紅測棒分別接觸另外兩隻接腳，若電表皆指示低電阻狀態，則下列敘述何者正確？
(A) 此電晶體為NPN型 (B) 此電晶體為PNP型
(C) 黑測棒接觸的接腳為集極 (D) 黑測棒接觸的接腳為射極。

( ) **6** 如圖所示電路，若電晶體之切入電壓$V_{BE}=0.7V$，$V_{CE(sat)}=0.2V$，$\beta=99$，則集極電壓$V_C$約為何？
(A) 8V
(B) 7V
(C) 6V
(D) 5V。

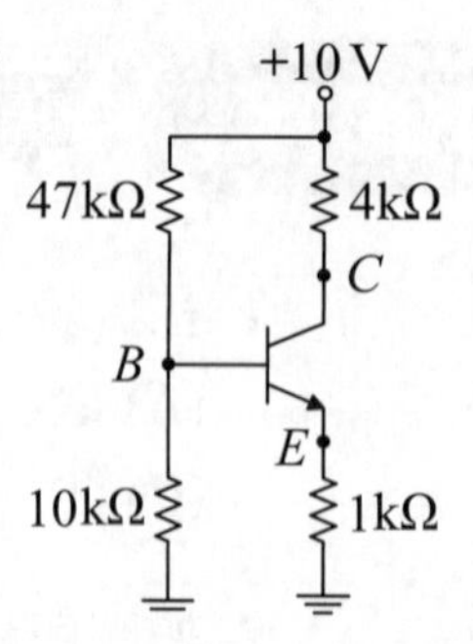


( ) **7** 如圖所示電路，若電晶體之切入電壓$V_{BE}=0.7V$，熱電壓$V_T=26mV$，$\beta=100$，則電壓增益$v_o/v_i$約為何？
(A) −125
(B) −132
(C) −152
(D) −165。

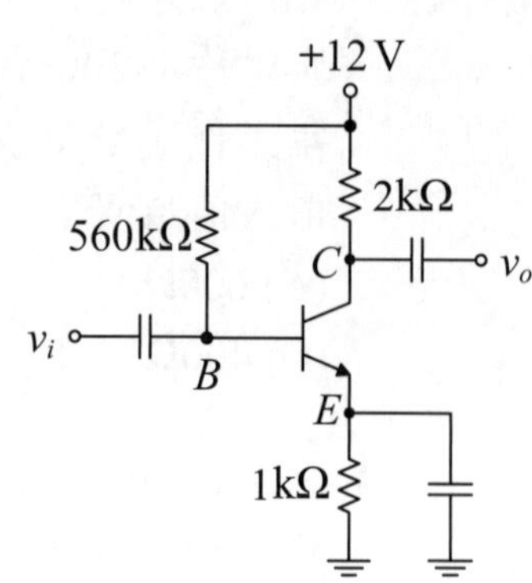


( ) **8** 如圖所示電路，若電晶體之切入電壓$V_{BE}=0.7V$，熱電壓$V_T=26mV$，$\beta=100$，則輸入阻抗$Z_i$為何？
(A) 1515Ω
(B) 1212Ω
(C) 992Ω
(D) 811Ω。

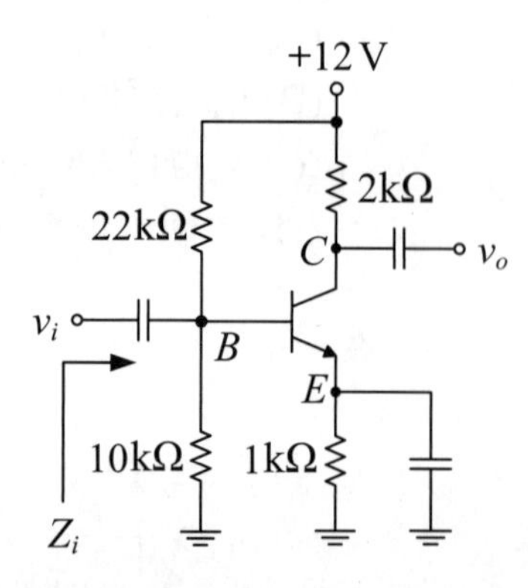


( ) **9** 如圖所示電路，$v_i$峰對峰值為0.4V，當開關SW打開時，$v_o$峰對峰值為4V。已知$R_L=R_{C2}$，當SW閉合時，電壓增益$v_o/v_i$約為何？

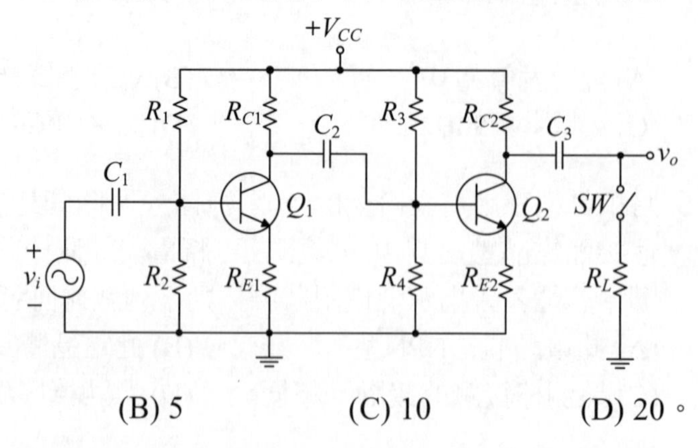


(A) 1 (B) 5 (C) 10 (D) 20。

(　　) **10** 如圖所示電路，運算放大器之輸出正、負飽和電壓分別為 $+12V$和 $-12V$，$V_i=1.5V$，則$V_n$為何？

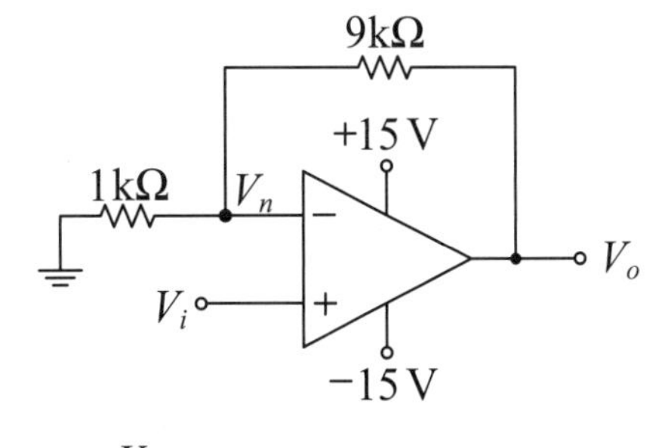


(A) $-1.5V$　(B) 0V
(C) 1.2V　(D) 1.5V。

(　　) **11** 如圖所示運算放大器電路，已知$3R_1=2R_2$，運算放大器飽和電壓為$\pm V_{sat}$，則下列何者為其輸出、輸入轉移特性曲線？

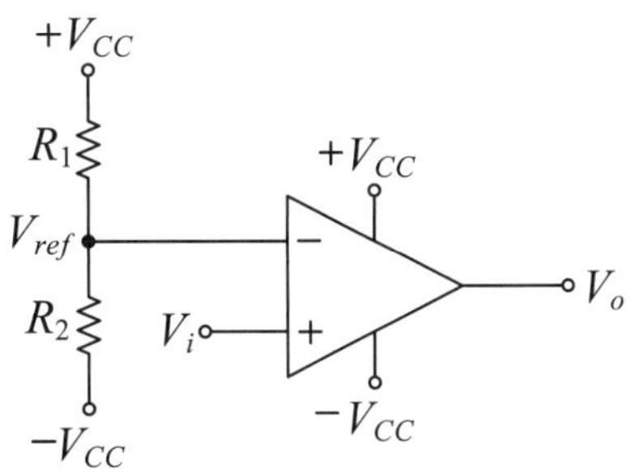


(A)
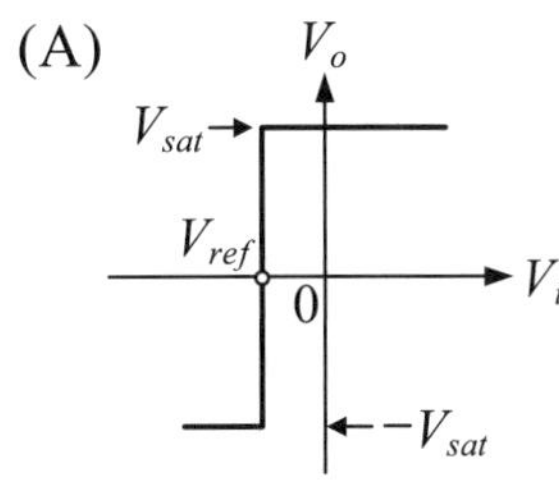


(B)
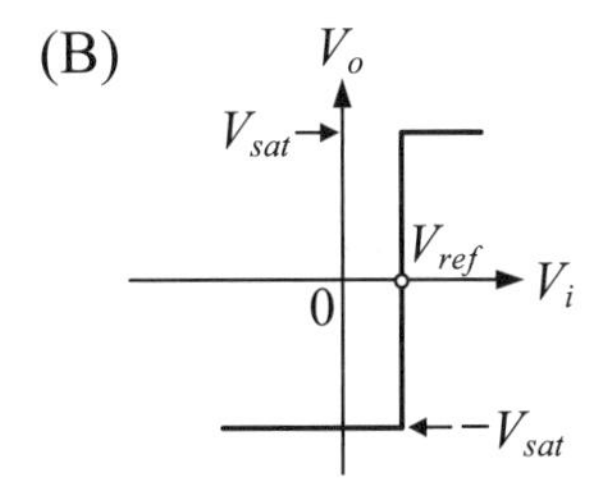


(C)
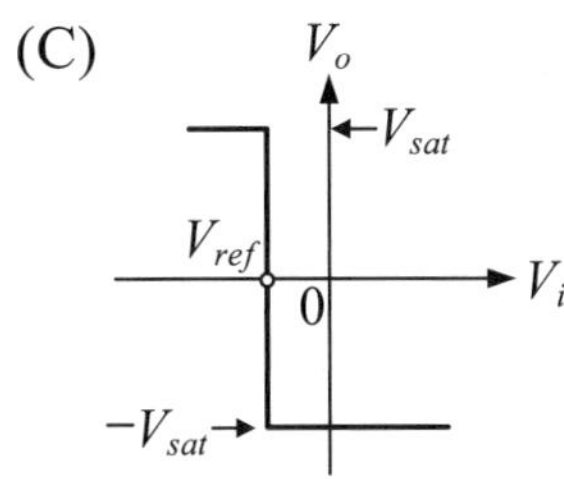


(D)
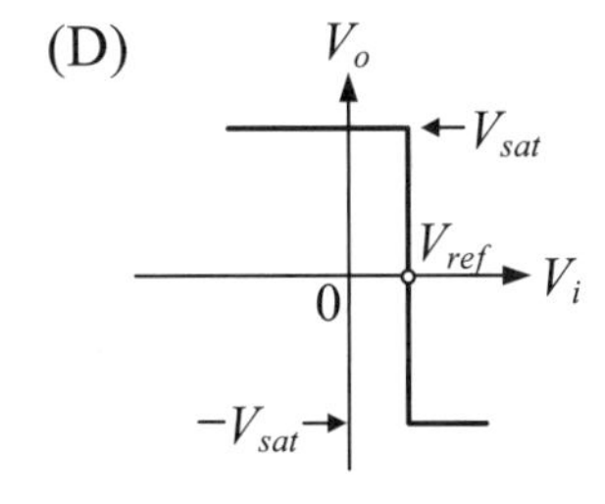


(　　) **12** 如圖所示電路，已知FET之順向互導$g_m$，若忽略汲源極間的交流等效電阻$r_d$，則下列敘述何者錯誤？

(A) 輸入阻抗$Z_i=R_S$
(B) 輸出阻抗$Z_o=R_D$
(C) $v_o$與$v_i$同相
(D) $v_o/v_i=g_mR_D$。

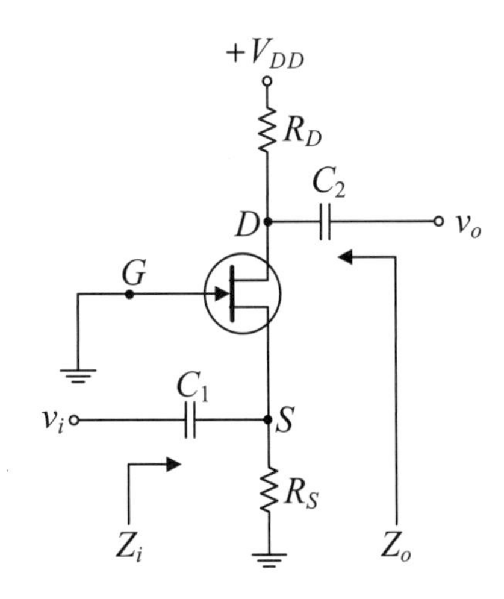

(　　) **13** 某N通道JFET之截止電壓$V_{GS(off)}=-4V$，$I_{DSS}=10mA$，當其閘－源極間電壓$V_{GS}=-2V$時，汲極電流為何？
(A) 2.5 mA　(B) 3.9 mA
(C) 4.8 mA　(D) 5.5 mA。

(　　) **14** 如圖所示石英晶體等效電路，工作頻率為$f_o$，有關其串聯諧振頻率$f_s$和並聯諧振頻率$f_p$之敘述，下列何者錯誤？

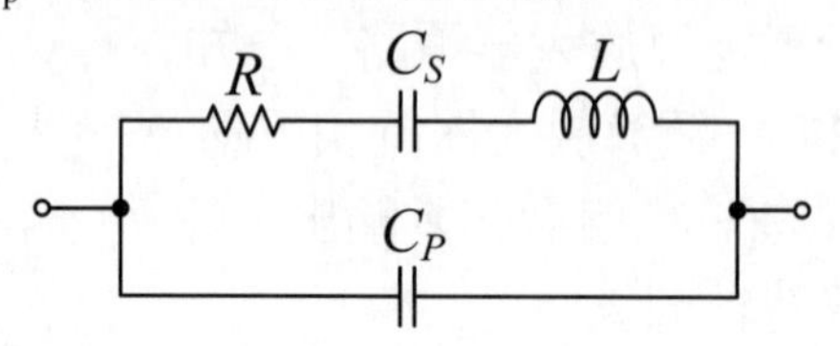


(A) $f_s=\frac{1}{2\pi\sqrt{LC_S}}$

(B) $f_p=\frac{1}{2\pi\sqrt{LC_P}}$

(C) $f_o<f_s$，石英晶體為電容性阻抗
(D) $f_s<f_o<f_p$，石英晶體為電感性阻抗。

(　　) **15** 如圖所示振盪器電路方塊圖，已知放大電路之電壓增益A＝－10，依據巴克豪生準則，回授電路增益β應為何？

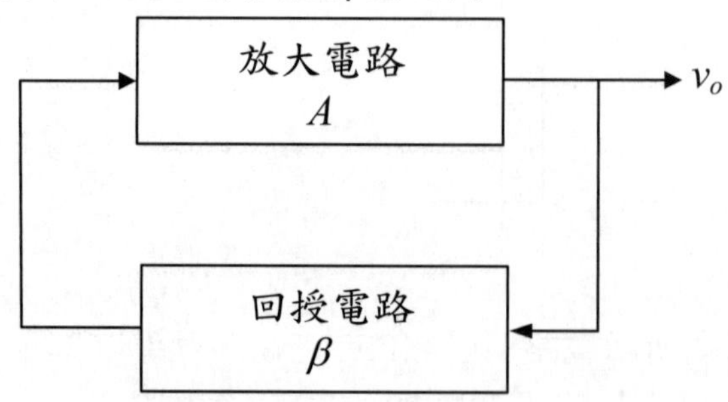


(A) $\beta=0.1\angle 0°$　(B) $\beta=10\angle 0°$
(C) $\beta=0.1\angle 180°$ (D) $\beta=10\angle 180°$。

# 109年 電子學實習（資電類）

(　　) **1** 在使用示波器量測二極體的特性曲線實驗中，以示波器兩個通道分別量測二極體電壓與電流的關係，下列敘述何者錯誤？
(A) 示波器兩個通道探棒的負端接在不同的節點上
(B) 流過二極體的電流是透過電阻的壓降來量測
(C) 待測二極體與電阻成串聯連接
(D) 示波器可顯示順向偏壓與逆向偏壓時之特性曲線。

(　　) **2** 圖為二極體截波電路的輸入及輸出波形，則下列何者為此截波電路？（假設二極體導通壓降為零）

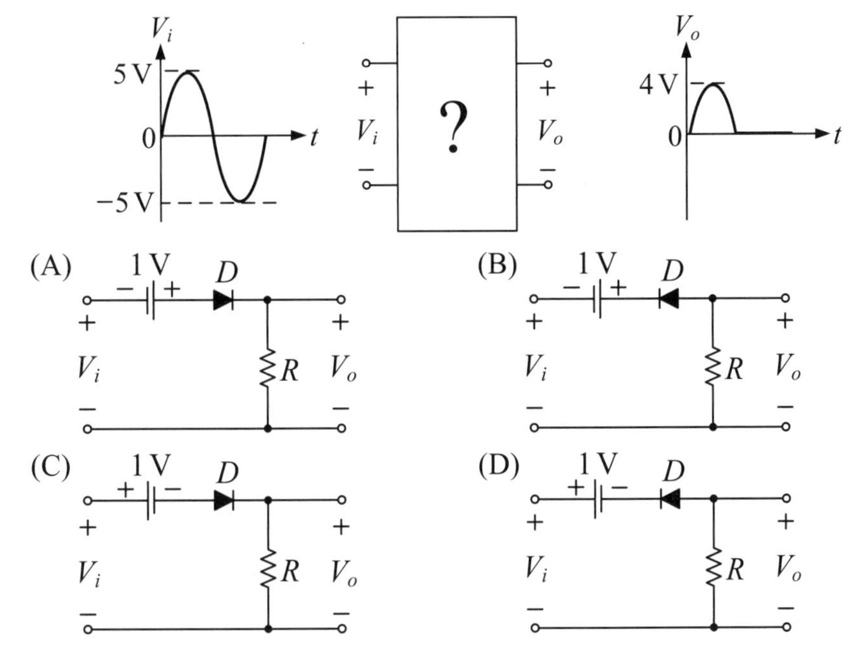


(　　) **3** 實作一個JFET放大器電路如圖，電晶體工作在飽和區，其小信號轉導值為$g_m$且$R_S$>>$1/g_m$，若電路中的$R_D$及$R_S$電阻值皆增加為原來的2倍，且電晶體仍工作在飽和區，則該放大器之小信號電壓增益（$v_o/v_i$）約為原來的幾倍？
(A) 1/2倍　(B) 1倍
(C) 2倍　(D) 4倍。

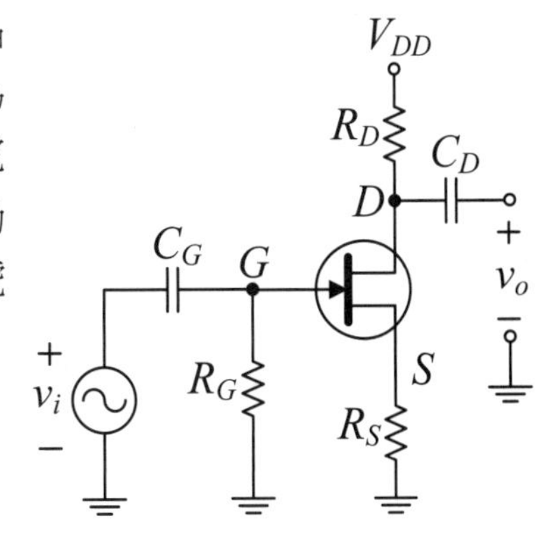

( ) **4** 在雙極性電晶體的E、B、C接腳的判別實驗中，使用指針式三用電表並轉到R×1kΩ的檔位（此時黑棒為正電壓），已知電晶體可正常運作，則下列敘述何者錯誤？

(A)將三用電表的黑棒接在一電晶體任一接腳，紅棒接另兩接腳的任一接腳時，若三用電表都量到低電阻，可判斷此電晶體為NPN型

(B)將三用電表的紅棒與黑棒接到一電晶體任兩接腳，若發現在兩次量測中三用電表都有大偏轉，則此兩次量測中同時都選到的接腳是E極

(C)一電晶體任選兩接腳與三用電表的紅棒與黑棒相接，發現三用電表不（或小）偏轉，之後 再將紅棒與黑棒對調，發現三用電表還是不（或小）偏轉，可確定沒選到的一腳為B極

(D)若已知一電晶體為NPN型與其B極腳位，另兩接腳任選一接腳與三用電表的黑棒相接 並使用手指電阻將此接腳與B極連接，且另一接腳與三用電表的紅棒連接時，若三用電表指針有大偏轉，則可判斷與紅棒端相接的電晶體腳位為E極。

( ) **5** 有關接面場效電晶體（JFET）與金屬氧化物半導體場效電晶體（MOSFET），下列敘述何者錯誤？

(A)使用JFET與MOSFET作為放大器時，閘極（G）沒有電流流入

(B)JFET的閘極（G）與源極（S）接腳之間如同PN接面二極體，具有單向導通特性，可用三用電表判斷通道是N型還是P型

(C)空乏型MOSFET在閘極未加偏壓（$V_{GS}=0$）時，源極（S）與汲極（D）接腳之間如同電阻，具有雙向導通特性

(D)N通道增強型MOSFET在導通時，電流由源極（S）流向汲極（D）。

( ) **6** 一個使用運算放大器（OPA）的非反相加法器電路如圖，輸出電壓$v_O$與兩個輸入電壓$v_{I1}$與$v_{I2}$的關係式為何？

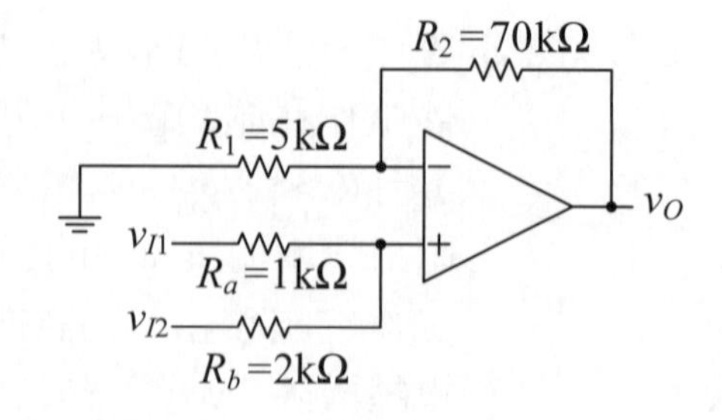


(A) $v_O=5v_{I1}+10v_{I2}$

(B) $v_O=10v_{I1}+5v_{I2}$

(C) $v_O=10v_{I1}+20v_{I2}$

(D) $v_O=20v_{I1}+10v_{I2}$。

( ) **7** 在雙載子接面電晶體偏壓電路實驗中，下列敘述何者 錯誤？
(A)固定偏壓電路組態具有工作點較不受溫度變動影響的特性
(B)射極回授偏壓電路工作點穩定是因為負回授的作用
(C)射極回授偏壓電路工作點較不受溫度變動影響
(D)集極回授偏壓電路是在電晶體的集極與基極間加入回授電阻。

( ) **8** 有關雙載子接面電晶體放大器電路，下列敘述何者 錯誤？
(A)共集極（Common Collector）放大器適合應用為電壓隨耦器（Voltage Follower）
(B)共基極（Common Base）放大器具有高電壓增益
(C)共基極（Common Base）放大器之電壓輸入信號可由高阻抗的集極端輸入
(D)共基極（Common Base）放大器適合應用為電流隨耦器（Current Follower）。

( ) **9** 圖為一個串級（Cascaded）放大器，將耦合電容$C_C$移除斷路時，個別量得第一級電壓增益$\frac{v_{O1}}{v_i}$與第二級電壓增益$\frac{v_O}{v_{i2}}$分別為5.4與5.0，當接回耦合電容後，再次量測第一級與第二級的電壓增益可能分別為何？

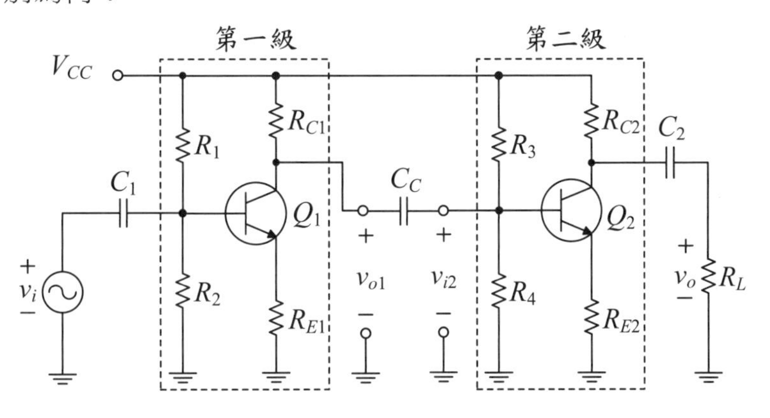


(A) 5.6與4.8　(B) 5.0與4.8　(C) 5.0與5.0　(D) 5.6與5.0。

( ) **10** 在雙極性電晶體特性實驗時，實作圖之電路以繪製特性曲線，A、B、C、D為電壓或電流量測儀表，下列敘述何者正確？

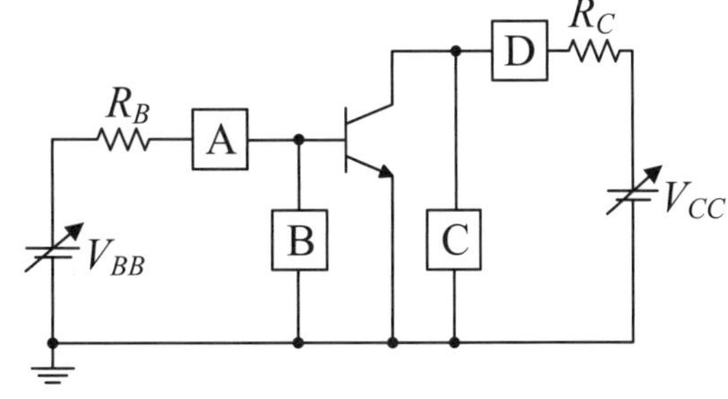

(A) 利用儀表C、D可繪製出電晶體輸入特性曲線
(B) 實驗時必須確定電晶體操作於順向主動（Active）區
(C) 此電路架構為共射極組態
(D)電晶體輸出特性曲線是指利用儀表B、C 所量測的數值作圖。

( ) **11** 圖為某同學實習時連接之整流電路，發現該電路中的二極體$D_2$已損壞並呈現開路狀態，當$V_I$輸入AC 110V電源時，則有關此電路之運作敘述下列何者正確？

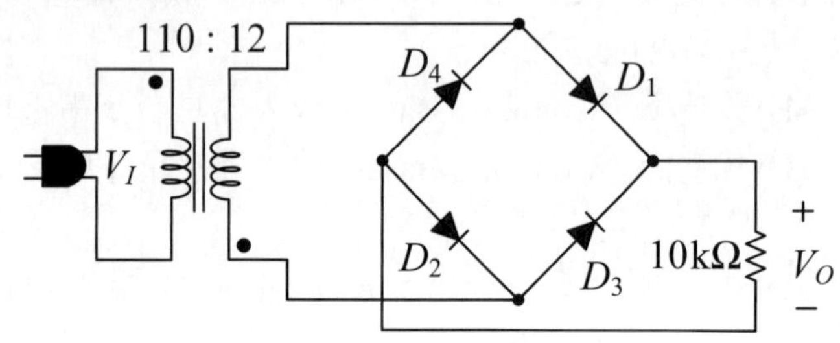


(A) $V_I$正半週時，$D_1$、$D_4$導通
(B) 此電路具全波整流功能
(C) $V_I$負半週時，$D_3$、$D_4$導通
(D) 此電路具半波整流功能。

( ) **12** 圖運算放大器（OPA）所構成的電路中，$Z_1$為$R_1$與$C_1$的串聯阻抗，$Z_2$為$R_2$與$C_2$的並聯阻抗，下列敘述何者錯誤？

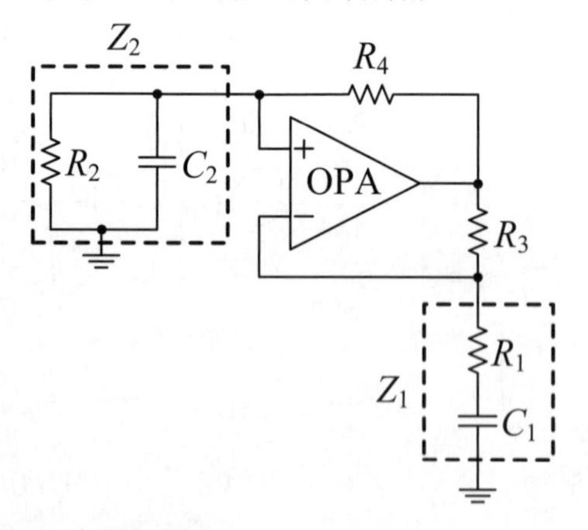


(A) 此電路包括正回授的迴路
(B) 此電路之迴路增益為（$R_3/Z_1$）（$R_4/Z_2$）
(C) 此電路包括負回授的迴路
(D) 此電路可作為弦波振盪器。

# 110年 電子學（電機類、資電類）

( ) **1** 如右圖所示之電壓信號，頻率為50Hz，T為週期，脈波寬度為8ms，則此信號的平均值為何？

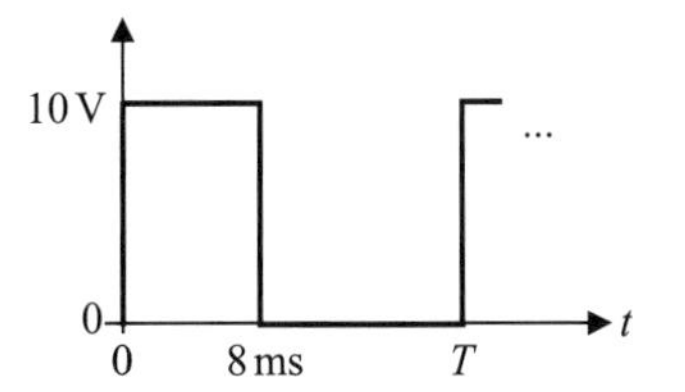


(A)10V (B)5V
(C)4V (D)2V。

( ) **2** 矽二極體的溫度在25°C時其障壁電壓$V_D$為0.7V，且溫度每上升1°C，障壁電壓下降2.5mV，當$V_D$為0.55V時，矽二極體溫度為何？
(A)85°C (B)60°C (C) －45°C (D)－60°C。

( ) **3** 如下圖所示電路，已知稽納二極體之崩潰電壓$V_Z$＝5V、最大崩潰電流$I_{ZM}$＝9mA，若電路維持在正常穩壓狀態，則限流電阻$R_1$最小值為何？

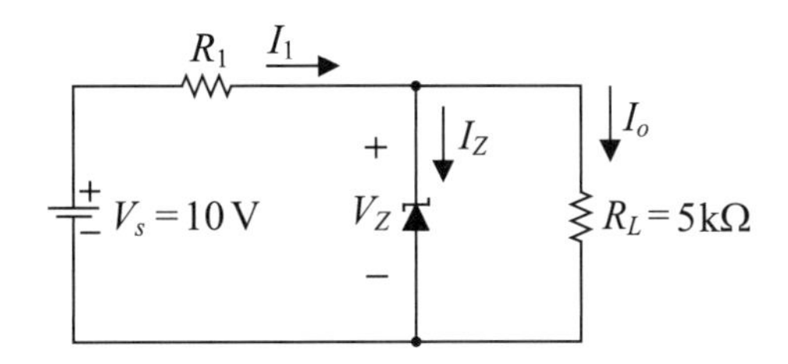


(A)200Ω (B)300Ω (C)400Ω (D)500Ω。

( ) **4** 如下圖所示電路，已知輸入電壓信號$v_i$及輸出電壓信號$v_o$，以及電阻$R_1$＝$R_2$＝8kΩ，若考慮二極體的障壁電壓為0.7V，且忽略順向電阻，則電路中的電壓$V_1$及$V_2$分別為何？

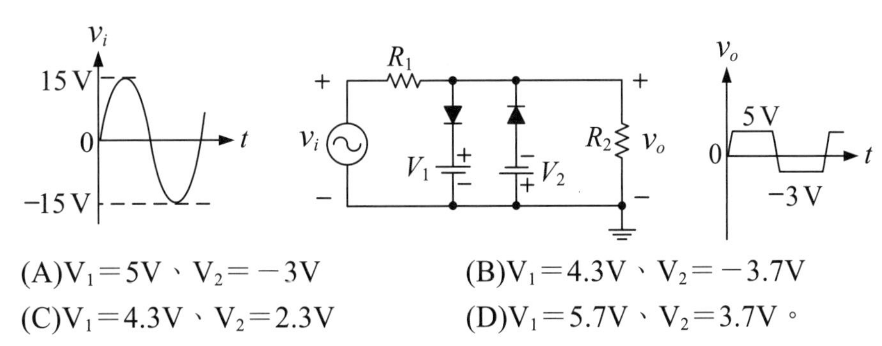


(A)$V_1$＝5V、$V_2$＝－3V (B)$V_1$＝4.3V、$V_2$＝－3.7V
(C)$V_1$＝4.3V、$V_2$＝2.3V (D)$V_1$＝5.7V、$V_2$＝3.7V。

( ) **5** 承上題，$R_1$＝8kΩ，若輸出電壓信號$v_o$要為弦波波形，則$R_2$最大值為何？
(A)2kΩ (B)3kΩ
(C)4kΩ (D)5kΩ。

( ) **6** 如右圖所示電路，若BJT做開關動作使LED呈週期性閃爍，則此電路中的BJT操作模式為何？
(A)飽和模式及主動模式
(B)飽和模式及截止模式
(C)主動模式及崩潰模式
(D)主動模式及截止模式。

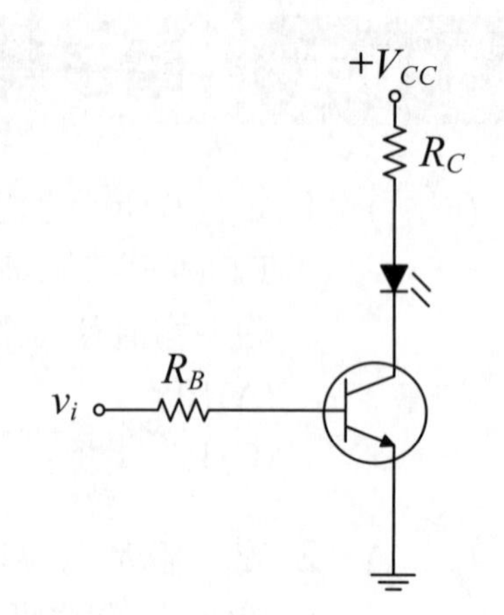


( ) **7** 如右圖所示電路，BJT之切入電壓$V_{BE}$＝0.7V、$V_{CE}$＝0.2V且$V_{CC}$＝10.2V、$V_i$＝5.7V、$R_B$＝10kΩ、$R_C$＝1kΩ，則電流$I_C$為何？
(A)0mA (B)0.5mA
(C)5mA (D)10mA。

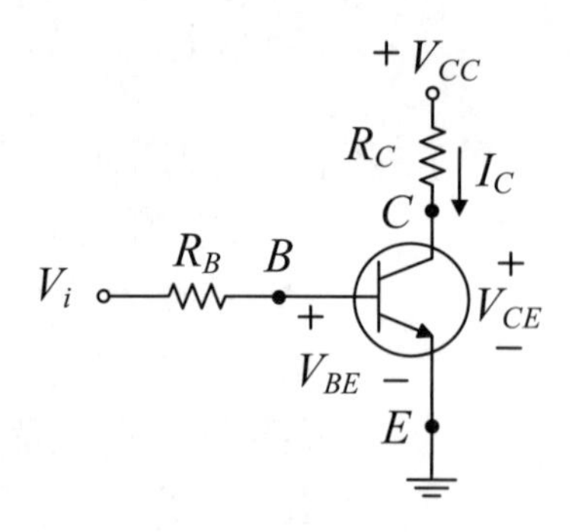


( ) **8** 有關BJT射極隨耦器之特性，下列敘述何者正確？
(A)高輸入阻抗、高輸出阻抗
(B)高輸入阻抗、低輸出阻抗
(C)低輸入阻抗、高輸出阻抗
(D)低輸入阻抗、低輸出阻抗。

( ) **9** 如右圖所示電路，BJT之$\beta$＝50，切入電壓$V_{BE}$＝0.7V，且$V_{CC}$＝10.7V、$R_C$＝1kΩ，若$V_{CE}$＝5.7V，則$R_B$應為何？
(A)51kΩ
(B)102kΩ
(C)153kΩ
(D)204kΩ。

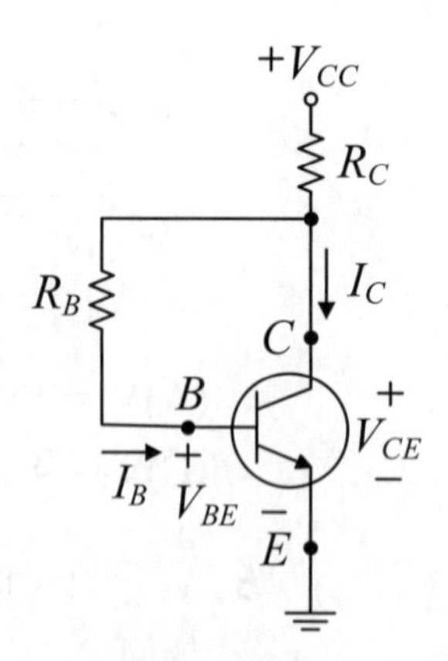


( ) **10** 若BJT共射極組態電路工作於主動區，其直流偏壓基極電流為10μA，集極電流為1mA，且熱電壓$V_T$＝26mV，則BJT之射極交流電阻$r_e$約為何？ (A)64.8Ω (B)52.2Ω (C)25.7Ω (D)2.6Ω。

( ) **11** 如右圖所示電路，若BJT之$\beta$＝100，切入電壓$V_{BE}$＝0.7V，熱電壓$V_T$＝26mV，則輸出阻抗$Z_o$約為何？

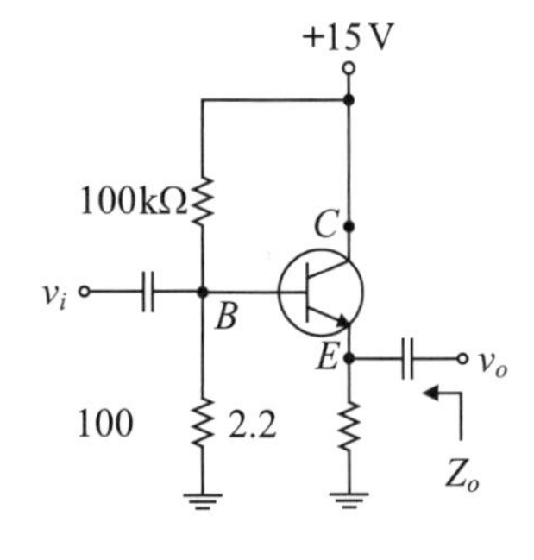


(A)10Ω
(B)22Ω
(C)100Ω
(D)220Ω。

( ) **12** 如右圖所示電路，若BJT之$\beta$＝100，切入電壓$V_{BE}$＝0.7V，熱電壓$V_T$＝26mV，則電壓增益$v_o$／$v_i$約為何？

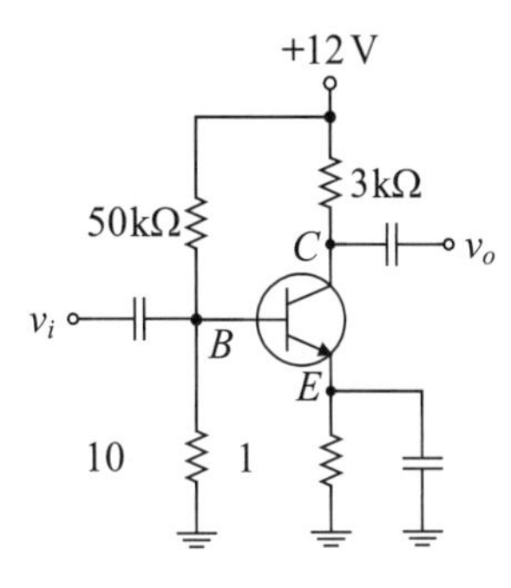


(A)−101
(B)−121
(C)−137
(D)−182。

( ) 13 有關兩個相同電晶體（BJT）組成的達靈頓（Darlington）電路，下列敘述何者錯誤？
(A)由兩個共射極組態放大器直接耦合而成
(B)電流增益很大
(C)具有大的輸入阻抗
(D)具有小的輸出阻抗。

( ) **14** 某三級串級放大器，其第一級輸入電壓為0.2mV，若各單級電壓增益分別為40dB、20dB及20dB，則第三級輸出電壓的絕對值為何？
(A)1V (B)2V
(C)4V (D)8V。

( ) **15** 如圖所示電路，JFET之截止電壓$V_{GS(OFF)}$＝−4V，$I_{DSS}$＝6mA，若JFET工作於飽和區，則直流電壓源$V_{DD}$最小值約為何？

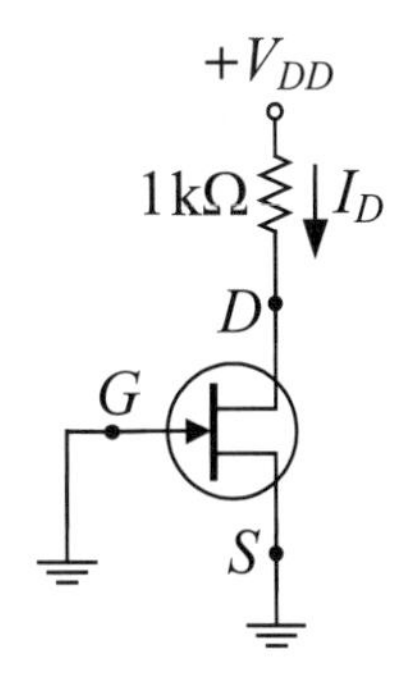


(A)6V
(B)8V
(C)10V
(D)12V。

( ) **16** 某N通道增強型MOSFET之臨界電壓（thresholdvoltage）VT＝2V，當工作於飽和區且閘-源極間電壓$V_{GS}$＝4V時，汲極電流為4mA；若$V_{GS}$＝5V，則汲極電流為何？

(A)11mA (B)9mA (C)7mA (D)5mA。

( ) **17** 如圖所示電路，MOSFET之臨界電壓$V_T$＝2V，參數K＝1.2mA/$V^2$，則電壓$V_{DS}$約為何？

(A)4.6V

(B)5.8V

(C)6.3V

(D)7.2V。

( ) **18** 如圖所示電路，JFET之互導$g_m$＝10mA/V且工作於飽和區，當旁路電容$C_s$移除後，此放大器電壓增益$v_o$／$v_i$變化為何？

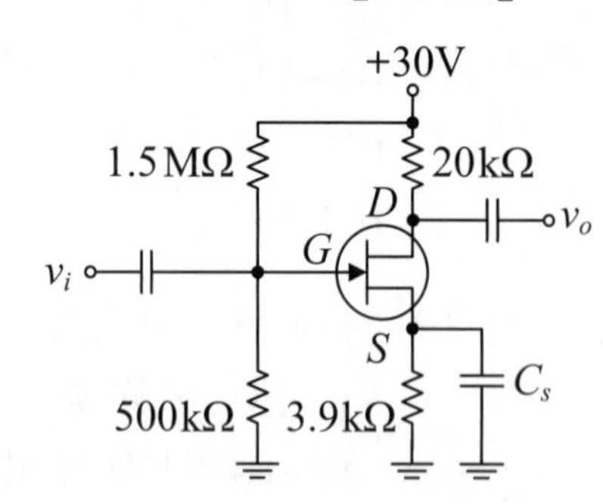


(A)由－390變成－15

(B)由－390變成－8

(C)由－200變成－5

(D)由－200變成－3。

( ) **19** 如圖所示電路，JFET之互導$g_m$＝5mA/V且工作於飽和區，此放大器之電壓增益$v_o$／$v_i$為何？

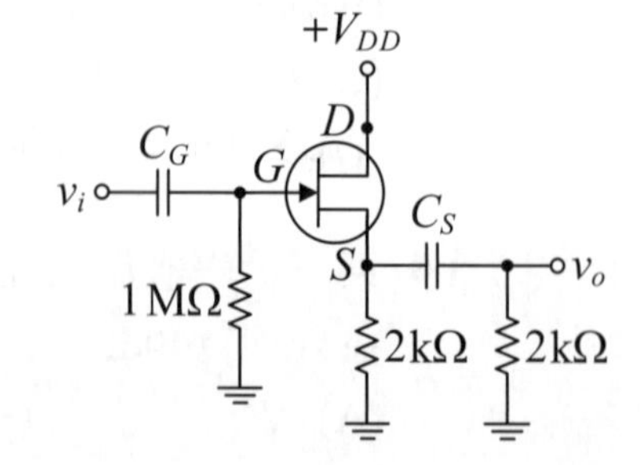


(A)3／4 (B)5／6

(C)6／7 (D)7／8。

( ) **20** 如圖所示之理想運算放大器電路，若BJT之$\beta$＝100，$R_1$＝$R_2$＝$R_3$＝3kΩ，$R_C$＝1kΩ，當$V_s$＝5V，則$V_o$約為何？

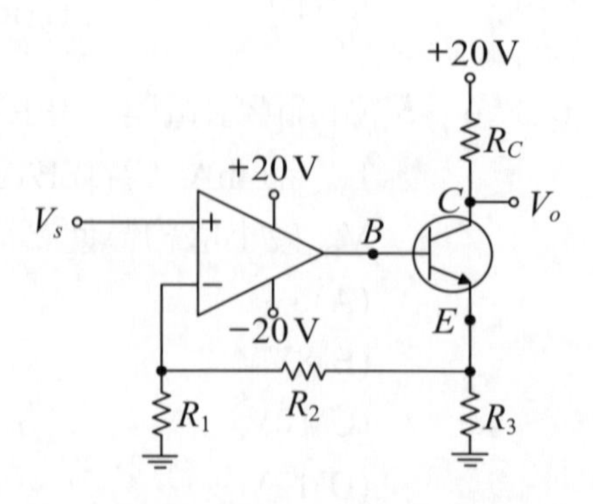


(A)9V

(B)11V

(C)13V

(D)15V。

( ) **21** 如圖所示之理想運算放大器電路，若$V_1$＝2V，$V_2$＝1V，$V_3$＝－2V，則$V_o$為何？
(A)－5.5V
(B)－7.5V
(C)－9.5V
(D)－11.5V。

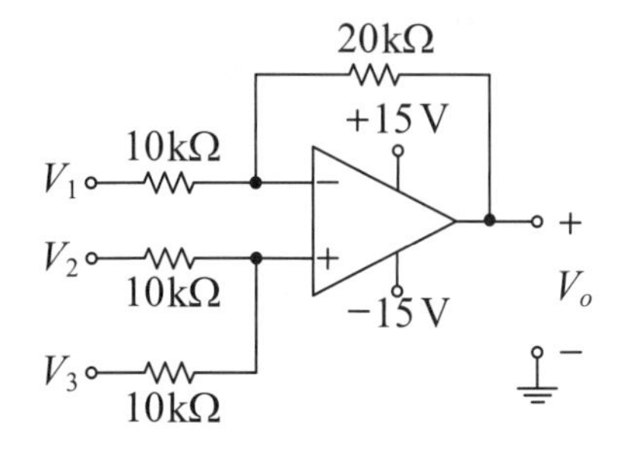


( ) **22** 如圖所示之理想運算放大器電路，若電路工作於線性放大區且電壓增益$V_o$／$V_i$為－10，輸入電阻$R_i$為10kΩ，則電阻$R_1$及$R_2$應為何？

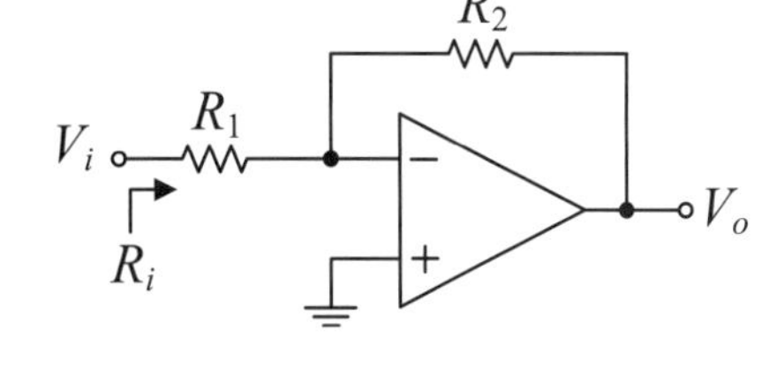


(A)$R_1$＝20kΩ、$R_2$＝200kΩ (B)$R_1$＝10kΩ、$R_2$＝200kΩ
(C)$R_1$＝20kΩ、$R_2$＝100kΩ (D)$R_1$＝10kΩ、$R_2$＝100kΩ。

( ) **23** 有關史密特觸發器（Schmitt trigger），下列敘述何者錯誤？
(A)常用於波形整形電路 (B)可消除雜訊干擾
(C)利用負回授技術 (D)具有兩個臨界電壓。

( ) **24** 如圖所示電路，上臨界電壓$V_U$及遲滯電壓$V_H$各為何？
(A)$V_U$＝1V、$V_H$＝3V
(B)$V_U$＝1V、$V_H$＝2V
(C)$V_U$＝2V、$V_H$＝3V
(D)$V_U$＝4V、$V_H$＝6V。

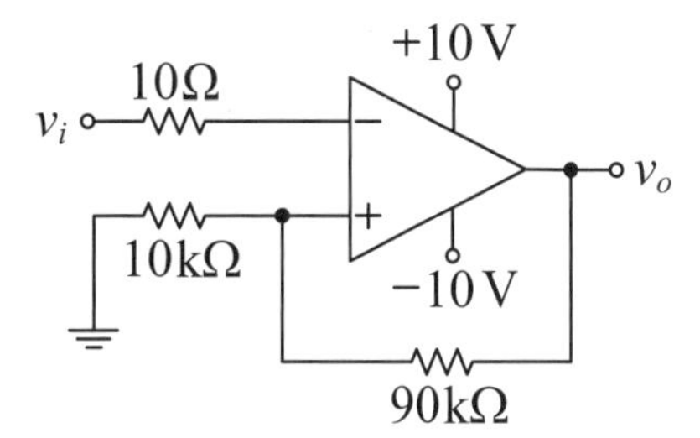


( ) **25** 有關多諧振盪器在正常工作下，下列敘述何者錯誤？
(A)以BJT組成無穩態多諧振盪器，BJT會切換於飽和區與截止區
(B)單穩態多諧振盪器被觸發時，才會輸出脈波
(C)無穩態多諧振盪器需另加觸發信號才可轉態
(D)雙穩態多諧振盪器需另加觸發信號才可轉態。

# 110年 電子學實習（電機類）

( ) **1** 一RC耦合串級放大器操作於正常放大區，第一級放大器之電壓增益為38dB，第二級放大器之電壓增益為22dB。忽略級間負載效應，於此放大器輸入振幅為500 μV之弦波信號，則輸出電壓振幅為何？
(A)30mV (B)300mV (C)0.5V (D)5V。

( ) **2** 如圖所示之N通道MOSFET放大電路，$V_{DD}$＝12V，$R_D$＝3kΩ，$R_{G1}$＝600kΩ，MOSFET之參數K＝2mA/$V^2$，臨界電壓（threshold voltage）$V_T$＝3.2V，若設定工作點之$V_{DS}$＝0.5$V_{DD}$，則$R_{G2}$應為何？
(A)120kΩ
(B)189kΩ
(C)256kΩ
(D)323kΩ。

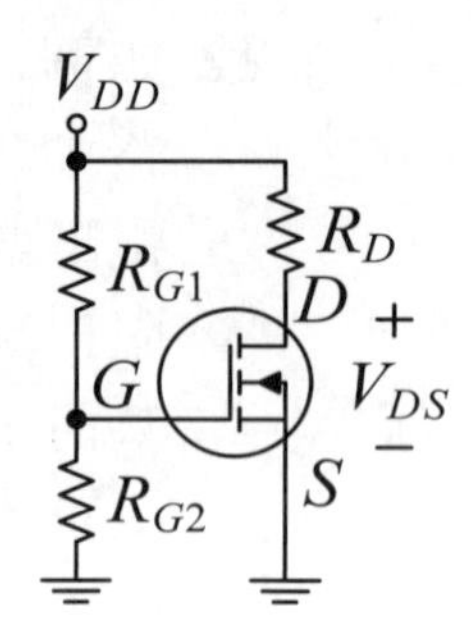


( ) **3** 如圖所示之JFET放大電路，$V_{DD}$＝12V且JFET操作於飽和區，$v_i$＝200 sin（1000 t）mV，若D點之直流電壓為$V_D$且其交流信號振幅為$V_m$，則$v_{o1}$為何？
(A)－$V_m$ sin（1000 t）V
(B)$V_m$ sin（1000 t）V
(C)$V_D$－$V_m$ sin（1000 t）V
(D)$V_D$＋$V_m$ sin（1000 t）V。

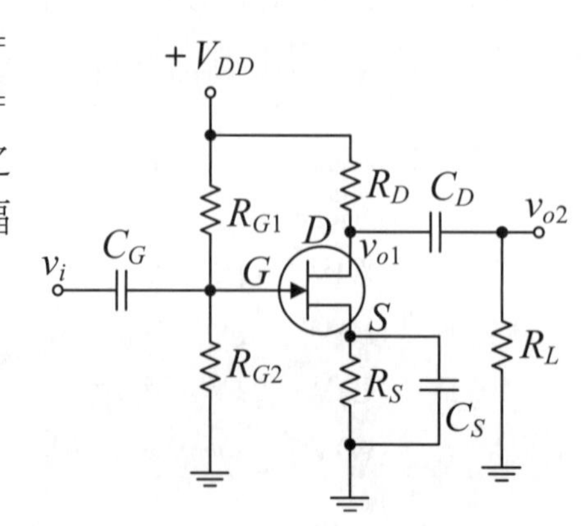


( ) **4** 如圖所示之電路，$V_{CC}$＝15V，$R_i$＝20kΩ，$R_f$＝40kΩ，若$v_i$＝1 sin（ω t）V，則$v_o$之波形為何？（示波器垂直檔位2V / DIV，探棒1：1）

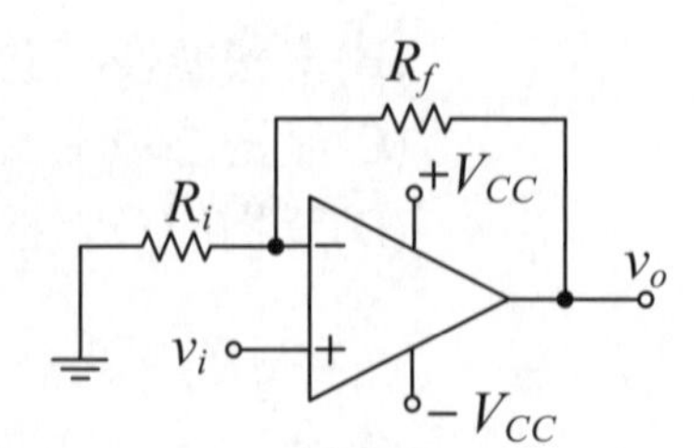

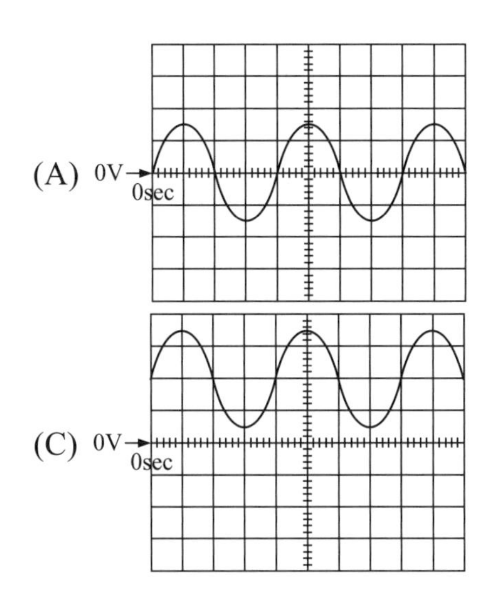

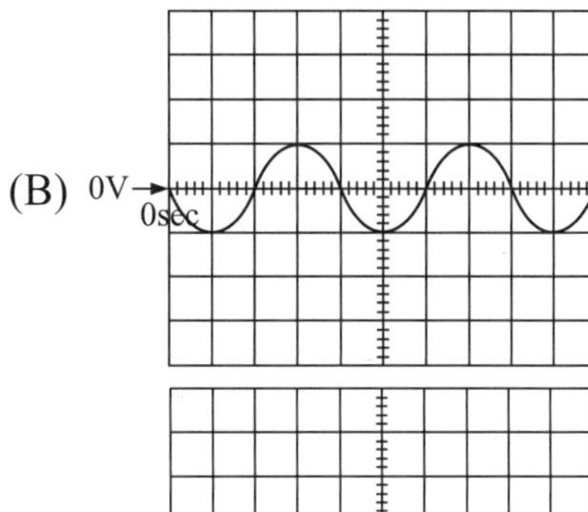

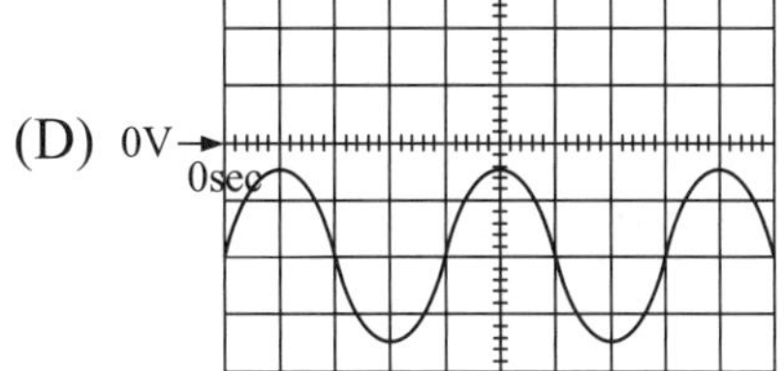


( ) **5** 如圖所示之電路，$V_{CC}$＝15V，$R_i$＝20kΩ，$C_f$＝0.1μF，若$v_i$＝5 sin（1000 t）V，則$v_o$之波形為何？

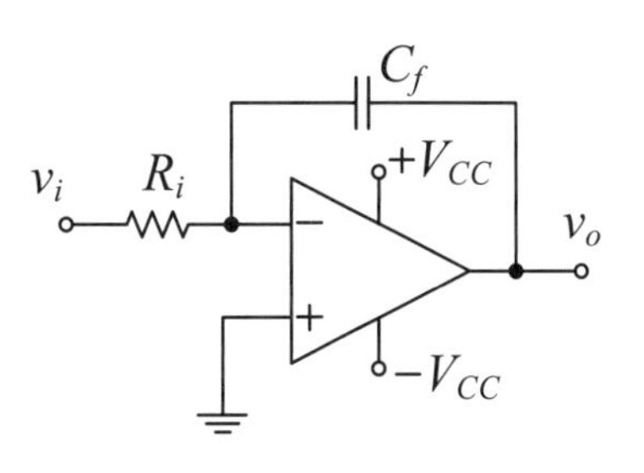


(A)2.5 cos（1000 t）V
(B)－2.5 cos（1000 t）V
(C)2.5 sin（1000 t）mV
(D)－2.5 sin（1000 t）mV。

( ) **6** 如下圖所示之石英晶體等效電路，其中$L_S$＝0.1H，$C_S$＝2.501pF，$R_S$＝150Ω，$C_P$＝0.42nF，以此晶體配合BJT電晶體放大電路製作成振盪器，則振盪器之振盪頻率約為何？（$\sqrt{0.2486} \approx 0.5$）

(A)319kHz
(B)159kHz
(C)48.8kHz
(D)7.77kHz。

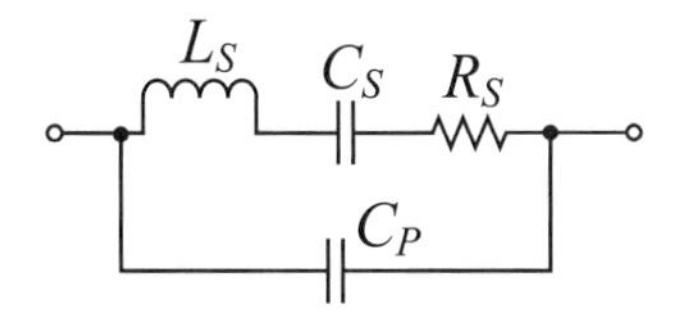


( ) **7** 以μA741運算放大器（OPA）製作反相施密特（Schmitt）觸發器，下列敘述何者正確？
(A)OPA之輸出腳6會經電阻回授至負輸入腳2
(B)OPA之輸出腳6會經電阻回授至正輸入腳3
(C)OPA之輸出腳6不須回授至正、負輸入腳
(D)輸入信號必須由正輸入腳3接入。

( ) **8** 如圖所示電路，$v_i$（t）＝110 $\sqrt{2}$ sin（377 t）V、$R_L$＝1kΩ，變壓器的匝數比為$N_1$：$N_2$：$N_3$＝10：1：1，假設電路元件皆為理想，若$D_1$在實驗中被燒毀成斷路，則$v_o$（t）之平均值約為何？

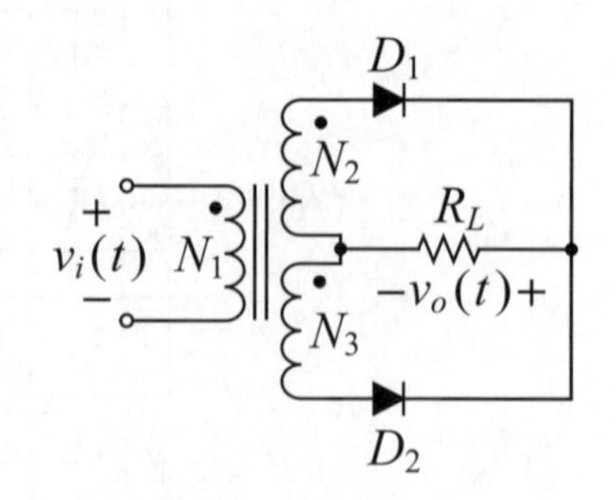


(A)11V (B)9.9V

(C)4.95V (D)0V。

( ) **9** 如圖所示電路，崩潰電壓$V_z$＝6V，若使用三用電表DCV檔，測得輸出電壓$V_o$之值為8V，則電路故障情形為何？

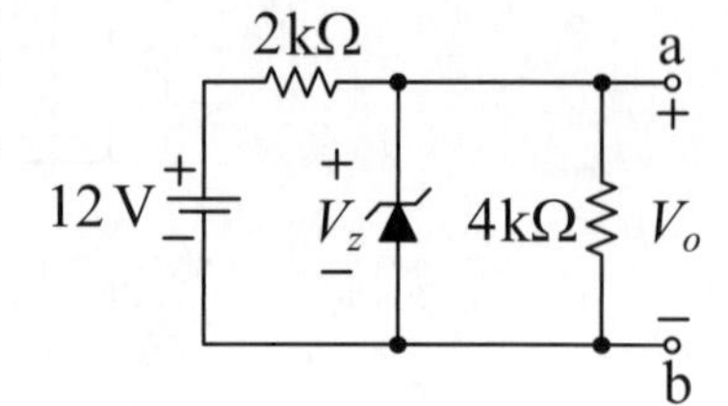


(A)稽納二極體斷路

(B)2kΩ電阻斷路

(C)4kΩ電阻斷路

(D)稽納二極體短路。

( ) **10** 如圖所示電路，假設電路元件皆為理想，其輸入電壓$V_i$與輸出電壓$V_o$之轉換曲線，下列何者正確？

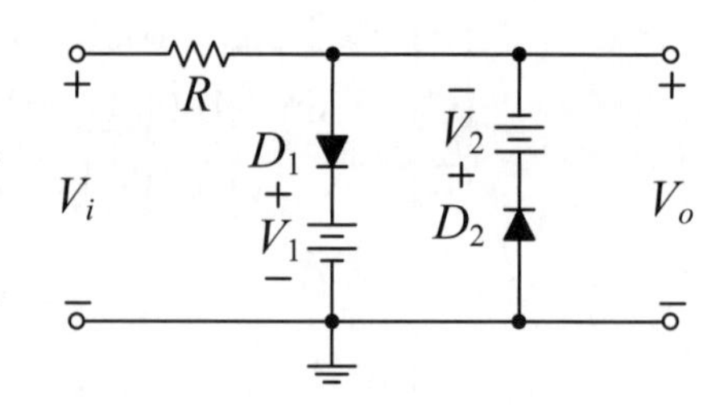


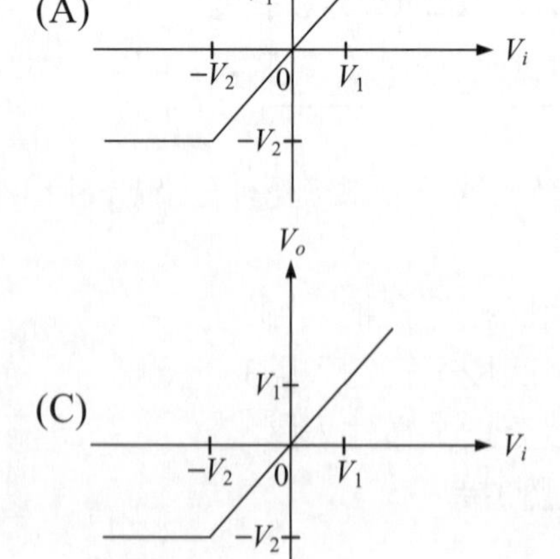


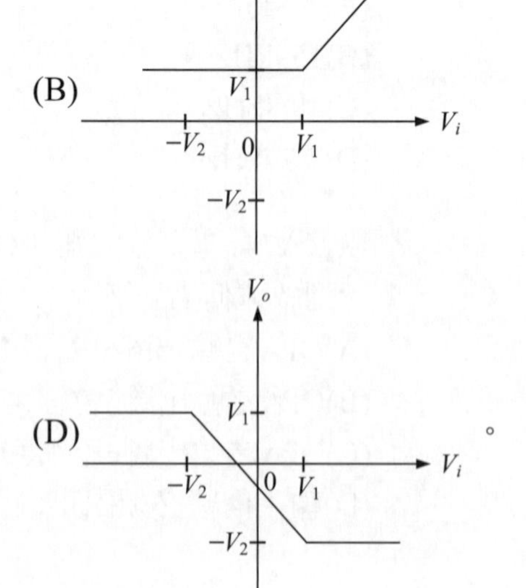


。

( ) **11** 指針型三用電表撥至R×1kΩ檔，並完成歸零調整後，測量BJT電晶體B-E接腳或B-C接腳，接順向偏壓時，指針皆偏轉（導通）；接逆向偏壓時，指針皆不偏轉（不通）；C-E接腳，不管如何接，指針皆不偏轉（不通），下列敘述何者正確？

(A)電晶體良好　(B)電晶體損壞
(C)電晶體時好時壞　(D)視電晶體編號而定。

( ) **12** 如圖所示電路，示波器設定在2V/DIV，量測10kΩ兩端電壓大小為5DIV、量測100Ω兩端電壓大小為4DIV，則電晶體$\beta$值為何？

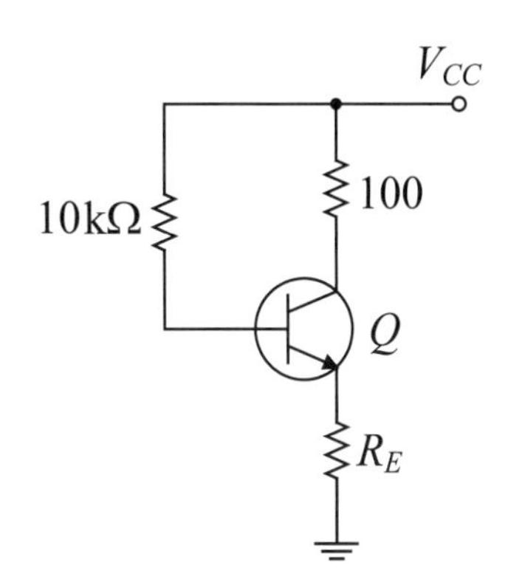


(A)16
(B)80
(C)100
(D)200。

( ) **13** 如圖所示電路，若$V_B = 0V$，$V_C = 12V$，$V_E = 0V$，則可能故障原因為何？

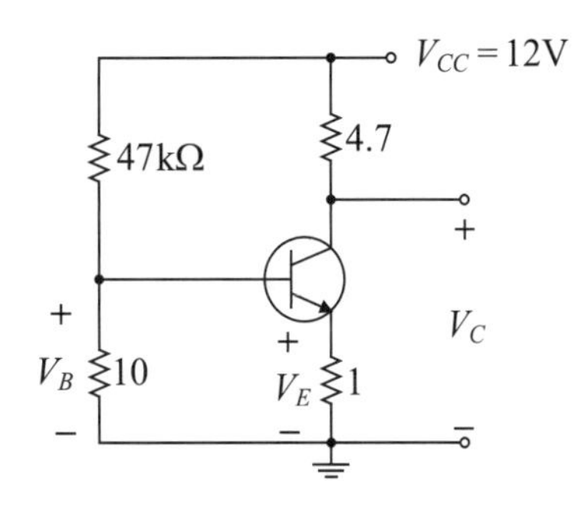


(A)47kΩ電阻開路
(B)10kΩ電阻開路
(C)4.7kΩ電阻開路
(D)1kΩ電阻開路。

( ) **14** 如圖所示電路，$R_L$為負載，BJT操作於主動區且電壓增益$A_v = v_o / v_i$，下列敘述何者正確？

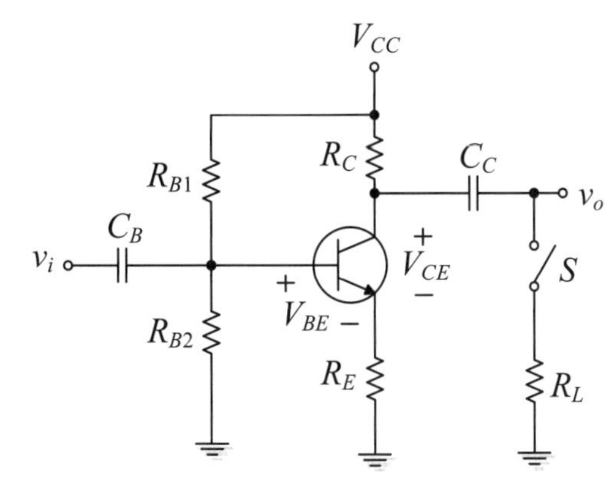

(A)S閉合或斷開時，電壓增益絕對值相同
(B)S閉合時，電壓增益絕對值較小
(C)S斷開時，電壓增益絕對值較小
(D)S斷開時，由集極端看出去的交流負載電阻為$R_C+R_E$。

( ) **15** 觀察電晶體在主動區工作的共集極放大電路實驗結果，下列敘述何者正確？
(A)輸出電壓信號與輸入電壓信號反相、電壓增益$A_v \leq 1$
(B)輸出電壓信號與輸入電壓信號反相、電壓增益$A_v \gg 1$
(C)輸出電壓信號與輸入電壓信號同相、電壓增益$A_v \leq 1$
(D)輸出電壓信號與輸入電壓信號同相、電壓增益$A_v \gg 1$。

*Notes*

# 110年 電子學實習（資電類）

( ) 1 下圖電路，若二極體為理想，$V_S$為振幅$V_m$的交流弦波電壓，下列敘述何者錯誤？

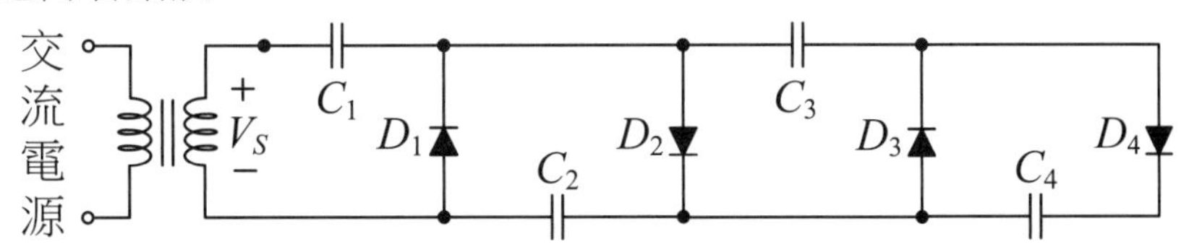


(A)此電路中每個二極體之最大逆向電壓（PIV）值須大於$2V_m$
(B)此電路可得到四倍$V_m$的直流電壓輸出
(C)此電路為全波多倍壓整流電路
(D)除了$C_1$耐壓至少為$V_m$外，其餘電容耐壓至少為$2V_m$。

( ) 2 右圖變壓器電路中，$N_1：N_2＝a：1$，下列關係式何者錯誤？
(A)$Z_1＝a^2Z_L$
(B)$I_1V_1＝I_2V_2$
(C)$I_2=/I_1＝－a$
(D)$Z_2＝Z_S/a^2$。

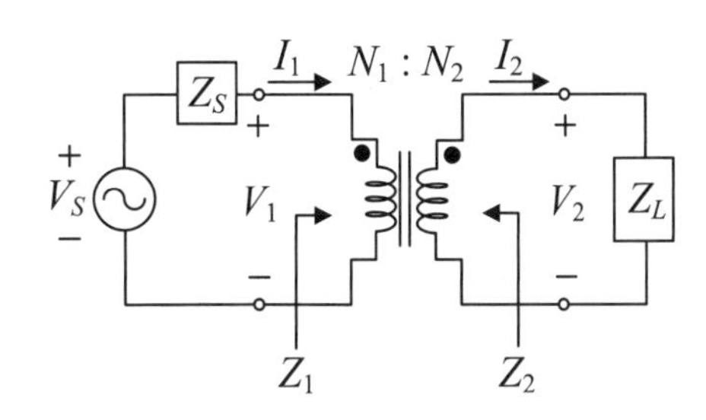


( ) 3 下圖為理想運算放大器構成之電路，下列何者錯誤？

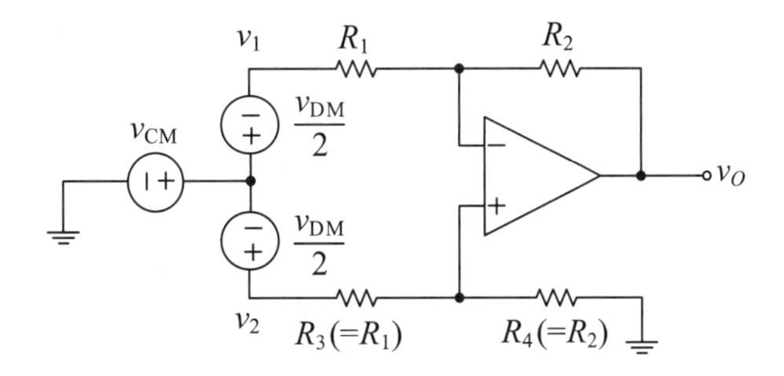


(A)若$v_{CM}＝0$，則$v_O / v_{DM}＝R_2 / R_1$
(B)輸出阻抗為零
(C)$v_{CM}＝(v_2－v_1) / 2$
(D)若$v_{DM}＝0$，則$v_O / v_{CM}＝0$。

(　　) **4** 四組學生做右圖電路實驗時，繪製實驗結果時忘記標示單位。已知二極體之順向導通電壓為0.7V，若輸入信號Vi為正弦波，下列何者最不可能是此電路實驗得到之結果？

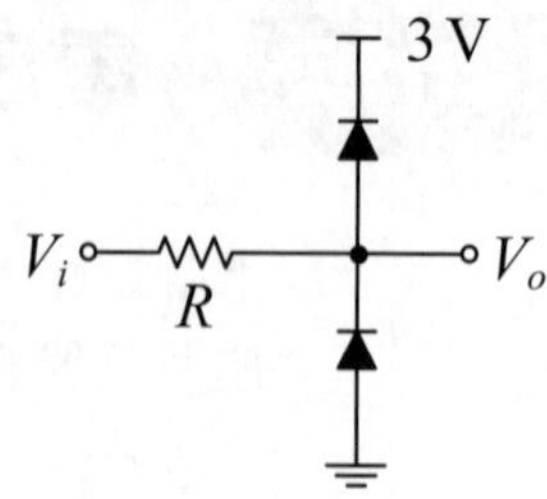


(A)
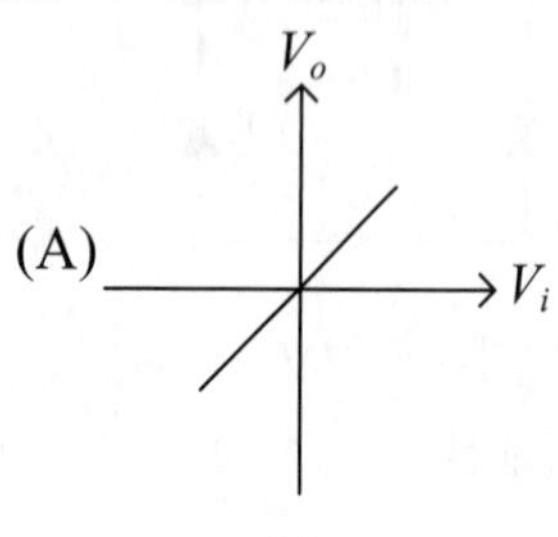


(B)
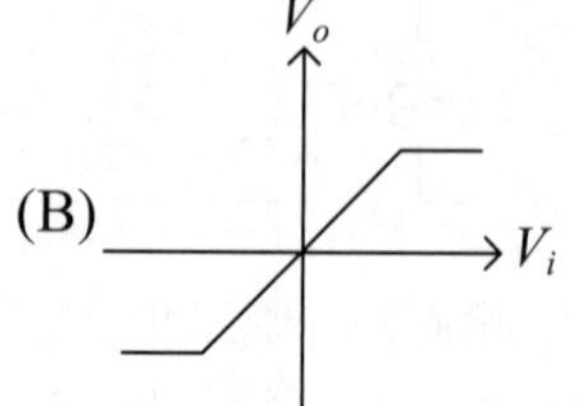


(C)
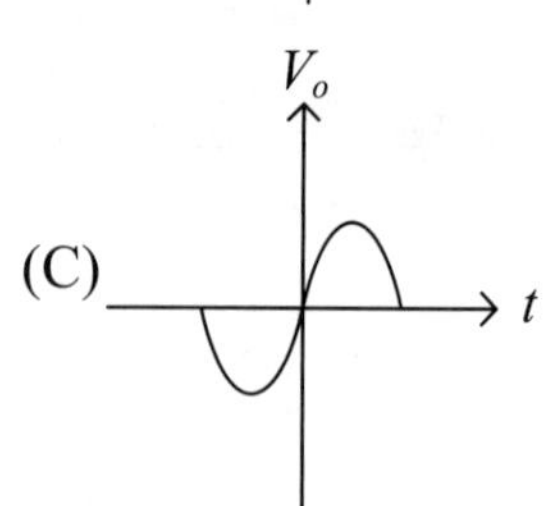


(D)
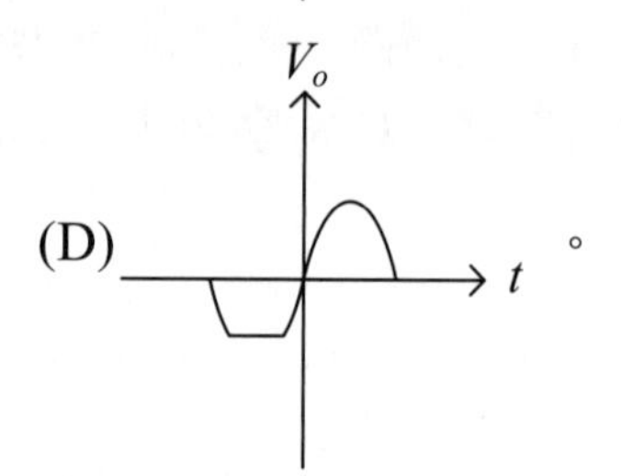

。

(　　) **5** 右圖為理想運算放大器構成之振盪電路，下列敘述何者正確？
(A)此電路為$R_C$相移振盪器
(B)$R_3$與$R_4$構成負回授網路
(C)$Z_1$與$Z_2$構成放大器電路
(D)振盪時$V_f$與$V_o$間構成180度的相位移。

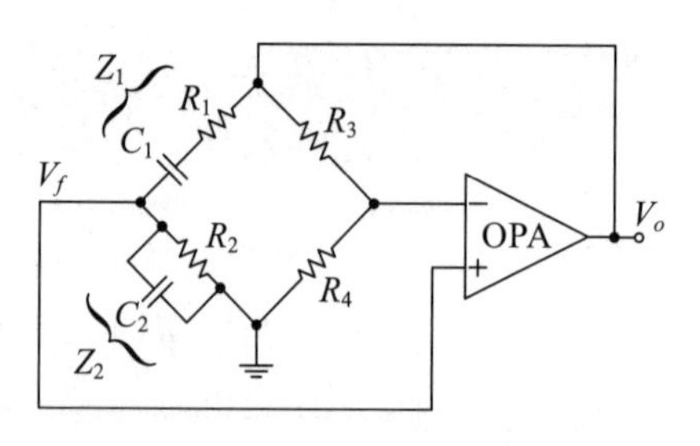


(　　) **6** 如下圖所示，將有效電壓值為110V之交流電經過變壓器降壓後，再利用整流器電路進行整流，其中二極體皆為理想。若以三用電表DCV檔測量整流器之輸出電壓，則輸出電壓$V_O$應為多少？

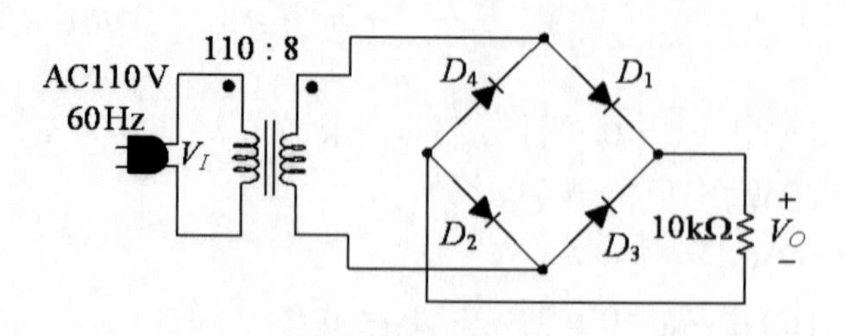


(A)4.0V　　(B)5.6V　　(C)7.2V　　(D)11.3V。

(　　) **7** 某甲使用指針式三用電表對NPN電晶體進行接腳判別，電晶體腳位編號包括1～3號接腳。某甲將三用電表置於歐姆檔×10Ω進行測試。利用測棒交替接觸電晶體1、2號接腳兩端，指針只有一次偏轉。利用測棒交替接觸電晶體1、3號接腳兩端，指針只有一次偏轉。利用測棒交替接觸電晶體2、3號接腳兩端，指針兩次都不偏轉。則該電晶體的基極（Base）為幾號接腳？

(A)1號　(B)2號　(C)3號　(D)測試方法錯誤無法判定。

(　　) **8** 右圖所示集極回授偏壓共射極放大電路，其中$V_{CC}$＝8.7V、$R_B$＝470kΩ、$R_C$＝3.3kΩ，已知電晶體的$V_{BE}$＝0.7V，$\beta$＝100，則電路的直流工作點$I_{CQ}$與$V_{CEQ}$最接近下列何者？

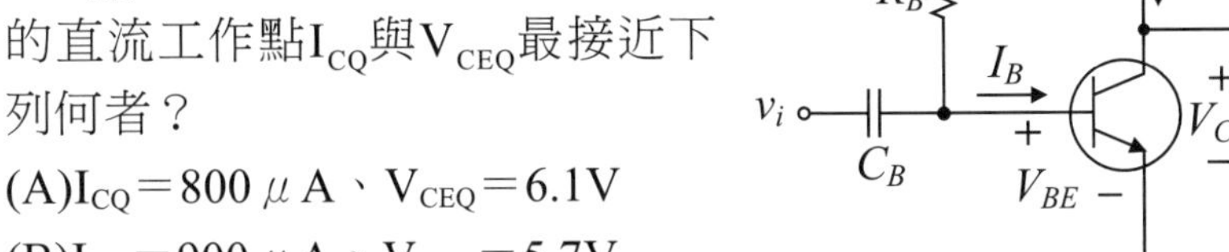

(A)$I_{CQ}$＝800 $\mu$A、$V_{CEQ}$＝6.1V

(B)$I_{CQ}$＝900 $\mu$A、$V_{CEQ}$＝5.7V

(C)$I_{CQ}$＝1000 $\mu$A、$V_{CEQ}$＝5.4V

(D)$I_{CQ}$＝1224 $\mu$A、$V_{CEQ}$＝4.7V。

(　　) **9** 關於場效電晶體放大器，下列敘述何者正確？

(A)為了提高共源極（Common Source）放大器的電流增益，故在源極電阻旁並聯一個旁路電容

(B)共汲極（Common Drain）放大器具有高輸入阻抗、低輸出阻抗的特性，且輸入與輸出信號為同相位

(C)共閘極（Common Gate）放大器具有低輸入阻抗、高輸出阻抗的特性，且輸入與輸出信號相位相反

(D)共源極（Common Source）放大器具有高輸入阻抗的特性，且輸入與輸出信號為同相位。

(　　) **10** 右圖所示共射極放大器，若$V_{CC}$＝12V，$R_C$＝5.1kΩ，$R_E$＝510Ω，$R_{B1}$＝490Ω，$R_{B2}$＝47Ω，$R_L$＝1kΩ，假設$C_B$＝$C_C$＝$C_E$＝∞，$V_{BE}$＝0.7V，$\beta$＝100，下列數值何者最接近實際情況？

(A)$r_e$＝37Ω，$r_\pi$＝3.7kΩ，$A_v$＝22（V/V）

(B)$r_e$＝3.7kΩ，$r\pi$＝37Ω，$A_v$＝－22（V/V）

(C)$r_e$＝3.7kΩ，$r_\pi$＝37Ω，$A_v$＝22（V/V）
(D)$r_e$＝37Ω，$r_\pi$＝3.7kΩ，$A_v$＝－22（V/V）。

(　　) **11** 關於場效電晶體，下列敘述何者錯誤？
(A)P通道的MOSFET，其基體（Substrate）是使用N型半導體材質
(B)接面場效電晶體（JFET）之工作原理是控制接面空乏區的厚度
(C)增強型P通道的MOSFET，若欲使通道導通，則需$V_{DS}$>0且$V_{GS}$>Vt（臨界電壓）
(D)接面場效電晶體（JFET）不需外加電壓，即有通道存在。

(　　) **12** 石英晶體的等效電路如右圖所示，已知R＝1kΩ，L＝2H，$C_S$＝0.02pF，$C_P$＝5pF，下列敘述何者正確？

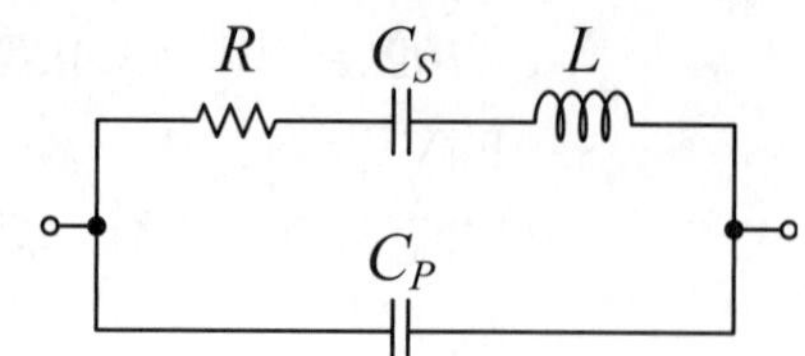


(A)串聯諧振頻率約為（2500/π）kHz，在此頻率下石英晶體阻抗值最小
(B)並聯諧振頻率約為（5000）kHz，在此頻率下石英晶體阻抗值最小
(C)串聯諧振頻率約為（2500/π）kHz，在此頻率下石英晶體阻抗值最大
(D)並聯諧振頻率約為（5000）kHz，在此頻率下石英晶體阻抗值最大。

# 111年 電子學／電子學實習

(　　) **1** 如圖所示電路，若稽納二極體（Zener Diode）之崩潰電壓 $V_Z = 6V$，崩潰膝點電流 $I_{ZK} = 1mA$，最大崩潰電流 $I_{ZM}$=16mA，忽略稽納電阻，在正常穩壓狀態下維持 $V_o = V_Z = 6V$，則負載電阻 $R_L$ 之最小值為何？

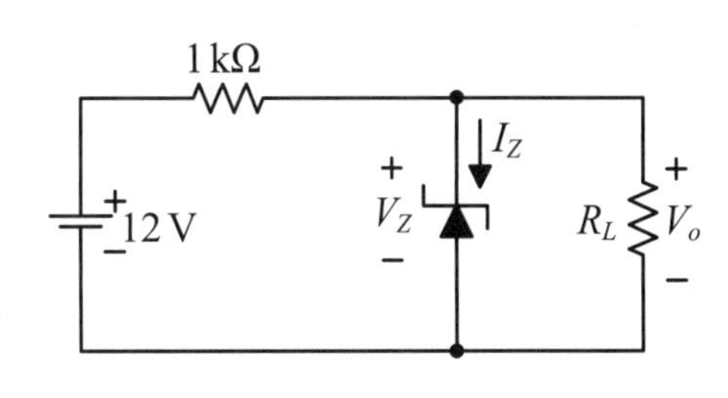


(A)4.7kΩ　(B)3.5kΩ　(C)2.4kΩ　(D)1.2kΩ。

(　　) **2** 如圖所示電路，若BJT工作於主動區，且 $\beta$=100，切入電壓 $V_{BE}$=0.7V，集極電流為2mA，則電阻 $R_E$ 約為何？
(A)4.13kΩ
(B)3.24kΩ
(C)2.47kΩ
(D)1.55kΩ。

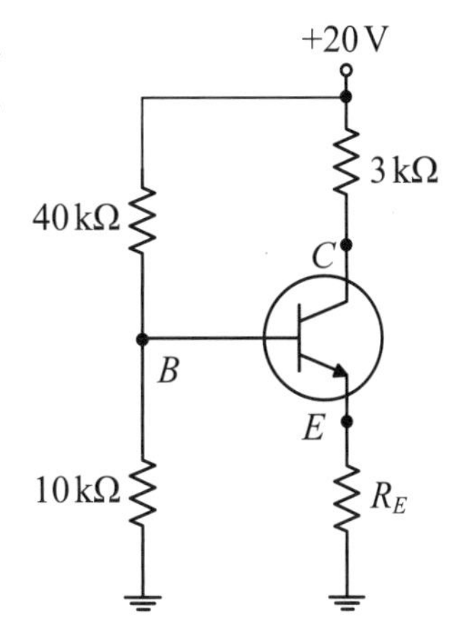


(　　) **3** 如圖所示電路，若BJT工作於主動區，$\beta$=99，且已知基極交流電阻 $r_\pi$=1kΩ，則 $i_o/i_i$ 約為何？
(A)25
(B)50
(C)75
(D)100。

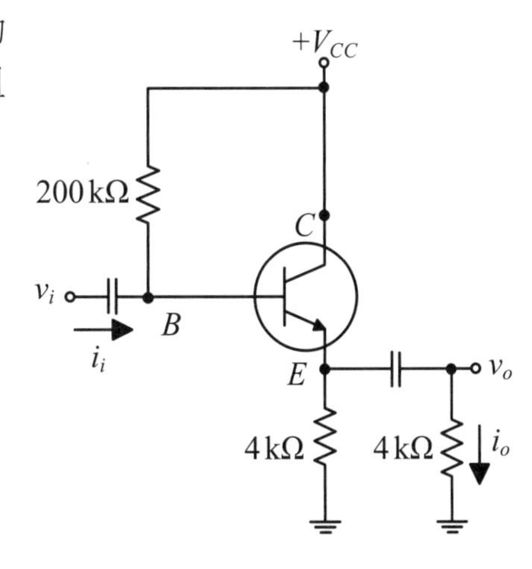

(　　) **4** 如圖所示電路，若BJT之 $\beta$=100，切入電壓$V_{BE}$=0.7V，熱電壓$V_T$=26mV，則電壓增益$v_o/v_i$約為何？
(A)－135
(B)－115
(C)－95
(D)－75。

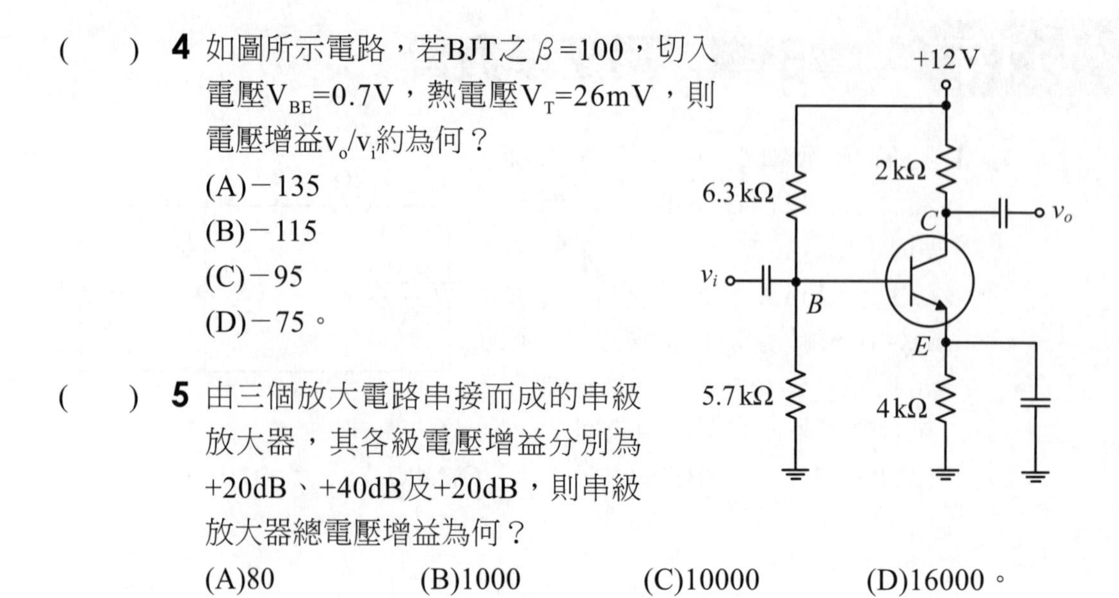


(　　) **5** 由三個放大電路串接而成的串級放大器，其各級電壓增益分別為+20dB、+40dB及+20dB，則串級放大器總電壓增益為何？
(A)80　　(B)1000　　(C)10000　　(D)16000。

## 閱讀下文，回答第6-8題

如圖所示串級放大器，其中兩顆電晶體的切入電壓$V_{BE}$皆為0.7V，熱電壓$V_T$皆為25mV；串級放大器的設計可以串接相同或不同電路組態的放大電路，以獲得所需的輸入阻抗匹配及電壓增益。

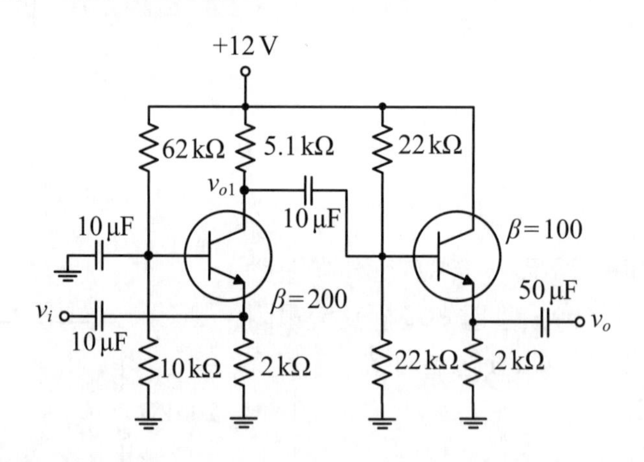


(　　) **6** 圖中串級放大器的耦合方式為何？
(A)電阻電容耦合　　(B)直接耦合
(C)電阻耦合　　(D)電感耦合。

(　　) **7** 圖中由$v_i$輸入端看進去的輸入阻抗約為何？
(A)15Ω　　(B)26Ω　　(C)51Ω　　(D)2kΩ。

( ) **8** 圖中第二級電壓增益$v_o/v_{o1}$約為何？
(A)1 (B)10 (C)15 (D)25。

( ) **9** 一個P通道增強型MOSFET的臨界電壓$V_t=-0.5V$，若量得各極對此電路的參考點之電壓分別為閘極電壓$V_G=0V$，汲極電壓$V_D=3.0V$及源極電壓$V_S=3.3V$，則可判斷它操作在哪一區？
(A)截止區 (B)歐姆區 (C)飽和區 (D)崩潰區。

( ) **10** 如圖所示理想運算放大器應用電路，在正常工作下，若$V_o=V_1+V_2$，則電阻$R_S$應為何？
(A)20kΩ
(B)10kΩ
(C)5kΩ
(D)2.5kΩ。

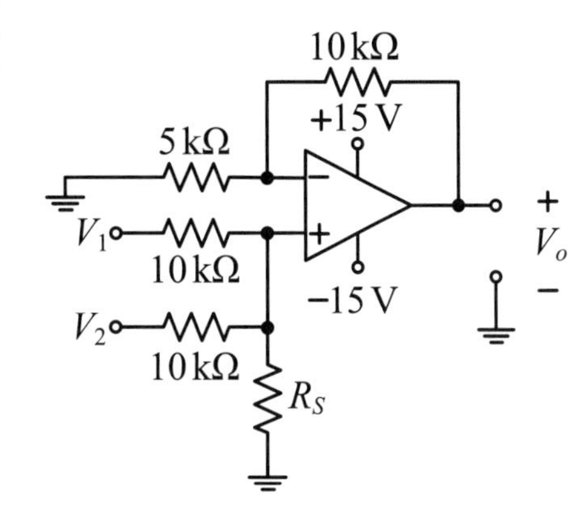


( ) **11** 如圖所示理想運算放大器電路，下列敘述何者正確？
(A)此為積分電路
(B)若$v_i$為方波，則$v_o$為三角波
(C)若$v_i$為弦波，則$v_o$的振幅與R及C值有關
(D)若$v_i$為三角波，則$v_o$為正弦波。

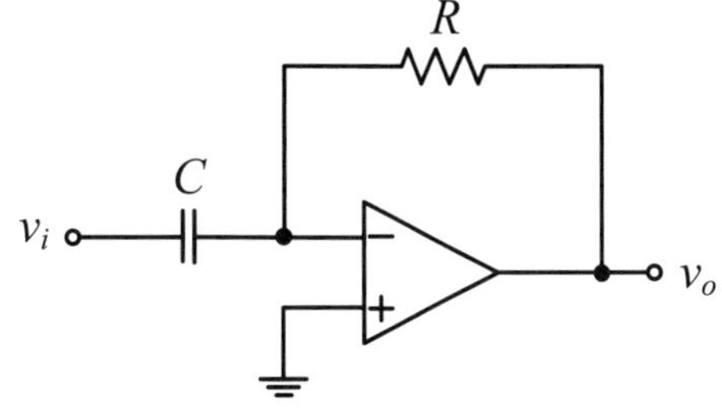


( ) **12** 如圖所示主動式帶通濾波器，其高頻截止頻率為$f_H$，低頻截止頻率為$f_L$，若$C_2=5C_1$，$R_2=4R_1$，則$f_H/f_L$為何？

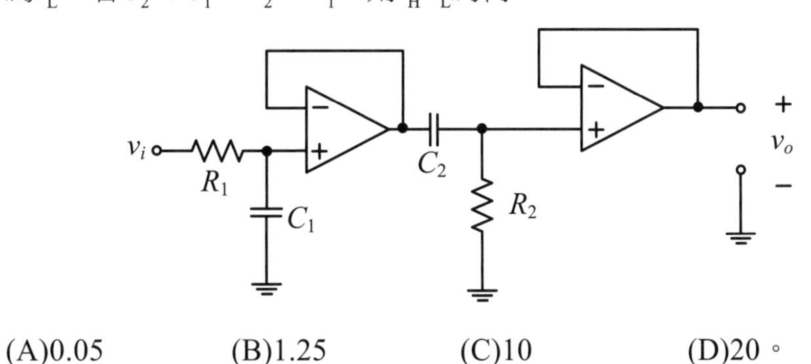


(A)0.05 (B)1.25 (C)10 (D)20。

( ) **13** 如圖所示數位邏輯電路，其輸出Y為何？

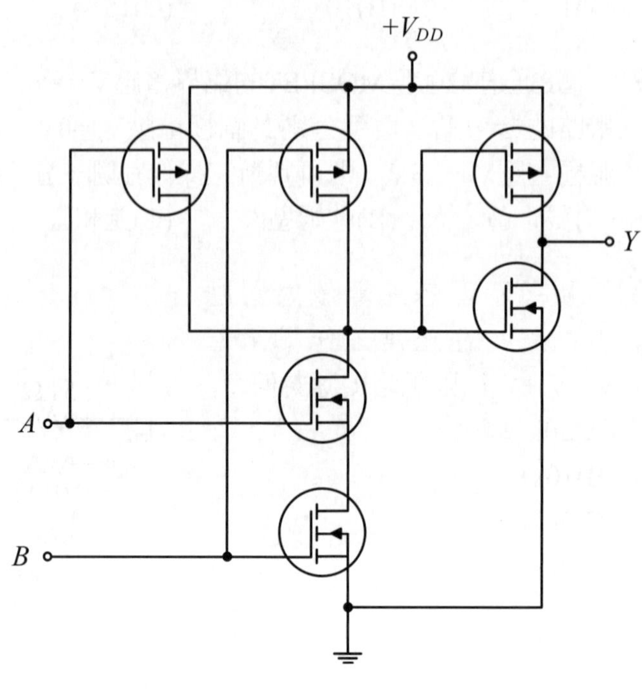


(A) $Y=\overline{AB}$ (B) $Y=AB$ (C) $Y=\overline{A+B}$ (D) $Y=A+B$ 。

( ) **14** 如圖所示為某邏輯電路之輸入A、B與輸出Y的波形，若$+V_{DD}$為高準位（邏輯1），0V為低準位（邏輯0），則此邏輯電路為何？

(A)互斥或閘

(B)及閘

(C)反及閘

(D)或閘。

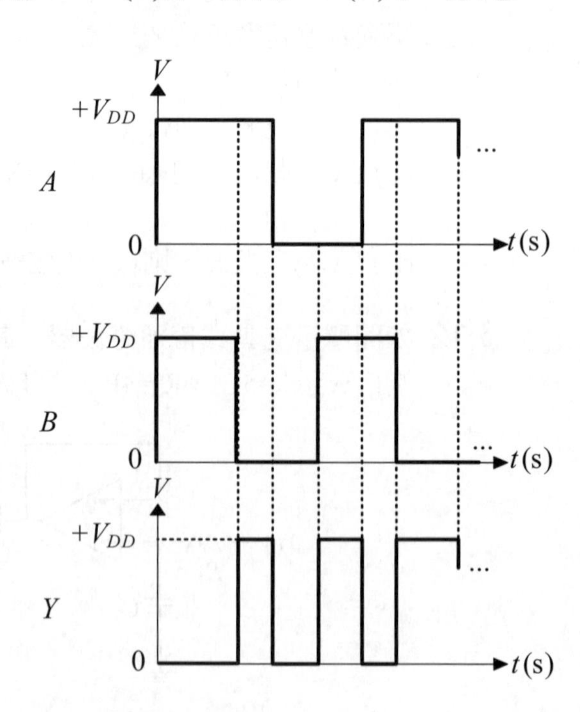

( ) **15** 如圖所示電路，若$R_2=3R_1$，$C_2=\frac{1}{3}C_1$，則下列敘述何者正確？

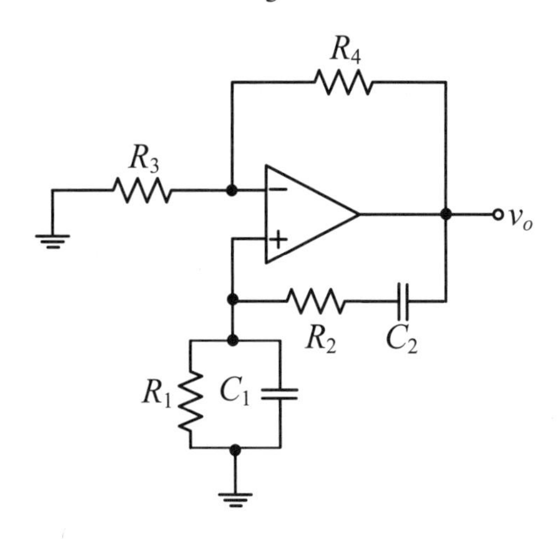


(A)此電路為韋恩電橋振盪器，當$(R_4/R_3)\geq6$，則產生振盪

(B)此電路為韋恩電橋振盪器，當$(R_4/R_3)\leq\frac{1}{6}$，則產生振盪

(C)此電路為RC相移振盪器，當$(R_4/R_3)\geq6$，則產生振盪

(D)此電路為RC相移振盪器，當$(R_4/R_3)\leq\frac{1}{6}$，則產生振盪。

( ) **16** 心肺復甦術(CPR)的步驟為「叫、叫、C、A、B、D」，其中字母「B」為進行下列哪一個步驟？

(A)以自動體外心臟電擊去顫器（AED）實施電擊

(B)暢通呼吸道

(C)實施人工呼吸

(D)實施胸部按壓。

( ) **17** 某單相橋式整流電容濾波電路，若輸出直流電壓波形之最大值為16V，最小值為12V，且其漣波波形近似鋸齒波，則此直流電壓波形之漣波百分率約為何？

(A)12% (B)8% (C)5% (D)2%。

**閱讀下文，回答第18-19題**

如圖所示電路，若BJT之$\beta=100$，切入電壓$V_{BE}=0.7\text{ V}$，飽和電壓$V_{BE(sat)}=0.8\text{ V}$，$V_{CE(sat)}=0.2\text{ V}$；BJT須先建立一個適當的直流工作點，才能作線性放大器使用，以下設計及判斷合理的直流工作點。

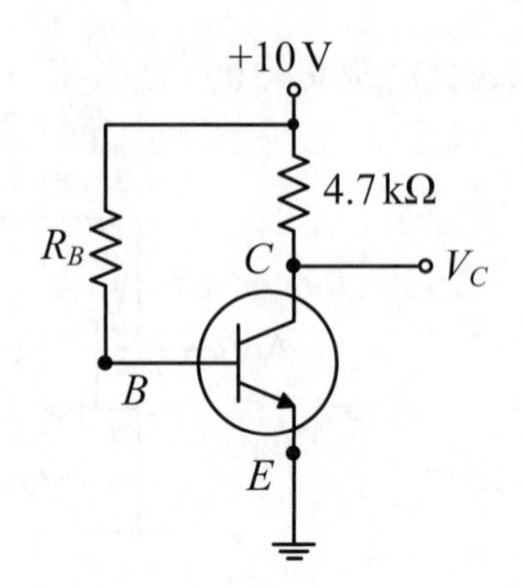


( ) **18** 圖中若電阻$R_B$=372kΩ，則基-集極間電壓$V_{BC}$約為何？
(A) −2 V (B) −0.6 V (C) 0.6 V (D) 2 V 。

( ) **19** 圖中若電阻$R_B$=1MΩ且電路其他參數不變，則集極電壓$V_C$約為何？
(A)6.7V (B)5.6V (C)4.5V (D)0.2V。

( ) **20** 有關MOSFET共源極CS組態電路與共閘極CG組態電路組成之疊接放大電路，下列敘述何者正確？
(A)總電壓增益$|A_{vt}|$小於1
(B)輸出電壓與輸入電壓同相位
(C)共閘極組態電路用來提升輸入阻抗
(D)有效減低米勒電容效應。

( ) **21** 某增強型N通道MOSFET共汲極(CD)放大電路工作於飽和區，當輸入信號為頻率500Hz、峰對峰值1V之正弦波，在輸出信號不失真下，若以示波器觀測其輸出信號波形，則下列敘述何者正確？
(A)輸出信號峰對峰值約為4V
(B)輸出信號峰對峰值約為3V
(C)輸出信號峰對峰值約為2V
(D)輸出信號峰對峰值約為1V。

( ) **22** 某N通道增強型MOSFET工作於飽和區，臨界電壓$V_t$=1V，參數K=2mA/$V^2$且閘-源極間電壓$V_{GS}$=3V，則參數互導$g_m$約為何？
(A)4mA/V (B)6mA/V (C)8mA/V (D)10mA/V。

( ) **23** 如圖所示理想運算放大器電路，輸入電壓$V_i$=1V時，分別量測到$V_x$為－5V，$V_o$為－10V，則電阻$R_1$及$R_2$值分別為何？

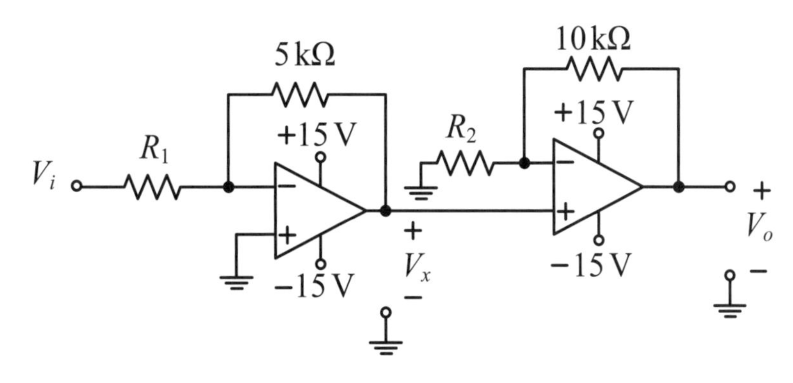


(A)$R_1$=1kΩ，$R_2$=10kΩ　(B)$R_1$=1kΩ，$R_2$=5kΩ
(C)$R_1$=5kΩ，$R_2$=10kΩ　(D)$R_1$=5kΩ，$R_2$=5kΩ。

( ) **24** 如圖所示施密特(Schmitt)觸發器電路，其運算放大器的輸出飽和電壓為±12V，若觸發器之下臨限電壓為0V，則$V_{ref}$為何？

(A)12V
(B)6V
(C)0V
(D)−12V 。

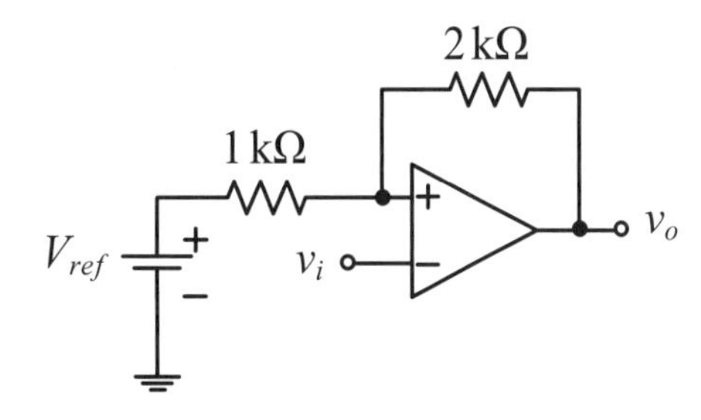

# 112年 電子學／電子學實習

( ) **1** 如圖所示之週期性電壓v(t)，若Vp = 10V、T = 5ms、$t_1$ = 3ms，則v(t)之工作週期D(duty cycle)與電壓平均值$V_{av}$分別為何？
(A)D = 3ms、$V_{av}$ = 6V
(B)D = 60%、$V_{av}$ = 6V
(C)D = 2ms、$V_{av}$ = 4V
(D)D = 40%、$V_{av}$ = 4V。

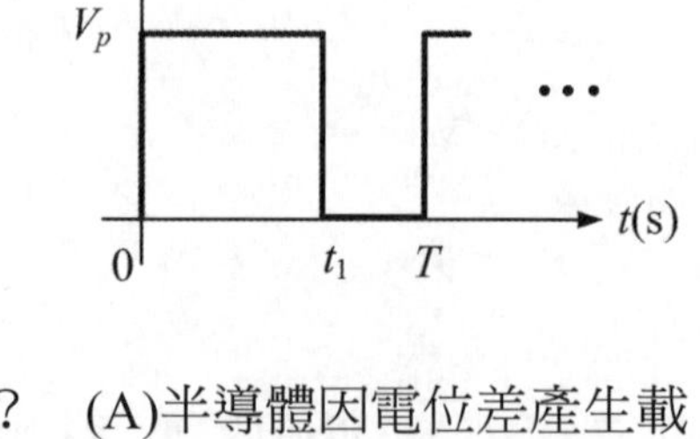


( ) **2** 有關半導體材料，下列敘述何者正確？ (A)半導體因電位差產生載子移動而形成擴散電流 (B)外質半導體中電洞與自由電子的載子濃度相同 (C)P型矽半導體是由本質矽半導體摻雜(doping)三價元素而成 (D)N型半導體多數載子為自由電子，少數載子為電洞，帶負電位。

( ) **3** 如圖所示電路，稽納二極體(Zener diode)之崩潰電壓$V_Z$ = 20V，最大額定功率320mW，且其逆向最小工作電流(崩潰膝點電流)$I_{ZK}$ = 2mA。若忽略稽納電阻，在$R_L$ = 2kΩ且正常工作時$V_O$要維持20V，則電壓源$V_S$之最小值及最大值分別為何？
(A)32V、46V (B)34V、46V (C)32V、50V (D)34V、58V。

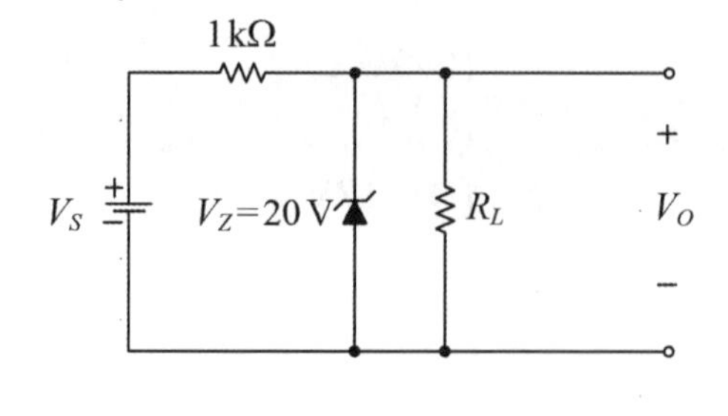


( ) **4** 有關雙極性接面電晶體(BJT)工作於飽和區之敘述，下列何者正確？ (A)BJT之集極電流與基極電流成正比 (B)BJT之集 - 射極間，猶如開關的導通(ON)狀態 (C)BJT之基 - 射極接面為順向偏壓且基 - 集極接面是逆向偏壓 (D)BJT之基 - 射極接面為逆向偏壓且基 - 集極接面是順向偏壓。

( ) **5** 如圖所示電路，$V_{EE} = -12V$，$R_B = 200k\Omega$，$R_C = 1k\Omega$，若BJT之$\beta = 100$，$V_{BE} = 0.7V$，則$V_C$為何？
(A)6.35V
(B)–6.35V
(C)5.65V
(D)–5.65V。

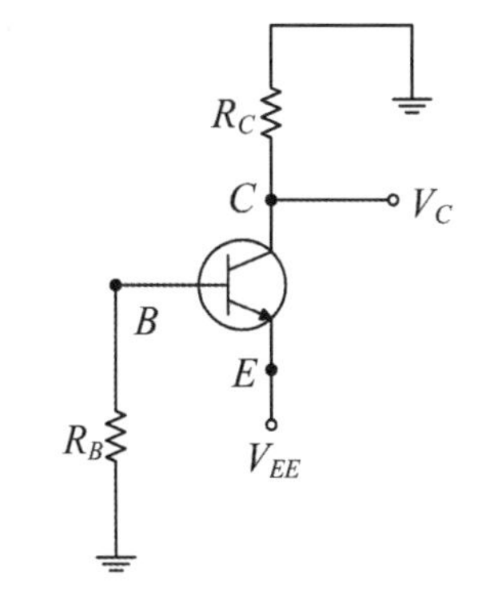


( ) **6** 如圖所示電路，$V_{CC} = 18V$，$R_C = 3k\Omega$，$R_E = 0.82k\Omega$，$R_{F1} = 238k\Omega$，$R_{F2} = 42k\Omega$，若BJT之$\beta = 100$，且已知基極交流電阻$r\pi = 1k\Omega$，則電壓增益$v_o/v_i$約為何？

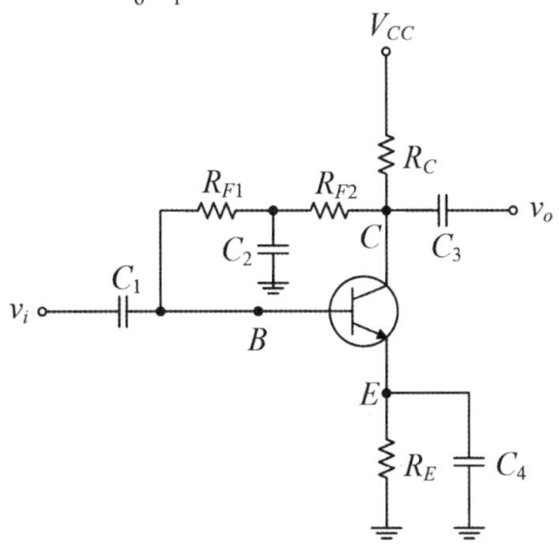


(A)–100 (B)–250 (C)–280 (D)–300。

( ) **7** 有關BJT與場效電晶體(FET)元件之比較，下列敘述何者正確？(A)BJT為電流控制型，FET為電壓控制型 (B)BJT之輸入阻抗較FET高 (C)BJT之熱穩定度較FET高 (D)BJT與FET皆屬於雙載子元件。

( ) **8** 某N通道空乏型MOSFET，夾止(pinch-off)電壓$V_p = -3V$，$I_{DSS} = 10mA$，於電路中將其偏壓操作於飽和區，且閘-源極間電壓$V_{GS} = -1V$，則MOSFET之轉移電導$g_m$約為何？ (A)1.11mA/V (B)2.22mA/V (C)3.33mA/V (D)4.44mA/V。

( ) **9** 如圖所示電路，MOSFET之臨界電壓(threshold voltage)$V_t = 2V$，參數$K = 0.5mA/V^2$，$R_D = 2.2k\Omega$，若已知$V_D = 10.6V$，則$R_S$為何？
(A)0.5kΩ (B)0.9kΩ (C)1.2kΩ (D)1.5kΩ。

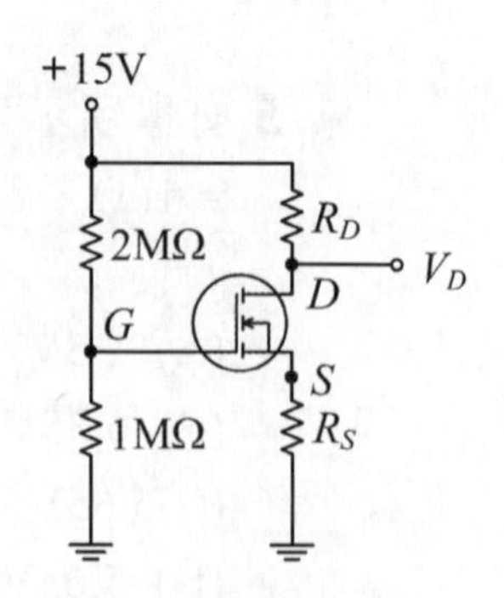


( ) **10** 如下圖所示MOSFET放大電路，$R_G = 1.2M\Omega$，$R_D = 2.2k\Omega$，$R_S = 1.2k\Omega$，$R_L = 10k\Omega$，汲極交流電阻$r_d$忽略不計，若電晶體操作於飽和區，此MOSFET於工作點之轉移電導$g_m = 2.4mA/V$，則電壓增益$v_o/v_i$約為何？ (A)–8.6 (B)–6.22 (C)–5.12 (D)–4.33。

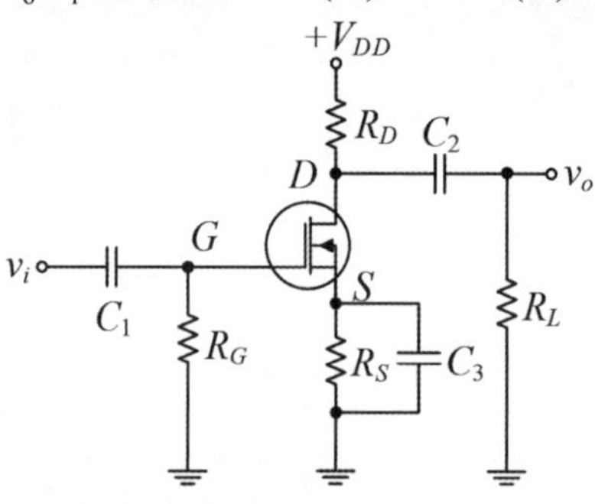


( ) **11** 如圖所示MOSFET疊接放大電路，$R_S = 300\Omega$，$R_D = 2.7k\Omega$，$R_{G1} = R_{G2} = 3M\Omega$，$R_{G3} = 4.7M\Omega$。已知MOSFET均操作於飽和區且$Q_1$之轉移電導$g_{m1} = 25mA/V$，$Q_2$之轉移電導$g_{m2} = 30mA/V$，汲極交流電阻$r_d$均忽略不計，則電壓增益$v_o/v_i$為何？

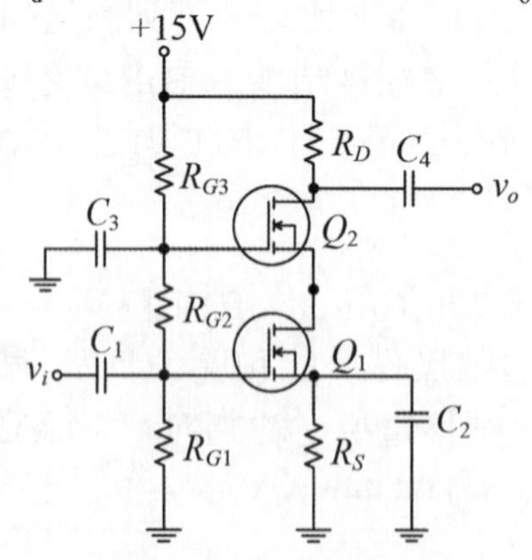


(A)–55 (B)–67.5 (C)–74.2 (D)–81。

( ) **12** 如圖所示MOSFET邏輯電路，下列敘述何者錯誤？

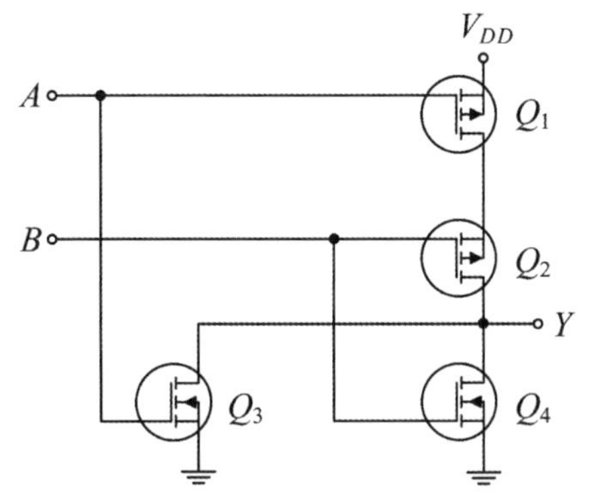


(A)此電路之功能為反或閘(NOR gate)
(B)若A為低電位，B為高電位，則輸出Y為高電位
(C)若A為高電位，B為低電位，則輸出Y為低電位
(D)輸入與輸出的布林代數關係為$Y = \overline{A + B}$。

( ) **13** 如圖所示電路，其中$I_O$ = 1mA，BJT之β = 99，則電壓$V_R$及電阻R分別為何？

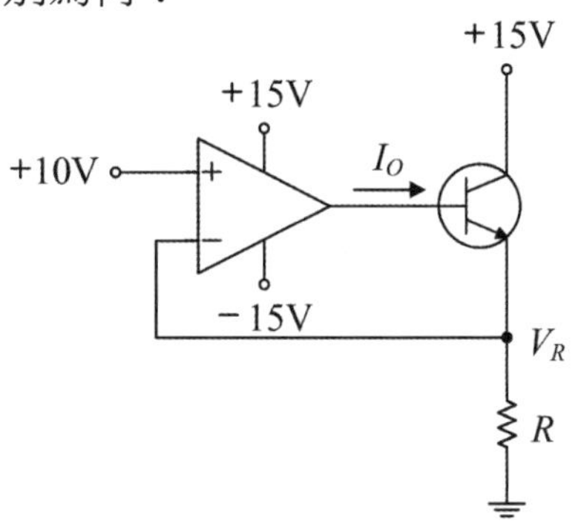


(A)$V_R$ = 7.5V、R = 2.5Ω (B)$V_R$ = 7.5V、R = 10Ω
(C)$V_R$ = 10V、R = 50Ω (D)$V_R$ = 10V、R = 100Ω。

( ) **14** 如圖所示之理想運算放大器電路與波形，若輸入電壓$v_s$為500 Hz之對稱三角波，則輸出電壓$v_o$之峰對峰值為何？

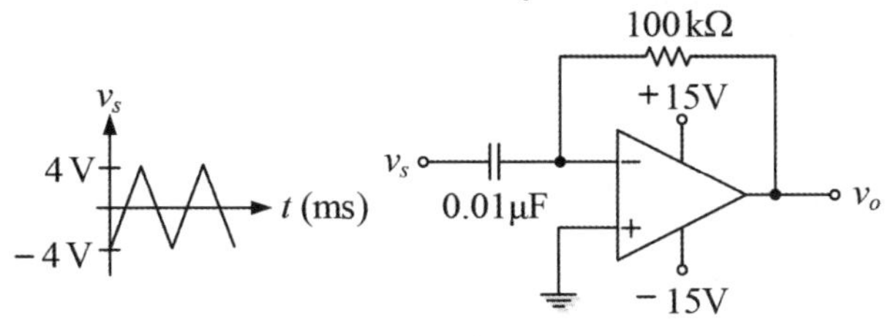


(A)16 V (B)12 V (C)8 V (D)4 V。

(　　) **15** 如圖所示之理想運算放大器電路，輸出電壓$V_O$為何？

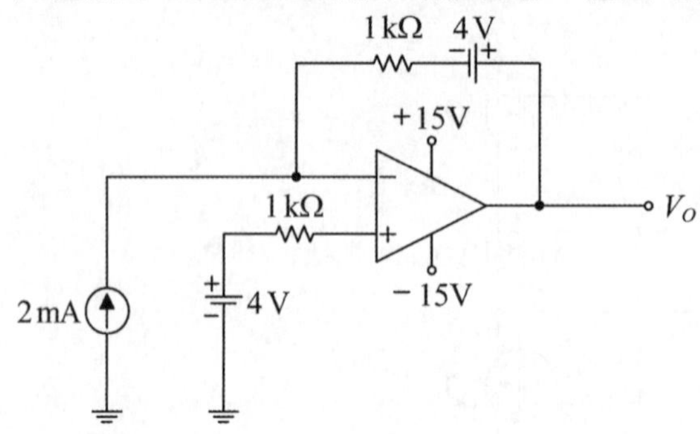


(A)4 V　(B)6 V　(C)8 V　(D)10 V。

(　　) **16** 如圖所示電路，輸入電壓$v_s$ = 10sin(3000t)V，若運算放大器的飽和電壓為±10V，則電路之上臨界電壓$V_{TH}$及遲滯電壓$V_H$分別為何？

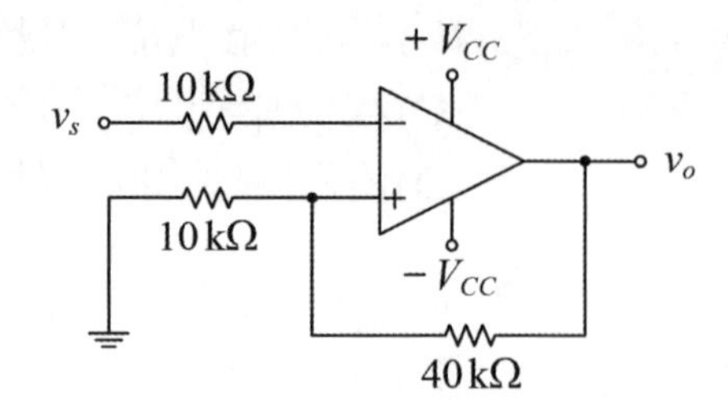


(A)$V_{TH}$ = 1.2V、$V_H$ = 2.4V
(B)$V_{TH}$ = 2V、$V_H$ = 4V
(C)$V_{TH}$ = 3.6V、$V_H$ = 7.2V
(D)$V_{TH}$ = 9V、$V_H$ = 18V。

(　　) **17** 利用反相放大器及最少RC相移電路節數來設計弦波振盪器，若各節RC電路之R、C值皆相同，則下列敘述何者錯誤？ (A)理論上，放大器電路增益值為–29時，會產生弦波輸出　(B)回授網路之相移應為180°　(C)回授網路可由二節RC相移電路所組成　(D)迴路增益$\beta A = 1\angle 0°$。

**閱讀下文，回答第18～19題**

振盪器可以產生週而復始的交流信號輸出，並廣泛地應用於波形產生器、通訊系統，或是手機、電腦的時脈產生等等。

(　　) **18** 關於運算放大器組成之波形產生電路，下列敘述何者正確？ (A)方波產生電路中之施密特觸發器(Schmitt trigger)為負回授電路　(B)方波產生電路可由施密特觸發器與微分器組成　(C)三角波產生電路可由施密特觸發器與積分器組成　(D)三角波產生電路僅需由施密特觸發器與電阻器組成。

(　　) **19** 在各種振盪器中，下列敘述何者錯誤？　(A)弦波振盪條件須滿足巴克豪森準則(Barkhausen criterion)　(B)晶體振盪電路頻率精準且穩定度佳　(C)哈特萊振盪器常用來產生方波信號　(D)考畢子振盪器使用2個電容及1個電感構成振盪電路。

(　　) **20** 如圖所示之理想二極體整流電路，$v_s$為有效值100V、50Hz之正弦波電源，若變壓器的電壓規格：一次側120V、二次側0-12-24V，輸出電壓$v_o$供給固定電阻負載$R_L$，則下列敘述何者正確？

(A)$v_o$的平均值為$20/\pi$V

(B)$v_o$的有效值為12V

(C)$v_o$的漣波頻率為50Hz

(D)$v_o$的漣波週期為0.01秒。

(　　) **21** 有關示波器之使用，下列敘述何者正確？　(A)使用示波器的EXT輸入端子，與電路串聯接線，能測量電流信號　(B)將示波器輸入耦合設置於DC，只能測量電路的直流信號　(C)將示波器輸入耦合設置於AC，只能測量電路的交流信號　(D)示波器螢幕上的垂直方向刻度，只能測量電路的信號週期。

(　　) **22** 如圖(a)之MOSFET實驗電路，$R_S$ = 300Ω，VR已調整使得放大電路操作於最佳工作點。信號產生器(F. G.)頻率設於2 kHz，以示波器CH 1量測$v_i$、CH 2量測$v_o$波形如圖(b)與圖(c)所示，CH 1、CH 2之輸入耦合均設置於DC，且示波器已完成歸零與調整適當。此電路之電壓增益$v_o/v_i$約為何？　(A)15　(B)1.5　(C)–15　(D)–29。

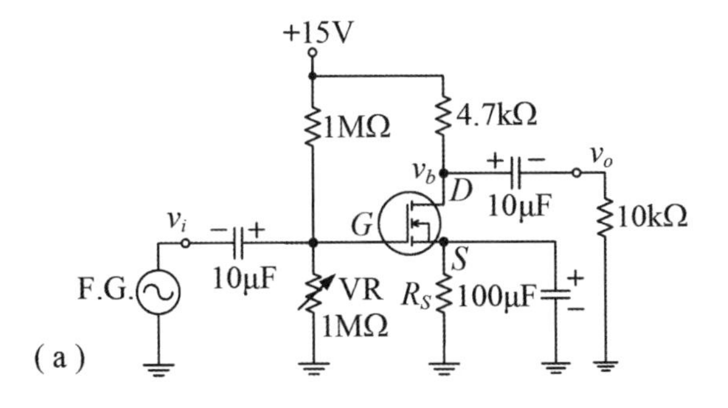

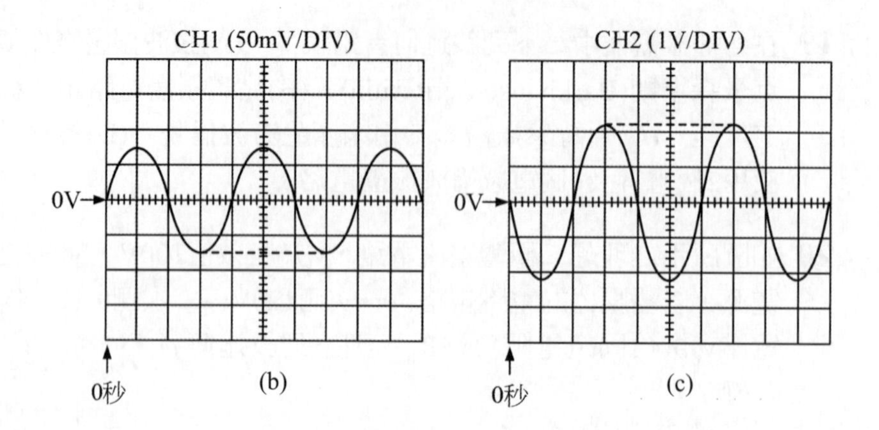


(　　) **23** 如圖所示電路，若$V_{BE}=0.7V$，量測得BJT的C極與E極之電壓分別為$V_C=16V$，$V_E=2.04V$，則此BJT之β值為何？
(A)120
(B)100
(C)80
(D)50。

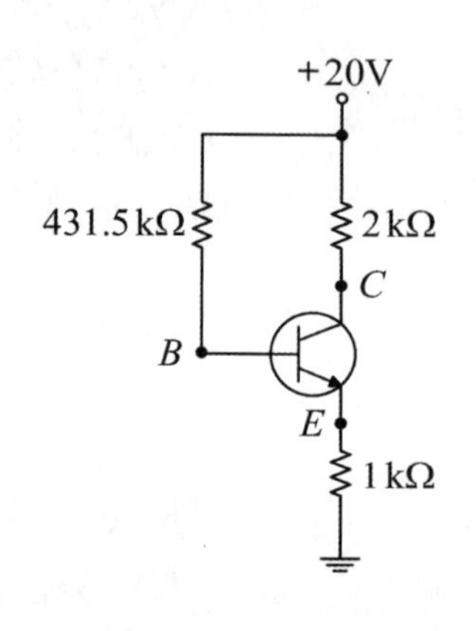


## 閱讀下文，回答第24～25題

如圖所示之BJT串級放大電路，電晶體$Q_1$之β為199，$Q_2$之β為99，$V_{BE}$ 均為0.7V，熱電壓$V_T=26mV$，$R_{E1}=1.3k\Omega$，$R_{E2}=663\Omega$，若選擇 $R_{C1}$及$R_{C2}$使得兩級放大電路之工作點均操作於負載線的中點。

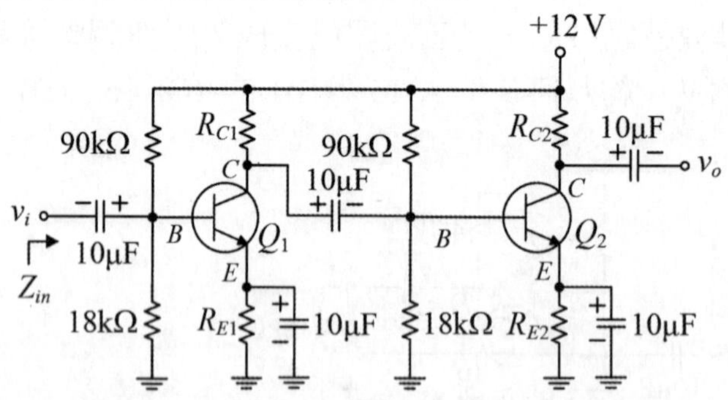


(　　) **24** 依題幹敘述之條件，則$R_{C2}$之值約為何？ (A)1.52kΩ (B)2.52kΩ (C)3.12kΩ (D)5.11kΩ。

(　　) **25** 承上電路，輸入阻抗$Z_{in}$約為何？ (A)7.8kΩ (B)4.02kΩ (C)2.74kΩ (D)1.8kΩ。

# 113年 電子學／電子學實習

( ) **1** 如圖所示理想二極體整流電路，$v_o$的平均值及每個二極體的逆向峰值電壓(PIV)分別為何？

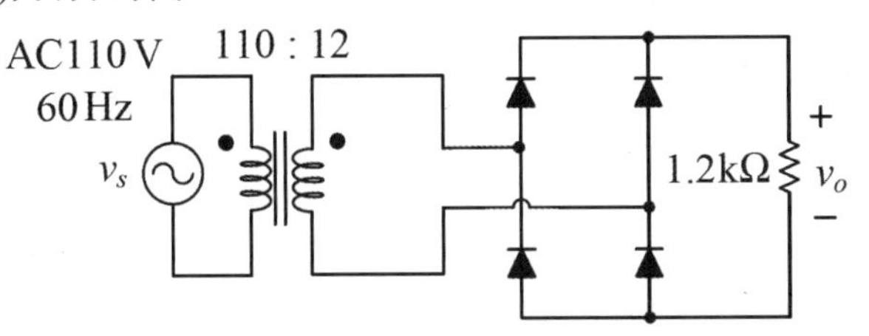


(A)$24\sqrt{2}/\pi$V、$12\sqrt{2}$V (B)$24\sqrt{2}/\pi$V、12 V
(C)$24/\pi$V、$12\sqrt{2}$ V (D)$24\sqrt{2}$ V、$12\sqrt{2}/\pi$V。

( ) **2** 當PNP型BJT偏壓於主動區（作用區），其基極電壓$V_B$、集極電壓$V_C$及射極電壓$V_E$之大小關係，下列敘述何者正確？ (A)$V_B > V_C > V_E$ (B)$V_E > V_B > V_C$ (C) $V_C > V_E > V_B$ (D)$V_B > V_E > V_C$。

( ) **3** BJT電路直流分析時，電晶體之$\beta = 150$，若基極電流$I_B = 1mA$，集極電流$I_C = 120mA$，則此電晶體之工作區為何？ (A)稽納崩潰區 (B)截止區 (C)主動區 (D)飽和區。

( ) **4** 如圖所示電路，$V_{CC} = 12V$、$V_{EE} = -12V$，若BJT之$\beta = 54$、$V_{BE} = 0.7V$，則$V_C$約為何？
(A)7.4V
(B)6.2V
(C)5.1V
(D)4.2V。

( ) **5** 如圖所示電路，$R_C = 3k\Omega$及$R_{F1} = R_{F2} = 68k\Omega$，若BJT之$\beta = 100$，且已知基極交流電阻$r_\pi = 1k\Omega$，則電壓增益$A_v = v_o / v_i$約為何？
(A)–182
(B)–198
(C)–238
(D)–287。

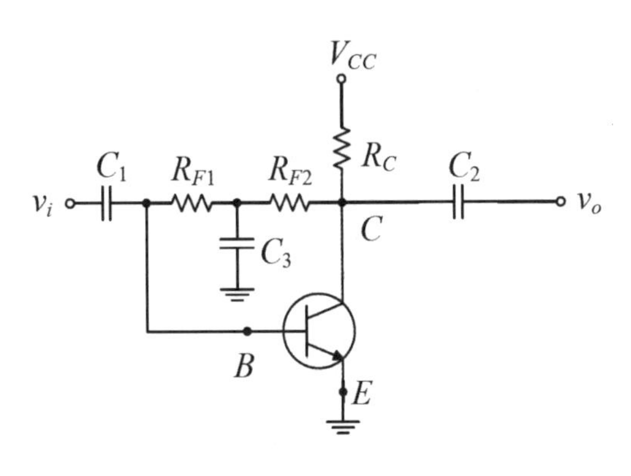

( ) **6** 下列有關串級放大器增益之敘述，何者正確？ (A)放大器電壓增益dB值為負，則表示輸出電壓反相 (B)放大器電流增益dB值為0，則輸出與輸入之電流相角相同 (C)放大器之總增益dB值為各級增益dB值相乘 (D)放大器增益dB值為負，則輸出信號振幅小於輸入信號振幅。

( ) **7** 下列有關電晶體之敘述，何者正確？ (A)P通道MOSFET之汲極為P型半導體，源極亦為P型半導體 (B)N通道MOSFET之汲極為N型半導體，源極為P型半導體 (C)增強型MOSFET已預置通道於汲、源極間，閘極不加電壓時汲、源極為導通狀態 (D)BJT與FET電晶體之結構均含P型半導體與N型半導體，均為雙載子傳導元件。

( ) **8** 如圖所示放大電路，電晶體操作於飽和區，若N通道MOSFET工作點之轉移電導$g_m$ = 4mA/V，$R_D$ = 2kΩ，$R_S$ = 1kΩ，則此電路之電流增益$A_i = i_o / i_i$約為何？（忽略汲極電阻$r_d$）

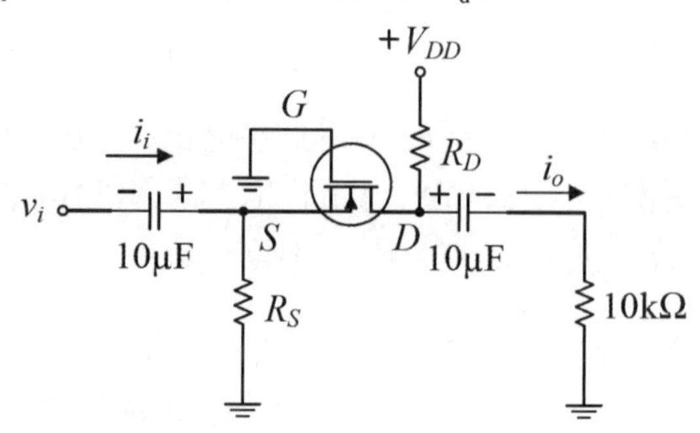


(A)0.81 (B)0.62 (C)0.36 (D)0.13。

( ) **9** 如圖所示電路之N通道MOSFET疊接放大電路，電晶體$M_1$之臨界電壓（threshold voltage）$V_{t1}$ = 3V、參數$K_1$ = 4mA/$V^2$，電晶體$M_2$之臨界電壓$V_{t2}$ = 2.5V、參數$K_2$ = 1mA/$V^2$，$R_G$ = 1MΩ，$R_L$ = 10kΩ，若汲極電阻$r_d$皆忽略，則此電路之電壓增益$A_v = v_o / v_i$約為何？

(A)–1.98

(B)–2.82

(C)–3.56

(D)–4.58。

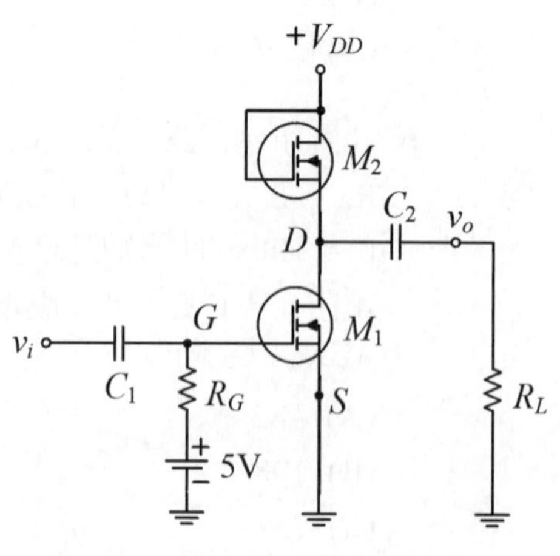

## 閱讀下文，回答第10-11題

如圖所示放大電路，F.G.為訊號產生器，MOSFET之夾止電壓（pinch-off voltage）$V_p = -3V$，$I_{DSS} = 10mA$。

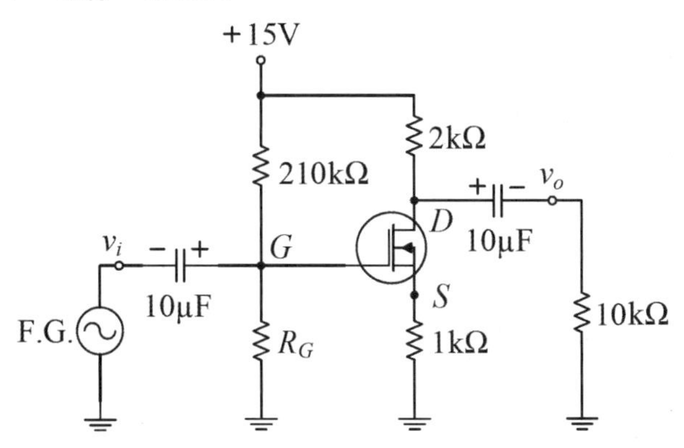


(　　) **10** 若要將汲、源極間之工作點電壓$V_{DS}$設定為7.5V，則電阻$R_G$之選用應為何？ (A)9kΩ (B)12kΩ (C)15kΩ (D)18kΩ。

(　　) **11** 若工作點電壓$V_{DS}$設定為7.5V，並忽略汲極電阻$r_d$，則電壓增益$A_v = v_o / v_i$約為何？ (A)–1.28 (B)–1.86 (C)–2.25 (D)–3.25。

(　　) **12** 如右圖所示CMOS數位電路，下列何者為輸出Y的布林代數式？

(A)$Y = (\overline{A}+\overline{B})(\overline{C}+\overline{D})+\overline{E}$

(B)$Y = \overline{(A+B)(C+D)+E}$

(C)$Y = (\overline{A}+\overline{B})(C+D)+E$

(D)$Y = (A+B)(\overline{C}+\overline{D})+\overline{E}$。

(　　) **13** 如下圖所示理想運算放大器（OPA）放大電路，若R = 100kΩ，則其電壓增益$A_v = v_o / v_i$為何？

(A)15

(B)12

(C)8

(D)6。

( ) **14** 如圖所示理想OPA放大電路，輸出電壓$V_O$為何？
(A)12V
(B)6V
(C)–8V
(D)–10V。

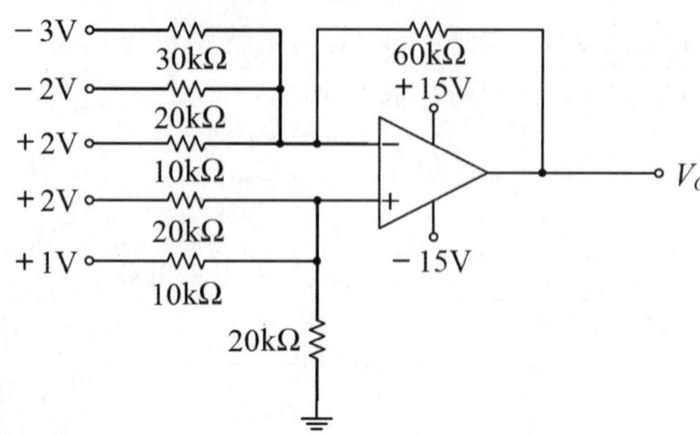


## 閱讀下文，回答第15-16題

如圖所示OPA施密特觸發電路（Schmitt trigger），$V_R$為直流參考電壓，OPA 輸出飽和電壓為±15V。

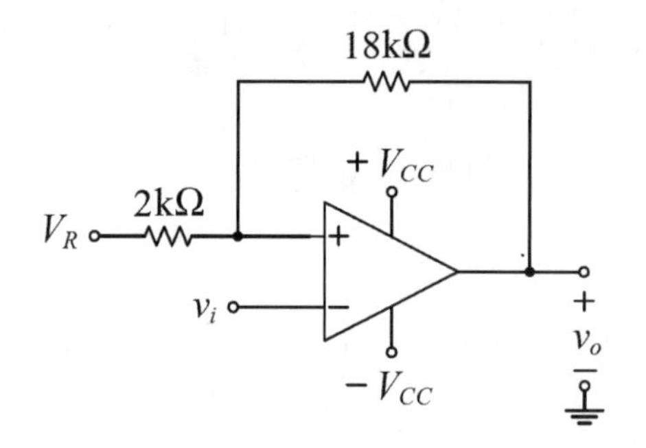


( ) **15** 若$V_R$ = +1V，則此電路的上臨界電壓$V_U$及下臨界電壓$V_L$分別為何？
(A)$V_U$ = 8.1V、$V_L$ = –0.9V
(B)$V_U$ = 4.3V、$V_L$ = –2.5V
(C)$V_U$ = 2.4V、$V_L$ = –0.6V
(D)$V_U$ = 0.8V、$V_L$ = –3.4V。

( ) **16** 若$V_R$ = 0V且輸入$v_i(t)$ = 3sin(100t)V，則輸出$v_o$波形為何？ (A)+15 V直流 (B)–15V直流 (C)方波 (D)三角波。

( ) **17** 心肺復甦術（CPR）的急救步驟為「叫叫CABD」，其中字母D的意義，下列敘述何者正確？ (A)暢通呼吸道 (B)使用自動體外心臟電擊去顫器AED電擊 (C)取出口腔內的異物並進行人工呼吸 (D)成人每分鐘至少100次的胸部按壓。

( ) **18** 理想二極體組成之單相全波整流電路，輸入端接弦波電壓$v_s$，若輸出端接負載電阻$R_L$及並聯濾波電容器C，則下列敘述何者正確？ (A)輸出漣波頻率與$v_s$頻率相同 (B)$v_s$峰值愈大，輸出漣波電壓愈小 (C)$R_L$值愈大，輸出漣波電壓愈大 (D)C值愈大，輸出漣波電壓愈小。

( ) **19** 如圖所示電路，稽納二極體（Zener diode）之崩潰電壓$V_Z$ = 10V，最大額定功率為150mW，且其逆向最小工作電流（膝點電流）$I_{ZK}$ = 2mA。若忽略稽納電阻，$V_S$ = 16V、$R_L$ = 1kΩ且調整電阻R以維持$V_O$為固定10V，則電阻R之最小值及最大值分別為何？

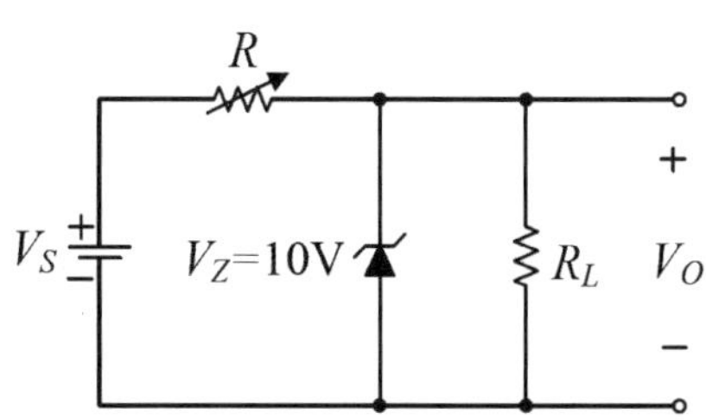


(A)300Ω、600Ω
(B)250Ω、600Ω
(C)250Ω、500Ω
(D)240Ω、500Ω。

( ) **20** 如圖所示放大電路，BJT之β = 199、$V_{BE}$ = 0.7V，若熱電壓$V_T$ = 26mV，且工作點之射極電流$I_E$設計為1.3mA，則$V_{EE}$及電壓增益$A_v$ = $v_o$ / $v_i$ 分別約為何？

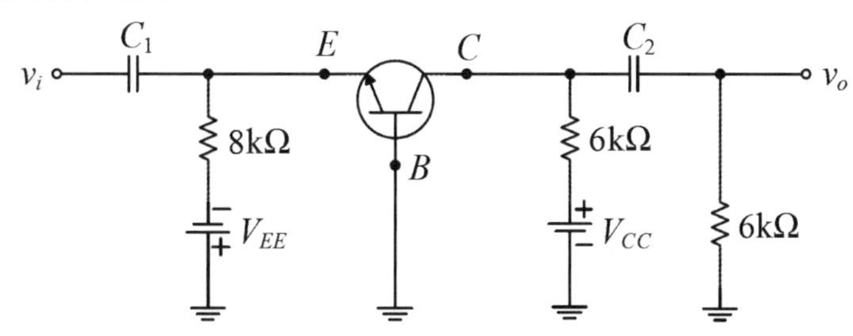


(A)12.3V、178 (B)12.3V、182 (C)11.1V、158 (D)11.1V、149。

( ) **21** 如圖所示實驗電路，調整$V_G$以控制閘源極間電壓$V_{GS}$，調整$V_{DD}$以操作汲源極間電壓$V_{DS}$。若MOSFET之臨界電壓$V_t$ = 2.5V，並使此MOSFET操作於飽和區，則下列狀況何者正確？

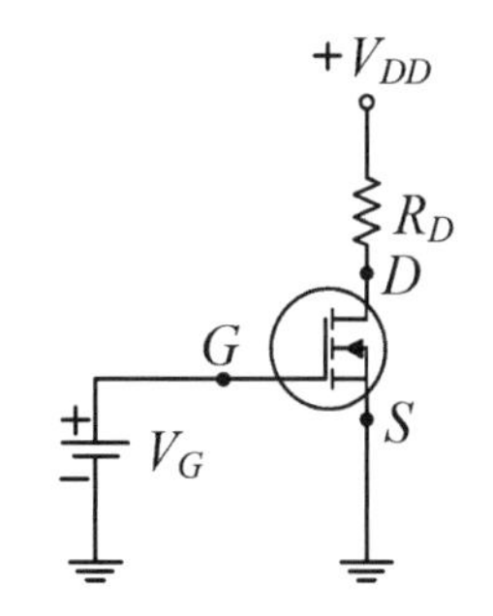


(A)$V_{GS}$ = 5V，$V_{DS}$ = 1V
(B)$V_{GS}$ = 4V，$V_{DS}$ = 1.2V
(C)$V_{GS}$ = 3V，$V_{DS}$ = 1.5V
(D)$V_{GS}$ = 2V，$V_{DS}$ = 1.8V。

( ) **22** 如圖所示實驗電路，MOSFET臨界電壓$V_t$ = 2V，$V_G$ = 2.5V，$R_D$ = 1.2kΩ，$V_{DD}$接於電源供應器並調至12V，若此時電表量得$V_D$ = 6V，則可推算此MOSFET之參數K為何？

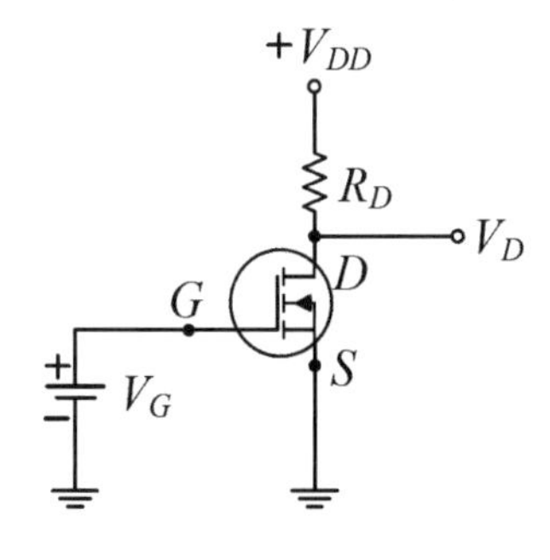


(A)25mA / $V^2$ (B)20mA / $V^2$
(C)16mA / $V^2$ (D)12mA / $V^2$。

(　　) **23** 如圖所示為理想OPA一階帶通濾波電路，若$R_A$ = 0.5kΩ、$C_A$ = 0.01μF、$R_B$ = 1kΩ、$C_B$ = 0.05μF、$R_{a1}$ = 5kΩ、$R_{f1}$ = 20kΩ、$R_{a2}$ = 4kΩ、$R_{f2}$ = 16kΩ，則濾波器之頻帶寬度BW約為何？（π≈3.14）

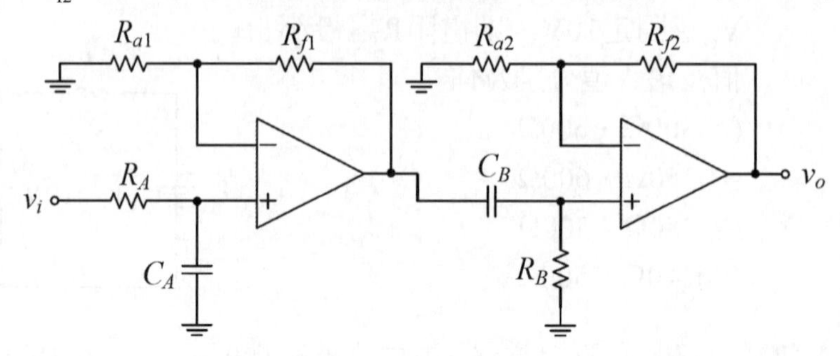


(A)18.66kHz　(B)22.54kHz　(C)28.66kHz　(D)36.54kHz。

(　　) **24** 如圖所示理想運算放大器電路，若R = 50kΩ、C= 0.2μF、$R_1$ = 10kΩ、$R_2$ = 8.5kΩ，則電路輸出$v_o$的振盪頻率約為何？
（自然對數：ln 1.85 ≈ 0.62、ln 2.18 ≈ 0.78、ln 2.7 ≈ 1、ln 3.35 ≈ 1.2）
(A)42Hz　(B)50Hz
(C)65Hz　(D)80Hz。

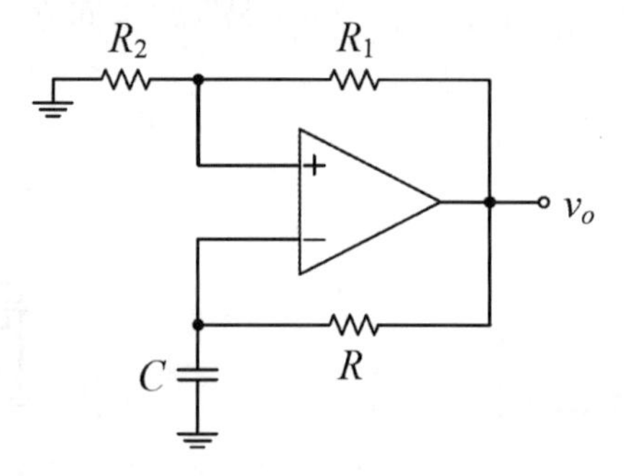


(　　) **25** 如圖所示理想OPA振盪電路，若R = 10kΩ，C = 0.01μF，$R_1$ = 20kΩ，則$R_2$為何值可使電路產生振盪，且其振盪頻率為何？（6 ≈ 2.45）

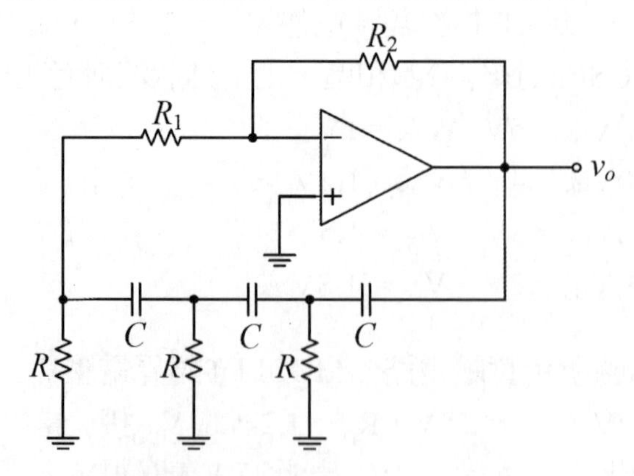


(A)$R_2$ = 581kΩ、振盪頻率為650Hz
(B)$R_2$ = 482kΩ、振盪頻率為650Hz
(C)$R_2$ = 371kΩ、振盪頻率為320Hz
(D)$R_2$ = 222kΩ、振盪頻率為320Hz。

# 解答與解析

## 第一章　電子學概論暨工場安全教育

### 觀念加強

**1 (C)**。邏輯閘的數目ULSI＞VLSI＞LSI＞MSI＞SSI，故選(C)。

**2 (D)**。邏輯閘的數目ULSI＞VLSI＞LSI＞MSI＞SSI，故選(D)。

P.5 **3 (B)**　**4 (A)**　**5 (B)**　**6 (D)**　**7 (D)**　**8 (B)**　**9 (C)**

P.6 **10 (C)**　**11 (B)**　**12 (D)**　**13 (D)**

P.9 **14 (C)**

P.11 **15 (A)**　**16 (D)**　**17 (B)**　**18 (C)**　**19 (B)**

P.12 **20 (C)**　**21 (C)**　**22 (D)**　**23 (A)**　**24 (B)**　**25 (B)**　**26 (C)**　**27 (B)**　**28 (D)**

### 試題演練

**經典考題**

P.13 **1 (D)**。焊錫的主要成分係錫鉛合金，其中錫約佔六成高於約佔四成的鉛，**錫的成分越少熔點越低**，故選(D)。

**2 (D)**。三用電表測量電壓或電流時，係以外部之電壓或電流源驅動電表得到指數；而測量電阻係利用三用電表內部的電壓通過電阻，才能得到電流驅動電表，故選(D)。

**3 (C)**。IC7815的輸出係直流＋15V，可選用DCV 50 V檔或DCV 250 V檔，但以 DCV 50 V檔可讀取較精密之數值，故選(C)。

**4 (B)**。IC的第一支接腳標示在黑點B處，並依序往下繞至另一邊的最後一支接腳A處，故選(B)。

**5 (A)**。示波器的**水平軸表示時間，垂直軸表示訊號電壓**，故選(A)。

**6 (B)**。七段顯示器的7個LED燈編號依順時針方向為a、b、c、d、e、f、g，如右圖所示，數字4與5不會用到e段，故選(B)。

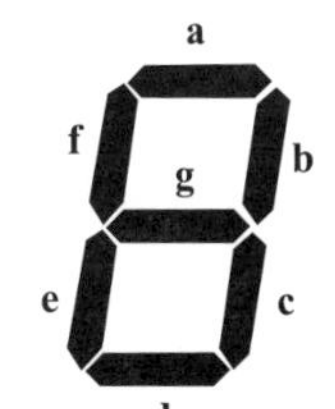

**7 (D)**。

| 色碼 | 黑 | 棕 | 紅 | 橙 | 黃 | 綠 | 藍 | 紫 | 灰 | 白 | 金 | 銀 |
|---|---|---|---|---|---|---|---|---|---|---|---|---|
| 數值 | 0 | 1 | 2 | 3 | 4 | 5 | 6 | 7 | 8 | 9 | ╲ | ╲ |
| 次方 | $10^0$ | $10^1$ | $10^2$ | $10^3$ | $10^4$ | $10^5$ | $10^6$ | $10^7$ | $10^8$ | $10^9$ | $10^{-1}$ | $10^{-2}$ |
| 誤差 | ╲ | 1% | 2% | 3% | 4% | 0.5% | 0.25% | 0.1% | 0.05% | ╲ | 5% | 10% |

由表可得$R=47\times10^3\pm5\%=47K\Omega\pm5\%$

**8 (A)**。78××系列IC為正電壓調整器，79××系列IC為負電壓調整器，使用7815可得＋15V，使用7915可得－15V，故選(A)。

**9 (D)**。與線性式的電源供應器相比較，交換式電源供應器(A)無變壓器體積相對較小，(B)轉換效率高，(C)輸入電壓範圍大，(D)雜訊大；故選(D)才是正確的缺點。

| 特性 | 種類 | |
|---|---|---|
| | 線性式 | 交換式 |
| 功能 | 直流電壓轉換為直流電壓 | 直流電壓轉換為交流電，再輸出交流電壓或直流電壓 |
| 輸出電壓 | 小於輸入電壓 | 可小於或大於輸入電壓 |
| 效率 | 低 | 高 |
| 體積 | 大（重） | 小（輕） |
| 漣波 | 小 | 大 |
| 雜訊 | 小 | 大 |

**10 (A)**。直流電源供應器的內部包括將交流電升、降壓之**變壓器**，將交流變成脈動直流的**整流器**，減少脈動直流中漣波的**濾波器**，以及維持穩壓之電壓或電流的**電源調整器**，故選(A)。

P.14 **11 (C)**。78××系列IC為正電壓調整器，79××系列IC為負電壓調整器；(C)使用7812可得＋12V，使用7912可得－12V，採用兩者可得正負12V的雙電源穩壓電路；共餘(A)(B)(D)正確，故選(C)。

**12 (B)**。78××系列IC為正電壓調整器，79××系列IC為負電壓調整器，由圖可知$IC_1$使用7815可得＋15V，$IC_2$使用7915可得－15V，故選(B)。

**13 (A)**。(A)LM317為穩壓器，(B)LM380為功率放大器，(C)LM725為運算放大器，(D)LM748為運算放大器，故選(A)。

## 模擬測驗

1 (D)。

| 色碼 | 黑 | 棕 | 紅 | 橙 | 黃 | 綠 | 藍 | 紫 | 灰 | 白 | 金 | 銀 |
|---|---|---|---|---|---|---|---|---|---|---|---|---|
| 數值 | 0 | 1 | 2 | 3 | 4 | 5 | 6 | 7 | 8 | 9 | ＼ | ＼ |
| 次方 | $10^0$ | $10^1$ | $10^2$ | $10^3$ | $10^4$ | $10^5$ | $10^6$ | $10^7$ | $10^8$ | $10^9$ | $10^{-1}$ | $10^{-2}$ |
| 誤差 | ＼ | 1% | 2% | 3% | 4% | 0.5% | 0.25% | 0.1% | 0.05% | ＼ | 5% | 10% |

由表可得$R=27\times10^{-1}\pm10\%=2.7\pm10\%\,\Omega$

2 (A)。

| 色碼 | 黑 | 棕 | 紅 | 橙 | 黃 | 綠 | 藍 | 紫 | 灰 | 白 | 金 | 銀 |
|---|---|---|---|---|---|---|---|---|---|---|---|---|
| 數值 | 0 | 1 | 2 | 3 | 4 | 5 | 6 | 7 | 8 | 9 | ＼ | ＼ |
| 次方 | $10^0$ | $10^1$ | $10^2$ | $10^3$ | $10^4$ | $10^5$ | $10^6$ | $10^7$ | $10^8$ | $10^9$ | $10^{-1}$ | $10^{-2}$ |
| 誤差 | ＼ | 1% | 2% | 3% | 4% | 0.5% | 0.25% | 0.1% | 0.05% | ＼ | 5% | 10% |

由表可得$R=20\times10^3\pm5\%\,\Omega$，$R_{min}=20\times10^3\times(1-5\%)=19000\,\Omega$

$$I_{max}=\frac{V}{R_{min}}=\frac{15}{19000}=789\times10^{-6}=789\,\mu A$$

3 (D)。(A)電壓表量測時係與待測物並聯，其內阻應為無窮大才不會影響待測物分壓；(B)電流源的內阻係與電流源並聯，理想電流源的內阻應趨近無窮大才不會在接上負載時因分流而改變輸出電流；(C)電壓源的內阻係與電壓源串聯，理想電壓源的內阻應趨近零才不會在接上負載時因分壓而改變輸出電壓；(D)電流表量測時係與待測物串聯，其內阻應為零才不會影響待測物電流，故選(D)。

# 第二章　二極體及應用電路

## 觀念加強

P.16

1 (D)。半導體中載子為多數電子及少數電洞時為n型；載子為多數電洞及少數電子時為P型；當電子及電洞數目相同時為中性，故選(D)。

2 (D)。絕對零度時，本質半導體內電子及電洞數目皆為零，無載子故無法形成電子流或電洞流，故選(D)。

**3 (B)**。在本質半導體中摻雜三價原子（硼、鋁、鎵、銦、鉈）可形成P型半導體，通常用硼，故選(B)。

**4 (C)**。在矽半導體材料中，摻入三價的雜質後形成P型半導體，其多數載子為電洞，但仍為電中性，故選(C)。

**5 (C)**。P型半導體中多數載子為電洞，故選(C)。

**6 (D)**。半導體材料在溫度上昇時，自由電子及電洞數目會增加，導電性增加，故選(D)。

**7 (B)**。(B)價電子因吸收能量而成為自由電子；其餘(A)(C)(D)正確，故選(B)。

P.18 **8 (B)**。PN接面附近形成空乏區，n型半導體內自由電子流向P型半導體，帶正電；P型半導體內電洞被自由電子填滿，帶負電，故選(B)。

**9 (A)**。當外加逆偏電壓增加時，空乏區寬度會變大，故選(A)。

P.20 **10 (B)**。(A)在順偏時，擴散電容隨流過之電流量增加而增加；(B)因外加逆向電壓增加時，空乏區寬度變大，導致空乏區電容變小，故空乏區電容隨外加逆向偏壓之增加而減少；(C)當外加逆向電壓增加時，空乏區寬度將變大；(D)在固定之二極體電流下，溫度愈高，則二極體之順向壓降愈低；故選(B)。

**11 (C)**。(A)溫度上升時，切入電壓隨之降低；(B)溫度上升時，逆向飽和電流隨之增加；(C)擴散電容（diffusion capacitance）效應主要是在順向偏壓有電流通過時發生；(D)逆向偏壓越大時，則空乏區電容（depletion capacitance）越小；故選(C)。

**12 (D)**。(A)(B)外加逆向偏壓增加時，空乏區寬度變大，導致過渡電容（空乏區電容）變小，故過渡電容隨外加逆向偏壓之增加而減少；(C)(D)在順偏時，擴散電容隨流過之電流量增加而增加；故選(D)。

**13 (D)**。當輸出電路接到高電壓時，二極體會導通以避免電晶體燒毀，故選(D)。

P.23 **14 (B)**。甲電路的二極體方向錯誤，無法導通；丁電路的二極體方向錯誤，可能會燒毀；故選(B)。

**15 (B)**。(B)乙電路為正值$2V_m$的二倍壓電路；(C)丙電路為負值$2V_m$的二倍壓電路；(A)(D)無法得到所欲輸出，故選(B)。

P.24 **16 (A)**。由黑點極性法則得$V_{in}>0$時，變壓器輸出上方為正電壓，故$D_1$、$D_3$導通，$D_2$、$D_4$不導通，選(A)。

**17 (C)**。半波整流的漣波頻率即電源頻率，而全波整流的漣波頻率為電源頻率的兩倍，故選(C)。

**18 (B)**。稽納二極體在電源調整電路中通常用以提供參考電壓，故選(B)。

P.26 **19 (A)**。(A)無論何種的濾波器電路，若將輸入端由半波整流器改為全波整流器即可將輸出電壓漣波因數降低約一半；(B)(C)(D)對$\pi$型濾波器電路而言，增加L之電感值或$C_1$及$C_2$之電容值可降低輸出電壓漣波因數；故選(A)。

P.27 **20 (A)**。(A)輸入電壓變小僅會將輸出漣波電壓變小，但輸出電壓漣波因數的比例不變；(C)改用全波整流器可將漣波因數降低一半；(B)(D)加大電容值及電阻值均可改善漣波因素；故選(A)。

**21 (C)**。電源電路中的濾波器係為了濾除頻率較直流為高的漣波頻率，為低通濾波器，故選(C)。

**22 (A)**。(A)加上電容後因電容充電，故峰值反向偏壓會改變；(B)(C)(D)漣波頻率不會改變，但電壓漣波因素會改善，而因電壓漣波因素改善，輸出電壓下降的較少，故平均輸出電壓增加；故選(A)。

P.33 **23 (C)**。由輸出電壓的最高與最低相差2V可知此電路為二倍壓電路，故(A)與(B)錯誤，而最低輸出電壓$V_1$大於0V，可知電源$V_1$的正端向上，故選(C)。

## 試題演練

### 經典考題

P.34 **1 (C)**。假設$D_1$ on，$D_2$ off　$V_0=12\times\frac{1k}{3k+1k}=12\times\frac{1}{4}=3V$　可知$D_2$ off假設正確

**2 (C)**。先不考慮稽納二極體　$V_0=12\times\frac{1k}{1k+1k}=12\times\frac{1}{2}=6V$

$V_0<V_2$故稽納為off，$V_0=6V$

**3 (B)**。假設稽納二極體在崩潰區臨界點

$V_z=V_{zo}+I_{zk}r_z=6.7+0.02\times20=6.74V$　　$V_z=\left(\frac{V_Z}{R_L}+I_{zk}\right)\times R=12$

$6.74+\left(\frac{6.74}{R_L}+2\right)\times0.5k=12$　　$R_L\approx0.78k\Omega$，取$R_{L,min}\approx0.8k\Omega$

P.35 **4 (C)**。二極體並聯故$I_D=10mA$ $I=I_se^{\frac{V}{nV_T}}$ $V=nV_T\ell_n\frac{I}{I_s}$

當$I=1mA$ $0.7=0.025\ell n\frac{1mA}{I_s}$

當$I'=10mA$ $V'=nV_T\ell n\frac{I_{10mA}}{I_s}=nV_T〔\ell n\frac{I_{10mA}}{I_{1mA}}+\ell n\frac{I_{1mA}}{I_s}〕$

$=0.025\times\ell n\frac{10}{1}+0.7=0.025\times2.303+0.7\approx0.76V$

**5 (B)**。$V_{RL}=V_Z+V_{D1}=9.3+0.7=10V$ $I_{RS}=\frac{V_{in}-V_{RL}}{R_S}=\frac{20-10}{1}=10mA$

$I_{RL}=I_{RS}-I_{ZK}=10-1=9mA$ $R_L=\frac{V_{RL}}{I_{RL}}=\frac{10}{9}\approx1.11k\Omega$

**6 (D)**。$V_1=V_2$時，兩個$R_s$可視為並聯

$V_0=(V-V_r)\times\frac{R_L}{R_s//R_s+R_f//R_f+R_L}=(2-0.7)\times12\frac{12}{1.8//1.8+0.2//0.2+12}$

$=1.3\times\frac{12}{13}=1.2V$

P.36 **7 (B)**。先不考慮稽納二極體 $V_o=V_i\times\frac{10k}{20k+10k}=30\times\frac{10}{30}=10V<V_z$

故稽納二極體關閉

**8 (C)**。先不考慮稽納二極體 $V_{8W}=10\times\frac{8}{4+8}=\frac{20}{3}>6V$

故Zener on $V_{8W}=V_z=6V$ $I_{4W}=\frac{10-6}{4}=1mA$ $I_{8W}=\frac{6}{8}=\frac{3}{4}=0.75mA$

$I_z=I_{4W}-I_{8W}=1-0.75=0.25mA$

**9 (B)**。電子濃度$n=5\times10^{22}\times\frac{1}{10^9}=5\times10^{13}\ 1/cm^3$

電洞濃度$p=\frac{n_i^2}{n}=\frac{(1.5\times10^{10})^2}{5\times10^{13}}=4.5\times10^6\ 1/cm^3$

**10 (C)**。$I_{RL}=\frac{V_L}{R_L}=\frac{V_Z}{R_L}=\frac{10}{5}=2mA$

$V_i=V_{RS}+V_L=I_{RS}\times R_S+V_Z=2mA\times1k\Omega+10V=12V$

**11 (B)**。(A)稽納二極體可逆向崩潰；(B)透納二極體對交流訊號可提供負電阻特性；(C)蕭特基二極體的操作速度快；(D)變容二極體可利用電壓控制空乏區寬度改變電容值；故選(B)。

**12 (B)**。二極體在逆向偏壓時關閉，等效於**斷路**，故選(B)。

P.37 **13 (A)**。鍺二極體的順向切入電壓約0.3V，小於約0.7V的矽二極體順向切入電壓，適合用於**檢波器**，故選(A)。

**14 (C)**。二極體可用於整流、截波與保護電路，故選(C)。

**15 (A)**。輸入6V的二極體導通$I=\dfrac{6V-1V}{1k\Omega}=5mA$

**16 (A)**。二極體逆偏時，電子與電洞受兩邊電位吸引，空乏區變寬，障壁電位增加。

**17 (B)**。施體雜質為外圍電子較矽為多的五價元素，可形成N型半導體。
受體雜質則成為P型半導體。

**18 (B)**。漂移電流係由於外加電壓引起；擴散電流係由於載子濃度不均勻引起。

**19 (A)**。$r_d=\dfrac{\eta V_T}{I_D}=\dfrac{2\times 25mv}{10mv}=5\Omega$。

**20 (A)**。順偏時，順向電阻為零，切入電壓為零；逆偏時，逆向電阻無窮大，逆向電流為零。

P.38 **21 (E)**。$V_{in,max}=\sqrt{2}V_{in,rms}=20\sqrt{2}V$，經變壓器輸出$V'_{max}=20\sqrt{2}\times\dfrac{1}{2}=10\sqrt{2}V$
**右半部為二倍壓整流電流**，故$V_o=10\sqrt{2}\times 2=20\sqrt{2}V$。

**22 (C)**。$V_{s,max}=\sqrt{2}V_{s,rms}=100\sqrt{2}V$，此電路為**二倍壓整流電路**。
$V_o=2V_{s,max}=200\sqrt{2}\approx 282V$

**23 (C)**。$V_{直流}=V_{平均}=\dfrac{2}{\pi}V_{峰}$，故$V_{峰}=\dfrac{\pi}{2}V_{直流}=\dfrac{31.4}{2}\times 15\approx 23.6V$
橋式全波PIV$=V_m=23.6V$

**24 (C)**。$Q=cv=It$，$t=\dfrac{T}{2}=\dfrac{1}{2f}=\dfrac{1}{120}\approx 8.3ms$，
故$\Delta V=\dfrac{It}{C}=\dfrac{40\times 10^{-3}\times 8.3\times 10^{-3}}{40\times 10^{-6}}=8.3V$
平均直流電壓$\dfrac{100+(100-8.3)}{2}\approx 95.8V$

**25 (A)**。漣波百分比$\dfrac{V_{漣波}}{V_{直流}}=\dfrac{2}{20}=10\%$

**26 (A)**。 漣波成分V（t）＝0.2sinωt，$V_{rms}=\frac{0.2}{\sqrt{2}}=0.141V$

漣波百分比$\frac{0.141}{10}=1.41\%$

**27 (B)**。 此電路為二倍壓整流，故$V_{ab}=2\times10=20V$。

P.39 **28 (B)**。 此電路為半流整流，漣波頻率為弦波頻率60Hz

$v_{pp}=\frac{It}{C}=\frac{V_p}{R}\frac{t}{C}$ $2=\frac{200}{10k}\times\frac{\frac{1}{60}}{C}$ $C=166.6\times10^{-6}=166.6\mu F$

**29 (A)**。 此電路為全波整流，但因**二極體反向**，故輸出電壓為負，
且會加上一個二極體壓降$V_{o,rms}\approx\frac{-10}{\sqrt{2}}+V_D=-6.37V$

**30 (A)**。 由**黑點極性法**則得$V_{in}>0$時，變壓器輸出上方為正，故$D_1$、$D_3$ on；$D_2$、$D_4$ off

**31 (B)**。 全波整流

平均電壓$V_{av}=\frac{2}{\pi}V_m=\frac{2\times20}{\pi}\pi=12.73V$

有效電壓$V_{rms}=\frac{V_m}{\sqrt{2}}=\frac{20}{\sqrt{2}}=14.14V$

P.40 **32 (C)**。 110為有效值$V_{rms}$，$V_m=\sqrt{2}V_{rms}$

半波整流$V_{av}=\frac{1}{\pi}V_m=\frac{\sqrt{2}}{\pi}V_{rms}=\frac{\sqrt{2}}{\pi}\times110=0.45V_{rms}\approx50V$

**33 (D)**。 110為有效值，$V_m=\sqrt{2}V_{rms}=155V$，經變壓器$V_o'=\frac{2}{11}\times155\approx28V$

若不計二極體壓降，全波整流後$V_o\approx V_o'=28V$

**34 (C)**。 未整流前峰值電壓$V_m=\sqrt{2}V_{rms}=110\sqrt{2}V$

整流後$V_m'=\frac{1}{5}V_m=\frac{110\sqrt{2}}{5}=22\sqrt{2}V$

**半流整流後，電表指示為平均值**

$V_{av}=\frac{1}{\pi}V_m'=\frac{22\sqrt{2}}{\pi}=\frac{\sqrt{2}}{\pi}\times22=0.45\times22=9.9V$

**35 (B)**。 先不考慮二極體，僅兩個1kΩ電阻分壓$V_o=\frac{1K}{1K+1K}\times10=5V$

故兩個二極體均為逆向無法導通

**36 (C)**。 (1) 10 sinWt經－5V壓降後為（10sinWt－5）V
範圍在－15≦10sinWt－5≦5
(2) 經－6V至＋6V的截波電路後$-6 \leq V_o \leq 5$

**37 (A)**。 輸入電壓範圍－4≦4sinΩt≦4
因**箝位電路在大於**6V**時才有作用**，故二極體off，實際電路

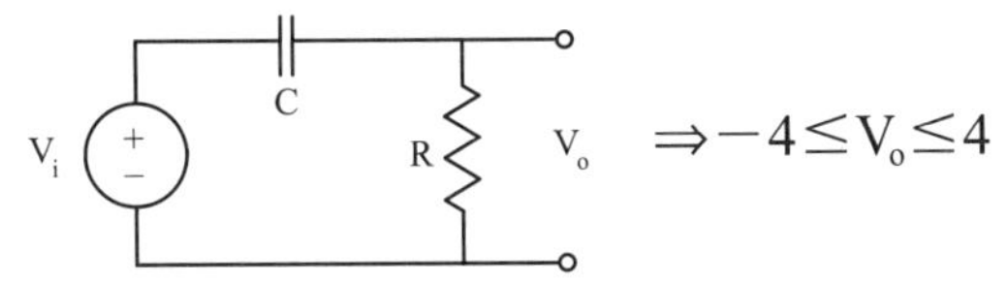


$\Rightarrow -4 \leq V_o \leq 4$

P.41 **38 (C)**。 $V_a$其實不用計算，因所有選項均為$V_a=2V$
(1) 當$V_i<2V$時，$D_1$off，$D_2$off，$V_o=2V$
(2) 當$V_i \geq 2V$，$D_1$on，$D_2$off

$$V_o=2+(V_i-2)\times\frac{2K}{2K+2K}=\frac{1}{2}V_i+1$$

故$V_i=8V$時 $V_b=\frac{1}{2}\times 8+1=5V$

(3) 當$V_i \geq 8V$時，$D_1$on，$D_2$on

$$\frac{V_o-V_i}{2K}+\frac{V_o-2}{2K}+\frac{V_o-5}{2K}=0 \quad \Rightarrow V_o=\frac{1}{3}V_i+\frac{7}{3}$$

故$V_i=11V$時 $V_c=\frac{1}{3}\times 11+\frac{7}{3}=6V$

**39 (A)**。 因箝電路限制輸出最高在＋2V，故$V_o$在$2V \geq V_o \geq -8V$之間變化

**40 (D)**。 因箝位電路限制最高輸出在＋20V，最低輸出在－10V，故
$V_{o,max}-V_{o,min}=20-(-10)=30V$

P.42 **41 (B)**。 右上圖為**箝位電路**，使－5V～5V的輸入箝位至－1V～9V
右下圖為**截波電路**，使－1V～9V的輸入截波為－1V～8V

**42 (A)**。 當$V_S<0$時，$D_1$**導通**，$V_o=V_S$

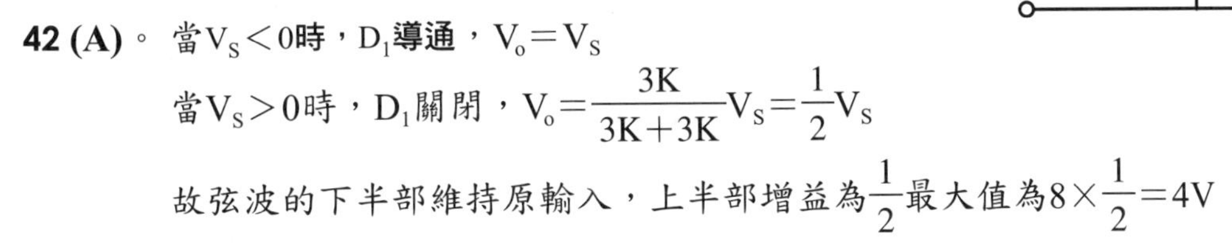

當$V_S>0$時，$D_1$關閉，$V_o=\frac{3K}{3K+3K}V_S=\frac{1}{2}V_S$

故弦波的下半部維持原輸入，上半部增益為$\frac{1}{2}$最大值為$8\times\frac{1}{2}=4V$

P.43 **43 (B)**。 直流電源供應器的內部包括將交流電升、降壓之變壓器，將交流變成脈動直流的整流器，減少脈動直流中漣波的濾波器，以及維持穩定之電壓或電流的電源調整器，故選(B)。

**44 (D)**。(C)因$V_i > V_r$，故二極體D導通，使電容充電；(B)輸出與輸入之間係以電容連接，且輸入係交流訊號，故一定有訊號輸出；(A)因箝位電路改變直流準位，故輸出波形不產生失真；(D)箝位電路僅改變直流準位，波形振幅不改變，仍為16V；故選(D)。

**45 (C)**。3V的電壓使輸入訊號準位改變成為−3V～2V的方波；二極體截波使輸出訊號成為0V～2V的方波，故選(C)。

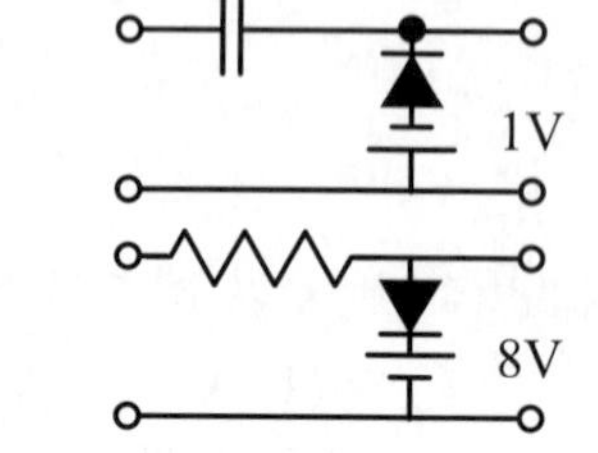


**46 (B)**。右上圖為**箝位電路**，使−5V～5V的輸入箝位至−1V～9V

右下圖為**截波電路**，使−1V～9V的輸入截波為−1V～8V

P.44 **47 (A)**。$I_{z,max}=\frac{P_{Z,max}}{V_Z}=\frac{400mW}{10V}=40mA$　$I_{500W}=\frac{50-V_Z}{0.5k}=\frac{50-10}{0.5k}=80mA$

(1) $I_{z,max}$時$I_{L,min}$為$R_{L,max}$

$I_{L,min}=I_{500W}-I_{z,max}=80-40=40mA$

$R_{L,max}=\frac{V_Z}{I_{L,max}}=\frac{10}{40mA}=0.25k\Omega=250\Omega$。

(2) $I_{z,min}$時$I_{L,max}$為$R_{L,min}$

$I_{L,max}=I_{500W}-I_{z,min}=80-0=80mA$

$R_{L,min}=\frac{V_Z}{I_{L,max}}=\frac{10}{80}=0.125k\Omega=125\Omega$。

**48 (A)**。先標出節點電壓

$I=I_{1k\Omega}-I_{2k\Omega}=\frac{12V-6V}{1k\Omega}-\frac{6V}{2k\Omega}=6mA-3mA=3mA$

**49 (A)**。此電路後半段為半波整流$V_{av}=\frac{1}{\pi}V_m$

經變壓器5：1後，$V_m=\frac{156}{5}=31.2V$　則整流後$V_{av}=\frac{V_m}{\pi}=\frac{31.2}{\pi}\simeq 10V$

註：與$R_L$無關。

P.45 **50 (B)**。此電路為一截波器把電路改成右圖較易判斷

$V_i$的範圍在$-10\leqq V_i\leqq 10$　經3V後　$-13\leqq V'\leqq 7$

經二極體後　$0\leqq V_O\leqq 7$　故最大為7V，最小為0V。

**51 (C)**。對直流的整流而言，電感為短路，電容為開路，對交流的漣波而言，電感越大且電容$C_2$越大，可減少漣波的分壓。

## 模擬測驗

**1 (D)**。(A)順向壓降與溫度成反比；(B)金屬之溫度係數通常為正；(C)熱電動勢與溫度成正比；(D)正確，故選(D)。

**2 (B)**。二極體壓降共0.7×3＝2.1V　若二極體導通則負載電流2.1mA大於電源電流0.4mA，故實際上二極體關閉

$$I_o=\frac{2.5V}{1k\Omega+1k\Omega}=1.25mA，V_o=1.25mA\times 1K\Omega=1.25V$$

**3 (D)**。P型半導體應**摻雜3價元素**，其中**硼**為3價元素，其餘為5價元素，故選(D)。

**4 (D)**。N 型半導體應**摻雜5價元素**，故選(D)。

P.46 **5 (D)**。FET**為**單載子電晶體，P通道係以**電洞**導通，故選(D)。

**6 (D)**。此電路係一二極體一電晶體的邏輯電路，若無$D_3$，則$A_1$與$B_1$點稍大於0V時電晶體即可導通，加上$D_3$則輸入電壓約需0.7V才能**使電晶體導通**，可**提高雜訊防止能力**，故選(D)。

**7 (C)**。由圖可知稽納二極體應**順向導通**，而逆向之二極體開閉

$$I=\frac{10-0.7-0.7}{2k}=4.3mA$$

**8 (A)**。(A)變容二極體係以**調整逆向偏壓**改變空乏區大小而**調整其電容值**；(B)透納二極體具有**負**電阻特性，(C)發光二極體可發光，(D)**蕭特基二極體**工作速度快，但均**工作於正向偏壓**，故選(A)。

**9 (C)**。利用二極體的單向導通特性，可抵擋繼電器中線圈在電源變換瞬間產生的逆向脈衝，故選(C)。

**10 (B)**。(A)利用三用電表可量測二極體的順向導通電壓，可檢驗出二極體的材質；(B)二極體的標號為1N4xxx、1N5xxx或1N6x等，其中第一個數字的1表示有一個pn接面；(C)二極體有環狀記號端為N極，可用以判斷二極體方向；(D)鍺二極體的障壁電壓小於矽二極體，對訊號的影響較小，適合用在截波電路；故(B)錯誤。

**11 (A)**。(A)二極體的標號為1N4xxx、1N5xxx或1N6x等，其中第一個數字的1表示有一個pn接面；(B)第一個數字的2表示有兩個pn接面，為電晶體；(C) 74xx為TTL IC，其中7404為反閘；(D)78xx為穩壓IC，故選(A)。

**12 (C)**。溫度上升時，障壁電壓變小，其餘正確，故選(C)。

P.47 **13 (D)**。 16V輸入的二極體導通，$V_{out}$＝16V使2V、4V、8V輸入的二極體逆向偏壓關閉，故選(D)。

**14 (B)**。 (A) μA741為運算放大器；(B)1Nxxxx為二極體；(C)2Nxxxx為電晶體；(D) NE 555為計時器IC；故選(B)。

**15 (B)**。 蕭特基二極體係由金屬與N型半導體所構成，(A)因無P型半導體，故係由多數載子的電子傳導電流；(B)無P型半導體，故無空乏區；(C)無空乏區，故導通速度快；(D)無空乏區，截止速度亦快；故(B)錯誤。

**16 (A)**。 －3V輸入的二極體導通，$V_{out}$＝－3V使0V、3V、5V輸入的二極體逆向偏壓關閉，故選(A)。

**17 (A)**。 當溫度上升時，二極體的逆向飽和電流增加，可避免電晶體的熱跑脫，故該二極體係用於**溫度補償**，選(A)。

**18 (B)**。 該二極體係作為溫度補償穩定偏壓之用，故選(B)。

P.48 **19 (B)**。 $I_{i,max}=\frac{V_{i,max}-V_z}{100\Omega}=\frac{15-10}{100}=0.05A$

$I_{RL,min}=\frac{V_z}{R_{L,max}}=\frac{10}{1000}=0.01A$

$I_{z,max}=I_{i,max}-I_{RL,}min=0.05-0.01=0.04A$

$P_{z,max}=I_{z,max}\times V_z=0.04\times 10=0.4W$

**20 (C)**。 輸入5V的二極體導通，其餘關閉$I_R=\frac{5V}{1k\Omega}=5mA$

**21 (C)**。 二極體導通 $I=\frac{15V-5V}{1k\Omega}=10mA$

**22 (A)**。 運算放大器正端接地，但負端輸入電壓為正，將使運算放大器輸出為負電壓，故二極體$D_1$關閉，$D_2$導通；$D_2$導通後因負回授及虛接地之作用使運算放大器負端電壓接近0V，電阻20k上無電流，$V_o$為0V，故選(A)。

**23 (B)**。 漣波因數r係漣波電壓$V_{r(rms)}$與直流電壓$V_{dc}$**之比值**，**理想的漣波因數應為**0，半波整流的r是121%，全波是48%，故選(B)。

**24 (D)**。 假設輸入電壓220V為$V_m$，故變壓器輸入$V_i$＝220V

$V_{o,max}=V_{o,min}+V_r=10+0.1=10.1V$

變壓器輸出$V_o'=V_{o,max}+2V_D=10.1+2\times 0.7=11.5$

故線圈比$\frac{V_i}{V_o'}=\frac{220}{11.5}\cong 19.1$

P.49 **25 (B)**。假設兩個二極體均導通，

$$\frac{V_i-V_o}{1K}=\frac{V_o-V_D-1}{1K}+\frac{V_o-V_D-2}{1K}$$

$$V_o=\frac{1}{3}(V_i+2V_D+3)$$

$$=\frac{1}{3}(3.7+2\times0.7+3)$$

$=2.7V>2V$ 故二極體導通合理

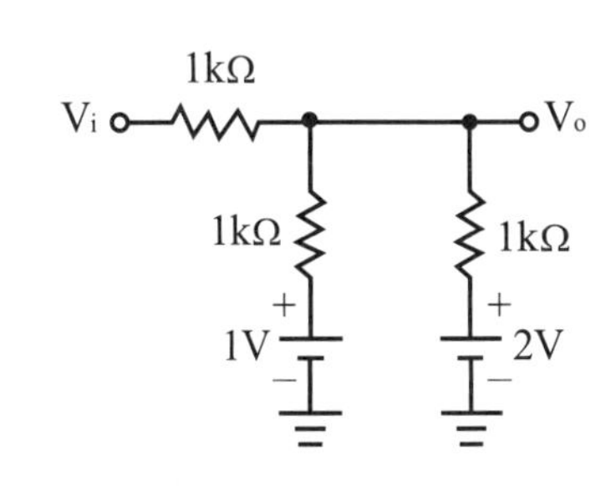


**26 (D)**。訊號週期 $T=\frac{1}{f}=\frac{1}{500}=2ms$　　放電時間 $\frac{T}{2}=1ms$

時間常數 $Z=RC=10\times\frac{T}{2}=5T\Rightarrow R=\frac{5T}{C}=\frac{5\times2\times10^{-3}}{0.1\times10^{-6}}=100\times10^3=$ $100k\Omega$

**27 (D)**。(1)輸出5V時，$D_2$關閉，$D_1$視為導通或關閉均可，假設$D_1$關閉

$$V_o=\frac{10K}{1K+10K}\times V_i\Rightarrow V_i=\frac{11K}{10K}\times V_o=\frac{11}{10}\times5=5.5V$$

(2)輸出10V時，$D_1$導通，$D_2$假設為關閉

$$\frac{V_i-V_o}{1K}=\frac{V_o}{10K}+\frac{V_o-5}{10K}$$

$$\Rightarrow V_i=\frac{1}{10}[12V_o-5]=\frac{1}{10}[12\times10-5]=11.5V$$

**28 (B)**。箝位器的輸出總振幅（峰對峰值）與輸入總振幅相等，故選(B)。

P.50 **29 (D)**。由電路圖中可看出，若$V_o$訊號大於4V，則二極體會導通，使$V_o$輸出訊號箝位在4V以下，故選(D)。

**30 (A)**。此電路為一截波電路，當輸入訊號大於$V_D+V_Z$或輸入訊號小於$-(V_D+V_Z)$時訊號會被截波，但因此題輸入訊號小於此範圍，實際上截波電路無作用，故選(A)。

**31 (C)**。箝位電路之作用為改變直流準位，故選(C)。

**32 (A)**。此箝位電路會將電容充電使輸出電壓最低值提高至0V，提升5V的直流準位，故選(A)。

P.51 **33 (B)**。當輸入訊號小於0V時，二極體關閉使訊號截波，故選(B)。

**34 (B)**。4V上方的二極體因逆向偏壓關閉，而6V上方的二極體因順向偏壓導通，故$V_o=6V$，選(B)。

**35 (A)**。因箝位電路限制輸出最高在＋2V，故$V_o$在$2V \geq V_o \geq -8V$之間變化

**36 (D)**。當$\begin{cases} V_i \geq 5V\text{時二極體導通，}V_o = 5V \\ V_i < 5V\text{時二極體關閉，}V_o = V_i \end{cases}$

故$\begin{cases} V_i\left(\frac{\pi}{2}\right) = 10\sin\frac{\pi}{2} = 10 \\ V_i\left(\frac{3\pi}{2}\right) = 10\sin\frac{3\pi}{2} = -10 \end{cases} \Rightarrow \begin{cases} V_o\left(\frac{\pi}{2}\right) = 5V \\ V_o\left(\frac{3\pi}{2}\right) = -10V \end{cases}$

P.52 **37 (B)**。$V_{i,max} = 6V$，二極體順向無壓降 $V_o = V_i - V_z = 6 - 3 = 3V$。

**38 (A)**。$V_i = 3V$時

$I_B = \frac{V_i - V_{BE}}{100k} = \frac{3-0.7}{100k} = 0.023mA$ $I_C = \beta I_B = 2.3mA$

$V_o = V_{CC} - I_C R_C = 10 - 2.3 \times 1 = 7.7V$。

# 第三章 雙極性接面電晶體

## 觀念加強

P.54 **1 (D)**。電晶體工作在飽和區時基極對射極接面與基極對集極接面皆順偏，故選(D)。

**2 (D)**。雙載子電晶體的摻雜濃度射極最高，集極最低，故選(D)。

**3 (D)**。(A)(B)對BJT而言，除逆向主動操作外，$I_E = I_B + I_C$成立，與NPN或PNP無關；(C)共射極放大器為基極輸入，集極輸出，其電流比值極為β；(D)共集極放大器為基極輸入，射極輸出，其電流比值為β＋1；故選(D)。

P.55 **4 (D)**。(A)(B)(C)皆為真空管之缺點，(D)為電晶體之優點，故選(D)。

**5 (C)**。PNP電晶體在工作區時，射極電壓大於基極電壓大於集極電壓，故選(C)。

P.57 **6 (C)**。達靈頓電路係由共集極放大電路及共射極放大電路所構成，通常作為(E)電流放大器；與共射極放大電路相比較，可提供(D)高電流增益以及(A)高輸入阻抗和(B)低輸出阻抗；但因共集極放大電路並不提供電壓增益，故選(C)。

**7 (A)**。(A)射極隨耦器為共集極放大器，其餘(B)(C)(D)正確，故選(A)。

**8 (D)**。達靈頓電路係由共集極放大電路及共射極放大電路所構成，其中(A) Q1與Q2係直接耦合；與共射極放大電路相比較，(B)輸入阻抗$R_{in} \approx \beta r_p$極高；(C)輸出阻抗$R_{out} \approx r_e$極低；(D)電流增益$A_I \approx \beta^2$；故選(D)。

P.59 **9 (B)**。工作點應在作用區的中間較佳，故選(B)。

**10 (B)**。(A)電晶體操作在作用區時，BE接面順偏、BC接面逆偏；(B)電晶體操作在飽合區時，BE接面順偏、BC接面順偏；(C)輸入阻抗：CB＜CE ≈ CC (D)輸出阻抗：CC＜CE ≈ CB，故選(B)。

**11 (A)**。減少$R_B$電阻值，$I_B$電流變大，$I_C$電流隨之變大，$R_C$電阻上壓降增加，$V_{CE}$壓降變小，$I_B$變大$V_{CE}$變小為A點，故選(A)。

P.60 **12 (D)**。$R_B$電阻值變大，$I_B$電流減小，$I_C$電流隨之減小，$R_C$電阻上壓降減小，$V_{CE}$壓降變大，$I_C$變小$V_{CE}$變大為D點，故選(D)。

P.61 **13 (A)**。先不考慮電晶體中的電流，左半部電路可使電晶體基極B有6V的分壓，故此電晶體應於**主動區**工作，故選(A)。

P.63 **14 (D)**。溫度升高時，BE界面的二極體導通電壓降低，使$I_C$增加，$V_{CE}$減少，故選(C)。

## 試題演練

### 經典考題

P.64 **1 (B)**。本題由數字即可直選(B)。

$I_E = (\beta+1)I_B \Rightarrow \beta \approx 100 \quad \alpha = \dfrac{\beta}{\beta+1} \approx 0.99$

**2 (B)**。$\beta = \dfrac{\alpha}{1-\alpha} = \dfrac{0.98}{1-0.98} = 49 \quad I_E = (\beta+1)I_B = 50 \times 0.04 = 2mA$

**3 (A)**。電晶體操作於飽和區與截止區係作為開關使用，而擴音器的放大器係用於放大類比訊號，不適合以數位電路的方式驅動，故選(A)。

**4 (C)**。當開關使用時，飽和區表示開關閉合（導通），截止區表示開關開路（關閉），故選(C)。其實本題語意上易使考生產生誤解。

**5 (D)**。$V_{in} = 0V$　　電晶體開關故$V_o = 0V$。

**6 (B)**。使開關閉合表示在飽和區

$$I_C=\frac{V_{CC}-V_{CE,sat}}{R_C}=\frac{20-0.2}{0.1k\Omega}=198mA \qquad I_{B,min}=\frac{I_C}{\beta}=\frac{198}{100}=1.98mA$$

$$R_{B,max}=\frac{V_i-V_{BE,sat}}{I_{B,min}}=\frac{5-0.8}{1.98}=2.12k\Omega$$ 故選(B)。

P.65 **7 (D)**。$Q_1$及$Q_2$構成達靈頓電晶體，故為共集極放大器，$A_V=\frac{V_0}{V_i}\simeq 1$。

**8 (D)**。達靈頓電路的$A_v$低，$A_I$高，$R_i$高，$R_o$低，為串級直接耦合。

**9 (C)**。$V_{EE}=-0.7V$

$$I_E=\frac{-0.7-(-10)}{10K}=0.93mA \qquad I_c=\frac{\beta}{\beta+1}\times I_E=\frac{50}{51}\times 0.93\approx 0.91mA$$

$$V_c=V_{cc}-I_cR_c=10-0.91\times 5\approx 5.45V$$

**10 (A)**。**飽合時**，$V_C\approx 0V$

$$I_c=\frac{V_{cc}-V_c}{R_c}=\frac{5-0}{1}=5mA \qquad I_B=\frac{I_c}{\beta}=\frac{5}{100}=0.05mA$$

P.66 **11 (B)**。**直流負載線為直流訊號的特性**，無法由此線得知交流頻率響應特性，故(B)錯誤，其餘(A)(C)(D)正確；選(B)。

**12 (A)**。因$\beta=100$，$R_C+R_E$僅3KΩ，$I_C$約數mA合理，$I_B$應有數十mA故可選(A)錯誤

$$I_B=\frac{V_{BB}-V_{BE}}{R_B+(\beta+1)(r_e+R_E)}\approx\frac{20-0.7}{400+101\times 1}\approx 0.0385mA=38.5\mu A$$

$$I_C=\beta I_B=3.85mA$$

$$V_E=I_{ERE}=\frac{\beta+1}{\beta}I_CR_E\approx 3.89V$$

$$V_{CE}=V_{CC}-I_CR_C-V_E=20-3.85\times 2-3.89\approx 8.41V$$

**13 (A)**。(A) $\beta=\frac{\alpha}{1-\alpha}$，α 減少 ⇒β 減少，故錯誤

$$\beta=\frac{0.99}{1-0.99}=99，\beta'=\frac{0.98}{1-0.98}=49$$

(B) $I_E=(\beta+1)I_B$

$I_E=(99+1)I_B=2mA$，$I_E'=(49+1)I_B=1mA$

(C) $I_C=\beta I_B$

$I_C=99I_B=1.98mA$，$I_C'=49I_B=0.98mA$

(D) $I_C=\beta I_B=\beta' I_B'$，β減小，$I_B$變大，正確

**14 (C)**。(A) $V_{BB}=1.15V$

$$I_B=\frac{V_{BB}-V_{BE}}{R_B}=\frac{1.15-0.7}{10k}=\frac{0.45}{10k}=0.045mA$$

$$V_{CE}=V_{CC}-I_CR_C=5-100\times0.045mA\times1k=0.5V$$

(B) $V_{BB}=1V$

$$I_B=\frac{V_{BB}-V_{BE}}{R_B}=\frac{1-0.7}{10k}=\frac{0.3}{10k}=0.03mA$$

$$I_C=\beta I_B=100\times0.03=3mA$$

(C) $V_{BB}=5V$，BJT會在飽和區

$$I_C=\frac{V_{CC}-V_{CE}}{R_C}=\frac{5-0.2}{1k}=4.8mA \quad \text{故錯誤}$$

(D) $V_{BB}=0V$時，BJT關閉，$I_C=0mA$

$$V_{CE}=V_{CC}-I_CR_C=5V$$

P.67 **15 (B)**。$V_{CE}=V_{CC}-I_CR_C=V_{CC}-\beta I_BR_C=V_{CC}-\beta\frac{V_{CC}-V_{BE}}{R_B}\cdot R_C$

若改變$R_C$則負載線會改變，故不可能選(C)(D)

而增加$R_B$，$V_{CE}$增加，故選(B)

**16 (D)**。假設在主動區，$V_B=V_{BE}=0.7V$　則$V_{BE}+I_BR_B+(I_B+I_C)R_C=20V$

$$0.7+I_B\times200k+(1+\beta)I_B\times2k=20V\Rightarrow I_B=\frac{20-0.7}{200k+51\times2k}\simeq0.064mA$$

$$P=IV=(\beta+1)I_BV_{cc}=51\times0.064\times20\simeq65.2mW$$

## 模擬測驗

**1 (C)**。(A)2SB為低頻PNP型電晶體編號；(B)1N為二極體編號；(C)2SC為高頻NPN型電晶體編號；(D)2SK為N通道場效應電晶體編號；故選(C)。

**2 (D)**。電容$C_B$可避免在高輸入電壓訊號時電晶體進入深飽和區而使電晶體關閉時間過長之效應，可加速電晶體之導通與關閉速度，故選(D)。

P.68 **3 (B)**。電晶體關閉時係在截止區，故選(B)。

**4 (B)**。此題與88年聯招相同，**電晶體關閉時係在截止區**，故選(B)。

**5 (C)**。功率電晶體的金屬外殼為**集極**，故選(C)。

**6 (A)**。電容$C_B$可儲存或提供基極導通或關閉時所需之載子，**可縮短電晶體的切換時間，提高操作速率**，故選(A)。

**7 (D)**。電感性負載在電路切換電流瞬間變化時，會有大的感應電壓產生，可能會破壞電路，**可利用二極體隔絕保護**，故選(D)。

**8 (B)**。 此為**電晶體工作在飽和區之定義**，故選(B)。

**9 (B)**。 集極開路時$I_C=0$，$\beta I_B \geq I_C$定成立，可視為工作在飽和區，故選(B)。

**10 (C)**。 (A) μA741為運算放大器；(B)1Nxxxx為二極體；(C)2Nxxxx為電晶體；(D)NE555為計時器IC；故選(C)。

**11 (A)**。 $I_C=\beta I_B$，故電晶體工作在主動區，選(A)。

P.69 **12 (C)**。 如題之偏壓稱為逆向主動區，因電晶體並非對稱之結構，集極與射極雖為相同之多數載子之半導體，但射極摻雜濃度大於基極摻雜濃度，故當電晶體逆向操作時，耐壓及增益皆降低，通常不會以此方式操作；選(C)。

**13 (B)**。 本題由數字即可直選(B)

$I_E=(\beta+1)I_B \Rightarrow \beta \approx 100 \quad \alpha=\dfrac{\beta}{\beta+1} \approx 0.99$

**14 (C)**。 (A)2SB為低頻PNP型電晶體編號；(B)1N為二極體編號；(C)2SC為高頻NPN型電晶體編號；(D)2SK為N通道場效應電晶體編號；故選(C)。

**15 (C)**。 $V_I=0.7V$時，恰可使電晶體導通，但$I_B=\dfrac{V_I-V_{BE}}{100k}=\dfrac{0.7-0.7}{100k}=0$

故亦可視為在截止區，$V_{CE}=V_{CC}=10V$

**16 (B)**。 $I_B=\dfrac{V_{CC}-V_{BE}}{R_B}=\dfrac{10-0.7}{100k}=\dfrac{9.3}{100k}=0.093mA$

$I_C=\beta I_B=100\times 0.093=9.3mA$

P.70 **17 (C)**。 $I_E=(\beta+1)I_B \qquad \dfrac{I_E}{I_B}=\beta+1=\dfrac{6.06}{0.06}=101 \Rightarrow \beta=100$

**18 (B)**。 此題其實不用看電路圖，題目已說明此電晶體當做開關使用，即應操作於**飽和區與截止區**，故選(B)。

**19 (A)**。 輸入電壓5V且電晶體當開關可知電晶體應工作於飽和區，$V_o=V_{CE,sat}=0.2V \approx 0V$，故選(A)。

**20 (B)**。 輸入電壓5V且電晶體當開關可知電晶體應工作於飽和區，故選(B)。

P.71 **21 (B)**。 $V_{CE}=V_{CC}-I_CR_C=V_{CC}-\beta I_BR_C=V_{CC}-\beta\dfrac{V_{CC}-V_{BE}}{R_B}\cdot R_C$

若改變$R_C$則負載線會改變，故不可能選(C)(D)

而增加$R_B$，$V_{CE}$增加，故選(B)。

**22 (A)**。假設$V_{CE,sat}=0V$

$$R_C=\frac{5V-2V}{15mA}=\frac{3}{15}=0.2K\Omega=200\Omega$$

$$R_{B,max}=\frac{10-V_{BE}}{I_{B,min}}=\frac{10-V_{BE}}{I_C/\beta}=\frac{10-0.7}{15mA/30}=18.6K\Omega$$

故$R_B=25K\Omega$時，不會飽和，可選擇$R_B=15K\Omega$

**23 (A)**。$I_C=\frac{V_{CC}-V_{CE,sat}}{R_C}=\frac{10-0.2}{4.66}\simeq 2mA$

在飽和區的$I_{B,min}=\frac{I_C}{\beta}=\frac{2}{100}=0.02mA$

$R_{B,max}=\frac{V_i-V_{BE}}{I_{B,min}}=\frac{5-0.7}{0.02}=\frac{4.3}{0.02}=215K\Omega$ 故選(A)。

P.72 **24 (D)**。$V_{BB}=V_{CC}\times\frac{40K}{120K+40K}=12\times\frac{40}{160}=3V$

$$R_{BB}=120K//40K\Omega=\frac{120\times 40}{120+40}=30K\Omega$$

$$I_B=\frac{V_{BB}-V_{BE}}{R_{BB}}=\frac{3-0.8}{30}=0.073mA$$

飽和 $I_{C,max}=\beta I_B=100\times 0.073mA=7.3mA$

$$R_{C,min}=\frac{V_{CC}-V_{CE,sat}}{I_{C,max}}=\frac{12-0.2}{7.3}=1.61K\Omega=1610\Omega$$

**25 (A)**。因$R_{C,min}=1.61k\Omega$可在飽和區，故$R_C=5k\Omega$在飽和區，
此時$I_B=0.073mA$不變

$I_C=\frac{V_{CC}-V_{CE,sat}}{R_C}=\frac{12-0.2}{5}=2.36mA$ $\beta=\frac{I_C}{I_B}=\frac{2.36}{0.073}\simeq 32.3$

其實此時β應無最大最小值之問題，但若$\beta=100$則非飽和區，故選$\beta=32.3$為最小值

# 第四章　雙極性接面電晶體放大電路

## 觀念加強

P.75 **1 (D)**。該旁路電容提供交流記號接地，可提高電壓增益，故選(D)。

**2 (C)**。(A)輸入阻抗增加，(B)輸出阻抗增加，(C)電壓增益降低，(D)射極電阻提供負回授迴路降低失真，故選(C)。

**3 (C)**。(A)(D)$I_c = \beta I_b$，故錯誤；(B)可視為正確，但(C)為放大信號的主因，故選(C)。

**4 (B)**。$C_4$為旁路電容，提供訊號接地可增加電壓增益，$C_2$可消除$R_1$與$R_2$負回授效應增加電壓增益，故選(B)。

P.76 **5 (C)**。在共射極放大電路中加入射極電阻可提供負回授，提高工作點的穩定度，但會降低電壓增益，此缺點可藉由加入並聯的旁路電容提供小訊號接地改善之，故選(C)。

**6 (D)**。由電路可判斷出$R_4$提供回授路徑，有米勒效應，故選(D)。

P.77 **7 (B)**。(A)共接地點在基極，為共基極放大電路；(B)共基極放大電路電流增益為a小於1；(C)$C_3$為一耦合電容，可用來提高電壓增益；(D)因輸出電流不受負載影響，故增加負戴$R_L$會增加電壓增益；故選(B)。

**8 (A)**。輸入記號在射極，輸出負載在集極，可知為共基極放大器，故選(A)。

P.79 **9 (B)**。(A)共基極組態僅提供電壓放大；(B)共射極組態提供電流與電壓放大；(C)(D)射極隨耦器即共集極組態，僅提供電流放大；故選(B)。

**10 (B)**。(A)共基極放大器提供電壓放大，無電流放大；(B)共射極放大器提供電流與電壓放大，乘積最大；(C)共集極放大器提供電流放大，無電壓放大；(D)非雙載子接面電晶體組態；故選(B)。

**11 (C)**。(A)共基極電路提供電壓放大，無電流放大；(B)共射極電路提供電流與電壓放大，乘積最大；(C)共集極電路提供電流放大，無電壓放大；(D)非電晶體電路；故選(C)。

**12 (C)**。(A)共集極之輸入阻抗與共射極之輸入阻抗近似，較高，而共基極之輸入阻抗最低；(B)共射極放大器提供電流與電壓放大，其乘積即功率增益最大；(C)共基極之輸出阻抗與共射極之輸出阻抗近似，較高，而共集極之輸出阻抗最低；(D)共射極為電壓反相放大；故選(C)。

**13 (A)**。(A)共基極組態提供電壓放大，無電流放大；(B)共射極組態提供電流與電壓放大；(C)共集極組態提供電流放大，無電壓放大；故選(A)。

**14 (C)**。(A)無射極電阻之共射極放大電路提供電流與電壓放大，輸入阻抗高，輸出阻抗高；(B)有射極電阻之共射極放大電路提供較低之電流與電壓放大，但更高之輸入阻抗與輸出阻抗；(C)共基極放大電路提供電壓放大，無電流放大，輸入阻抗低，輸出阻抗高；(D)共集極放大電路提供電流放大，無電壓放大，輸入阻抗高，輸出阻抗低；故選(C)。

| | 共射極CE | 有RE之共射極 CE with RE | 共集極CC | 共基極CB |
|---|---|---|---|---|
| 輸入阻抗 | 高 | 最高 | 高 | 低 |
| 輸出阻抗 | 高 | 最高 | 低 | 高 |
| 電壓放大 | 高 | 低 | 無 | 高 |
| 電流放大 | 高 | 低 | 高 | 無 |

**15 (A)**。共集極放大器輸出阻抗最低，故選(A)。

## 試題演練

### 經典考題

P.80

**1 (A)**。電流增益$A_I = h_{fe} \cdot h_{fe} = 20 \times 20 = 400A/A$

輸入阻抗$R_{in} = (h_{fe}+1)[r_e + (h_{fe}+1)(r_e + R_E)] \approx h_{fe} \cdot h_{fe} \cdot R_E$

$= 20 \times 20 \times 1K = 400k\Omega$

**2 (B)**。$I_E = (h_{fe}+1) IB = (99+1) 50 \times 10^{-6} = 5000 \times 10^{-6} = 5mA$

$r_e = \dfrac{V_T}{I_E} = \dfrac{25 \times 10^{-3}}{5 \times 10^{-3}} = 5\Omega$

**3 (D)**。$\dfrac{I_o}{I_i} = \dfrac{I_b}{I_i}\dfrac{I_c}{I_b}\dfrac{I_o}{I_c} = \dfrac{90k//10k}{90k//10k + 4k} \times h_{fe} \times (-1) = -\dfrac{9k}{9k+4k} \times 200 \approx -138A/A$

**4 (D)**。$R_{in} = R_{BB} + h_{ie} + (h_{fe}+1) R_E = 2k + 1k + (100+1) \times 2k = 205k\Omega$

P.81

**5 (A)**。室溫下$V_T \approx 26mV$　$r_e = \dfrac{V_T}{I_E} \approx \dfrac{26mV}{1mA} = 26\Omega$

**6 (A)**。$R_i = 50k//5k//[(\beta+1)(re + 1k)] \approx 5K\Omega$

$R_o \approx 4K\Omega$

$A_v = -\dfrac{\alpha R_c}{r_e + R_E} \approx -\dfrac{4k}{r_e + 1k} \approx -4V/V$

**7 (A)**。$r_e = \dfrac{h_{ie}}{h_{fe}} = \dfrac{1K}{50} = \dfrac{1000}{50} = 20\Omega$　$A_V = -\dfrac{R_c}{r_e} = -\dfrac{3000}{20} = -150V/V$

**8 (D)**。當假設BJT在工作區時，會求出$I_B=50\mu A$，$I_E=5mA$

$V_E=V_{CC}-I_CR_C=12-5\times6=-18V$，不合理，故BJT在飽和區

$$V_{BB}=V_{CC}\times\frac{R_{B2}}{R_{B1}+R_{B2}}=12\times\frac{12k}{12k+12k}=6V$$

$$R_{BB}=R_{B1}//R_{B2}=12k//12k=\frac{1}{\frac{1}{12}+\frac{1}{12}}=6k\Omega$$

$V_{BB}=I_ER_E+V_{BE}+I_BR_{BB}$

$$\begin{cases}V_{CC}=I_ER_E+V_{CE,sat}+I_CR_C\\I_E=I_B+I_C\end{cases}$$

$$\begin{cases}6=(I_B+I_C)\times1+0.7+I_B\times6\\12=(I_B+I_C)\times1+0.2+I_C\times6\end{cases}$$

$$\begin{cases}7I_B+I_C=5.3\\I_B+7I_C=11.8\end{cases}$$

$$\begin{cases}I_B\approx0.52mA=520\mu A\\I_C=1.61mA\\I_E=2.13mA\end{cases}$$

**9 (A)**。因工作在飽和區，故$A_V\approx0$

P.82 **10 (C)**。$Z_0=R_E//\frac{r_\pi}{B+1}=R_E//r_e\approx r_e$　直流 $I_E=\frac{V_{CC}-V_{BE}}{R_E+\frac{R_B}{\beta+1}}=\frac{10-0.7}{2.5+\frac{750}{101}}=0.93mA$

$$r_e=\frac{V_T}{I_E}=\frac{26}{0.93}\approx27.9\Omega$$

**11 (A)**。有$R_E$的共射極放大 $A_V\approx\frac{\alpha R_C}{r_e+R_E}=-\frac{R_C}{R_E}=-\frac{4.3}{6.8}=-0.63V/V$

**12 (D)**。此電路係透過$R_E$回授，故(D)錯誤

**13 (B)**。$V_{BB}=V_{CC}\times\frac{R_{B2}}{R_{B1}+R_{B2}}=22\times\frac{5}{45+5}=2.2V$

$$R_{BB}=R_{B1}//R_{B2}=5//45=\frac{1}{\frac{1}{5}+\frac{1}{45}}=4.5k\Omega<<\beta R_E$$

$V_B=V_{BB}-I_BR_B\approx V_{BB}=2.2V$

$V_E=V_B-V_{BE}=2.2-0.7=1.5V$

$$V_{RC}=I_CR_C\approx I_ER_C=\frac{V_E}{R_E}\times R_C=\frac{1.5}{1.5}\times10=10V$$

$V_{CE}=V_{CC}-V_{RC}-V_E=22-10-1.5=10.5V$

P.83 **14 (C)**。 $V_T=25mV$，$r_e=\dfrac{V_T}{I_E}=25\Omega$ $Z_b=(\beta+1)r_e\approx2.5k\Omega$ $Z_o\approx R_C=10k\Omega$

$A_v=-gmR_C=-\dfrac{R_C}{R_e}=-\dfrac{10000}{25}=-400V/V$

**15 (B)**。 $I_B=\dfrac{V_{CC}-V_{BE}}{R_B}=\dfrac{10-0.7}{100k}=\dfrac{9.3}{100k}=0.093mA$

$I_C=\beta I_B=100\times0.093=9.3mA$

**16 (D)**。 共射極組態放大電流及電壓，功率增益最大。

**三種電晶體基本放大器之基本特性比較表**

| | 共射極CE | 有$R_E$之共射極 CE with $R_E$ | 共集極CC | 共基極CB |
|---|---|---|---|---|
| **輸入阻抗** | 高 | 最高 | 高 | 低 |
| **輸出阻抗** | 高 | 最高 | 低 | 高 |
| **電壓放大** | 高 | 低 | 無 | 高 |
| **電流放大** | 高 | 低 | 高 | 無 |
| **功率增益** | 高 | 中 | 低 | 中 |

**17 (C)**。 射極隨耦器的電流增益為$i_e$對$i_b$。$A_I=\beta+1$，大於1；其餘正確。

**18 (A)**。 $Z_i=50k\Omega//[r_p+(\beta+1)1k\Omega]$

$\simeq 50k\Omega//(100+1)\times1k\Omega\simeq50k\Omega//100k\Omega\simeq33.3k\Omega$

可選出(A)，$33.5k\Omega$為較精確之數值。

**19 (C)**。 (A)$R_E$提供負回授的迴路；(B)$R_E$提高輸入阻抗；(C)因負回授$R_E$可增加電路穩定度；(D)$R_E$降低增益。

P.84 **20 (C)**。 分壓電路阻抗為$6M\Omega//3M\Omega$

達靈頓電晶體的阻抗為

$(\beta+1)[r_{e1}+(\beta+1)(r_{e2}+R_E//R_L)]\simeq\beta^2(R_E//R_L)=80^2\times(2k\Omega//2k\Omega)=6.4M\Omega$

故$Z_i=6M\Omega//3M\Omega//6.4M\Omega=(6M\Omega//6.4M\Omega)//3M\Omega\simeq1.5M\Omega$

**21 (C)**。 $A_V$：CB＜CE＜CC

$A_I$：CC＞CE＞CB $R_i$：CC＞CE＞CB $R_o$：CB＞CE＞CC 故此項錯誤。

**22 (D)**。 共基極適合用在高頻放大電路中改善頻率響應。

**23 (A)**。 BJT開路（相當於OFF）係在截止區，短路（相當於ON）係在飽和區。

**24 (C)**。 (A)共射極高頻響應不佳；(B)(C)共集極$A_V \simeq 1$，為電壓隨耦器，可作阻抗匹配；(D)共基極$A_I \simeq 1$。

**25 (A)**。 設 $V_{BE} \simeq 0V$，則$V_E = V_B - V_{BE} \simeq 0V$

$$I_E = \frac{V_E - (-V_{EE})}{R_E} = \frac{0-(-20)}{40k} = 0.5mA \quad r_e = \frac{V_T}{I_E} = \frac{25mv}{0.5mA} = 50\Omega$$

$Z_{in} \simeq (\beta+1)(r_e + 40k//40\Omega) \simeq (100+1)(50+40) \simeq 9k\Omega$。

## 模擬測驗

P.85 **1 (C)**。 此電路為**有回授者**

但$h_0 \times Z_L = 7.6\times10^{-6}\times2.5\times10^3 = 0.019 << 0.1$可忽略，

故$Z_i \approx h_i = 3.2\times10^3$選(C)

**2 (B)**。 $C_2$為旁路電容，對直流而言相當於開路，但對交流小訊號而言相當於接地，若$C_2$開路，則直流工作點不變，仍為放大電路，但小訊號增益變小，故選(B)。

**3 (B)**。 $C_2$為旁路電容，電容值改變不影響中頻增益，但電容值較小者，其低頻 3dB 截止頻率較高，故選(B)。

**4 (C)**。 $C_2$短路後，其直流偏壓使電晶體飽和，輸出電壓在最低點，故輸入0V或正半週均會使電晶體飽和，僅在輸入足夠負電壓使電晶體進入主動區時才能負向放大，故選(C)。

**5 (C)**。 旁路電容$C_E$對交流小訊號而言相當於接地，可提高增益，故選(C)。

**6 (C)**。 小信號操作的**主要目的為保持線性放大**，其主要為電壓放大或電流放大，功率雖然也會放大，但非主要目的，故選(C)。

# 第五章 金氧半場效電晶體

## 觀念加強

P.89 **1 (A)**。 場效電晶體FET單靠電子或電洞傳導電流，其餘元件為雙載子元件，故選(A)。

**2 (D)**。對N型MOSFET而言，導通條件為$V_{GS} \geq V_T$，在三極區或飽和區則視$V_{GD}$而定，故選(D)。

**3 (D)**。(A)場效應電晶體（FET）通常可分成JFET及MOSFET二類；(B)JFET及MOSFET均可分成N通道及P通道兩種；(C)MOSFET又分成空乏型及增強型兩種，JFET則一定操作在空乏模式；(D)FET的輸入閘為絕緣層，輸入阻抗接近無窮大；故選(D)。

**4 (D)**。CMOS 靜態功率為零，平均消耗功率最低，故選(D)。

**5 (C)**。PMOS電晶體的電流係由S極流向D極，$I_{DS}$為負極，而臨界電壓$V_T < 0$，圖中(C)為增強型PMOS電晶體，(D)則為增強型NMOS電晶體，故選(C)。

**6 (B)**。箭號表示半導體接面由P到N的方向，(A)空乏型N通道MOSFET；(B)增強型P通道MOSFET；(C)增強型N通道MOSFET；(D)增強型N通道MOSFET，故選(B)。

P.90 **7 (D)**。由N通道可知甲區為$n^+$型，乙區為p型；由增強型可知臨界電壓$V_T > 0$，而導通條件為$V_{GS} \geq V_T$，故選(D)。

**8 (C)**。MOSFET係由電壓控制，故選(C)。

**9 (C)**。(A)FET的閘極具高輸入阻抗；(B)FET的源極及汲極為對稱結構，可對調使用；(C)FET高頻響應較BJT為差，增益頻寬積較小；(D)BJT的基極甚薄，受幅射影響較大；故選(C)。

## 試題演練

### 經典考題

P.93 **1 (D)**。**飽和條件**$V_{GD} \geq V_t$

$V_G - V_D \geq -2$

$V_D \leq V_G + 2$

$V_D \leq 2V$

**2 (C)**。$V_G = V_D = V_{DD} - I_D R_D = 20 - 0.3\,(V_{GS} - 2)^2$

$V_{GS} = V_G - V_S = V_G - 0 = V_G$

故$V_{GS} = 20 - 0.3\,(V_{GS} - 2)^2 = 20 - 0.3V_{GS}^2 + 1.2V_{GS} - 1.2$

$0.3V_{GS}^2-0.2V_{GS}-18.8=0$

$3V_{GS}^2-2V_{GS}-188=0$

$V_{GS}=8.3V$或$V_{GS}\approx-7.6V$（負值不合）

**3 (D)**。假設MOS在飽和區

$V_G=10\times\frac{3M\Omega}{5M\Omega+3M\Omega}=3.75V$　　$I_D=K(V_{GS}-V_t)^2$

$20=K(4-2)^2\Rightarrow K=5mA/V^2$　　故$I_D=5(V_{GS}-2)^2$

當$V_G=3.75V$時　　$I_D=5\times(3.75-2)^2=15.3mA$

$V_{DS}=V_O=V_{DD}-I_DR_D=10-15.3\times0.3=10-4.59=5.41V$

## 模擬測驗

P.94
**1 (B)**。(A)(C)MOSFET閘極有**二氧化矽，為絕緣體**，故直流電阻接近無窮大；(B)增強型（增長型）MOSTFET係以閘極電壓控制載子通道之產生，而空乏型MOSTFET則係以閘極電壓控制載子通道之關閉，故對通道控制之特性不同；(D)空乏型MOSTFET需以離子布植產生通道；故選(B)。

**2 (B)**。FET係以電壓$V_{GS}$控制通道的產生，再以電壓$V_{DS}$控制電流的流動，故選(B)。

# 第六章　金氧半場效電晶體放大電路

## 試題演練

## 經典考題

P.99
**1 (D)**。$V_G=0V$　　$I_D=I_S=\frac{V_{DD}-V_{DS}}{R_D+R_S}=\frac{20-10}{6k+2k}=1.25mA$

$V_S=I_SR_S=1.25\ mA\times2k=2.5V$　　$V_{GS}=V_G-V_S=0-2.5=-2.5V$

**2 (C)**。$A_v=\frac{V_o}{V_i}=-g_m(r_d//R_D)=-2\times10^{-3}\times(30k//10k)$

$=-2\times10^{-3}\times7.5\times10^3=-15V/V$

**3 (A)**。$Av=-gm(R_D//r_d)=-1\times10^{-3}\times(20k//20k)=-1\times10^{-3}\times10\times10^3=-10V/V$

**4 (B)**。$A_V=-g_m(R_D//r_d)=-2\times(2//20)\approx-2\times2=-4V/V$

P.100 **5 (D)**。$V_G=V_D=V_{DD}-I_DR_D=5-0.6\times5=2V$

$$g_m=\frac{2I_D}{V_{GS}-V_t}=\frac{2\times0.6}{2-1}=1.2mA/V$$

$$A_V=\frac{V_o}{V_i}=-g_m(R_D//R_L)=-1.2\times(5//10)=-1.2\times\frac{5\times10}{5+10}=-4V/V$$

**6 (C)**。$V_G=V_D=V_{DD}-I_DR_D=20-0.3(V_{GS}-2)^2$

$V_{GS}=V_G-V_S=V_G-0=V_G$

故$V_{GS}=20-0.3(V_{GS}-2)^2=20-0.3V_{GS}^2+1.2V_{GS}-1.2$

$0.3V_{GS}^2-0.2V_{GS}-18.8=0$

$3V_{GS}^2-2V_{GS}-188=0$

$V_{GS}=8.3V$或$V_{GS}\approx-7.6V$（負值不合）

**7 (A)**。共汲極放大器相當於共射極放大器。(A)正確；(B)$A_V$小於近似於1；(C)$V_O$與$V_i$同相位；(D)$A_I$大於1。

**8 (A)**。$Z_o=\frac{1}{g_m}//R_S=\frac{1}{6mA}//R_S=166//R_S\Rightarrow\frac{1}{Z_o}=\frac{1}{166}+\frac{1}{R_S}$

$$\Rightarrow R_S=\frac{1}{\frac{1}{Z_o}-\frac{1}{166}}=\frac{1}{\frac{1}{100}-\frac{1}{166}}=\frac{1}{0.01-0.006}=\frac{1}{0.004}=250\Omega。$$

## 模擬測驗

P.101 **1 (A)**。$A_v=-g_m(R_D//r_d)=-1\times10^{-3}\times(20k//20k)=-1\times10^{-3}\times10\times10^3=-10V/V$

**2 (C)**。$A_V\approx-g_{m1}\times\frac{-1}{g_{m2}}$

$$g_{m1}=2k_1[V_{GS1}-V_T]=2\times4\times(\frac{11}{3}-1)=-\frac{64}{3}mA/V$$

$$g_{m2}=2k_2[V_{GS2}-V_T]=2\times1\times(10-\frac{11}{3}-1)=\frac{32}{3}mA/V$$

$$A_V=-g_{m1}\times\frac{1}{g_{m2}}=-\frac{64}{3}\times\frac{3}{32}=-2V/V$$

**3 (B)**。$A_V=-g_m(R_D//r_d)=-2\times(2//20)\approx-2\times2=-4V/V$

**4 (B)**。

$$\begin{cases}I_D=k[V_{GS}-V_T]2=k_1[V_{GS1}-V_{T1}]^2=k_2[V_{GS2}-V_{T2}]^2\\ \quad=4[V_{G1}-1]^2=1[(10-V_{S2})-1]^2\\ V_A=V_{G1}=V_{S2}\end{cases}$$

$$\Rightarrow 4〔V_A-1〕^2=〔9-V_A〕^2$$

$$V_A=\frac{11}{3}\fallingdotseq 3.7V 或 V_A=-7V（不合）$$

# 第七章 多級放大電路

## 觀念加強

P.102 **1 (D)**。低頻響應（或直流訊號放大）最佳者為直接耦合，故選(D)。

P.103 **2 (C)**。共射極放大器的放大效果佳，但因米勒效應使電晶體內部等效電容值放大，導致高頻響應不佳，若以CE-CB接法可降低米勒效應，改善高頻響應，故選(C)。

P.104 **3 (C)**。由圖可明顯看出，$Q_1$與$Q_2$之間係以RC電路連接，故為電阻電容耦合，選(C)。

P.105 **4 (B)**。輸出電阻大幅提高。

**5 (C)**。因改善米勒效應，頻寬可大幅提升。

P.106 **6 (D)**。變壓器耦合放大器可提高功率轉移效率，並提供前後兩級之阻抗匹配和直流隔離作用，故選(D)。

**7 (A)**。變壓器耦合放大器在低頻及高頻響應不佳，適用於中頻放大，故選(A)。

**8 (B)**。變壓器耦合放大器(A)效率較RC耦合放大器為高；(B)頻率響應不佳；(C)可提供前後兩級之阻抗匹配；(D)因構造以線圈或電感為主，不易以積體電路實現（積體電路易實現者為電阻、電容及電晶體）；故選(B)。

## 試題演練

### 經典考題

P.108 **1 (D)**。$V_o=A_{V3}A_{V2}A_{V1}V_i=20\times 40\times 50\times 10\times 10^{-6}=4\times 10^5\times 10^{-6}=0.4V$

**2 (A)**。$1+A\beta=1+100\times 0.01=2$

電壓串聯回授為輸出端並聯取樣，輸入端串聯回授故$R_{if}$=（1＋$A\beta$）$R_i$＝$2R_i$變大　　$R_{of}=\frac{R_o}{1+A\beta}=\frac{10}{2}=5\Omega$

而增益$A_f=\frac{A}{1+A\beta}=\frac{100}{2}=50V/V$

頻寬$BW_f$=（1＋$A\beta$）BW＝2×50k＝100kHZ

**3 (C)**。$A_I=h_{fe1}\times h_{fe2}=20\times 20=400$ A/A

$R_i=h_{fe1}\times h_{fe2}\times R_E=20\times 20\times 1k=400k\Omega$

**4 (A)**。$V_{BB1}=\frac{50k}{100k+50k}\times 9=3V$，$R_{BB1}=50k//100k=\frac{1}{\frac{1}{50}+\frac{1}{100}}=33.3k\Omega$

$$I_{E1}=\frac{V_{BB1}-V_{BE1}}{R_{E1}+\frac{R_{BB1}}{\beta}}=\frac{3-0.7}{3k+\frac{33.3k}{100}}\approx 0.7mA$$

$V_{C1}=V_{CC}-I_{C1}R_C\approx V_{CC}-I_{E1}R_C=9-0.7\times 5=5.5V$

$V_{E2}=V_{B2}+V_{EB2}=V_{C1}+V_{EB2}=5.5+0.7=6.2V$

$$I_{E2}=\frac{V_{CC}-V_{E2}}{R_{E2}}=\frac{9-6.2}{2k}=1.4mA$$

$V_{C2}=I_{C2}R_{C2}=I_{E2}R_{C2}=1.4\times 3=4.2V$故選(A)

P.109 **5 (A)**。直流$V_{B1}=\frac{5k}{5k+5k+5k}\times 15=5v$　　$I_{E1}=\frac{V_{B1}-V_{BE1}}{R_E}=\frac{5-0.7}{1k}=4.3mA$

$$g_m=\frac{I_E}{V_T}=\frac{4.3}{25}=0.172\ A/V$$

$$A_V=\frac{V_o}{V_i}=\frac{i_{c1}}{V_i}\cdot\frac{i_{c2}}{i_{c1}}\cdot(-R_C)=-g_m\times 1\times R_C=-0.172\times 1000=-172\ V/V$$

故選(A)

**6 (C)**。此電路為串聯取樣並聯回授，應以電流放大器考慮當放大率甚大時，回授增益$A_f=\frac{A}{1+A\beta}\approx\frac{1}{\beta}$，此時$A_f$為回授後電流增益，且$\beta=\frac{R_2}{R_1+R_2}$

$$A_V=\frac{V_O}{V_S}=\frac{i_o\cdot R_{c2}}{i_s\cdot R_s}=A_f\frac{R_{c2}}{R_s}=\frac{1}{\beta}\frac{R_{c2}}{R_s}=\frac{(R_1+R_2)R_{c2}}{R_2\cdot R_s}$$

**7 (A)**。$A_p=\frac{P_o}{P_i}=\frac{\frac{V_o^2}{R_o}}{\frac{V_i^2}{R_i}}=\left(\frac{V_O}{V_i}\right)^2\frac{R_i}{R_o}=\left(\frac{30}{100}\right)^2\times\frac{1000}{9}=10$

$10\log A_p=10\log 10=10\log 10^1=10\times 1=10dB$

**8 (A)**。 $A_{V1}=20dB=20\log10^1=10V/V$　　$A_{V2}=40dB=20\log10^2=100V/V$

故 $V_2=A_{V2}\cdot A_{V1}\cdot V_i=100\times10\times1\times10^{-6}=10^{-3}V=1mV$

$P_3$：$20dBm=10\log\frac{P_3}{1mW}\Rightarrow P_3=100mW$ 故(A)錯

$V_3=\sqrt{P_3\cdot R_L}=\sqrt{100\times10^{-3}\times10^3}=10V$

$A_{V3}=\frac{V_3}{V_2}=\frac{10}{1\times10^{-3}}=10^4=20\log10^4=20\times4=80dB$

總增益 $20dB+40dB+80dB=140dB$

P.110 **9 (A)**。 $A_I=\frac{i_o}{i_i}=\frac{i_{b1}}{i_i}\times\frac{i_{e1}}{i_{b1}}\times\frac{i_{b2}}{i_{e1}}\times\frac{i_{e2}}{i_{b2}}\times\frac{i_o}{i_{e2}}$

$=\frac{R_{B1}//R_{B2}}{R_{B1}//R_{B2}+Z_1}\times(\beta_1+1)\times1\times(\beta_2+1)\times\frac{R_E}{R_E+R_L}$

$=\frac{2000//1000}{2000//1000+2000}\times80\times60\times\frac{6}{6+3}=800\ A/A$

**10 (B)**。 $\frac{V_o}{V_{in}}=\frac{R_{i1}}{R_S+R_{i1}}\times A_{V1}\times\frac{R_{i2}}{R_{o1}+R_{i2}}\times A_{v2}\times\frac{R_o}{R_{o2}+R_o}$

$=\frac{90k}{10k+90k}\times10\times\frac{40}{10+40}\times20\times\frac{4}{1+4}$

$=0.9\times10\times0.8\times20\times0.8$

$=115.2\ V/V$

**11 (AB)**。 $\frac{V_{out}}{V_{in}}=A_{v1}\times A_{v2}\times A_{v3}$

其中 $A_{v1}\times A_{v3}=3dB+37dB=40dB=20\log10^2=100\ V/V$

故 $V_{out}=A_{v1}\times A_{v3}\times A_{v2}\times V_{in}=100\times(-20)\times2mV=-2000\times2\times10^{-6}=-4mV$

但因 $A_{v1}$ 與 $A_{v3}$ 的放大率係以dB表示，其放大率可能為負值，故 $V_{out}$ 可能為 4mV。

P.111 **12 (A)**。 $I_{B1}=\frac{V_{CC}-V_{BE1}}{R_{B1}+(\beta_1+1)R_{E1}}=\frac{10.7-0.7}{100k+(99+1)\times1k}=\frac{10}{200k}=0.05mA$

$V_{C1}=V_{CC}-I_{C1}R_{C1}=V_{CC}-\beta_1I_{B1}R_{C1}=10.7-99\times0.05\times1k=5.75V$

$V_{E2}=V_{B2}-V_{BE2}=V_{C1}-V_{BE2}=5.75-0.75=5.05\approx5V$

$I_{B2}=\frac{I_{E2}}{\beta_2+1}=\frac{V_{E2}/R_{E2}}{\beta_2+1}=\frac{5/1k}{48+1}=0.101mA$

**13 (D)**。 $A_V(dB)=10dB+30dB=40dB=20\log10^2$

故 $A_V=10^2=100V/V$

$V_O=A_V\times V_i=100\times0.01\sin(t)=1\times\sin(t)$　　$V_{rms}=\frac{1}{\sqrt2}V_m=\frac{1}{\sqrt2}\simeq0.707V$

### 模擬測驗

**1 (C)**。$A_{V,總}=A_{V1}\times A_{V2}\times A_{V3}\times A_{V4}=10\times 10\times 10\times 10=10000V/V$
$=20\log 10000=20\log 10^4=20\times 4=80dB$

**2 (B)**。$A_{V,總}=A_{V1}\times A_{V2}\times A_{V3}=50\times 80\times 250=1000000$
$=20\log 1000000=20\log 10^6=20\times 6=120dB$

# 第八章　金氧半場效電晶體數位電路

## 觀念加強

P.116 **1 (A)**。由輸入端的二極體及輸出端的電晶體，可知此電路屬於DTL（Diode Transistor Logic）。

P.117 **2 (C)**。A、B兩輸入有一為低，則二極體導通，得到AND的功能；再經過$Q_2$、$Q_3$、$Q_4$的輸出級得到反相的功能，故為NAND。

**3 (D)**。理論上來說，CMOS邏輯電路僅在邏輯狀態切換時需要消耗電功率，若邏輯狀態不變則不耗電，故最省電。

**4 (C)**。ECL邏輯電路的操作模式都在主動區，不進入截止區和飽和區，故切換速度最快。

**5 (B)**。CMOS邏輯電路中的NMOS與PMOS為互補操作，一者導通時另一者關閉。

P.119 **6 (A)**。由下半部PDN網路的NMOS串聯可知為NAND閘。

**7 (B)**。由下半部的PDN網路為三個NMOS串聯可知為三輸入的NAND閘。

**8 (B)**。由下半部PDN網路的NMOS並聯可知為NOR閘。

**9 (D)**。此電路為一個NOR閘，接上NOT閘，故為OR閘。

P.121 **10 (C)**。由下半部NMOS的PDN網路，可推出$F=\overline{AB+C}=(\overline{A}+\overline{B})\overline{C}$

**11 (C)**。由下半部NMOS的PDN網路，可推出$OUT=\overline{AB+\overline{A}\overline{B}}=(\overline{A}+\overline{B})(A+B)$
$=\overline{A}B+A\overline{B}$，為互斥或XOR閘。

# 第九章 音訊放大電路

## 觀念加強

P.123 **1 (A)**。由下表得知 A 類放大器的失真度最低，故選 (A)。

| 分類 | A | B | AB | C |
|---|---|---|---|---|
| 效率 | 1.電阻性負載效率最高達 25%<br>2.變壓器負載效率最高達 50% | 若用推挽式放大效率最高達 78.5% | 介於 A 類與 B 類間 | 效率可超過 78.5% |
| 失真度 | 最小 | 大 | 介於 A 類與 B 類間 | 最大 |
| 導通角度 | 360° | ≅180° | 180°～360° | ＜180° |

**2 (A)**。由下表可知 A 類放大器之效率最低，故選(A)。

| 分類 | A | B | AB | C |
|---|---|---|---|---|
| 效率 | 電阻性負載效率最高達 25% | 若用推挽式放大效率最高達 78.5% | 介於 A 類與 B 類間 | 效率可超過 78.5% |

**3 (A)**。(A)(B)A 類放大器的效率小或等於 25%；(C)A 類放大器的工作點在負載線中點；(D)A 類放大器的失真度最小，但仍無法完全消除諧波失真；僅 (A) 正確，故選(A)。

**4 (D)**。由下表可知 A 類放大器之失真率最小，故選(D)。

| 分類 | A | B | AB | C |
|---|---|---|---|---|
| 失真度 | 最小 | 大 | 介於 A 類與 B 類間 | 最大 |

P.125 **5 (D)**。正半週時，$V_{CC}$ 對 $C_2$ 充電並提供 $R_L$ 在正半週所消耗的功率，而在負半週時，則由 $C_2$ 放電提供 $R_L$ 在負半週所消耗的功率，故選(D)。

P.126 **6 (D)**。由下表可知 C 類放大器之導通角最小，故選(D)。

| 分類 | A | B | AB | C |
|---|---|---|---|---|
| 導通角度 | 360° | ≅180° | 180°～360° | ＜180° |

**7 (D)**。由下表可知C類放大器之導通角最小，故選(D)。

| 分類 | A | B | AB | C |
|---|---|---|---|---|
| 導通角度 | 360° | ≅180° | 180°～360° | ＜180° |

**8 (D)**。由下表可知C類放大器之失真程度最高，會產生最多的諧波，適合用作諧波產生器，故選(D)。

| 分類 | A | B | AB | C |
|---|---|---|---|---|
| 失真度 | 最小 | 大 | 介於A類與B類間 | 最大 |

**9 (B)**。(A) C類放大器之失真最大，故大於B類放大器之失真；(B) C類放大器之導通角度小於1801；(C) C類放大器之轉換效率最大，故大於B類放大器之轉換效率；(D) 射頻調諧放大器為C類放大器最常見之用途；故選(B)。

P.127 **10 (C)**。由下表可知C類放大器之失真程度最高，故選(C)。

| 分類 | A | B | AB | C |
|---|---|---|---|---|
| 效率 | 電阻性負載效率最高達25% | 若用推挽式放大效率最高達78.5% | 介於A類與B類間 | 效率可超過78.5% |
| 失真度 | 最小 | 大 | 介於A類與B類間 | 最大 |

**11 (D)**。由下表可知(A)(B)(C)皆正確，(D)錯誤，故選(D)。

| 分類 | A | B | AB | C |
|---|---|---|---|---|
| 效率 | 電阻性負載效率最高達25% | 若用推挽式放大效率最高達78.5% | 介於A類與B類間 | 效率最高，可超過78.5% |
| 失真度 | 最小 | 有交叉失真，失真度大 | 可消除交叉失真，失真度介於A類與B類間 | 最大 |

**12 (D)**。由下表可知導通角度由大至小排序為A＞AB＞B＞C，故選(D)。

| 分類 | A | B | AB | C |
|---|---|---|---|---|
| 導通角度 | 360° | ≅180° | 180°～360° | ＜180° |

## 試題演練

### 經典考題

P.128

**1 (B)**。$A_P=\dfrac{P_o}{P_i}=\dfrac{\frac{V_o^2}{R_o}}{\frac{V_i^2}{R_i}}=\dfrac{\frac{(V_{O\cdot PP}/2)^2}{R_o}}{\frac{(V_{i\cdot PP}/2)^2}{R_i}}=\dfrac{\frac{(\frac{8}{2})^2}{4}}{\frac{(\frac{4}{2})^2}{100}}=\dfrac{\frac{16}{4}}{\frac{4}{100}}=100$

功率用 10logAp 求 dB

$10\log 100=10\log 10^2=10\times 2=20\text{dB}$

**2 (D)**。$10\log\dfrac{P_o}{P_i}=10\log\dfrac{10}{100}=10\log 10^{-1}=-10\text{dB}$

**3 (C)**。$D_T=\sqrt{D_2^{\ 2}+D_3^{\ 2}+D_4^{\ 2}}$

$=\sqrt{0.1^2+0.02^2+0.01^2}$

$=\sqrt{0.01+0.0004+0.0001}$

$=\sqrt{0.0105}$

$=0.1$

**4 (B)**。最大輸出時 $V_{out\text{,}max}\approx V_{CC}$

弦波功率 $P_{L\text{,}max}=\dfrac{V^2_{out\text{,}max}}{2R_L}=\dfrac{V_{CC}^{\ 2}}{2R_L}=\dfrac{V_{CC}^{\ 2}}{2\times 5}\approx 10$

$\Rightarrow V_{CC}\approx 10\text{V}$

**5 (D)**。$A_P=\dfrac{P_o}{P_i}=\dfrac{\frac{V_o^{\ 2}}{R_o}}{\frac{V_i^{\ 2}}{R_i}}=(\dfrac{V_o}{V_i})\ 2\times\dfrac{R_i}{R_o}=1002\times\dfrac{100\times 10^3}{10}=108$

功率取 $10\log A_p=10\log 10^8=10\times 8=80\text{dB}$

**6 (A)**。**二次諧波失真**

$$D_2=\left|\dfrac{\frac{1}{2}(V_{CE\text{,}max}+V_{CE\text{,}min})-V_{CE\text{,}Q}}{V_{CE\text{,}max}-V_{CE\text{,}min}}\right|$$

$$=\left|\dfrac{\frac{1}{2}\times(20+1)-10}{20-1}\right|=\dfrac{0.5}{19}=0.026=2.6\%$$

P.129 **7 (C)**。最大功率為透過變壓器使 $R_L = 16\Omega$ 與內阻 $400\Omega$ 阻抗匹配

$$P_{L,max} = \frac{1}{2} \cdot \frac{V_m^{\ 2}}{4Rth} = \frac{10^2}{8 \times 400} = \frac{1}{32} \approx 31.25mW$$

**8 (C)**。$V_i > V_{BE,on}$ 時，電晶體才導通，故為 A 類放大器變壓器阻抗匹配

$r_L = n^2 r = 5^2 \times 8 = 200\Omega$

$$I_C = \frac{V_{CC} - V_{CE}}{r_L} \approx \frac{V_{CC}}{r_L} = \frac{10}{200} = 50mA$$

$P_L = V_{CC} \cdot I_C = 10 \times 50 \times 10^{-3}$

$= 500 \times 10^{-3} = 0.5W$

**9 (B)**。$A_P = A_v \times A_i = 100 \times 10 = 1000 = 103$

取 $d_B$

$10\log A_p = 10\log 10^3$

$= 10 \times 3 = 30dB$

**10 (A)**。經變壓器阻抗匹配，等效阻抗 $R_C$

$$R_C = \left(\frac{N_1}{N_2}\right) 2R_L = 92 \times 5 = 405\Omega$$

$V_{CE,P\text{-}P} = 19.3 - 1.3 = 18$

可視為振幅 $V_{CE,M} = \frac{V_{CE,P-P}}{2} = \frac{18}{2} = 9V$ 的弦波加上直流

$R_L$ 的交流功率等於 $R_C$ 的交流功率

$$P_{L(ac)} = P_{C(ac)} = \frac{1}{2}\frac{V^2_{CE,M}}{R_C} = \frac{1}{2} \times \frac{9^2}{405} = \frac{1}{10} = 0.1\omega$$

## 模擬測驗

P.130 **1 (B)**。輸出功率 $P = \frac{V^2_{rms}}{R} = \frac{V^2_{rms}}{8} = 100$

故 $V_{rms} = 20\sqrt{2}\,V$　峰值 $V_m = \sqrt{2}\,V_{rms} = 40V$

故變壓器線圈比約為 85：40 ≈ 2：1

**2 (A)**。假設工作在最高效率

$\eta=\frac{P_o}{P_i}=78.5\%$

$P_i=\frac{P_o}{\eta}=\frac{100W}{0.785}\approx 127W$

由 $I=\frac{P}{V}=\frac{127}{117}\approx 1.09A$

取接近者 $I_{rms}=1.2A$

**3 (C)**。 變壓前峰值電壓 $V_m=\sqrt{2}\,V_{rms}=117\sqrt{2}\approx 165V$

$165：85=117：N$

可得 $N=\frac{117\times 85}{165}\approx 60$

P.131 **4 (C)**。$A_P=\frac{P_o}{P_i}=\frac{I_o^2R_o}{I_i^2R_i}=(\frac{I_o}{I_i})^2\frac{R_o}{R_i}=A_I^2\frac{R_o}{R_i}$

$R_o=\frac{A_P\times R_i}{A_I^2}=\frac{16650\times 500}{50^2}=3330\Omega=3.33k\Omega$

**5 (D)**。**對稱式**的推挽式輸出**可減少偶次諧波失真**，故選(D)。

**6 (B)**。A 類放大器直流工作點最高；B 類放大器直流工作點在截止點；AB 類放大器直流工作點在 A 類與 B 類之間；C 類放大器直流工作點在截止點以下；故選(B)。

**7 (A)**。負載可得之最大輸出電壓為

$V_m=20\times\frac{1}{5}=4V$

假設為弦波輸入

$P_{o,max}=\frac{1}{2}\frac{V_{o,max}^2}{R_L}=\frac{1}{2}\times\frac{4^2}{10}=0.8W$

**8 (A)**。單一輸出的 A 類放大器最高效率為 25%，採**推挽式輸出**時，最高效率為 50%，故選(A)。

P.132 **9 (C)**。欲使電晶體導通，則輸入訊號除在正半週外仍需大於電晶體之導通電壓，故**導通角小於** 180°，為 C 類放大器，故選(C)。

**10 (C)**。輸入端的電容、電阻與電晶體的 BE 端的二極體構成一箝位電路，因晶體 BE 端在大於 0.7V 時導通，故電容充電使訊號往下位移 0.7－5＝－4.3V，故訊號電位為－9.3V～0.7V，且與輸入訊號同相，故選(C)。

**11 (B)**。當輸入訊號 0V 時，電晶體關閉，C 極為 15V，故此電晶體之工作點在 $V_{CE}$＝15V，而 B 點訊號經電晶體反相放大，加上交流後，其輸出為 0V～30V，故選(B)。

**12 (C)**。輸出電容隔離直流訊號，故 C **點訊號與** B **點同**，但**直流準位**不同，與輸入訊號反向，但準位移位至-15V～+15V，故選(C)。

**13 (B)**。A 類放大器最高效率為 25%，B 類放大器最高效率為 78.5%，AB 類則介於該兩者之間，故選(B)。

# 第十章　運算放大器

## 觀念加強

P.134 **1 (A)**。因$V_{i1}=V_{i2}$不變，故$V_{EE}$不變，當RE阻值調高後，IE變小，IC變小，RC上壓降變小，$V_{O1}=V_{O2}$變高，但$V_o=V_{O2}-V_{O1}$不變，故選(A)。

P.137 **2 (B)**。理想運算放大器的放大率無限大、輸入阻抗無限大、輸出阻抗無限小、頻寬無限大且共模互斥比無限大，故選(B)。

**3 (B)**。若要消除運算放大器輸入偏壓電流的效應，則$R_3$的電阻值應為$(R_1+\frac{1}{sC})$與$R_2$的並聯值，而因輸入偏壓電流為直流，故$R_1$與電容串聯後等效為開路，再與$R_2$並聯後等效為$R_2$，故選(B)。

**4 (C)**。理想運算放大器的(A)開路電壓增益$A_v\to\infty$；(B)輸入阻抗$R_i\to\infty$；(C)輸出阻抗$R_o\to 0$；(D)頻帶寬度$BW\to\infty$；故選(C)。

P.139 **5 (D)**。此電路為一微分電路，當輸入為三角波時，其微分為方波，故選(D)。

**6 (C)**。此電路為一微分電路，故選(C)。

**7 (A)**。時間常數RC應遠大於輸入訊號週期T，才不會使輸出訊號飽和而無法作為積分電路使用，故選(A)。

P.140 **8 (B)**。此電路為一積分電路，輸入訊號$V_i$透過電阻輸入定電流，並透過電容輸出一為負的積分輸出電壓$V_o$，而當輸入訊號$V_i$為零時，輸出訊號$V_o$不變，故選(B)。

**9 (B)**。此電路為一積分電路，故選(B)。

**10 (A)**。非反相放大器、反相放大器和微分電路均係負回授電路，其OPA的輸入端可視為虛短路；而比較器係正回授電路，其OPA的輸入端不可看成為虛短路，故選(A)。

**11 (C)**。此電路的左半部，即二極體與電容構成一峰值檢波器，而運算放大器可做阻抗匹配之用，故選(C)。

## 試題演練

### 經典考題

P.141

**1 (B)**。理想運算放大器的輸入阻抗為∞，輸出阻抗為零，放大率為∞，故選(B)。

**2 (A)**。信號通過微分器與積分器之波形關係如下表，可知僅(A)正確，故選(A)。

| 輸入信號波形 | 微分器輸出波形 | 積分器輸出波形 |
|---|---|---|
| 正弦波 | 餘弦波 | 餘弦波 |
| 餘弦波 | 正弦波 | 正弦波 |
| 方波 | 脈波 | 三角波 |
| 三角波 | 方波 | 拋物線 |

**3 (B)**。741運算放大器接腳圖如下，故選(B)。

1 歸零　8 未定義
2 反向輸入　7 V+
3 正向輸入　6 輸出
4 V-　5 歸零

7 V+
2 -
3 +
6 $V_o$
4 V-

**4 (A)**。當輸入電壓在－（VD＋VZ）＜Vi＜VD＋VZ的範圍內，上方二極體的路徑**無法導通**，電路放大率AV＝$-\frac{R_2}{R_1}$；當輸入電壓Vi＜－（VD＋VZ）或$V_i > V_D + V_Z$，二極體導通，放大率為零；故輸出訊號被限制在一定範圍內，選(A)。

**5 (B)**。用理想運算放大器構成的電壓隨耦器的輸入阻抗為∞，輸出阻抗為零，電壓增益為1，故選(B)。

**6 (D)**。此題與90統測幾乎一樣，741運算放大器接腳圖如下，故選(D)。

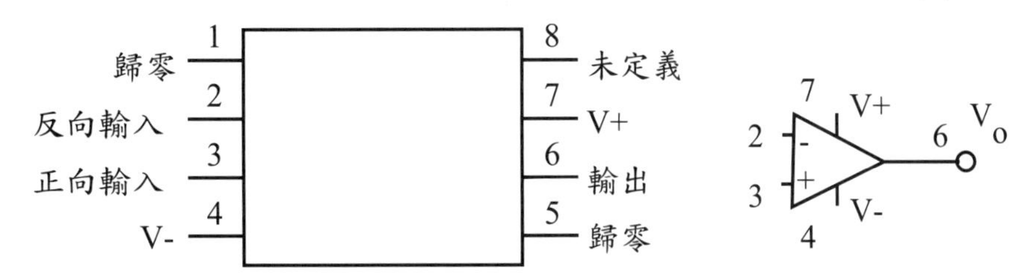


P.142 **7 (C)**。標準的非反相放大器，$A_V = 1 + \frac{R_2}{R_1}$，故選(C)。

**8 (A)**。此電路之放大率為$AV = -\frac{R}{\frac{1}{SC}} = -SCR$，係一微分器，故選(A)。

**9 (C)**。此電路左端的放大器為一電壓隨耦器，輸出為正弦波；右端的放大器為一比較器，輸出為方波；故選(C)。

**10 (A)**。因二極體的單向導通特性，當$V_i < V_o$時二極體導通，並因電壓隨耦器的特性使電容器充電至$V_o = V_i$；但當$V_i > V_o$時二極體關閉，電容器電壓維持不變，故為一負峰值電壓檢知器，選(A)。

**11 (C)**。因此電路為一負峰值電壓檢知器，穩態後電壓維持在最低值，故選(C)。

**12 (C)**。理想運算放大器的輸入阻抗為9，輸出阻抗為零，放大率為∞，頻寬∞；非理想運算放大器仍應盡量滿足這些特性，故(A)(B)(D)錯誤，(C)正確，選(C)。

P.143 **13 (D)**。$\mu$A741為最著名的運算放大器編號，故選(D)。

**14 (D)**。此電路為負回授電路，因輸入端虛短路的原因，$V_1 = 0V$，故選(D)。

**15 (C)**。(A)(B)(D)三個為負回授電路，主要功能為訊號線性放大，不可能作為比較器；其中，(A)為減法器，(B)為非倒相放大器，(D)為電壓隨耦器；(C)雖無正回授，但可作為比較器；故選(C)。

**16 (B)**。由RC之排列可知為**低通濾波器**，$fL = \frac{1}{2\pi RC}$，故選(B)。

P.144 **17 (C)**。$V_0 = V_i \times (1 + \frac{99K}{1K}) = 10mV \times (1 + 99) = 1000mV = 1V$

**18 (A)**。 OP放大器的輸入端

$$V_+ = V_1 \times \frac{10K}{10K+10K} = 3 \times \frac{1}{2} = 1.5V$$

$$V_- = V_2 \times \frac{47K}{47K+47K} + V_0 \frac{47K}{47K+47K} = \frac{1}{2}（V_2 + V_0）$$

$$\Rightarrow V_0 = 2V_- - V_2 = 2V_+ - V_2 = 3 - 2 = 1V$$

**19 (B)**。

$$\begin{cases} V_+ = V_2 \times \dfrac{R_3}{R_2+R_3} \\ V_- = V_1 \times \dfrac{R_f}{R_1+R_f} + V_0 \dfrac{R_1}{R_1+R_f} \\ V_+ = V_- \end{cases}$$

$$\Rightarrow 16 \times \frac{100}{200+100} = 8 \times \frac{200}{100+200} + V_0 \times \frac{100}{100+200}$$

$$\Rightarrow V_o = 0V$$

**20 (D)**。 電表無內阻，重畫如右

$$V_0 = -\frac{R_f}{R_1} V_1 = -V_1 = -2mV$$

$$I_0 = I_s - I_f$$

$$= \frac{V_0}{R_s} - \frac{V_1}{R_1}$$

$$= \frac{-2mV}{10k} - \frac{2mV}{100k} \approx -0.2mA$$

P.145 **21 (C)**。 $V_{01} = -\frac{5K}{1K} V_1 - \frac{5K}{5K} V_2 = -5V_1 - V_2$

$$V_0 = -\frac{10K}{1K} V_{01} = -10V_{01} = 50V_1 + 10V_2$$

$$= 50 \times 0.1 + 10 \times 0.2 = 7V$$

**22 (B)**。 應用重疊定理，但要注意沒用到的輸入端要接地，電阻成為並聯

$$V_+ = \frac{30//30//30}{30+30//30//30} V_1 + \frac{30//30//30}{30+30//30//30} V_2 + \frac{30//30//30}{30+30//30//30} V_3$$

$$= \frac{1}{4}（V_1 + V_2 + V_3）= \frac{1}{4}（10+20+30）= 15mV$$

$$V_- = \frac{30}{30+210} V_0 = \frac{1}{8} V_0$$

$$V_0 = 8V_- = 8V_+ = 8 \times 15 = 120mV$$

**23 (A)**。$V_{+}=\frac{R_3}{R_2+R_3}V_2=\frac{5K}{5K+5K}\times 3=1.5V$

$V_{-}=\frac{R_f}{R_1+R_f}V_1+\frac{R_f}{R_1+R_f}V_0=\frac{10K}{10K+10K}\times 2+\frac{10K}{10K+10K}V_0=1+\frac{1}{2}V_0$

$\Rightarrow V_0=2(V_1-1)=2(V_{+}-1)=2\times(1.5-1)=1V$

**24 (A)**。共模增益$A_{CM}=\frac{V_0}{\frac{V_{in,1}+V_{in,2}}{2}}=\frac{0.5}{\frac{1+1}{2}}=0.5V/V$

P.146 **25 (D)**。

$$\begin{cases} V_{+}=V_2\times\frac{R_3}{R_2+R_3} \\ V_{-}=\frac{2k}{1k+2k}V_1+\frac{1k}{1k+2k}V_0==\frac{2}{3}V_1+\frac{1}{3}V_0 \\ V_{+}=V_{-} \end{cases}$$

$V_0=3V_{-}-2V_1=3V_{+}-2V_1=3\times\frac{R_3}{R_2+R_3}V_2-2V_1=V_2-2V_1$

$\Rightarrow \frac{3R_3}{R_2+R_3}=1\Rightarrow 3R_3=R_2+R_3\Rightarrow \frac{R_2}{R_3}=2$

**26 (B)**。此題依電路，應為反向放大，$A_{V1}$ 及 $A_{V2}$為負值

$V_{od}=V_{o1}-V_{o2}=A_{V1}\cdot V_{i1}-A_{V2}\cdot V_{i2}=-20\times 1-(-30)\times 0.6=-2V$

**27 (C)**。$V_{+}=\frac{200K}{100K+200K}V_{i2}=\frac{200}{100+200}\times 3=2V$

$V_{-}=\frac{200K}{100K+200K}V_{i1}+\frac{100K}{100K+200K}V_{out}=\frac{2}{3}V_{i1}+\frac{1}{3}V_{out}$

$\Rightarrow V_{out}=3V_{-}-2V_{i1}=3V_{+}-2V_{i1}=3\times 2-2\times 2=2V$

**28 (A)**。$V_{+}=0V$相當於接地　$A_V=\frac{V_o}{V_i}=-\frac{20K}{2K}=-10V$

算dB時僅考慮大小，不考慮正負號

$20\log|A_V|=20\log|-10|=20\log 10=20dB$

P.147 **29 (C)**。$CMRR=\left|\frac{A_d}{A_{CM}}\right|=60dB=20\log 10^3=1000$

表示$A_{CM}=\frac{A_d}{CMRR}=\frac{100}{1000}=0.1$

$V_0=A_c\cdot V_{CM}+A_d\cdot V_d=0.1\times 10+100\times 0.1=1+10=11V$

**30 (B)**。峰值$V_M=\frac{1}{2}V_{PP}=\frac{1}{2}\times 10=5V$　不失真條件$SR\geqq wV_M$　$SR\geqq 2pfV_M$

$f\leq\frac{SR}{2\pi V_M}=\frac{0.6v/\mu s}{2\pi\times 5}=\frac{0.6\times 10^6V/s}{10\pi}$　$f\leq 19.098KHz$

**31 (A)**。$V_o=\frac{V_{i1}+V_{i2}}{2}A_c+(V_{i1}-V_{i2})A_d$

$$\begin{cases}\frac{140+60}{2}\times A_c+(140-60)A_d=81000\mu V\\ \frac{120+80}{2}\times A_c+(120-80)A_d=41000\mu V\end{cases}$$

$$\Rightarrow\begin{cases}100A_c+80A_d=81000\\100A_c+40A_d=41000\end{cases}$$

$$\Rightarrow\begin{cases}A_c=10\\A_d=1000\end{cases}$$

$$CMRR=\left|\frac{A_d}{A_c}\right|=\frac{1000}{10}=100$$

**32 (A)**。$V_o=(1+\frac{R_2}{R_1})V_i$

$$i=\frac{V_i-V_o}{R}=\frac{1}{R}\left[V_i-(1+\frac{R_2}{R_1})V_i\right]=-\frac{R_2}{RR_1}V_i$$

$$R_{in}=\frac{V_i}{i}=\frac{V_i}{-\frac{R_2}{RR_1}V_i}=-R\left(\frac{R_1}{R_2}\right)$$

**33 (D)**。$V_+=0$ 虛短路故$V_-=V_+=0V$下方的1kΩ電阻因兩端等電位，**無電流形同開路**$V_o=-\frac{2k}{1k}V_i=-2V_i$

$$\frac{V_o}{V_i}=-2V/V$$

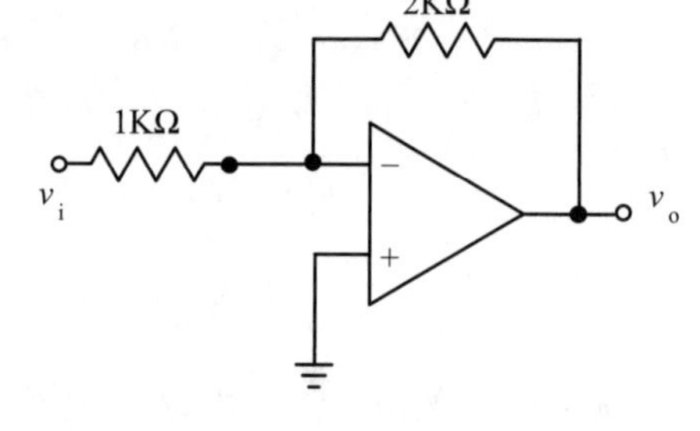


P.148 **34 (C)**。在3dB頻率處，電壓電流增益$A_{V,3dB}=\frac{1}{\sqrt{2}}A_{V,max}$；$A_{I,3dB}=\frac{1}{\sqrt{2}}A_{I,max}$

功率增益$A_{P,3dB}=\frac{1}{2}A_{P,max}$，故$A_{V,3dB}=\frac{1}{\sqrt{2}}\times100=\frac{100}{\sqrt{2}}\approx70.7V/V$

**35 (B)**。$A_c=\frac{-R_c}{2R_E}=\frac{-15K}{2\times20K}=-\frac{3}{4}V/V$

單端輸出 $A_d=\frac{-\beta R_{C1}}{2r_\pi}=-\frac{60\times15K}{2\times3K}=-150V/V$

$$CMRR=\left|\frac{A_d}{A_c}\right|=\left|\frac{-150}{-\frac{3}{4}}\right|=200$$

**36 (D)**。電容C與頻率相關，以 $-j\dfrac{1}{wc}=-j\dfrac{1}{2\pi fc}$ 代入

$$V_f=\frac{-j\dfrac{1}{2\pi fc}}{R_3-j\dfrac{1}{2\pi fc}}V_i=\frac{1}{1+j2\pi fcR_3}V_i$$

$$V_{out}=\left(1+\frac{R_2}{R_1}\right)V_-=\left(1+\frac{R_2}{R_1}\right)V_+$$

$$=\left(1+\frac{90K}{10K}\right)\left(\frac{V_i}{1+j2\pi\times159\times10^3\times0.01\times10^{-6}\times10^3}\right)=\frac{10}{1+j10}V_i$$

$$A_v=\frac{V_{out}}{V_i}=\left|\frac{10}{1+j10}\right|\approx1=20\log1=0dB$$

**37 (D)**。如右圖，標示電阻

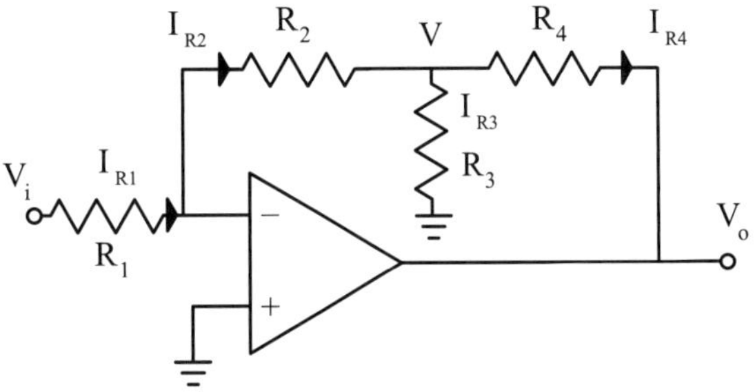

$$I_{R2}=I_{R1}=\frac{V_i}{R_1}$$

$$V'=0-I_{R2}\cdot R_2=-\frac{R_2}{R_1}V_i$$

$$I_{R4}=I_{R2}-I_{R3}=\frac{V_i}{R_1}-\frac{V'}{R_3}$$

$$=\left[\frac{1}{R_1}+\frac{R_2}{R_1R_3}\right]V_i$$

$$V_o=V8-I_{R4}R_4=-\left[\frac{R_2}{R_1}+\frac{R_4}{R_1}+\frac{R_2R_4}{R_1R_3}\right]V$$

$$A_V=\frac{V_o}{V_1}=-\left[\frac{1M}{1M}+\frac{1M}{1M}+\frac{1M\times1M}{1M\times10.2K}\right]=-100$$

**38 (A)**。$V_+=\dfrac{1K}{3K+1K}\times V_i=\dfrac{1}{4}\times4=1V$

$$V_-=\frac{2K}{1K+2K}V_i+\frac{1K}{1K+2K}\times V_o=\frac{2}{3}V_i+\frac{1}{3}V_o=\frac{8}{3}+\frac{1}{3}V_o$$

$$V_o=3V_--8=3V_+-8=3\times1-8=-5V$$

P.149 **39 (A)**。$V_{1+}=V_{1-}=\dfrac{1K}{4K+1K}V_i=\dfrac{1}{5}\times0.2=0.04V$

$$I_1=-\frac{V_{1-}}{1k\Omega}=\frac{0.04}{1K}=-0.04mA$$

$$V_a=\left(1+\frac{9K}{1K}\right)V_{1-}=(1+9)\times0.04=0.4V$$

$$I_2=\frac{V_a-0}{2k\Omega}=\frac{0.4}{2K}=0.2mA\quad V_o=-\frac{10K}{2K}V_a=-5\times0.4=-2V$$

**40 (A)**。 應用重疊定理$V_o=\frac{-1M}{500K}V_1-\frac{1M}{500K}V_2-\frac{1M}{1M}V_3=-2\times1-2\times2-1\times3=-9V$

**41 (C)**。 $V_o=(1+\frac{100K}{20K})V_S=(1+5)\times1=6V$

**42 (D)**。 $CMRR=\left|\frac{A_d}{A_c}\right|=\frac{1000}{0.1}=10000$

**43 (D)**。 $V_o=-\frac{R_4}{R_3}\times V_{o1}=-\frac{R_4}{R_3}\times(-\frac{R_2}{R_1}V_i)=\frac{R_4}{R_3}\frac{R_2}{R_1}V_i=\frac{20K}{1K}\times\frac{1K}{1K}\times1=20V$

P.150 **44 (D)**。 $CMRR=\left|\frac{A_d}{A_c}\right|=\frac{1000}{1}=1000=20\log1000=20\log10^3=20\times3=60dB$

**45 (D)**。 $A_V=100dB=10^{\frac{100}{20}}=10^5=100000V/V$

正飽和輸出為15V $V_{in,sat}=\frac{V_{O,sat}}{A_V}=\frac{15}{100000}=\frac{150}{10^6}=150\mu V$

**46 (A)**。 應用重疊定理

$$V_+=\frac{20K//10K}{10K+20K//10K}\times(-3)+\frac{10K//10K}{20K+10K//10K}\times(1)$$

$$=\frac{\frac{20}{3}}{10+\frac{20}{3}}\times(-3)+\frac{5}{20+5}\times1=-1V$$

$$V_o=V_--I\times40k\Omega$$

$$=-1-(\frac{2-(-1)}{10k\Omega}+\frac{-3-(-1)}{20k\Omega})\times40k\Omega$$

$$=-1-(\frac{3}{10}+\frac{-2}{20})\times40=-1-8=-9V$$

**47 (C)**。 $V_+=V_i$ $V_-=\frac{R_2}{R_1+R_2}V_o$

由$V_+=V_-\Rightarrow V_i=\frac{R_2}{R_1+R_2}V_o$ $V_o=\frac{R_1+R_2}{R_2}V_i=\frac{1K+1K}{1K}\times1=2V$

**48 (C)**。 $V_{1+}=2V$

$$V_{1-}=\frac{2K}{10K+2K}V_i+\frac{10K}{10K+2K}V_{o1}=\frac{1}{6}V_i+\frac{5}{6}V_{o1}$$

$V_{o1}=\frac{1}{5}(6V_{1-}-V_i)=\frac{1}{5}(6V_{1+}-V_i)=2.1V$

$V_{2-}=V_{01}=2.1V$

$V_{2+}=\frac{2K}{10K+2K}V_o=\frac{1}{6}V_o$

若有虛短路$V_o=6V_{2+}=6V_{2-}=6\times 2.1=12.6\ V>$飽和電壓

假設$A_2$為正飽和，$V_o=12V\Rightarrow V_2+\frac{V_o}{6}=2V<V_{2-}$

故$A_2$**實際為負飽和**，$V_0=-12V$，$V_{2+}=-2V$

P.151 **49 (D)**。 $V_+=\frac{20K}{10K+20K}V_i=\frac{2}{3}V_i$

$V_-=\frac{20K}{10K+20K}V_i+\frac{10K}{10K+20K}V_o=\frac{2}{3}V_i+\frac{1}{3}V_o$

$V_o=3V_--2V_i=3V+-2V_i=3\times\frac{2}{3}V_i-2V_i=0$

**50 (D)**。 $I_-=\frac{V_{in}}{R_{in}}=\frac{5}{100K}=0.05mA=5\times 10^{-5}A$

$V_o=-\frac{1}{C}\int I-dt=-\frac{1}{10\times 10^{-6}}\int_0^1 5\times 10^{-5}dt=-10^5\times 5\times 10^{-5}\times 1=-5V$

**51 (B)**。 電路中RC網絡的振盪頻率$\omega_0=\frac{1}{\sqrt{6}RC}$ 增益$A_{RC}=\frac{1}{29}$

整體迴路增益$\left|-\frac{R_f}{R_1}\times A_{RC}\right|>1\Rightarrow R_{f,\min}=29\times 2k\Omega=58k\Omega$

**52 (A)**。 $V_+=\frac{R_3}{R_3+R_3}\times 1+\frac{R_3}{R_3+R_3}\times(-1)=0$ 故$V_-=V_+=0$ c $R_2$無電流，等效為開路，而輸入信號為直流，電容C穩態後為開路$V_o=-\frac{R_f}{R_1}V_{in}=-\frac{R_f}{R_1}$

P.152 **53 (B)**。 $A_v=-\frac{SL}{R}$，屬於微分器。

**54 (D)**。 $V_+=V_-=\frac{R}{R+R}V_{out}=\frac{1}{2}V_{out}$ 由KCL在OP輸入正端

$\frac{V_{in}-V_+}{R}+\frac{V_{out}-V_+}{R}=\frac{V_+}{\frac{1}{SC}}$ $\quad\frac{V_{in}-\frac{1}{2}V_{out}}{R}+\frac{V_{out}-\frac{1}{2}V_{out}}{R}=\frac{1}{2}SCV_{out}$

$\Rightarrow V_{out}=\frac{2V_{in}}{SRC}$，$A_v=\frac{2}{SRC}$ 為非反相（因正號）積分器（因$\frac{1}{S}$）

**55 (B)**。 $V_- = V_R = \frac{1K}{4K+1K} \times V_{cc} = \frac{1}{5} \times 5 = 1V$

故$V_+ = V_{th}$大於1伏時，輸出為正電壓，綠光LED亮，紅光LED不亮

$V_+ = V_{th}$小於1伏時，輸了為負電壓，紅光LED亮，綠光LED不亮

(A)(C)正確，(B)錯誤，當$V_{in} = 5\sin\omega t \leq 1$時，紅光亮，綠光不亮，故紅綠LED會交互發光，且紅光亮較長

**56 (B)**。 $\frac{V_o}{V_i} = -\frac{\frac{1}{SC}}{R} = -\frac{1}{SRC}$為積分電路

**57 (A)**。 由$V_i = 3.77\cos377t = V_o\cos\omega t$得$\omega = 377rad/s$

$V_o = -\frac{1}{SRC}V_i = -\frac{1}{j\omega RC}V_i = j\frac{3.77\cos377t}{377 \times 100 \times 10^3 \times 1 \times 10^{-6}} = j0.1\cos377t$

$= 0.1\cos(377t + 90^\circ) = -0.1\sin377tV$

P.153 **58 (B)**。 $V_+ = V_-\ c\ \frac{\frac{1}{SC}}{R + \frac{1}{SC}} = V_i = V_o c\ \frac{V_o}{V_i} = \frac{1}{1+SRC}$為低通濾波器，$f3dB = \frac{1}{2\pi RC}$

(A) $f_{3dB} = \frac{1}{2\pi \times 10 \times 10^3 \times 0.01 \times 10^{-6}} = 1591Hz$

(B) $f_{3dB} = \frac{1}{2\pi \times 10 \times 10^3 \times 0.001 \times 10^{-6}} = 15910Hz$

(C) $f_{3dB} = \frac{1}{2\pi \times 100 \times 10^3 \times 0.01 \times 10^{-6}} = 159Hz$

(D) $f_{3dB} = \frac{1}{2\pi \times 10^3 \times 0.001 \times 10^{-6}} = 159100Hz$

(B)題條件的$f_{3dB}$可濾除32760 Hz訊號並保留130Hz及2150 Hz訊號，最為合適。

**59 (D)**。 $V_o = (1 + \frac{20k}{10k}) \times 2V = (1+2) \times 2 = 6V$

**60 (A)**。 $V_- = V_+ = V_{in} = 10V$，$I = \frac{V_-}{1k\Omega} = \frac{10}{1k\Omega} = 10mA$

**61 (A)**。 $V_o = -\frac{5k}{1k}V_i = -5V_i = -5 \times 2 = -10V$

**62 (B)**。 $V_o = -5V_i = -20\sin200t$振幅超過飽和電壓，故輸出電壓$V_{pp} = 15 - (-15) = 30V$

**63 (A)**。此電路為比較器，$V_+=15\times\frac{10k}{22k+10k}=15\times\frac{10}{32}\approx 4.7V$

$V_-=V_{in}=3V$，故$V_+>V_-$輸出$V_{out}=+13.5V$

P.154 **64 (C)**。此為非反相放大的加法器電路

$V_O=\left[\frac{5k}{5k+5k}\times 2+\frac{5k}{5k+5k}\times V_i\right]\times(1+\frac{5k}{5k})=(1+\frac{V_i}{2})\times 2=V_i+2$。

**65 (A)**。弦波的$V_m=\sqrt{2}V_{rms}$　　故$V_O=2.828\sqrt{2}\sin(t)\simeq 4\sin(t)$

$|A_V|=\left|-\frac{100k\Omega}{R_1}\right|=\frac{V_O}{V_i}=\frac{4}{2}\Rightarrow R_1=50k\Omega$。

**66 (B)**。第一個OP的輸出$V_{O1}=0.2\times(-\frac{10k\Omega}{2k\Omega})=-1V$

第二個OP的輸入$V_{+2}=-1V\times\frac{1k\Omega}{4k\Omega+1k\Omega}=-0.2V$

第二個OP的輸出$V_{O2}=-0.2\times(1+\frac{8k\Omega}{2k\Omega})=-1V$。

**67 (C)**。套用重疊定理

$V_O=1\times(-\frac{100k\Omega}{20k\Omega})+3\times(-\frac{100k\Omega}{R_2})=-10V\Rightarrow R_2=\frac{300k\Omega}{5}=60k\Omega$。

P.155 **68 (B)**。$V_+=\frac{30k}{10k+30k}\times V_i+\frac{10k}{10k+30k}V_o=V_-=0V$

$\frac{3}{4}\times V_i+\frac{1}{4}V_o=0\quad V_i=-\frac{1}{3}V_o$

$V_{TH}=V_{TH,H}-V_{TH,L}=-\frac{1}{3}\times(-12)-\left[-\frac{1}{3}\times 12\right]=4-(-4)=8V$

**69 (B)**。$I=\frac{V_Z-V_-}{1k\Omega}=\frac{V_Z-V_+}{1k\Omega}=\frac{6-0}{1\Omega}=6mA$

$V_o=-6mA\times 100\Omega=-0.6V$在線性區無誤。

**70 (C)**。如圖：

$V_o=11V_i+\left(\frac{10V_i}{10k}+\frac{11V_i}{0.1k}\right)\times 10k$

$=11V_i+10V_i+1100V_i=1121V_i$

故$\frac{V_0}{V_i}=1121V/V$。

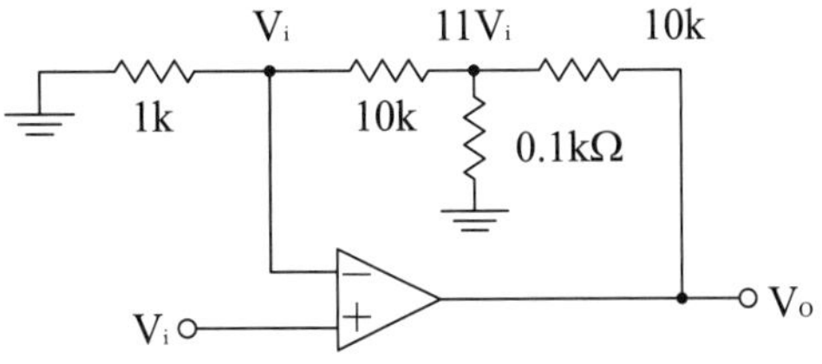

## 模擬測驗

**1 (C)**。$V_E=V_B-V_{BE}=0-0.7=-0.7V$

$$I_E=\frac{1}{2}\times\frac{V_E-(-V_{EE})}{R_{EE}}=\frac{1}{2}\times\frac{0.7-(-10)}{9.3K}=0.5mA$$

$$IB=\frac{I_E}{\beta+1}=\frac{0.5}{101}\approx 0.005mA=5mA$$

**2 (C)**。$re1=re2=\frac{V_T}{I_E}=\frac{25}{0.5}=50W$

$$A_V=\frac{V_o}{V_S}\approx-\frac{R_{c1}}{r_{e1}+r_{e2}}=-\frac{5k\Omega}{50\Omega+50\Omega}=-\frac{5000}{100}=-50V/V$$

$|A_V|=20\log|-50|=20\log 50=20\times 1.7=34dB$

P.156 **3 (B)**。$V_-=V_+=V_i=10mV \quad I_o=\frac{V_-}{R}=\frac{10mV}{10\Omega}=1mA$

**4 (C)**。$V_+=-5\times\frac{20K}{2K+20K}=-\frac{50}{11}V \qquad V_-=V_+=-\frac{50}{11}V$

$$V_o=V_--\frac{(0.5-V_-)}{2K}\times 20K=-\frac{50}{11}-[0.5-(-\frac{50}{11})]\times 10=-55v$$

因$-55V$超過負飽和電壓，不可能，故選$V_o=-10V$

**5 (B)**。OP之正負端虛短路$V_o=\frac{10K+10K//10K//10K}{10K//10K//10K}\times V_{io}=\frac{10+\frac{10}{3}}{\frac{10}{3}}\times 2.5=$ 10mV

**6 (D)**。理想放大器的抵補電壓應為0V，其餘正確，故選(D)。

**7 (B)**。加大射極電阻$R_E$會降低共模增益，使共模拒次比提高，故選(B)。

**8 (B)**。μA741中的電容係用作調整極點，改善頻率響應，為補償頻率響應之補償電容，故選(B)。

P.157 **9 (B)**。此運算放大器之增益為$A_v=-20V/V$，輸入電壓峰值 1V，放大後 20V 超過運算放大器之飽和電壓，超過之訊號會被截波，故選(B)。

**10 (C)**。運算放大器輸出未飽和時，輸入正負端為虛短路，但輸出飽和時，輸和正負端虛短路不成立，可知(A)(D)錯誤；此外，輸入訊號在負輸入端，與輸出訊號反相，故選(C)。

P.158 **11 (A)**。 $V_{cc}$ 值減少時，$|-V_{cc}|$ 值亦隨之減少，故$I_E$ 電流減少，轉移電導 $g_m$ 變小，故差模增益絕對值變小，使輸出信號變小，共模拒斥比變大；但共模增益絕對值僅與 R 和 $R_c$ 相關，與電壓無關；故選(A)。

**12 (A)**。 $V_o=\dfrac{R_1+R_2}{R_1}\times R_{io}$，故$V_{io}=\dfrac{R_1}{R_1+R_2}V_o=\dfrac{1K}{1K+10K}\times 0.11=0.01V=10mV$

**13 (B)**。 迴轉率太低會使輸出訊號跟不上輸入訊號之變化，使正弦波之輸入成為三角波之輸出，故選(B)。

**14 (C)**。 中頻增益可令電容短路，故電路等效於

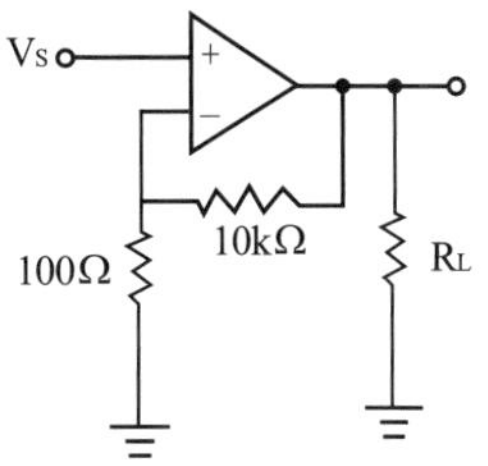

$$A_V=V_o/V_S=\frac{100\Omega+10k\Omega}{100\Omega}$$
$$=\frac{101001}{100}$$
$$=101V/V$$

P.159 **15 (C)**。 理想的微分器為

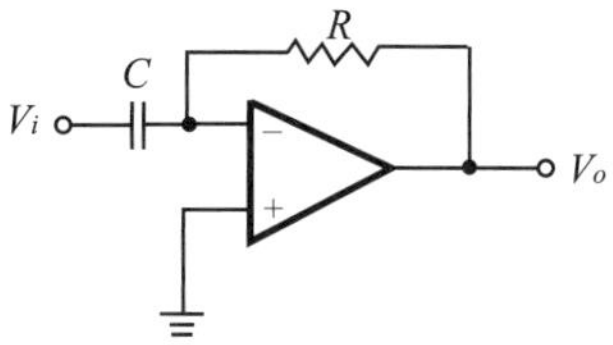

可知$R_1+C$應為電容性，$C_1//R$ 應為電阻性

(1) $R_1+C$為電容性，故$R_1<\dfrac{1}{\omega c}$，得$w<\dfrac{1}{R_1C}\Rightarrow f_1<\dfrac{1}{2\pi R_1C}$

(2) $C_1//R$為電阻性，故$R<\dfrac{1}{\omega C_1}$得$w<\dfrac{1}{RC_1}\Rightarrow f_2<\dfrac{1}{2\pi RC_1}$

但因$R_1C>RC_1$，得 $\dfrac{1}{R_1C}<\dfrac{1}{RC_1}$。

故以$f_1<\dfrac{1}{2\pi R_1C}$為準

**16 (B)**。 (A)開關SW閉合可釋放電容C的儲存之電荷，以避免電容C之電荷改變輸出之直流準位；(B)$V_1$頻率應大於$\dfrac{1}{2\pi R_1C}$但小於$\dfrac{1}{2\pi R_2C}$才能正常動作；(C)因低頻時，電容等效阻抗變大，增益過大易使輸出電壓飽和，故利用$R_1$限制電路之低頻增益；(D)$R_s$可減少輸入偏壓電流的影響，降低輸出之誤差；故選(B)。

**17 (C)**。 此電路為**樞密特觸發器**，可用於防止彈跳，故選(C)。

**18 (D)**。(A)主動濾波器除主動元件尚包括如電容或電感等被動元件；(B)被動濾波器不可包含主動元件；(C)主動濾波器低頻響應佳，適用於低頻範圍；(D)被動濾波器中的電感體積大且昂貴，故可用主動元件搭配電容模擬電感，此為主動濾波器的其中一項優點；故選(D)。

P.160 **19 (B)**。可取$R=1K//100K\approx 1K$，故選(B)。

**20 (B)**。標示二極體如下

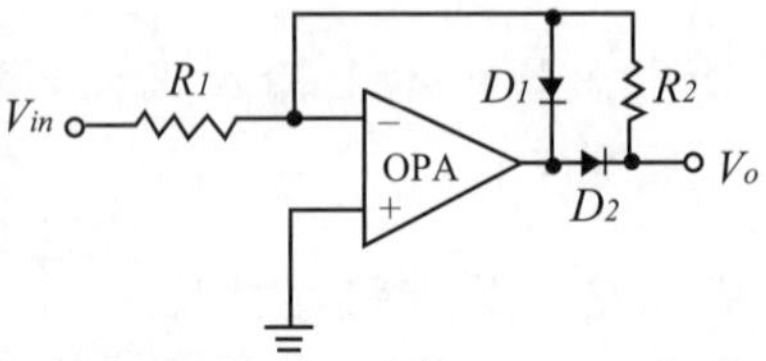

(1)$V_{in}>0$時，OP輸出負電壓，$D_1$導通；$D_2$關閉，$V_o=0$。

(2)$V_{in}<0$時，OP輸出正電壓，$D_1$關閉；$D_2$導通，$V_o=-\frac{R_2}{R_1}V_{in}$。

故(B)的波形較合理

**21 (D)**。$V_o=(1+\frac{R_f}{R_1})V_1=(1+\frac{10k}{2k})\times 2=12V$

P.161 **22 (B)**。$I_{R1}=\frac{10-V_z}{R_1}=\frac{10-6}{2k}=2mA$　　$I_f=\frac{V_z}{R_2}=\frac{6}{4k}=1.5mA$

$I_z=I_{R1}-I_f=2-1.5=0.5mA$

**23 (B)**。$V_f=V_z=6.2V$　　$V_o=(1+\frac{4.7k}{4.7k})V_f=(1+1)\times 6.2=12.4V$

**24 (C)**。$V_o=-\frac{10k}{1k}V_i=-10V_i$　當$V_i=2V$　$V_0=-10\times 2=-20V$超過供給電壓

故$V_o$接近$-15V$但不可低於$-15V$　$V_o=-14V$為較可能之答案

**25 (A)**。$V_2=-\frac{R_{12}}{R_{11}}V_1=-4V_1$　$V_3=V_2=-4V_1$　故$V_3=-4\times(-1.9)=7.6V$

P.162 **26 (C)**。$V_o=(1+\frac{1k}{1k})V_3=2V_3=2\times(-4V_1)=-8V_1$

當$V_1=-1.9V$時，$V_o=-8V_1=-8\times(-1.9)=15.2V$超過電源

故取$V_o=15V$

**27 (D)**。$A_2$輸入端對調後由電壓隨耦器變為比較器，故$A_2$的輸出為運算器的飽和電壓$+15V$或$-15V$

**28 (B)**。輸入訊號$V_1$的振幅為1V，不會飽和，故$V_1$，$V_2$，$V_3$及$V_o$皆量到正弦波

**29 (D)**。 $V_o=-\frac{4k}{2k}V_A=-2V_A$　故$V_A=-2V$時，$V_o=-2\times(-2)=4V$

$V_A=-5V$時，$V_o=-2\times(-5)=10V$，$V_A=+2V$時，$V_o=-2\times2=-4V$

**30 (A)**。 $V_o=(1+\frac{4k}{2k})V_A=(1+2)V_A=3V_A$

$V_A=-5V$時，$V_o=3\times(-5)=-15V$

超過飽和電壓，故$V_o=-12V$　$V_A=-2V$時，$V_o=3\times(-2)=-6V$

$V_A=+2V$時，$V_o=3\times2=6V$

**31 (A)**。 $V_o=-\frac{330}{200}\times V_z=-\frac{330}{200}\times6=-9.9V$

**32 (D)**。 $I_{100\Omega}=\frac{12-V_z}{100}=\frac{12-6}{100}=0.06\,A=60mA$

$I_{200\Omega}=\frac{V_z}{200}=\frac{6}{200}=0.03\,A=30mA$

$I_z=I_{100\Omega}-I_{200\Omega}=60-30=30mA$

P.163 **33 (C)**。 此電路為比較器

(i) $V_i=-3V$時，$V_+<V_-$

故 $\begin{cases}V_o=-12V\\ I_o=\frac{-12}{1.2k}=-10mA\end{cases}$

(ii) $V_i=-1V$時，$V_+>V_-$

故 $\begin{cases}V_o=12V\\ I_o=\frac{12}{1.2k}=10mA\end{cases}$

⇒僅(C)正確

**34 (B)**。 $V_{o1}=-\frac{20k}{10k}V_1=-2V_1$

$V_o=-\frac{20k}{10k}V_{o1}+(-\frac{20k}{5k}V_2)=-2V_{o1}-4V_2=4V_1-4V_2$

故$V_1=-2V$，$V_2=1.5V$時

$V_o=4(V_1-V_2)=4(-2-1.5)=-14V$

超過飽和電壓，故$V_o=-12V$

**35 (A)**。 $V_o=-\frac{4k}{2k}\times1V+(-\frac{4k}{4k}\times2V)=-2-2=-4V$

**36 (C)**。 此電路為電壓隨耦器　　未飽和時$V_o=V_i=1V$

**37 (B)**。 $V_{o1}=-\frac{2k}{1k}\times1V+(-\frac{2k}{2k}\times2)=-2-2=-4V$

$V_{o2}=-\frac{2k}{1k}V_{o1}=-2\times(-4)=8V$

$V_{o3}=-\frac{2k}{1k}V_{o2}=-8V$

# 第十一章　運算放大器振盪電路及濾波器

## 觀念加強

P.177 **(B)**。此電路振盪時，左側放大器為樞密特觸發器，輸出為方波，該方波成為右側放大器的輸入，並經右側的積分電路積分為三角波，故選(B)。

## 試題演練

### 經典考題

P.181 **1 (B)**。**振蕩時迴路增益大於**1 $\dfrac{R_3+R_4}{R_4}\times\dfrac{R_2//\dfrac{1}{SC_2}}{R_1+\dfrac{1}{SC_1}+R_2//\dfrac{1}{SC_2}}\geq 1$

振蕩頻率$S=j\omega=j\dfrac{1}{\sqrt{R_1R_2C_1C_2}}=j\dfrac{1}{R_1C_1}$

代入可化簡得振蕩條件，（記下式即可）

$\dfrac{R_3}{R_4}>\dfrac{R_1}{R_2}+\dfrac{C_2}{C_1}\Rightarrow\dfrac{R_3}{R_4}>2\Rightarrow R_3>2R_4$　取$R_3\approx 2R_4$

**2 (B)**。$V_-=\dfrac{R}{R+R}V_{cc}=\dfrac{1}{2}V_{cc}$

當$V_+>V_-$**時輸出為正，反之為負**，　故$V_{cc}\sin\omega t>\dfrac{1}{2}V_{cc}\Rightarrow\ 30^\circ<\omega t<150^\circ$

工作週期$\dfrac{150^\circ-30^\circ}{360^\circ}=\dfrac{120^\circ}{360^\circ}=\dfrac{1}{3}=33\%$

**3 (D)**。$V_+=V_-$

**4 (A)**。此電路無回授，係作為**比較器**使用，故選(A)。

P.182 **5 (A)**。(A)NE555計時器內部有比較器及正反器；(B)μA741為運算放大器，內部無數位正反器；(C)74LS00為反閘，無線性比較器及數位正反器；(D)AD590為溫度感測器，內部無數位正反器；故選(A)。

**6 (D)**。此題與92統測與93統測幾乎相同，石英晶片愈薄質量愈輕，振動頻率愈高，故選(D)。

**7 (C)**。石英晶體內部可等效為電感及電容，並聯諧振時電感及電容的等效阻抗最大，故選(C)。

**8 (C)**。電路由運算放大器改為較少見的FET，但RC相位移回授電路部份並無改變，故振盪頻率$\Omega_0=\frac{1}{\sqrt{6}RC}$與迴授量$\beta=-\frac{1}{29}$仍不變，故選(C)。

**9 (D)**。因為題目為單選題，故從型號來看，(A)(C)兩個選項應可先刪除。(A)(B)(C)MC1741、MC1358、CA158三者皆為運算放大器，只是用途不同；(D)ICL8038為波形信號產生器，故選(D)。

**10 (C)**。單穩態多諧振盪器即**可產生一方波**之電路，可利用NE555計時器組成，故選(C)。(A)SN7483為加減法器，(B)IC7805為穩壓電源，(D)ADC0804為類比數位轉換器。

**11 (C)**。此題與94年統測類似，為一振盪電路，輸出波形為方波，故選(C)脈波。

P.183 **12 (A)**。(A)555為著名之計時IC，(B)7447為七段解碼器，(C)7805為正電壓穩壓IC，(D)7912為負電壓穩壓IC，故選(A)。

**13 (A)**。正處臨界電壓為$+\frac{2}{3}$Vcc，故選(A)。

**14 (A)**。(A)$\mu$A741為運算放大器；(B)ADCxxxx為類比數位轉換器；(C)DACxxxx為數位類比轉換器；(D)SN7493為計數器；而史密特振盪電路係以放大器電路接上正回授電路所構成，故選(A)。

**15 (D)**。此電路之為一正回授電路，為史密特觸發器，故選(D)。

**16 (B)**。史密特觸發器的輸出波形為**脈波**，故選(B)。

**17 (C)**。史密特觸發器的輸出波形為**脈波**，故選(C)。

**18 (B)**。$T=0.7(R_1+2R_2)C_1=0.7\times(10k+2\times10k)\times0.01\times10^{-6}$

$=0.00021sec=0.21ms$　　$f=\frac{1}{T}=\frac{1}{0.21ms}=4.76kHz$

**19 (D)**。輸出為為High的時間$T_1=\ell n2(R_1+R_2)C$

輸出為Low的時間$T_2=\ell n2R_2C$

**工作週期** $\frac{T_1}{T_1+T_2}=\frac{\ell n2(R_1+R_2)C}{\ell n2(R_1+R_2)C+\ell n2R_2C}$

$=\frac{R_1+R_2}{R_1+2R_2}=\frac{10k+10k}{10k+2\times10k}=66.6\%$

P.184 **20 (A)**。 轉換電壓$V_t=\frac{2}{2+10}\times\pm9=\pm1.5V$　遲滯電壓$1.5-(-1.5)=3V$

**21 (A)**。 此電路為韋恩電橋振盪電路

振盪頻率$\omega_o=\frac{1}{RC}$　　回授因子$\beta=\frac{1}{3}$

故$A_V=1+\frac{20k\Omega}{R}\geqq3\Rightarrow R=10k\Omega$

$C=\frac{1}{\omega_oR}=\frac{1}{2\pi f_o\cdot R}=\frac{1}{2\pi\times398\times20\times10^3}=\frac{1}{50\times10^6}=0.02\times10^{-6}=$ $0.02\mu F$

**22 (D)**。 此電路為RC相位移振盪電路

回授因子$\beta=-\frac{1}{29}$　故$|A_V|=\left|-\frac{R_2}{R_1}\right|>29$

$R_{2,min}=29R_1\Rightarrow R_1+R_2\leqq\frac{R_2}{29}+R_2=60k\Omega\Rightarrow R_{2,min}\geqq\frac{29}{30}\times60k\Omega=58k\Omega$。

**23 (C)**。 因為二極體的關係，充電時間為$0.7R_1C$，放電時間為$0.7R_2C$

工作週期為$\frac{0.7R_1C}{0.7R_1C+0.7R_2C}=\frac{R_1}{R_1+R_2}=\frac{1.5R_2}{1.5R_2+R_2}=\frac{1.5}{2.5}=60\%$

P.185 **24 (C)**。 遲滯電壓$V_H=8V$，轉換電壓為$\pm4V$

$\pm4=\frac{50k\Omega}{100k\Omega+50k\Omega}\times V_{O,sat}\Rightarrow V_{O,sat}=\pm12V$。

**25 (D)**。 此題為積分電路，週期$T=\frac{1}{f}$，充放電時間$\frac{T}{2}$

$V_{O,P-P}=\frac{1}{C}It=\frac{1}{C}\frac{V_i}{R_i}\times\frac{T}{2}=\frac{1}{0.1\times10^{-6}}\times\frac{2}{100\times10^3}\times\frac{1/100}{2}=1000mV$

$V_M=\frac{1}{2}V_{P-P}=500mV$。

## 模擬測驗

**1 (A)**。 由運算放大器正輸入端回授的電阻電容配置可知為韋恩電橋振蕩器，故選(A)。

**2 (B)**。 韋恩振蕩器振蕩條件$\frac{R_1}{R_2}>\frac{R_3}{R_4}+\frac{C_2}{C_1}$

但因$C_1=C_2=C$，$R_3=R_4=R$　故$\frac{R_1}{R_2}>\frac{R}{R}+\frac{C}{C}\Rightarrow\frac{R_1}{R_2}>2$，選(B)約為2即可

P.186 **3 (A)**。振蕩頻率$f=\frac{1}{2\pi\sqrt{R\times R\times C\times C}}=\frac{1}{2\pi RC}=\frac{1}{2\pi\times1\times10^{3}\times1\times10^{-6}}\approx159Hz$
故選(A)。

**4 (B)**。(A)電容C增大，充電時間常數增加，振蕩頻率下降；(B)$R_2$增大，OP正輸入端的轉換電壓增加，充電時間會增加，振蕩頻率下降；(C)$V_o$之峰對峰值接近但小於$2V_{cc}$；(D)因正負轉換電壓的絕對值相同，工作週期約為50%；故選(B)。

**5 (C)**。$V_+=\frac{R_2}{R_1+R_2}V_o=\frac{10K}{10K+10K}\times(\pm12V)=\pm6V$
電容充放電至±6V時，輸出電壓轉換，故電容兩端最大值為6V

**6 (C)**。石英晶片**愈薄質量愈輕，振動頻率愈高**，故(C)錯誤，其餘(A)(B)(D)皆正確，選(C)。

**7 (B)**。此題與92統測幾乎相同，石英晶片愈薄質量愈輕，振動頻率愈高，故(B)錯誤，其餘(A)(C)(D)皆正確，選(B)。

**8 (D)**。(A)$C_b$係耦合電容，供交流訊號傳遞之用；(B)$C_c$係耦合電容，供交流訊號傳遞之用；(C)$C_E$係旁路電容，提高中頻增益；(D)電容$C_1$與電感$L_1$及$L_2$共振，可決定振盪頻率；故選(D)。

P.187 **9 (B)**。由巴克豪生準則可知振盪條件：迴路增益大小為1，相位移為$0^{\circ}$。(A)迴路增益要大於1，訊號才會放大並持續振盪下去；(D)運算放大器的工作電源為直流電，而輸出為交流訊號，故可將直流電能轉換成交流電能；(B)(C)回授網路若接成正回授網路，則需要$360^{\circ}$或$0^{\circ}$的相位移；若接成負回授網路，則需要$+180^{\circ}$或$-180^{\circ}$的相位移（連同負回授輸入端反相放大的$-180^{\circ}$相位移，同樣為$360^{\circ}$或$0^{\circ}$的相位移），故選(B)。

**10 (D)**。下表列出各種振盪器之回授網路型式，可知應選(D)。

| **振盪器種類** | 韋恩振盪器 | 哈特萊振盪器 | 晶體振盪器 | 考畢子振盪器 |
|---|---|---|---|---|
| **回授網路型式** | 電感與電容串聯 | 兩個串聯電感與一個並聯電容 | 石英晶體 | 兩個串聯電容與一個並聯電感 |

**11 (D)**。因$V_o$直接耦合到反相器的輸出端，定為方波輸出，故(A)(B)一定錯誤。(A)(C)$V_1=0$時，反及閘輸出為1，$V_o=0$，並維持穩定不變；(D)$V_1=1$時，反及閘的輸出視另一端輸入訊號而定；若反及閘另一端輸入訊號為0，則反及閘輸出為1，$V_o=0$，電容充電使反及閘另一端輸入訊號提升為1；當反及閘另一端輸入訊號為1，則反及閘輸出為0，$V_o=1$，電容放電使反及閘另一端輸入訊號下降為0；故選(D)。

**12 (C)**。當$V_o$為正時，會對電容充電使$V_->V_+$而使輸出$V_o$為負；當$V_o$為負時，電容會放電使$V_-<V_+$而使輸出$V_o$為正；故此電路為一振盪電路。而振盪電路無穩定之狀態，為無穩態電路，故選(C)。

**13 (A)**。555定時IC的腳位方塊如右圖，**其輸出端在第3腳**，故選(A)。

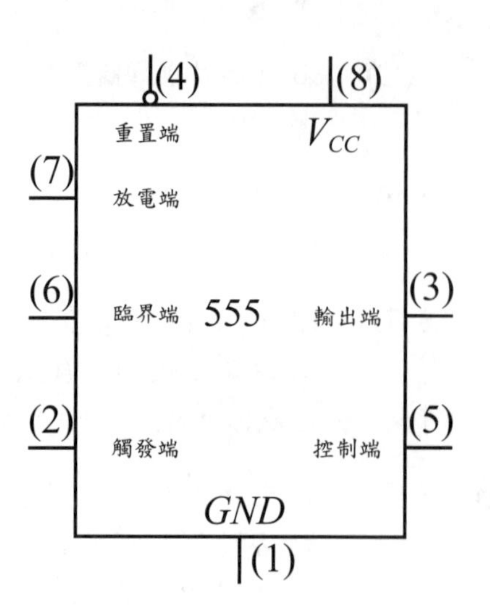


P.188 **14 (A)**。555計時器的輸出端為方波，故選(A)。

**15 (D)**。(A)將第6腳臨界值端與第2腳觸發端同時接到輸入訊號時，可作為史密特觸發器；

(B)負觸發臨界電壓$V_N=\frac{1}{3}V_{CC}=4V$；

(C)正觸發臨界電壓$V_p=\frac{2}{3}V_{CC}=8V$；

(D)第5腳為控制端，接上電容器C不會影響觸發臨界電壓值；故選(D)。

**16 (D)**。此電路為一振盪電路，$V_o$為運算放大器的輸出為方波，$V_C$為RC充放電電路的輸出，**為三角波或指數型式**，故選(D)。

**17 (B)**。(A)$V_o$的輸出為方波，故為方波產生器；(B)正回授因數正確；(C)R越大，充放電電流越小，週期越長，故週期應與R成正比；(D)C越大，充放電時間越長，週期越長，故**週期應與C成正比**；故選(B)。

**18 (C)**。此電路之為一正回授電路，無輸入訊號，所以不可能為積分器或微分器；輸出直接接至運算放大器的輸出端，故**輸出為方波**，選(C)。

P.189 **19 (C)**。(A)(B)555 IC內部電路圖如下，具有兩個比較器，一個RS正反器，及一個輸出緩衝器；(D)此電路為無穩態振盪器；(C)此選項並非說此電路為單穩態振盪器，僅說無法改接成單穩態振盪器，自然錯誤，故既使不知555 IC內部電路，亦可選出(C)錯誤。

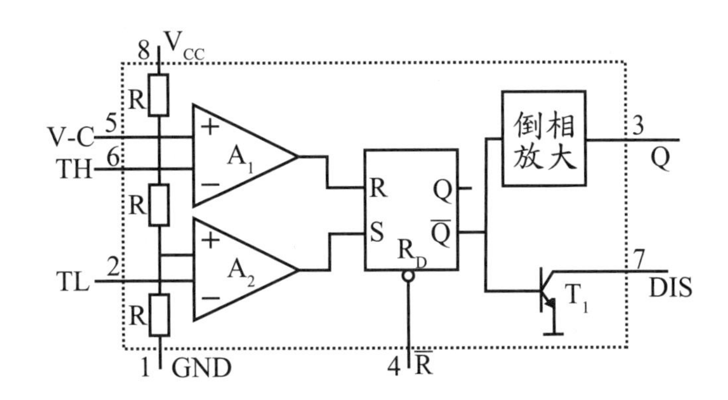


**20 (B)**。 雖然可以計算，但RC**相位移電路**的計算過於複雜，而電路又固定不變，同學應直接背下**振盪頻率**$\omega_0=\dfrac{1}{\sqrt{6}RC}$與**迴授量**$\beta=-\dfrac{1}{29}$的答案，故選(B)。

**21 (A)**。 磁滯電壓$V_{th}=\dfrac{R_2}{R_1+R_2}V_o\approx\dfrac{R_2}{R_1+R_2}V_{CC}$，故與$R_1$、$R_2$及$V_{CC}$有關，選(A)。

**22 (D)**。 此電路為史密特觸發器，可作為波形整形電路，避免高頻跳動的雜訊影響訊號（尤其是在訊號接近0V受雜訊影響快速變動時），故選(D)。

P.190 **23 (D)**。 此電路為正回授，係一史密特觸發器，故選(D)。

**24 (B)**。 此題類似92年統測，係以史密特觸發器電路作為波形整形電路，避免高頻跳動的雜訊影響訊號（尤其是在訊號接近0V受雜訊影響快速變動時），故選(B)。

**25 (A)**。 此電路之回授電路接至運算放大器的正輸入端，為一正回授電路，故為史密特觸發電路；而輸入訊號接至運算放大器的負輸入端，故為反相史密特觸發電路，選(A)。

**26 (D)**。 **史密特觸發器的輸出波形為方波**，輸入波形僅會影響到方波的**工作週期**，故選(D)。

**27 (A)**。 $T=0.7(R_1+2R_2)C=0.7\times(R+2R)C=2.1RC$

P.191 **28 (C)**。 由振盪頻率$\omega=\dfrac{1}{\sqrt{6}RC}$

$$f=\frac{\omega}{2\pi}=\frac{1}{2\pi\sqrt{6}\times650\times0.01\times10^{-6}}=10000.1=10kHz$$

**29 (C)**。 回授量$\beta=-\frac{1}{29}\Rightarrow\frac{R_f}{R}>29$，故$R_f>29R$；$R_f>29\times650$；$R_f>18.85k\Omega$

**30 (A)**。 $T=\ell n2（R_1+2R_2）C_1\approx0.7（R_1+2R_2）C_1$

P.192 **31 (B)**。 $T=0.7（R_1+2R_2）C=0.7\times（10K+2\times20K）\times0.01\times10^{-6}=0.00035$秒

$f=\frac{1}{T}=\frac{1}{0.00035}=2857Hz=2.9kHz$

**32 (C)**。 此電路為一振盪電路，輸出為週期性方波，而振盪電路無穩定之狀態，為無穩態電路，故選(C)

**33 (C)**。 其實本題不用計算，因(C)選項ln0.83＜0。會導致週期為負值，一定錯誤。

(A) $\beta=\frac{10k}{10k+100k}=\frac{1}{11}\approx0.09$　　(B) $V_{TH}=\beta V_{sat}=0.09\times\pm11\approx r1V$

(C)振盪週期由$V_+=V_-+〔V_{+,sat}-V_-〕e^{-\frac{t}{RC}}$

$1=-1+〔11-（-1）〕e^{-\frac{t}{RC}}$

$t=RC\ell n6$　週期$T=2RC\ln6$

(D)輸出方波，工作週期50%正確

**34 (A)**。 單穩態電路

$T=\ell n3RC=1.1RC=1.1\times2\times10^3\times10\times10^{-6}=2.2\times10^{-2}$秒

$f=\frac{1}{T}=\frac{1}{2.2\times10^{-2}}=\frac{100}{2.2}\approx45.45Hz$

**35 (B)**。 $T=0.7（R_1+2R_2）\times C_1=0.7\times（10k+2\times30k）\times0.01\times10^{-6}$

$=0.00049sec=0.49ms$　　$f=\frac{1}{T}=\frac{1}{0.49ms}=2.04kHz$

P.193 **36 (D)**。 單穩態電路

$T=\ell n3RC=1.1RC=1.1\times1\times10^6\times1\times10^{-6}=1.1$ 秒

**37 (B)**。 單穩態電路$T=\ell n3RC=1.1RC=1.1\times100\times10^3\times100\times10^{-6}=11$秒

**38 (C)**。 振盪週期為$T=0.7R_1C+0.7R_1C=1.4R_1C$

P.194 **39 (D)**。 振盪週期為$T=0.7RC+0.7RC=1.4RC$

**40 (D)**。 此電路為史密特觸發器，可作為波形整形電路，避免高頻跳動的雜訊影響訊號（尤其是在訊號接近0V受雜訊影響快速變動時），故選(D)。

**41 (D)**。$\beta=\dfrac{2k}{2k+4k}=\dfrac{1}{3}$

$V_{TH}=\beta V_{sat}=\dfrac{1}{3}\times\pm12=\pm4V$

因為訊號$v_A$輸入反相端，故

(A)(C) $V_A=-2V\Rightarrow v_O=+12V$ 或 $v_O=-12V$皆有可能

(B) $V_A=+5V\Rightarrow v_O=-12V$

(D) $V_A=-5V\Rightarrow v_O=12V$

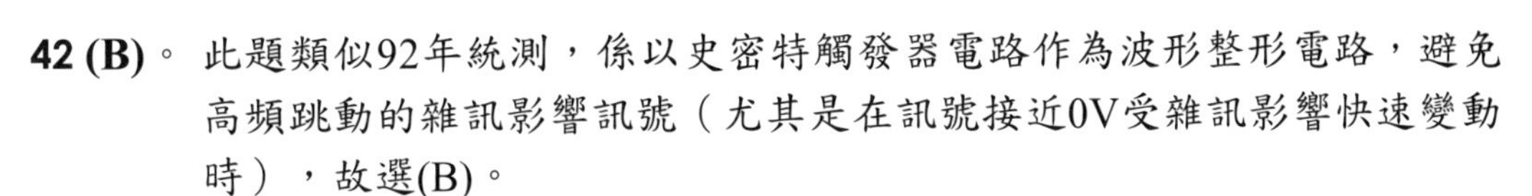

**42 (B)**。此題類似92年統測，係以史密特觸發器電路作為波形整形電路，避免高頻跳動的雜訊影響訊號（尤其是在訊號接近0V受雜訊影響快速變動時），故選(B)。

**43 (D)**。$V_{th}\times\dfrac{4k}{2k+4k}+V_{sat}\times\dfrac{2k}{2k+4k}=0\Rightarrow V_{th}=\dfrac{1}{2}\times(\pm12)=\pm6V$

(A)(B) $V_i=-3V$在$V_{th}=\pm6V$之間$V_o=+12V$或$V_o=-12V$

(C)(D) $V_i=7V$大於$V_{th}=6V$且輸入接非反相端　故$V_o=+12V$

P.195 **44 (A)**。因輸入的訊號範圍小於轉換電壓，輸出$V_o$無法變化，可能輸出在飽和電壓 +12V或−12V，故選(A)。

**45 (A)**。$V_{th}=\pm15\times\dfrac{1k}{9k+1k}=\pm1.5V$；磁滯電壓為$1.5V-(-1.5V)=3V$

**46 (A)**。此電路之回授電路接至運算放大器的正輸入端，為一正回授電路，故為史密特觸發電路；而輸入訊號接至運算放大器的負輸入端，故為反相史密特觸發電路，選(A)。

**47 (C)**。輸入接反相端

$V_{th}=\pm12\times\dfrac{6}{6+4}+2\times\dfrac{4}{6+4}=\pm7.2+0.8$　$V_{th}=8V$或$V_{th}=-6.4V$

(A)(B) $V_i=-3V$在$-6.4V$與$8V$之間　$V_o=+12V$或$V_o=-12V$

(C)(D) $V_i=-7V<-6.4V$且$V_i$接反相端　故$V_o=+12V$

**48 (D)**。當輸入訊號振幅超過磁滯電壓時，史密特觸發器的**輸出波形為方波**，故選(D)。

# 第十二章 歷年試題

## 103年 電子學（電機類、資電類）

P.196 **1 (A)**。$V_{max}=4\sqrt{2}+6=4\times1.414+6=11.66V$

**2 (C)**。(A)順向偏壓才發光。
(B)電流決定亮度。
(D)發光強度與順向電流成反比。

**3 (A)**。(B)累增崩潰，溫度係數為正。
(C)累增崩潰為熱效應。
(D)稽納崩潰為電場效應。

**4 (C)**。$D_1$導通，$D_2$不通
故$i_o=\dfrac{V_{N2}}{R}=\dfrac{1}{5}\times\dfrac{1}{10}\times200\sqrt{2}\sin377t=4\sqrt{2}\sin377t$
有效值為4A

**5 (A)**。箝位電路不改變波形，僅更改準位。

P.197 **6 (A)**。$v_i$超過5V時，二極體導通，$v_o=v_i$
$v_i$低於5V時，二極體開關，$v_o=5V$
選(A)

**7 (C)**。(A)射極發射載子。
(B)集極收集載子。
(D)射極摻雜濃度最高。

**8 (B)**。(A)$A_I=\beta+1$
(B)$A_I=\alpha=\dfrac{\beta}{\beta+1}\leq1$
(C)$A_I=\beta$
(D)MOS的閘極電流為零，故共源放大電路的電流增益甚大。

**9 (A)**。(B)加$R_E$會減小電壓增益。
(C)加$R_E$會增加輸入阻抗。
(D)$R_E$為負回授電阻。

P.198 **10 (D)**。 $V_{BB}=V_{CC}\times\frac{5k\Omega}{10k\Omega+5k\Omega}=15\times\frac{5k}{15k}=5V$

$V_E=V_{BB}-V_{BE}=5-0.7=4.3V$

$I_E=\frac{V_E}{R_E}=\frac{4.3V}{2k\Omega}=2.15mA$

$V_{CE}=V_{CC}-I_E\times(R_E+R_C)=15-2.15\times(2+1)\cong 8.55V$

故選(D)

**11 (D)**。 $g_m=\frac{I_C}{V_T}=\frac{\beta I_B}{V_T}=\frac{80\times 12.5\mu A}{25mV}=40mA/V$

**12 (B)**。 $V_{BB}=12V\times\frac{10k\Omega}{50k\Omega+10k\Omega}=2V$

$I_E=\frac{V_{BB}-V_{BE}}{R_E}=\frac{2-0.7}{1k\Omega}=1.3mA$

$r_\pi=\beta r_e=100\times\frac{26mV}{1.3mA}=2k\Omega$

$Z_i=r\pi//50k\Omega//10k\Omega=2k//50k//10k\cong 1.7k\Omega$

**13 (C)**。 (A)$R_{in}$：CB最小。

(B)$R_{out}$：CC最小。

(D)相位：CE反相，CC和CB同相。

P.199 **14 (D)**。 直接耦合串級放大電路會影響直流偏壓工作點，不易調整阻抗匹配，使電路不穩定；但因無電容低頻響應佳。

**15 (B)**。 串級相乘後增益變大，頻寬變小。

**16 (D)**。 $I_D=I_{DSS}\times(1-\frac{V_{GS}}{V_T})^2=12mA\times(1-\frac{-2V}{-4V})^2=3mA$

**17 (D)**。 場效電晶體為單一載子傳導。

**18 (B)**。 $Z_o=\frac{1}{g_m}//R_S=\frac{1}{0.004}//1k=250//1000=200\Omega$

P.200 **19 (D)**。 $g_m=2k(V_{GS}-V_t)=2\times 0.4\times(3-1)=1.6mA/V$

$A_V=\frac{V_o}{V_i}=-g_mR_D=-1.6mA/V\times 4k\Omega=-6.4V/V$

**20 (C)**。 放大器輸出電壓最大變化率為轉動率。

**21 (C)**。 $A_V=-\frac{6k\Omega}{3k\Omega}\times(1+\frac{12k\Omega}{6k\Omega})=-2\times(1+2)=-6V/V$

輸入－2V，放大－6V/V為12V，但因超過工作電壓，故$V_o$=10V

**22 (B)**。 此為電壓隨耦器，$V_o=V_i$，(B)正確。
(A)$A_I$無限大。
(C)$R_{in}$無限大。
(D)$R_{out}$為零。

P.201 **23 (B)**。 $\omega=\frac{1}{RC}=\frac{1}{16\times10^3\times0.1\times10^{-6}}=\frac{10^3}{1.6}\ rad/s$

$f=\frac{\omega}{2\pi}=\frac{10^3}{2\times3.14\times1.6}\cong100Hz$

**24 (B)**。 $R_{f,min}=|\frac{1}{\beta}|\times3k\Omega=29\times3k\Omega=87k\Omega$

**25 (A)**。 $V_{TH}+\times\frac{20k}{10k+20k}+(-15V)\times\frac{10k}{10k+20k}=0$

$\Rightarrow V_{TH}^{+}=7.5V$

$V_{TH}^{-}\times\frac{20k}{10k+20k}+(15V)\times\frac{10k}{10k+20k}=0$

$\Rightarrow V_{TH}^{-}=-7.5V$

$V_H=V_{TH}^{+}-V_{TH}^{-}=7.5-(-7.5)=15V$

## 103年 電子學實習（電機類）

P.202 **1 (D)**。$D_1$開路變半波整流
變壓後的電壓最大值為$12\sqrt{2}$
半波整流平均值

$V_{av}=\frac{V_m}{\pi}=\frac{12\sqrt{2}}{\pi}\cong5.4V$

**2 (C)**。 $I_Z=\frac{P_Z}{V_Z}=\frac{400mW}{10V}=40mA$

$I_L=\frac{V_Z}{R_L}=\frac{V_L}{R_L}=\frac{10V}{0.2k\Omega}=50mA$

$I_S=I_Z+I_L=40mA+50mA=90mA$

$V_S=V_Z+I_SR_S=10+90mA\cdot0.1k\Omega=19V$

**3 (B)**。$D_1$若正常工作，輸出最大值會限制在30V，故表示$D_1$開路

P.203 **4 (B)**。$\frac{I_E}{I_B}=\beta+1=\frac{1}{1-\alpha}=\frac{1}{1-0.96}=25$

**5 (B)**。Q點置於負載線中點表示

$V_{CE}=\frac{1}{2}V_{CC}=4V$

$I_C=\frac{V_{CC}-V_{CE}}{R_C}=\frac{8-4}{1k}=4mA$

$I_B=\frac{I_C}{\beta}=\frac{4}{100}=0.04mA$

$R_B=\frac{V_{CC}-V_{BE}}{I_B}=\frac{8-0}{0.04}=200k\Omega$

**6 (A)**。$V_{CE}=0.7V=V_{BE}$

表示$R_B$上無壓降，可能是$R_B$短路。

**7 (C)**。(A)共集極組態放大電路又稱為射極隨耦器。

(B)共基極組態放大電路的電流增益近似1。

(D)共集極組態放大電路的輸入輸出訊號相位同相。

P.204 **8 (D)**。(A)$C_2$短路，$A_V$中頻增益不變，頻率響應改變。

(B)$A_V=-g_mR_C$，故$R_C$變大，$A_V$變大。

(C)$C_1$開路則輸入訊號無法傳入，$A_V$為零。

(D)有$C_E$時，$A_V=-\frac{R_C}{r_e}$；無$C_E$時，$A_V=-\frac{R_C}{r_e+R_E}$變小

**9 (A)**。$V_o=-\frac{R_2}{R_1}V_1+\frac{R_4}{R_3+R_4}(1+\frac{R_2}{R_1})V_2=-\frac{20k}{10k}\times8+\frac{20k}{10k+20k}(1+\frac{20k}{10k})\times5$

$=-16+10=-6V$

**10 (C)**。$V_D=V_{DD}-I_DR_D=15V-2mA\times5k\Omega=5V$

$V_{GS}=V_G-V_S=V_G-I_DR_S=0-2mA\times1k\Omega=-2V$

P.205 **11 (D)**。振盪時，回授值$\beta=\frac{1}{3}$

放大率$\frac{R_1+R_2}{R_1}\geq3$

$\Rightarrow R_2\geq2R_1=20k\Omega$

**12 (D)**。$\beta=\frac{R_2}{R_1+R_2}$

週期$T=2RC\,\ell n\,\frac{1+\beta}{1-\beta}$

$$f=\frac{1}{T}=\frac{1}{2RC\ell n\frac{1+\beta}{1-\beta}}=\frac{1}{2RC\ell n\frac{R_1+2R_2}{R_1}}=\frac{1}{2\times10\times10^3\times0.01\times10^{-6}\ell n\frac{1+2\times0.85}{1}}$$

$$=\frac{1}{2\times10^{-4}\times1}=5kHz$$

**13 (A)**。N通道表示閘極為P型，汲極為N型，順偏會導通；P通道則相反，指針不偏轉。
要注意的是，雖然紅棒插+，黑棒插－，但實際上黑棒電壓高於紅棒。

P.206 **14 (A)**。$V_-=-15V+[15-(-15)]\times\frac{1.2k}{1.8k+1.2k}=-3V$
故$V_O$輸出為負飽和，$LED_1$不通，$LED_2$導通發亮。

**15 (C)**。$V_H=[12-(-12)]\times\frac{1k\Omega}{9k\Omega+1k\Omega}=2.4V$

## 103年 電子學實習（資電類）

P.207 **1 (A)**。(A)A是Airway，暢通呼吸道。

**2 (B)**。(B)量電壓時並接；量電流時串接。

**3 (A)**。(B)水平方向才表示週期。
(C)EXT接觸發訊號。
(D)DC位置可量到直流偏壓加交流訊號。

**4 (D)**。由二極體方向得知為全波整流，且輸出為正電壓，選(D)。

P.208 **5 (C)**。(C)共基極放大器的輸入為射極，輸出為集極。

**6 (A)**。(A)輸入110V為有效值，峰值為$110\sqrt{2}$V，變壓後輸出峰值為$90\sqrt{2}$V，故AC50的檔位太小。

P.209 **7 (D)**。(A)$V_{GS}<2V$為截止區。
(B)N通道以電子為主要載子。

(C)$I_G$=0才正常。
(D)$I_D=K(V_{GS}-V_T)^2=1\times(3-2)^2=1mA$。

**8 (B)**。正半週，因理想二極體D逆向不通，負半週可導通，但峰值變小，選(B)。

P.210 **9 (B)**。(A)矽二極體的導通電壓為0.6～0.7V，鍺為0.2～0.3V。
(C)矽導通電壓較高，較不易導通。
(D)矽逆偏250V時崩潰。

**10 (A)**。(A)接負輸入端，均為反相放大。

P.211 **11 (D)**。(丙)NPN電晶體。
(戊)輸出阻抗$R_C//r_O\cong R_C$。
故選(D)，(丙)(戊)錯誤。

**12 (C)**。(乙)為積分電路。
(丙)震盪電路不需輸入信號。
故選(C)，(甲)(丁)正確。

## 104年 電子學（電機類、資電類）

P.212 **1 (A)**。$V_2(t)=4\sin(20\pi t+45^\circ)=4\cos(20\pi t-45^\circ)$
$V_1$與$V_2$相差$13^\circ-(-45^\circ)=58^\circ$。

**2 (B)**。(A)當溫度升高時，本質半導體中解離的電子電洞對增加，電阻變小
(B)正確
(C)外質半導體依摻雜的形式不同，電洞與自由電子的濃度不同，但兩者相乘積為定值
(D)N型半導體內自由電子數量較電洞多，但總電子數等於總質子數以維持電中性

**3 (D)**。(A)紅外線LED因能帶差較小，僅發出不可見的紅外光
(B)LED發光原理係因電子電洞對復合產生電磁輻射，白熾鎢絲燈泡則是加熱物體產生電磁輻射
(C)矽二極體之障壁電壓為PN半導體能帶差，與熱當電壓（thermal voltage）不同
(D)正確

**4 (B)**。 $\omega = 100\pi$ rad/s

$f = \frac{\omega}{2\pi} = 50Hz$

圖中電路為半波整流，漣波之間相距$\frac{1}{100}$s

$V_{av} = 39.5V$，$V_{pp} = 1V$表示從40V降至39V

$V_{pp} = V_m \times \frac{1}{RC} \times T$

$1 = 40 \times \frac{1}{10^4 \times C} \times \frac{1}{100}$

$\Rightarrow C = 40 \times 10^{-6}F = 40\mu F$。

**5 (D)**。 $x = \frac{N_1}{N_2} = \frac{100V}{40V} = 2.5$。

**6 (B)**。 全波整流$V_{av} = \frac{2}{\pi}V_m$

$PIV = 2V_m = 2 \times \frac{2}{\pi}V_{av} = \pi V_{av} = 50 \times 3.14 \simeq 157V$。

P.213

**7 (C)**。(A)飽和區作開關使用

(B)集極電流與基極電流不再成$\beta$倍

(C)因CE壓降較小，故消耗功率較低，正確

(D)飽和區時均為順向偏壓

**8 (A)**。PNP工作在主動區時，射極電壓最高、基極次之、集極最低，故選(A)

**9 (D)**。 $I_E = \frac{V_{CC} - V_{BE}}{R_E + \frac{R_B}{\beta + 1}} = \frac{10 - 0.7}{1 + \frac{209}{100 + 1}}$ 3.03mA

$V_o = V_{CC} - I_C R_C = V_{CC} - \frac{\beta}{\beta + 1} I_E R_C = 10 - \frac{100}{101} \times 3.03 \times 1.2 = 6.4V$。

**10 (B)**。 $V_{CE} = V_o - I_E R_E = 6.4 - 3.03 \times 1 = 3.37V$。

**11 (D)**。 $V_{BB} \simeq 10V \times \frac{10K\Omega}{40K\Omega + 10K\Omega} = 2V$

$I_E \simeq \frac{V_{BB} - V_{BE}}{R_E} = \frac{2 - 0.7}{1K\Omega} = 1.3mA$

從BJT看入的訊號輸入阻抗$R_{in} = (\beta + 1)\frac{V_T}{I_E} \simeq 101 \times \frac{26mV}{1.3mA} \simeq 2K$

$$\frac{I_o}{I_i}=\frac{R_{B1}//R_{B2}}{R_{B1}//R_{B2}+R_{in}}\times\beta\times\frac{R_C}{R_C+R_L}$$

$$=\frac{40K//10K}{40K//10K+2K}\times100\times\frac{4K}{4K+4K}$$

$$=\frac{8K}{8K+2K}\times100\times\frac{4K}{4K+4K}\simeq40A/A$$

選(D)接近。

P.214 **12 (C)**。 $\frac{V_o}{V_i}=-\frac{I_o\cdot R_o}{I_i\cdot R_i}=-40\times\frac{4K\Omega}{1.5K\Omega+8K//2K\Omega}=-51.6V/V$

選(C)最接近。

**13 (C)**。 射極隨耦器即共集極組態放大器，故選(C)

**14 (A)**。 達靈頓電路的輸出在BJT的射極，輸出阻抗小

**15 (D)**。 (A)變壓器的工作原理與磁場相關，易受磁場干擾
(B)直接耦合串級放大電路中無電容，低頻響應佳
(C)直接耦合串級放大電路因直接連接，前後級阻抗相互影響偏壓電路及小訊號放大電路，阻抗不易匹配
(D)電阻電容耦合串級放大電路是靠電容隔絕直流偏壓，故偏壓電路獨立，設計容易

**16 (B)**。 $g_m=2K(V_{GS}-V_t)=2\times0.3\times(4-2)=1.2mA/A$。

**17 (A)**。 $V_{GG}=12V\times\frac{200K\Omega}{200K\Omega+200K\Omega}=6V$

$V_{GS}=V_{GG}-V_S=V_{GG}-I_DR_S=6-2mA\times0.5K\Omega=5V$

$V_D=V_{DD}-I_DR_D=12V-2mA\times1.5K\Omega=9V$

因$V_{GS}>V_t$，$V_{GD}<V_t$，工作在飽和區

$I_D=K(V_{GS}-V_t)^2$

$2=K(5-2)^2$

$\Rightarrow K=\frac{2}{9}\simeq0.22mA/V^2$。

P.215 **18 (B)**。 $\frac{V_o}{V_i}=-g_m(R_D//R_L)=-0.5\times(10//10)=-2.5V/V$。

**19 (D)**。$\frac{I_o}{I_i}=\frac{V_o/R_L}{V_i/R_{in}}=\frac{V_o}{V_i}\times\frac{R_{in}}{R_L}=-2.5\times\frac{6M\Omega//6M\Omega}{10K\Omega}=-750A/A$。

**20 (C)**。$V_o=-\frac{R}{R}(V_1+V_2)+\frac{R}{R+R}\frac{R+R}{R}(V_3+V_4)=-(V_1+V_2)+(V_3+V_4)=$ $4V$。

**21 (C)**。$0=-(-1+2)+(-3+V_4)\Rightarrow V_4=4V$。

**22 (C)**。$V_+=\frac{2K}{1K+2K}V_i+\frac{1K}{1K+2K}\times3=\frac{2}{3}V_i+1$

當$V_+$大於0V時，輸出10V，否則為－10V
亦即$V_i$在－3V～－1.5V時，$V_o=-10V$
$V_i$在－1.5V～＋3V時，$V_o=10V$

$$V_{o,av}=\frac{\left[-1.5-(-3)\right]\times(-10)+\left[3-(-1.5)\right]\times10}{3-(-3)}=5V$$。

P.216 **23 (A)**。未達上臨界電壓時，$V_o=-10V$

$\frac{R_2}{R_1+R_2}V_i+\frac{R_1}{R_1+R_2}V_o=V_R$

$\frac{2}{R_1+2}\times4+\frac{R_1}{R_1+2}\times(-10)=-2$

$\Rightarrow 8-10R_1=-2R_1-4$

$\Rightarrow R_1=1.5K\Omega$。

**24 (B)**。未達下臨界時，$V_o=+10V$

$\frac{R_2}{R_1+R_2}V_i+\frac{R_1}{R_1+R_2}V_o=V_R$

$\frac{2}{2+2}V_{th}+\frac{2}{2+2}\times(10)=2$

$\Rightarrow V_{th}=-6V$。

**25 (A)**。輸出電壓在第3腳，由工作電壓決定。

## 104年 電子學實習（電機類）

P.217 **1 (D)**。由題目知電壓比為10：1，$V_i = 110V$時$V_o = 11V$，其峰值$V_{o,m} = 11\sqrt{2}\,V$。

**2 (A)**。(A)負載越大，則因功率消耗造成的壓降越大，輸出漣波電壓的變化越大。

**3 (A)**。$V_i$大於$V_b$時，二極體導通，使$V_o$固定在$V_b$，(A)正確。

**4 (B)**。$\frac{I_E}{I_C} = \frac{\beta+1}{\beta} = \frac{12.06}{12} \Rightarrow 1 + \frac{1}{\beta} = 1 + \frac{1}{200} \Rightarrow \beta = 200$。

P.218 **5 (C)**。$\beta = \frac{I_C}{I_B} = \frac{\frac{V_{CC}-V_{CE}}{R_C}}{\frac{V_{CC}-V_{BE}}{R_B}} = \frac{\frac{15-7}{1.2K}}{\frac{15-0.7}{429K}} = 200$。

**6 (B)**。$I_B = \frac{V_{CC}-V_{BE}}{R_B+(\beta+1)R_E} = \frac{I_C}{\beta}$

$\frac{15-0.7}{R_B+(150+1)\times 1} = \frac{4.2}{150}$

$\Rightarrow R_B = 360K\Omega$。

**7 (B)**。共集極為基極輸入，射極輸出，電壓增益小於1，電流增益大於1。

**8 (C)**。$V_{BB} = V_{CC} \times \frac{R_{B2}}{R_{B1}+R_{B2}} = 15 \times \frac{80K}{120K+80K} = 6V$

$I_B = \frac{V_{BB}-V_{BE}}{R_{B1}//R_{B2}+(\beta+1)R_E} = \frac{6-0.7}{120K//80K+(100+1)\times 1K} = 0.0356mA$

$I_C = \beta I_B = 3.56mA$。

**9 (D)**。(A)電容用來隔絕交流訊號
(B)達靈頓電路是增加增益
(C)變壓器用來阻抗匹配。

P.219 **10 (C)**。$V_{GS} = V_{GG} - V_{SS} = 0V - I_D \cdot R_S = -I_D \cdot R_S$正確。

**11 (A)**。$Z_o = R_S // \frac{1}{g_m} \simeq \frac{1}{g_m}$。

**12 (D)**。無回授，輸出會飽和成方波，輸入在負端，故輸出反相，選(D)。

P.220 **13 (D)**。 $V^{+}=0V$，故20KΩ，40KΩ接地無影響

$$V_o = -1V \times \frac{40K\Omega}{10K\Omega} = -4V。$$

**14 (C)**。 接反後為正回授，輸出方波。

**15 (B)**。 此電路為振盪器電路，正反器輸出端 $V_o$為±12V方波，選(B)。若選電容器上方的$V^{-}$輸入端，可得±6V三角波。

## 104年 電子學實習（資電類）

P.221 **1 (C)**。(A)(B)(D)交流電的頻率、相位、波形等，要用示波器量測，僅(C)正確。

**2 (C)**。溫度上升時，pn接面的壓降減少，即$V_{BE}$減少，當$V_X$不變$V_{BE}$減少時，$I_B$增加，故IC增加，可知(C)正確。

**3 (A)**。二極體反接僅改變$V_o$端極性。

**4 (B)**。電容$C_2$在交流時等效短路，故直流負載線與交流負載線不同。

P.222 **5 (C)**。應該是輸出信號相位對輸入信號相位。

**6 (A)**。當零電位檢測器時，採正回授，工作於飽和區。

**7 (C)**。含負回授的放大電路增益為$\frac{Z_1+R_3}{Z_1}$。

**8 (B)**。經過2V電壓後，訊號為$V_i-2$，即-12V～8V，而截波電路為$-8V \le V_o \le 12V$，故該訊號的輸出為－8V至8V。

P.223 **9 (D)**。串聯，應該接電流表。

**10 (A)**。$I_{Z(max)} = \frac{P_{Z(max)}}{V_Z} = \frac{500mW}{10V} = 50mA$。

**11 (D)**。正回授電路，輸出端為方波。

**12 (D)**。(A)半波整流的漣波週期為全波的兩倍
(B)全波整流的漣波因數較小
(C)全波整流的漣波有效值較小。

## 105年 電子學（電機類、資電類）

P.224 **1 (B)**。$V_{av}=-2+[10-(-2)]\times D=5.2$

$\Rightarrow D=0.6=60\%$。

**2 (B)**。(A)(C)(D)敘述皆相反，僅(B)正確。

**3 (A)**。標示$I_3$如圖，因$V_D=0.7V$，故$I_3=I_{D2}+0.7mA$

且$I_{D1}=I_{D2}+I_3=2I_{D2}+0.7$

由KVL

$I_{D1}\times 1k\Omega+V_D+V_D+I_{D2}\times 1k\Omega=5.1V$

$(2\,I_{D2}+0.7)+0.7+0.7+I_{D2}=5.1$

$\Rightarrow I_{D2}=1\text{ mA}$。

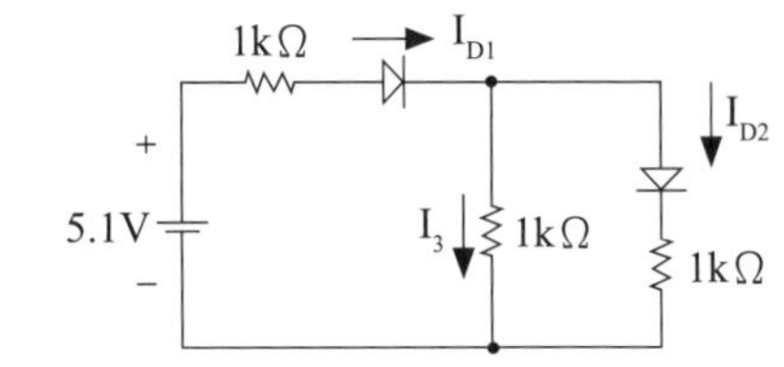


**4 (C)**。(A)(B)為限位電路

(D)最小為$-6.6V$。

**5 (B)**。經箝位電路後，輸出為$V_{REF}$至$V_{REF}+(10-2)$

$V_{av}=8=\dfrac{V_{REF}+(V_{REF}+8)}{2}\Rightarrow V_{REF}=4V$。

P.225 **6 (D)**。(D)正確，且NPN，PNP均適用。

**7 (C)**。(A)(B)輸入為射極，輸出為集極(D)同相。

**8 (A)**。$I_E=(\beta+1)I_B=100\times 50\mu A=5mA$

$V_{CC}=V_{CE}+I_E(R_C+R_E)$

$10=5+5mA(0.5\text{ k}\Omega+R_E)$

$\Rightarrow R_E=0.5\text{ k}\Omega=500\Omega$。

**9 (D)**。$V_{BB}=V_{CC}\times\dfrac{R_{B2}}{R_{B1}+R_{B2}}=10\times\dfrac{20k}{30k+20k}=4V$

$R_{BB}=R_{B1}//R_{B2}=30k//20k=12k\Omega$

$V_{BB}=I_B\cdot R_{BB}+V_{BE}+(\beta+1)\,I_B\cdot R_E$

$4=0.04mA\times 12k\Omega+0.7+100\times 0.04mA\cdot R_E$

$\Rightarrow R_E=0.705k\Omega=705\Omega$。

P.226 **10 (D)**。$V_{BB}=19.6\times\dfrac{200k\Omega}{200k\Omega+200k\Omega}=9.8V$

$R_{BB}=200k\Omega//200k\Omega=100k\Omega$

$I_B=\dfrac{V_{BB}-V_{CE}}{R_{BB}+(\beta+1)R_E}=\dfrac{9.8-0.7}{100k\Omega+100\times 6k\Omega}=0.013\text{ mA}$

$$r_\pi = \frac{V_T}{I_B} = \frac{26mA}{0.013mA} = 2000\Omega = 2k\Omega$$

$$A_i = \frac{I_O}{I_i} = \frac{200k//200k}{200k//200k + [2k + (99+1)\times(6k//3k)]} \times 100 \times \frac{6k}{6k+3k}$$

$$= \frac{100}{100+(2+200)} \times 100 \times \frac{6}{9}$$

$$= 22.08A/A$$

註：因$R_E$甚大，可省略計算$r_\pi$

$$A_i \simeq \frac{200k//200k}{200k//200k + (99+1)\times(6k//3k)} \times 100 \times \frac{6k}{6k+3k}$$

$$= \frac{100}{100+200} \times 100 \times \frac{6}{9}$$

$$\simeq 22.22$$

選(D)。

**11 (D)**。(D)$g_m = \frac{\alpha}{r_e} = \frac{1}{r_e}$。

**12 (C)**。使用T模型

$$A_V = \frac{R_C//10k\Omega}{r_e} = 200$$

$$R_C//10k\Omega = 200 \times 20\Omega = 4k\Omega$$

$$\Rightarrow R_C \simeq 6.8k\Omega$$

註：(A)(B)選項明顯讓並聯阻抗小於4kΩ，(D)則過大。

**13 (D)**。極際電容及雜散電容影響高頻響應。

P.227 **14 (B)**。$R_{並} = \frac{80}{4} = 20\Omega$

匝數比值$= \sqrt{\frac{72k\Omega}{20\Omega}} = \sqrt{\frac{72000}{20}} = 60$

選(B)。

**15 (B)**。(A)N通道JFET
(C)N通道空乏型MOSFET
(D)PNP BJT

**16 (C)**。$V_{GG} = 10V \times \frac{2M\Omega}{3M\Omega + 2M\Omega} = 4V$

$$I_D = k[V_{GS} - V_{th}]^2 = k[V_{GG} - I_D \cdot R_S - V_{th}]^2$$

$$0.5 = 0.5[4 - 0.5 \cdot R_S - 2]^2$$

$\Rightarrow R_S = 2k\Omega$（另解6kΩ不符合MOS操作狀態）

**17 (A)**。 $V_{GS}=-6V<V_P \Rightarrow I_D=0mA$

**18 (B)**。 $V_{GS}=V_{GG}-V_{SS}=-2V-1mA\times 1k\Omega=-3V$

$$g_m=\frac{2I_D}{V_{GS}-V_P}=\frac{2\times 1mA}{-3-(-4)}=2mA/V$$

$$A_V=\frac{V_o}{V_i}=-g_m\times(R_C//R_O)\times\frac{\frac{1}{g_m}}{\frac{1}{g_m}+R_S}$$

$$=-2mA\times(6k\Omega//4k\Omega)\times\frac{0.5k}{0.5k+1k}$$

$$=-1.6V/V$$ 。

P.228 **19 (A)**。 使用T模型，$\frac{1}{g_m}=0.5k\Omega$，$r_d$可忽略

$$A_V=\frac{V_o}{V_i}=\frac{R_S//R_0}{\frac{1}{g_m}+R_S//R_0}=\frac{6k//3k}{0.5k+6k//3k}=0.8$$ 選(A)。

**20 (A)**。 $A_V=-\frac{10k}{1k}=-10V/V$。

**21 (C)**。 $A_V=1+\frac{5k}{5k}=2V/V$

$v_0=6.2V\times 2=12.4V$。

**22 (A)**。 $V_0=(-\frac{R_{f1}}{R_1}V_1-\frac{R_{f1}}{R_2}V_2-\frac{R_{f1}}{R_3}V_3)\times[-\frac{R_{f2}}{R_4}]$

$$=[-\frac{30}{10}\times 1-\frac{30}{20}\times 2-\frac{30}{30}\times 3]\times[-\frac{30}{30}]$$

$$=9V$$ 。

P.229 **23 (B)**。 無穩態振盪器不需輸入信號。

**24 (C)**。 $V_H=V_{TH}-V_{TL}=\frac{R_1}{R_1+R_2}V_{sat}-\frac{R_1}{R_1+R_2}(-V_{sat})$

$$=\frac{2R_1}{R_1+R_2}V_{sat}$$ 。

**25 (D)**。 施密特觸發器輸出為方波，積分後得三角波。

## 105年 電子學實習（電機類）

P.230

**1 (C)**。電源供應$I_S = \frac{10V - 5V}{100\Omega} = 0.05A = 50mA$

稽納二極體最大電流$I_{ZK,max} = \frac{P_{max}}{V_{ZK}} = \frac{200mW}{5V} = 40mA$

因$I_{RL} = I_S - I_{ZK}$故 $10mA \le I_{RL} \le 50mA$

又$R_L = \frac{V_{ZK}}{I_{RL}}$ 故$100\Omega \le R_L \le 500\Omega$

**2 (D)**。$V_0$輸出為8V及－3V之方波

平均為$\frac{8+(-3)}{2} = 2.5V$。

**3 (C)**。注意符號方向

(i)二極體導通時，$V_0 = V_E$

(ii)二極體不導通時，$V_o = -V_i$

另外，$V_i > -V_E$時，二極體即導通，

故$V_i > V_E$時亦導通，選(C)。

**4 (A)**。(A)①號腳為基極才會對，②、③腳皆順偏。

P.231

**5 (B)**。$V_{CC} = V_{BE} + I_B \cdot R_B + (I_B + I_C) \cdot R_C$

$12 = 0.7 + 0.03 \times R_B + (\beta + 1) \times 0.03 \times 2.2$

$12 = 0.7 + 0.03 \times R_B + 121 \times 0.03 \times 2.2$

$\Rightarrow R_B \simeq 110.5k\Omega$。

**6 (D)**。假設在主動區

$V_{BB} = 12V \times \frac{85k}{65k + 85k} = 6.8V$

$I_E = \frac{V_{BB} - V_{BE}}{\frac{R_{B1} // R_{B2}}{\beta + 1} + R_E} = \frac{6.8 - 0.7}{\frac{65 // 85}{\beta + 1} + 3} = 1.81mA$

$V_{CE} = V_{CC} - I_E \cdot R_E = 12 - 1.81 \times 3 = 6.6V$。

**7 (A)**。$Z_i = 45k // 5k // r_\pi$

因 $r_\pi = 1k\Omega$，不用計算，僅(A)符合。

**8 (C)**。$20mV \times 100 = 2000mV = 2V$

但共射極為反相放大，故選(C)。

**9 (B)**。(A)阻抗調整不易
(C)變壓器線圈有隔離作用
(D)電容可隔離直流

P.232 **10 (B)**。$I_D = I_{DSS}(V_{GS} - V_T)^2$

$\Rightarrow I_{DSS} = \frac{I_D}{(V_{GS} - V_T)^2} = \frac{2mA}{(6V - 4V)^2} = 0.5mA$

當$I_D = 8mA$時

$8mA = 0.5mA(V_{GS} - 4)^2$

$\Rightarrow V_{GS} = 8V$ (0V不合)

**11 (B)**。(A)(D)$Z_i = R_G // \frac{1}{g_m}$
(C)反相。

**12 (C)**。負回授，且增益$A_V = 1V/V$

$V_0 = V_i^+ = 16V \times \frac{6k\Omega}{6k\Omega + 6k\Omega} = 8V$。

**13 (B)**。$V^+ = -1V \times \frac{40k}{10k + 40k} = -0.8V$

$\frac{V_i - V^+}{10k\Omega} = \frac{V^+ - V_0}{40k\Omega}$

$\frac{V_i - (-0.8V)}{10k} = \frac{-0.8V - 8V}{40k\Omega}$

$\Rightarrow V_i = -3V$。

P.233 **14 (B)**。(A)無穩態多諧振盪器
(C)最高至$\frac{1}{3}V_{CC}$
(D)方波

**15 (D)**。(C)非反相施密特觸發器
(A)(B)臨限電壓為

$\frac{100k}{10k + 100k} V_{TH} + \frac{10k}{10k + 100k} V_{0,sat} = V^-$

$\frac{100}{110} V_{TH} + \frac{10}{110} V_{0,sat} = -2$

$\Rightarrow V_{TH} = \frac{1}{10}(-22 - V_{0,sat})$

代入得$V_{0,sat} = \pm 12V$

可得$V_{TH，上} = -V$

$V_{TH，下}=-3.4V$
(D)若$V_i=1V$則$V_i>V_{TH，上}$，故$V_0=12V$

## 105年 電子學實習（資電類）

P.234 **1 (D)**。全波整流時$V_{av}=\frac{2}{\pi}V_m$

故交流峰對峰$V_{m-m}=2V_m=2\times\frac{\pi}{2}V_{av}\simeq 11.6V$

選(D)。

**2 (A)**。CAL用來輸出1kHz方波，通常電壓為$2V_{P-P}$。

**3 (B)**。$r\%=\frac{漣波有效值}{直流電壓}=\frac{\frac{V_{r(P-P)}}{2\sqrt{2}}}{V_m-\frac{1}{2}V_{r(P-P)}}=\frac{\frac{2}{2\sqrt{2}}}{10-\frac{1}{2}\times 2}\simeq 0.0786=7.86\%$

選(B)。

**4 (A)**。(A)應為箝位電位。

P.235 **5 (A)**。(A)半導體元件的溫度越高時，電流越大
故$T_1>T_2>T_3$。

**6 (A)**。(A)由$V_i$及$v_0$位置可判斷為共射極。

**7 (D)**。(D)$R_{in}=(\beta_1+1)[r_{e1}+(\beta_2+1)r_{e2}]$
約比單顆BJT大$\beta$倍。

P.236 **8 (A)**。(A)(B)以$V_{GS}$的電壓控制
(C)正常時$I_G=0A$
(D)N通道以電子傳導。

**9 (C)**。(C)共汲極放大器的電壓增益恆小於1僅作電流放大。

**10 (D)**。(A)該用正回授
(B)減法器輸入在$V^-$端，$V^+$端不變
(C)輸入阻抗依回授電阻而定。

**11 (C)**。(C)$A_d$愈大愈好。

**12 (A)**。(A)石英振盪器的頻率穩定性佳。

## 106年 電子學（電機類、資電類）

P.237

**1 (C)**。 $D=\frac{T_1}{T_1+T_2}=\frac{3}{3+2}=0.6=60\%$ 。

**2 (A)**。 二極體$Z_1$順偏，壓降為0V，故電阻$R_L$上面的壓降為二極體$Z_2$的壓降3V

$$I_L=\frac{V_{Z2}}{R_L}=\frac{3}{300}=0.01=10mA$$

$$I_S=\frac{V_S-V_{Z2}}{R_S}=\frac{6-3}{200}=0.015=15mA$$

$$I_Z=I_S-I_L=15-10=5mA$$ 。

**3 (D)**。 峰值電壓 $V_M=\sqrt{2}V_{rms}=1.414\times 110\approx 155.5V$ 經過變壓器後的二次側峰值電壓 $V_M'=155.5\times\frac{24}{220}\approx 17V$ 此峰值電壓即為每個二極體所承受的最大逆向電壓。

**4 (B)**。 先經過電壓源降壓3V，最高電壓僅7V；再經二極體僅正電壓通過。(B)的波形正確。

P.238

**5 (C)**。 先經過電壓源升壓6V，高低位準分別為12V、5V，再經過順向導通的二極體，不影響位準。 $V_{out,rms}=\sqrt{\frac{12^2+5^2}{2}}=\frac{13}{\sqrt{2}}\approx 9.2V$ 。

**6 (D)**。 BJT摻雜濃度E極濃度最高，B極、C極不一定，但通常E＞B＞C。

**7 (C)**。 $I_B=\frac{V_{BB}-V_{BE}}{R_B}=\frac{6-0.7}{100k}=0.053mA$

$$I_C=\beta I_B=100\times 0.053=5.3mA$$

$$V_{CE}=V_{CC}-I_C R_C=12-5.3\times 1=6.7V$$

**8 (A)**。 (B)射極回授式偏壓電路就是希望靠著回授穩定工作點。
(C)固定式偏壓電路的工作點穩定性差。
(D)射極隨耦器的電壓增益低於1。

P.239

**9 (D)**。 $I_{R_C}=\frac{V_{CC}-V_{CE}}{R_C}=\frac{12-6}{1.2k}=5mA$

$$I_{R_B}=\frac{I_{R_C}}{\beta+1}=\frac{5}{99+1}=0.05mA$$

$$R_B=\frac{V_{CE}-V_{BE}}{I_{R_B}}=\frac{6-0.7}{0.05}=106k\Omega$$ 。

**10 (B)**。(A)CC與CB放大器的輸入電壓與輸出電壓同相位，CE放大器的輸入電壓與輸出電壓為反相。(C)只有CB放大器不具電流放大作用正確，但CE放大器之輸出阻抗及電壓增益的絕對值才為三者中最小。(D)只有CC放大器不具電壓放大作用正確，但CB放大器之輸入阻抗及電流增益的絕對值才為三者中最小。

**11 (B)**。$I_E = \dfrac{V_{BB} - V_{BE}}{R_E + \dfrac{R_B}{\beta + 1}} = \dfrac{2 - 0.7}{0.5 + \dfrac{50}{99 + 1}} = 1.3\text{mA}$

$r_e = \dfrac{V_T}{I_E} = \dfrac{26}{1.3} = 20\Omega$

使用T模型的小訊號模型，可得 $A_V = \dfrac{V_o}{V_i} = -\alpha\dfrac{R_C}{r_e} \approx -\dfrac{R_C}{r_e}$ 故

$R_C = \left|\dfrac{V_o}{V_i}\right| r_e = 150 \times 20 = 3000 = 3\text{k}\Omega$。

**12 (C)**。使用T模型的小訊號模型，可得 $A_V = \dfrac{V_O}{V_S} = -\alpha\dfrac{R_C // R_L}{R_{E+}r_e} = -\dfrac{99}{99+1}\dfrac{3k // 6k}{100 + 50}$

$= -0.99 \times \dfrac{2000}{150} \approx -13.2$ 選(C)。

P.240 **13 (D)**。(A)(B)(C)三者皆正確，無(D)電晶體耦合電路。

**14 (B)**。放大器的截止頻率代表該頻率下的輸出功率為中頻時的1/2，故20kHz時的輸出功率為60W。

**15 (B)**。(B)因為BJT的$g_m$較大，增益較大，故BJT的增益頻寬積較FET為大。

**16 (C)**。首先，由電路符號判斷$Q_1$為NMOS，$Q_2$為PMOS。$Q_1$的$V_{GS,1}=0V<V_{th,1}$，故$Q_1$工作在截止區；$Q_2$的$\left|V_{GS,2}\right| = 5V > \left|V_{th,2}\right|$、且$\left|V_{GD,2}\right| = 5V > \left|V_{th,2}\right|$，故Q2工作在歐姆區，選(C)。

**17 (A)**。由電路圖可知$V_{GS}=V_{DS}=4V$

$I_D = K\left(V_{GS} - V_T\right)^2 = 1 \times \left(4 - 2\right)^2 = 4\text{mA}$

$R_D = \dfrac{V_{DD} - V_{DS}}{I_D} = \dfrac{12 - 4}{4} = 2\text{k}\Omega$。

**18 (D)**。Rs的阻抗會放大$1+\mu$倍，故 $Z_O = R_D // \left[r_d + (1+\mu)R_S\right]$

P.241 **19 (A)**。$\dfrac{V_o}{V_i} = \dfrac{R_S // R_O}{\dfrac{1}{g_m} + R_S // R_O} = \dfrac{6 // 6}{\dfrac{1}{0.5} + 6 // 6} = \dfrac{3}{2+3} = 0.6 \text{V/V}$

$$\frac{I_o}{I_i}=\frac{\frac{V_o}{R_o}}{\frac{V_i}{R_i}}=\frac{V_o}{V_i}\frac{R_i}{R_o}=0.6\times\frac{600k}{6k}=0.6\times 100=60\,{}^{A}\!/\!{}_{A}$$ 。

**20 (C)**。此電路為減法器，因為電阻皆相同$V_o=V_2-V_1=8-2=2V$。

**21 (A)**。此電路為積分電路，輸入電壓波形為方波時，輸出電壓波形為三角波。故選(A)。

**22 (A)**。$V_-=\frac{R_1}{R_1+R_2}V_r+\frac{R_2}{R_1+R_2}V_i=\frac{5}{5+2}\times 1+\frac{2}{5+2}\times(-5)=\frac{5}{7}-\frac{10}{7}=-\frac{5}{7}V$

因$V_-<V_+$，故輸出電壓為負飽和，$V_o=-12V$。

**23 (B)**。(B)音頻振盪器為低頻振盪器，一般使用RC振盪器。

P.242 **24 (C)**。$\omega=\frac{1}{RC_r}=\frac{1}{10\times 10^3\times 0.02\times 10^{-6}}=\frac{1}{0.2\times 10^{-3}}=5000\,{}^{rad}\!/\!{}_{s}$

$f=\frac{\omega}{2\pi}=\frac{5000}{2\times 3.14}\approx 796Hz$ 。

**25 (D)**。工作週期$D=\frac{R_1+R_2}{R_1+2R_2}$假設$D=\frac{R_1+R_2}{R_1+2R_2}=\frac{1}{2}$，可解出$R_1=0$故欲得到工作週期接近50%的方波，應該使$R_2>>R_1$。

## 106年 電子學實習（電機類）

P.243 **1 (D)**。CABD分別代表C（Circulation）：胸部按壓、A（Airway）：暢通呼吸道、B（Breathing）：人工呼吸、D（Defibrillation）：使用AED電擊。(D)正確。

**2 (A)**。因為兩頻道的探棒需共接地，應該負端夾N點、正端勾P點，(A)錯誤。

**3 (C)**。此電路為箝位電路，由二極體方向可知準位向下移，電源E＝2V反向，故最高準位V＝－2V，也就是輸出成為－2V、－22V的方波，平均值為－12V。

**4 (B)**。由$P_C=I_CV_{CE}$把各項相乘，可得(B)$P_C=I_CV_{CE}=20\times 25=500mW$大於最大功率損耗400mW，不安全。

P.244 **5 (D)**。(B)$V_{CC}$及$R_B$不變，則基極電流不變；(A)(C)(D)$R_c$提高會讓電阻$R_C$上的壓降$I_CR_C$增加，導致工作點朝飽和區方向移動。

**6 (B)**。(B)CB放大器的電流增益接近但小於1。

**7 (C)**。熟練的同學，可以從$R_c//R_o$與$r_e$的比值約為20倍，直接挑選出(C)，

$$V_{BB}=\frac{R_2}{R_1+R_2}\times V_{CC}=\frac{5.1}{47+5.1}\times 12=1.17V$$

$$I_E=\frac{V_{BB}-V_{BE,on}}{R_E}=\frac{1.17-0.6}{0.47}=1.21mA$$

$$r_e=\frac{V_T}{I_E}=\frac{26}{1.21}=21.5\Omega$$

$$A_V\approx-\alpha\frac{R_C//R_O}{r_e}=-\frac{\beta}{\beta+1}\frac{R_C//R_O}{r_e}$$

$$=-\frac{200}{200+1}\frac{4700//500}{21.5}\approx-20.9\,V/V$$

$$v_o=A_Vv_i=-20.9\times 50\sin(2000\pi t)mV$$

$$=-1045\sin(2000\pi t)mV=-1.045\sin(2000\pi t)V$$

$$=1.045\sin(2000\pi t+180°)V\text{，}$$

故選(C)最接近。

**8 (C)**。(C)達靈頓電路的輸入阻抗約為$\beta r_\pi$，故輸入阻抗高。(A)因輸入阻抗高，會減小電壓增益，故題目敘述電壓增益極高不正確。(B)電流增益約為$\beta_1\beta_2$，極大。(D)因電流增益極大，溫度特性不穩定。

**9 (B)**。$I_D=I_{DSS}\left(1-\left|\frac{V_{GS}}{V_{GS,off}}\right|\right)^2$。

當$V_{GS}=-2V$時，$2=I_{DSS}\left(1-\left|\frac{-2}{-4}\right|\right)^2$可得$I_{DSS}=8mA$。

當$V_{GS}=-1.17V$時，

$$I_D=8\left(1-\left|\frac{-1.17}{-4}\right|\right)^2=8\times(1-0.29)^2=8\times 0.71^2\approx 8\times 0.5=4mA\text{。}$$

P.245 **10 (D)**。$V_G=0V$由

$$I_D=I_{DSS}\left(1-\left|\frac{V_{GS}}{V_{GS,off}}\right|\right)^2=I_{DSS}\left(1-\left|\frac{V_G-V_S}{V_{GS,off}}\right|\right)^2=4\cdot\left(1-\left|\frac{0-V_S}{-4}\right|\right)^2=4\cdot\left(1-\frac{V_S}{4}\right)^2$$

帶$VS = I_D R_S = 2I_D$進入上式

$$I_D = 4\cdot\left(1-\frac{V_S}{4}\right)^2 = 4\cdot\left(1-\frac{2I_D}{4}\right)^2 = 4\left(1-\frac{I_D}{2}\right)^2 = \left(2-I_D\right)^2 = I_D^2 - 4I_D + 4$$

解$I_D^2 - 5I_D + 4 = 0$可得到$I_D = 1mA$（另解$I_D = 4mA$不合）

$V_{GS} = V_G - V_S = V_G - I_D R_S = 0 - 1*2 = -2V$

$$g_m = \frac{2}{V_{GS,off}}\sqrt{I_{DSS}\cdot I_D} = \frac{2}{4}\sqrt{4\cdot 1} = 1 mA/V$$

電壓增益$\frac{v_o}{v_i} = \frac{2k}{2k+\frac{1}{g_m}} = \frac{2}{2+\frac{1}{1}} = \frac{2}{3} \approx 0.67$。

**11 (A)**。 $V_+ = \left(1-2+3\right)\times\frac{R//R}{R+R//R} = 2\times\frac{0.5}{1+0.5} = 2\times\frac{1}{3} = \frac{2}{3}V$

$v_o = V_+ \times \frac{10k+R_f}{10k} = \frac{2}{3}\times\frac{10k+R_f}{10k} = 2V$

可得$R_f = 20k\Omega$。

**12 (C)**。 $v_i = \sin\left(2\pi t\right)V$當大於$0.707V = 1/\sqrt{2}V$時，輸出為正電壓。解三角函數可得知：$45° < 2\pi t < 135°$時輸出正電壓，其餘為負電壓，故一個週期內正負電壓時間比為1：3。

**13 (D)**。(D)此電路係維恩電橋振盪電路，放大電路增益至少需2倍，此電路上方的兩個電阻僅提供1倍增益，故不會產生振盪。正確。

(A)(B)R或C增加，皆為週期增加、頻率降低。

(C)振盪頻率為$f_0 = \frac{1}{2\pi RC}$，

振盪週期$T = 2\pi RC = 2\pi\times 10\times 10^3\times 0.1\times 10^{-6} = \frac{2\pi}{1000}$秒。

P.246 **14 (B)**。 $5 = 15\times\frac{10k}{10k+R} + 3\times\frac{R}{10k+R}$

$$5 = \frac{150k+3R}{10k+R}$$

$50k + 5R = 150k + 3R$

$R = 50k\Omega$。

**15 (A)**。(A)第一個OP為史密特觸發電路，當$v_{o1}\times\frac{10k}{10k+20k} + v_{o2}\times\frac{20k}{10k+20k} = 0V$時，會讓OP1轉態。因為$v_{o1} = \pm 15V$，可得$v_{o2} = \mp 7.5V$，故(A)正確。

(C)電壓增益 $\frac{v_{o1}}{v_{o2}}=\frac{20k\Omega}{10k\Omega}=2$ 。

(D)週期 $T=2RC\frac{V_{TH}-V_{TL}}{L}=2\times10\times10^{3}\times0.1\times10^{-6}\frac{7.5-(-7.5)}{15}$

$=0.002s=2ms$

(B)週期同上，故頻率為 $f=\frac{1}{T}=\frac{1}{0.002}=500Hz$ 正確，但應該為三角波。

## 106年 電子學實習（資電類）

P.247 **1 (D)**。由一開始的直流電壓表顯示為正電壓，表示測試棒A端為正極。接著，由三用電表指針大幅偏轉可知為順向偏壓，故測試棒A接陽極，測試棒B接陰極；最後，由三用電表指針不偏轉可知為逆向偏壓，故測試棒A接陰極，測試棒B接陽極。選(D)。

**2 (A)**。接腳1為NPN電晶體的基極，可知接腳1基極為P型半導體。當基極與集極以高阻抗相連接時，該電晶體操作類似二極體，集極接正電壓且射極接負電壓時，指針會順時針偏轉，故(A)正確。

P.248 **3 (C)**。正半週嚴重失真而負半週無，表示電阻$R_C$的直流偏壓的壓降太小，該壓降為$-\beta I_B R_C$，故可能為β、$I_B$或$R_C$太小，(C)正確。

**4 (C)**。共射極放大器同時放大電壓及電流，其功率增益大，且電壓相位差約$180^o$，故選(C)。

**5 (C)**。(C)直接耦合放大電路因為沒有耦合電容的隔絕，前後級電路會相互影響，當元件值有誤差時偏壓點易受影響，電路穩定度較差。

P.249 **6 (B)**。JFET為對稱的結構，當接腳12以及接腳13順偏，可知接腳1為閘極（Gate）。

**7 (B)**。甲的接法都接在節點A與B，在X－Y模式僅能觀察到一直線，無法呈現二極體的特性曲線，可知甲接法錯誤，僅(B)可選。另，因示波器兩組探棒通常為共地，丁接法的負端未共地。

**8 (D)**。(D)應為$V_{o4}=V_2-V_1$。

P.250 **9 (A)**。$R_F$可改變迴路增益，影響是否振盪，而非振盪頻率。欲降低頻率，R或C調大皆可，故選(A)。

**10 (B)**。(A)共源極的輸出與輸入電壓信號會反相位。
(C)共汲極放大電路具有高輸入阻抗，且電壓增益小於1。
(D)共汲極放大電路的輸出電壓信號與輸入電壓信號同相位。

## 107年 電子學（電機類、資電類）

P.251

**1 (B)**。溫度每上升10ºC，逆向飽和電流增加一倍。故溫度上升30ºC，逆向飽和電流成為8倍，為48nA。

**2 (A)**。$I_S = \dfrac{V_S - V_Z}{120} = \dfrac{18-3}{120} = 0.125A$

$I_L = \dfrac{V_Z}{R_L} = \dfrac{3}{60} = 0.05A$

$I_Z = I_S - I_L = 0.125 - 0.05 = 0.075A = 75mA$

$P = I_Z V_Z = 75mA \times 3V = 225mW$

選(A)

**3 (A)**。(A)正確。
(B)中間抽頭式整流電路之變壓器需要兩組二次線圈，變壓器容量大。
(C)橋式整流電路與中間抽頭式整流電路均為全波整流電路，電壓漣波值相同。
(D)橋式整流電路的逆向偏壓僅中間抽頭式整流電路一半，電流規格相同。

**4 (B)**。(B)為橋式整流電路的正確接法；其餘僅能成為半波整流，或無輸出。

P.252

**5 (B)**。從圖中可看出電壓準位上升3V，排除(C)(D)；正半周訊號通過，表示二極體順偏，選(B)。

**6 (A)**。不論NPN或PNP電晶體，主動區皆為B-E接面順偏，B-C接面逆偏，(A)正確。

**7 (B)**。$R_C = \dfrac{V_{CC} - V_{LED}}{I_{LED}} = \dfrac{5-2}{10mA} = 0.3k\Omega = 300\Omega$

因為電晶體飽和，$I_B \geq \dfrac{I_C}{\beta} = \dfrac{10mA}{50} = 0.2mA$

$R_B \leq \dfrac{V_{BB} - V_{BE}}{I_B} = \dfrac{5-0.7}{0.2mA} = \dfrac{4.3}{0.2mA} = 21.5k\Omega$，可挑 $R_B = 20k\Omega$

故選(B)。

**8 (D)**。(A) $\beta$ 值隨工作溫度上升而變大。
(B)(D)具射極電阻之分壓式偏壓電路即射極回授式偏壓電路，具負回授特性，工作點穩定，IC不易隨 $\beta$ 變動。
(C)集極回授式偏壓電路之基極電阻具負回授特性。

P.253 **9 (C)**。$I_E = \dfrac{V_{CC} - V_{CE}}{R_C} = \dfrac{12-6}{1k\Omega} = 6mA$

$I_B = \dfrac{I_E}{\beta+1} = \dfrac{6}{151} = 0.039735mA$

$R_B = \dfrac{V_{CE} - V_{BE}}{I_B} = \dfrac{6-0.7}{0.0397335mA} = \dfrac{5.3}{0.039735mA} = 133.38k\Omega$

**10 (A)**。$I_E = \dfrac{V_{BB} - V_{BE}}{R_E + \dfrac{R_B}{\beta+1}} = \dfrac{20-0.7}{1+\dfrac{400}{50+1}} = 2.18mA$

$I_C = \dfrac{\beta}{\beta+1} I_E = \dfrac{50}{50+1} \times 2.18 = 2.14mA$

$V_o = V_{CC} - I_C R_C = 20V - 2.14mA \times 3k\Omega = 13.58V$ 。

**11 (D)**。本題為CB組態，電壓增益約為輸出阻抗與輸入阻抗比
先求小訊號阻抗 $r_e = \dfrac{V_T}{I_E} = \dfrac{26mV}{\dfrac{0-(-6)-0.7}{2k\Omega}} = \dfrac{26mV}{2.65mA} = 9.8\Omega$

$A_V = \dfrac{v_o}{v_i} = \dfrac{\beta}{\beta+1} \times \dfrac{R_o}{R_i} = \dfrac{49}{49+1} \times \dfrac{2k\Omega // 2k\Omega}{2k\Omega // 9.8\Omega} = 0.98 \times \dfrac{1000}{9.75} \cong 100$

**12 (B)**。$A_I = \dfrac{i_o}{i_i} = \dfrac{\beta}{\beta+1} \times \dfrac{R_C}{R_C + R_L} = \dfrac{49}{49+1} \times \dfrac{2k\Omega}{2k\Omega + 2k\Omega} = 0.98 \times \dfrac{1}{2} = 0.49$ 。

**13 (B)**。總電壓增益 $A_V = 100 \times 10 \times 1 = 1000$ 倍
換算為分貝 $A_V = 10\log(1000) = 10 \times 3 = 30dB$

**14 (C)**。串接後，放大器的低頻截止頻率上升，而高頻截止頻率下降

$f_{Hn} = \sqrt{2^{\frac{1}{n}} - 1}$　$f_H = \sqrt{2^{\frac{1}{2}} - 1} \times 200 = \sqrt{1.414 - 1} \times 200$

$= \sqrt{0.414 - 1} \times 200 = 0.64 \times 200 = 128kHz$

$f_{Ln} = \dfrac{f_L}{\sqrt{2^{\frac{1}{n}} - 1}} = \dfrac{1}{\sqrt{2^{\frac{1}{2}} - 1}} = \dfrac{1}{\sqrt{1.414 - 1}} = \dfrac{1}{\sqrt{0.414 - 1}} = \dfrac{1}{0.64} = 1.56kHz$

$BW = f_{Hn} - f_{Ln} = 128 - 1.56 = 126.44kHz$

註：此題高低截止頻率差距頗大，求出高頻截止頻率即可選出頻帶寬度。

P.254 **15 (C)**。 $V_S = I_D R_S = 0.5mA \times 20k\Omega = 10V$

$V_G = V_{GS} + V_S = -4 + 10 = 6V$

$$V_G = \frac{R_2}{R_1 + R_2} V_S \Rightarrow 6V = \frac{R_2}{R_1 + R_2} 18V \Rightarrow \frac{R_2}{R_1 + R_2} = \frac{1}{3} \Rightarrow \frac{R_1}{R_2} = 2$$

**16 (B)**。 $I_D = K(V_{GS} - V_T)^2 = 0.5 \times (V_{GS} - 4)^2 = 2mA$

$V_{GS} = 6V$ 或 $V_{GS} = 2V$ （不合）

或是直接利用 $V_{GS} = V_{GG} - I_D R_S = 12 - 2mA \times 3k\Omega = 6V$

**17 (C)**。 $g_m = 2K(V_{GS} - V_T) = \dfrac{2I_D}{V_{GS} - V_T} = 2\sqrt{KI_D}$

先由 $g_m = 2\sqrt{KI_D} \Rightarrow K = \dfrac{g_m^2}{4I_D} = \dfrac{3^2}{4 \times 3} = \dfrac{3}{4}$

再由 $g_m = 2K(V_{GS} - V_T) \Rightarrow 3 = 2 \times \dfrac{3}{4}(-2 - V_T) \Rightarrow V_T = -4$

當變動後， $g_m = 2K(V_{GS} - V_T) = 2 \times \dfrac{3}{4} \times (0 - (-4)) = 6mA / V$

**18 (A)**。 $g_m = 2\sqrt{KI_D} = 2\sqrt{2 \times 2} = 4mA / V$

$$\frac{1}{g_m} = \frac{1}{4mA / V} = 250\Omega = 0.25k\Omega$$

$$\frac{v_o}{v_i} = \frac{R_S}{\frac{1}{g_m} + R_S} \times (-g_m R_D) = \frac{2}{0.25 + 2} \times (-4mA / V \times 5k\Omega) = -\frac{2}{2.25} \times 20 = -2.22 V/V$$

P.255 **19 (D)**。 由 $V_{GS} = -1V$ ， $V_G = 0V \Rightarrow V_S = 1V$

$$R_S = \frac{V_S}{I_D} = \frac{1V}{8mA} = \frac{1}{0.008} = 125\Omega$$

$$g_m = \frac{2I_D}{V_{GS} - V_{GS(off)}} = \frac{2 \times 8}{-1 - (-3)} = 8mA / V \text{ ， } \frac{1}{g_m} = \frac{1}{8mA / V} = \frac{1}{0.008} = 125\Omega$$

$$A_V = \frac{v_o}{v_i} = -1 \times (-g_m R_D) = 8mA / V \times 2k\Omega = 16 V/V$$

$$R_i = R_S // \frac{1}{g_m} = 125 // 125 = 62.5\Omega$$

**20 (C)**。(A)(B)輸入為高輸入阻抗的具射極電阻差動對放大器。
(C)(D)輸出為低輸出阻抗的射極隨耦器。

**21 (A)**。$V_O = 3V \times \frac{1k\Omega}{5k\Omega + 1k\Omega} \times \frac{2k\Omega + 4k\Omega}{2k\Omega} = 1.5V$。

**22 (D)**。$V_O = \frac{R_A + R_B}{R_A} \times$

$$\left( \frac{R_2//R_3//R_4}{R_1 + R_2//R_3//R_4} V_1 + \frac{R_1//R_3//R_4}{R_2 + R_1//R_3//R_4} V_2 + \frac{R_1//R_2//R_4}{R_3 + R_1//R_2//R_4} V_3 + \frac{R_1//R_2//R_3}{R_4 + R_1//R_2//R_3} V_4 \right)$$

欲使 $V_O = V_1 + V_2 + V_3 + V$，需滿足 $\frac{R_A + R_B}{R_A} = 4$

即 $R_B = 3R_A = 30k\Omega$。

**23 (B)**。如題目配置之RC相移振盪器的振盪頻率為

$$f = \frac{1}{2\pi\sqrt{6}RC} \Rightarrow RC = \frac{1}{2\pi\sqrt{6}f} = \frac{1}{2\times3.14\times2.45\times1300} \approx \frac{1}{20000} = 5\times10^{-5}\text{損}$$

(B)組答案符合所求。

P.256 **24 (D)**。題目電路為無穩態多諧振盪器，週期約為
$T = \ln 2 \times (R_{B1}C_1 + R_{B2}C_2) \cong 0.7(R_{B1}C_1 + R_{B2}C_2)$

**25 (A)**。遲滯電壓與 $V_r$ 無關，皆為 $V_h = 2V_{sat}\frac{R_2}{R_2}$。

## 107年 電子學實習（電機類）

P.257 **1 (C)**。(A)A（甲）類火災：普通火災，常見可燃性物引起，如紙、木、布等；可用水降溫撲滅。
(B)B（乙）類火災：油類火災，可燃性液體或氣體引起；禁用水，可用乾粉或泡沫滅火器。
(C)C（丙）類火災：電氣火災，電氣設備使用不當引起；通電時不可用水或泡沫滅火器，若斷電則視同A、B類火災。
(D)D（丁）類火災：金屬火災，可燃性金屬鎂、鉀、鋰等引起；需用特別的金屬化學乾粉撲滅。
故選(C)。

**2 (D)**。(A)(B)(D)電壓量測值不變，只是每一刻度表示的值變小。(C)頻率與橫軸相關。

**3 (B)**。圖中所示電路為全波整流器，整流完波形為120Hz，週期為8.33ms，故可排除(C)(D)。

電阻色碼紅棕黃表示 $R = 21 \times 10^4 \Omega$

電容105表示 $C = 10 \times 10^5 pF = 10^{-6} F$

兩者合成的時間常數 $\tau = RC = 21 \times 10^{-2} = 0.21s = 210ms$

因時間常數210ms比週期8.33ms大得多，可得良好穩壓效果，故選(B)。

P.258 **4 (B)**。輸入輸出轉換特性曲線要通過原點，代表輸入0V時，輸出也為0V；(B)正確。

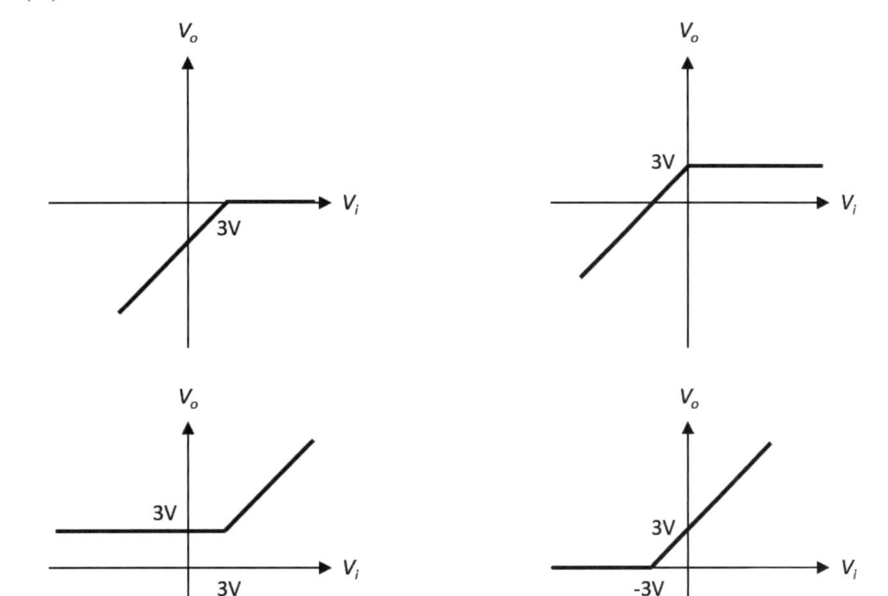


**5 (A)**。功率消耗 $P = V_{CE} I_C = \beta V_{CE} I_B$

$P_A = \beta V_{CE,A} I_{B,A} = 100 \times 0.2V \times 20\mu A = 400\mu W$

$P_B = \beta V_{CE,B} I_{B,B} = 100 \times 0.6V \times 8\mu A = 480\mu W$

$P_C = \beta V_{CE,C} I_{B,C} = 100 \times 5V \times 0\mu A = 0W$

(A)正確。

**6 (C)**。圖中可見示波器上方的波形被截掉下方則無，可見是工作點不當；因該放大器為反相放大，表示輸入訊號低準位時被截掉，代表工作點靠近截止區。

P.259 **7 (A)**。輸出訊號峰對峰值有四格，每格0.5V，故輸出訊號峰對峰值2V

$$A_V=\frac{v_o}{v_i}=\frac{2V}{20mV}=\frac{2000}{20}=100$$

因為圖中放大器為CE組態，反相放大，故應選(A)。

**8 (C)**。(A)(C)(D)電容會組隔直流電流，無法傳送到下一級，使直流電流增益低，低頻響應差，(C)正確。
(B)工作點易設計，但阻抗匹配不易。

**9 (A)**。$V_{GS}<V_{GS(off)}$，JFET關閉，電流為零，電阻上無壓降，故$V_D=12V$。

**10 (D)**。$I_D=I_{DSS}\left(1-\left|\frac{V_{GS}}{V_{GS,off}}\right|\right)^2=4\left(1-\left|\frac{0-V_S}{-4}\right|\right)^2=4\left(1-\frac{V_S}{4}\right)^2$

帶$V_S=I_DR_S=2I_D$進入上式

$$I_D=4\left(1-\frac{2\times I_D}{4}\right)^2=4\left(1-\frac{I_D}{2}\right)^2=\left(2-I_D\right)^2$$

解$I_D=\left(2-I_D\right)^2 => I_D{}^2-5I_D+4=0 => I_D=1mA$ 或 $I_D=4mA$（不合）

$$g_m=\frac{2}{V_{GS,off}}\sqrt{I_{DSS}\times I_D}=\frac{2}{4}\sqrt{4\times1}=1{}^{mA}\!/\!_V$$

電壓增益$A_V=\frac{v_o}{v_i}=-g_mR_D=-1mA/V\times4k\Omega=-4$

故$v_o=A_Vv_i=-4\times1.2\sin(1000t)mV=-4.8\sin(1000t)mV$

P.260 **11 (A)**。(A)因低頻時電容等效為開路，電壓增益接近無限大，故以電阻$R_P$限制低頻電壓增益。

**12 (B)**。因為求得是輸出訊號$v_o$的平均值，而輸入訊號$v_i$為交流訊號，其平均為零，實際上不用計算；接著使用重疊定理

$$v_o=-2V\times\left(-\frac{12k\Omega}{4k\Omega}\right)+3V\times\left(-\frac{12k\Omega}{3k\Omega}\right)=2\times3-3\times4=-6V$$

**13 (B)**。(C)(D)$\frac{R_f}{R}=29$，且$R_f-R=150k\Omega$，故$R=5k\Omega$

(A)(B)$f_0=\frac{1}{2\pi\sqrt{6}RC}=\frac{1}{2\times3.14\times2.45\times5\times10^3\times0.01\times10^{-6}}\cong1300Hz$

**14 (C)**。(B)(D)電路為非穩態多諧振盪器，輸出為方波。
(A)基本上555振盪電路的責任週期無法為50%，故(A)一定錯。

$$D=\frac{R_1+R_2}{R_1+2R_2}=\frac{10k\Omega+10k\Omega}{10k\Omega+2\times10k\Omega}=\frac{2}{3}\cong66.7\%$$

(C)頻率 $f_0=\frac{1}{T}=\frac{1}{\ln2(R_1+2R_2)C}\cong\frac{1}{0.7(10k\Omega+2\times10k\Omega)0.1\times10^{-6}}\cong476Hz$ 。

**15 (D)**。(A)(B)圖中為正回授的史密特觸發電路，轉換電壓在 $v_i=\mp\frac{10}{3}V$ ；因輸入訊號的峰值在±6V，故輸出為＋10V和－10V的方波。

(C)(D)頻率 $f_0=\frac{\omega}{2\pi}=\frac{60\pi}{2\pi}=30Hz$ 。

## 107年 電子學實習（資電類）

P.261 **1 (A)**。(A)輸出弦波。(B)(C)(D)輸出方波。

**2 (B)**。(B)的二極體方向正確，其餘皆有錯。

**3 (C)**。(A)NPN型電晶體不可能由接腳調換成為PNP型電晶體。

(B) $\beta=I_C/I_B$ 。

(C)三用電表的歐姆檔實際上帶有極性，可用來判斷pn接面的方向，故可判斷電晶體的種類。

(D)摻雜濃度應為E＞C＞B。

**4 (A)**。共射極放大器的輸入訊號跨過BE極，為順偏之pn二極體，故(A)正確。

P.262 **5 (D)**。從圖中可看出，兩波形之週期皆為8格，代表每一格的相位為45°，波形A在波形B左邊一格，代表A波形超前B波形45度。

**6 (C)**。(A)直接耦合串級放大器在前一級與後一級之間沒有電容器，可放大直流信號，又稱直流放大器。

(B)RC耦合串級放大器的電容會隔絕直流信號，無法放大直流信號。

(C)正確。

(D)變壓器需用交流電才能在線圈之間交換能量，故變壓器耦合串級放大器無法放大直流信號。

**7 (B)**。(B)比較器的輸出在正負飽和電壓，採正回授。

**8 (C)**。 $V_H=2V_{sat}\times\frac{R_2}{R_1+R_2}=2\times9\times\frac{1}{2+1}=6V$ 。

**9 (D)**。(D)箝位電路中利用電容器儲存電荷來達到箝位電壓。

P.263 **10 (C)**。因為 $I_{R1}\quad 10mA$，可知 $R_1 + R_2 < \frac{10V}{10mA} = 1k\Omega$，代表$R_1$和$R_2$的阻值不大

偏壓工作點 $V_{BB} = \frac{R_2}{R_1 + R_2} V_{CC}$

$$I_C = \alpha I_E = \frac{\beta}{\beta+1} \times \frac{V_{BB} - V_{BE}}{R_E + r_e + \frac{R_1 // R_2}{\beta}} V_{CC}$$

因$R_1$和$R_2$的阻值不大，$\frac{R_1 // R_2}{\beta}$更小，故β從200變為150時的差異很小，$I_C$變化不大，約為2.0mA。

**11 (B)**。(B)若a、b兩腳間電阻值增加，則b、c兩腳間電阻值會減少或維持不變。

**12 (A)**。(A)應為電壓控制電流源。

## 108年 電子學（電機類、資電類）

P.264 **1 (C)**。(A)有效值為 $\frac{0.1}{\sqrt{2}}V$；(B)平均值為0V；(C)頻率為 $\frac{1000}{2}$=500Hz，正確；(D)v(0.1)＝0.1sin(1000π×0.01)＝0.1sin(10π)＝0V

**2 (A)**。電子伏特(eV)為能量單位。

**3 (C)**。對於矽二極體，每上升1°C時，順向電壓減少2.5mV，也就是0.0025V。
0.64－0.0025×(65－25)＝0.65－0.1＝0.55V

**4 (B)**。未加電容的狀況下，半波整流的漣波百分率為121%，全波整流為48%。

P.265 **5 (B)**。N組的二極體與電容器可得到N倍之輸出電壓。

**6 (D)**。注意電路圖中二極體的方向，當$V_i$小於2V時，二極體導通，輸出2V；當$V_i$大於2V，則二極體關閉，輸出$V_o$=$V_i$。故選(D)。

**7 (D)**。寬度為B最小，摻雜濃度則E最大，故選(D)。

**8 (A)**。先假設電晶體操作在主動區

$$I_B=\frac{V_{BB}-V_{BE}}{R_B}=\frac{5-0.7}{10}=0.43mA$$

$$V_C=V_{CC}-I_CR_C=V_{CC}-\beta I_BR_C=10-100\times0.43\times1=-33V$$

此電壓顯不合理，故知電晶體操作在飽和區

$$I_C=\frac{V_{CC}-V_{CE(sat)}}{R_C}=\frac{10-0.2}{1}=9.8mA$$

P.266 **9 (A)**。由$I_D=I_{DSS}\left(1-\left|\frac{V_{GS}}{V_P}\right|\right)^2$

代入$3=12\left(1-\left|\frac{V_{GS}}{-2}\right|\right)^2 \Rightarrow$ 可得$V_{GS}=-0.5V$

$$g_m=I_D=\frac{2I_{DSS}}{|V_P|}\left(1-\left|\frac{V_{GS}}{V_P}\right|\right)=\frac{2\times12}{2}\left(1-\left|\frac{-0.5}{-2}\right|\right)=6m\,A/V$$

輸出電阻為$R_O=1.25k\Omega$

$$V_V=g_mR_O=6\times1.25=7.5V/V$$

**10 (D)**。CD放大器，電壓增益略小於1，因(B)(D)選項差異甚大，不用計算，直接選(D)即可。

實際電壓增益為$A_V=\frac{R_S//R_L}{\frac{1}{g_m}+R_S//R_L}=\frac{5k\Omega//5k\Omega}{\frac{1}{0.04}+5k\Omega//5k\Omega}=\frac{2.5k\Omega}{0.025k\Omega+2.5k\Omega}$

$=0.99v_o/v_i$

**11 (B)**。此為積分電路，方波輸入，若輸出未飽和，輸出近似為三角波。

**12 (C)**。$A_V=-\frac{R_2}{R_1}$，故選擇輸入電阻$R_1=30k\Omega$，$R_2=330k\Omega$

P.267 **13 (B)**。$V_O=-\frac{200k}{100k}V_1+\left(1+\frac{200k}{100k}\right)\left(\frac{100k}{100k+100k}V_2+\frac{100k}{100k+100k}V_3\right)$

$$=-2V_1+\frac{3}{2}V_2+\frac{3}{2}V_3=-2\times1+\frac{3}{2}\times2+\frac{3}{2}\times4=7V$$

**14 (D)**。(D)需形成正回授特性，其餘正確。

**15 (D)**。(A)(D)正回授電路的系統不穩定，會讓電路振盪，可藉此產生週期性信號；(B)(C)為負回授電路的特性。

**16 (A)**。(A)輸出為方波，其餘正確。

**17 (D)**。(D)當工作點接近飽和區時，輸入信號正半週會進入飽和區，導致輸出波形失真，但因輸出信號與輸出信號反相，故為輸出電壓信號波形之負半週失真。

P.268 **18 (C)**。$I_C=\dfrac{V_{CC}-V_{CE(sat)}}{R_C}=\dfrac{12-0.2}{1k\Omega}=11.8mA$

$I_B=\dfrac{I_C}{\beta}=\dfrac{11.8}{100}=0.118mA$

$R_B=\dfrac{V_i-V_{BE}}{I_B}=\dfrac{5-0.7}{0.118mA}=36.4k\Omega$

**19 (B)**。(A)(D)外部電容應視為短路，故輸入耦合電容視為開路，射極旁路電容視為斷路；(B)(C)電晶體模型參數都可由直流工作點求出，故僅(B)正確。

**20 (C)**。$R_i=R_{B1}//R_{B2}//(r_\pi+(\beta+1)R_E)$

$=120//60//(2.5+(119+1)1)$

$=120//60//122.5$

$=30.1k\Omega$

**21 (A)**。$I_E=\dfrac{V_{BB}-V_{BE}}{R_E}=\dfrac{2.2-0.7}{1}=1.5mA$

$g_m=\dfrac{I_E}{V_T}=\dfrac{1.5}{0.025}=60m\ A/V$

$r_e\approx\dfrac{1}{g_m}=\dfrac{1}{60}=0.0164k\Omega=16.7\Omega$

$A_V=\dfrac{v_o}{v_i}\approx-\dfrac{R_C}{r_e}=-\dfrac{3.3}{0.0167}\cong-197v_o/v_i$

P.269 **22 (A)**。第一級的電壓增益絕對值$|A_{V1}|=|-100|=100$

換算成dB，$A_{V1}=20\log100=20\times2=40dB$

總電壓增益$40+20+10=70dB$

**23 (C)**。因為加了變壓器，負載電流會依線圈比變大，且由黑點極性的電流方向改變輸出的電壓相位

$$g_m = \frac{I_C}{V_T} \approx \frac{1.25}{0.025} = 50mA/V$$

$$A_V = \frac{v_o}{v_i} \approx g_m n R_L = 50 \times 10 \times 0.03k\Omega = 15v_o/v_i$$

上面計算並未考慮β的影響，實際值稍小於15，故選(C)。

**24 (A)**。$V_{GG} = \frac{R_{G2}}{R_{G1}+R_{G2}} V_{DD} = \frac{120}{600+120} \times 12 = 2V$

$$I_D = \frac{V_{DD}-V_D}{R_D} = \frac{12-6}{4.7} = 1.28mA$$

$$V_S = I_D R_S = 1.28 \times 3 = 3.84V$$

$$V_{GS} = V_{GG} - V_S = 2 - 3.84 = -1.84V$$

**25 (B)**。$V_{GG} = \frac{R_{G2}}{R_{G1}+R_{G2}} V_{DD} = \frac{300}{900+300} \times 15 = 3.75V$

$$I_D = K(V_{GS}-V_T)^2 = 0.8 \times (3.75-2.25)^2 = 1.8mA$$

$$V_{DS} = V_{DD} - I_D R_D = 15 - 1.8 \times 3.3 = 15 - 5.94 = 9.06V$$

## 108年 電子學實習（電機類）

P.270

**1 (A)**。電氣類火災為C類火災，故不適用泡沫滅火器，選(A)。

**2 (C)**。$V_{ab}=V_m+2V_m=3V_m$，故選(C)。

**3 (A)**。黑棒為集極，紅棒為射極，故選(A)。

**4 (D)**。波形移至－1V以下，∴V0=－7~－1(V)，故選(D)。

P.271

**5 (B)**。$D_1$、$D_3$為正常正半週輸出，$D_2$、$D_4$故障開路負半週無輸出，故選(B)。

**6 (C)**。$I_C = \frac{10-0.2}{2k} = 4.9(mA)$，故選(C)。

**7 (B)**。$Z_i=10//5//(r_\pi+100\times 3.3)\cong 3.3(k\Omega)$，故選(B)。

**8 (D)**。 $I_E = \frac{4-0.7}{3.3k} = 1(mA), r_0 = \frac{25}{1} = 25(\Omega)$

$A_V = \frac{2.5k}{25} = 100$，故選(D)。

P.272 **9 (D)**。$Z_i = R_1 // R_2 // r_{\pi 1}$，與$R_4$無關，故選(D)。

**10 (A)**。 $I_b = 4 \times 1 \times (1 - \frac{2}{4})^2 = 1(mA)$，故選(A)。

**11 (C)**。 $g_m = \frac{2}{2}\sqrt{0.9 \times 3} = 1.64(mA/V)$

$A_V = -\frac{300}{50} = -1.64m \times R_D, R_D = 3.64(k\Omega)$，故選(C)。

**12 (B)**。 $V_0 = \frac{2 + (-1) + (-4)}{3} \times 3 = -3(V)$，故選(B)。

P.273 **13 (C)**。此為高通濾波之反相放大器，當$f << \frac{1}{2\pi R_s C}$時為微分放大器，故選(C)。

**14 (B)**。 $\frac{4-2.6}{1} = \frac{2.6-(-10)}{R_1}, R_1 = 9(k\Omega)$

$V_H^{\pm} = 2.6, 4.6(V)$，故$V_i$=6V時$V_0$=10V，故選(B)。

**15 (A)**。 $T = 4 \times 0.5M \times 0.1\mu \times \frac{5}{10} = 0.1(S)$，$f = \frac{1}{T} = 10(Hz)$，為10Hz之三角波，故選(A)。

## 108年 電子學實習（資電類）

P.274 **1 (C)**。 $B = \frac{5.95}{6-5.95} = 119$，故選(C)。

**2 (A)**。(B)同相。(C)電路特性會變。(D)高輸出阻抗，故選(A)。

**3 (A)**。(A)內阻較小，故選(A)。

**4 (C)**。 $2 = k \times 1^2 \Rightarrow k = 2(mA/V^2)$

$I_D = 2 \times 1.2^2 = 2.88(mA)$，故選(C)。

P.275 **5 (A)**。電容$C_C$主要作為隔離直流、傳送交流訊號，故選(A)。

**6 (C)**。以同一放大器串接成串級放大器，其頻寬依k值下降，k非固定比例，故選(C)。

**7 (D)**。(A)包含負回授的電路架構（180°）。(B)須滿足。(C)方波是由正弦波與奇次諧波所組成。故選(D)。

**8 (D)**。$110\sqrt{2}\times\frac{12}{110}\cong 17(V)$，PIV=2×17=34(V)，故選(D)。

P.276 **9 (A)**。$\frac{1}{3}(V_1+V_2+V_0)=\frac{1}{4}(V_3+V_4+V_5)$

$V_0=-V_1-V_2+\frac{3}{4}(V_3+V_4+V_5)$，故選(A)。

**10 (D)**。$A_V=\frac{11}{0.2+2}=-5(V/V)$，故選(D)。

**11 (D)**。$\frac{N_1}{N_2}=\sqrt{\frac{160}{10}}=\frac{4}{1}$，故選(D)。

**12 (B)**。$V_{in}:\begin{cases}+10(V)\\-10(V)\end{cases}$，$V_{out}:\begin{cases}+15(V)\\-15(V)\end{cases}$

$\Rightarrow\begin{cases}a=10\Rightarrow b=15\\a=-10\Rightarrow b=-5\end{cases}$，方塊X為(B)圖，故選(B)。

## 109年 電子學（電機類、資電類）

P.277 **1 (C)**。(A)(B)$V_{GS}$要大於$V_t$才正常操作

(C)正確

(D)FET內部靠通道讓載子通過形成電流，BJT才與空乏區相關

**2 (A)**。$I_D=K(V_{GS}-V_T)^2=1.2\times(V_{GS}-1.8)^2=10.8mA$

解得$V_{GS}=4.8V$或$V_{GS}=-1.2V$，但負的不符

因$V_S=0V$　故$V_G=4.8V$

$V_G=\frac{100k}{R_{G1}+100k}V_{DD}\Rightarrow 4.8=\frac{100k}{R_{G1}+100k}\times 12\Rightarrow R_{G1}=150k\Omega$

**3 (B)**。$g_m=\frac{2I_{DSS}}{|V_P|}\left(1-\left|\frac{V_{GS}}{V_P}\right|\right)=\frac{2\times 6}{3}\left(1-\left|\frac{-2}{-3}\right|\right)=\frac{4}{3}mA/V=1.33mS$

**4 (C)**。 $V_G = \frac{R_{G2}}{R_{G1}+R_{G2}} V_{DD} = \frac{60k}{300k+60k} \times 15V = 2.5V$

$I_D = K(V_{GS}-V_T)^2 = K(V_G - V_S - V_T)^2 = K(V_G - I_D R_S - V_T)^2$

$= 2\times(2.5 - I_D \times 1 - 1.5)^2 = 2 - 4I_D + 2I_D^2$

移項得 $2I_D^2 - 5I_D + 2 = 0 \Rightarrow (I_D - 2)(2I_D - 1) = 0$

解得$I_D$=0.5A或$I_D$=2A（代入後$V_{GS}$為負，不符）

故$V_{GS}$=2.5－0.5×1＝2V

$g_m = 2K(V_{GS}-V_T) = 2\times2\times(2-1.5) = 2mA/V$

$\frac{v_o}{v_i} = g_m R_D = 2\times10 = 20V/V$

P.278 **5 (D)**。 $I_D = I_{DSS}\left(1-\left|\frac{V_{GS}}{V_P}\right|\right)^2 = I_{DSS}\left(1-\left|\frac{V_G - I_D R_S}{V_P}\right|\right)^2 = 6\left(1-\left|\frac{0-2I_D}{-2}\right|\right)^2$

$= 6(1-I_D)^2 = 6 - 12I_D + 6I_D^2$

移項得 $6I_D^2 - 13I_D + 6 = 0 \Rightarrow (2I_D - 3)(3I_D - 2) = 0$

解得 $I_D = \frac{2}{3}A$ 或 $I_D = 1.5A$（代入後不符）

$g_m = \frac{2}{|V_P|}\sqrt{I_{DSS}\cdot I_D} = \frac{2}{2}\sqrt{6\cdot\frac{2}{3}} = 2\,mA/V$

$Z_o = \frac{1}{g_m} // R_S = \frac{1}{2}//2 = 0.5//2 = 0.4k\Omega$

**6 (B)**。 由 $|A_V\beta| = 1 \Rightarrow A_V = \frac{1}{0.02} = 50$

**7 (C)**。(A)積分電路

(B)史密特觸發電路

(D)$V_{o1}$輸出為三角波

**8 (C)**。飽和輸出電壓比工作電壓低，要以飽和輸出電壓為準

$V_h = 2\frac{R_1}{R_2}V_{sat} = 2\times\frac{20k}{100k}\times13.5 = 5.4V$

P.279 **9 (C)**。(A) $r_e = \frac{V_T}{I_E} = \frac{26}{0.26} = 100\Omega = 0.1k\Omega$

(B) $A_V = \alpha\frac{R_C}{r_e} = \alpha\frac{15k}{0.1k} \approx 150V/V$

(C)$Z_i = R_E // r_e = 6//0.1 = 0.098k\Omega$

(D)$A_i = \alpha \approx 1$

**10 (B)**。輸入電壓$V_i$最低為$-5V$，10V的電壓源經二極體把電容充電15V，故輸出波形$V_o$為輸入波形往上移15V，選(B)

P.280 **11 (D)**。(D) $A_i=\frac{i_o}{i_i}=\frac{R_B}{R_B+r+(\beta+1)R_E}(\beta+1)\approx(\beta+1)\frac{R_B}{R_B+(\beta+1)R_E}$

$$=101\times\frac{100}{100+101\times2}\approx33.4\,A/A$$

**12 (D)**。(D) $A_i=\frac{i_o}{i_i}=\frac{R_B}{R_B+r+(\beta+1)R_E}\beta\approx\beta\frac{R_B}{R_B+(\beta+1)R_E}=99\times\frac{4}{4+100\times2}\approx2\,A/A$

P.281 **13 (A)**。此電路為截波電路，$-5V\le v_o\le10V$，故選(A)

**14 (B)**。此電路先經變壓器10:1降壓，故$v_{o,rms}=11V$
接著經二極體整流，及兩個電容$v_{m,rms}=11V$
$v_{o,rms}=2v_{m,rms}=22V$
$v_{o,m}=\sqrt{2}v_{o,rms}\approx1.41\times22\approx31V$

**15 (D)**。$D_1$、$D_4$燒毀表示正半周導通但負半周不通，(A)(B)圖形不合
經變壓器10:1降壓後半波有效值為11V，其最大值為$11\sqrt{2}V$，故選(D)

P.282 **16 (D)**。因 $V_o=\frac{R_L}{R+R_L}V_s=\frac{10}{20+10}\times9=3V$，小於稽納二極體崩潰電壓，故此稽納二極體不會導通，(D)$P_Z=0W$

**17 (C)**。(A)飽和區
(B)(D)截止區
(C)主動區，正確

**18 (B)**。$I_C=\alpha I_C+I_{CBO}=0.99\times10+0.005=9.905mA$

**19 (C)**。直流偏壓以兩電阻$R_{B1}$、$R_{B2}$分壓決定偏壓；輸入在基極，輸出在集極，為共射極，故選(C)

P.283 **20 (D)**。$I_B=\frac{V_{CE}-V_{BE}}{R_B}=\frac{V_{CE}-0.7}{300}$，$I_C=\frac{V_{CC}-V_{CE}}{R_C}=\frac{10-V_{CE}}{1}$

由 $I_C=\beta I_B\Rightarrow\frac{10-V_{CE}}{1}=200\times\frac{V_{CE}-0.7}{300}\Rightarrow10-V_{CE}=\frac{2}{3}V_{CE}-\frac{1.4}{3}$

解得$V_{CE}=6.28\approx6.3V$

**21 (A)**。(A)正確，注意：串接後$f_L(n)>f_L$，$f_H(n)<f_H$

**22 (C)**。總電壓增益為$50\times200=10000V/V$，但答案要換算成dB
$20\log(10000)=20\log(10^4)=20\times4=80dB$

**23 (B)**。 $SR=\frac{5-(-5)}{20\mu s}=0.5\,V/\mu s$

P.284 **24 (C)**。 $\omega_L=\frac{1}{R_1C}=\frac{1}{1\times10^3\times0.1\times10^{-6}}=10^4\,rad/s$

$f_L=\frac{\omega_L}{2\pi}=\frac{10000}{2\pi}\approx1.6\,kHz$

**25 (A)**。 $V_O=\frac{R_4}{R_4+R_3}V_b\cdot\frac{R_1+R_2}{R_1}-\frac{R_2}{R_1}V_a=\frac{30}{30+3}V_b\cdot\frac{2+20}{2}-\frac{20}{2}V_a=10V_b-10V_a$

$=10(V_b-V_a)=10(0.2-(-0.3))=10\times0.5=5V$

## 109年 電子學實習（電機類）

P.285 **1 (C)**。燒傷急救五步驟：沖、脫、泡、蓋、送。第一步驟的沖最重要，先以大量流動的冷水降溫，水流速要慢，不可用高速的水沖。

**2 (B)**。保持5V代表稽納二極體導通，$I_{100}=\frac{10V-5V}{100}=0.05A=50mA$

稽納二極體電流 $I_{Z,max}=\frac{P_{Z,max}}{V_Z}=\frac{200}{5}=40mA$ 欲避免稽納二極體燒毀，

代表電阻最少須通過電流為 $I_{R,min}=I_{100}-I_{Z,max}=50-40=10mA$

故負載電阻最大值 $R_{L,max}=\frac{V_Z}{I_{R,min}}=\frac{5V}{10mA}=\frac{5}{0.01}=500\Omega$

**3 (A)**。輸入訊號的頻率為 $f=\frac{\omega}{2\pi}=\frac{100\pi}{2\pi}=50Hz$ ，但全波整流後頻率會加倍為 100Hz，故週期 $T=\frac{1}{f}=\frac{1}{100}=0.01$ 秒，(A)錯誤

**4 (D)**。先經2V電壓調整準位為−14V及10V的方波，再經過箝位電路輸出為−3V及7V的方波

(A)輸出最大值為7V

(B)輸出最小值為−3V

(C)輸出頻率不變，仍為100Hz

(D)輸出平均值 $\frac{7+(-3)}{2}=2V$

**5 (A)**。三用電表在歐姆檔時，黑棒為正電壓，電表指示低電阻代表導通
(C)(D)兩個導通狀態的共同接點為基極
(A)(B)基極對射極及集極為正電壓，代表為NPN型

P.286 **6 (C)**。 $V_{BB}=\frac{10k}{47k+10k}\times 10V=1.75V$

$I_E=\frac{V_{BB}-V_{BE}}{R_E}=\frac{1.75-0.7}{1k}=1.05mA$

$V_C=V_{CC}-I_CR_C=V_{CC}-\frac{\beta}{\beta+1}I_ER_C=10-\frac{99}{99+1}\times 1.05mA\times 4k\Omega\approx 6V$

**7 (B)**。 $I_B=\frac{V_{CC}-V_{BE}}{R_B+(\beta+1)R_E}=\frac{12-0.7}{560k+(100+1)1k}=0.0171mA$

$r_e\approx\frac{V_T}{I_E}=\frac{V_T}{(\beta+1)I_B}=\frac{26}{(100+1)0.0171}\approx 15\Omega$

$A_V=\frac{v_o}{v_i}\approx-\frac{R_C}{r_e}=-\frac{2k}{0.015k}\cong -133\,V/V$

**8 (D)**。 $V_{BB}=\frac{10k}{22k+10k}\times 12V=3.75V$

$R_{BB}=10k//22k=6.875k\Omega$

$I\,I_B=\frac{V_{BB}-V_{BE}}{R_{BB}+(\beta+1)R_E}=\frac{3.75-0.7}{6.875k+(100+1)\times 1k}=\frac{3.05}{107.875k}=0.0283mA$

$r_\pi\approx\frac{V_T}{I_B}=\frac{26}{0.0283}=918.7\Omega$

輸入阻抗一定比$r_\pi$小，可選出(D)，實際為$R_i=22k//10k//918\approx 809\Omega$

**9 (B)**。電路很複雜，但實際僅考慮最後一級的輸出阻抗
開關SW打開時$A_{V,open}=-g_mR_{C2}$
開關SW閉合時$A_{V,close}=-g_m(R_{C2}//R_L)=-0.5g_mR_{C2}=0.5A_{V,open}$
故 $A_{V,close}=0.5\times\frac{4}{0.4}=5V/V$

P.287 **10 (C)**。此負回授運算放大器的增益為10倍，但因飽和電壓僅12V，故$V_i=1.5V$時輸出為12V，增益未達10倍，虛短路不成立 $V_n=\frac{1k}{1k+9k}\times 12V=1.2V$

**11 (B)**。輸入訊號在正端，代表非反相，先刪(C)(D)
由題目知$R_2=1.5R_1$

$V_{ref}=\frac{R_2}{R_1+R_2}\times V_{CC}+\frac{R_1}{R_1+R_2}\times(-V_{CC})$

$$=\frac{1.5}{1+1.5}\times V_{CC}-\frac{1}{1+1.5}\times V_{CC}=0.2V_{CC}>0$$

轉換電位大於0V，故選(B)

**12 (A)**。(A)輸入阻抗應為$Z_i=R_S//\frac{1}{g_m}$

P.288 **13 (A)**。$I_D=I_{DSS}\left(1-\left|\frac{V_{GS}}{V_{GS,off}}\right|\right)^2=10\times\left(1-\left|\frac{-2}{-4}\right|\right)^2=2.5mA$

**14 (B)**。(B) $f_P=\frac{1}{2\pi\sqrt{L\left(C_P//C_S\right)}}$

**15 (C)**。巴克豪生準則Aβ=1，故$\beta=\frac{1}{A}=\frac{1}{-10}=-0.1=0.1\angle 180°$

## 109年 電子學實習（資電類）

P.289 **1 (A)**。(A) 如圖，兩通道探棒的負端接在同一節點

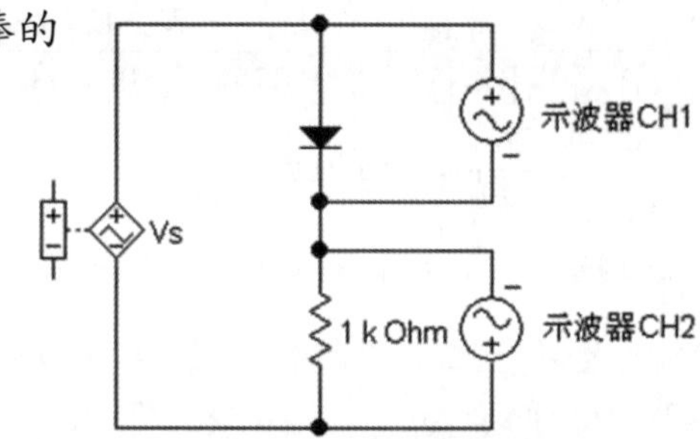


**2 (C)**。對照輸出與輸入的波形，最大值由5V變為4V，代表準位往下1V，(A)(B)兩答案錯誤；另輸出波形僅有大於0V，(C)正確

**3 (B)**。放大率約為$A_v=-\frac{R_D}{R_S}$，故兩電阻皆加倍時，放大率不變

P.290 **4 (B)**。(B)同時接到的是B極；其餘正確

**5 (D)**。(D)源極產生載子流向汲極，但N通道載子為電子，故電子流由源極流向汲極，電流由汲極流向源極

**6 (B)**。$V_+ = \frac{R_b}{R_a+R_b}V_{I1} + \frac{R_a}{R_a+R_b}V_{I2} = \frac{2k}{1k+2k}V_{I1} + \frac{1k}{1k+2k}V_{I2} = \frac{2}{3}V_{I1} + \frac{1}{3}V_{I2}$

$V_O = \frac{R_1+R_2}{R_1}V_- = \frac{R_1+R_2}{R_1}V_+ = \frac{5k+70k}{5k}\left(\frac{2}{3}V_{I1} + \frac{1}{3}V_{I2}\right) = 10V_{I1} + 5V_{I2}$

P.291 **7 (A)**。(A)固定偏壓電路組態無回授，易受溫度變動影響

**8 (C)**。(C)CB放大器的電壓輸入信號由射極輸入，才能在集極透過受控電流源把訊號放大；若改從高阻抗的集極輸入，射極輸出幾乎無訊號變化

**9 (C)**。當耦合電容由移除改成接回時，第二級的輸入阻抗會影響第一極的輸出，此時電壓增益會較開路增益5.4為小，但第二級的電壓增益5.0不受影響；故挑選第一級小於5.4，第二級等於5.0的答案，(C)符合

**10 (C)**。串聯量測的A、D為電流計，串聯量測的B、C為電壓計
(A)(D)輸入特性曲線由儀表A、B量得，輸出特性曲線由儀表C、D量得
(B)特性曲線需包含主動區和飽和區
(C)正確

P.292 **11 (D)**。注意黑點極性，若二極體皆正常，正半週時$D_3$、$D_4$導通，負半週時$D_1$、$D_2$導通，但此題二極體$D_2$損壞
(A)正半週，$D_3$、$D_4$導通
(B)半波整流
(C)負半週，皆不導通
(D)因僅正半週導通，故成為半波整流電路

**12 (B)**。(B)迴路增益 $L = \frac{Z_1}{Z_1+R_3} \cdot \frac{Z_2+R_4}{Z_2}$

## 110年 電子學（電機類、資電類）

P.293 **1 (C)**。$T = \frac{1}{f} = \frac{1}{50} = 20ms$

$V_{av} = \frac{8ms \times 10v}{20ms} = 4V$。

**2 (A)**。$0.55 = 0.7 + (T-25) \times (-0.0025)$
$T-25=60$
$T=85^oC$。

**3 (D)**。$I_o = \frac{V_Z}{R_L} = \frac{5V}{5k\Omega} = 1mA$

故$I_{1,max} = I_{ZM} + I_o = 9 + 1 = 10mA$

$R_{1,min} = \frac{V_s \times V_z}{I_{1,max}} = \frac{10-5}{10mA} = 0.5k\Omega = 500\Omega$。

**4 (C)**。此電路為截波電路

上界為$V_1 + 0.7 = 5V \Rightarrow V_1 = 4.3V$

下界為$-V_2 - 0.7 = -3V \Rightarrow V_2 = 2.3V$。

**5 (A)**。$V_o$為弦波，表示分壓後振幅在3V內

（取$5V_1$及$|-3V|$的較小值）

$V_i \times \frac{R_2}{R_1 + R_2} = V_o$

即$15 \times \frac{R_2}{8k + R_2} \leq 3 \Rightarrow R_2 \leq 2k$

故$R_{2,max} = 2k$。

P.294

**6 (B)**。開及關的動作，分別操作在飽和及截止模式。

**7 (D)**。$I_B = \frac{V_i - V_{BE}}{R_B} = \frac{5.7 - 0.7}{10k} - 0.5mA$

若$I_C = \beta I_B = 50mA$，會讓$V_{CE}$不合理，可知操作在飽和區

$I_C = \frac{V_{CC} - V_{CE}}{R_C} = \frac{10.2 - 0.2}{1k} = 10mA$。

**8 (B)**。射極隨耦器為共集極放大，(B)正確。

**9 (A)**。$I_{RC} = \frac{V_{CC} - V_{CE}}{R_C} = \frac{10.7 - 5.7}{1k} = 5mA$

$V_B = V_{BE} = 0.7V$

$R_B = \frac{v_{CE} - v_B}{I_B} = \frac{V_{CE} - V_B}{\frac{I_{RC}}{\beta + 1}} = \frac{5.7 - 0.7}{\frac{5mA}{50+1}} = 51k\Omega$。

**10 (C)**。$r_e = \frac{V_T}{I_E} = \frac{V_T}{I_C + I_B} = \frac{26mv}{I + 0.01mA} \cong 25.7\Omega$

其實因$I_E \cong I_C$，由題目$I_C = 1mA$

即可選出答案。

P.295 **11 (A)**。 $V_{BB}=15V\times\dfrac{100k}{100k+100k}=7.5V$

$R_{BB}=100k//100k=50k\Omega$

$$I_E=\frac{V_{BB}-V_{BE}}{\dfrac{R_{BB}}{\beta+1}+R_E}=\frac{7.5-0.7}{\dfrac{50k}{100+1}+2.2k}=2.52mA$$

$$r_e=\frac{V_T}{I_E}=\frac{26}{2.52}\cong 10.3\Omega$$

$Z_0=r_e//\dfrac{R_{BB}}{\beta+1}\cong r_e$ 選(A)。

**12 (C)**。 $V_{BB}=12V\times\dfrac{10k}{50k+10k}=2V$

$R_{BB}=50k//10k=8.33k\Omega$

$$I_E=\frac{V_{BB}-V_{BE}}{\dfrac{R_{BB}}{\beta+1}+R_E}=\frac{2-0.7}{\dfrac{8.33k}{100+1}+1k}=1.2mA$$

$$A_V=\frac{V_o}{I_i}\cong -gmRc=-\frac{I_C}{V_T}R_C=-\alpha\frac{I_E}{V_T}R_C$$

$$=-\frac{\beta}{\beta+1}\frac{I_E}{V_T}R_C=-\frac{100}{100+1}\frac{1.2mA}{26mv}\times 3000\Omega$$

$=-137v/v$。

考試時，用$I_c\cong I_E$，代入$-\dfrac{I_C}{V_T}R_C$即可求出$A_v\cong -138v/v$，而選出答案。

**13 (A)**。 (A)達靈頓電路是共集極加共射極。

**14 (B)**。 總增益$A_v=40+20+20=80dB$

放大率為$A_v=10^{\frac{80}{20}}=10^4=10000v/v$

故$V_o=0.2mV\times 10000=2V$。

**15 (C)**。 $V_D=V_{DD}-I_DR_D$

工作於飽和區表示$V_{GD}<-4V$

因$V_G=0V$，即$V_G-V_D<-4\Rightarrow V_D>4V$

亦即$V_{DD}-I_DR_D>4V$

$V_{DD}>4+I_DR_D$

代$R_D=1k\Omega$及$I_D=I_{DSS}=6mA$

$V_{DD} > 4 + 6 = 10V$
最小值為10V。

P.296 **16 (B)**。 $I_D = k(V_{GS} - VT)^2$，即$I_D \propto (V_{GS} - VT)^2$

$$I_D' = \left(\frac{5-2}{4-2}\right)^2 \times 4mA = 9mA$$ 。

**17 (D)**。 $V_{GG} = 12V \times \frac{500k}{1000k + 500k} = 4V$

$I_D = k(V_{GS} - VT)^2 = 1.2 \times (4-2)^2 = 4.8mA$

$V_{DS} = V_D = V_{DD} - I_D R_D = 12 - 4.8 \times 1 = 7.2V$。

**18 (C)**。 認真解太費時間了。注意，無旁路電容$C_S$時，$A_V \cong \frac{R_D}{R_S}$

$$A_v \cong -\frac{R_D}{R_S} = -\frac{20k}{3.9k} \cong -5v/v$$ ，可選出(C)。

**19 (B)**。 $$A_v = \frac{\frac{1}{gm}}{\frac{1}{gm} + R_S // R_r} = \frac{\frac{1}{5mA/V}}{\frac{1}{5mA/V} + 2k // 2k}$$

$$= \frac{0.2k}{0.2k + 1k} = \frac{5}{6} v/v$$ 。

**20 (D)**。 OP為負回授，假設OP仍操作在工作區

則$V_- = V_+ = V_S = 5V$

$$V_E = \frac{R_1 + R_2}{R_1} V_- = \frac{3k + 3k}{3k} \times 5 = 10V$$

$$I_C \cong I_E = \frac{V_E}{R_1 + R_2} + \frac{V_E}{R_3} = \frac{10}{3k + 3k} + \frac{10}{3k} = 5m$$

$V_o = V_{CC} - I_C R_C = 20 - 5mA \times 1k\Omega = 15V$。

P.297 **21 (A)**。 利用重疊定理，可得

$$A_V = -\frac{20k}{10k} 10V_1 + \frac{10k + 20k}{10K}\left(\frac{10K}{10k + 10k} V_2 + \frac{10k}{10k + 10k} V_3\right)$$

$$= -2 \times 2V + 3\left(\frac{1}{2} \times 1V + \frac{1}{2} \times (-2V)\right) = -5.5V$$

**22 (D)**。輸入阻抗為$R_i = R_1$故(A)(C)不合；電壓增益為，得(D)正確。

**23 (C)**。史密特觸發器利用正回授技術，其餘正確。

**24 (B)**。上臨界電壓 $V_U = \dfrac{10k}{10k+90k} \times 10V = 1V$

下臨界電壓 $V_L = \dfrac{10k}{10k+90k} \times (-10V) = -1V$

遲滯電壓　$V_H = V_U - V_L = 1-(-1) = 2V$

**25 (C)**。無穩態多諧振盪器不需另加觸發信號即可轉態，通常利用電容充放電觸發轉態，電路中無輸入訊號端。

## 110年　電子學實習（電機類）

P.298

**1 (C)**。$38dB + 22dB = 60dB$

增益$A_v = 10^{\frac{60}{20}} = 10^3 = 1000v/v$

$V_o = A_v V_i = 1000 \times 500\mu V = 500mV = 0.5V$。

**2 (D)**。$V_{DS} = 0.5V_{DD} = 0.5 \times 12 = 6V$

$I_D = \dfrac{V_{DD} - V_{DS}}{R_S} = \dfrac{12-6}{3k} = 2mA$

$I_D = k(V_{GS} - V_T)^2 = 2 \times (V_{GS} - 3.2)^2 = 2mA$

$\Rightarrow V_{GS} = 4.2V$或$2.2V$（但此項不合）

因$V_S = 0$　$V_{GS} = V_{GG} = \dfrac{R_{G2}}{R_{G_1+G_2}} V_{DD}$

$\dfrac{R_{G2}}{600k + R_{G2}} \times 12 = 4.2V$

$\Rightarrow R_{G2} = 323k\Omega$。

**3 (C)**。共源極放大為反相放大，加上直流電壓準位，選(C)。

**4 (A)**。放大率為$A_v = 1 + \dfrac{R_f}{R_i} = 1 + \dfrac{40k}{20k} = 3v/v$

故$V_o$振幅為3V，但檔位2V/DIV，故選1.5格的(A)。

P.299 **5 (A)**。$A_v = -\dfrac{\frac{1}{SC}}{R_i} = -\dfrac{1}{SCR_i} = -\dfrac{1}{j\omega CR_i}$

$= j\dfrac{1}{1000\times 0.1\times 10^{-6}\times 20\times 10^{3}} = \dfrac{j}{2}$

$V_o = A_v V_i = \dfrac{1}{2}\angle 90^\circ \times 5\sin(1000t)$

$= 2.5\sin(1000t + 90^\circ)$

$= 2.5\cos(1000t)V$。

**6 (A)**。振盪角頻率會在$\dfrac{1}{\sqrt{L_s C_s}}$與$\dfrac{1}{\sqrt{L_s(C_s // C_p)}}$之間，

因這兩者差距甚小，用任何一個計算皆可

$\omega_o = \dfrac{1}{\sqrt{L_s C_s}} \cong \dfrac{1}{\sqrt{0.1\times 2.5\times 10^{-12}}} = \dfrac{10^6}{\sqrt{0.25}}$

$= \dfrac{10^6}{0.5} = 2000k\ rad/s$

$f_o = \dfrac{\omega_o}{2\pi} = \dfrac{2000k}{2\times 3.14} \cong 319kHz$。

**7 (B)**。施密特觸發器為正回授。

P.300 **8 (C)**。$D_1$燒毀，故為半波整流$V_{av} = \dfrac{1}{\pi}V_m$

又$N_1 : N_3 = 10 : 1$，故$V_{o,m} = 11\sqrt{2}\ V$

$V_{o,av} = \dfrac{11\sqrt{2}}{\pi}V \cong 4.95V$。

**9 (A)**。輸出8V超過崩潰電壓$V_z$，代表稽納二極體斷路。

**10 (A)**。此為截波電路，輸出最高電壓為$V_1$，最低為$-V_2$，故(A)正確。

P.301 **11 (A)**。不管是npn或pnp，CE接腳一定有個逆偏區，不導通正常。故此電晶體良好。

**12 (B)**。$V_{10k\Omega} = 5\times 2 = 10V$

$V_{100\Omega} = 4\times 2 = 8V$

$I_B = \dfrac{V_{10k\Omega}}{R_{10k\Omega}} = \dfrac{10}{10k} = 1mA$

$$I_C = \frac{V_{100\Omega}}{R_{100\Omega}} = \frac{8}{0.1k} = 80mA$$

$$\beta = \frac{I_C}{I_B} = \frac{80}{1} = 80。$$

**13 (A)**。 $V_B = 0V$，代表47kΩ電阻開路或10kΩ電阻短路。

**14 (B)**。 (B)S閉合，$A_V = -gm（R_C//R_L）$較小。
(C)S斷開，$A_V = -gmR_C$較大。
(A)由(B)(C)，知兩者不同。
(D)S斷開，$R_{out} = R_c$。

P.302 **15 (C)**。 共集極放大即射極隨耦器，(C)正確。

## 110年 電子學實習（資電類）

P.303 **1 (C)**。 此電路為四倍壓電流（或多倍壓電路）。

**2 (C)**。 $\frac{I_2}{I_1} = a$。

**3 (C)**。 $V_{CM} = \frac{V_2 + V_1}{2}$ 。

P.304 **4 (B)**。 此電路為截波電路，$-0.7V < V_o < 3.7V$
(A)輸入振幅未達0.7V時，不截波。
(B)負0.7V和正3.7V差5倍以上；即便未標單位，圖形比例不對。
(C)輸入振幅未達0.7V，不截波。
(D)輸入振幅在0.7V至3.7V之間，下半週截波，上半週無影響。

**5 (B)**。 (A)此電路為維恩橋式振盪器（Wien-Bridge）。
(B)正確，此負回授與OPA構成放大電路。
(C)$Z_1$與$Z_2$構成正回授網路。
(D)$V_f$接至OPA的＋端，相位移為0度或180度。

**6 (C)**。 此電路為全波整流，整流後$V_m = 8\sqrt{2}V$，以直流檔量得平均電壓
$V_{av} = \frac{2}{\pi}V_m = \frac{2}{\pi} \times 8\sqrt{2} \cong 7.2V$。

P.305 **7 (A)**。(1,2)接腳和(1,3)接腳都只有一次偏轉，共同腳1號為基極。(2,3)接腳都不偏轉，可確認電晶體正常。

**8 (C)**。$V_{CC}=V_{BE}+I_BR_B+(I_B+I_C)R_C$

$V_{CC}=V_{BE}+I_BR_B+(\beta+1)I_BR_C$

$$I_B=\frac{V_{CC}-V_{BE}}{(\beta+1)R_C+R_B}=\frac{8.7-0.7}{101\times3.3+470}\cong0.01mA$$

$I_{CQ}=\beta I_B=100\times0.01=1mA=1000\mu A$

$V_{CEQ}=V_{CC}-I_{CQ}R_C=8.7-1\times3.3=5.4V$。

**9 (B)**。(A)並聯旁路電容是為了提高共源極的電壓增益。

(B)正確。

(C)共閘極的輸入與輸出信號同相位。

(D)共源極的輸入與輸出信號相位相反。

**10 (D)**。此題不用計算。

共射極為反向放大，排除(A)(C)。由$r_\pi\cong(\beta+1)r_e$，可知(D)正確。

P.306 **11 (A)**。(C)PMOS的導通條件為$|V_{GS}|>|V_t|$

但因$V_t$為負值，實際為$V_{GS}<V_t$。

**12 (A)**。串聯諧振頻率時阻抗最小，其頻率

$$f_s=\frac{1}{2\pi\sqrt{LC_S}}=\frac{1}{2\pi\sqrt{2\times0.02\times10^{-12}}}=\frac{10^6}{2\pi\times0.2}=\frac{2500}{\pi}kHz$$

並聯諧振頻率時阻抗最大，其頻率

$$f_p=\frac{1}{2\pi\sqrt{L(C_S//C_P)}}=\frac{1}{2\pi\sqrt{2\times(0.02//5)\times10^{-12}}}$$

$$\cong\frac{10^6}{2\pi\times0.2}=\frac{2500}{\pi}kHz$$

故(A)正確。

## 111年 電子學／電子學實習

P.307 **1 (D)**。電源電流$I_S=\frac{12V-V_Z}{R}=\frac{12-6}{1k}=6mA$

$I_{L,max}=I_S-I_{ZK}=6-1=5mA$

$$R_{L,min}=\frac{V_Z}{I_{L,max}}=\frac{6V}{5mA}=1.2k\Omega$$

**2 (D)**。$V_{BB}=20V\times\frac{10k\Omega}{40k\Omega+10k\Omega}=4V$

不考慮$I_B$的狀況下，$V_E\simeq4-0.7=3.3V$

$R_E=\frac{V_E}{I_E}=\frac{V_E}{I_C}=\frac{3.3}{2}=1.65k\Omega$

可選出(D)

**3 (A)**。注意，輸入電流$i_i$有一部分會流至200kΩ，僅進入BJT的才會放大，輸出端也要考慮兩個4kΩ電阻的分流

B極看入BJT的阻抗$r_{in}=r_\pi+(\beta+1)(4k//4k)$

$=1k+(99+1)\times2k$

$=201k\Omega$

$\frac{i_o}{i_i}=\frac{200k}{200k+201k}\times(\beta+1)\times\frac{4k}{4k+4k}\simeq0.5\times100\times0.5=25A/A$

P.308 **4 (C)**。$V_{BB}=12V\times\frac{5.7k}{6.3k+5.7k}=5.7V$

$I_E=\frac{V_E}{R_E}=\frac{V_{BB}-0.7}{R_E}=\frac{5.7-0.7}{4k}=1.25mA$

$A_V=-g_mR_C=-\frac{I_E}{V_T}R_C=-\frac{1.25}{26}\times2k=-96V/V$

**5 (C)**。$A_V=20dB+40dB+20dB=80dB=10^{\frac{80}{20}}=10^4=10000V/V$

**6 (A)**。從$V_{01}$到第二級輸入端經過電容，選(A)。

**7 (C)**。$V_i$看入的阻抗$r_{i1}=r_{e1}//R_{E1}\simeq r_{e1}$

$V_{BB1}=1.2V\times\frac{10k\Omega}{62k\Omega+10k\Omega}=1.67V$

$I_{E1}=\frac{V_{E1}}{R_E}=\frac{V_{BB1}-V_{BE}}{R_E}=\frac{1.67-0.7}{2k}=0.485mA$

$r_{e1}\simeq\frac{V_T}{I_E}=\frac{25mV}{0.485mA}\simeq51.5\Omega$

P.309 **8 (A)**。第二級為共集極放大，增益大於1，選(A)。

**9 (B)**。$V_{GD}=-3V<V_t$

$V_{GS}=-3.3V<V_t$

操作在歐姆區或三極區

**10 (B)**。 $V_o=\frac{10k//R_S}{10k+10k//R_S}[1+\frac{10k}{5k}]\times(V_1+V_2)=V_1+V_2$

$\Rightarrow\frac{10k//R_S}{10k+10k//R_S}\times3=1$

$\Rightarrow 10k//R_S=5k$

$\Rightarrow R_S=10kW$

**11 (C)**。 (A)微分電路

(B)方波微分得脈衝波

(D)三角波微分得方波

**12 (D)**。 第一級為低通，決定高頻截止$f_H=\frac{1}{2\pi R_1C_1}$

第二級為高通，決定低頻截止$f_L=\frac{1}{2\pi R_2C_2}$

$$\frac{f_H}{f_L}=\frac{\frac{1}{2\pi R_1C_1}}{\frac{1}{2\pi R_2C_2}}=\frac{R_2C_2}{R_1R_1}=4\times5=20$$

P.310 **13 (B)**。 這是NAND與NOT邏輯閘的合成電路，故$Y=\overline{\overline{AB}}=AB$

**14 (A)**。 AB輸入相反時，Y才為邏輯1，為互斥或閘

P.311 **15 (A)**。 此為韋恩電橋振盪器

振盪條件為$\frac{R_4}{R_3}\geq\frac{R_2}{R_1}+\frac{C_1}{C_2}=\frac{3}{1}+\frac{1}{\frac{1}{3}}=6$

**16 (C)**。 叫：確定病患意識

叫：撥打119

C：Circulation胸外心臟按摩

A：Airway打開呼吸道

B：Breathing人工呼吸

D：Defibrillation電擊除顫

**17 (B)**。 平均電壓$V_{dc}=\frac{16+12}{2}=14V$

漣波電壓振幅$V_m=\frac{16-12}{2}=2V$

漣波為鋸齒波，有效值$V_{rms}=\frac{V_m}{\sqrt{3}}=\frac{2}{\sqrt{3}}V$

漣波百分率$\frac{V_{rms}}{V_{dc}}=\frac{\frac{2}{\sqrt{3}}}{14}=0.082\simeq 8.2\%$

P.312 **18 (C)**。$I_B=\frac{V_{CC}-V_{BE}}{R_B}=\frac{10-0.7}{372k}=0.025mA$

若在主動區，表示$I_C=\beta I_B=2.5mA$

此時$V_C=V_{CC}-I_CR_C=10-2.5\times 4.7=-1.75V$

不合理，可見BJT在飽和區

$V_{BC}=V_B-V_C=V_{BE(sat)}-V_{CE(sat)}$

$=0.8-0.2=0.6V$

**19 (B)**。$I_B=\frac{V_{CC}-V_{BE}}{R_B}=\frac{10-0.7}{1000k}=0.0093mA$

$I_C=\beta I_B=0.93mA$

$V_C=V_{CC}-I_CR_C=10-0.93\times 4.7=5.63V$

**20 (D)**。(A)CS的$|A_V|$即大於1

(B)CS反相，CG同相，故同相位

(C)第二級共閘極與第一級輸入阻抗無關

(D)可減低米勒電容，改善高頻響應，正確。

**21 (D)**。共汲極的電壓增益小於1，選(D)。

**22 (C)**。$g_m=2k(V_{GS}-V_t)=2\times 2\times(3-1)=8mA/V$

P.313 **23 (A)**。$A_{V1}=\frac{V_x}{V_i}=\frac{-5}{1}=-5V/V$

$A_{V2}=\frac{V_o}{V_x}=\frac{-10}{-5}=2V/V$

由第一級為反相放大，第二級非反相放大得

$A_{V1}=-\frac{5k}{R_1}=-5V/V\Rightarrow R_1=1k\Omega$

$A_{V2}=1+\frac{10k}{R_2}=2V/V\Rightarrow R_2=10k\Omega$

**24 (B)**。 此為反相施密特觸發器，下臨限電壓發生在$V_{O,sat}=-12V$時

$$V_{ref}\times\frac{2k}{1k+2k}+(-12V)\times\frac{1k}{1k+2k}=0$$

$\Rightarrow V_{ref}=6V$

## 112年 電子學／電子學實習

P.314 **1 (B)**。 $D=\frac{t_1}{T}=\frac{3ms}{5ms}=60\%$

$V_{av}=D\cdot V_P=60\%\times10V=6V$

**2 (C)**。(A)電位差形成漂移電流，載子濃度不同形成擴散電流

(B)本質半導體的電洞才與自由電子的濃度相同

(C)正確

(D)N型半導體自由電子多過電洞，但為電中性

**3 (A)**。(1) 求$V_{S,\min}$

$$I_L=\frac{V_Z}{R_L}=\frac{20V}{2k\Omega}=10mA$$

$$V_{S,\min}=V_Z=(I_{ZK}+I_L)\times R_S$$
$$=20+(2mA+10mA)\times1K=32V$$

(2) 求$V_{S,\max}$

$$\text{最大功率時}I_Z=\frac{P_{max}}{V_Z}=\frac{320mW}{20V}=16mA$$

$$V_{S,\max}=V_Z+(I_Z+I_{L)}\times R_S$$
$$=20+(16mA+10mA)\times1K=46V$$

**4 (B)**。 BJT飽和時

(A)$I_C>I_B$，但比例不定

(B)正確

(C)(D)BE順偏，BC順偏

P.315 **5 (D)**。 $V_B=V_{EE}+V_{BE}=-12+0.7=-11.3V$

$$I_B=\frac{0-V_B}{R_B}=\frac{0-(-11.3)}{200k\Omega}=0.0565mA$$

$I_C=\beta I_B=100\times0.0565mA=5.65mA$

$V_C=0-I_CR_C$

$=0-5.65mA\times1k\Omega$

$=-5.65V$

**6 (C)**。不用求直流

$$r_e=\frac{r\pi}{\beta}=\frac{1k\Omega}{100}=10\Omega$$

$$g_m=\frac{1}{r_e}=0.1mA/V$$

$$A_V=\frac{V_o}{V_i}=-g_m(R_C//R_{F2})$$

$$=-0.1\times(3k//42k)$$

$$=-0.1\times2800$$

$$=-280V/V$$

**7 (A)**。(A)正確

(B)FET輸入阻抗高

(C)FET熱穩定度高

(D)FET為單載子元件

**8 (D)**。$g_m=2I_{DSS}(1-\frac{|V_{GS}|}{|V_P|})\cdot\frac{1}{|V_P|}$

$$=2\times10\times(1-\frac{1}{3})\times\frac{1}{3}$$

$$=4.44mA/V$$

P.316 **9 (A)**。$V_G=15V\times\frac{1M\Omega}{2M\Omega+1M\Omega}=5V$

$$I_S=I_D=\frac{V_{DD}-V_D}{R_D}=\frac{15-10.6}{2.2k\Omega}=2mA$$

$$I_D=K(V_{GS}-V_t)^2$$

$$2=0.5(V_{GS}-2)^2$$

$\Rightarrow V_{GS}=4V$或$0V$（不合）

$$V_{GS}=V_G-I_SR_S$$

$$R_S=\frac{V_G-V_{GS}}{I_S}=\frac{5-4}{2mA}=0.5k\Omega$$

**10 (D)**。$A_V=\frac{V_o}{V_i}=-g_m(R_D//R_L)$

$$=-2.4mA/V\times(2.2k\Omega//10k\Omega)$$

$$=-4.32V/V$$

**11 (B)**。 $A_V=-\frac{V_o}{V_i}=-g_{m1}R_D=-25mA/V\times2.7k\Omega=-67.5V/V$

P.317 **12 (B)**。 此為NOR，(A)(D)正確

(B)(C)輸入一高電位，輸出Y為低電位

**13 (D)**。 由負回授，$V_R=10V$

$I_E=(\beta+1)I_B=(99+1)\times1mA=100mA$

$R=\frac{V_R}{I_E}=\frac{10V}{100mA}=\frac{10V}{0.1A}=100\Omega$

**14 (A)**。 此為微分器

$v_o=-SCR\ v_i=-RC\frac{dv_i}{dt}$

三角波上升時，為0.001秒增加8V

$v_o=-100k\Omega\times0.01\mu F\times\frac{8}{0.001}=-8V$

三角波下降時，為0.001秒減少8V

$v_o=-100k\Omega\times0.01\mu F\times\frac{-8}{0.001}=8V$

故峰對峰$v_{o,PP}=8-(-8)=16V$

P.318 **15 (B)**。 $V_-=V_+=4V$

$V_o=V_--2mA\times1k\Omega+4V$

$=4-2+4=6V$

**16 (B)**。 $V_{TH}=10\times\frac{10k\Omega}{10k\Omega+40k\Omega}=2V$

$V_{TL}=-10\times\frac{10k\Omega}{10k\Omega+40k\Omega}=-2V$

$V_H=V_{TH}-V_{TL}=2-(-2)=4V$

**17 (C)**。 (C)最少為三節RC相移電路

**18 (C)**。 (A)用正回授

(B)施密特觸發器輸出即方波

(C)(D)方波輸出積分後可得三角波

P.319 **19 (C)**。 (C)哈特萊振盪器產生弦波

**20 (D)**。此為全波整流電路，由一次側120V，二次側0－12－24V，得變壓器為10:1

輸入側：$v_{S,\,rms}=100V$

$v_{S,\,m}=100\sqrt{2}V$

輸出側：$v_{o,\,m}=\frac{100\sqrt{2}}{10}=10\sqrt{2}V$

$v_{o,\,rms}=\frac{10\sqrt{2}}{\sqrt{2}}=10V$

$v_{o,\,av}=\frac{2}{\pi}v_{o,\,m}=\frac{20\sqrt{2}}{\pi}V$

漣波頻率$f_{ripple}=2f=100Hz$

漣波週期$=T_{ripple}=\frac{1}{f_{ripple}}=0.01S$

**21 (C)**。(A)EXT trig：外部觸發訊號

(B)DC coupling：可得完整的直流加交流信號

(D)垂直刻度量電壓，水平刻度量週期

**22 (D)**。注意，兩信號相位相反，放大率為負CH1約1.5格，CH2約2.2格

$\frac{v_o}{v_i}=-\frac{2.2\times 1V}{1.5\times 50\times 10^{-3}V}=-29V_o/V_i$

P.320 **23 (D)**。$I_C=\frac{V_{CC}-V_C}{R_C}=\frac{20-16}{2k\Omega}=2mA$

$I_E=\frac{V_E}{R_E}=\frac{2.04}{1k\Omega}=2.04mA$

$I_B=I_E-I_C=2.04-4=0.004mA$

$\beta=\frac{I_C}{I_B}=\frac{2}{0.04}=50$

**24 (C)**。選擇題，約略計算可選出適當答案即可

$V_{B1}=V_{B2}=12V\times\frac{18k\Omega}{90k\Omega+18k\Omega}=2V$

$V_{E1}=V_{E2}=V_{B1}-V_{BE}=2-0.7=1.3V$

$I_{E1}=\frac{V_{E1}}{R_{E1}}=\frac{1.3V}{1.3k\Omega}=1mA$

$$I_{E2}=\frac{V_{E2}}{R_{E2}}=\frac{1.3V}{0.663k\Omega}\simeq 2mA$$

工作在負載線中點，取$V_{C2}$為6V

$V_{C2}=V_{CC}-I_{C2}\cdot R_{C2}$

$$\Rightarrow R_{C2}\simeq\frac{V_{CC}-V_{C2}}{I_{C2}}\simeq\frac{V_{CC}-V_{C2}}{I_{E2}}=\frac{12-6}{2mA}=3k\Omega$$

選(C)

**25 (B)**。電晶體$Q_1$的小訊號阻抗

$$r_{\pi1}=(\beta_1+1)r_{e1}=(199+1)\frac{26mV}{1mA}$$

$=5200\Omega=5.2k\Omega$

輸入阻抗為$r_{\pi1}$並聯$90k\Omega$及$18k\Omega$

故選數值稍小於$5.2k\Omega$的(B)

## 113年 電子學／電子學實習

P.321 **1 (A)**。變壓器二次側 $V_S'=110V\times\frac{12}{110}=12V$

$V_S'=12V$為有效電壓，峰值$V_{S',m}=12\sqrt{2}\ V$

此電路為全波整流

$$V_{0,av}=\frac{2}{\pi}V_m=\frac{2}{\pi}\times12\sqrt{2}=\frac{24\sqrt{2}}{\pi}V$$

$PIV=12\sqrt{2}\ V$

**2 (B)**。注意本題為PNP，$V_E>V_B>V_C$

若NPN BJT，$V_C>V_B>V_E$

**3 (D)**。因$I_C<\beta I_B$，為飽和區

**4 (A)**。$V_{BB}=\frac{50k}{450k+50k}\times V_{CC}+\frac{450k}{450k+50k}\times V_{EE}$

$=\frac{1}{10}\times12V+\frac{9}{10}\times(-12V)$

$=-9.6V$

$R_{BB}=50k\Omega//450k\Omega=45k\Omega$

$$I_E = \frac{V_{BB} - V_{BE} - V_{EE}}{\frac{R_{BB}}{\beta+1} + R_E} = \frac{-9.6 - 0.7 - (-12)}{\frac{45k}{54+1} + 1k}$$

$$= 0.93mA$$

$$V_C = V_{CC} - I_C R_C \simeq V_{CC} - I_E R_C$$

$$= 12 - 0.93 \times 5 \simeq 7.4V$$

**5 (D)**。$r_e = \frac{r_\pi}{\beta} = \frac{1k\Omega}{100} = 0.01k\Omega$

$$g_m = \frac{1}{r_e} = \frac{1}{0.01k\Omega} = 100 \,{}^{mA}\!/_{V}$$

$$A_V = -g_m(R_C // R_{F2}) = -100 \times (3k//68k)$$

$$= -100 \times 2.87 = -287 \,{}^{V_0}\!/_{V_1}$$

P.322 **6 (D)**。(A)dB值為負，代表輸出電壓小於輸入
(B)dB值為0，代表輸出與輸入之大小值相同
(C)總dB值為各級dB值相加

**7 (A)**。(B)N通道MOSFET的汲極和源極為N型
(C)空乏型MOSFET才有預置通道
(D)FET電晶體為單載子傳導

**8 (D)**。$A_i = \frac{R_S}{R_S + \frac{1}{g_m}} \times \frac{R_D}{R_D + R_L} = \frac{1}{1+\frac{1}{4}} \times \frac{2}{2+10} = 0.13 \,{}^{A}\!/_{A}$

**9 (A)**。$I_{D1} = \frac{1}{2} K_1 (V_{GS1} - V_{t1})^2 = \frac{1}{2} \times 4 \times (5-3)^2 = 8mA$

$$g_{m1} = \sqrt{2k_1 I_{D1}} = \sqrt{2\times4\times8} = 8 \,{}^{mA}\!/_{V}$$

因$I_{D2} = I_{D1} = 8mA$

$$g_{m2} = \sqrt{2k_2 I_{D2}} = \sqrt{2\times1\times8} = 4 \,{}^{mA}\!/_{V}$$

$$A_V = -g_{m1} \times (\frac{1}{g_{m2}} // R_L) = -8 \times (\frac{1}{4} // 10) = -1.95 \,{}^{V}\!/_{V}$$

P.323 **10 (C)**。由$V_{DS} = 7.5V$，得$I_D = \frac{V_{DD} - V_{DS}}{R_D + R_S} = \frac{15-7.5}{2k+1k} = 2.5mA$

$$2.5=10(1-\left|\frac{V_{GS}}{-3}\right|)^2 \Rightarrow V_{GS}=-1.5V$$

由 $V_S=I_DR_S=2.5mA\times 1k\Omega=2.5$

$V_G=V_{GS}+V_S=-1.5+2.5=1V$

分壓 $V_G=V_{GG}\times\frac{R_G}{210k+R_G}=15\times\frac{R_G}{210k+R_G}=1V$

$\Rightarrow R_G=15k\Omega$

**11 (A)**。 $g_m=\frac{2}{|V_p|}\sqrt{I_D\cdot I_{DSS}}=\frac{2}{3}\sqrt{2.5\times 10}=\frac{10}{3}\ mA/V$

$$A_V=-\frac{R_D//R_L}{\frac{1}{g_m}+R_S}=-\frac{2//10}{0.3+1}\simeq -1.28\ V/V$$

**12 (A)**。 看下半部 $Y=\overline{(AB+CD)E}=(\overline{A}+\overline{B})(\overline{C}+\overline{D})+\overline{E}$

**13 (C)**。 標上節點電壓及分支電流，由OPA虛短路得 $V_1=V_i$

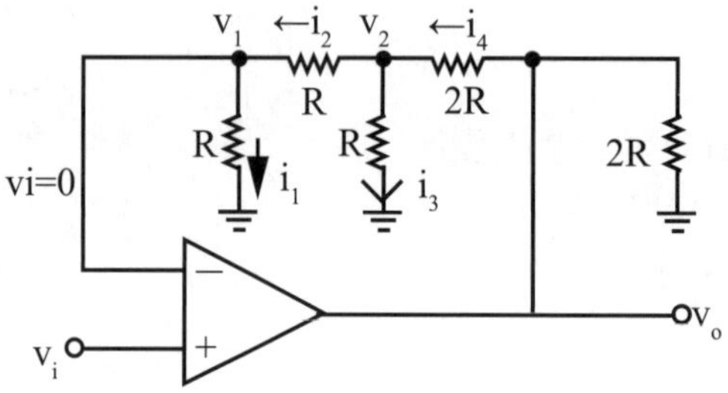

$i_1=\frac{V_1}{R}=\frac{V_i}{R}$

$i_2=i_1+0=i_1=\frac{V_i}{R}$

$V_2=V_1+i_2R=V_i+\frac{V_i}{R}\cdot R=2V_i$

$i_3=\frac{V_2}{R}=\frac{2V_i}{R}$

$i_4=i_2+i_3=\frac{V_i}{R}+\frac{2V_i}{R}=\frac{3V_i}{R}$

$V_0=V_2+2Ri4=2V_i+2R\cdot\frac{3V_i}{R}+8V_i$

故 $A_V=\frac{V_0}{V_i}=8\ V/V$

P.324 **14 (A)**。 $V_+=2V\times\frac{10k//20k}{20k+10k//20k}+1V\times\frac{20k//20k}{10k+20k//20k}$

$=2V\times\frac{\frac{20}{3}}{20+\frac{20}{3}}+1V\times\frac{10}{10+10}$

$=1V$

$V_-=V_+=1V$

$V_0=V_--[\frac{-3-1}{30k}+\frac{-2-1}{20k}+\frac{2-1}{10k}]\times60k$

$=1-[-8-9+6]$

$=12V$

**15 (C)**。 $V_u=\frac{18k}{2k+18k}V_R+\frac{2k}{2k+18k}V_{sat}^+=0.9\times1+0.1\times15=2.4V$

$V_L=\frac{18k}{2k+18k}V_R+\frac{2k}{2k+18k}V_{sat}^-$

$=0.9\times1+0.1\times(-15)=-0.6V$

**16 (C)**。 $V_i$最大值3V，最小值－3V，超過$V_u$及$V_L$，
輸出為方波

**17 (B)**。 此六字訣簡單為
叫：確認意識，呼吸
叫：叫救護車
C：Compressions，按壓胸口
A：Airway，暢通呼吸道
B：Breathing，人工呼吸
D：Defibrillation去顫電擊

**18 (D)**。 (A)全波整流的漣波頻率為$V_S$頻率的兩倍
(B)$V_S$愈大，漣波電壓越大
(C)$R_L$愈大，漣波電壓越小

P.325 **19 (D)**。 (i) R最小值，此時$I_Z$最大

$I_{Z.max}=\frac{P_Z}{V_Z}=\frac{150m\omega}{10V}=15mA$

$I_{RL}=\frac{V_Z}{R_L}=\frac{10V}{1k\Omega}=10mA$

$I_{R.max}=I_Z+I_{RL}=15+10=25mA$

$R_{min}=\frac{V_S-V_Z}{I_{R.max}}=\frac{16-10V}{25mA}=\frac{6}{0.025}=240\Omega$

(ii) R最大值，$I_{ZK}=2mA$

$I_{R.min}=I_{Zk}+I_{RL}=2+10=12mA$

$R_{max}=\frac{V_S-V_Z}{I_{R.min}}=\frac{16-10}{12mA}=\frac{6}{0.012}=500\Omega$

**20 (D)**。 $V_E=V_B-V_{BE}=0-0.7=-0.7V$

$V_{EE}=-(V_E-I_ER_E)=-(-0.7-1.3\times8)=11.1V$

$r_e=\frac{V_T}{I_E}=\frac{26mV}{1.3mA}=20\Omega$

$A_V=\frac{\beta}{\beta+1}\frac{R_C//R_L}{r_e}=\frac{199}{200}\times\frac{6000//6000}{20}\simeq149\ V/V$

**21 (C)**。 要滿足$V_{GS}\geq V_t$且$V_{GD}<V_t$

其中$V_{GD}=V_{GS}-V_{DS}$

把各選項數值代入，僅(C)滿足

**22 (B)**。 $I_D=\frac{V_{DD}-V_D}{R_0}=\frac{12-6}{1.2k}=5mA$

$V_{GS}>V_t$，且$V_{GD}<V_t$，為飽和區

$I_D=k(V_{GS}-V_t)^2=k(2.5-2)^2=5mA$

$\Rightarrow k=20\ mA/V^2$

P.326 **23 (C)**。 $R_A$、$C_A$組成低通濾波器，決定帶通的上限

$\omega_H=\frac{1}{R_AC_A}=\frac{1}{0.5\times10^3\times0.01\times10^{-6}}=\frac{1}{5\times10^{-6}}=200k\ rad/S$

$R_B$、$C_B$組成高通濾波器，決定帶通的下限

$\omega_L=\frac{1}{R_BC_B}=\frac{1}{1\times10^3\times0.05\times10^{-6}}=\frac{1}{50\times10^{-6}}=20k\ rad/S$

$B\omega=\frac{\omega_H-\omega_L}{2\pi}=\frac{200k-20k}{2\pi}\simeq28.66kHz$

**24 (B)**。 令$\beta=\frac{R_2}{R_1+R_2}=\frac{8.5k}{10k+8.5k}=\frac{8.5}{18.5}$

週期$T=2RC\ell_n\dfrac{1+\beta}{1-\beta}$

$$=2\times50\times10^3\times0.2\times10^{-6}\times\ell_n\frac{1+\frac{8.5}{18.5}}{1-\frac{8.5}{18.5}}$$

$$=0.02\times\ell_n\frac{27}{10}$$

$$=0.02\text{sec}$$

頻率$f=\dfrac{1}{T}=\dfrac{1}{0.02}=50\text{Hz}$

**25 (A)**。振盪條件$R_2\geq29R_1\Rightarrow R_2\geq580k\Omega$ 僅(A)滿足

$$f_0=\frac{1}{2\pi\sqrt{6}RC}=\frac{1}{2\times3.14\times2.45\times10\times10^3\times0.01\times10^{-6}}$$

$$=\frac{10^4}{2\times3.14\times2.45}\simeq650\text{Hz}$$

Notes

# 千華會員享有最值優惠!

立即加入會員

| 會員等級 | 一般會員 | VIP 會員 | 上榜考生 |
| --- | --- | --- | --- |
| 條件 | 免費加入 | 1. 直接付費 1500 元<br>2. 單筆購物滿 5000 元<br>3. 一年內購物金額累計滿 8000 元 | 提供國考、證照相關考試上榜及教材使用證明 |
| 折價券 | 200 元 | 500 元 | |
| 購物折扣 | ▪平時購書 9 折<br>▪新書 79 折 ( 兩周 ) | ▪書籍 75 折 ▪函授 5 折 | |
| 生日驚喜 | | ● | ● |
| 任選書籍三本 | | ● | ● |
| 學習診斷測驗(5科) | | ● | ● |
| 電子書(1本) | | ● | ● |
| 名師面對面 | | ● | |

國家圖書館出版品預行編目(CIP)資料

電子學(含實習)完全攻略/陸冠奇編著. -- 第三版. -- 新北市 : 千華數位文化股份有限公司, 2024.07

面 ; 公分

升科大四技

ISBN 978-626-380-547-7(平裝)

1.CST: 電子工程 2.CST: 電子學

448.6 113009461

[升科大四技] **電子學(含實習) 完全攻略**

編 著 者：陸 冠 奇

發 行 人：廖 雪 鳳
登 記 證：行政院新聞局局版台業字第 3388 號
出 版 者：千華數位文化股份有限公司
地址／新北市中和區中山路三段 136 巷 10 弄 17 號
電話／ (02)2228-9070　傳真／ (02)2228-9076
郵撥／第 19924628 號　千華數位文化公司帳戶
千華公職資訊網：http://www.chienhua.com.tw
千華網路書店：http://www.chienhua.com.tw/bookstore
網路客服信箱：chienhua@chienhua.com.tw

法律顧問：永然聯合法律事務所
編輯經理：甯開遠
主　　編：甯開遠
執行編輯：廖信凱
校　　對：千華資深編輯群
設計主任：陳春花
編排設計：林婕瀅

**出版日期：2024 年 7 月 1 日　　第三版／第一刷**



本書如有勘誤或其他補充資料，
將刊於千華公職資訊網　http://www.chienhua.com.tw
歡迎上網下載。